westermann

Ralf Anderer, Hildegard Bunsen, Tobias Jakobs, Matthias Kick, Steffen Koci

Tabellenbuch SHK

für die Erstausbildung

2. Auflage

Bestellnummer 210572

Zusatzmaterialien zu Tabellenbuch SHK für die Erstausbildung

Für Lehrerinnen und Lehrer

BiBox Einzellizenz für Lehrer/-innen (Dauerlizenz)
BiBox Klassenlizenz Premium für Lehrer/-innen und bis zu 35 Schüler/-innen (1 Schuljahr)
BiBox Kollegiumslizenz für Lehrer/-innen (Dauerlizenz)
BiBox Kollegiumslizenz für Lehrer/-innen (1 Schuljahr)

Für Schülerinnen und Schüler

BiBox Einzellizenz für Schüler/-innen (1 Schuljahr)
BiBox Einzellizenz für Schüler/-innen (4 Schuljahre)
BiBox Klassensatz PrintPlus (1 Schuljahr

Druck und Bindung: Westermann Druck GmbH, Georg-Westermann-Allee 66, 38104 Braunschweig

ISBN 978-3-14-210572-7

Dieses Tabellenbuch ist für die Erstausbildung von Fachkräften im Bereich Sanitär-, Heizungs- und Klimatechnik konzipiert. Es enthält alle wesentlichen Ausbildungsinhalte vom 1. bis zum 4. Ausbildungsjahr und unterstützt sowohl in der Theorie wie auch in der Praxis. Die klare Struktur hilft den Nutzerinnen und Nutzern gewünschte Informationen schnell aufzufinden. Inhalte und Tabellen der Printversion sind auf die, für dieses Berufsbild, wesentlichen Informationen reduziert. Weiterführende und vertiefende Inhalte sind auf die digitale Komponente die BiBox ausgelagert. Tabellenbuch und BiBox-Inhalte berücksichtigen die aktuellen technischen Entwicklungen sowie die neuen gesetzlichen Vorgaben.

Durch die Auslagerung von ausführlichen Erklärungen und Berechnungsbeispielen entspricht die Printversion den allgemeinen Anforderungen an zugelassene Hilfsmittel bei Abschlussprüfungen.

Dieses Werk, kombiniert mit den Inhalten der BiBox, verbindet das Beste aus einem traditionellen Tabellenbuch mit den Vorteilen der digitalen Welt.

Während die Printversion der Nutzung in Prüfungen und der schnellen Informationsbeschaffung im Unterricht sowie in der betrieblichen Praxis dient, ist die BiBox ein digitales Unterrichtssystem, das Lehrende und Lernende weitere Vorteile bietet. Sie ermöglicht die Präsentation von multimedialem Inhalt, flexible Nutzung auf verschiedenen Geräten und interaktive Funktionen wie Lesezeichen und Notizen. Sie enthält zusätzliche Materialien wie Links zu Erklärvideos, Berechnungsbeispiele, Arbeitsblätter und Schulungsunterlagen für eine umfassendere Lernerfahrung. Diese Arbeitsmaterialien werden kontinuierlich erweitert und aktualisiert.

Lehrkräfte erhalten mit diesem Tabellenbuch die einfache Möglichkeit Ihren Unterricht digitaler zu gestalten und so den Anforderungen des Fortschritts zu genügen sowie das Interesse der Auszubildenden an der Digitalisierung zu nutzen. Sie setzen durch den Einsatz dieses Werkes ein wichtiges Zeichen für Modernität und Zukunftsorientierung in der dualen Ausbildung. Gleichzeitig bilden Sie die neue Standardberufsbildposition „Digitalisierte Arbeitswelt“ in ihrem Unterricht ab und schaffen so eine moderne Lernumgebung.

Auszubildende bauen mit diesem Buch ihre digitale Basiskompetenzen aus, die in allen Berufen an Bedeutung gewinnt. Über die digitale Plattform können Aufgaben zusammen erarbeitet und das Wissen mit E-Learning erweitert werden.

Dieses Tabellenbuch ist eine wertvolle Ressource für Lehrende und Lernende gleichermaßen.

1 Grundlagen

2 Rohre und Armaturen

3 Heizungstechnik

4 Brennstoffe

5 Sanitärtechnik

6 Klimatechnik

7.1 Internationales Einheitensystem (SI) Basisgröße und Basiseinheit DIN 1304-1: 1994-03

Physikalische Größe	Formelzeichen	Si-Einheitenzeichen	Einheitenname	Beziehung zwischen den Einheiten
SI-Basisgrößen				
Elektrische Stromstärke	I	A	Ampere	1 A
Länge	l	m	Meter	1 Zoll = 0,0254 m = 25,4 mm = 1 in (inch) =1"
Lichtstärke	I_V	cd	Candela	
Masse	m	kg	Kilogramm	1 Mg = 1 t (Tonne) = 1 000 kg
Stoffmenge	n	mol	Mol	
Temperatur, thermodynamische	T	K	Kelvin	0 K = –273,15 °C
Zeit	t	s	Sekunde	min (Minute), h (Stunde), d (Tag), a (Jahr)
Elektrizität und Magnetismus				
Elektrische Ladung	Q	C	Coulomb	1 C = 1 A · s
Elektrische Spannung	U	V	Volt	1 V = 1 W/1 A = 1 J/C
Elektrischer Widerstand	R	Ω	Ohm	1 Ω = 1 V/1 A
Spezifischer elektrischer Widerstand	ϱ_1	Ω · m		1 Ω · m = 1 Ω · m^2/m
Elektrische Kapazität	C	F	Farad	1 F = 1 C/V = 1 A · s/V
Energie, Arbeit	W	J	Joule	3 600 kJ = 1 kWh
Leistungsfaktor	$\cos\varphi$			$\cos\varphi$ = P/S
Scheinleistung	S	W, (VA)	Watt, (Voltampere)	
Wirkleistung	P	W	Watt	1 W = 1 V · 1 A = 1 J/s = 1 Nm/s
Windungszahl	N			
Länge und Ihre Potenzen				
Breite	b	m	Meter	1 m = 1 000 mm
Höhe, Tiefe	h, t			
Radius	r			
Durchmesser	d, D			
Durchbiegung	f			
Weglänge	s			
Flächeninhalt, Oberfäche	A	m^2	Quadratmeter	1 m^2 = 100 dm^2 = 10 000 cm^2
Querschnittsfläche	S			
Volumen	V	m^3	Kubikmeter	1 m^3 = 1 000 dm^3 = 1 000 l = 1 000 000 cm^3
Ebener Winkel	$\alpha, \beta, \gamma, \varphi$	rad ° ′ ″	Radiant Grad Minute Sekunde	1 rad = 180°/π = 57,296° 1° = (π/180)rad 1′ = (1/60)° = 60″ 1″ = (1/60)′ = (1/3 600)°
Mechanik				
längenbezogene Masse	m'	kg/m		1 kg/m = 1 g/mm
flächenbezogene Masse	m''	kg/m^2		1 kg/m^2 = 0,1 g/cm^2
Dichte	ϱ	kg/m^3		1 000 kg/m^3 = 1 t/m^3 = 1 kg/dm^3 = 1 g/cm^3
Kraft	F	N	Newton	1 N = 1 kg · m/s^2
Gewichtskraft	F_G			

Physikalische Größe	Formelzeichen	Si-Einheitenzeichen	Einheitenname	Beziehungen zwischen den Einheiten
Mechanik				
Kraftmoment, Drehmoment	M	Nm	Newtonmeter	1 Nm = 1 kg · m²/s²
Biegemoment	M_b			
Torsionsmoment	M_t			
Druck	p	Pa bar	Pascal Bar	1 Pa = 1 N/m² 1 bar = 100 000 Pa = 10^5 Pa = 10 N/cm²
absoluter Druck	p_{abs}	Pa	Pascal	
umgebender Atmosphärendruck	p_{amb}			
Überdruck (atmosphärische Druckdifferenz)	p_e			
Normalspannung, Zugspannung, Druckspannung	σ	N/m²		auch N/mm²
Schubspannung (Scherspannung)	τ			
Arbeit	W	J	Joule	1 J = 1 Nm = 1 W · s
Energie	E			
Leistung	P	W	Watt	1 W = 1 Nm/s = 1 J/s
Elastizitätsmodul	E	N/m²		
Reibungszahl	μ			
Wirkungsgrad	η	1 oder %		
Raum und Zeit				
Beschleunigung	a	m/s²		$g \approx 9{,}81$ m/s² = 9,81 N/kg
Fallbeschleunigung	g			
Geschwindigkeit	v	m/s		1 m/s = 60 m/min = 3,6 km/h
Frequenz	f	Hz	Hertz	1 Hz = 1 s^{-1}
Umdrehungsfrequenz	n	s^{-1}		s^{-1} = 1/s = 60 min^{-1}
Winkelgeschwindigkeit	ω	rad/s		s^{-1} = 60 min^{-1} s^{-1} = 1 rad · s^{-1}
Wellenlänge	λ	m	Meter	
Thermodynamik und Wärmeübertragung				
Temperatur Celsius	ϑ	°C °F °R	Grad Celsius Grad Fahrenheit Grad Réaumur	0 °C = 273,15 K 32 °F = 0 °C; 212 °F = 100 °C 0 °R = 0 °C; 80 °R = 100 °C
Temperaturdifferenz	$\Delta T, \Delta\vartheta$	K	Kelvin	
Längenausdehnungszahl	α	1/K		1/K = 1 m/(m · K)
Volumenausdehnungszahl	γ	1/K		1/K = 1 m³/(m³ · K)
Wärme, Wärmemenge	Q	J	Joule	1 J = 1 Nm = 1 Ws = 1 kg · m²/s²
spezifische Wärmekapazität	c	Wh/(kg · K)		3,6 kJ/(kg · K) = 1 Wh/(kg · K)
spezifischer Brennwert	H_s	kWh/kg, kWh/m³		auch MJ/kg, MJ/m³ 3,6 MJ/kg = 1 kWh/kg
spezifischer Heizwert	H_i			
Wärmestrom	$\dot{Q}, \phi$	W	Watt	1 W = 1 J/s
Wärmeleitfähigkeit	λ	W/(m · K)		
Wärmeübergangszahl	α	W/(m² · K)		
Wärmedurchgangszahl	k, U			

9.1 Griechisches Alphabet

DIN ISO 3098-3: 2000-11

Buchstabe groß	Buchstabe klein	Benennung	deutsche Aussprache	Buchstabe groß	Buchstabe klein	Benennung	deutsche Aussprache	Buchstabe groß	Buchstabe klein	Benennung	deutsche Aussprache
Α	α	Alpha	'alfa	Ι	ι	Jota	'jo:ta:	Ρ	ϱ	Rho	ro:
Β	β	Beta	'be:ta:	Κ	ϰ	Kappa	'kapa:	Σ	σ	Sigma	'sigma
Γ	γ	Gamma	'gamma	Λ	λ	Lambda	'lambda	Τ	τ	Tau	tau
Δ	δ	Delta	'delta	Μ	μ	My	my	Υ	υ	Ypsilon	'ypsilon
Ε	ε	Epsilon	'epsilon	Ν	ν	Ny	ny	Φ	φ	Phi	fi:
Ζ	ζ	Zeta	'tse:ta	Ξ	ξ	Xi	ksi	Χ	χ	Chi	ci:
Η	η	Eta	'e:ta:	Ο	ο	Omikron	'omikron	Ψ	ψ	Psi	psi:
Θ	ϑ	Theta	'te:ta:	Π	π	Pi	pi:	Ω	ω	Omega	'o:mega:

9.2 Römische Ziffern

I = 1	II = 2	III = 3	IV = 4	V = 5	VI = 6	VII = 7	VIII = 8	IX = 9
X = 10	XX = 20	XXX = 30	XL = 40	L = 50	LX = 60	LXX = 70	LXXX = 80	XC = 90
C = 100	CC = 200	CCC = 300	CD = 400	D = 500	DC = 600	DCC = 700	DCCC = 800	CM = 900
M = 1 000	Beispiel: MMXXII = 1 000 + 1 000 + 10 + 10 + 2 = 2 022							

Regeln für die Schreibweise:

- Die Zeichen werden hintereinander geschrieben. Es wird im Allgemeinen links mit dem Symbol der größten Zahl begonnen. Die Werte werden addiert.
- Die Grundzeichen (I, X, C, M) werden höchstens dreimal, die Hilfszeichen (V, L, D) nur einmal hintereinander geschrieben.
- Steht das Symbol einer kleineren Zahl vor dem einer größeren, so wird der kleinere Wert vom größeren subtrahiert. Es darf nur ein Symbol der nächstkleineren Zahl vorangestellt werden.

9.3 Mathematische Zeichen

DIN 1302: 1999-12

Zeichen	Bedeutung	Zeichen	Bedeutung	Zeichen	Bedeutung	Zeichen	Bedeutung
+	plus	<	kleiner als	x^n	*x* hoch *n*	$\overline{AB}$	Strecke AB
–	minus	≤	kleiner oder gleich	$\sqrt{\ }$	Quadratwurzel aus	$\overset{\frown}{AB}$	Bogen AB
·, (×)1)	multipliziert mit, (mal)	>	größer als	$\sqrt[n]{\ }$	*n*-te Wurzel aus	∢	Winkel
:, /, –	durch	≥	größer oder gleich	$\sum$	Summe	⊥	rechtwinklig
=	gleich	≙	entspricht	Δx	Delta x (Differenz der Werte $x_1; x_2$)	∥	parallel
≠	ungleich	…	und so weiter bis	lg	dekadischer Logarithmus	sin	Sinus
≈	ungefähr gleich	∞	unendlich	ln	natürlicher Logarithmus	cos	Kosinus
~	proportional	π	Pi	log	Logarithmus	tan	Tangens
≅	kongruent	%	Prozent			cot	Kotangens
		‰	Promille				

1) nur bei Flächen- und Raummaßen

9.4 Umrechnung von Einheiten

Massen	Längen	Flächen	Volumen	Kräfte	Zeit
1 µg = 0,001 mg	1 µm = 0,001 mm	1 cm² = 100 mm²	1 ml = 0,001 l	1 mN = 0,001 N	1 a = 365 d
1 mg = 0,001 g	1 mm = 0,001 m	1 m² = 10 000 cm²	1 cl = 0,01 l	1 daN = 10 N	1 d = 24 h
1 kg = 1 000 g	1 cm = 10 mm	1 m² = 100 dm²	1 l = 1 000 ml	1 kN = 1 000 N	1 h = 60 min
1 Mg = 1 000 kg	1 dm = 10 cm	1 a = 100 m²	1 hl = 100 l	1 MN = 1 000 kN	1 min = 60 s
1 t = 1 000 kg	1 m = 10 dm	1 ha = 100 a	1 dm³ = 1 000 cm³		1 h = 3 600 s
	1 km = 1 000 m	1 km² = 100 ha	1 m³ = 1 000 dm³		

10.1 Vorsätze für dezimale Teile und Vielfache von Einheiten — DIN 1301-1: 2010-10

Um Verwechslungen mit dem Vorsatz m für „Milli“ auszuschließen, ist das Einheitenzeichen **m** für Meter **hinter** andere Einheitenzeichen zu setzen. So bedeuten z. B. mN = Millinewton, aber Nm = Newtonmeter.

	Vorsatz	Vorsatzzeichen	Zehnerpotenz	Bedeutung	Beispiel
∞ ↑	Tera	T	10^{12}	Billionenfaches	1 Terameter = 1 Tm = 1 000 000 000 000 m
	Giga	G	10^{9}	Milliardenfaches	1 Gigameter = 1 Gm = 1 000 000 000 m
	Mega	M	10^{6}	Millionenfaches	1 Megameter = 1 Mm = 1 000 000 m
	Kilo	k	10^{3}	Tausendfaches	1 Kilometer = 1 km = 1 000 m
	Hekto	h	10^{2}	Hundertfaches	1 Hektometer = 1 hm = 100 m
	Deka	da	10^{1}	Zehnfaches	1 Dekameter = 1 dam = 10 m
1			$10^{0} = 1$	EINS	1 Meter = 1 m = 1 m
	Dezi	d	10^{-1}	Zehntel	1 Dezimeter = 1 dm = 0,1 m
	Zenti	c	10^{-2}	Hundertstel	1 Zentimeter = 1 cm = 0,01 m
	Milli	m	10^{-3}	Tausendstel	1 Millimeter = 1 mm = 0,001 m
	Mikro	µ	10^{-6}	Millionstel	1 Mikrometer = 1 µm = 0,000 001 m
	Nano	n	10^{-9}	Milliardstel	1 Nanometer = 1 nm = 0,000 000 001 m
↓ 0	Piko	p	10^{-12}	Billionstel	1 Pikometer = 1 pm = 0,000 000 000 001 m

10.2 Physikalische und chemische Konstanten

Größe		Formelzeichen	Wert
Absoluter Nullpunkt		T_a	0 K = −273,15 °C
Atomare Masseeinheit		u	$1{,}660540 \cdot 10^{-27}$ kg
Lichtgeschwindigkeit im Vakuum		c	$2{,}99792458 \cdot 10^{8}$ m · s^{-1}
Molares Norm-Volumen		V_n	22,414 l · mol^{-1}
Norm-Druck		p_n	101 325 Pa = 1,01325 bar
Norm-Fallbeschleunigung		g_n	9,80665 m · s^{-2} ≈ 9,81 m · s^{-2}
Norm-Temperatur		T_n, ϑ_n	T_n = 273,15 K ϑ_n = 0 °C
Gravitationskonstante		G, f, γ	$6{,}67259 \cdot 10^{-11}$ m^3 · kg^{-1} · s^{-2}
Elektrische Feldkonstante		ε_0	$8{,}854188 \cdot 10^{-12}$ A · s · V^{-1} · m^{-1}
Magnetische Feldkonstante		μ_0	$1{,}256637 \cdot 10^{-6}$ V · s · A^{-1} · m^{-1}
AVOGADRO-Konstante (AVOGADRO-Zahl)		N_A, L	$6{,}022142 \cdot 10^{23}$ · mol^{-1}
BOLTZMANN-Konstante		k	$1{,}380650 \cdot 10^{-23}$ J · K^{-1}
FARADAY-Konstante		F	$9{,}64853 \cdot 10^{4}$ A · s · mol^{-1}
HUBBLE-Konstante		H	55 km · s^{-1} · Mpc^{-1}
PLANCK-Konstante (PLANCKsches Wirkungsquantum)		h	$6{,}626076 \cdot 10^{-34}$ J · s
RYDBERG-Konstante		R_{konst}, R_H	$1{,}09737315 \cdot 10^{7}$ m^{-1}
Solarkonstante		S	$1{,}366 \cdot 10^{3}$ W · m^{-2}
Universelle Gaskonstante		R	8,314472 J · K^{-1} · mol^{-1}
Elektron	Ladung (Elementarladung)	e	$1{,}602177 \cdot 10^{-19}$ C
	Ruhemasse	m_e	$9{,}10938188 \cdot 10^{-31}$ kg
	spezifische Ladung	$\frac{e}{m_e}$	$1{,}75881962 \cdot 10^{11}$ C · kg^{-1}
Neutron	Ruhemasse	m_n	$1{,}6749286 \cdot 10^{-27}$ kg
Proton	Ruhemasse	m_p	$1{,}67262158 \cdot 10^{-27}$ kg

11.1 Mathematische Konstanten

Größe	Formelzeichen	Wert
EULERsche Zahl	e	2,716 281 828 459 045 235 36 …
LUDOLFsche Zahl (Kreiszahl)	π	3,141 592 653 589 793 238 46 … $= \frac{22}{7} \approx 3{,}14$

11.2 Teiler und Vielfache natürlicher Zahlen

a heißt **Teiler** von b, wenn es ein Vielfaches einer natürlichen Zahl (ohne 0) gibt, sodass $a \cdot n = b$ gilt.	b heißt **Vielfaches** von a, wenn a ein Teiler von b ist.

11.3 Rechnen mit positiven und negativen Zahlen

Betrag einer Zahl	$\lvert a \rvert = \begin{cases} a, \text{ wenn } a \geq 0 \\ -a, \text{ wenn } a < 0 \end{cases}$	Der Betrag einer Zahl entspricht dem Abstand dieser Zahl von 0 auf der Zahlengerade	
Rechenregel	$a - (-b) = a + b$ $a \cdot (-b) = -ab$ $a : (-b) = -\frac{a}{b}$	$-a - b = -(a + b)$ $(-a) \cdot b = -ab$ $(-a) : b = -\frac{a}{b}$	$(-a) - (-b) = -a + b$ $(-a) \cdot (-b) = +ab$ $(-a) : (-b) = +\frac{a}{b}$

11.4 Bruchrechnung

Bruch	$\frac{a}{b}$ heißt **Bruch**, a heißt **Zähler**, b heißt **Nenner**.	
Kehrwert	Der Bruch $\frac{b}{a}$ heißt **Kehrwert** von $\frac{a}{b}$.	Es gilt: $\frac{a}{b} \cdot \frac{b}{a} = 1$
Erweitern und Kürzen	Erweitern: $\frac{a}{b} = \frac{a \cdot c}{b \cdot c}$ $(c \neq 0)$	Kürzen: $\frac{a}{b} = \frac{a : c}{b : c}$ $(c \neq 0)$
Addition und Subtraktion	Gleichnamige Brüche: $\frac{a}{b} \pm \frac{c}{b} = \frac{a \pm c}{b}$	Ungleichnamige Brüche: $\frac{a}{b} \pm \frac{c}{d} = \frac{a \cdot d \pm b \cdot c}{b \cdot d}$
Multiplikation und Division	Multiplikation: $\frac{a}{b} \cdot \frac{c}{d} = \frac{a \cdot c}{b \cdot d}$	Division: $\frac{a}{b} : \frac{c}{d} = \frac{a}{b} \cdot \frac{d}{c} = \frac{a \cdot d}{b \cdot c}$
Umwandeln in Dezimalzahl	$\frac{a}{b} = a : b$	
Gilt wenn a, b, c und d Elemente der ganzen Zahlen sind. Nenner $\neq 0$		

11.5 Termumformungen

Kommutativgesetze	$a + b = b + a$ $a \cdot b = b \cdot a$
Distributivgesetz	$a \cdot (b + c) = a \cdot b + a \cdot c$
Assoziativgesetze	$a + (b + c) = (a + b) + c$ $a \cdot (b \cdot c) = (a \cdot b) \cdot c$
Binomische Formeln	$(a + b) \cdot (c + d) = a \cdot c + a \cdot d + b \cdot c + b \cdot d$ $(a + b)^2 = a^2 + 2ab + b^2$ $(a - b)^2 = a^2 - 2ab + b^2$ $(a + b)(a - b) = a^2 - b^2$

11.6 Klammern

Klammern auflösen	$(a + b) \cdot (c + d) = a \cdot c + a \cdot d + b \cdot c + b \cdot d$ $a + (b + c) = a + b + c$ $a - (b + c) = a - b - c$
Ausklammern	$a \cdot b + a \cdot c = a \cdot (b + c)$

12.1 Dreisatz

Verfahren, durch das mit drei gegebenen Größen eine vierte errechnet wird.
In allen Dreisatzaufgaben sind die auftretenden Größen direkt oder indirekt proportional.

Schritte:
(1) Schluss vom Wert der bekannten Mehrheit
(2) auf den Wert für eine Mengeneinheit
(3) von dieser Einheit auf die gesuchte Mehrheit

Direkte Proportionalität

Wie viel bezahlt man für 200 m Kupferrohr (15 × 1 mm), wenn 40 m Rohr 312 EUR kosten?

40 m ≙ 312 EUR

$1\ \text{m} \triangleq \frac{312\ \text{EUR}}{40\ \text{m}} = 7{,}80\ \text{EUR}$

200 m ≙ 7,80 EUR · 200 = 1 560 EUR

Umgekehrte Proportionalität

5 Monteure benötigen für die Montage einer Heizungsanlage 16 Tage. Wie viele Tage benötigen 8 Monteure für die Montage der Heizungsanlage?

5 Monteure ≙ 16 Tage

1 Monteur ≙ 16 Tage · 5 = 80 Tage

$8\ \text{Monteure} \triangleq \frac{80\ \text{Tage}}{8} = 10\ \text{Tage}$

12.2 Formeldreieck

Das Formeldreieck ist ein Hilfsmittel zur Formelumstellung. Es gilt für Formeln, die reine Produkte oder Quotienten enthalten. Die gesuchte Größe wird mit einem Finger zugehalten. Umstellungsbeispiel Prozentrechnung

Grundgleichung bzw. Umstellung nach Prozentwert
$W = p\% \cdot G$

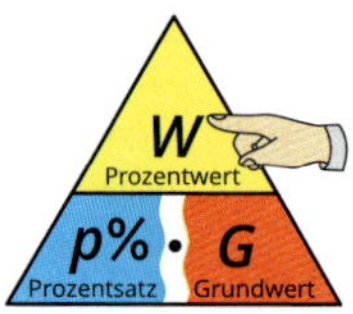

Umstellung nach Prozentsatz
$p\% = \frac{W}{G}$

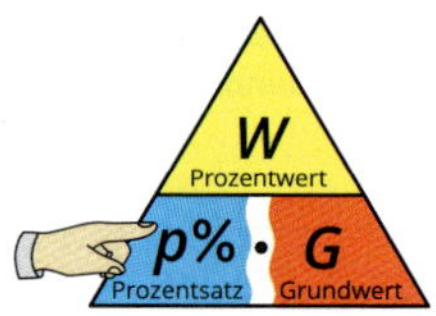

Umstellung nach Grundwert
$G = \frac{W}{p\%}$

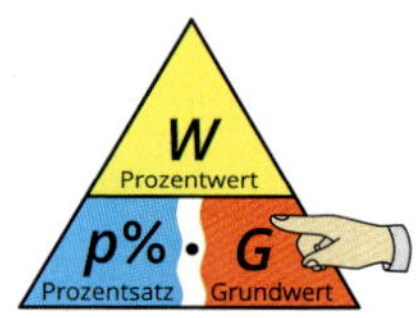

12.3 Prozentrechnung

Grundgleichung: $\frac{W}{P} = \frac{G}{100}$

Prozentsatz: $p\% = \frac{p}{100}$

Promillesatz: $p‰ = \frac{p}{1000}$

W	Prozentwert	
p	Prozentsatz	in %
G	Grundwert	
1 % = 10 ‰		

Ausgewählte Prozentsätze

Prozentsatz	1 %	2 %	$2\frac{1}{2}$ %	4 %	5 %	$6\frac{1}{4}$ %	$6\frac{2}{3}$ %	$12\frac{1}{2}$ %	20 %	25 %	$33\frac{1}{3}$ %	50 %	$66\frac{2}{3}$ %	75 %
Anteil am Grundwert	$\frac{1}{100}$	$\frac{1}{50}$	$\frac{1}{40}$	$\frac{1}{25}$	$\frac{1}{20}$	$\frac{1}{16}$	$\frac{1}{15}$	$\frac{1}{8}$	$\frac{1}{5}$	$\frac{1}{4}$	$\frac{1}{3}$	$\frac{1}{2}$	$\frac{2}{3}$	$\frac{3}{4}$

12.4 Zinsrechnung

Jahreszinsen

$Z = \frac{K \cdot p}{100\ \%}$ $\qquad$ $Z_n = \frac{K \cdot p \cdot n}{100\ \%}$

Monatszinsen: $Z_m = \frac{K \cdot p \cdot m}{100\ \% \cdot 12}$

Tageszinsen: $Z_t = \frac{K \cdot p \cdot t}{100\ \% \cdot 360}$

Rendite (effektive Jahresverzinsung)

$p = \frac{Z \cdot 100\ \%}{K}$

Z	Zinsen	in €
K	Kapital	in €
p	Zinssatz des Kapitals	in %
n	Anzahl der Jahre	
m	Anzahl der Monate	
t	Anzahl der Tage	

Ausgewählte Zinsdivisoren zur Berechnung von Tageszinsen

Zinssatz	2 %	$2\frac{1}{2}$ %	$2\frac{2}{3}$ %	3 %	$3\frac{1}{3}$ %	$3\frac{3}{4}$ %	4 %	$4\frac{1}{2}$ %	5 %	6 %	$6\frac{2}{3}$ %	$7\frac{1}{2}$ %	8 %	9 %	10 %
Zinsdivisor	180	144	135	120	108	96	90	80	72	60	54	48	45	40	36

13.1 Winkel

Begriff	Winkel	Veranschaulichung	Zusammenhänge
Nullwinkel	α		$\alpha = 0°$
Spitzer Winkel	α	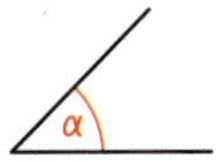	$0° < \alpha < 90°$
Rechter Winkel	α	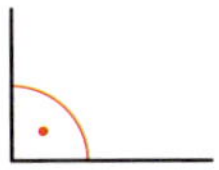	$\alpha = 90°$
Stumpfer Winkel	α	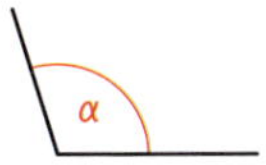	$90° < \alpha < 180°$
Gestreckter Winkel	α	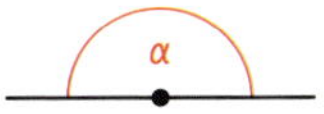	$\alpha = 180°$
Überstumpfer Winkel	α	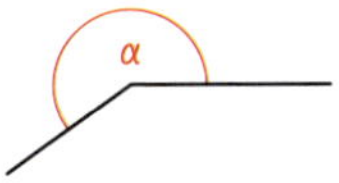	$180° < \alpha < 360°$
Vollwinkel	α	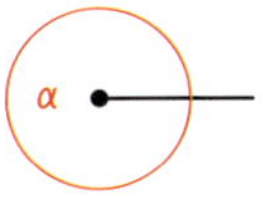	$\alpha = 360°$
Nebenwinkel	$\alpha, \acute{\alpha}$	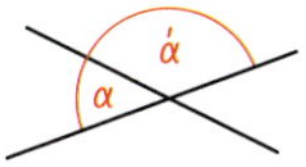	$\alpha + \acute{\alpha} = 180°$
Scheitelwinkel	$\beta, \acute{\beta}$	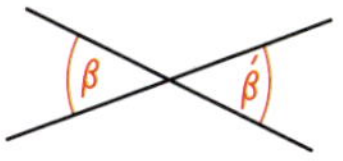	$\beta = \acute{\beta}$
Stufenwinkel	α, β	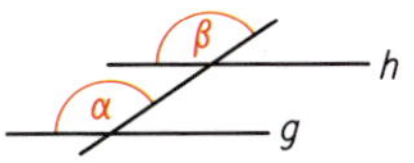	$\alpha = \beta$, wenn g parallel h
Wechselwinkel	γ, δ	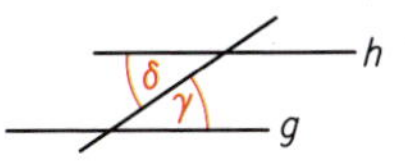	$\gamma = \delta$, wenn g parallel h
Innenwinkel im Dreieck	α, β, γ	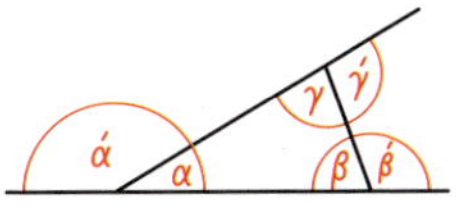	$\alpha + \beta + \gamma = 180°$
Außenwinkel am Dreieck	$\acute{\alpha}, \acute{\beta}, \acute{\gamma}$		$\alpha + \gamma = \acute{\beta}$ $\alpha + \beta = \acute{\gamma}$ $\beta + \gamma = \acute{\alpha}$ $\acute{\alpha} + \acute{\beta} + \acute{\gamma} = 180°$
Komplementwinkel	Zwei Winkel, deren Summe 90° beträgt		
Supplementwinkel	Zwei Winkel, deren Summe 180° beträgt		

1 Grundlagen

14.1 Längen

Teilung von Längen

Randabstand ≠ Teilung

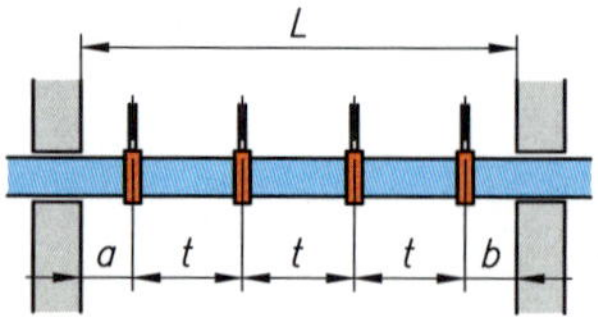

$$t = \frac{L - (a + b)}{n - 1}$$

$$z = n - 1$$

Randabstand = Teilung

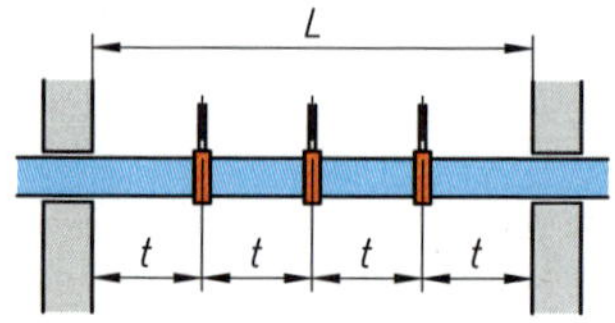

$$t = \frac{L}{n + 1}$$

$$z = n + 1$$

L	Gesamtlänge	in mm
t	Teilung	in mm
a, b	Randabstand	in mm
n	Anzahl der Teilungspunkte	
z	Anzahl der Teilungen	

Kreisteilung

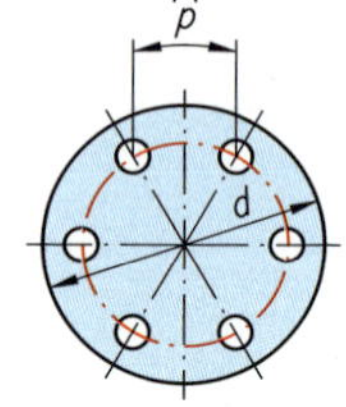

$$\widehat{p} = \frac{d \cdot \pi}{n}$$

$\widehat{p}$	Teilung (Bogenmaß)	in rad
d	Durchmesser	
π	Kreiszahl	≈ 3,14

Gestreckte Länge

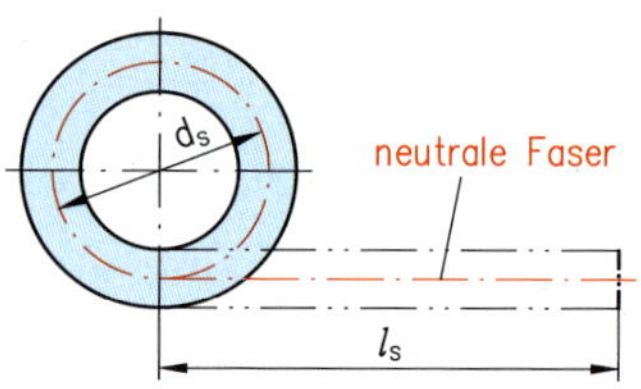

$$l_s = d_s \cdot \pi$$

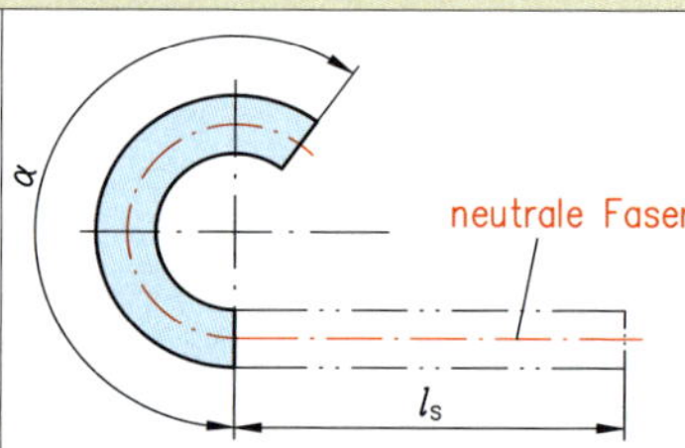

$$l_s = \frac{d_s \cdot \pi \cdot \alpha}{360°}$$

l_s	gestreckte Länge	in mm
d_s	Durchmesser neutrale Faser	in mm
α	Biegewinkel	in mm
π	Kreiszahl	≈ 3,14

Rohrlänge nach der z-Maß-Methode

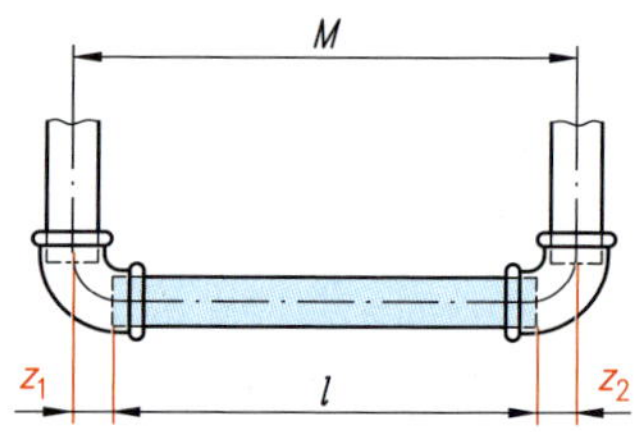

$$l = M - (z_1 + z_2)$$

l	Rohrlänge	in mm
M	Maß von Mitte bis Mitte	in mm
$z_1; z_2$	Konstruktionsmaße aus Fittingtabellen ↑ **110.1 ff**	in mm

14.2 Dreieck

Rechtwinkliges Dreieck

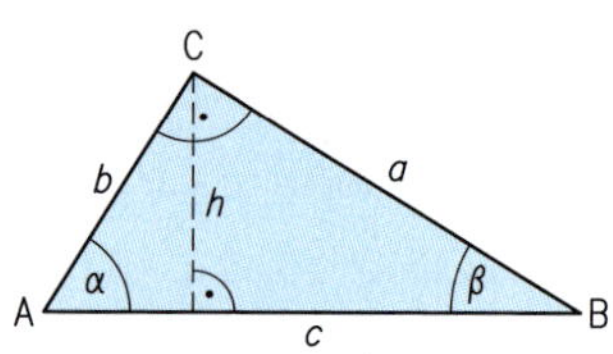

a, b Katheten; c Hypotenuse; h Höhe

Flächeninhalt:

$$A = \frac{1}{2} \cdot a \cdot b = \frac{1}{2} \cdot c \cdot h$$

Umfang:

$$U = a + b + c$$

Satz des Pythagoras:

$$c^2 = a^2 + b^2$$

Winkelfunktion:

$$\sin\alpha = \frac{a}{c} = \frac{\text{Gegenkathete}}{\text{Hypotenuse}}$$

$$\cos\alpha = \frac{b}{c} = \frac{\text{Ankathete}}{\text{Hypotenuse}}$$

$$\tan\alpha = \frac{a}{b} = \frac{\text{Gegenkathete}}{\text{Ankathete}}$$

$$\cot\alpha = \frac{b}{a} = \frac{\text{Ankathete}}{\text{Gegenkathete}}$$

Schiefwinkliges (allgemeines) Dreieck

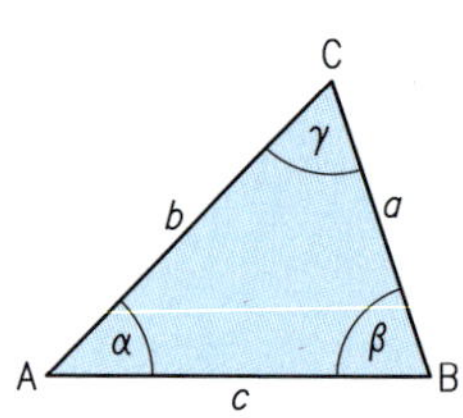

Flächeninhalt:

$$A = \frac{1}{2} ab \sin\gamma = \frac{1}{2} bc \sin\alpha = \frac{1}{2} ac \sin\beta$$

$$A = \frac{a^2}{2} \cdot \frac{\sin\beta \sin\gamma}{\sin\alpha} = \frac{b^2}{2} \cdot \frac{\sin\alpha \sin\gamma}{\sin\beta} = \frac{c^2}{2} \cdot \frac{\sin\alpha \sin\beta}{\sin\gamma}$$

Sinussatz:

$$\frac{a}{\sin\alpha} = \frac{b}{\sin\beta} = \frac{c}{\sin\gamma}$$

$$a : b : c = \sin\alpha : \sin\beta : \sin\gamma$$

Kosinussatz:

$$a^2 = b^2 + c^2 - 2bc \cdot \cos\alpha$$

$$b^2 = a^2 + c^2 - 2ac \cdot \cos\beta$$

$$c^2 = a^2 + b^2 - 2ab \cdot \cos\gamma$$

15.1 Viereck

Begriff, Veranschaulichung	Formeln	Zusammenhänge
Rechteck 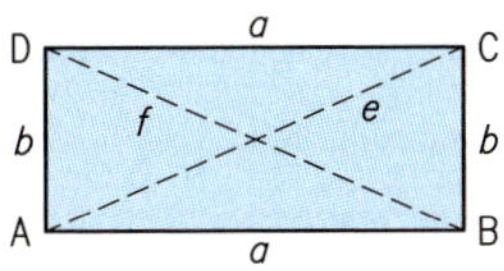	Flächeninhalt: $A = a \cdot b$ Umfang: $U = 2 \cdot (a + b)$ Diagonale: $e = f = \sqrt{a^2 + b^2}$	• Die Diagonalen sind gleich lang und halbieren einander. • Alle Innenwinkel sind gleich groß (90°). • Gegenüberliegende Seiten sind zueinander parallel und gleich lang.
Quadrat 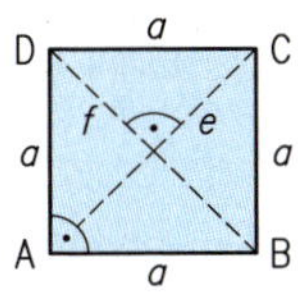	Flächeninhalt: $A = a^2 = \frac{1}{2} \cdot e^2$ Umfang: $U = 4 \cdot a$ Diagonale: $e = f = a \cdot \sqrt{2}$	• Die Diagonalen stehen senkrecht aufeinander, sind gleich lang und halbieren einander. • Alle Innenwinkel sind gleich groß (90°). • Alle Seiten sind gleich lang. • Gegenüberliegende Seiten sind zueinander parallel.
Rhombus (Raute) 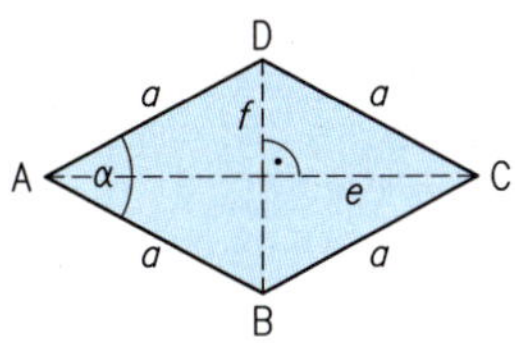	Flächeninhalt: $A = \frac{1}{2} \cdot e \cdot f = a^2 \cdot \sin\alpha$ Umfang: $U = 4 \cdot a$ Diagonale: $e = \sqrt{4 \cdot a^2 - f^2}$ $f = \sqrt{4 \cdot a^2 - e^2}$	• Die Diagonalen stehen senkrecht aufeinander, sind gleich lang und halbieren einander. • Alle Innenwinkel sind gleich groß (90°). • Alle Seiten sind gleich lang. • Gegenüberliegende Seiten sind zueinander parallel.
Trapez 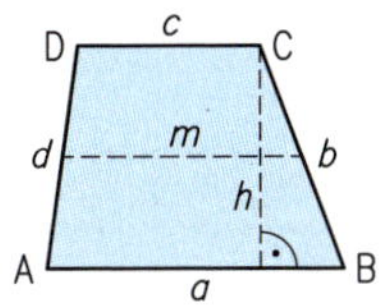	Flächeninhalt: $A = \frac{1}{2} \cdot (a + c) \cdot h = m \cdot h$ Umfang: $U = a + b + c + d$ Mittelparallele (Mittellinie): $m = \frac{1}{2} \cdot (a + c)$	• Mindestens zwei Seiten sind zueinander parallel.
Parallelogramm (Rhomboid) 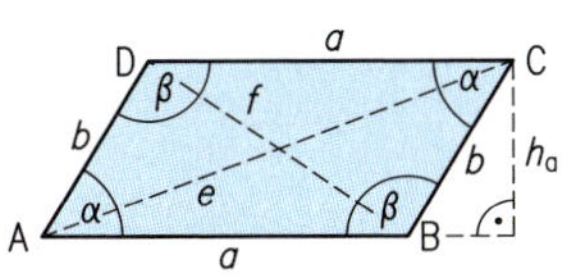	Flächeninhalt: $A = a \cdot h_a = a \cdot b \cdot \sin\alpha$ Umfang: $U = 2 \cdot (a + b)$ Diagonale: $e = \sqrt{2 \cdot (a^2 + b^2) - f^2}$ $f = \sqrt{2 \cdot (a^2 + b^2) - e^2}$	• Die Diagonalen halbieren einander. • Gegenüberliegende Winkel sind gleich groß. • Gegenüberliegende Seiten sind zueinander parallel und gleich lang. • $\alpha + \beta = 180°$.
Drachenviereck 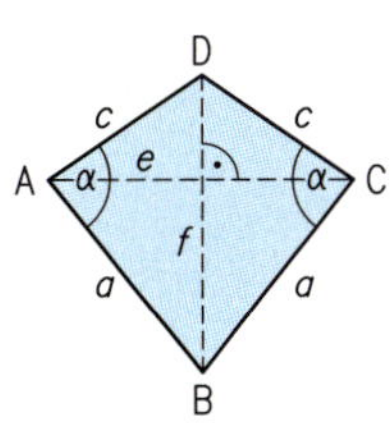	Flächeninhalt: $A = \frac{1}{2} \cdot e \cdot f$ Umfang: $U = 2 \cdot (a + c)$	• Diagonalen stehen senkrecht aufeinander. • Mindestens zwei gegenüberliegende Winkel sind gleich groß.

16.1 Regelmäßige Vielecke (n-Ecken)

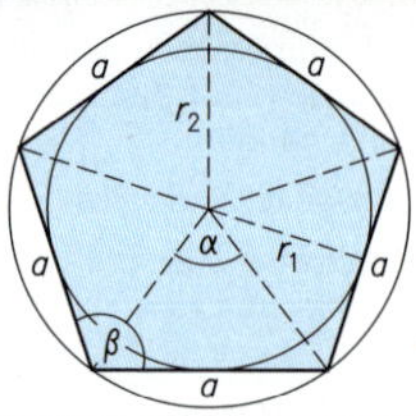

Flächeninhalt:

$A = \frac{n}{2} \cdot a \cdot r_1 = \frac{n}{2} \cdot r_2^2 \cdot \sin\alpha$

Umfang:

$U = n \cdot a$

Mittelpunktswinkel:

$\alpha = \frac{360°}{n}$

- Jedes n-Eck, dessen Seiten gleich lang und dessen Innenwinkel gleich groß sind, heißt regelmäßig.
- Umkreis und Inkreis eines regelmäßigen n-Eck haben den gleichen Mittelpunkt.

n Anzahl der Ecken
r_1 Inkreisradius
r_2 Umkreisradius

16.2 Kreis

Begriff, Veranschaulichung	Formeln	Zusammenhänge
Kreis 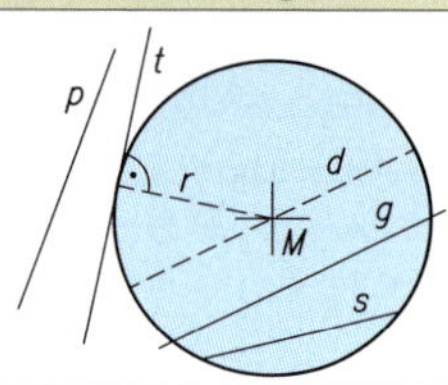	Flächeninhalt: $A = \pi \cdot r^2 = \frac{1}{4} \pi \cdot d^2$ Umfang: $U = 2 \cdot \pi \cdot r = \pi \cdot d$ Durchmesser: $d = 2 \cdot r$	• Tangente und Berührungsradius stehen senkrecht aufeinander. π Kreiszahl ≈ 3,14 p Passante t Tangente r Radius d, D Durchmesser g Sekante s Sehne M Mittelpunkt $\widehat{l_B}$ Bogenlänge A Flächeninhalt U Umfang b Ringbreite
Kreisausschnitt 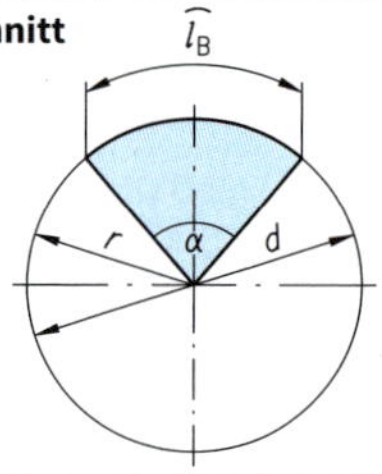	Flächeninhalt: $A = \frac{\pi \cdot r^2 \cdot \alpha}{360°}$ $A = \frac{\pi \cdot d^2 \cdot \alpha}{4 \cdot 360°}$ $A = \frac{\widehat{l_B} \cdot r}{2}$ Bogenlänge: $\widehat{l_B} = \frac{r \cdot \pi \cdot \alpha}{180°}$	
Kreisabschnitt 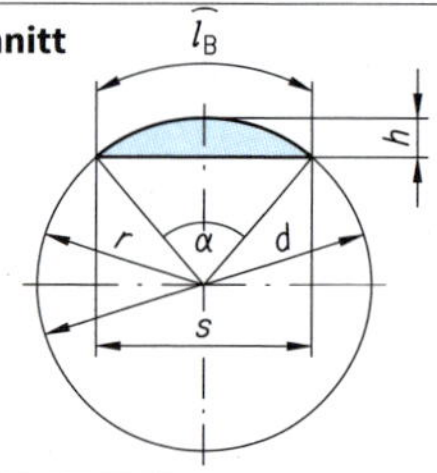	Flächeninhalt: $A = \frac{\widehat{l_B} \cdot r - s \cdot (r - h)}{2}$ Bogenlänge: $\widehat{l_B} = \frac{d \cdot \pi \cdot \alpha}{360°}$ Sehnenlänge: $s = 2 \cdot r \cdot \sin\frac{\alpha}{2}$	
Kreisring 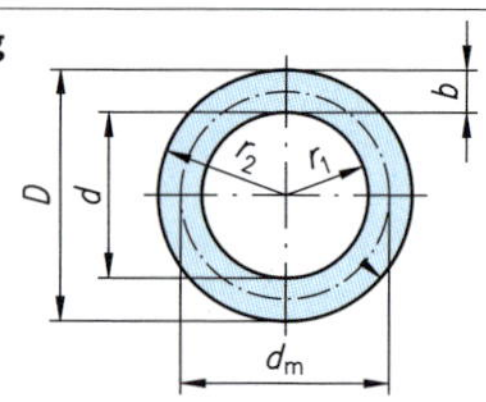	Flächeninhalt: $A = \frac{\pi}{4} \cdot (D^2 - d^2)$ Umfang: $U = 2 \cdot \pi \cdot (r_1 + r_2)$ Ringbreite: $b = r_2 - r_1$	
Kreisringausschnitt 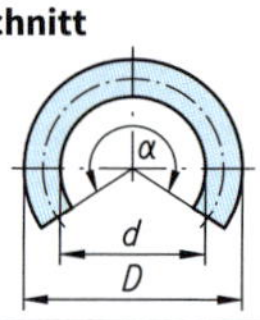	Flächeninhalt: $A = \frac{\pi \cdot \alpha}{4 \cdot 360°} \cdot (D^2 - d^2)$	
Ellipse 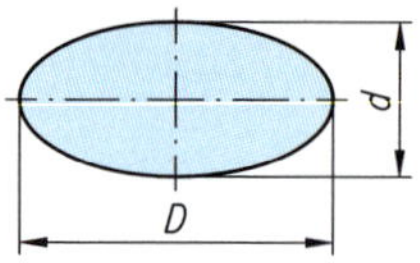	Flächeninhalt: $A = \frac{\pi \cdot D \cdot d}{4}$ Umfang (Näherungsformel): $U = \frac{\pi}{2} \cdot (D + d)$	

17.1 Körper mit ebenen Begrenzungsflächen

Begriff, Veranschaulichung	Formeln	Zusammenhänge
Würfel 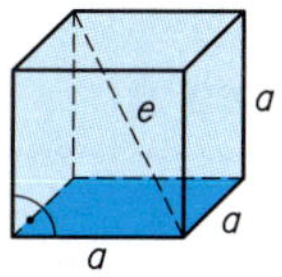	Mantelfläche: $A_M = 4 \cdot a^2$ Oberfläche: $A_O = 6 \cdot a^2$ Volumen: $V = a^3$ Körperdiagonale: $e = a \cdot \sqrt{3}$	Allgemein gilt bei $A_G = A_D$: Oberfläche: $A_O = 2 \cdot A_G + A_M$ Volumen: $V = A_G \cdot h$ A_G Grundfläche A_D Deckfläche h Körperhöhe A_O Oberfläche A_M Mantelfläche e Körperdiagonale V Volumen a, b, c Kantenlänge
Quader 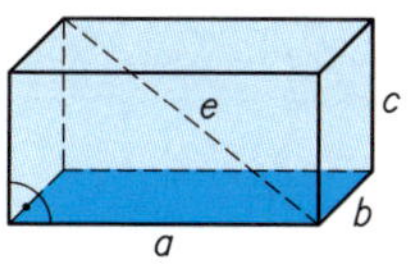	Mantelfläche: $A_M = 2 \cdot (a \cdot c + b \cdot c)$ Oberfläche: $A_O = 2 \cdot (a \cdot b + a \cdot c + b \cdot c)$ Volumen: $V = a \cdot b \cdot c$ Körperdiagonale: $e = \sqrt{a^2 + b^2 + c^2}$	
Regelmäßiges dreiseitiges Prisma 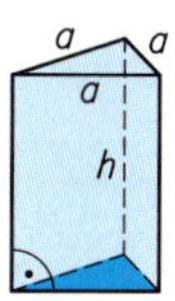	Mantelfläche: $A_M = 3 \cdot a \cdot h$ Oberfläche: $A_O = \frac{a}{2} \cdot (a \cdot \sqrt{3} + 6 \cdot h)$ Volumen: $V = \frac{a^2}{4} \cdot h \cdot \sqrt{3}$	
Gerade quadratische Pyramide 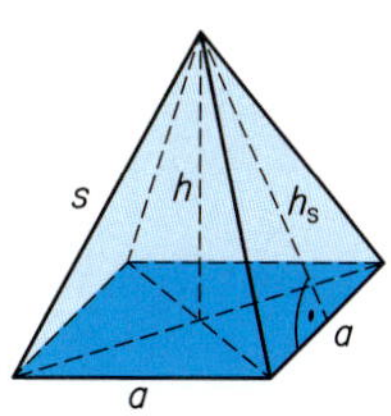	Mantelfläche: $A_M = 2 \cdot a \cdot h_s$ Oberfläche: $A_O = a \cdot (a + 2 \cdot h_s)$ Volumen: $V = \frac{1}{3} \cdot a^2 \cdot h$	Allgemein gilt: Oberfläche: $A_O = A_G + A_M$ Volumen: $V = \frac{1}{3} \cdot A_G \cdot h$
Quadratischer Pyramidenstumpf 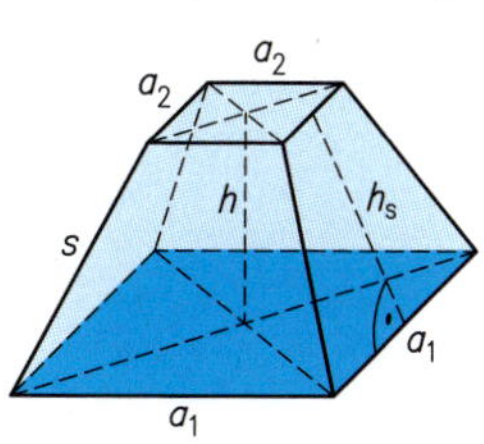	Mantelfläche: $A_M = 2 \cdot (a_1 + a_2) \cdot h_s$ Oberfläche: $A_O = a_1^2 + 2 \cdot (a_1 + a_2) \cdot h_s + a_2^2$ Volumen: $V = \frac{1}{3} \cdot h \cdot (a_1^2 + a_1 \cdot a_2 + a_2^2)$	Allgemein gilt: Oberfläche: $A_O = A_G + A_D + A_M$ Volumen: $V = \frac{h}{3} \cdot (A_G + \sqrt{A_G \cdot A_D} + A_D)$

18.1 Körper mit gekrümmten Begrenzungsflächen

Begriff, Veranschaulichung	Formeln	Zusammenhänge
Gerader Kreiszylinder 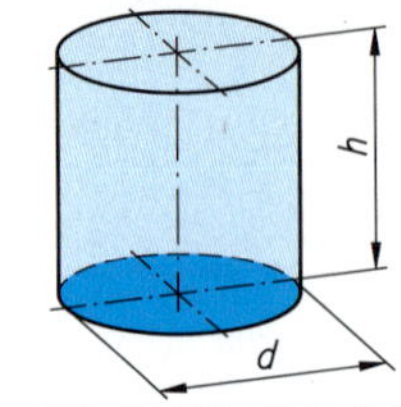	Mantelfläche: $A_M = 2 \cdot \pi \cdot r \cdot h = \pi \cdot d \cdot h$ Oberfläche: $A_O = 2 \cdot \pi \cdot r \cdot (r + h) = \pi \cdot d \cdot \left(\frac{d}{2} + h\right)$ Volumen: $V = \pi \cdot r^2 \cdot h = \frac{\pi}{4} \cdot d^2 \cdot h$ Grundfäche: $A_G = \pi \cdot r^2$	Allgemein gilt bei $A_G = A_D$: Oberfläche: $A_O = 2 \cdot A_G + A_M$ Volumen: $V = A_G \cdot h$ π Kreiszahl ≈ 3,14 A_G Grundfläche A_O Oberfläche A_M Mantelfläche V Volumen h Körperhöhe d Durchmesser r Radius a Wanddicke s Mantellinie
Gerader Hohlzylinder 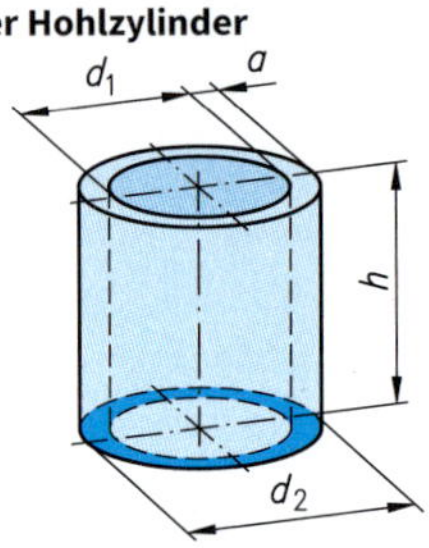	Mantelfläche: $A_M = \pi \cdot h \cdot (d_2 + d_1) = 2 \cdot \pi \cdot h \cdot (r_2 + r_1)$ Oberfläche: $A_O = \frac{\pi}{2} \cdot (d_2 + d_1) \cdot (2 \cdot h + d_2 - d_1)$ $A_O = 2 \cdot \pi \cdot (r_2 + r_1) \cdot (h + r_2 - r_1)$ Volumen: $V = \frac{\pi}{4} \cdot h \cdot (d_2^2 - d_1^2) = \pi \cdot h \cdot (r_2^2 - r_1^2)$ Wanddicke: $a = \frac{d_2 - d_1}{2} = r_2 - r_1$	
Gerader Kreiskegel 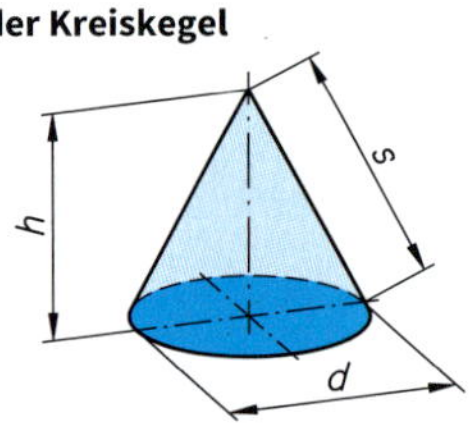	Mantelfläche: $A_M = \pi \cdot r \cdot s = \frac{\pi}{2} \cdot d \cdot s$ Oberfläche: $A_O = \pi \cdot r \cdot (r + s) = \frac{\pi}{4} \cdot d \cdot (d + 2 \cdot s)$ Volumen: $V = \frac{\pi}{3} \cdot r^2 \cdot h = \frac{\pi}{12} \cdot d^2 \cdot h$ Mantellinie: $s = r^2 + h^2$	
Gerader Kegelstumpf 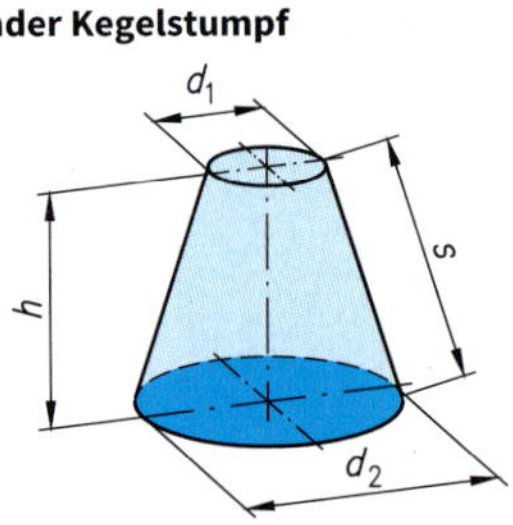	Mantelfläche: $A_M = \pi \cdot s \cdot (r_2 + r_1) = \frac{\pi}{2} \cdot s \cdot (d_2 + d_1)$ Oberfläche: $A_O = \pi \cdot [r_2^2 + r_1^2 + s \cdot (r_2 + r_1)]$ $A_O = \frac{\pi}{4} \cdot [d_2^2 + d_1^2] + 2 \cdot s \cdot (d_2 + d_1)$ Volumen: $V = \frac{\pi}{3} \cdot h \cdot (r_2^2 + r_2 \cdot r_1 + r_1^2)$ $V = \frac{\pi}{12} \cdot h \cdot (d_2^2 + d_2 \cdot d_1 + d_1^2)$ Mantellinie: $s = (r_2 - r_1)^2 + h^2$	
Kugel 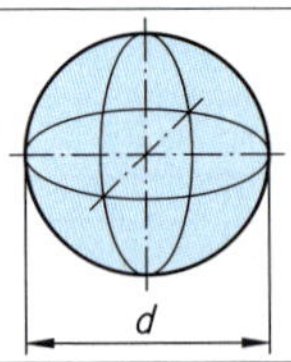	Oberfläche: $A_O = 4 \cdot \pi \cdot r^2 = \pi \cdot d^2$ Volumen: $V = \frac{4}{3} \cdot \pi \cdot r^3 = \frac{1}{6} \cdot \pi \cdot d^3$	
Kugelabschnitt 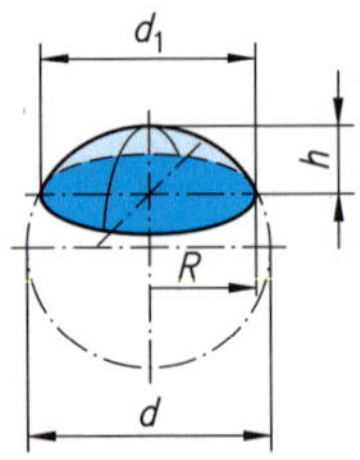	Mantelfläche: $A_M = 2 \cdot \pi \cdot r \cdot h = \pi \cdot (R^2 + h^2)$ Oberfläche: $A_O = \pi \cdot R^2 + 2 \cdot \pi \cdot r \cdot h = \pi \cdot h \cdot (4 \cdot r - h)$ Volumen: $V = \frac{\pi}{3} \cdot h^2 \cdot (3 \cdot r - h) = \frac{\pi}{6} \cdot h \cdot (3 \cdot R^2 + h^2)$ Radius Kugelabschnitt: $R = \sqrt{h \cdot (2 \cdot r - h)}$	

19.1 Kräfte

Begriff, Veranschaulichung	Formeln	Zusammenhänge		
Gewichtskraft 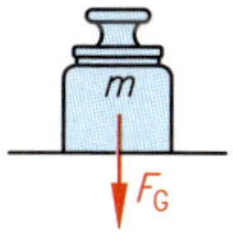	$F_G = m \cdot g$	F_G	Gewichtskraft	in N
		m	Masse	in kg
		g	Fallbeschleunigung $g = 9{,}81\ m/s^2 = 9{,}81\ N/kg$	in m/s^2
Reibungskraft 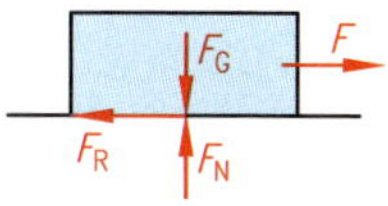	$F_R = \mu \cdot F_N$	F_R	Reibungskraft	in N
		μ	Reibungszahl	
Haftreibung (Ruhe), Gleitreibung (Bewegung) $F < F_R$ $F > F_R$		F_N	Normalkraft	in N
Radialkraft 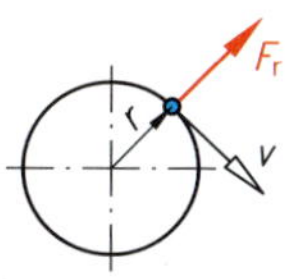	$F_r = m \cdot \frac{v^2}{r}$	F_r	Radialkraft	in N
	$F_r = m \cdot \omega^2 \cdot r$	m	Masse	in kg
		v	Bahngeschwindigkeit	in m/s
		r	Wirkradius	in cm
		ω	Winkelgeschwindigkeit	in rad/s
Federspannkraft 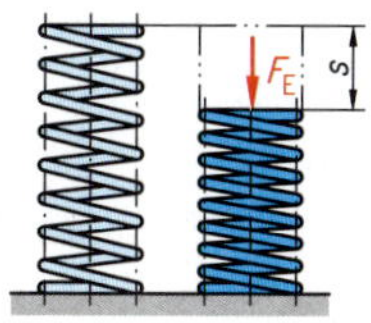	$F_E = D \cdot s$	F_E	Federspannkraft	in N
		D	Federrate	in N/mm
		s	Federweg	in mm
Druckkraft 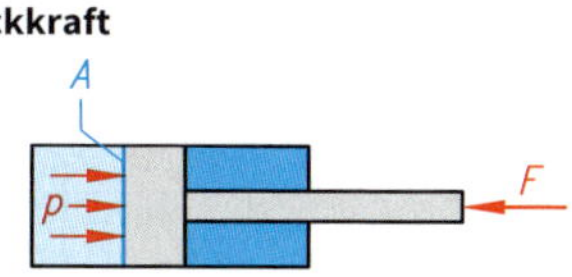	$F = p \cdot A$	F	Druckkraft	in N
		p	Druck	in N/m^2
		A	Fläche	in m^2
Drehmoment 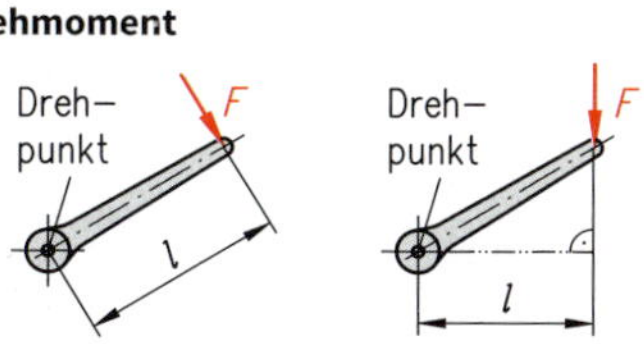	$M = F \cdot l$	M	Drehmoment	in Nm
		F	Kraft	in N
		l	wirksame Hebelarmlänge	in m

19.2 Zusammensetzung von Kräften (gilt analog für Geschwindigkeiten)

$\vec{F}_1$ und $\vec{F}_2$ sind gleich gerichtet.	$\vec{F}_1$ und $\vec{F}_2$ sind entgegengesetzt gerichtet.	$\vec{F}_1$ und $\vec{F}_2$ sind senkrecht zueinander.	$\vec{F}_1$ und $\vec{F}_2$ bilden einen beliebigen Winkel miteinander.
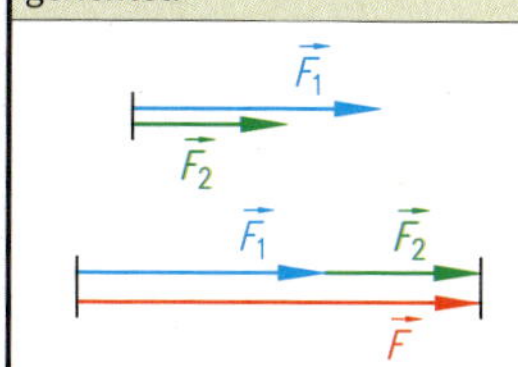	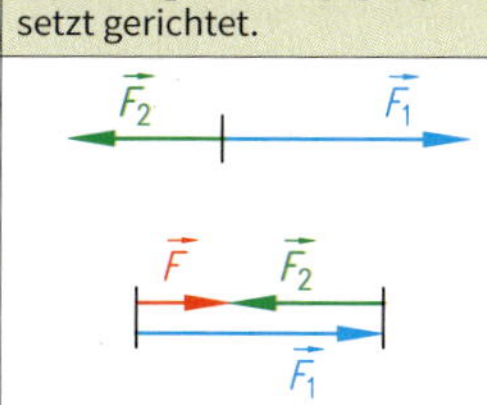	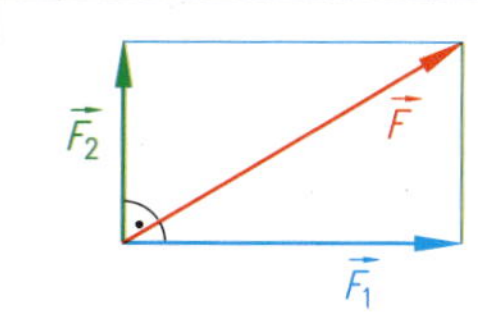	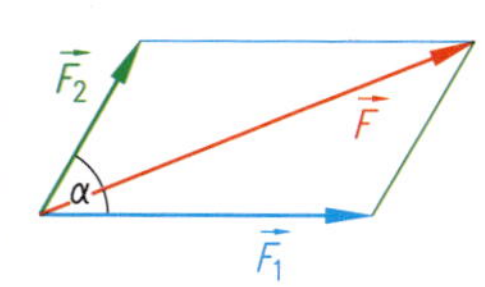
$F = F_1 + F_2$	$F = F_1 - F_2$	$F = \sqrt{F_1^2 + F_2^2}$	$F = \sqrt{F_1^2 + F_2^2 + 2 \cdot F_1 \cdot F_2 \cdot \cos\alpha}$

1 Grundlagen

20.1 Kraftumformende Einrichtungen

Rolle, Flaschenzug

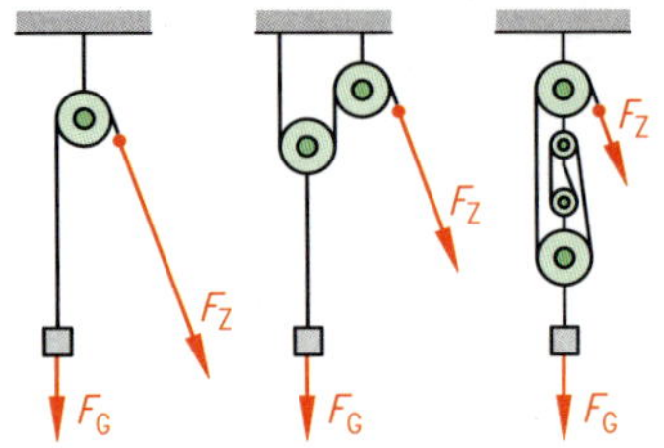

Im Gleichgewicht gilt bei Vernachlässigung der Massen von Seilen und Rollen:

$F_Z = \frac{1}{n} \cdot F_G$

$s_Z = n \cdot s_G$

F_Z	Zugkraft
F_G	Gewichtskraft
s_Z	Zugstrecke
s_G	Strecke Gewicht
n	Anzahl der tragenden Seile

Hebelgesetz

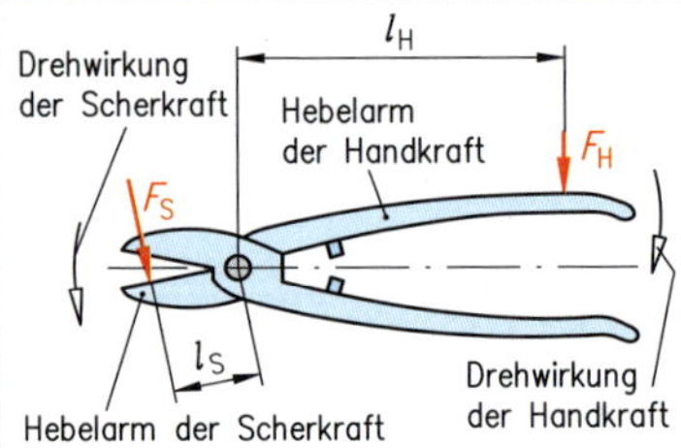

Im Gleichgewicht gilt unter der Bedingung $\vec{l} \perp \vec{F}$ bei Vernachlässigung der Masse des Hebels:

$F_s \cdot l_s = F_H \cdot l_H$

$M_S = M_H$

M	Drehmoment
l	Kraftarm
F	Kraft

Schiefe Ebene

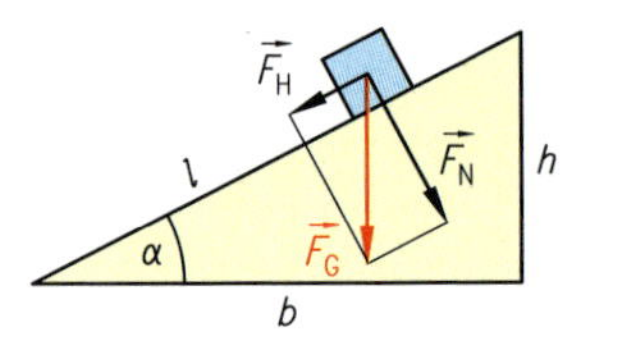

$F_H = F_G \cdot \sin\alpha$

$F_N = F_G \cdot \cos\alpha$

$\frac{F_H}{F_G} = \frac{h}{l}$ $\quad \frac{F_N}{F_G} = \frac{b}{l}$

$\frac{F_H}{F_N} = \frac{h}{b}$

F_G	Gewichtskraft
F_H	Hangabtriebskraft
F_N	Normalkraft
h	Höhe
l	Länge
b	Basis

Goldene Regel der Mechanik: **Was man an Kraft spart, muss man an Weg zusetzen.** $F_1 \cdot s_1 = F_2 \cdot s_2$

20.2 Bewegung

Gleichförmige, geradlinige Bewegung

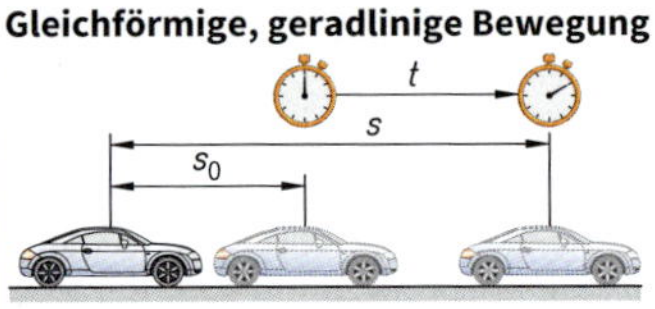

Formeln

Weg: $s = v \cdot t + s_0$

Geschwindigkeit: $v = \frac{\Delta s}{\Delta t}$

Beschleunigung: $a = 0$

Umrechnung:

$1 \frac{m}{s} = 60 \frac{m}{min}$

$1 \frac{km}{h} \approx 0{,}28 \frac{m}{s}$

$1 \frac{km}{h} \approx 16{,}7 \frac{m}{min}$

Zusammenhänge

s	Weg	in m
v	Geschwindigkeit	in m/s
t	Zeit	in s
s_0	Anfangsweg	in m
a	Beschleunigung	in m/s²

Gleichförmige Kreisbewegung

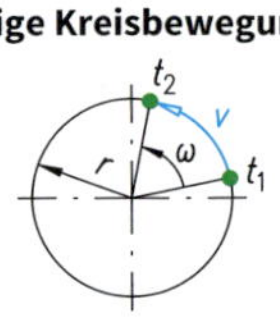

Formeln

Geschwindigkeit: $v = \frac{2\pi \cdot r}{T}$ $\quad v = 2\pi \cdot r \cdot n$ $\quad v = \omega \cdot r$

Beschleunigung: $a_r = \frac{v^2}{r}$ $\quad a_r = \omega^2 \cdot r$

Zusammenhänge

v	Geschwindigkeit	in m/s
r	Radius	in m
T	Umlaufzeit	in s
n	Umdrehungsfrequenz	in 1/s
ω	Winkelgeschwindigkeit	in rad/s
π	Kreiszahl	≈ 3,14
a_r	Radialbeschleunigung	in m/s

Gleichmäßige Beschleunigung mit Anfangsgeschwindigkeit

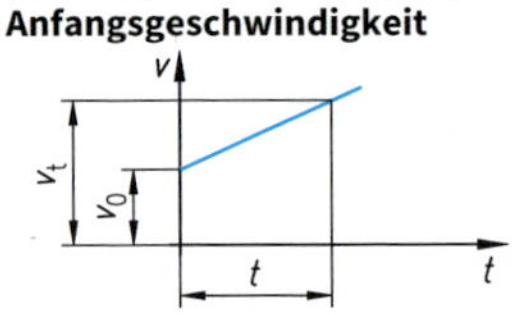

Formeln

Weg: $s = \frac{a}{2} \cdot t^2 + v_0 \cdot t + s_0$

Geschwindigkeit: $v = a \cdot t + v_0$

Beschleunigung: $a = \frac{\Delta v}{\Delta t} = \text{konstant}$

Zusammenhänge

s	Weg	in m
a	Beschleunigung	in m/s²
t	Zeit	in s
v_0	Anfangsgeschwindigkeit	in m/s
s_0	Anfangsweg	in m
v	Geschwindigkeit	in m/s

Gleichmäßige Beschleunigung ohne Anfangsgeschwindigkeit

Formeln

Weg: $s = \frac{a}{2} \cdot t^2$ $\quad s = \frac{v \cdot t}{2}$

Geschwindigkeit: $v = a \cdot t$ $\quad v = \sqrt{2a \cdot s}$

Zusammenhänge

s	Weg	in m
a	Beschleunigung	in m/s²
t	Zeit	in s
v	Geschwindigkeit	in m/s

Freier Fall

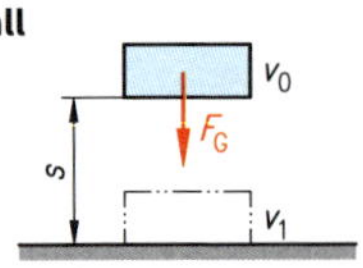

Formeln

Weg: $s = \frac{g}{2} \cdot t^2$

Geschwindigkeit: $v = g \cdot t$ $\quad v = \sqrt{2a \cdot s}$

Beschleunigung: $a = \text{konstant}$

Zusammenhänge

s	Weg	in m
g	Fallbeschleunigung $g = 9{,}81\ m/s^2 = 9{,}81\ N/kg$	in m/s²
t	Zeit	in s
v	Geschwindigkeit	in m/s

1 Grundlagen

21.1 Mechanische Arbeit

Arbeit, Energie

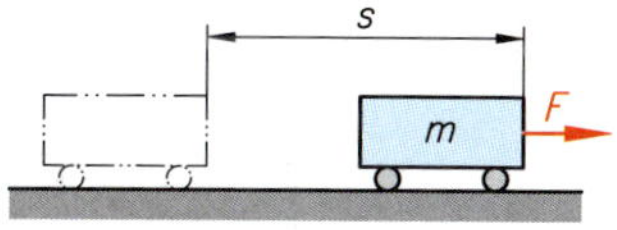

$W = F \cdot s$

$E = F \cdot s$

Gilt unter der Bedingung, dass die Kraft konstant ist.

Beschleunigungsarbeit

$W = F_B \cdot s = m \cdot a \cdot s$

Hubarbeit

$W = F_G \cdot s = m \cdot g \cdot s$

Reibungsarbeit

$W = F_R \cdot s = \mu \cdot F_N \cdot s$

Volumenarbeit (Ausdehnungsarbeit)

$W = -p \cdot \Delta V$

Gilt unter der Bedingung, dass der Druck konstant ist.

W	Arbeit	in Nm
F	Kraft	in N
s	Weg	in m
E	Energie	in Nm
F_B	Beschleunigungskraft	in N
m	Masse	in kg
a	Beschleunigung	in m/s
g	Fallbeschleunigung $g = 9{,}81\ \text{m/s}^2 = 9{,}81\ \text{N/kg}$	in m/s²
F_R	Reibungskraft	in N
μ	Reibungszahl	
F_N	Normalkraft	in N
F_G	Gewichtskraft	in N
p	Druck	in N/m²
V	Volumen	in m³

21.2 Mechanische Energie

Energieerhaltungssatz der Mechanik

In einem abgeschlossenem mechanischen System gilt: $\boldsymbol{E_{mech} = E_{pot} + E_{kin}}$ **= konstant.**

Potenzielle Energie

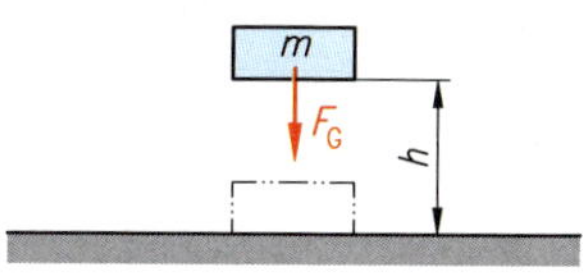

$E_{pot} = F_G \cdot h$

$E_{pot} = m \cdot g \cdot h$

Kinetische Energie

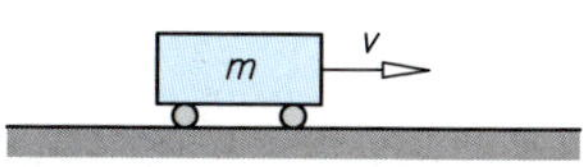

$E_{kin} = \frac{m \cdot v^2}{2}$

E_{mech}	mechanische Energie	in N/m², J
E_{pot}	potenzielle Energie	in N/m², J
E_{kin}	kinetische Energie	in N/m², J
F_G	Gewichtskraft	in N
h	Höhe	in m
m	Masse	in kg
g	Fallbeschleunigung $g = 9{,}81\ \text{m/s}^2 = 9{,}81\ \text{N/kg}$	in m/s²
v	Geschwindigkeit	in m/s

21.3 Mechanische Leistung und Wirkungsgrad

Mechanische Leistung

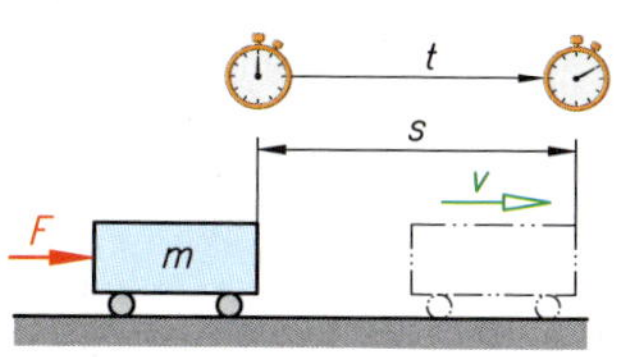

$P = \frac{W}{t}$

Unter der Bedingung v = konstant und F = konstant bzw. M = konstant und ω = konstant gilt:

$P = \frac{F \cdot s}{t} = F \cdot v$ $\quad P = M \cdot \omega$

Wirkungsgrad

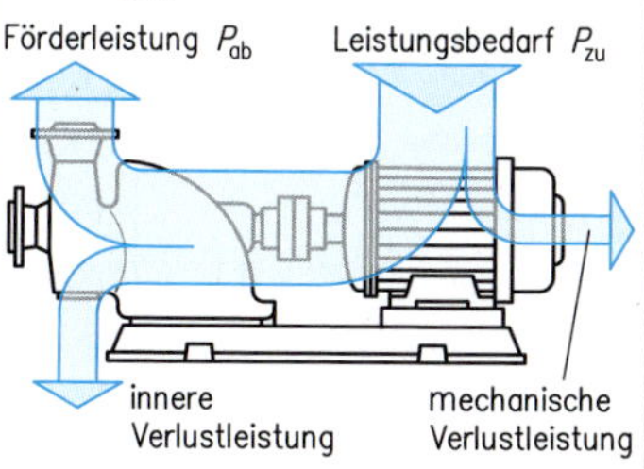

$\eta = \frac{E_{ab}}{E_{zu}}$ $\quad \eta = \frac{W_{ab}}{W_{zu}}$ $\quad \eta = \frac{P_{ab}}{P_{zu}}$

Gesamtwirkungsgrad

$\eta_G = \eta_1 \cdot \eta_2 \cdot \ldots \cdot \eta_n$

P	mechanische Leistung	in J/s, W, Nm/s
W	Arbeit	in Nm
t	Zeit	in s
F	Kraft	in N
s	Weg	in m
v	Geschwindigkeit	in m/s
M	Drehmoment	in Nm
ω	Winkelgeschwindigkeit	in rad/s
E_{ab}	abgegebene Energie	in Nm
E_{zu}	zugeführte Energie	in Nm
W_{ab}	abgegebene Arbeit	in Nm
W_{zu}	zugeführte Arbeit	in Nm
P_{ab}	abgegebene Leistung	in W
P_{zu}	zugeführte Leistung	in W
η	Wirkungsgrad	
η_G	Gesamtwirkungsgrad	
η_n	Teilwirkungsgrad	

1 Grundlagen

22.1 Dichte und Druck

Dichte	$\varrho = \frac{m}{V}$	ϱ	Dichte ↑31 ff	in kg/m³
		m	Masse	in kg
		V	Volumen	in m³
Druck 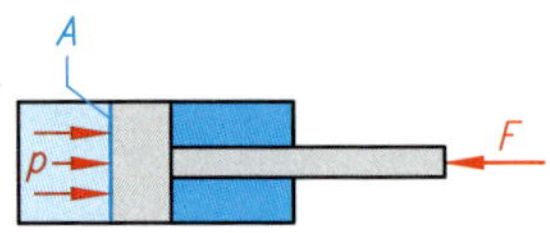	$p = \frac{F}{A}$ Gilt, wenn F senkrecht auf A wirkt. $F = p \cdot A$ $A = \frac{F}{p}$	p	Druck	in Pa, in N/m²
		F	Kraft	in N
		A	Fläche	in m²
Hydrostatischer Druck (Schweredruck) 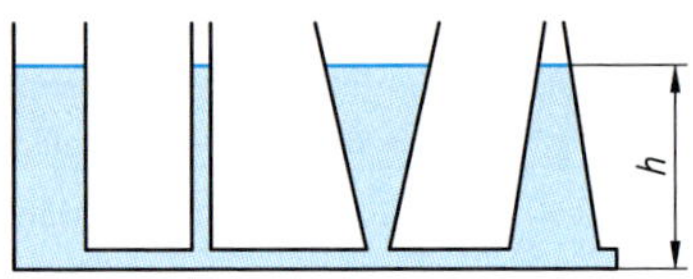	$p = \frac{F_G}{A} = \frac{m \cdot g}{A}$ $p = \varrho \cdot h \cdot g$ $\varrho = \frac{p}{h \cdot g}$ $h = \frac{p}{\varrho \cdot g}$	p	hydrostatischer Druck	in Pa
		F_G	Gewichtskraft	in N
		A	Fläche	in m²
		m	Masse	in kg
		g	Fallbeschleunigung $g = 9{,}81\ m/s^2 = 9{,}81\ N/kg$	in m/s²
		ϱ	Dichte ↑31 ff	in kg/m³
		h	Höhe der Flüssigkeitssäule	in m
Absolutdruck, Atmosphärendruck (Luftdruck), Überdruck, Unterdruck 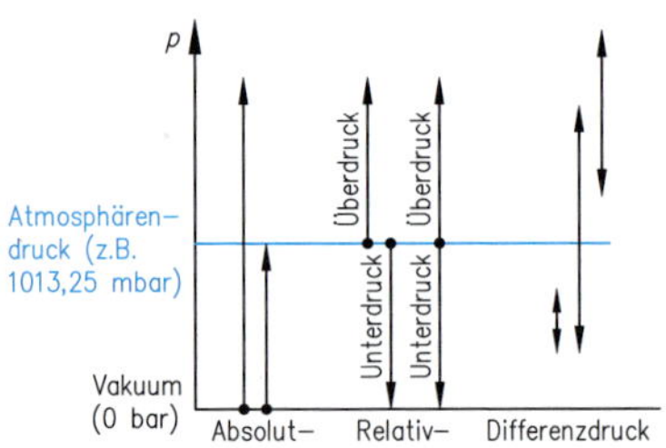	$p_{abs} = p_{amb} + p_e$ Umgebungsdruck (ambienter Druck) bei NN: $p_{amb} = 1{,}013\ bar \approx 1\ bar$	p_{abs}	absoluter Druck	in Pa, hPa, bar, mbar
		p_{amb}	Umgebungsdruck	in Pa, hPa, bar, mbar
		p_e	Überdruck	in Pa, hPa, bar, mbar
Auftriebskraft 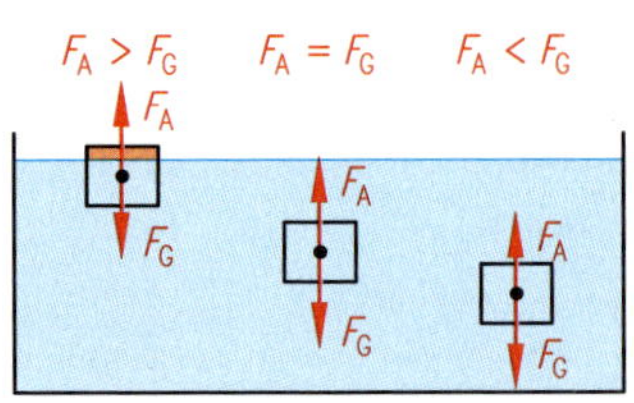	$F_A = \varrho \cdot V \cdot g$ $V = \frac{F_A}{\varrho \cdot g}$	F_A	Auftriebskraftkraft	in N
		F_G	Gewichtskraft	in N
		ϱ	Dichte der Flüssigkeit ↑31 ff	in kg/m³
		V	eingetauchtes Volumen	in m³
		g	Fallbeschleunigung $g = 9{,}81\ m/s^2 = 9{,}81\ N/kg$	in m/s²
Hydraulische Kraftübersetzung 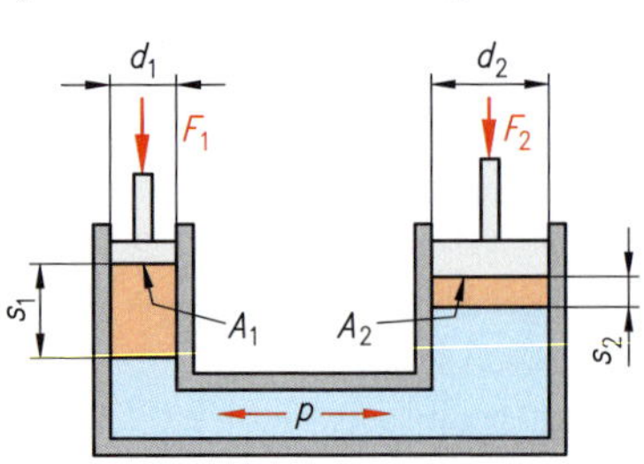	$\frac{F_1}{F_2} = \frac{A_1}{A_2}$ $\frac{F_1}{F_2} = \frac{d_1^2}{d_2^2}$ $\frac{F_1}{F_2} = \frac{s_2}{s_1}$ $i = \frac{F_1}{F_2} = \frac{A_1}{A_2} = \frac{s_2}{s_1} = \frac{d_1^2}{d_2^2}$	F_1	Kolbenkraft 1	in N
		F_2	Kolbenkraft 2	in N
		A_1	Kolbenfläche 1	in m²
		A_2	Kolbenfläche 2	in m²
		d_1	Kolbendurchmesser 1	in m
		d_2	Kolbendurchmesser 2	in m
		s_1	Kolbenweg 1	in m
		s_2	Kolbenweg 2	in m
		i	Übersetzungsverhältnis	

23.1 Strömende Flüssigkeiten und Gase

Abflussvolumen

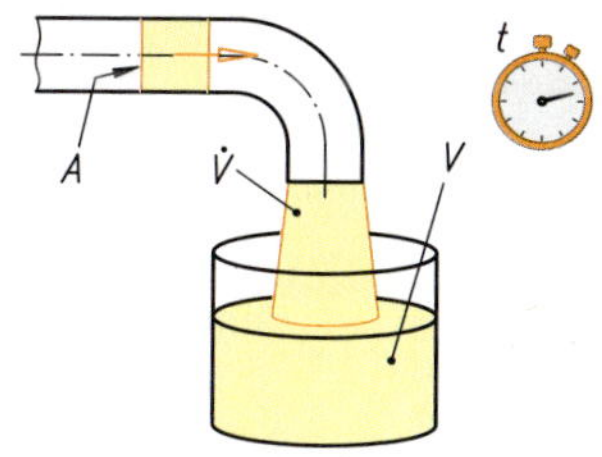

$$V = \dot{V} \cdot t$$

$$V = A \cdot v \cdot t$$

$$A = \frac{V}{v \cdot t}$$

$$v = \frac{V}{A \cdot t}$$

$$t = \frac{V}{A \cdot v}$$

V	Ausflussvolumen	in m^3
$\dot{V}$	Volumenstrom	in m^3/s
t	Zeit	in s
A	Strömungsquerschnitt	in m^2
v	Strömungsgeschwindigkeit	in m/s

Kontinuitätsgleichung

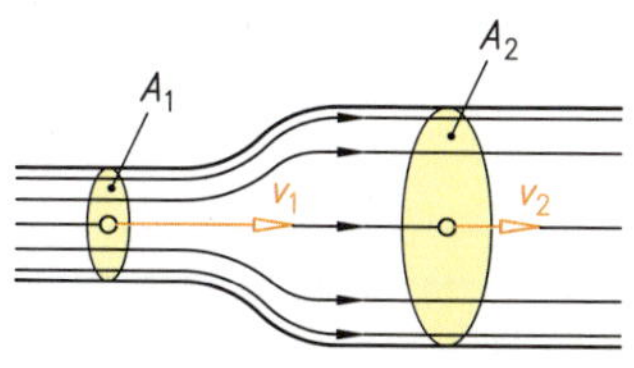

$$\dot{V}_1 = \dot{V}_2$$

$$A_1 \cdot v_1 = A_2 \cdot v_2$$

$$v_1 = \frac{A_2 \cdot v_2}{A_1} \qquad v_2 = \frac{A_1 \cdot v_1}{A_2}$$

$$A_1 = \frac{A_2 \cdot v_2}{v_1} \qquad A_2 = \frac{A_1 \cdot v_1}{v_2}$$

$\dot{V}_1$	Volumenstrom 1	in m^3/s
$\dot{V}_2$	Volumenstrom 2	in m^3/s
A_1	Strömungsquerschnitt 1	in m^2
v_1	Strömungsgeschwindigkeit 1	in m/s
A_2	Strömungsquerschnitt 2	in m^2
v_2	Strömungsgeschwindigkeit 2	in m/s

Volumenstrom

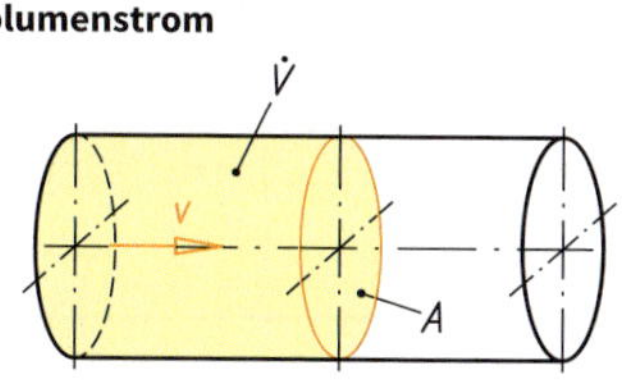

$$\dot{V} = A \cdot v$$

$\dot{V}$	Volumenstrom	in m^3/s
A	Strömungsquerschnitt	in m^2
v	Strömungsgeschwindigkeit	in m/s

Bernoullische Gleichung

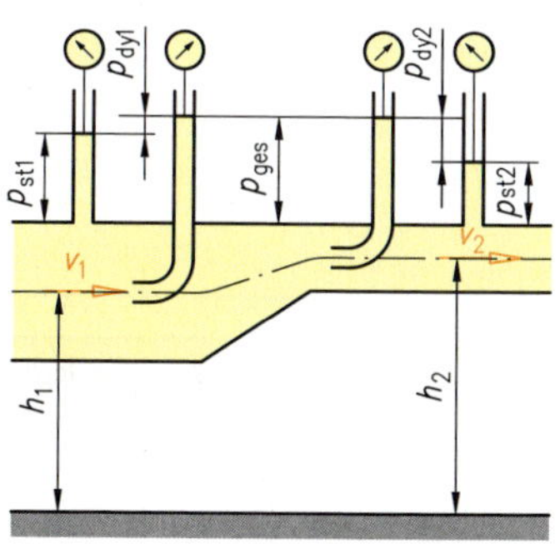

$$p_{st} + p_{dy} + \varrho \cdot g \cdot h = \text{konstant}$$

$$p_{st1} + p_{dy1} + \varrho \cdot g \cdot h_1 = p_{st2} + p_{dy2} + \varrho \cdot g \cdot h_2$$

$$p_{st1} + \frac{\varrho \cdot v_1^2}{2} + \varrho \cdot g \cdot h_1 = p_{st2} + \frac{\varrho \cdot v_2^2}{2} + \varrho \cdot g \cdot h_2$$

p_{st}	statischer Druck	in Pa
p_{dy}	dynamischer Druck	in Pa
ϱ	Dichte des strömenden Mediums ↑ 31 ff	in kg/m^3
g	Fallbeschleunigung $g = 9{,}81\ m/s^2 = 9{,}81\ N/kg$	in m/s^2
h	geodätische Höhe	in m
p_{st1}	statischer Druck 1	in Pa
v_1	Strömungsgeschwindigkeit 1	in m/s
h_1	geodätische Höhe 1	in m
p_{st2}	statischer Druck 2	in Pa
v_2	Strömungsgeschwindigkeit 2	in m/s
h_2	geodätische Höhe 2	in m

Dynamischer Druck, Gesamtdruck

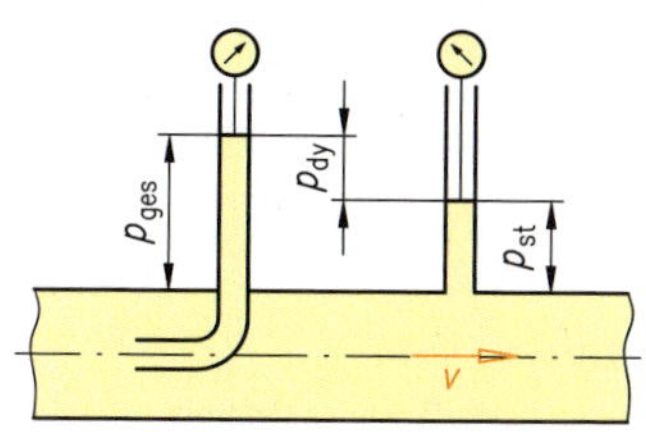

$$p_{ges} = p_{st} + p_{dy}$$

$$p_{dy} = \frac{\varrho \cdot v^2}{2}$$

$$v = \sqrt{\frac{2 \cdot p_{dy}}{\varrho}}$$

p_{ges}	Gesamtdruck	in Pa
p_{st}	statischer Druck	in Pa
p_{dy}	dynamischer Druck	in Pa
ϱ	Dichte des strömenden Mediums ↑ 31 ff	in kg/m^3
v	Strömungsgeschwindigkeit	in m/s

24.1 Wärme und Energie

Temperaturen T und ϑ

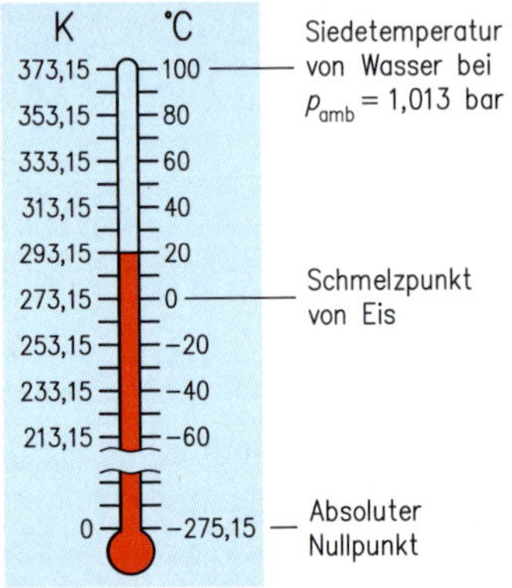

$T = \vartheta + 273{,}15\ \text{K}$

$\vartheta = T - 273{,}15\ \text{K}$

$\Delta T = T_1 - T_2$

$\Delta\vartheta = \vartheta_1 - \vartheta_2$

$\Delta T = \Delta\vartheta$

T	thermodynamische Temperatur (absolute Temperatur)	in K
ϑ	Celsius-Temperatur	in °C
ΔT, $\Delta\vartheta$	Temperaturdifferenz	in K

24.2 Wärmemenge und Energie

$Q = m \cdot c \cdot \Delta\vartheta$

$\Delta\vartheta = \vartheta_2 - \vartheta_1$

Bei Gasen ist bei der spezifischen Wärmekapazität zu unterscheiden zwischen: c_p für p = konstant und c_V für V = konstant

Umrechnungen Wärmemenge ↔ Energie
1 000 Ws = 1 kJ, 1 Wh = 3,6 kJ
1 Ws = 1 J = 1 Nm

Q	Wärmemenge	in Wh oder kJ
m	Masse	in kg
c	spezifische Wärmekapazität ↑34	in Wh/(kg · K) oder kJ/(kg·K)
$\Delta\vartheta$	Temperaturdifferenz	in K
ϑ_1	niedrigere Temperatur	in °C
ϑ_2	höhere Temperatur	in °C

24.3 Wärmeleistung

$\dot{Q} = \frac{m \cdot c \cdot \Delta\vartheta}{t}$

$\dot{Q} = \dot{m} \cdot c \cdot \Delta\vartheta$

$\Delta\vartheta = \vartheta_2 - \vartheta_1$

$\dot{Q} = \frac{Q}{t}$

$\dot{m} = \frac{m}{t}$

$\dot{Q}$	Wärmeleistung	in W oder kW
Q	Wärmemenge	in Wh oder kJ
t	Zeit	in h oder s
$\dot{m}$	Massenstrom	in kg/h oder kg/s
m	Masse	in kg
c	spezifische Wärmekapazität ↑34	in Wh/(kg · K) oder kJ/(kg · K)
$\Delta\vartheta$	Temperaturdifferenz	in K
ϑ_1, ϑ_2	niedrigere bzw. höhere Temperatur	in °C

24.4 Aufheizzeit

$t = \frac{m \cdot c \cdot \Delta\vartheta}{\dot{Q}}$

$\Delta\vartheta = \vartheta_2 - \vartheta_1$

t	Zeit	in h
m	Masse	in kg
c	spezifische Wärmekapazität ↑34	in Wh/(kg · K)
$\Delta\vartheta$	Temperaturdifferenz	in K
$\dot{Q}$	Wärmeleistung	in W
ϑ_1, ϑ_2	niedrigere bzw. höhere Temperatur	in °C

24.5 Verbrennungswärme

Für feste und flüssige Brennstoffe

$Q = H_i \cdot m_B$

Für gasförmige Stoffe

$Q = H_{i,B} \cdot V_G$

$\dot{Q}_{zu} = \dot{Q}_{ab}$

Q	Wärmemenge	in kJ, kWh
H_i	Heizwert	in kWh/kg, kWh/l
$H_{i,B}$	Betriebsheizwert	in kWh/m³
m_B	Masse	in kg
V_G	Gasvolumen im Normzustand	in m³
$\dot{Q}_{zu}$	zugeführter (aufgenommener) Wärmestrom	in W
$\dot{Q}_{ab}$	abgegebener Wärmestrom	in W

25.1 Mischungsregel

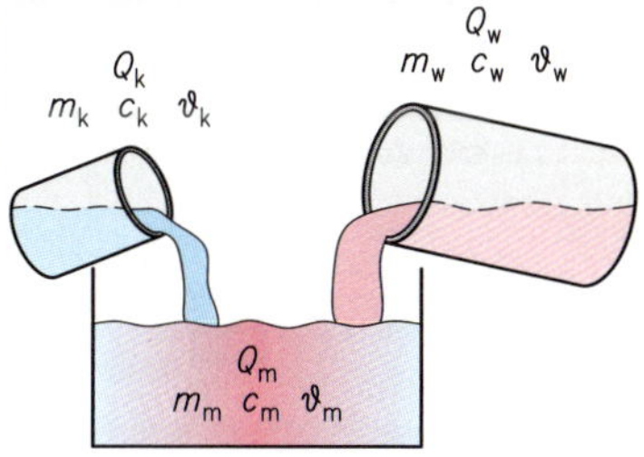

Mischungskreuz

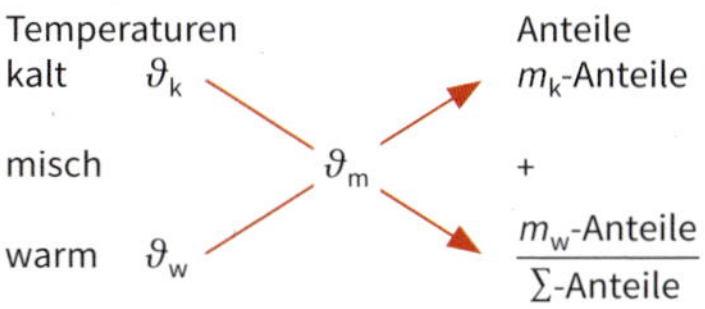

$$m_w = \frac{m_w\text{-Anteile}}{\Sigma\text{-Anteile}} \cdot m_m$$

$$m_k = \frac{m_k\text{-Anteile}}{\Sigma\text{-Anteile}} \cdot m_m$$

$$Q_m = Q_k + Q_w$$

Unter der Bedingung, dass keine Aggregatzustandsänderung auftritt und die Wärmekapazität der Anordnung vernachlässigt wird, gilt:

$$\vartheta_m = \frac{m_k \cdot c_k \cdot \vartheta_k + m_w \cdot c_w \cdot \vartheta_w}{m_k \cdot c_k + m_w \cdot c_w}$$

$$m_k \cdot c_k (\vartheta_k - \vartheta_m) = m_w \cdot c_w (\vartheta_m - \vartheta_w)$$

Bei Mischung gleicher Stoffe:

$$\vartheta_m = \frac{m_k \cdot \vartheta_k + m_w \cdot \vartheta_w}{m_k + m_w}$$

$$\vartheta_k = \frac{m_m \cdot \vartheta_m - m_w \cdot \vartheta_w}{m_k}$$

$$m_k = m_w \cdot \frac{\vartheta_w - \vartheta_m}{\vartheta_m - \vartheta_k}$$

$$m_k = m_m \cdot \frac{\vartheta_w - \vartheta_m}{\vartheta_w - \vartheta_k}$$

$$\vartheta_w = \frac{m_m \cdot \vartheta_m - m_k \cdot \vartheta_k}{m_w}$$

$$m_w = m_k \cdot \frac{\vartheta_m - \vartheta_k}{\vartheta_w - \vartheta_m}$$

$$m_w = m_m \cdot \frac{\vartheta_m - \vartheta_k}{\vartheta_w - \vartheta_k}$$

Q_m	Wärmemenge der Mischung	in Wh
Q_k	Wärmemenge kalter Stoff	in Wh
Q_w	Wärmemenge warmer Stoff	in Wh
ϑ_m	Mischtemperatur	in °C
m_m	Mischungsmasse	in kg
c_m	spezifische Wärmekapazität der Mischung	in Wh/(kg·K)
ϑ_k	Temperatur kalter Stoff	in °C
m_k	Masse kalter Stoff	in kg
c_k	spezifische Wärmekapazität kalter Stoff ↑ 33 ff	in Wh/(kg·K)
ϑ_w	Temperatur warmer Stoff	in °C
m_w	Masse warmer Stoff	in kg
c_w	spezifische Wärmekapazität warmer Stoff ↑ 33 ff	in Wh/(kg·K)

25.2 Wärmeübertragung und Wärmedurchgang

Wärmeleitung

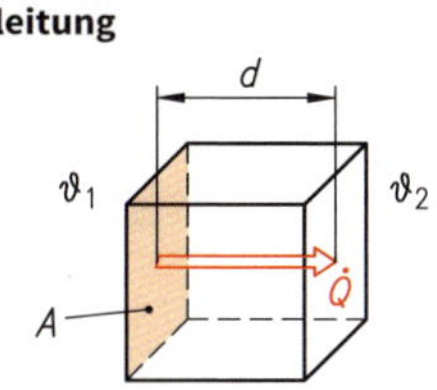

$$\dot{Q} = A \cdot \frac{\lambda}{d} \cdot \Delta\vartheta$$

$$R_\lambda = \frac{d}{\lambda}$$

$$\dot{Q} = A \cdot \frac{1}{R_\lambda} \cdot \Delta\vartheta$$

$\dot{Q}$	Wärmestrom	in W oder kW
A	Fläche	in m²
λ	Wärmeleitfähigkeit ↑ 34	in W/(m · K)
d	Bauteildicke	in m
$\Delta\vartheta$	Temperaturdifferenz	in K
R_λ	Wärmeleitwiderstand	in m² · K/W
ϑ_1, ϑ_2	niedrigere bzw. höhere Temperatur	in °C

Konvektion (Wärmeübergang)

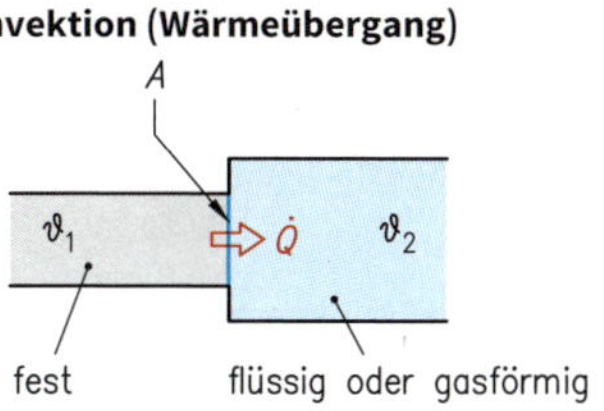

$$\dot{Q} = A \cdot \alpha \cdot \Delta\vartheta$$

$$\Delta\vartheta = \vartheta_1 - \vartheta_2$$

$\dot{Q}$	Wärmestrom	in W oder kW
A	Fläche	in m²
α	Wärmeübergangszahl	in W/(m² · K)
$\Delta\vartheta$	Temperaturdifferenz	in K
ϑ_1, ϑ_2	niedrigere bzw. höhere Temperatur	in °C

Wärmedurchgang

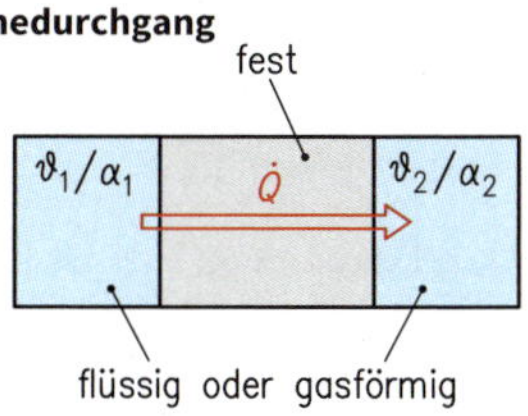

$$\dot{Q} = A \cdot U \cdot \Delta\vartheta$$

$$\Delta\vartheta = \vartheta_1 - \vartheta_2$$

$$\frac{1}{U} = \frac{1}{\alpha_1} + \frac{1}{\alpha_2} + \frac{d}{\lambda}$$

$\dot{Q}$	Wärmestrom	in W oder kW
A	Fläche	in m²
U	Wärmedurchgangskoeffizient	in W/(m² · K)
$\Delta\vartheta$	Temperaturdifferenz	in K
α	Wärmeübergangszahl	in W/(m² · K)
d	Bauteildicke	in m
λ	Wärmeleitfähigkeit ↑ 34	in W/(m · K)
ϑ_1, ϑ_2	niedrigere bzw. höhere Temperatur	in °C

26.1 Thermisches Verhalten von Festkörpern, Flüssigkeiten und Gasen

Längenausdehnung fester Körper 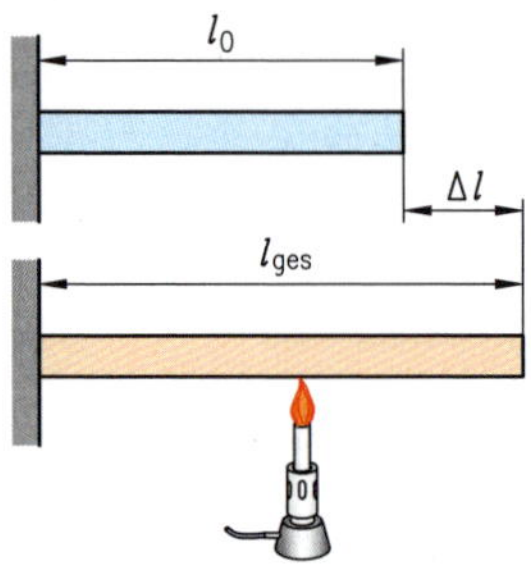	$\Delta l = \alpha \cdot l_0 \cdot \Delta\vartheta$ $\Delta\vartheta = \frac{\Delta l}{\alpha \cdot l_0}$ $l_0 = \frac{\Delta l}{\alpha \cdot \Delta\vartheta}$	Δl	Längenänderung	in m
		l_0	Ausgangslänge	in m
		α	Längenausdehnungszahl ↑ 34.1	in 1/K
		$\Delta\vartheta$	Temperaturdifferenz	in K
		l_{ges}	Gesamtlänge	in m
Volumenänderung fester und flüssiger Körper 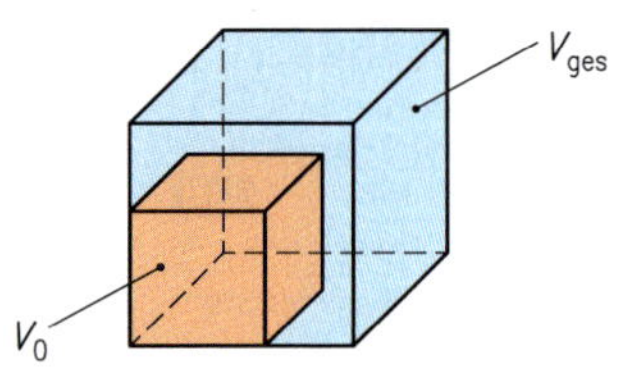	$\Delta V = \gamma \cdot V_0 \cdot \Delta\vartheta$ Für feste Körper gilt: $\gamma = 3 \cdot \alpha$ Ausnahme: Volumenänderung des Wassers (Anomalie des Wassers)	ΔV	Volumenänderung	in m³
		V_0	Ausgangsvolumen	in m³
		γ	Volumenausdehnungszahl ↑ 34.2	in 1/K
		α	Längenausdehnungszahl ↑ 34.1	in 1/K
		$\Delta\vartheta$	Temperaturdifferenz	in K
Volumenänderung des Wassers 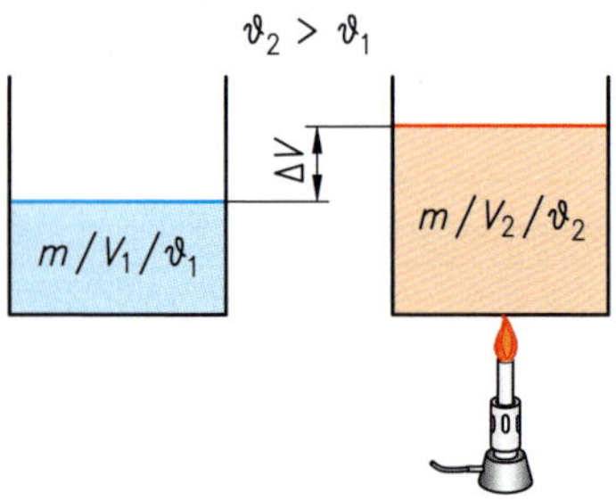	$\Delta V = m \cdot \Delta v$ $\Delta v = v_2 - v_1$	ΔV	Volumenänderung	in dm³
		m	Wassermasse	in kg
		Δv	spezifische Volumendifferenz	in dm³/kg
		v_1	Spezifisches Volumen vor Erwärmung ↑ 31 ff	in dm³/kg
		v_2	Spezifisches Volumen nach Erwärmung ↑ 31 ff	in dm³/kg
Volumenänderung realer Gase (Gesetz von Gay-Lussac)	Unter der Bedingung p = konstant gilt: $\Delta V = \gamma \cdot V_0 \cdot \Delta\vartheta$ $V = V_0 (1 + \gamma \cdot \Delta\vartheta)$	p	Druck	in Pa
		ΔV	Volumenänderung	in m³
		V_0	Ausgangsvolumen	in m³
		γ	Volumenausdehnungszahl ↑ 34.2	in 1/K
		$\Delta\vartheta$	Temperaturdifferenz	in K
Druckänderung realer Gase (Gesetz von Amontons)	Unter der Bedingung V = konstant gilt: $\Delta p = \beta \cdot p_0 \cdot \Delta\vartheta$ $p = p_0 (1 + \beta \cdot \Delta\vartheta)$	Δp	Druckdifferenz	in Pa
		p	Druck	in Pa
		β	Spannungskoeffizient	in 1/K
		p_0	Ausgangsdruck bei 0 °C	in Pa
		$\Delta\vartheta$	Temperaturdifferenz	in K

27.1 Aggregatzustandsänderungen

Schmelzwärme

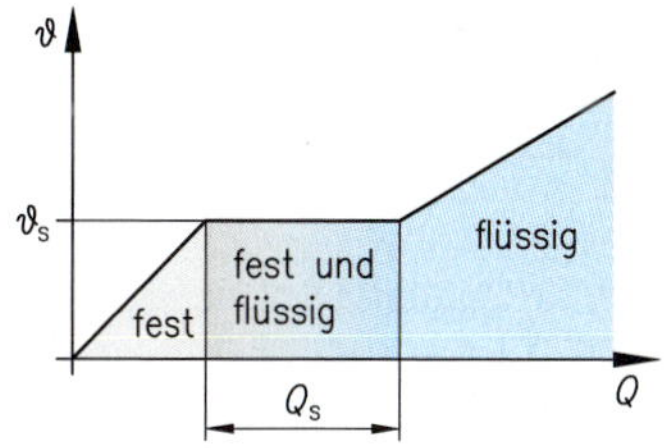

$Q_s = m \cdot q_s$

Q_s	Schmelzwärme	kJ
m	Masse	kg
q_s	spezifische Schmelzwärme	in kJ/kg
ϑ_s	Schmelztemperatur	in °C

Verdampfungswärme

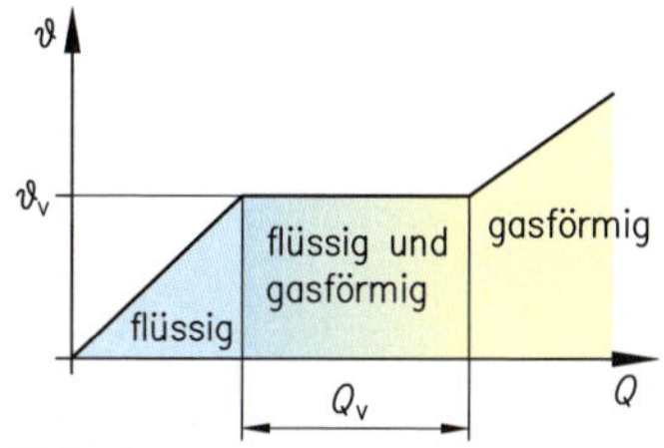

Unter der Bedingung p = konstant gilt:

$Q_v = m \cdot r$

Q_v	Verdampfungswärme	kJ
m	Masse	kg
r	spezifische Verdampfungswärme ↑ 32 ff	in kJ/kg
ϑ_v	Verdampfungstemperatur	in °C

27.2 Thermisches Verhalten des idealen Gases

Normzustand des idealen Gases

Ideale Gase sind Modelle, um die Zusammenhänge zwischen Temperatur, Druck und Volumen von Gasen in einfacher Weise mathematisch beschreiben zu können. Viele reale Gase können somit in guter Näherung mit dem Modell ideales Gas beschrieben werden.

$\vartheta_0 = 0\ °C$ $\quad T_0 = 273{,}15\ K$

$p_0 = 1{,}001325 \cdot 10^5\ Pa$
$= 101{,}325\ kPa$
$= 1\,013{,}25\ mbar$
$= 1{,}01325\ bar$

$V_0 = 2{,}2414 \cdot 10^{-2}\ m^3 \cdot mol^{-1}$

V_0	Molares Norm-Volumen	in m^3/mol
p_0	Norm-Druck	in Pa
T_0	Norm-Temperatur	in K
ϑ_0	Norm-Temperatur	in °C

Gaskonstanten

$R_s = \frac{R}{M}$

$R_s = c_p - c_v$

$R = k \cdot N_A$

R_s	spezifische Gaskonstante	in J/(kg · K)
R	universelle Gaskonstante ↑ 10.2	in J/(K · mol)
M	Molare Masse	in kg/mol
c_p	spezifische Wärmekapazität bei konstantem Druck ↑ 34.3	in kJ/(kg · K)
c_v	spezifische Wärmekapazität bei konstanten Volumen ↑ 34.3	in kJ/(kg · K)
k	Bolzmann-Konstante ↑ 10.2	in J/K
N_A	Avogadro-Konstante ↑ 10.2	in 1/mol

Thermische Zustandsgleichung des idealen Gases

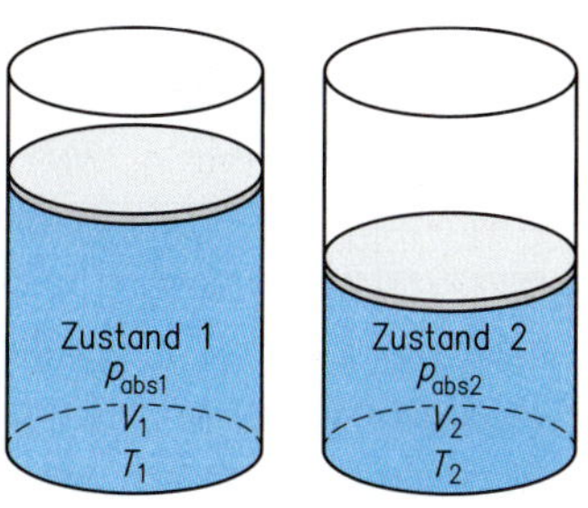

$\frac{p_{abs1} \cdot V_1}{T_1} = \frac{p_{abs2} \cdot V_2}{T_2}$

$p_{abs} \cdot \frac{V}{T} = \text{konstant}$

$p \cdot V = n \cdot R \cdot T$

$p \cdot V = m \cdot R_s \cdot T$

p_{abs1}	absoluter Gasdruck im Zustand 1	in Pa
V_1	Gasvolumen im Zustand 1	in m^3
T_1	absolute Temperatur im Zustand 1	in K
p_{abs2}	absoluter Gasdruck im Zustand 2	in Pa
V_2	Gasvolumen im Zustand 2	in m^3
T_2	absolute Temperatur im Zustand 2	in K
n	Stoffmenge	in kmol
R	universelle Gaskonstante ↑ 10.2	in J/(kg · mol)
R_s	spezifische Gaskonstante	in J/(kg · K)
m	Masse des Gases	in kg

Thermisches Verhalten des idealen Gases				Fortsetzung
Isotherme Zustandsänderung (Gesetz von Bo5yle-Mariotte) 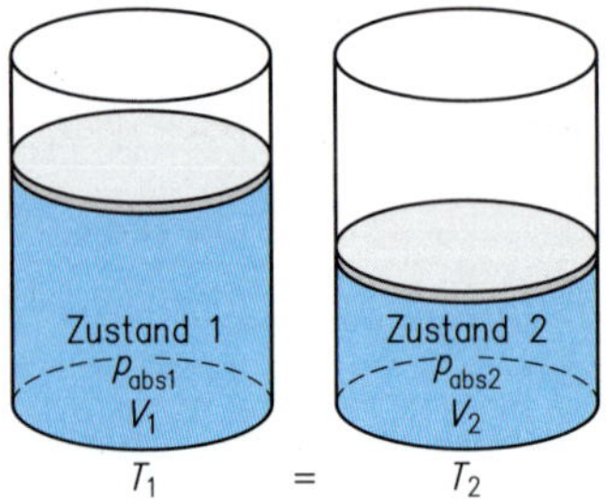	Unter den Bedingungen T = konstant und $p \cdot V$ = konstant gilt: $p_{abs1} \cdot V_1 = p_{abs2} \cdot V_2$	p_{abs1}	absoluter Gasdruck im Zustand 1	in bar
		V_1	Gasvolumen im Zustand 1	in m³
		p_{abs2}	absoluter Gasdruck im Zustand 2	in bar
		V_2	Gasvolumen im Zustand 2	in m³
Isobare Zustandsänderung (Gesetz von Gay-Lussac) 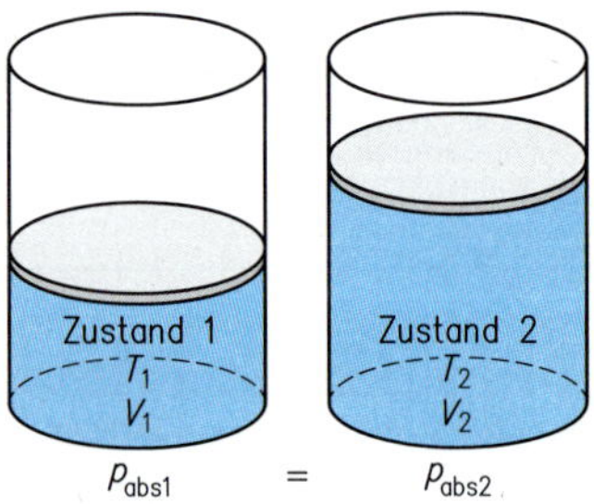	Unter den Bedingungen p = konstant und $\frac{V}{T}$ = konstant gilt: $\frac{V_1}{T_1} = \frac{V_2}{T_2}$	V_1	Gasvolumen im Zustand 1	in m³
		T_1	absolute Temperatur im Zustand 1	in K
		V_2	Gasvolumen im Zustand 2	in m³
		T_2	absolute Temperatur im Zustand 2	in K
Isochore Zustandsänderung (Gesetz von Amontons) 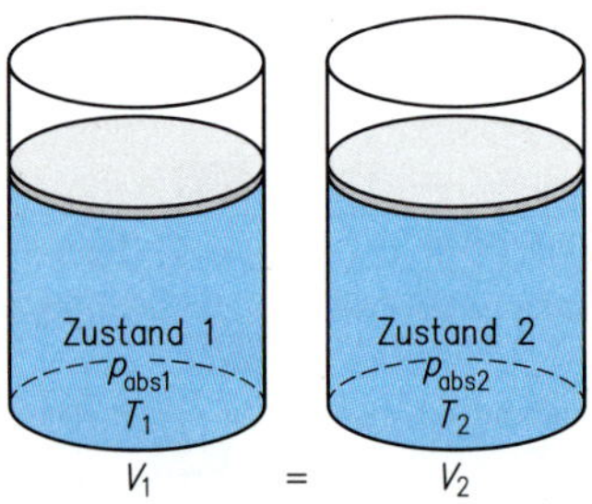	Unter den Bedingungen V = konstant und $\frac{p}{T}$ = konstant gilt: $\frac{p_{abs1}}{T_1} = \frac{p_{abs2}}{T_2}$	p_{abs1}	absoluter Gasdruck im Zustand 1	in bar
		T_1	absolute Temperatur im Zustand 1	in K
		p_{abs2}	absoluter Gasdruck im Zustand 2	in bar
		T_2	absolute Temperatur im Zustand 2	in K

28.1 Thermische Leistung und Wirkungsgrad

Thermische Leistung	$\dot{Q} = \frac{Q_{ab}}{t}$	$\dot{Q}$	thermische Leistung	in kW
		Q_{ab}	abgegebene Wärme	in kWh
		t	Zeit	in h
Wirkungsgrad von Wärmequellen	$\eta_{th} = \frac{Q_{ab}}{Q_{zu}}$	η_{th}	thermischer Wirkungsgrad	
		Q_{ab}	abgegebene Wärme	in kWh
		Q_{zu}	zugegebene Wärme	in kWh
Thermischer Wirkungsgrad 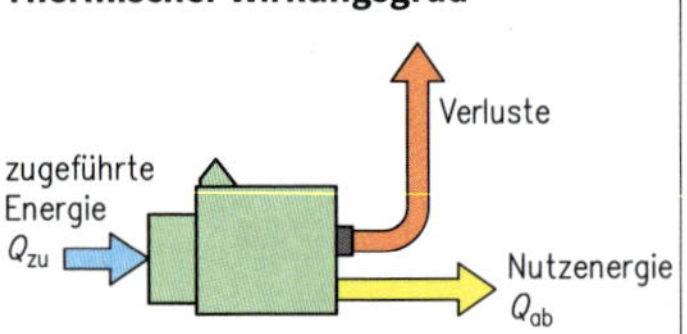	Unter der Bedingung eines CARNOT- oder STIRLING-Prozesses gilt: $\eta_{th} = \frac{Q_{zu} - Q_{ab}}{Q_{zu}}$ $\eta_{th} = 1 - \frac{T_{ab}}{T_{zu}}$	η_{th}	thermischer Wirkungsgrad	
		Q_{zu}	zugegebene Wärme	in kWh
		Q_{ab}	abgegebene Wärme	in kWh
		T_{ab}	Temperatur, bei der Wärme abgegeben wurde	in K
		T_{zu}	Temperatur, bei der Wärme aufgenommen wurde	in K

29.1 Das Periodensystem der Elemente

Ordnungszahl — 1 H 1.0079 — Vorkommen
Masse (u) — Symbol

Symbol: **X** fest, **X** flüssig, **X** gasförmig

Vorkommen: ○ natürlich, nat. radioaktiv, ϟ synthetisch

Serie: Alkalimetall, Erdalkalimetall, Übergangsmetall (├ Lanthanoid, └ Actinoid), Metall, Halbmetall, Nichtmetall (├ Halogen, └ Edelgas)

	1	2	3	4	5	6	7	8	9	10	11	12	13	14	15	16	17	18
1	1 H 1.0079																	2 He 4.0026
2	3 Li 6.941	4 Be 9.0122											5 B 10.811	6 C 12.011	7 N 14.007	8 O 15.999	9 F 18.998	10 Ne 20.18
3	11 Na 22.99	12 Mg 24.305											13 Al 26.982	14 Si 28.086	15 P 30.974	16 S 32.065	17 Cl 35.453	18 Ar 39.948
4	19 K 39.098	20 Ca 40.078	21 Sc 44.956	22 Ti 47.867	23 V 50.942	24 Cr 51.996	25 Mn 54.938	26 Fe 55.845	27 Co 58.933	28 Ni 58.693	29 Cu 63.546	30 Zn 65.38	31 Ga 69.723	32 Ge 72.64	33 As 74.922	34 Se 78.96	35 Br 79.904	36 Kr 83.798
5	37 Rb 85.468	38 Sr 87.62	39 Y 88.906	40 Zr 91.224	41 Nb 92.906	42 Mo 95.96	43 Tc [97.90]	44 Ru 101.07	45 Rh 102.91	46 Pd 106.42	47 Ag 107.87	48 Cd 112.41	49 In 114.82	50 Sn 118.71	51 Sb 121.76	52 Te 127.6	53 I 126.9	54 Xe 131.29
6	55 Cs 132.91	56 Ba 137.33	57 – 71	72 Hf 178.49	73 Ta 180.95	74 W 183.84	75 Re 186.21	76 Os 190.23	77 Ir 192.22	78 Pt 195.08	79 Au 196.97	80 Hg 200.59	81 Tl 204.38	82 Pb 207.2	83 Bi 208.98	84 Po [208.9]	85 At [209.9]	86 Rn [222.0]
7	87 Fr [223.0]	88 Ra [226.0]	89 – 103	104 Rf [263.1]	105 Db [262.1]	106 Sg [266.1]	107 Bh [264.1]	108 Hs [269.1]	109 Mt [268.1]	110 Ds [272.1]	111 Rg [272.1]	112 Cn [277]	113 Nh [284]	114 Fl [289]	115 Mc [288]	116 Lv [292]	117 Ts [292]	118 Og [294]

Innere Übergangsmetalle (Lanthanoide und Actinoide)

57 La 138.91	58 Ce 140.12	59 Pr 140.91	60 Nd 144.24	61 Pm [144.9]	62 Sm 150.36	63 Eu 151.96	64 Gd 157.25	65 Tb 158.93	66 Dy 162.5	67 Ho 164.93	68 Er 167.26	69 Tm 168.93	70 Yb 173.05	71 Lu 174.97
89 Ac [227.0]	90 Th 232.04	91 Pa 231.04	92 U 238.03	93 Np [237.0]	94 Pu [244.0]	95 Am [243.0]	96 Cm [247.0]	97 Bk [247.0]	98 Cf [251.0]	99 Es [252.0]	100 Fm [257.0]	101 Md [258.0]	102 No [259.1]	103 Lr [262.1]

30.1 pH-Wert-Skala

↑ 243.2

pH-Wert	0 1 2	3 4 5 6	7	8 9 10	11 12 13 14
Ursache	← Konzentration der Hydronium-Ionen H_3O^+			Konzentration der Hydroxid-Ionen OH^- →	
Universalindikatorpapier					
Eigenschaft der Lösung	stark sauer	schwach sauer	neutral	schwach alkalisch	stark alkalisch

30.2 Säure-Base-Indikatoren

Name	angezeigte Farbe pH_1	< pH_2	pH-Umschlagsbereich
Brillantgrün	gelb	grün	0,0–2,6
Kresolrot	rot	gelb	0,2–1,8
Thymolblau	rot	gelb	1,2–2,8
Methylgelb	rot	gelb	2,4–4,0
Methylorange	rot	gelb	3,1–4,4
Methylrot	rosa	gelb	4,4–6,2
Lackmus	rot	blau	5,0–8,0
Bromthymolblau	gelb	blau	6,0–7,6
Kresolrot	gelb	violett-rot	7,0–8,8
Thymolblau	gelb	blau	8,0–9,6
Phenolphthalein	farblos	rot	8,3–10,0
Alizaringelb R	gelb	orangebraun	10,1–12,0
Indigocarmin	blau	gelb	11,5–13,0

30.3 Stöchiometrisches Rechnen

Relative Atommasse	$A_r = \frac{A}{u}$	A_r A	relative Atommasse $1\ u = 1{,}660\,540 \cdot 10^{-27}$ kg $1\ u = \frac{1}{12}$ der Masse eines Atoms [^{12}C] Kohlenstoff absolute Atommasse	
Stoffmenge	$n = \frac{m}{M} = \frac{V}{V_m}$	n m	Stoffmenge Masse	in mol in kg
Molare Masse	$M = \frac{m}{n}$	M	molare Masse	in kg/mol
Molares Volumen	$V_m = \frac{V}{n}$	V V_m	Volumen molares Volumen	in m^3 in m^3/mol
Stöchiometrische Verhältnisse				
Masse/Masse	$\frac{m_1}{m_2} = \frac{M_1 \cdot n_1}{M_2 \cdot n_2}$	m_1, m_2 n_1, n_2	Massen der Stoffe 1 und 2 Stoffmengen der Stoffe 1 und 2	in kg in mol
Masse/Volumen	$\frac{m_1}{V_2} = \frac{M_1 \cdot n_1}{V_m \cdot n_2}$	M_1, M_2 V_1, V_2	molare Massen der Stoffe 1 und 2 Volumen der gasförmigen Stoffe 1 und 2 bei 0 °C und 101 325 Pa	in kg/mol in m^3
Volumen/Volumen	$\frac{V_1}{V_2} = \frac{n_1}{n_2}$	V_m	molares Norm-Volumen des gasförmigen Stoffs 2	in m^3/mol
Stoffkonzentration				
Konzentration eines Stoffs	$c = \frac{n}{V}$	c n V	Stoffkonzentration Stoffmenge Volumen	in mol/l in mol in l

31.1 Massen- und Volumenberechnung

nach der Dichte ϱ	nach der Länge V', m'	nach der Fläche m''
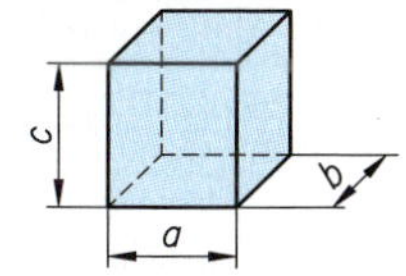	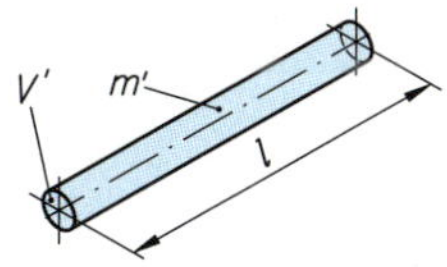	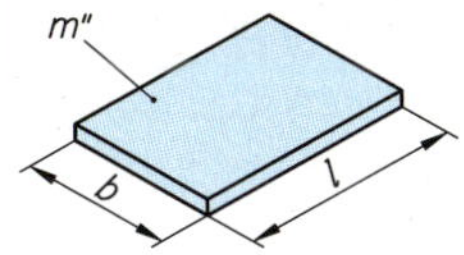
$m = V \cdot \varrho = a \cdot b \cdot c \cdot \varrho$	$m = m' \cdot l$ $\quad V = V' \cdot l$	$m = m'' \cdot A = m'' \cdot b \cdot l$
$\varrho = \frac{m}{V} = \frac{m}{a \cdot b \cdot c}$	$m' = \frac{m}{l}$ $\quad V' = \frac{V}{l}$	$m'' = \frac{m}{A}$
$V = \frac{m}{\varrho}$	$l = \frac{m}{m'}$ $\quad l = \frac{V}{V'}$	$A = \frac{m}{m''}$

Einheiten für Berechnung

Volumen V in	cm^3	dm^3	m^3
Dichte ϱ in	$\frac{g}{cm^3}$	$\frac{kg}{dm^3}$	$\frac{t}{m^3}$
Masse m in	g	kg	t
m'	längenbezogene Masse		in kg/m
m''	flächenbezogene Masse		in kg/m^2

31.2 Temperatur, Dichte und spezifisches Volumen von Wasser bei p_{abs} = 1 013 mbar

Temperatur ϑ in °C	Dichte ϱ in kg/dm^3	spezifisches Volumen v in dm^3/kg	Temperatur ϑ in °C	Dichte ϱ in kg/dm^3	spezifisches Volumen v in dm^3/kg	Temperatur ϑ in °C	Dichte ϱ in kg/dm^3	spezifisches Volumen v in dm^3/kg
–50 Eis	0,8900	1,1236	30	0,9957	1,0043	62	0,9821	1,0182
0 Eis	0,9167	1,0906	31	0,9954	1,0046	63	0,9815	1,0188
0 Wasser	0,9998	1,0002	32	0,9951	1,0049	64	0,9810	1,0193
1	0,9999	1,0001	33	0,9947	1,0053	65	0,9805	1,0199
2	0,9999	1,001	34	0,9944	1,0056	66	0,9799	1,0205
3	0,9999	1,0001	35	0,9940	1,0060	67	0,9792	1,0211
4	**1,0000**	**1,0000**	36	0,9937	1,0063	68	0,9788	1,0217
5	1,0000	1,0000	37	0,9933	1,0067	69	0,9782	1,0223
6	1,0000	1,0000	38	0,9930	1,0070	70	0,9777	1,0228
7	0,9999	1,0001	39	0,9927	1,0074	71	0,9770	1,0235
8	0,9999	1,0001	40	0,9923	1,0078	72	0,9765	1,0241
9	09998	1,0002	41	0,9919	1,0082	73	0,9759	1,0247
10	0,9997	1,0003	42	0,9915	1,0086	74	0,9753	1,0253
11	09997	1,0003	43	0,9911	1,0090	75	0,9748	1,0259
12	0,9996	1,0004	44	0,9907	1,0094	76	0,9741	1,0266
13	0,9994	1,0006	45	0,9902	1,0099	77	0,9735	1,0272
14	0,9993	1,0007	46	0,9899	1,0103	78	0,9729	1,0279
15	0,9992	1,0008	47	0,9894	1,0107	79	0,9723	1,0285
16	0 9990	1,0010	48	0,9889	1,0112	80	0,9716	1,0292
17	0,9988	1,0012	49	0,9884	1,0117	82	0,9704	1,0305
18	0,9987	1,0013	50	0,9880	1,0121	84	0,9691	1,0319
19	0,9985	1,0015	51	0,9876	1,0126	86	0,9678	1,0333
20	0,9983	1,0017	52	0,9871	1,0131	88	0,9665	1,0347
21	0,9981	1,0019	53	0,9866	1,0136	90	0,9652	1,0361
22	0,9976	1,0022	54	0,9862	1,0140	92	0,9638	1,0376
23	0,9975	1,0024	55	0,9857	1,0145	94	0,9624	1,0391
24	0,9974	1,0026	56	0,9852	1,0150	96	0,9610	1,0406
25	0,9971	1,0029	57	0,9846	1,0156	98	0,9596	1,0421
26	0,9968	1,0032	58	0,9842	1,0161	100	0,9581	1,0437
27	0,9966	1,0034	59	0,9837	1,0166	105	0,9545	1,0477
28	0,9963	1,0037	60	0,9832	1,0171	110	0,9507	1,0519
29	0,9960	1,0040	61	0,9126	1,0177			

31.3 Druckabhänigigkeit der Siedetemperatur von Wasser

Druck in mbar	Siedetemperatur in °C	Druck in mbar	Siedetemperatur in °C
500	81,34	1 050	101,0
600	85,95	2 000	120,2
700	89,96	3 000	133,5
800	93,51	4 000	143,6
900	96,71	5 000	151,8
1 000	99,63	8 000	170,4
1 013,25	100,00	10 000	180,0

32.1 Zustandsgrößen von Wasser und Dampf bei Sättigung in Abhängigkeit vom Druck

Absoluter Druck	Überdruck	Siedetemperatur	Spezifisches Volumen		Dichte	Wärmeenthalpie				Verdampfungswärme
			Wasser	Dampf	Dampf	Wasser		Dampf		
p_{abs} in bar	p_e in bar	ϑ_s in °C	v in m³/kg	v'' in m³/kg	ϱ'' in kg/m³	h' in kJ/kg	h' in Wh/kg	h'' in kJ/kg	h'' in Wh/kg	r in Wh/kg
0,01	−0,99	6,98	0,0010001	129,200	0,00774	29,34	8,150	2514,4	698,444	690,278
0,05	−0,95	32,9	0,0010052	28,190	0,03547	137,77	38,269	2561,6	711,555	673,278
0,1	−0,9	45,8	0,0010102	14,670	0,06814	191,83	53,286	2584,8	718,000	664,694
0,2	−0,8	60,1	0,0010172	7,650	0,1307	251,45	69,847	2609,9	724,972	655,111
0,3	−0,7	69,1	0,0010223	5,229	0,1912	289,30	80,361	2625,4	729,278	648,917
0,5	−0,5	81,3	0,0010301	3,240	0,3086	340,56	94,600	2646,0	735,000	640,389
0,7	−0,3	90,0	0,0010361	2,365	0,4229	376,77	104,658	2660,1	738,917	634,250
0,9	−0,1	96,7	0,0010412	1,869	0,5350	405,21	112,558	2670,9	741,917	629,333
1,0	0	99,6	0,0010434	1,694	0,5904	417,51	115,975	2675,4	743,167	627,194
1,013	**0,013**	**100,0**	**0,0010437**	**1,673**	**0,5977**	**419,06**	**116,405**	**2676,0**	**743,333**	**626,928**
1,1	0,1	102,3	0,0010455	1,549	0,6455	426,43	118,454	2678,3	743,959	625,470
1,2	0,2	104,8	0,0010476	1,428	0,7002	436,94	121,373	2682,0	745,006	623,609
1,3	0,3	107,1	0,0010495	1,325	0,7547	446,74	124,094	2685,8	746,052	621,981
1,4	0,4	109,3	0,0010513	1,236	0,8088	455,95	126,652	2688,7	746,866	620,237
1,5	0,5	111,4	0,0010530	1,159	0,8628	467,13	129,758	2693,4	748,167	618,389
1,6	0,6	113,3	0,0010547	1,091	0,9165	472,82	131,338	2694,9	748,611	617,214
1,7	0,7	115,2	0,0010562	1,013	0,9700	480,60	133,501	2697,9	749,424	615,935
1,8	0,8	116,9	0,0010579	0,977	1,0230	488,09	135,582	2700,4	750,122	614,539
1,9	0,9	118,6	0,0010597	0,929	1,076	495,21	137,559	2702,9	750,819	613,261
2,0	1,0	120,2	0,0010608	0,8854	1,129	504,70	140,194	2706,3	751,750	611,556
2,5	1,5	127,4	0,0010675	0,7184	1,392	535,34	148,705	2716,4	754,555	605,833
3,0	2,0	133,5	0,0010735	0,6056	1,651	561,43	155,952	2724,7	756,861	600,889
3,5	2,5	138,9	0,0010789	0,5240	1,908	584,27	162,297	2731,6	758,778	596,500
4,0	3,0	143,6	0,0010839	0,4622	2,163	604,67	167,963	2737,6	760,444	592,500
4,5	3,5	147,9	0,0010885	0,4138	2,417	623,16	173,100	2742,9	761,916	588,805
5,0	4,0	151,8	0,0010928	0,3747	2,669	640,12	177,811	2747,5	763,194	585,389
6,0	5,0	158,8	0,0011009	0,3155	3,170	670,42	186,227	2755,5	765,416	579,167
7,0	6,0	165,0	0,0011082	0,2727	3,667	697,06	193,627	2762,0	767,222	573,583
8,0	7,0	170,4	0,0011150	0,2403	4,162	720,94	200,261	2767,5	768,750	568,472
9,0	8,0	175,4	0,0011213	0,2148	4,655	742,64	206,288	2772,1	770,027	563,750
10,0	9,0	179,9	0,0011274	0,1943	5,147	762,61	211,836	2776,2	771,166	559,333
11,0	10,0	184,1	0,0011331	0,1774	5,637	781,13	216,980	2779,7	772,139	555,139
12,0	11,0	188,0	0,0011386	0,1632	6,127	798,43	221,786	2782,7	772,972	551,194
13,0	12,0	191,6	0,0011438	0,1511	6,617	814,70	226,305	2785,4	773,722	547,417
14,0	13,0	195,0	0,0011489	0,1407	7,106	830,08	230,577	2787,8	774,389	543,805
15,0	14,0	198,3	0,0011539	0,1317	7,596	844,67	234,630	2789,9	774,972	540,333
16,0	15,0	201,4	0,0011586	0,1237	8,085	858,56	238,488	2791,7	775,472	537,000
17,0	16,0	204,3	0,0011633	0,1166	8,575	871,84	242,177	2793,4	115,944	533,750
18,0	17,0	207,1	0,0011678	0,1103	9,065	884,58	245,716	2794,8	776,333	530,639
19,0	18,0	209,8	0,0011723	0,1047	9,555	896,81	249,113	2796,1	776,694	527,583
20,0	19,0	212,4	0,0011766	0,09954	10,05	908,59	252,386	2792,2	775,611	524,611
25,0	24,0	223,9	0,0011972	0,07991	12,51	961,96	267,211	2800,9	778,028	510,833
30,0	29,0	233,8	0,0012163	0,06663	15,01	1008,4	280,111	2802,3	778,416	498,305
40,0	39,0	250,3	0,0012521	0,04975	20,10	1087,4	302,055	2800,3	777,861	475,805
50,0	49,0	263,9	0,0012858	0,03943	25,36	1154,5	320,694	2794,2	776,166	455,472
60,0	59,0	275,6	0,0013187	0,03244	30,83	1213,7	337,139	2785,0	713,611	436,472
80,0	79,0	295,0	0,0013842	0,02353	42,51	1317,1	365,861	2759,9	766,639	400,778
100,0	99,0	311,0	0,0014526	0,01804	55,43	1408,0	391,111	2727,7	757,694	366,583
150,0	149,0	342,1	0,0016579	0,01034	96,71	1611,0	447,500	2615,0	726,389	278,889
200,0	199,0	365,7	0,0020370	0,00588	170,2	1826,5	507,361	2418,4	671,778	164,417
221,2	220,2	374,2	0,00317	0,00317	315,5	2107,4	585,389	2107,4	585,389	0

33.1	Zustandsgrößen trockener und gesättigter Luft bei p_{abs} = 1 013 mbar												
Lufttemperatur ϑ in °C	Partikel-/Sättigungsdruck p_{DS} in m bar	Dichte der feuchten Luft ϱ_s in kg/m³	spezifische Wärmekapazität c_P in Wh/(m³·K)	absolute Luftfeuchte x_s in g/kg	Wärmeinhalt h_s in Wh/kg	Verdampfungswärme r in Wh/kg	Lufttemperatur ϑ in °C	Partikel-/Sättigungsdruck p_{DS} in m bar	Dichte der feuchten Luft ϱ_s in kg/m³	spezifische Wärmekapazität c_P in Wh/(m³·K)	absolute Luftfeuchte x_s in g/kg	Wärmeinhalt h_s in Wh/kg	Verdampfungswärme r in Wh/kg
-20	1,029	1,395	0,388	0,63	-5,14	788,6	20	23,37	1,195	0,332	14,9	16,05	681,4
-15	1,651	1,367	0,380	1,01	-3,50	788,4	21	24,85	1,190	0,331	15,6	17,00	680,8
-14	1,809	1,362	0,379	1,11	-3,14	788,3	22	26,42	1,185	0,329	16,6	17,80	680,0
-13	1,981	1,357	0,377	1,22	-2,78	788,2	23	28,08	1,181	0,328	17,7	18,86	679,4
-12	2,169	1,352	0,376	1,34	-2,44	788,0	24	29,82	1,176	0,327	18,8	20,02	678,8
-11	2,373	1,347	0,374	1,46	-2,08	788,0	25	31,67	1,171	0,326	20,4	21,05	678,0
-10	1,594	1,341	0,373	1,60	-1,69	788,0	26	33,60	1,166	0,324	21,4	21,33	677,5
-9	2,833	1,336	0,371	1,75	-1,31	787,8	27	35,64	1,161	0,322	22,6	23,50	676,9
-8	3,095	1,331	0,370	1,91	-0,92	787,8	28	37,78	1,156	0,321	24,0	24,81	676,1
-7	3,376	1,325	0,368	2,08	-0,53	787,8	29	40,04	1,151	0,320	25,6	26,19	675,6
-6	3,681	1,320	0,367	2,27	-0,01	787,8	30	42,41	1,146	0,318	27,6	27,69	675,0
-5	4,010	1,315	0,366	2,47	0,31	787,8	31	44,91	1,141	0,317	28,8	29,11	674,4
-4	4,368	1,310	0,364	2,69	0,75	787,5	32	47,53	1,136	0,316	30,6	30,61	673,6
-3	4,754	1,306	0,363	2,94	1,19	787,4	33	50,29	1,131	0,314	32,5	32,25	673,1
-2	5,172	1,301	0,362	3,19	1,64	787,4	34	53,18	1,126	0,313	34,4	33,97	672,2
-1	5,612	1,295	0,360	3,47	2,11	787,4	35	56,22	1,121	0,311	36,6	35,86	671,7
0	6,108	1,290	0,359	3,78	2,61	694,4	36	59,40	1,116	0,310	38,8	45,27	671,1
1	6,566	1,285	0,357	4,07	3,11	693,9	37	62,74	1,111	0,309	41,1	39,58	670,6
2	7,055	1,281	0,356	4,37	3,38	693,3	38	66,24	1,107	0,308	44,5	41,56	669,7
3	7,575	1,275	0,354	4,70	4,11	691,8	39	69,91	1,102	0,306	46,0	43,75	669,2
4	8,129	1,271	0,353	5,03	4,64	692,2	40	73,75	1,097	0,305	48,8	46,08	668,3
5	8,718	1,266	0,352	5,40	5,14	691,4	42	81,98	1,086	0,302	54,8	50,86	666,9
6	9,345	1,261	0,351	5,79	5,69	690,6	44	91,00	1,076	0,299	61,3	56,11	665,6
7	10,012	1,256	0,349	6,21	6,28	690,0	46	100,85	1,065	0,296	68,9	62,14	664,4
8	10,721	1,251	0,348	6,65	6,78	689,4	48	111,62	1,054	0,293	77,7	68,67	663,1
9	11,473	1,247	0,347	7,13	7,47	688,9	50	123,35	1,043	0,290	86,2	76,00	661,7
10	12,271	1,241	0,345	7,68	8,11	688,1	55	157,41	1,013	0,282	114,0	97,88	658,3
11	13,118	1,237	0,344	8,15	8,78	687,5	60	199,2	0,981	0,273	152,0	126,94	655,0
12	14,015	1,232	0,342	8,75	9,47	686,9	65	250,1	0,946	0,263	204,0	166,39	651,4
13	14,967	1,118	0,341	9,35	10,17	686,1	70	311,6	0,909	0,252	276,0	221,11	648,1
14	15,974	1,223	0,340	9,97	10,89	685,6	75	385,5	0,868	0,241	382,0	300,28	644,7
15	17,041	1,218	0,339	10,76	11,61	684,7	80	473,6	0,823	0,229	545,0	422,50	641,1
16	18,168	1,214	0,337	11,40	12,44	684,2	85	528,0	0,773	0,215	828,0	634,40	637,8
17	19,960	1,208	0,336	12,10	13,28	683,6	90	701,1	0,718	0,200	1400	1061,4	634,2
18	20,630	1,204	0,335	12,90	14,08	682,8	95	845,2	0,656	0,182	3120	2356,7	630,6
19	21 ,960	1,200	0,334	13,80	15,03	682,2	100	1013,3	0,589	0,164	–	–	627,2

34.1 Stoffwerte fester Stoffe (ϑ = 20 °C; p_{abs} = 1,013 bar)

Stoff	Dichte ϱ_n in kg/dm³	spezifische Wärmekapazität c in Wh/(kg · K)	Längenausdehnungszahl α in 1/K	Längenausdehnungszahl α in mm/(m · K)	Wärmeleitfähigkeit λ in W/(m · K)
Gusseisen					
EN-GJL-200	7,25	0,15	0,000 010 5	0,0105	50
EN-GJS-400-18-LT	7,10	0,14	0,000 012 5	0,0125	36,2
Eis (bei 0 °C)	0,86–0,92	0,57	0,000051	0,051	2,3
Hartmetall	11,9	0,22	0,000 06	0,06	81
Kesselstein	2,4–2,6	0,35	–		0,08–2,0
Kupfer	8,96	0,108	0,000 017	0,017	398
Kunststoffe					
ABS	1,03–1,06	–	0,000 07	0,07	0,17
PP	0,9–0,93	–	0,000 18	0,18	0,2–0,22
PVC-C	1,4	–	0,000 07	0,07	0,2
Stahl					
S195T	7,85	0,138	0,000 011	0,011	15
X5CrNiMo 17-12-2	8,00		0,000 016	0,016	
Rotguss					
G-CuSn5ZnPb	8,8	–	0,000 018 3	0,0183	71
GC-CuSn7ZnPb	8,9		0,000 018 5	0,0185	63

34.2 Stoffwerte flüssiger Stoffe (ϑ = 20 °C; p_{abs} = 1,013 bar)

Stoff	chemische Formel	Dichte ϱ_n in kg/dm³	spezifische Wärmekapazität c in Wh/(kg · K)	Volumenausdehnungszahl γ in 1/K	Wärmeleitfähigkeit λ in W/(m · K)
Aceton	C_3H_6O	0,80	0,599	0,001 49	0,160
Alkohol (Ethanol)	C_2H_5OH	0,79	0,65	0,001 1	0,173
Dieselkraftstoff/Heizöl EL	–	0,8–0,85	0,57	0,000 95	0,15
Maschinenöl	–	0,91	0,58	0,000 93	0,14
Petroleum	–	0,81	0,597	0,001 0	0,13
Schwefelsäure (100 %)	H_2SO_4	1,84	0,384	0,000 57	0,544
Spiritus (95 %)	C_2H_5OH	0,82	0,675	0,001 1	0,17
Wasser	H_2O	1,00[1)]	1,163	–	0,60

[1)] bei 4 °C

34.3 Stoffwerte gasförmiger Stoffe (ϑ = 0 °C; p_{abs} = 1,013 bar)

Stoff	chemische Formel	Dichte ϱ_n in kg/m³	spezifische Wärmekapazität (p = konstant) c_p in Wh/(kg · K)	spezifische Wärmekapazität (V = konstant) c_v in Wh/(kg · K)	Wärmeleitfähigkeit λ in W/(m · K)
Acetylen	C_2H_2	1,17	0,419 8	0,337 2	0,019
Argon	Ar	1,78	0,145 4	0,088 4	0,017
Helium	He	0,18	1,453 8	0,878 0	0,143
Kohlenstoffdioxid	CO_2	1,98	0,227 9	0,174 4	0,015
Kohlenstoffmonoxid	CO	1,250	0,289 6	0,207 0	0,023
Luft (trocken)	–	1,293	0,279 1	0,198 9	0,024
Methan	CH_4	0,72	0,600 1	0,454 7	0,030
Sauerstoff	O_2	1,429	0,254 7	0,182 6	0,024
Schwefeldioxid	SO_2	2,93	0,168 6	0,132 6	0,086
Stickstoff	N_2	1,251	0,288 4	0,205 9	0,024
Wasserstoff	H_2	0,089 9	3,954 2	2,808 6	0,171

35.1 Gefahrsymbole nach Globally Harmonized System of Classification and Labelling of Chemicel (GHS)

Piktogramm	Bildinhalt	Wirkungsbeispiel	Sicherheit
	explodierende Bombe	Explodieren durch Feuer, Schlag, Reibung, Erwärmung; Gefahr durch Feuer, Luftdruck, Splitter	Nicht reiben oder stoßen, Feuer, Funken und jede Wärmeentwicklung vermeiden.
	Flamme	Sind entzündbar; Flüssigkeiten bilden mit Luft explosionsfähige Mischungen; erzeugen mit Wasser entzündbare Gase oder sind selbstentzündbar.	Von offenen Flammen und Wärmequellen fernhalten; Gefäße dicht schließen; brandsicher aufbewahren.
	Flamme über Kreis	Wirken oxidierend und verstärken Brände. Bei Mischung mit brennbaren Stoffen entstehen explosionsgefährliche Gemische.	Von brennbaren Stoffen fernhalten und nicht mit diesen mischen; sauber aufbewahren.
	Gasflasche	Gasflaschen unter Druck können beim Erhitzen explodieren, tiefkalte Gase erzeugen Kälteverbrennungen.	Nicht erhitzen; bei tiefkalten Gasen Schutzhandschuhe und Schutzbrille tragen.
	Ätzwirkung	Zerstören Metalle und verätzen Körpergewebe; schwere Augenschäden sind möglich.	Kontakt vermeiden; Schutzbrille und Handschuhe tragen. Bei Kontakt Augen und Haut mit Wasser spülen.
	Totenkopf mit Knochen	Führen in kleineren Mengen sofort zu schweren gesundheitlichen Schäden oder zum Tode.	Nicht einatmen, berühren, verschlucken. Arbeitsschutz tragen. Sofort Giftinformationszentrum oder Arzt anrufen. Stabile Seitenlage.
	Ausrufezeichen	Führen zu gesundheitlichen Schäden, reizen Augen, Haut oder Atemwegsorgane. Führen in größeren Mengen zum Tode.	Bei Hautreizungen oder Augenkontakt mit Wasser oder geeignetem Mittel spülen.

Piktogramm	Bildinhalt	Wirkungsbeispiel	Sicherheit
	Gesundheitsgefahr	Wirken allergieauslösend, krebserzeugend (carcinogen), erbgutverändernd (mutagen), fortpflanzungsgefährdend und fruchtschädigend (reprotoxisch) oder organschädigend.	Vor der Arbeit mit solchen Stoffen muss man sich gut informieren; Schutzkleidung und Handschuhe, Augen- und Mundschutz oder Atemschutz tragen.
	Umwelt	Sind für Wasserorganismen schädlich, giftig oder sehr giftig, akut oder mit Langzeitwirkung.	Nur im Sondermüll entsorgen, keinesfalls in die Umwelt gelangen lassen.

36.1 Gefahrenhinweise (R-Sätze)

- R 1 In trockenem Zustand explosionsgefährlich.
- R 2 Durch Schlag, Reibung, Feuer und andere Zündquellen explosionsgefährlich.
- R 3 Durch Schlag, Reibung, Feuer und andere Zündquellen besonders explosionsgefährlich.
- R 4 Bildet hochempfindliche explosionsgefährliche Metallverbindungen.
- R 5 Beim Erwärmen explosionsfähig.
- R 6 Mit und ohne Luft explosionsfähig.
- R 7 Kann Brand verursachen.
- R 8 Feuergefahr bei Berührung mit brennbaren Stoffen.
- R 9 Explosionsgefahr bei Mischung mit brennbaren Stoffen.
- R 10 Entzündlich
- R 11 Leichtentzündlich
- R 12 Hochentzündlich
- R 14 Reagiert heftig mit Wasser.
- R 15 Reagiert mit Wasser unter Bildung leicht entzündlicher Gase.
- R 16 Explosionsgefährlich in Mischung mit brandfördernden Stoffen.
- R 17 Selbstentzündlich an der Luft.
- R 18 Bei Gebrauch Bildung explosionsfähiger/leichtentzündlicher Dampf-Luft-Gemische möglich.
- R 19 Kann explosionsfähige Peroxide bilden.
- R 20 Gesundheitsschädlich beim Einatmen.
- R 21 Gesundheitsschädlich bei Berührung mit der Haut.
- R 22 Gesundheitsschädlich beim Verschlucken.
- R 23 Giftig beim Einatmen.
- R 24 Giftig bei Berührung mit der Haut.
- R 25 Giftig beim Verschlucken.
- R 26 Sehr giftig beim Einatmen.
- R 27 Sehr giftig bei Berührung mit der Haut.
- R 28 Sehr giftig beim Verschlucken.
- R 29 Entwickelt bei Berührung mit Wasser giftige Gase.
- R 30 Kann bei Gebrauch leicht entzündlich werden.
- R 31 Entwickelt bei Berührung mit Säure giftige Gase.
- R 32 Entwickelt bei Berührung mit Säure sehr giftige Gase.
- R 33 Gefahr kumulativer Wirkungen.
- R 34 Verursacht Verätzungen.
- R 35 Verursacht schwere Verätzungen.
- R 36 Reizt die Augen.
- R 37 Reizt die Atmungsorgane.
- R 38 Reizt die Haut.
- R 39 Ernste Gefahr irreversiblen Schadens.
- R 40 Verdacht auf krebserzeugende Wirkung.
- R 41 Gefahr ernster Augenschäden.
- R 42 Sensibilisierung durch Einatmen möglich.
- R 43 Sensibilisierung durch Hautkontakt möglich.
- R 44 Explosionsgefahr bei Erhitzen unter Einschluss.
- R 45 Kann Krebs erzeugen.
- R 46 Kann vererbbare Schäden verursachen.
- R 48 Gefahr ernster Gesundheitsschäden bei längerer Exposition.
- R 49 Kann Krebs erzeugen beim Einatmen.
- R 50 Sehr giftig für Wasserorganismen.
- R 51 Giftig für Wasserorganismen.
- R 52 Schädlich für Wasserorganismen.
- R 53 Kann in Gewässern längerfristig schädliche Wirkungen haben.
- R 54 Giftig für Pflanzen.
- R 55 Giftig für Tiere.
- R 56 Giftig für Bodenorganismen.
- R 57 Giftig für Bienen.
- R 58 Kann längerfristig schädliche Wirkungen auf die Umwelt haben.
- R 59 Gefährlich für die Ozonschicht.
- R 60 Kann die Fortpflanzungsfähigkeit beeinträchtigen.
- R 61 Kann das Kind im Mutterleib schädigen.
- R 62 Kann möglicherweise die Fortpflanzungsfähigkeit beeinträchtigen.
- R 63 Kann das Kind im Mutterleib möglicherweise schädigen.
- R 64 Kann Säuglinge über die Muttermilch schädigen.
- R 65 Gesundheitsschädlich: Kann beim Verschlucken Lungenschäden verursachen.
- R 66 Wiederholter Kontakt kann zu spröder oder rissiger Haut führen.
- R 67 Dämpfe können Schläfrigkeit und Benommenheit verursachen.
- R 68 Irreversibler Schaden möglich.

37.1 Sicherheitsratschläge (S-Sätze)

S 1	Unter Verschluss aufbewahren.
S 2	Darf nicht in die Hände von Kindern gelangen.
S 3	Kühl aufbewahren.
S 4	Von Wohnplätzen fernhalten.
S 5	Unter ... aufbewahren (geeignete Flüssigkeit vom Hersteller anzugeben).
S 6	Unter ... aufbewahren (inertes Gas vom Hersteller anzugeben).
S 7	Behälter dicht geschlossen halten.
S 8	Behälter trocken halten.
S 9	Behälter an einem gut gelüfteten Ort aufbewahren.
S 12	Behälter nicht gasdicht verschließen.
S 13	Von Nahrungsmitteln, Getränken und Futtermitteln fernhalten.
S 14	Von ... fernhalten. (inkompatible Substanzen vom Hersteller anzugeben)
S 15	Vor Hitze schützen.
S 16	Von Zündquellen fernhalten – nicht rauchen.
S 17	Von brennbaren Stoffen fernhalten.
S 18	Behälter mit Vorsicht öffnen und handhaben.
S 20	Bei der Arbeit nicht essen und trinken.
S 21	Bei der Arbeit nicht rauchen.
S 22	Staub nicht einatmen.
S 23	Gas/Rauch/Dampf/Aerosol nicht einatmen (geeignete Bezeichnungen sind anzugeben).
S 24	Berührung mit der Haut vermeiden.
S 25	Berührung mit den Augen vermeiden.
S 26	Bei Berührung mit den Augen gründlich mit Wasser abspülen und Arzt konsultieren.
S 27	Beschmutzte, getränkte Kleidung sofort ausziehen.
S 28	Bei Berührung mit der Haut sofort abwaschen mit viel ... (Mittel sind anzugeben).
S 29	Nicht in die Kanalisation gelangen lassen.
S 30	Niemals Wasser hinzufügen.
S 33	Maßnahmen gegen elektrostatische Aufladung treffen.
S 35	Abfälle und Behälter müssen in gesicherter Weise beseitigt werden.
S 36	Bei der Arbeit geeignete Schutzkleidung tragen.
S 37	Geeignete Schutzhandschuhe tragen.
S 38	Bei unzureichender Belüftung Atemschutzgerät anlegen.
S 39	Schutzbrille/Gesichtsschutz tragen.
S 40	Fußboden und verunreinigte Gegenstände mit ... reinigen (Material vom Hersteller anzugeben).
S 41	Explosions- und Brandgase nicht einatmen.
S 42	Beim Räuchern/Versprühen geeignetes Atemschutzgerät anlegen. (Bezeichnung vom Hersteller anzugeben).
S 43	Zum Löschen ... verwenden. (Löschmittel ist anzugeben. Wenn Wasser die Gefahr erhöht, anfügen: „Kein Wasser verwenden")
S 45	Bei Unfall oder Unwohlsein sofort Arzt hinzuziehen (wenn möglich, dieses Etikett vorzeigen).
S 46	Bei Verschlucken sofort ärztlichen Rat einholen und Verpackung oder Etikett vorzeigen.
S 47	Nicht bei Temperaturen über ... °C aufbewahren. (Temperatur ist anzugeben)
S 48	Feucht halten mit ... (geeignetes Mittel ist anzugeben).
S 49	Nur im Originalbehälter aufbewahren.
S 50	Nicht mischen mit ... (inkompatible Substanz ist anzugeben).
S 51	Nur in gut belüfteten Bereichen verwenden.
S 52	Nicht großflächig für Wohn- und Aufenthaltsräume zu verwenden.
S 53	Exposition vermeiden – vor Gebrauch besondere Anweisungen einholen.
S 56	Dieser Stoff und seinen Behälter der Problemabfallentsorgung zuführen.
S 57	Zur Vermeidung einer Kontamination der Umwelt geeigneten Behälter verwenden.
S 59	Information zur Wiederverwendung/Wiederverwertung beim Hersteller/Lieferanten erfragen.
S 60	Dieser Stoff und sein Behälter sind als gefährlicher Abfall zu entsorgen.
S 61	Freisetzung in die Umwelt vermeiden. Besondere Anweisungen einholen/Sicherheitsdatenblatt zu Rate ziehen.
S 62	Bei Verschlucken kein Erbrechen herbeiführen. Sofort ärztlichen Rat einholen und Verpackung oder dieses Etikett vorzeigen.
S 63	Bei Unfall durch Einatmen: Verunfallten an die frische Luft bringen und ruhigstellen.
S 64	Bei Verschlucken Mund mit Wasser ausspülen (nur wenn Verunfallter bei Bewusstsein ist).

37.2 Entsorgungsratschläge (E-Sätze)

E 1	Verdünnen, in den Ausguß geben (WGK 0 bzw. 1)
E 2	Neutralisieren, in den Ausguß geben
E 3	In den Hausmüll geben, gegebenenfalls in PE-Beutel (Stäube)
E 4	Als Sulfid fällen
E 5	Mit Calcium-Ionen fällen, dann E1 oder E3
E 6	Nicht in den Hausmüll geben
E 7	Im Abzug entsorgen; wenn möglich verbrennen
E 8	Der Sondermüllbeseitigung zuführen (Adresse zu erfragen bei der Kreis- oder Stadtverwaltung)
E 9	Unter größter Vorsicht in kleinsten Portionen reagieren lassen (z. B. offen im Freien verbrennen)
E 10	In gekennzeichneten Glasbehältern sammeln: 1. „Organische Abfälle – halogenhaltig" 2. „Organische Abfälle – halogenfrei", dann E8
E 11	Als Hydroxid fällen (pH 8), den Niederschlag zu E8
E 12	Nicht in die Kanalisation gelangen lassen (S-Satz S29)
E 13	Aus der Lösung mit unedlerem Metall (z. B. Eisen) als Metall abscheiden (E14, E3)
E 14	Recycling-geeignet (Redestillation oder einem Recyclingunternehmen zuführen)
E 15	Mit Wasser vorsichtig umsetzen, evtl. freiwerdende Gase verbrennen oder absorbieren oder stark verdünnt ableiten
E 16	Entsprechend den Ratschlägen in Ziffer III – 15.2 beseitigen

38.1 Gebotszeichen — DIN EN ISO 7010: 2020-07

Gehörschutz benutzen	Augenschutz benutzen	Fußschutz benutzen	Handschutz benutzen	Hände waschen	Kopfschutz benutzen	Warnweste benutzen	Vor Wartung oder Reparatur freischalten

38.2 Verbotszeichen — DIN EN ISO 7010: 2020-07

Rauchen verboten	Keine offene Flamme; Feuer, offene Zündquelle und Rauchen verboten	Für Fußgänger verboten	Kein Trinkwasser	Berühren verboten
Mit Wasser löschen verboten	Eingeschaltete Mobiltelefone verboten	Essen und Trinken verboten	Betreten der Fläche verboten	Benutzen von Handschuhe verboten

38.3 Warnzeichen — DIN EN ISO 7010: 2020-07

Warnung vor explosionsgefährlichen Stoffen	Warnung vor Hindernissen am Boden	Warnung vor explosionsfähiger Atmosphäre	Warnung vor elektrischer Spannung	Warnung vor schwebender Last	Warnung vor giftigen Stoffen	Warnung vor feuergefährlichen Stoffen	Warnung vor ätzenden Stoffen

38.4 Rettungszeichen — DIN EN ISO 7010: 2020-07

Notausgang (links)	Notausgang (rechts)	Erste Hilfe	Notruftelefon	Sammelstelle
Arzt	Automatisierter Externer Defibrillator (AED)	Krankentrage	Notausstieg mit Fluchtleiter	Rettungsausstieg

38.5 Brandschutzzeichen — DIN EN ISO 7010: 2020-10

Feuerlöscher	Löschschlauch	Feuerleiter	Mittel und Geräte zur Brandbekämpfung	Brandmelder	Brandmeldetelefon

39.1 Einfacher Gleichstromkreis

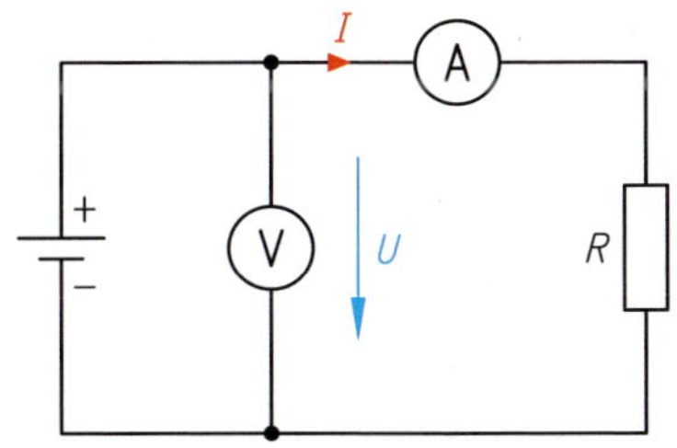

Formelzeichen, Einheit	Aluminium	Eisen	Konstantan	Kupfer	Silber
ϱ in $\frac{\Omega \cdot mm^2}{m}$	0,028	0,13	0,5	0,0179	0,015
α in $\frac{1}{K}$	0,0038	0,0045	0,004	0,0039	0,004
γ in $\frac{1}{\Omega \cdot m}$	$3{,}6 \cdot 10^7$	$1{,}0 \cdot 10^7$	$2 \cdot 10^6$	$5{,}9 \cdot 10^7$	$6{,}3 \cdot 10^7$

Elektrische Spannung	$U = \frac{W}{Q}$ $U = \frac{P}{I}$ $U = I \cdot R$	U	elektrische Spannung	in V
		W	elektrische Arbeit	in Ws
		Q	elektrische Ladung	in C
Elektrische Stromstärke	$I = \frac{Q}{t}$ Gilt, wenn: I = konstant	P	elektrische Leistung	in W
		I	elektrische Stromstarke	in A
		R	elektrischer Widerstand	in Ω
		t	Zeit	in s, h
Elektrischer Widerstand	$R = \frac{U}{I}$			
Elektrische Leistung	$P = U \cdot I$ $P = \frac{W}{t}$			
Elektrische Arbeit	$W = P \cdot t$ $W = U \cdot I \cdot t$			
Ohmsches Gesetz	$R = \frac{U}{I}$ $\frac{U}{I}$ = konstant Gilt, wenn: ϑ = konstant und nur für metallische Leiter			
Widerstandsgesetz von Leitern	$R_k = \frac{\varrho \cdot l}{A}$ $R = R_k \cdot (1 + \alpha \cdot \Delta\vartheta)$	R_k	Leiterwiderstand	in Ω
		ϱ	spezifischer elektrischer Widerstand	in $\Omega \cdot mm^2/m$
		l	Leiterlänge	in m
		A	Leiterquerschnitt	in mm^2
		R	elektrische Widerstand	in Ω
		α	Temperaturbeiwert	in 1/K
		$\Delta\vartheta$	Temperaturdifferenz gegenüber 20 °C	in K
Elektrische Leitfähigkeit	$\gamma = \frac{1}{\varrho}$	γ	elektrische Leitfähigkeit	in $1/(\Omega \cdot m)$
		ϱ	spezifischer elektrischer Widerstand	in $\Omega \cdot mm^2/m$

40.1 Unverzweigter und verzweigter Gleichstromkreis

Reihenschaltung von Widerständen	Parallelschaltung von Widerständen
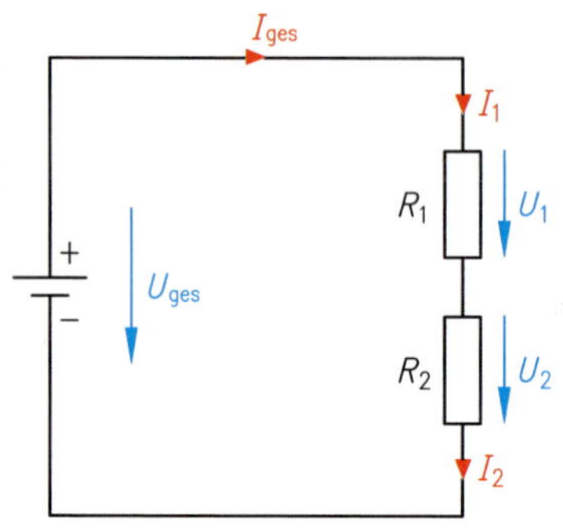	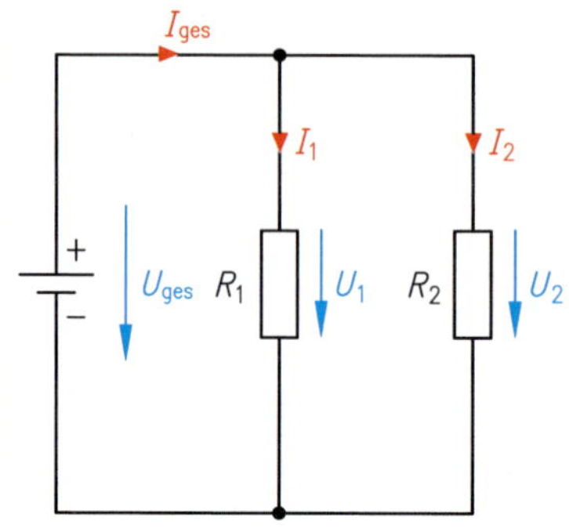
$I_{ges} = I_1 = I_2 = \ldots = I_n$	$I_{ges} = I_1 + I_2 + \ldots + I_n$
$U_{ges} = U_1 + U_2 + \ldots + U_n$	$U_{ges} = U_1 = U_2 = \ldots = U_n$
$R_{ges} = R_1 + R_2 + \ldots + R_n$	$\frac{1}{R_{ges}} = \frac{1}{R_1} + \frac{1}{R_2} + \ldots + \frac{1}{R_n}$
Spannungsteilerregel: $\frac{U_1}{U_2} = \frac{R_1}{R_2}$	Stromteilerregel: $\frac{I_1}{I_2} = \frac{R_2}{R_1}$

I_{ges}	Gesamtstrom	in A
$I_1, I_2 \ldots$	Einzelströme	in A
U_{ges}	Gesamtspannung	in V
$U_1, U_2 \ldots$	Einzelspannungen	in V
R_{ges}	Gesamtwiderstand	in Ω
$R_1, R_2 \ldots$	Einzelwiderstände	in Ω

Reihenschaltung von Spannungsquellen	Parallelschaltung von Spannungsquellen
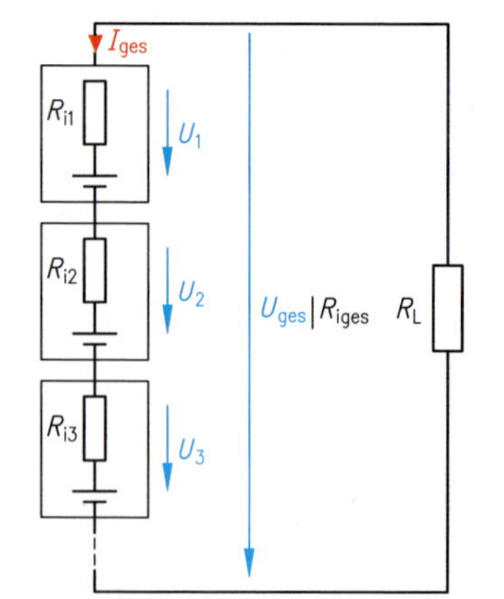	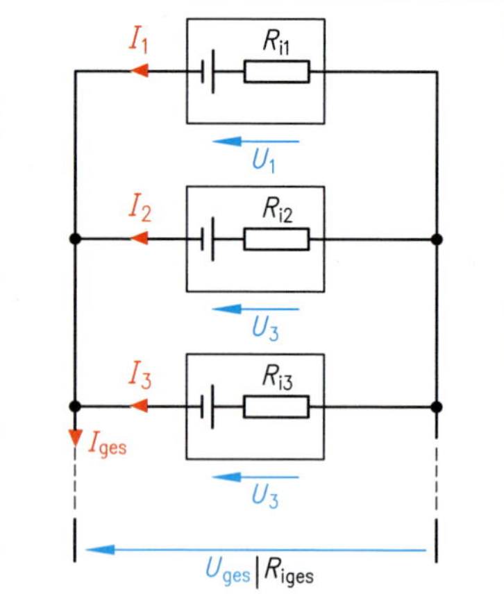
$I_{ges} = \frac{U_{ges}}{R_{ges} + R_L}$	$I_{ges} = I_1 + I_2 + \ldots + I_n$
$U_{ges} = U_1 + U_2 + \ldots + U_n$	$U_{ges} = U_1 = U_2 = \ldots = U_n$
$R_{ges} = R_1 + R_2 + \ldots + R_n$	$\frac{1}{R_{ges}} = \frac{1}{R_1} + \frac{1}{R_2} + \ldots + \frac{1}{R_n}$

I_{ges}	Gesamtstrom	in A
$I_1, I_2 \ldots$	Einzelströme	in A
U_{ges}	Gesamtspannung	in V
$U_1, U_2 \ldots$	Einzelspannungen	in V
R_{iges}	Gesamtwiderstand	in Ω
$R_{i1}, R_{i2} \ldots$	Einzelwiderstände	in Ω
R_L	Leerlaufwiderstand	in Ω

41.1 Wechselstromkreis (230 V)

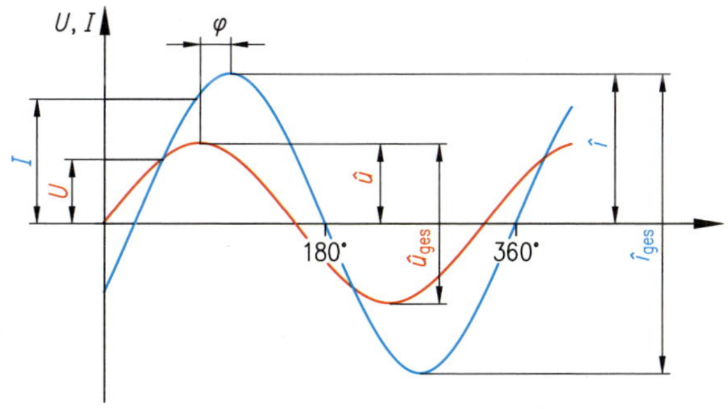

Stromstärke	$I = \frac{\hat{\imath}}{\sqrt{2}}$
Spannung	$U = \frac{\hat{u}}{\sqrt{2}}$
Scheinleistung	$S = U \cdot I = \sqrt{P^2 - Q^2}$
Wirkleistung	$P = U \cdot I \cdot \cos\varphi$
Blindleistung	$Q = U \cdot I \cdot \sin\varphi$
Abgegebene Leistung	$P_{ab} = U \cdot I \cdot \cos\varphi \cdot \eta$
Elektrische Arbeit	$W = U \cdot I \cdot t \cdot \cos\varphi$

I	Effektivwert der Stromstärke	in A
$\hat{\imath}$	Scheitelwert der Stromstärke	in A
U	Effektivwert der Spannung	in V
$\hat{u}$	Scheitelwert der Spannung	in V
S	Scheinleistung	in VA
P	Wirkleistung	in W
Q	Blindleistung	in var
$\cos\varphi$	Leistungsfaktor (Wirkleistungsfaktor)	
$\sin\varphi$	Blindleistungsfaktor	
P_{ab}	abgegebene Leistung	in W
η	Wirkungsgrad	
W	elektrische Arbeit	in Ws
t	Zeit	in s

41.2 Drehstromkreis (400 V)

Scheinleistung	$S = \sqrt{3} \cdot U \cdot I$
Wirkleistung	$P = \sqrt{3} \cdot U \cdot I \cdot \cos\varphi$
Blindleistung	$Q = \sqrt{3} \cdot U \cdot I \cdot \sin\varphi$
Abgegebene Leistung	$P_{ab} = \sqrt{3} \cdot U \cdot I \cdot \cos\varphi \cdot \eta$
Elektrische Arbeit	$W = \sqrt{3} \cdot U \cdot I \cdot t \cdot \cos\varphi$
Leistungsfaktor	$\cos\varphi = \frac{P}{S}$

S	Scheinleistung	in VA
$\sqrt{3}$	Verkettungsfaktor bei Drehstrom	≈ 1,73
U	Effektivwert der Spannung	in V
I	Effektivwert der Stromstärke	in A
P	Wirkleistung	in W
$\cos\varphi$	Leistungsfaktor (Wirkleistungsfaktor)	
Q	Blindleistung	in var
$\sin\varphi$	Blindleistungsfaktor	
P_{ab}	abgegebene Leistung	in W
η	Wirkungsgrad	
W	elektrische Arbeit	in Ws
t	Zeit	in s

Sternschaltung

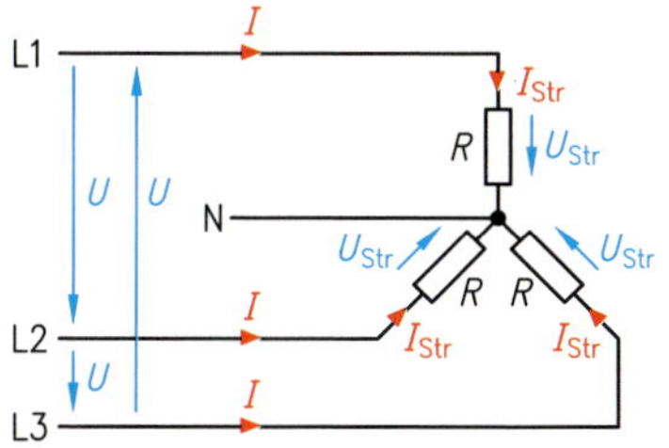

$U = \sqrt{3} \cdot U_{Str}$

$I = I_{Str}$

Dreieckschaltung

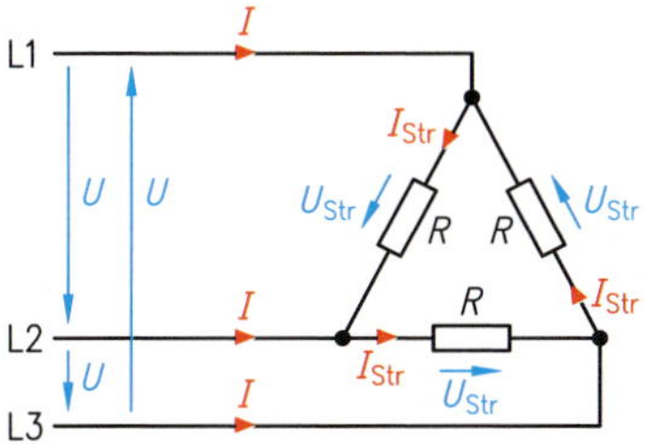

$U = U_{Str}$

$I = \sqrt{3} \cdot I_{Str}$

U	Effektivwert der Spannung	in V
$\sqrt{3}$	Verkettungsfaktor bei Drehstrom	≈ 1,73
U_{Str}	Strangspannung	in V
I	Effektivwert der Stromstärke	in A
I_{Str}	Strangstromstärke	in A

42.1 Transformator

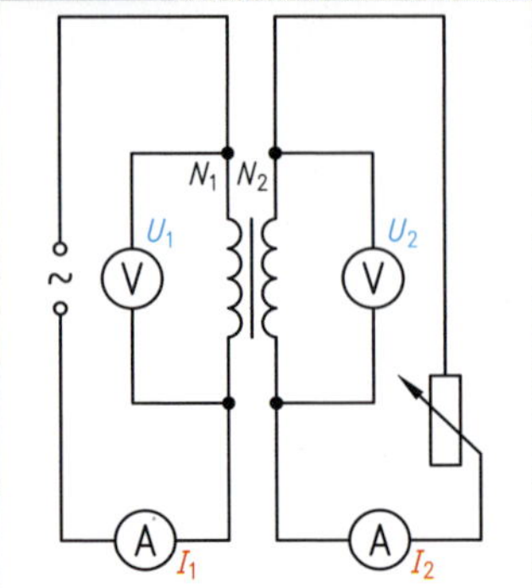

Spannungsübersetzung	$\frac{U_1}{U_2} = \frac{N_1}{N_2}$
Stromstärkeübersetzung	$\frac{I_2}{I_1} = \frac{N_1}{N_2}$
Übersetzungsverhältnis	$ü = \frac{N_1}{N_2}$
Scheinleistung	$S = U \cdot I$
Wirkleistung	$P = U \cdot I \cdot \cos\varphi$

U_1	Primärspannung	in V
U_2	Sekundärspannung	in V
N_1	Primär-Windungszahl	
N_2	Sekundär-Windungszahl	
I_1	Primärstromstärke	in A
I_2	Sekundärstromstärke	in A
$ü$	Übersetzungsverhältnis	
S	Scheinleistung	in VA
P	Wirkleistung	in W
$\cos\varphi$	Leistungsfaktor	

42.2 Die fünf Sicherheitsregeln für Arbeiten im spannungsfreien Zustand

DIN VDE 0105-100 VDE 0105-100: 2015-10

1. Freischalten
2. Gegen Wiedereinschalten sichern
3. Spannungsfreiheit feststellen
4. Erden und Kurzschließen
5. Benachbarte unter Spannung stehende Teile abdecken oder abschranken

42.3 Körperstromstärke

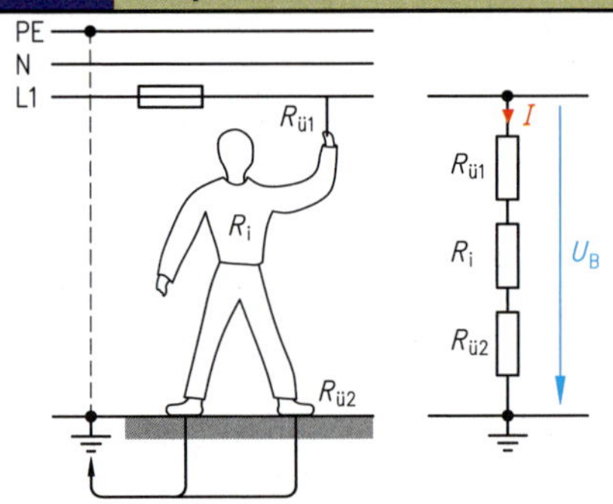

Stromweg durch den Körper	Körperwiderstand
Hand – Hand	1 000 Ω (1 kΩ)
Hand – linker bzw. rechter Fuß	1 100 Ω
Hand – Füße	850 Ω
Hände – linker bzw. rechter Fuß	850 Ω
Hände – Füße	600 Ω

Körperwiderstände bei 230 V in Abhängigkeit vom Stromweg (mittlere Werte).

Körperstromstärke	$I = \frac{U_B}{R_i + R_{ü1} + R_{ü2}}$	I U_B R_i $R_{ü1}, R_{ü2}$	Stromstärke Berührungsspannung innerer Körperwiderstand Übergangswiderstand	in A in V in Ω in Ω

Wirkung von Wechselstrom auf den menschlichen Körper

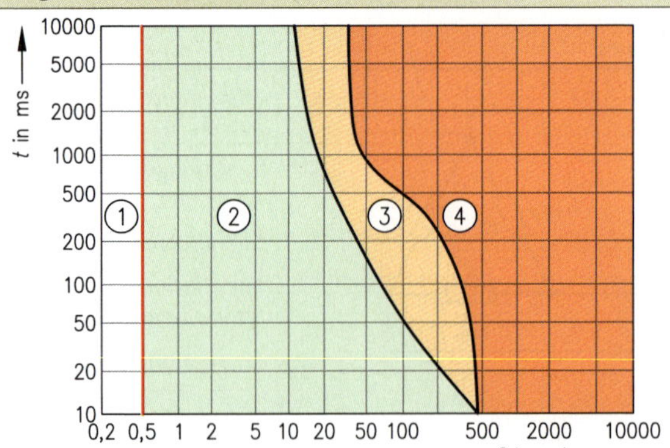

Bereich	Körperreaktion
1	keine Reaktion des Körpers
2	keine gefährliche Reaktion auf den Körper
3	Muskelverkrampfung – Gefahr des Herzkammerflimmerns
4	Herzkammerflimmern möglich – tödliche Stromwirkung wahrscheinlich

43.1 Erste Hilfe bei Unfällen durch elektrischen Strom

- Notruf 112 tätigen.
- Eigene Sicherheit beachten. Sie dürfen keinesfalls in den Stromkreis gelangen.
- Stromkreis unterbrechen: Gerät oder Sicherung ausschalten/Stecker ziehen. Betroffenen mit nicht leitenden Hilfsmitteln (Decke, Holzstiel) von der Stromquelle wegziehen.
- Den Betroffenen ansprechen, beruhigen und trösten.
- Brandwunden keimfrei bedecken.
- Bei Bewusstlosigkeit und vorhandener Atmung laut „Hilfe" rufen, um Umstehende auf die Notfallsituation aufmerksam zu machen.
- Stabile Seitenlage ausführen.
- Bis zum Eintreffen des Rettungsdienstes beruhigen, trösten und beobachten, wiederholt Bewusstsein und Atmung prüfen.
- Bei Bewusstlosigkeit und fehlender normaler Atmung Herz-Lungen-Wiederbelebung durchführen.
- Bei Hochspannungsunfällen: Rettung nur durch Fachpersonal.

43.2 Geräteschutzsicherungen, Feinsicherung

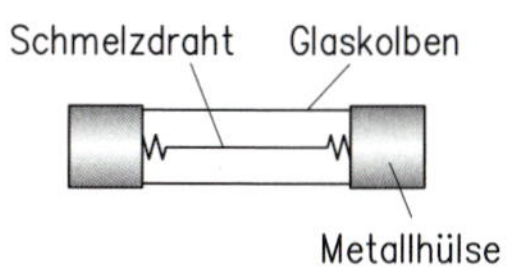

Kennzeichnung und Verwendung von Geräteschutzsicherungen

Abschalt-charakteristik	Kenn-buchstabe	Nennstrom in A	Verwendung
superflink	FF	1,6–10	Halbleiter, Digitalmessgeräte, elektronische Baugruppen z. B. Dimmer
flink	F	0,032–0,1 0,1–6,3	
mittelträge	M	0,032–0,1 0,125–1,25 1,6–6,3	Analogmessgeräte, Geräte und Anlagen mit kleiner Betriebsspannung
träge	T	0,032–0,1 0,1–6,3	Transformatoren, Kleinmotoren
superträge	TT	0,001–0,1	Geräte mit hohem, nur langsam abklingendem Einschaltstrom

43.3 Niederspannungssicherungen D- und DO-Sicherungssystem

Neozed-Sicherungssystem (DO-System) | Diazed-Sicherungssystem (D-System)

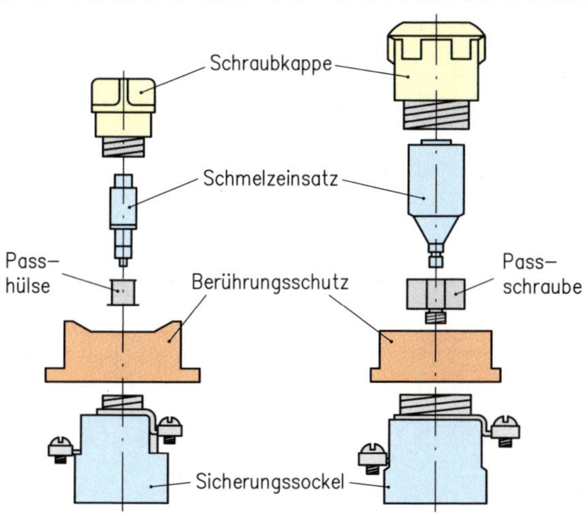

Schmelzeinsätze		Gewindegröße der Schraubkappe	
Kennfarbe Passeinsätze	Bemessungs-stromstärke in A	Diazed	Neozed
rosa	2	D II	DO 1
braun	4	(E 27)	(E 14)
grün	6		
rot	10		
grau	16		
blau	20		DO 2
gelb	25		(E 18)
schwarz	35	D III	
weiß	50	(E 33)	
kupfer	63		

44.1 Fehlerstromschutzschalter (RCD – Residual current protective device)

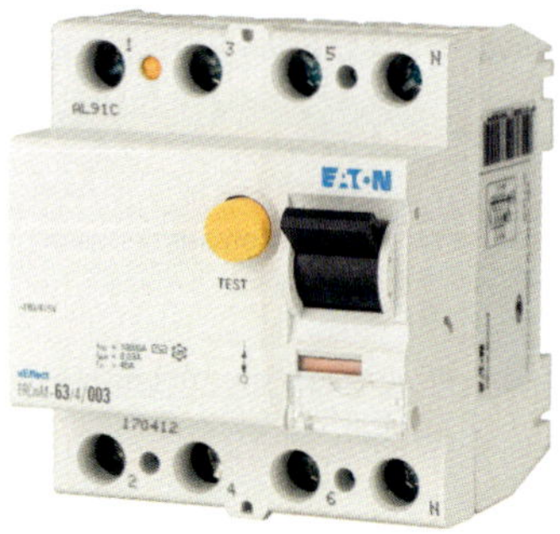

Art des Fehlerstroms	zulässiger Auslösestrombereich
sinusförmiger Wechselstrom	$0{,}5 \cdot I_{\Delta n}$ bis $1{,}0 \cdot I_{\Delta n}$
pulsierender Gleichstrom (positive oder negative Halbwellen)	$0{,}35 \cdot I_{\Delta n}$ bis $1{,}4 \cdot I_{\Delta n}$
phasenwinkelgesteuerte Halbwellenströme mit Phasenwinkel von 90° el	$0{,}25 \cdot I_{\Delta n}$ bis $1{,}4 \cdot I_{\Delta n}$
phasenwinkelgesteuerte Halbwellenströme mit Phasenwinkel von 135° el	$0{,}11 \cdot I_{\Delta n}$ bis $1{,}4 \cdot I_{\Delta n}$
pulsierender Gleichstrom überlagert mit glatten Gleichfehlerstrom von 6 mA	max $1{,}4 \cdot I_{\Delta n} + 6$ mA
glatter Gleichstrom	$0{,}5 \cdot I_{\Delta n}$ bis $2{,}0 \cdot I_{\Delta n}$

Auslöseströme gemäß VDE 0664-10/-20/-100/-200
$I_{\Delta n}$ Bemessungsfehlerstrom in mA

44.2 Kombinierter FI/LS-Schalter (RCBO – Residual current operated Circuit-Breaker with Overcurrent protection)

Charakteristik	B	C	D	E	K	Z
Thermische Auslösung	$1{,}13 \cdot I_n$ bis $1{,}45 \cdot I_n$	$1{,}13 \cdot I_n$ bis $1{,}45 \cdot I_n$	$1{,}13 \cdot I_n$ bis $1{,}45 \cdot I_n$	$1{,}05 \cdot I_n$ bis $1{,}20 \cdot I_n$	$1{,}05 \cdot I_n$ bis $1{,}30 \cdot I_n$	$1{,}05 \cdot I_n$ bis $1{,}20 \cdot I_n$
Zeit $\vartheta_R = 30$ °C	1 Stunde			2 Stunden	1 Stunde	
Magnetische Auslösung	$3 \cdot I_n$ bis $5 \cdot I_n$	$5 \cdot I_n$ bis $10 \cdot I_n$	$10 \cdot I_n$ bis $20 \cdot I_n$	$5{,}0 \cdot I_n$ bis $6{,}2 \cdot I_n$	$8 \cdot I_n$ bis $14 \cdot I_n$	$2 \cdot I_n$ bis $3 \cdot I_n$
Zeit	< 0,1 s			< 0,3 s	< 0,2 s	
Anwendung	– Leitungsschutz – Kochherd – Elektroheizung – Wassererwärmer	– Leitungsschutz – TV-Geräte – Steckdosenstromkreise	– Leitungsschutz – Transformatoren – Kondensatoren	– Hauptleitungsschutzschalter	– Hoher Einschaltstrom – sensible Überlastungsauslösung	– Halbleiterschutz – hohe Netzimpedanz

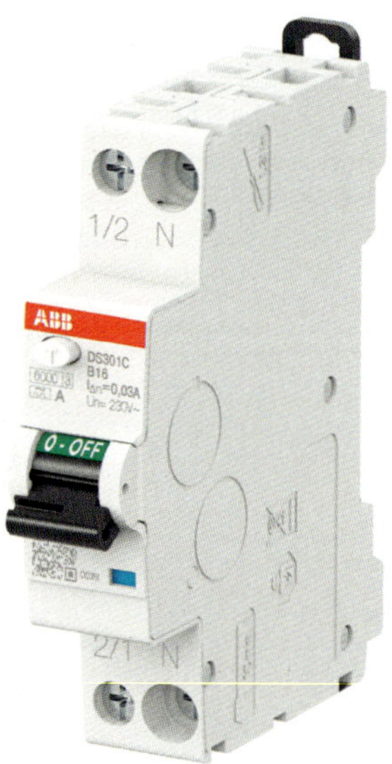

Auslösecharakteristik B
IEC/EN 61009-1

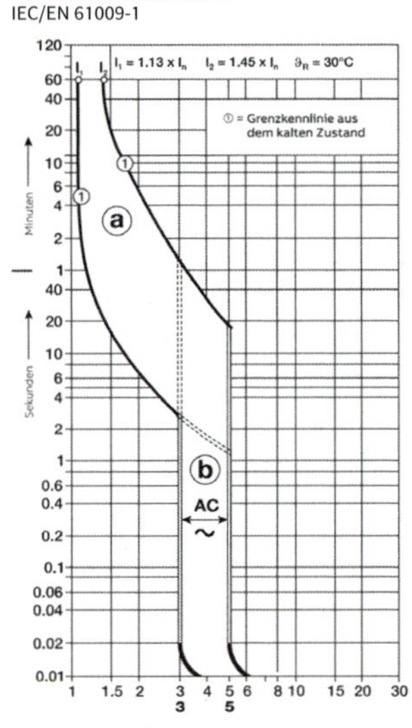

a: thermische Auslösung
b: elektromagnetische Auslösung

Auslösecharakteristik C
IEC/EN 61009-1

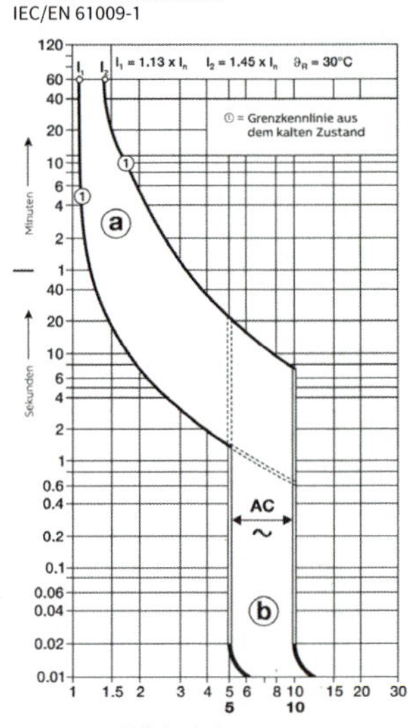

a: thermische Auslösung
b: elektromagnetische Auslösung

45.1 Installationszonen DIN 18015-3: 2016-09

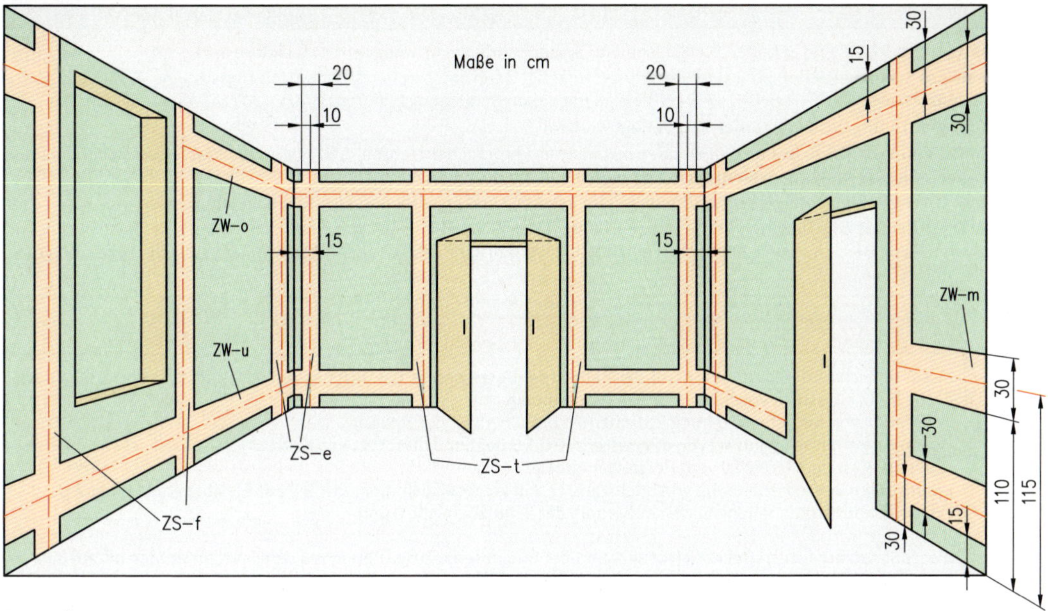

Legende:

ZS-t senkrechte Installationszonen an Türen: von 10 cm bis 30 cm neben den Rohbaukanten

ZS-f senkrechte Installationszonen an Fenstern: von 10 cm bis 30 cm neben den Rohbaukanten

ZS-e senkrechte Installationszonen an Wandecken: von 10 cm bis 30 cm neben den Rohbauecken

ZW-u untere waagerechte Installationszone: von 15 cm bis 45 cm über dem Fußboden

ZW-o obere waagerechte Installationszone: von 15 cm bis 45 cm unter der Deckenbekleidung

ZW-m mittlere waagerechte Installationszone: von 100 cm bis 130 cm über dem Fußboden

45.2 Schutzbereiche DIN VDE 0100-701: 2008-10

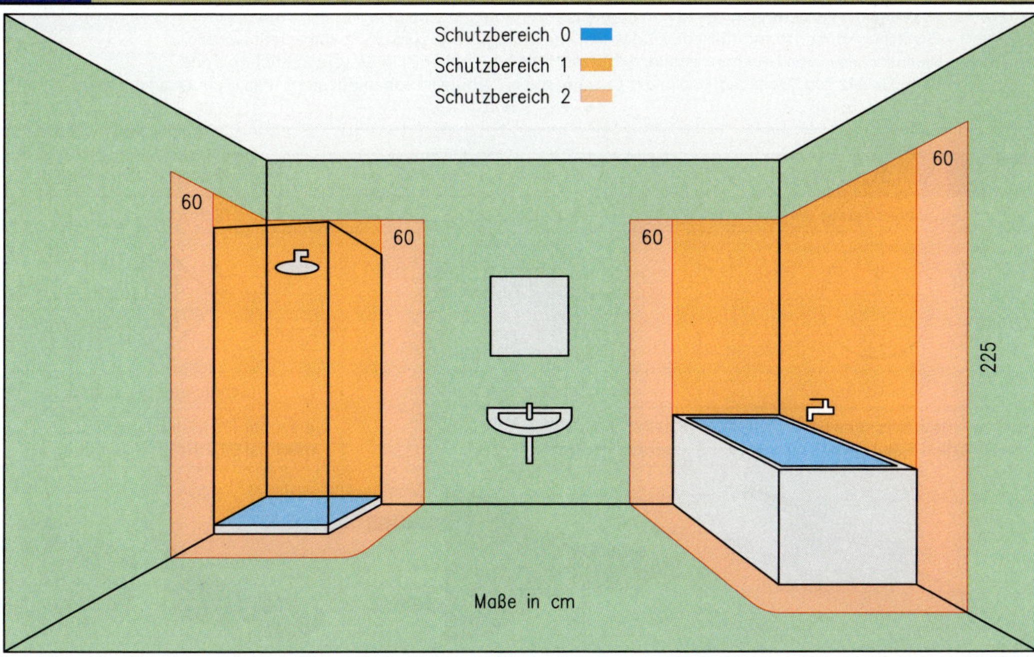

1 Grundlagen

46.1 Elektrotechnische Anforderungen in Bade- und Duscheinrichtungen

Grundsätzlich

- Im Schutzbereich 0 bis 2 sind Schalter, Steckdosen und Spiegelschränke mit integrierter Steckdose untersagt.
- Außerhalb des Schutzbereichs 0 bis 2 sind Steckdosen zulässig, wenn entsprechende Schutzleitungssysteme (Fehlerstromschalter (FI-Schutzschalter • RCD) nach DIN 57664/VDE 0664 mit einem Bemessungsdifferenzstrom = 30 mA) verwendet werden.
- Es dürfen keine Leitungen in oder unter Putz verlegt werden.
- Ausnahme: Leitungen, die zu fest an den Wänden installierten Verbrauchern führen, z. B. einem Durchlauferwärmer. Dann müssen sie aber senkrecht hinter dem Verbraucher verlaufen und mindestens 6 cm tief liegen.
- Stromkreisleitungen für die Beleuchtung können nur im Bereich 2 und im verbleibenden Raum verlegt werden.
- Sind die Maße der fest angebrachten Abtrennungen kleiner als die Maße der jeweiligen Bereiche, z. B. an einer Duschwand, bei der der vergrößerte Bereich 1 von 120 cm nicht eingehalten werden kann, muss bei den Abtrennungen das Um- und Übergreifen berücksichtigt werden.

Schutzbereich	Elektronische Anforderungen
0	Dieser Bereich ist definiert als Inneres der Bade- oder Duschwanne. Bei Duschen ohne Wanne ist es die nasse Bodenfläche bis in eine Höhe von 5 cm über dem Bodenbelag. Installation von Betriebsmitteln/elektrischen Verbrauchern ist nur zulässig: • wenn eine erhöhte Schutzart von mindestens IPX7 vorliegt und diese fest installiert sind • Zulassung für den Bereich 0 vom Hersteller vorliegt • wenn deren Betriebsspannung von höchstens 12 Volt Wechselspannung oder 30 Volt Gleichspannung beträgt • Versorgende Stromquellen müssen außerhalb der Schutzbereiche 0 und 1 liegen
1	Dieser Schutzbereich erstreckt sich senkrecht über und unterhalb des Bereichs 0 vom Fertigfußboden bis auf eine Höhe von mindestens 2,25 m. Bei Duschen ohne Trennwand gilt ein Radius von 120 Zentimetern rund um die Brausekopfhalterung. Installation von Betriebsmitteln/elektrischen Verbrauchern ist nur zulässig: • wenn es sich um Wassererwärmer, Whirlpool- und Abwasserpumpen oder Abluftgeräte handelt • wenn eine erhöhten Schutzart von mindestens IPX4 der Verbraucher vorliegt • wenn deren Betriebsspannung nicht mehr als 26 Volt Wechselspannung oder 60 Volt Gleichspannung beträgt • Versorgende Stromquellen müssen außerhalb der Schutzbereiche 0 und 1 liegen
2	Dieser Schutzbereich erstreckt sich auf Flächen mit einer Tiefe von 60 cm vor der Badewanne oder Duschwanne mit einer Höhe über dem Fertigfußboden von 2,25 m. Bei ebenerdigen Duschen mit dem auf 120 cm vergrößerten Bereich 1 entfällt der Bereich 2. Installation von Betriebsmitteln/elektrischen Verbrauchern ist nur unter folgenden Bedingungen zulässig: • Es gelten die Forderungen des Schutzbereichs 1. • Zusätzlich können Waschmaschine oder Trockner mit Spritzwasserschutz aufgestellt werden. • Die Installation von Leuchten mit der Schutzart IPX4 oder höher ist in diesem Bereich zulässig. • Beim Einsatz von Massagedüsen in der Dusche ist eine Schutzart von mindestens IPX5 (Schutz gegen Strahlwasser) erforderlich.

46.2 Schutzklassen

VDE 0100-410: 2018-10

Schutzklasse I	Schutzklasse II	Schutzklasse III
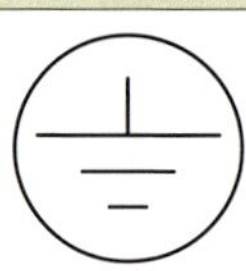	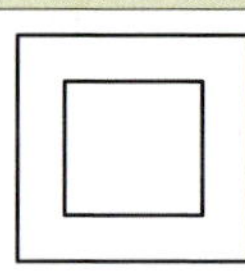	
Schutzleiter	Schutzisolierung	Schutzkleinspannung
• Alle elektrisch leitenden Gehäuseteile sind mit dem Schutzleiter verbunden.	• kein Schutzleiteranschluss • sehr gut isoliert	• maximal 120 V Gleichspannung • maximal 50 V Wechselspannung
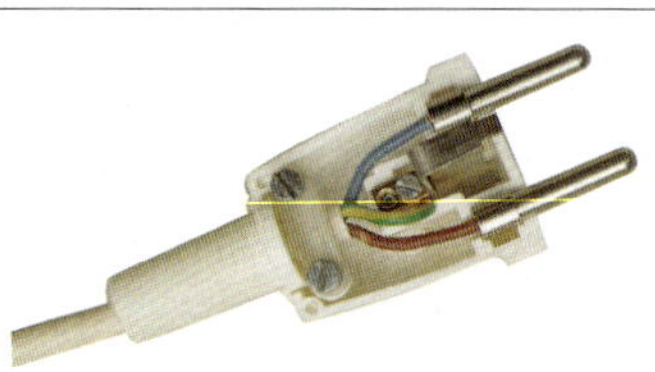	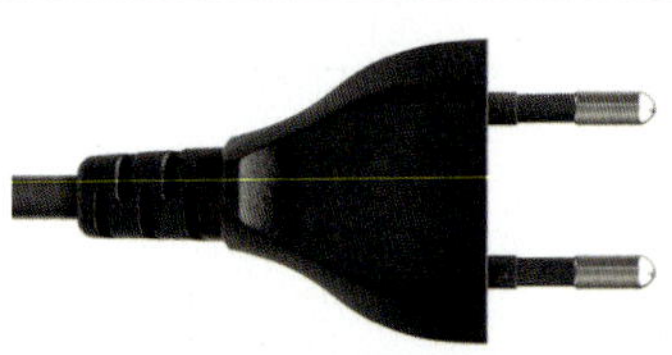	

47.1 IP-Schutzarten durch Gehäuse

DIN EN 60529 VDE 0470-1: 2019-06

IP	6	5
international protection (internationale Sicherheit)	1. Kennziffer: Schutzgrade für Berührungs- und Fremdkörperschutz	2. Kennziffer: Schutzgrade für Wasserschutz

Erste Kenn-ziffer	Schutzgrad gegen Eindringen von festen Fremdkörpern (auch Berührungsschutz)	
0	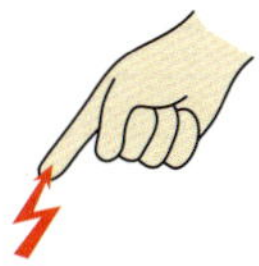	Kein Schutz
1	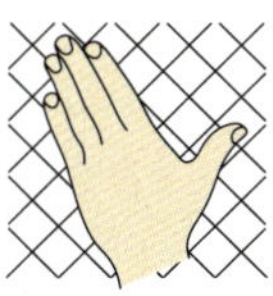	Schutz gegen Eindringen von festen Fremdkörpern mit einem Durchmesser größer als 50 mm, kein Zugang mit dem Handrücken
2	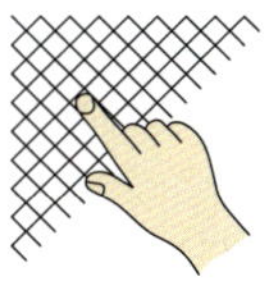	Schutz gegen Eindringen von festen Fremdkörpern mit einem Durchmesser größer als 12 mm, kein Zugang mit dem Finger
3	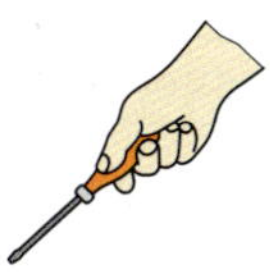	Schutz gegen Eindringen von festen Fremdkörpern mit einem Durchmesser größer als 2,5 mm, z.B. Werkzeugen
4	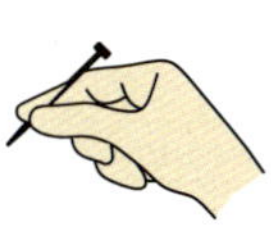	Schutz gegen Eindringen von festen Fremdkörpern mit einem Durchmesser größer als 1 mm, z.B. Drähten
5	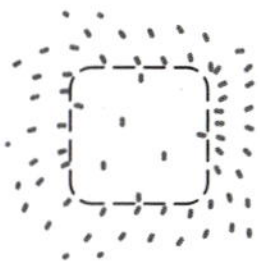	Schutz gegen Eindringen von Staub in schädlichen Mengen (staubgeschützt)
6	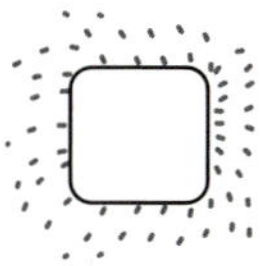	Schutz gegen jegliches Eindringen von Staub (staubdicht)

Zweite Kenn-ziffer	Schutzgrad gegen Eindringen von Wasser	
0		Kein Schutz
1		Schutz gegen senkrecht auffallendes Tropfwasser
2	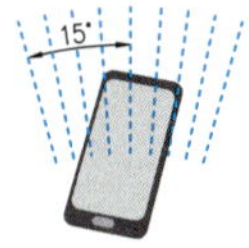	Schutz gegen bis zu 15° schräg auffallendes Tropfwasser
3	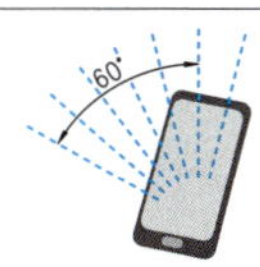	Schutz gegen bis zu 60° schräg auffallendes Sprühwasser
4	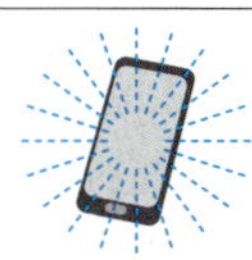	Schutz gegen allseitig auffallendes Wasser/Spritzwasser
5		Schutz gegen Wasserstrahl, aus beliebigem Winkel auftreffend
6		Schutz gegen starken Wasserstrahl, aus beliebigem Winkel auftreffend
7	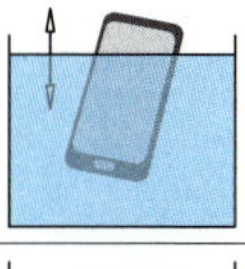	Schutz gegen Wasser bei zeitweiligem Eintauchen (bis zu 30 Minuten, 1 m tief)
8		Schutz gegen Wasser bei andauerndem Eintauchen
9	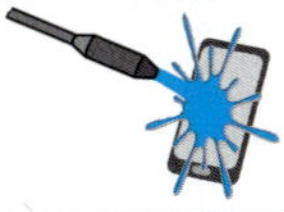	Schutz vor Wasser bei Hochdruck-/Dampfstrahlreinigung

48.1 Symbole für Schutzarten — DIN EN 60529 VDE 0470-1: 2019-06

Symbol	Schutzumfang	Symbol	Schutzumfang
	staubgeschützt (etwa IP 5X)		spritzwassergeschützt (etwa IP X4)
	staubdicht (etwa IP 6X)		strahlwassergeschützt (etwa IP X5)
	tropfwassergeschützt (etwa IP X1)		wasserdicht, Schutz gegen Eindringen von Wasser ohne Druck (etwa IP X7)
	schrägwassergeschützt, regengeschützt (etwa IP X2, IP X3)	 ... bar	druckwasserdicht, Schutz gegen Eindringen von Wasser unter Druck (etwa IP X8)

48.2 Kennzeichnung von Elektrokabeln — DIN VDE 0239-308: 2003-01

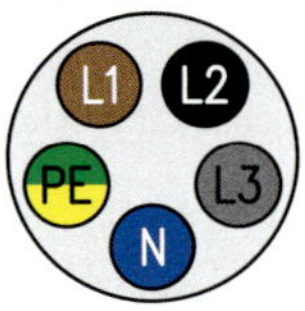

Kurzzeichen	Leiterbezeichnung	Farbkürzel	Aderfarbe
L1	Außenleiter	bn	braun
L2	Außenleiter	sw	schwarz
L3	Außenleiter	gr	grau
N	Neutralleiter	bl	blau
PE	Schutzleiter	gn/ge	grün-gelb

Aderzahl	Farbige Kennzeichnung					
2	–	blau	braun	–	–	–
3	grün-gelb	blau	braun	–	–	–
4	grün-gelb	–	braun	schwarz	grau	–
5	grün-gelb	blau	braun	schwarz	grau	–
>5	grün-gelb	1	2	3	4	5

48.3 Übliche Kabelarten und deren Sicherungswerte (bzgl. typischer Verbraucher)

Sicherung	Kabelart	Verbraucher
Mantelleitung NYM-J & Stegleitung NIYF-J		
10 A	3 × 1,5 mm²	Licht- und Steckdosenstromkreise bis 2 000 W Leistung
16 A	3 × 2,5 mm²	Steckdosenstromkreise bis 3 600 W Leistung
20 A	3 × 2,5 mm²	Herde, Backöfen und Boiler bis 4 500 W Leistung
3 × 10 A	5 × 1,5 mm²	Drehstromsteckdosen (Starkstromkreis)
3 × 16 A	5 × 2,5 mm²	Dauerverbraucher bis 10 000 W (Herde, Backöfen, Boiler)
3 × 20 A	5 × 2,5 mm²	Lastverbraucher bis 24 kW
Mantelleitungen NYM-J		
10 A	3 × 1,5 mm²	Licht- und Steckdosenkreise bis 2 000 W Leistung
25 A	3 × 4,0 mm²	Lastverbraucher bis 5 500 W
35 A	3 × 6,0 mm²	Lastverbraucher bis 8 000 W
3 × 35 A	5 × 6,0 mm²	Durchlauferhitzer bis 42 kW

48.4 Spannungsabfall in Leitungen Überblick (vereinfachte Werte)

Absicherung in A	6	6	10	10	13	13	16	16
Leitungsquerschnitt in mm²	2,50	1,50	2,50	1,50	2,50	1,50	2,50	1,50
Maximale Leitungslänge in m	~80	~48	~48	~29	~37	~22	~30	~18

Grenzwerten für den Spannungsabfall aus verschiedenen Normen. Werte unterscheiden sich, da sie teilweise verschiedene Bereiche für den Spannungsfall betrachten. DIN VDE 0100-520 – zwischen Hausanschluss und Verbraucher darf der Spannungsfall 4 % nicht überschreiten. DIN 18015-1 – zwischen Zähler und Verbraucher ist ein Spannungsabfall von maximal 3 % einzuhalten.

49.1 Typkurzzeichen für harmonisierte Leitungen

DIN VDE 0292: 2021-08

Bauartkurzzeichen

H	05	R		R	H	—	F	4	X	0,75

Kennzeichnung der Bestimmung

A anerkannter nationaler Typ
H harmonisierte Typen

Nennspannung U

01 100/100 V
03 300/300 V
05 300/500 V
07 450/750 V
1 1 000/1 000 V

Isolierwerkstoff

B: Ethylen-Propylen-Gummi für eine Dauer-Betriebstemperatur von 90 °C
G: Ethylen-Vinylacetat
N: Polychloropren-Gummi (oder gleichwertiger Werkstoff)
Q: Polyurethan
R: Ethylenpropylen-Gummi oder gleichwertiges synthetisches Elastomer
S: Silikon-Gummi
V: PVC, weich
V2: PVC, weich für Leitertemperatur 90 °C
V3: PVC, weich für Einsatz bei niedrigen Temperaturen
V4: PVC, vernetzt
V5: PVC, ölbeständig
Z: vernetzte Polyolefin-Mischung für Leitungen, die im Brandfall wenig korrosive Gase und wenig Rauch entwickeln

Aufbauelemente (optional)

C: Schirm konzentrisch aus Kupfer
Q4: Zusätzliche Polyamid-Aderumhüllung
T: Zusätzliches Textilgeflecht über verseilten Adern
H: flache, aufteilbare Leitung
H6: flache Leitung nach EN 50214 (flache PVC-ummantelte Steuerleitungen) mit 3 oder mehr Adern

Mantelwerkstoff

wie bei Isolierwerkstoff, zusätzlich:
J: Glasfasergeflecht
N4: Chlorsulfiniertes Polyethylen
Q: Polyurethan
T: Textilgewebe
T2: Textilgeflecht, flammwidrig

Aufbauart (optional)

D3: Tragelement aus einem oder mehrerer Aufbauelemente
D5: Kerneinlauf (kein Tragelement)
FM: Fernmeldeadern in Starkstromleitungen
H: flache, aufteilbare Leitung mit oder ohne Mantel
H2: flache, nicht aufteilbare Leitung
H6: flache, nicht aufteilbare Leitung (mehr- oder vieladrige Mantelleitung)
H7: Isolierhülle zweischichtig
H8: Wendelleitung

Leiterart

D: feindrähtig, für Schweißleitungen
E: feinstdrähtig, für Schweißleitungen
F: feindrähtig, Leitungen flexibel
H: feinstdrähtig
K: feindrähtig, bei Leitungen für feste Verlegung
R: mehrdrähtig, Rundleiter
U: eindrähtig, Rundleiter
Y: Lahnlitzeleiter

Adernzahl

Schutzleiter

G: mit grün-gelbem Schutzleiter
X: ohne grün-gelben Schutzleiter

Aderquerschnitt in mm²

49.2 Typkurzzeichen für nicht harmonisierte Leitungen

N	Normenleitung	Y	Isolierung der Adern aus Polyvinylchlorid (PVC)	M	Mantelleitung
I	Stegleitung Verlegung im Putz	F	Flachleitung	R	Mehrdrähtig
-J	mit grün-gelbem Schutzleiter	-U	Eindrähtige Aderleitung	-K	Feindrähtige Aderleitung

50.1	Leitungen für ortsgebundene Verlegung					
Bezeichnung	Abbildung	Kurzbezeichnung	Nennspannung U_s/U	Anzahl der Adern	Querschnitt in mm²	Verwendung
Erdkabel	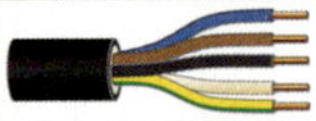	NYY-J	0,6/1 kV	1–7	1,5 bis 25	In Innenräumen, feuchten Räumen und im Erdreich
Mantelleitung		NYM-J	300/500 V	1–7	1,5 bis 35	Verlegung über oder in den meisten Wänden. Nicht für Erdverlegung geeignet
Stegleitung	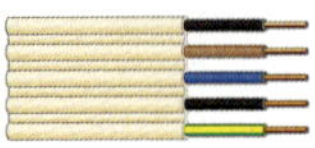	NYIF	230/400 V	1–5	1,5 bis 4	Verlegung unter/im Putz. Nicht zugelassen in Bädern und Feuchträumen. Keine Verlegung in Holzhäusern oder im Freien/im Erdreich.
PVC-Aderleitung		H07V-U H07V-K	450/750 V	1	1,5 bis 16	Verlegung im Trockenen, in Geräten, Schaltanlagen, Verteilern und auf/im Putz. Nicht für Erdverlegung geeignet
Klingelleitung		YR	100 V	2–8	0,6 und 0,8 Durchmesser	Verlegung in trockenen und feuchten Räumen sowie auf/im Putz. Verwendung für Klingeln, Türöffner und Sprechanlagen
Klingeldraht	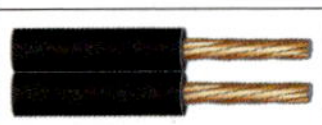	Y	60 V	1–4	0,6 und 0,8 Durchmesser	Feste Verlegung auf/im Putz und in Rohren

50.2	Leitungen für ortsveränderliche Verlegung					
Bezeichnung	Abbildung	Kurzbezeichnung	Nennspannung U_s/U	Anzahl der Adern	Querschnitt in mm²	Verwendung
Zwillingsleitung	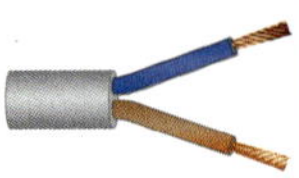	H03 VH-H	300/300 V	2	0,75	Für den Anschluss von kleinen (nicht warmen!) Elektrogeräten (Radios, Uhren, kleinere Lampen); Verwendung in trockenen Räumen
PVC-Schlauchleitung	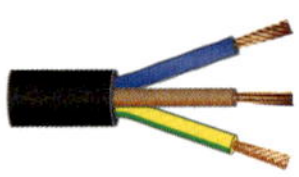	H03 VV-F	300/300 V	2	0,75 und 1,0	Für den Anschluss von kleinen (nicht warmen!) Elektrogeräten (Radios, Uhren, kleinere Lampen); Verwendung in trockenen Räumen
PVC-Schlauchleitung		H03 VV-F	300/500 V	2–5	0,75 bis 2,5	Für den Anschluss von Elektrogeräten (Waschmaschine/Kühlschrank); Verwendung in trockenen und feuchten Räumen
Herdanschlussleitung		H05 VV-F	300/500 V	5	2,5	Geeignet für den Anschluss von Dreh-/Starkstromgeräten im Haushalt (Backofen, Herd etc.); maximal 3 × 16 A bei mittlerer mechanischer Beanspruchung; Verwendung in trockenen Räumen
Mittlere Gummischlauchleitung	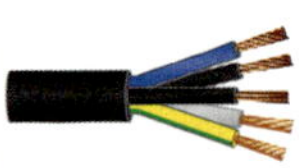	H05 RR-F	300/500 V	2–5	0,75 bis 2,5	Geeignet für den Anschluss von Elektrowärmegeräten oder Handgeräten (Lötkolben, Staubsauger etc.); mittlere mechanische Beanspruchung; Verwendung in trockenen und feuchten Räumen
Schwere Gummischlauchleitung		H07 RN-F	450/750 V	1–7	1 bis 30	Flamm- und ölbeständig, für trockene und feuchte Räume; geeignet für feuer- und explosionsgefährdete Betriebsbereiche; Verwendung bei mittlerer, mechanischer Beanspruchung
Silikonschlauchleitung		SIHF	300/500 V			Geeignet für mittlere, mechanische Beanspruchung in Haushalten und Büros; Verwendung in nassen und trockenen Räumen (Sauna, Solarien etc.); zugelassen von –40 bis +180 °C

51.1 Strombelastbarkeit von Leitungen

DIN VDE 0298-4: 2023-10

Verlegeart	A2		B2		C	
	Verlegung in wärmegedämmten Wänden		Verlegung in Elektro-Installationsrohren		Verlegung auf einer Wand	
	mehradriges Kabel oder mehradrige ummantelte Installationsleitung in einem Elektroinstallationsrohr in einer wärmegedämmten Wand		mehradriges Kabel oder mehradrige ummantelte Installationsleitung in einem Elektroinstallationsrohr auf einer Wand		ein- oder mehradriges Kabel oder ein- oder mehradrige ummantelte Installationsleitung	
						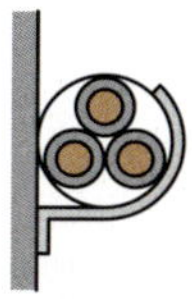
Anzahl belasteter Adern	2	3	2	3	2	3
Nennquerschnitt in mm^2	Belastbarkeit in A					
1,5	15,5	13,0	16,5	15,5	19,5	17,5
2,5	18,5	17,5	23,0	20,0	27,0	24,0
4	25,5	23,0	30,0	27,0	36,0	32,0
6	32,0	29,0	38,0	34,0	46,0	41,0

51.2 CEE-Steckvorrichtungen

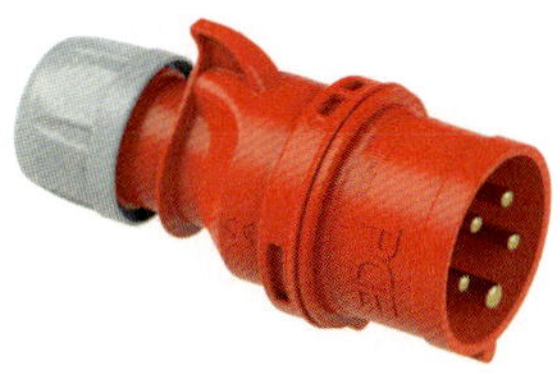

Lage des Schutzkontakts bzw. der Hilfsnase

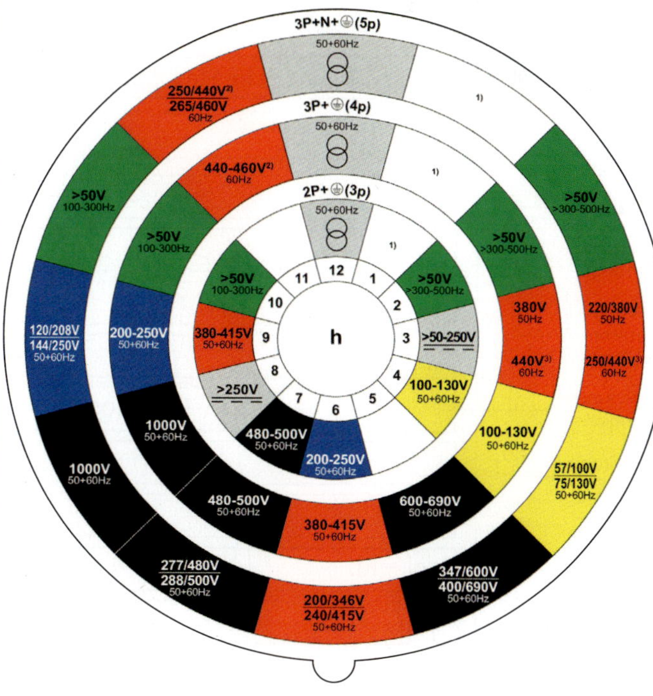

52.1 Gebräuchliche Gerätesteckvorrichtungen

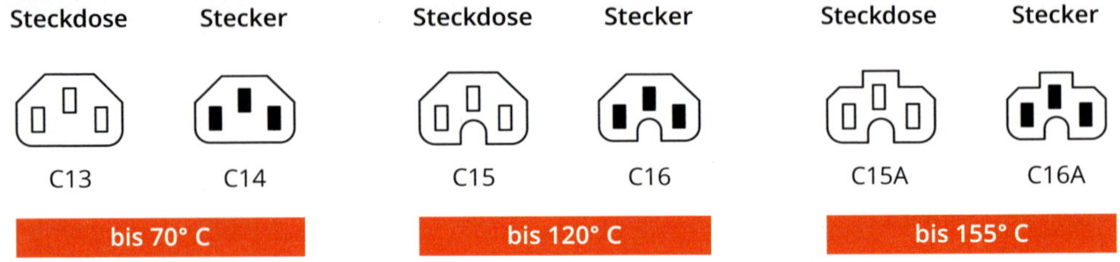

52.2 Schutzkontaktsteckdose

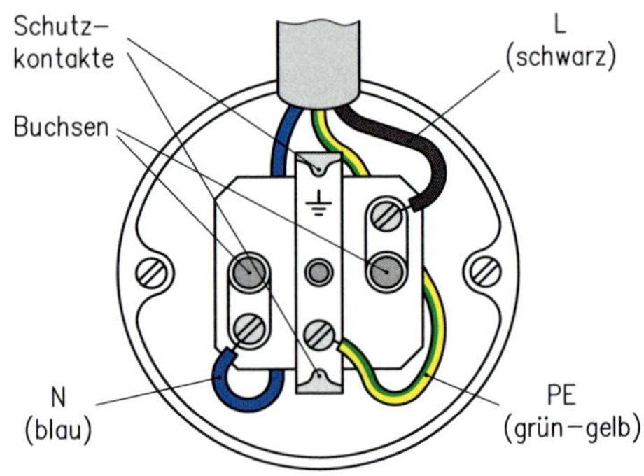

52.3 Leistungsschild für elektrische Maschinen

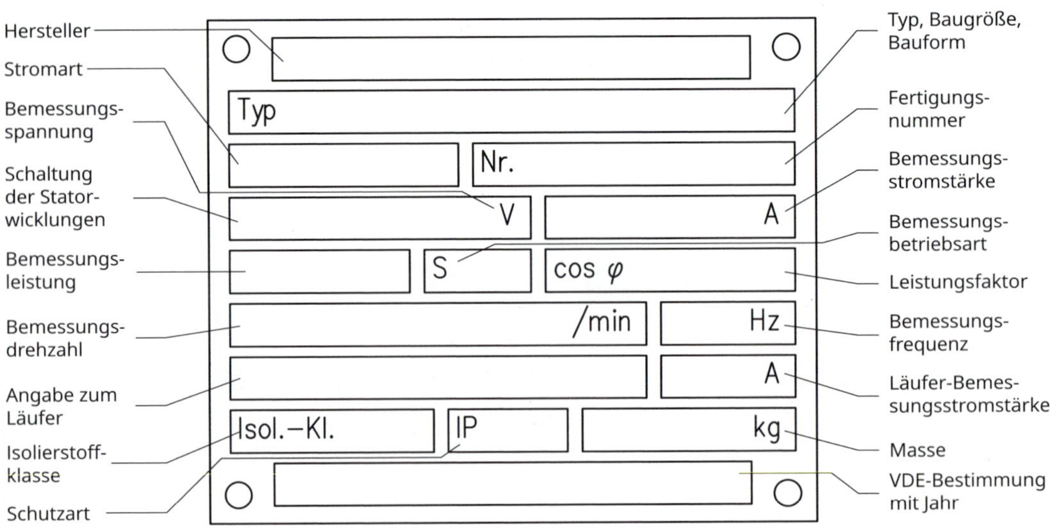

53.1 Grundlagen Steuern und Regeln

	Steuerung	Regelung
Beispiel	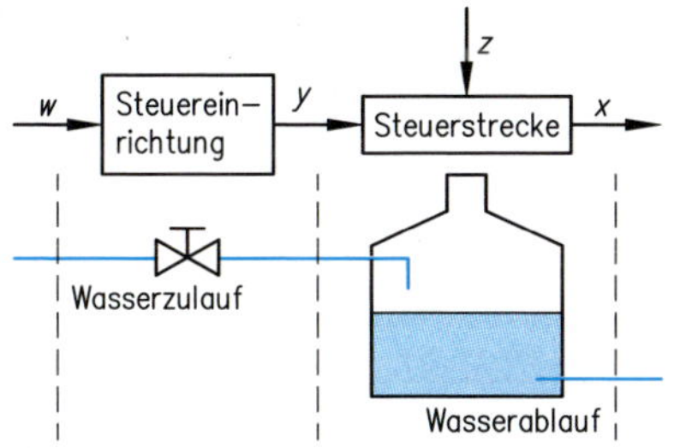	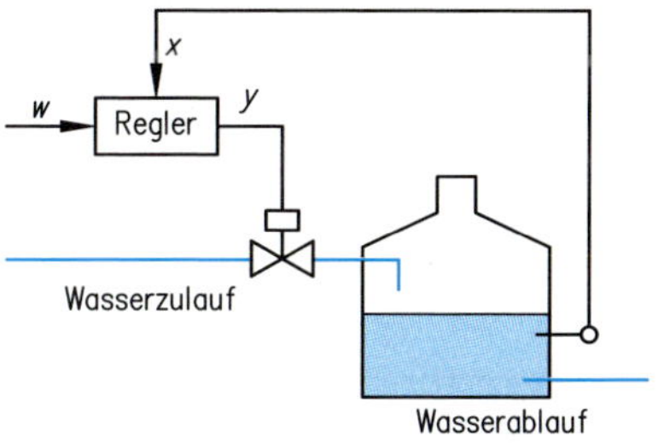
Wirkungsweg	Steuerkette (offen)	Regelkreis (geschlossen)
Mess- und Vergleichsart	zu steuernde Größe wird nicht gemessen und verglichen (keine Rückkopplung)	zu regelnde Größe wird gemessen und verglichen (Rückkopplung)
Reaktion auf Störungen	Reaktion nur auf gemessene und in der Steuerung verarbeitete Störungen	Entgegenwirken (Reaktion) auf alle Störungen, die das System beeinflussen
Reaktionszeitraum	zügige Reaktion auf Störungen infolge direkter Messung	Reaktion erst infolge von Abweichungen der betragsmäßigen Differenz von Soll- und Istwert
Realisationsaufwand	hoch bei vielen Störungen, niedrig bei Störungsfreiheit	niedrig bei Regelgrößenmessung, Soll-Istwert-Vergleich und Leistungsverstärkung
Nutzbarkeit bei instabilen Systemen	nicht gewährleistet/unbrauchbar	gewährleistet/einsetzbar

53.2 Grundbegriffe der Steuerungs- und Regeltechnik DIN EN 60027-6: 2008-04

Name der Größe	Formelzeichen	Bemerkung
Messeinrichtung		erfasst am Messort den Istwert fortlaufend
Stelleinrichtung		Funktionseinheit bestehend aus Steller und Stellglied
Steller		bildet aus der Reglerausgangsgröße die erforderliche Stellgröße
Stellglied		stellt den Regler je nach Steuersignal ein
Steuereinrichtung		wirkt je nach Aufgabe auf die Strecke ein
Steuerstrecke		wird je nach Aufgabe beeinflusst
Regelglied		führt die Regelgröße der Führungsgröße nach
Regelstrecke		wird je nach Aufgabe beeinflusst
Vergleichsglied		bildet die Regeldifferenz aus Führungs- und Rückführgröße
Zielgröße	c	bildet die Führungsgröße
Regeldifferenz	e	Differenz zwischen Führungs- und Rückführgröße
Aufgabengröße	q	wird aus der Regelgröße gebildet
Rückführgröße	r	vom Messglied angepasste Regelgröße, die dem Vergleichsglied zugeführt wird
Führungsgröße	w	Wert, der der Ausgangsgröße in vorgegebener Abhängigkeit folgen soll
Regelgröße	x	ist die geregelte Prozessgröße. Sie ist die Ausgangsgröße der Regelstrecke und die Eingangsgröße der Messeinrichtung
Stellgröße	y	Ausgangsgröße des Reglers und Eingangsgröße der Stelleinrichung
Störgröße	z	beeinflusst die Regelgröße und entfernt diese vom Sollwert

54.1 Einteilung Regeleinrichtungen

Art der Regelgröße	Art der Stellenergie	Regelverhalten	Art der Signalverarbeitung
• Temperatur • Druck • Durchfluss • Feuchte • Füllstand usw.	• **ohne Hilfsenergie** – Stellglied wird mit Energie aus der Strecke betätigt • **mit Hilfsenergie** – Stellglied benötigt von außen zugeführte Energie für die Betätigung	• **unstetige Regler** – Zweipunktregler, – Dreipunktregler • **stetige Regler** – Proportionalregler (P-Regler) – Integralregler (I-Regler) – Proportional-Integralregler (PI-Regler) – Proportional-Integral-Differentialregler (PID-Regler) • **unscharfe Regler** – Fuzzy-Regler	• Analog-Regler • Digital-Regler • Binär-Regler

54.2 Verhalten von stetigen Reglern

Regler	Eingangssprung/Sprungantwort	Blockdarstellung	Bemerkung
Proportional P-Regler	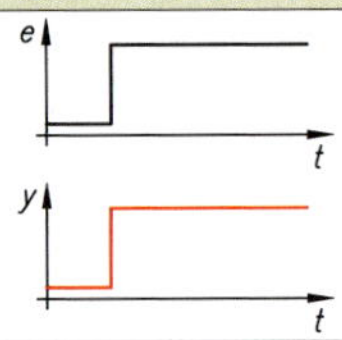	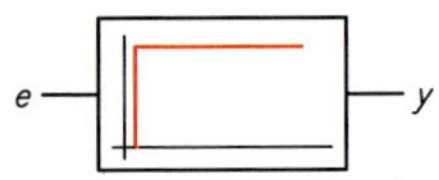	• *y* ist *e* direkt proportional • reagiert ohne Verzögerung • Stellgröße wird nur erzeugt, wenn Regeldifferenz vorliegt • bleibende Regelabweichung • stabile Regelung
Integral I-Regler	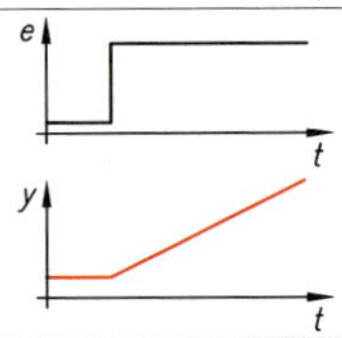	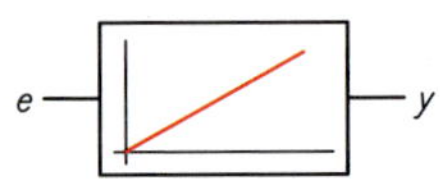	• Geschwindigkeitsänderung der Stellgröße *y* ist der Regeldifferenz direkt proportional • reagiert langsamer als P-Regler • keine bleibende Regelabweichung • geeignet für Strecken mit Totzeit
Proportional und integral PI-Regler	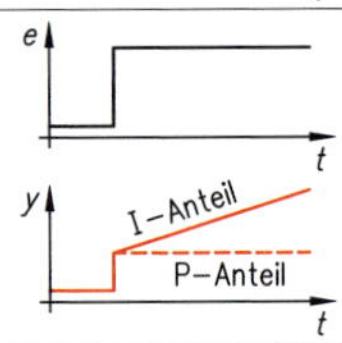	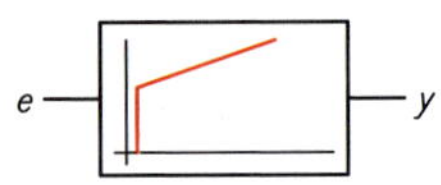	• schnelle Reaktion und hohe Stellgeschwindigkeit • besitzt Vorteile von P- und I-Regler • kompensiert die Nachteile von P- und I-Regler • keine bleibende Regelabweichung
Proportional, integral und differential PID-Regler	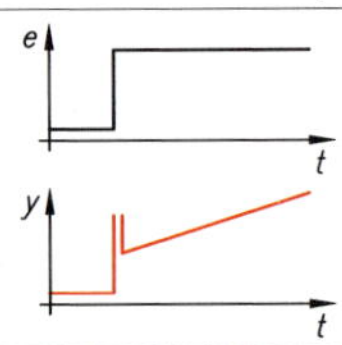	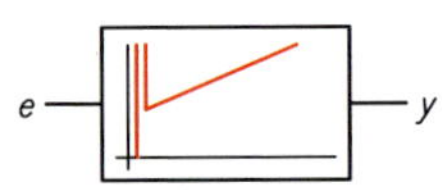	• schnelle Reaktion und sehr hohe Stellgeschwindigkeit • hohe Flexibilität durch P-, I-, D-Anteile • keine bleibende Regelabweichung • sehr hohe Variationsanzahl • sorgfältige Einstellung unabdingbar

54.3 Verhalten von unstetigen Reglern

Regler	Schaltkennlinie	Blockdarstellung	Bemerkung
Zweipunkt-Regler	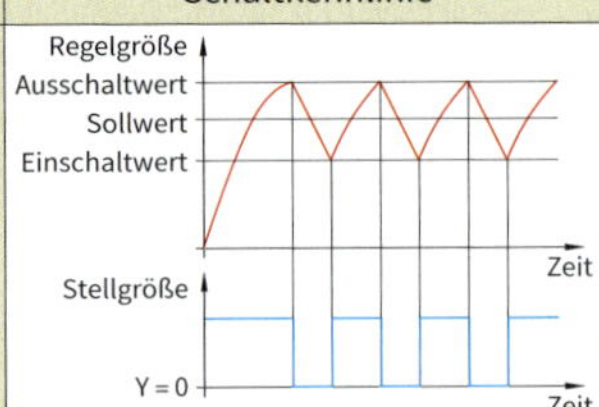	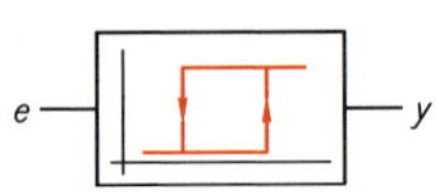	• Stellgröße y kann nur Wert 0 (Aus) oder den Wert 1 (Ein) annehmen • keine Zwischenwerte möglich
Dreipunkt-Regler	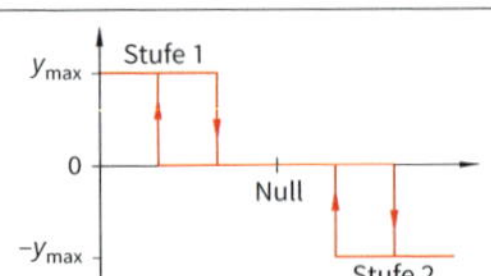	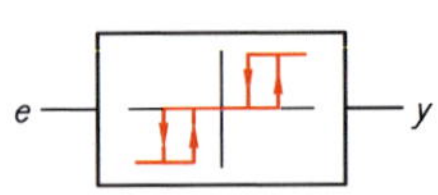	• Stellgröße y kann drei Zustände annehmen: Null, Stufe 1, Stufe 2

55.1 Normschrift (Schriftform B, vertikal) — DIN EN ISO 3098-1: 2015-06

ABCDEFGHIJKLMNOPQRSTUVWXYZ

abcdefghijklmnopqrstuvwxyzß □ ∅ 1234567890

Schriftmaße (Schriftform B)		
d	Linienbreite	(1/10) · *h*
h	Höhe der Großbuchstaben	10 · *d*
c	Höhe der Kleinbuchstaben	(7/10) · *h*
a	Abstand zwischen den Zeichen	≥ (2/10) · *h*
b	Abstand zwischen den Grundlinien	≥ (15/10) · *h*

Übliche Nennmaße für *h* in mm: 2,5 – 3,5 – 5 – 7 – 10

Beispiel Linienbreite $d = 0{,}5$ mm

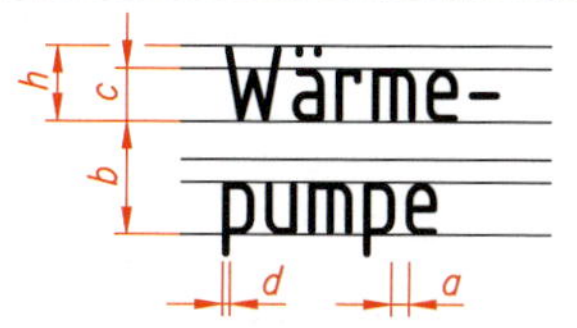

55.2 Papierformate — DIN EN ISO 216: 2007-12

Seitenlängen-Verhältnis

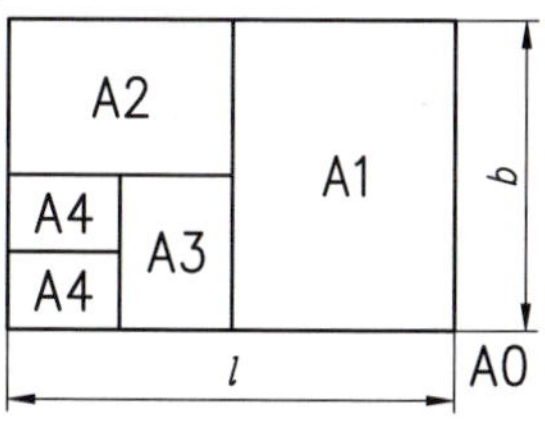

Der Flächeninhalt des Ausgangsformats A0 beträgt 1 m². Für das Seitenverhältnis gilt:

$$\frac{b}{l} = \frac{1}{\sqrt{2}}$$

Alle kleineren Formate ergeben sich durch Halbieren.

Benennung	*b* × *l* in mm
A0	841 × 1189
A1	594 × 841
A2	420 × 594
A3	297 × 420
A4	210 × 297
A5	210 × 148

55.3 Maßstäbe — DIN ISO 5455: 1979-12

Natürlicher Maßstab	Vergrößerungsmaßstab	Verkleinerungsmaßstab
1 : 1	2 : 1 5 : 1 10 : 1 20 : 1 50 : 1	1 : 2 1 : 5 1 : 10 1 : 20 1 : 50 1 : 100

Der Maßstab wird im Schriftfeld angegeben. Bemaßt wird immer mit den natürlichen Maßen.

55.4 Linienarten — DIN EN ISO 128-2: 2019-10

Linienbreiten

- Die breiten Linien sind 0,35, 0,5 oder 0,7 mm breit.
- Die schmalen Linien sind jeweils halb so breit, also 0,18, 0,25 oder 0,35 mm.

Linienart	Anwendung
Volllinie, schmal	• Lichtkanten bei Durchdringungen • Maßlinien • Maßhilfslinien • Hinweis- und Bezugslinien • Schraffuren • kurze Mittellinien • Gewindegründe • Diagonalkreuze zur Flächenkennzeichnung • Biegelinien an Roh- und Fertigteilen • Umrahmung von Einzelheiten
Freihandlinie, schmal	• Begrenzung von Teilschnitten oder unterbrochenen Ansichten
Zickzacklinie, schmal	• Begrenzung von Teilschnitten oder unterbrochenen Ansichten bei digital erstellten Zeichnungen
Strichlinie, schmal	• verdeckte Kanten
Volllinie, breit	• sichtbare Kanten • sichtbare Umrisse • Gewindespitzen • Grenze der nutzbaren Gewindelänge
Strichlinie, breit	• Bereiche mit zulässiger Oberflächenbehandlung
Strichpunktlinie (langer Strich), schmal	• Mittellinien • Symmetrielinien • Teilkreise bei Verzahnungen • Lochkreise
Strichpunktlinie (langer Strich), breit	• Bereiche mit geforderter Oberflächenbehandlung • Kennzeichnung von Schnittebenen
Strich-Zweipunktlinie (langer Strich), schmal	• Umrisse benachbarter Teile • Endstellung beweglicher Teile • Umrisse vor der Formgebung • Umrisse vom Fertigteil im Rohteil

56.1 Axonometrische Darstellungen DIN ISO 5456-3: 1998-4

Isometrische Projektion

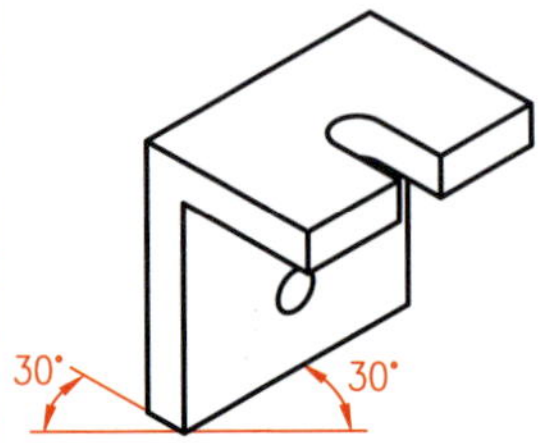

- Waagerechte Kanten verlaufen in einem Winkel von 30°.
- Alle Seiten werden maßstabsgerecht im Verhältnis 1 : 1 : 1 dargestellt.

Dimetrische Projektion

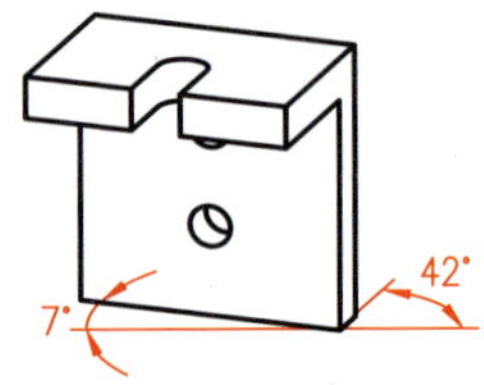

- Kanten von links nach rechts verlaufen in einem Winkel von 7°.
- Kanten von vorne nach hinten verlaufen in einem Winkel von 42°.
- Nach hinten verlaufende Kanten unter 42° werden halbiert (1 : 2).

56.2 Darstellung von Körpern in der Normalprojektion DIN ISO 5456-2: 1998-04

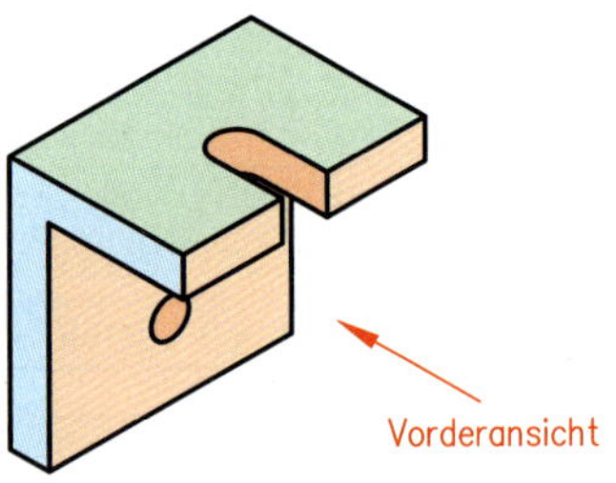

Projektionsmethode 1

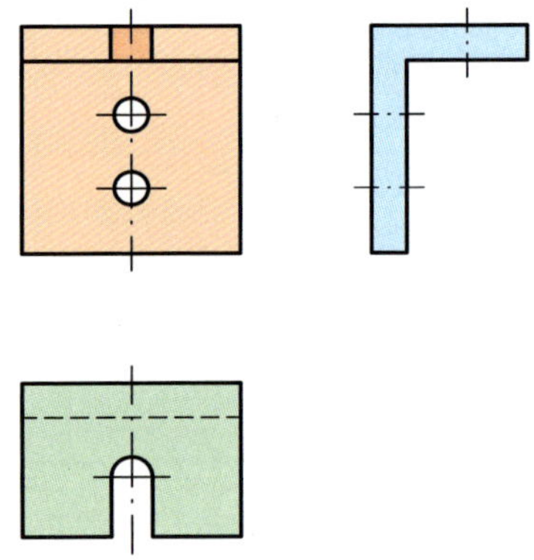

	Projektionsmethode 1 (bevorzugt zu verwenden)	**Projektionsmethode 3** (vorwiegend in USA und Großbritannien)
Symbol im Schriftfeld	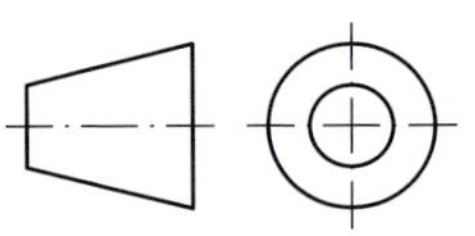	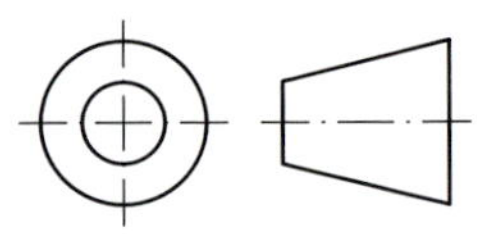
Lage der Ansichten		
Vorderansicht	aussagekräftigste Ansicht	aussagekräftigste Ansicht
Draufsicht	unterhalb der Vorderansicht	oberhalb der Vorderansicht
Seitenansicht von links	rechts neben der Vorderansicht	links neben der Vorderansicht
Seitenansicht von rechts	links neben der Vorderansicht	rechts neben der Vorderansicht
Untersicht	oberhalb der Vorderansicht	unterhalb der Vorderansicht
Rückansicht	links neben der Seitenansicht von rechts oder rechts neben der Seitenansicht von links	rechts neben der Seitenansicht von rechts oder links neben der Seitenansicht von links

57.1 Darstellungsregeln

DIN ISO 128-34: 2002-05

Unterbrochene Darstellung und Durchdringungen

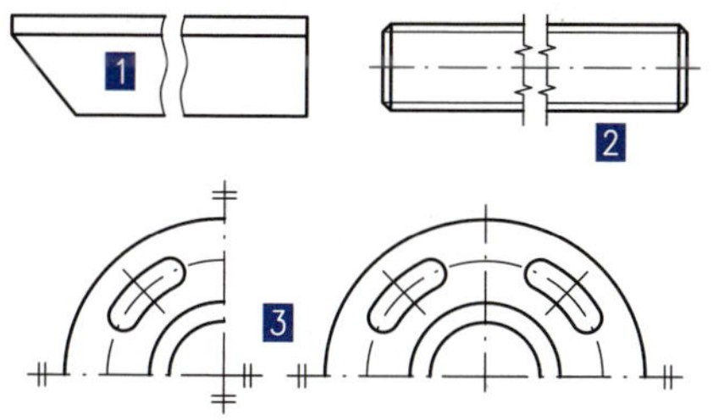

Gegenstände können, um Platz zu sparen, abgebrochen oder unterbrochen dargestellt werden. Die Bruchkante ist eine schmale Freihandlinie 1 oder eine schmale Zickzacklinie 2.

Bei symmetrischen Werkstücken kann eine Hälfte oder ein Viertel der Gesamtansicht dargestellt werden. Die Symmetrielinie wird durch zwei kurze, parallele Striche markiert 3.

Ursprüngliche Form/Lage beweglicher oder benachbarter Teile

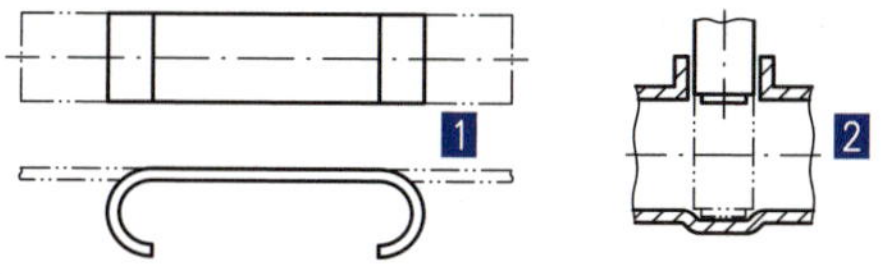

Die ursprüngliche Form des Biegeteils wird als schmale Strich-Zweipunktlinie dargestellt 1.

Angrenzende oder bewegliche Teile werden durch eine Strich-Zweipunktlinie dargestellt, wenn sie zum Verständnis der Zeichnung beitragen 2.

Biege- und Durchdringungslinien

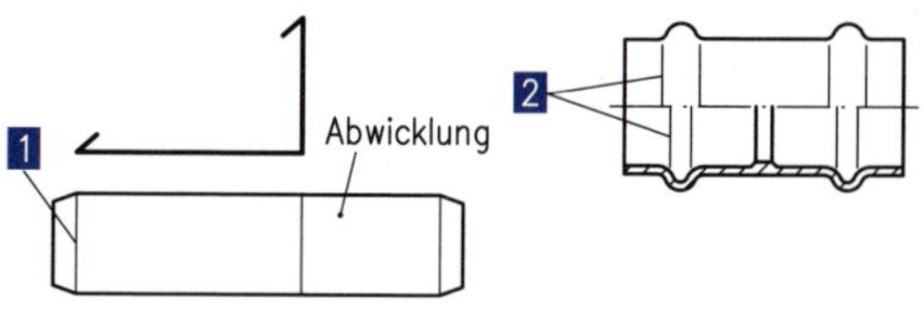

Biegelinien werden im Rohteil als schmale Volllinien dargestellt 1. Sie berühren die Umrisse.

Schmale Volllinien können als Durchdringungslinien den Wechsel zwischen verschiedenen Durchmessern markieren, wenn die Zeichnung dadurch anschaulicher wird. Die schmalen Volllinien berühren die Umrisse nicht 2.

Ebene Flächen/Einzelheiten

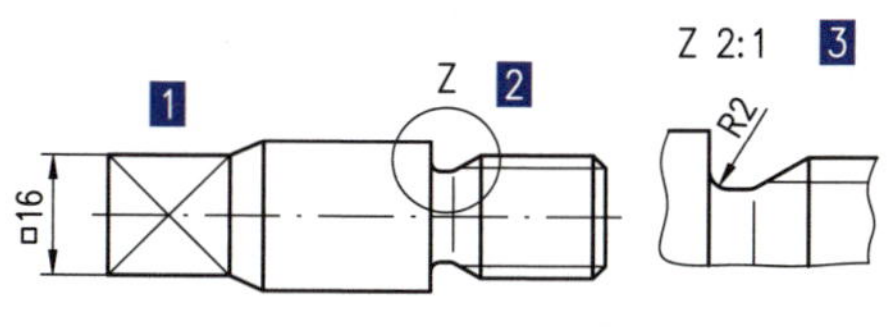

Fehlt die Seiten- oder Draufsicht, müssen ebene Flächen durch ein Diagonalkreuz aus schmalen Volllinien gekennzeichnet werden 1.

Einzelheiten werden zur deutlichen Darstellung und Bemaßung im vergrößerten Maßstab herausgezeichnet.
Der als Einzelheit bezeichnete Bereich wird mit einer schmalen Volllinie eingerahmt und mit einem Buchstaben, bevorzugt vom Ende des Alphabets, gekennzeichnet 2. Die Vergrößerung ist ebenfalls durch den gleichen Buchstaben zu kennzeichnen. Daneben wird der Maßstab angegeben 3.

57.2 Schnittdarstellungen

DIN EN ISO 128-3/40/-44/-50

Vollschnitt, Halbschnitt, Teilschnitt

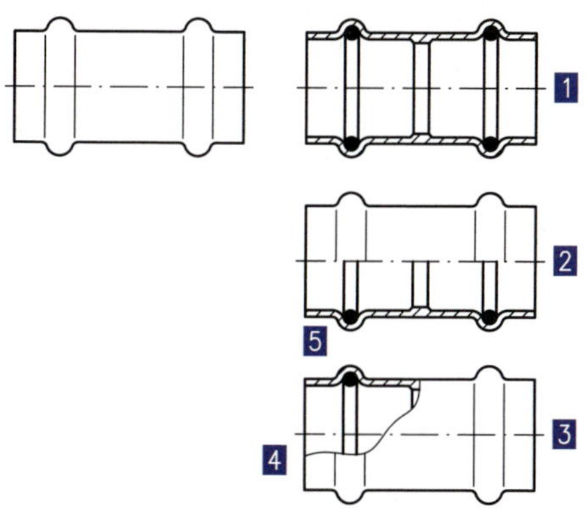

Bei einem Schnitt denkt man sich die vordere Werkstückhälfte herausgeschnitten. Das Innere des Werkstücks wird ganz oder teilweise erkennbar und kann bemaßt werden.
In der Regel wird durch die Längsachse oder senkrecht dazu geschnitten.

Man unterscheidet:
- Vollschnitt: Das gesamte Werkstück wird im Schnitt dargestellt 1.
- Halbschnitt: Die Hälfte des symmetrischen Werkstücks wird im Schnitt dargestellt 2.
- Teilschnitt, Ausbruch: Nur der relevante Bereich des Werkstücks wird geschnitten 3 und mit einer schmalen Freihandlinie abgegrenzt 4.

Die Schnittflächen werden mit schmalen Volllinien unter 45° zur Achse schraffiert. Der Abstand der Schraffurlinien ist der Größe der Schnittfläche anzupassen und über die gesamte Schnittfläche gleich.
Sehr kleine Schnittflächen werden geschwärzt 5.

58.1 Schnittdarstellungen, Fortsetzung

Schnitte durch verschiedene Teile

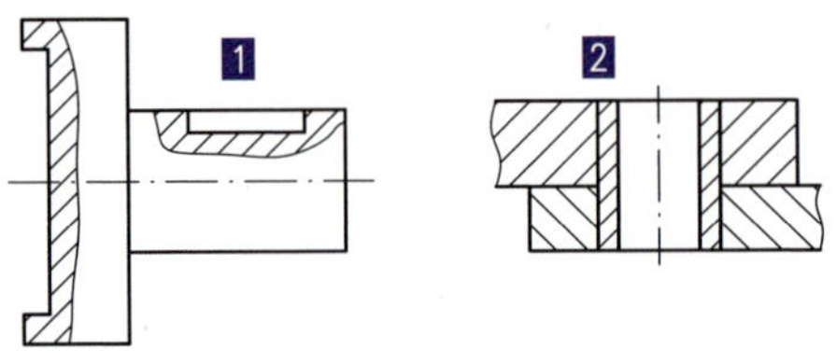

Alle Schnittflächen und Ausbrüche desselben Teils in einer oder mehreren Ansichten werden in gleicher Art schraffiert **1**.

Schnittflächen verschiedener Teile werden unterschiedlich schraffiert:
- durch verschiedene Schraffurrichtungen oder/und
- durch verschiedene Abstände der Schraffurlinien **2**.

Norm-Teile in der Schnittebene

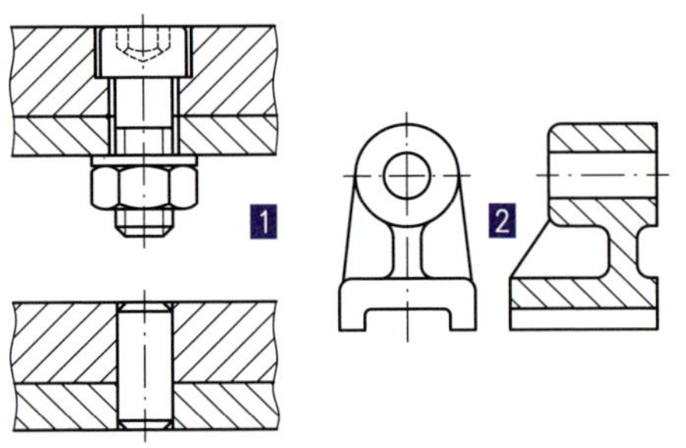

Norm-Teile werden in der Regel nicht geschnitten dargestellt **1**. Dies betrifft z. B. Nieten, Stifte, Schrauben, Muttern, Unterlegscheiben, Wellen, Keile, Passfedern, Rollen oder Kugeln.

Ebenso werden Rippen von Gussteilen und Speichen von Rädern nicht geschnitten **2**.

Darstellung von Flanschlöchern

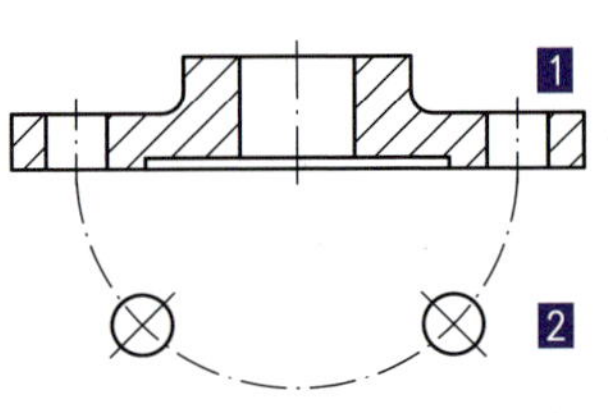

Flanschlöcher, die nicht in der Schnittebene liegen, können in die Schnittebene gedreht werden **1**.

In der Schnittansicht entspricht der Mittenabstand der Bohrungen dem Lochkreisdurchmesser.

Die tatsächliche Lage der Bohrungen auf dem Flansch muss einer anderen Ansicht oder wie dargestellt dem Lochkreis entnommen werden **2**.

Schnittverlauf

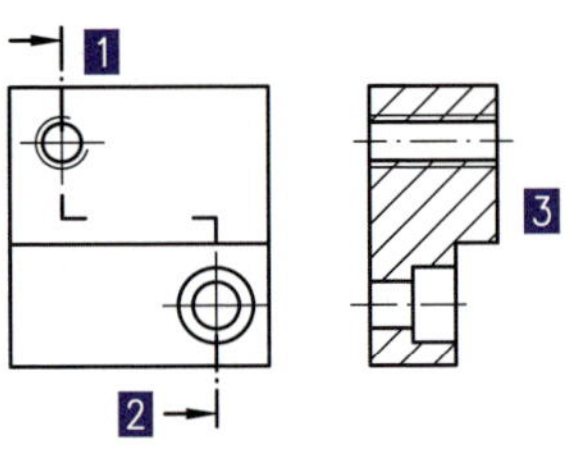

Ist die Lage der Schnittebene nicht eindeutig, muss der Schnittverlauf durch eine breite Strichpunktlinie gekennzeichnet werden **1**.

Die Blickrichtung wird durch zwei Pfeile ↑ 59.1 am Anfang und Ende der Linie angegeben **2**.

Der Versatz der Schnittebene ist im Schnitt nicht erkennbar. Die Schnittfläche wird auch dort durchgehend schraffiert **3**.

Mehrere Schnittebenen durch ein Werkstück

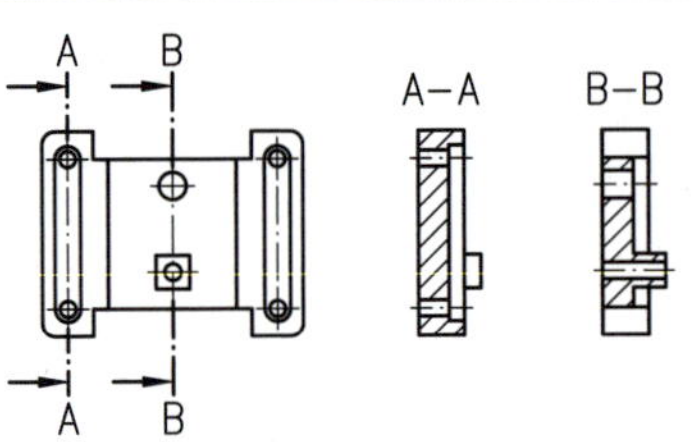

Sind mehrere Schnittebenen gezeichnet, werden diese mit Buchstaben, bevorzugt vom Anfang des Alphabets, gekennzeichnet.

In der Regel werden die Schnitte je nach der gewünschten Blickrichtung entsprechend der Projektionsmethode 1 ↑ 56.2 angeordnet.

59.1 Maßeintragung — DIN EN ISO 129-1: 2019-05

Maßlinien

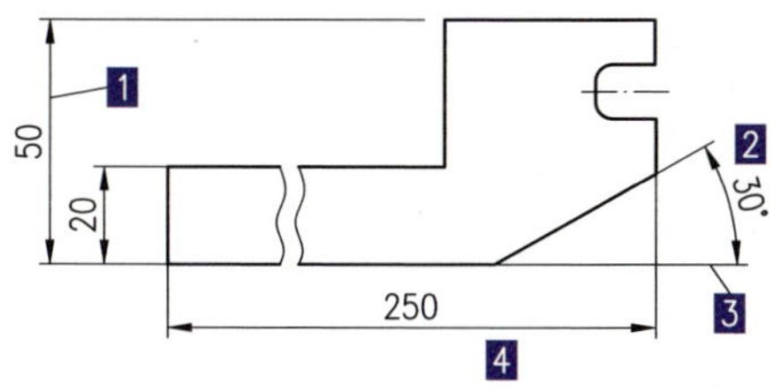

Maßlinien sind schmale Volllinien 1.
Sie werden folgendermaßen eingetragen:

- bei Längenmaßen parallel zu der bemaßten Länge 1,
- bei Winkeln als Kreisbogen um den Mittel-, bzw. Scheitelpunkt 2.

Maßlinien sollten sich mit anderen Maß- oder Maßhilfslinien nicht schneiden. Ist dies nicht zu vermeiden, werden sie ohne Unterbrechung gezeichnet 3.

Maßlinien werden nicht unterbrochen. Auch bei unterbrochen dargestellten Werkstücken wird die Maßlinie durchgezogen 4.

Maßlinienbegrenzungen

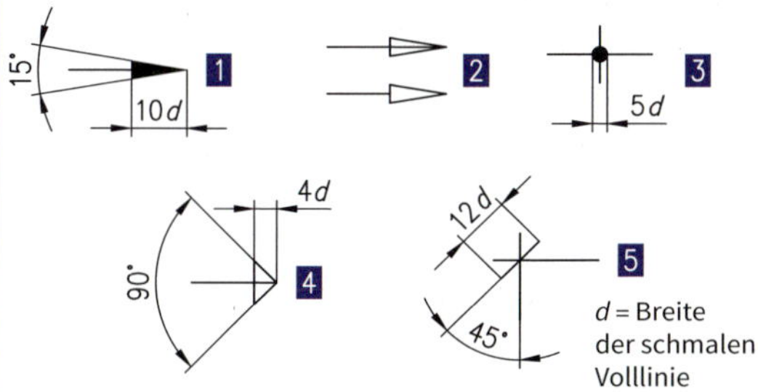

Begrenzung	Anwendung
1 geschwärzter Pfeil	im Regelfall
2 offener Pfeil	bei rechnergestützt angefertigter Zeichnung
3 Punkt	bei Platzmangel
4 offener 90°-Pfeil	fachbezogen für Bauzeichnungen
5 Schrägstrich	fachbezogen für Bauzeichnungen

Maßhilfslinien

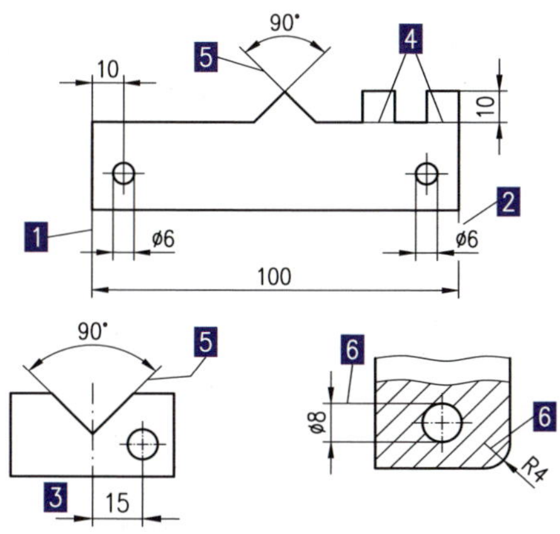

Maßhilfslinien sind schmale Volllinien, die rechtwinklig zu der bemaßten Länge eingetragen werden 1.

Maßhilfslinien dürfen unterbrochen werden, wenn der weitere Verlauf eindeutig erkennbar ist 2.

Mittellinien können als Maßhilfslinien verwendet werden. Außerhalb der Körperkanten werden sie dann als schmale Volllinie verlängert 3.

Auseinanderliegende gleiche Formelemente können durch eine gemeinsame Maßhilfslinie miteinander verbunden werden 4.

Bei Winkelmaßen bilden die Verlängerungen der Schenkel des Winkels die Maßhilfslinien 5.

Wird in Schnitten bemaßt, dürfen die Maßhilfslinien nicht parallel zu den Schraffurlinien gezeichnet werden 6.

Maßzahlen

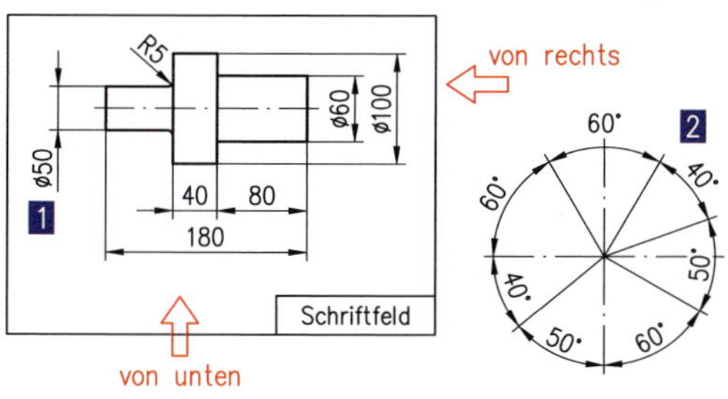

Maßzahlen werden in Norm-Schrift nach DIN EN ISO 3098 über den Maßlinien eingetragen.

Die Maße werden in mm ohne Einheit eingetragen. Bei Ausnahmen ist die Einheit zu ergänzen.

Alle Maße und Kennzeichnungen sind so einzutragen, dass sie von unten oder von rechts gelesen werden können.

Die Hauptleserichtung orientiert sich am Schriftfeld.

Reicht der Platz zwischen den Maßhilfslinien nicht aus, darf die Maßzahl seitlich eingetragen werden 1.

Winkelmaße werden entsprechend 2 eingetragen.

60.1 Maßeintragung, Fortsetzung

Werkstückdicke

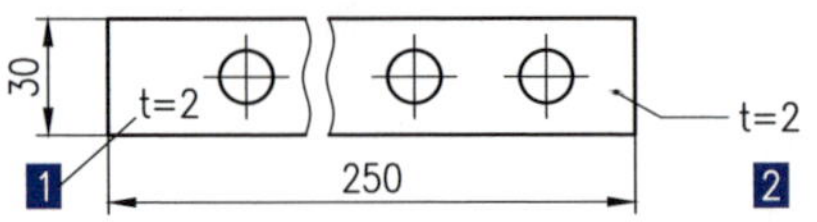

Bei flachen Werkstücken mit durchgehend gleicher Dicke darf die Werkstückdicke in der Darstellung 1 angegeben werden oder daneben mit einer abgeknickten Hinweislinie 2.

Sie wird mit dem Buchstaben t (engl.: thickness) gekennzeichnet.

Anordnen der Maße

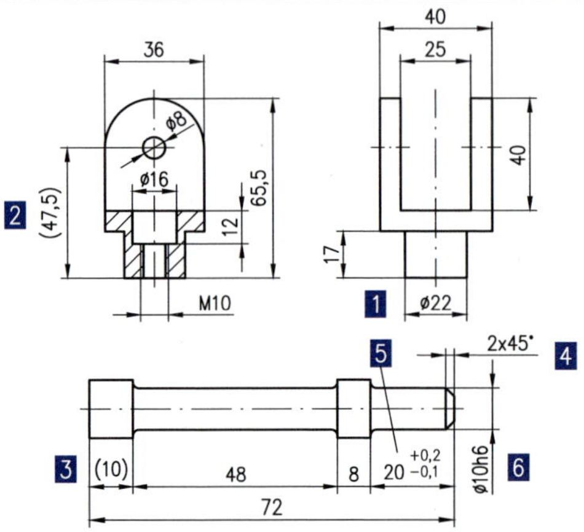

Jedes Maß kommt nur einmal in der Zeichnung vor.
Bei mehreren Ansichten erfolgt die Maßeintragung in der Ansicht, in der die entsprechende Form am besten erkennbar ist. Zusammenhängende Maße sind möglichst in einer Ansicht einzutragen 1.
Maße, die sich durch die Fertigung bzw. andere Maße von selbst ergeben, werden nicht eingetragen oder als Hilfsmaß in Klammern gesetzt 2.
Geschlossene Maßketten sind zulässig, wenn ein Maß als Hilfsmaß in Klammern gesetzt wird 3. Maße in Klammern unterliegen nicht den im Schriftfeld angegebenen Allgemeintoleranzen ↑ 61.1.
Fasen und Senkungen mit einem Winkel von 45° können vereinfacht durch die Fasenbreite × 45° bemaßt werden, z. B. 2 × 45° 4.
Toleranzen, die nicht den im Schriftfeld angegebenen Allgemeintoleranzen entsprechen, können als Grenzabmaße 5 oder als Toleranzklasse 6 angegeben werden.

Durchmesser und Radien

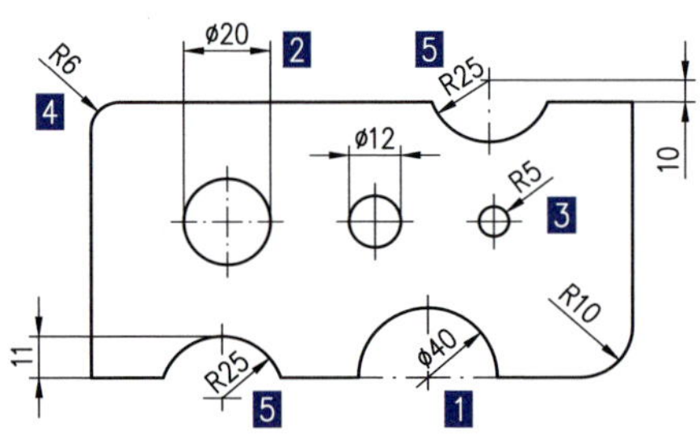

Wird ein Durchmesser bemaßt, wird immer das Symbol ⌀ vor die Zahl gesetzt.
Durchmesser dürfen von innen 1 oder außerhalb 2 des Formelements eingetragen werden.
Bei Platzmangel darf das Maß mit nur einem Maßpfeil an das Formelement gesetzt werden 3.
Bei Durchmesser-Bemaßung eines Kreisausschnitts wird die Maßlinie über den Mittelpunkt des Kreises hinaus gezogen 1.

Radien werden durch den Buchstaben R vor der Maßzahl gekennzeichnet und erhalten immer nur einen Maßpfeil 4.
Radien werden von ihrem Mittelpunkt aus 5 bemaßt oder von außen auf ihren Mittelpunkt zu 4.

Quadrate und Schlüsselweiten

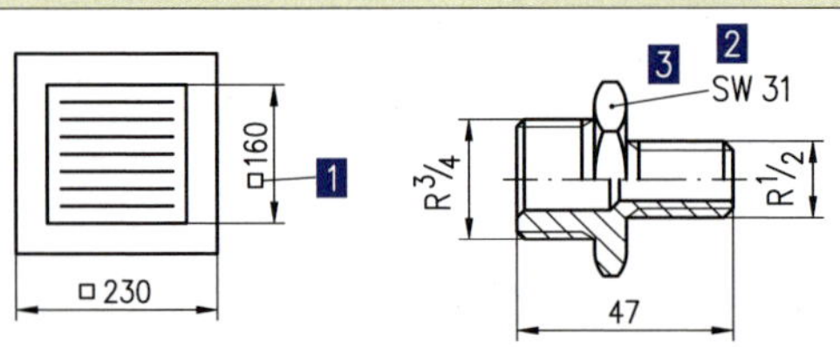

Das Symbol □ kennzeichnet ein quadratisches Formelement und wird vor die Maßzahl der Kantenlänge gesetzt 1.

Um eine Schlüsselweite ↑ 78.1 anzugeben, verwendet man die Großbuchstaben SW vor der Maßzahl 2.

Die Schlüsselweite wird mit einer Bezugslinie, einer schmalen Volllinie mit Punkt, dem Formelement zugewiesen 3.

Gewinde

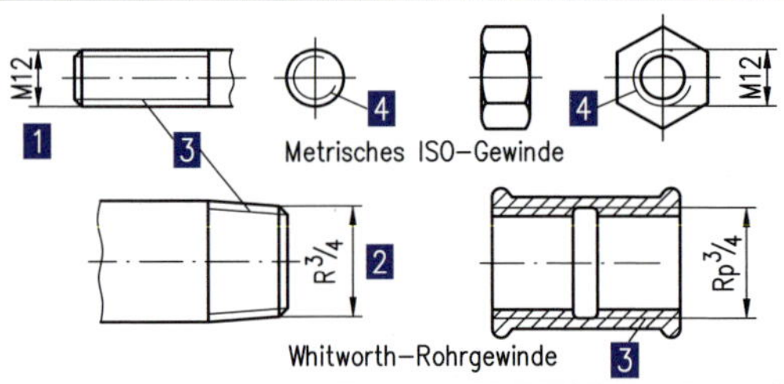

Für genormte Gewinde werden die Kurzzeichen des jeweiligen Gewindes, z. B. M nach DIN 13 1 und R, bzw. Rp nach DIN EN 10226 2 verwendet.

Die Darstellung der Gewinde erfolgt in der Seitenansicht mit schmalen Volllinien, die parallel zur Außenkante liegen 3. In der Draufsicht wird ein Dreiviertelkreis koaxial zur Kante gezogen 4.

61.1 Allgemeintoleranzen für Längen und Winkel — DIN ISO 2768-1: 1991-06

Allgemeintoleranzen für Längenmaße

Toleranzklasse	Grenzabmaße in mm für Nennmaßbereiche in mm							
	0,5–3	> 3–6	> 6–30	> 30–120	> 120–400	> 400–1 000	> 1 000–2 000	> 2 000–4 000
f (fein)	± 0,05	± 0,05	± 0,1	± 0,15	± 0,2	± 0,3	± 0,5	–
m (mittel)	± 0,1	± 0,1	± 0,2	± 0,3	± 0,5	± 0,8	± 1,2	± 2
c (grob)	± 0,2	± 0,3	± 0,5	± 0,8	± 1,2	± 2	± 3	± 4
v (sehr grob)	–	± 0,5	± 1	± 1,5	± 2,5	± 4	± 6	± 8

Allgemeintoleranzen für Winkelmaße

Toleranzklasse	Grenzabmaße in Winkelgrad und -minute für Nennmaßbereiche des kürzeren Winkelschenkels in mm				
	< 10	> 10–50	> 50–120	> 120–400	> 400
f (fein) m (mittel)	± 1	± 0° 30′	± 0° 20′	± 0° 10′	± 0° 5′
c (grob)	± 1° 30′	± 1°	± 0° 30′	± 0° 15′	± 0° 10′
v (sehr grob)	± 3°	± 2°	± 1°	± 0° 30′	± 0° 20′

61.2 Zeichnungsarten und Maßstäbe im Bauwesen — DIN 1356-1: 2018-03

Zeichnung	Maßstäbe	Zeichnung	Maßstäbe
Lagepläne mit Grundstücken, Gebäudeumrissen, Straßen, Abwasserkanälen	1 : 500	Bauzeichnungen in Grundriss, Schnitt oder Ansicht; Entwässerungspläne, Installationspläne	1 : 50
Entwurfszeichnungen mit Angaben zu Größe, Aussehen und technischer Ausstattung	1 : 100 (1 : 200)	Detailzeichnungen in Grundriss, Schnitt oder Ansicht	1 : 5, 1 : 10, 1 : 20

61.3 Linienarten in Bauzeichnungen — DIN 1356-1: 2018-03

Linienart	Anwendung	Linienbreite in mm	
		Maßstab ≤ 1 : 100	Maßstab ≥ 1 : 50
Volllinie	Begrenzung von Schnittflächen	0,5	1,0
	sichtbare Kanten und Umrisse von Bauteilen, Begrenzug von Schnittflächen von schmalen oder kleinen Bauteilen	0,35	0,5
	Maßlinien, Maßhilfslinien, Hinweislinien, Lauflinien, Begrenzung von Ausschnittdarstellungen, vereinfachte Darstellungen	0,25	0,35
Strichlinie	verdeckte Kanten und Umrisse von Bauteilen	0,35	0,5
Strichpunktlinie	Kennzeichnung der Lage der Schnittebenen	0,5	1,0
Punktlinie	Bauteile vor bzw. über der Schnittebene	0,35	0,5

61.4 Kennzeichnung von Schnittflächen — DIN 1356-1: 2018-03, DIN ISO 128-50: 2002-05

Boden (gewachsen)	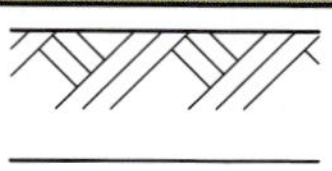	Leichtbeton	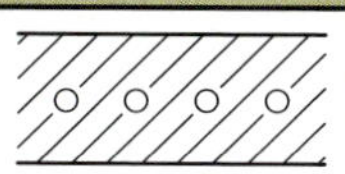	Gipsplatte	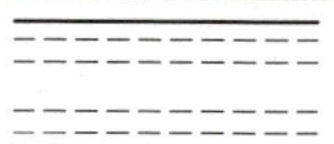
Beton (unbewehrt)	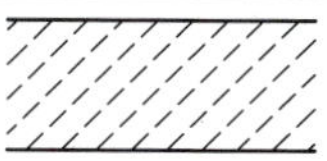	Mauerwerk (künstl. Steine)	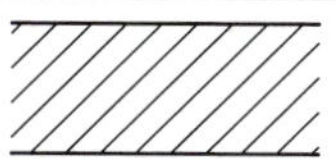	Dämmstoffe	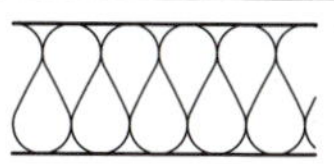
Beton (bewehrt)	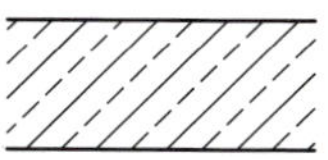	Holzwerkstoff	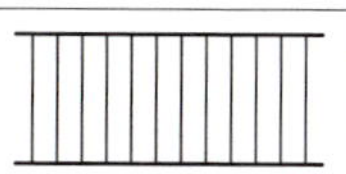	Abdichtung (Sperrschicht)	

1 Grundlagen

62.1 Maßeintragung in Bauzeichnungen — DIN 1356-1: 2018-03

Grundriss

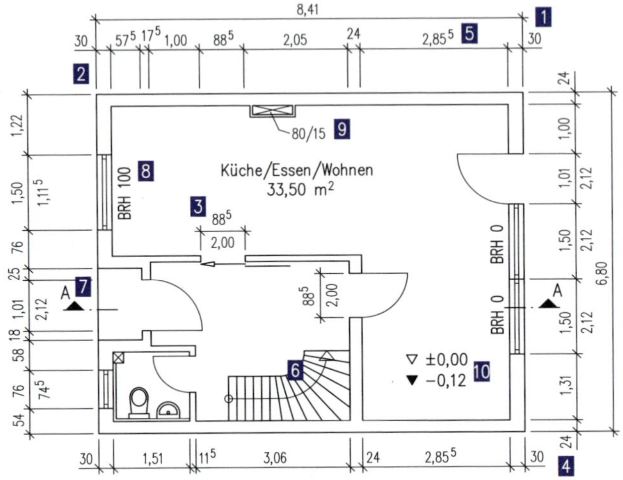

Schnitt A

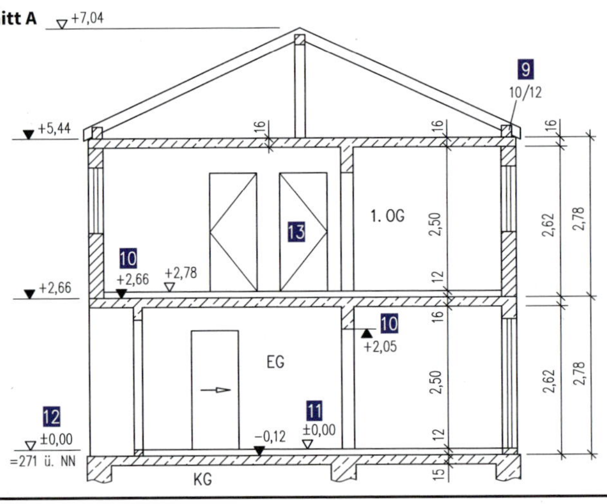

1. Die Maßlinienbegrenzung besteht aus Schrägstrichen oder Punkten.
2. Die Maßhilfslinien berühren die Kanten nicht.
3. Bei Fenstern, Türen oder anderen Wanddurchbrüchen ist die Breite über und die Höhe der Öffnung unter der Maßlinie angegeben.
4. Maße unter 1 m werden in cm angegeben.
5. Die hochgestellte 5 bedeutet 5 mm.
6. Ein offener 90°-Pfeil gibt die Laufrichtung von Treppen von unten nach oben an.
7. Ausgefüllte Pfeile an der Schnittlinie geben die Blickrichtung eines Schnitts an. Ein Großbuchstabe bezeichnet den Schnitt.
8. Die Brüstungshöhe (BRH) bezieht sich immer auf den Rohfußboden im gleichen Geschoss.
9. Rechteckquerschnitte z. B. von Schächten oder Balken können vereinfacht als Zahlenbruch aus Breite/Tiefe (Höhe), z. B. 10/14 angegeben werden.
10. Höhenmaße können in Grundriss, Ansicht oder Schnitt mithilfe von leeren oder ausgefüllten Dreiecken angegeben werden. Die Höhe bezieht sich dann in der Regel auf den Fertigfußboden im Erdgeschoss 11.

Höhenangabe Unterfläche	• Rohkonstruktion • Fertigkonstruktion	▲ △
Höhenangabe Oberfläche	• Fertigkonstruktion • Rohkonstruktion	▽ ▼

12. Die Höhe kann auch in Relation zu normal Null (ü. NN) angegeben werden.
13. Darstellen von Fenster- und Türöffnungsarten siehe BiBox.

62.2 Darstellung von Aussparungen, Durchbrüchen und Schlitzen — DIN 1356-1: 2018-03

	Wanddurchbruch WD	Schlitz, senkrecht WS	Schlitz, waagerecht WS	Rohrdurchführung RD
Ansicht (Aufriss)		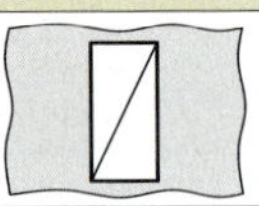	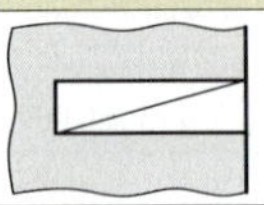	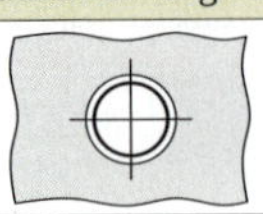
Grundriss		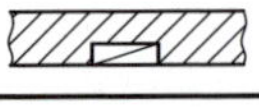	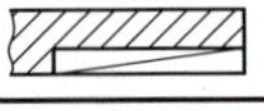	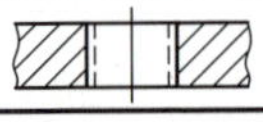

62.3 Abkürzungen in Bauzeichnungen — DIN 1356-1: 2018-03

KG	Kellergeschoss	BR	Brüstung	OK	Oberkante	DD	Deckendurchbruch	Lft	Lüftung
EG	Erdgeschoss	RFB	Rohfußboden	RD	Rohrdurchführung	DSo/DSu	Deckenschlitz auf Ober-/Unterseite	Hzg	Heizung
OG	Obergeschoss	FFB	Fertigfußboden	WD	Wanddurchbruch			San	Sanitäre Einrichtung
DG	Dachgeschoss	UK	Unterkante	WS	Wandschlitz	Elt	Elektrizität		

63.1 Vereinfachte Darstellung von Rohrleitungen — DIN EN ISO 6412: 2018-06

Leitungsschema

Grundriss

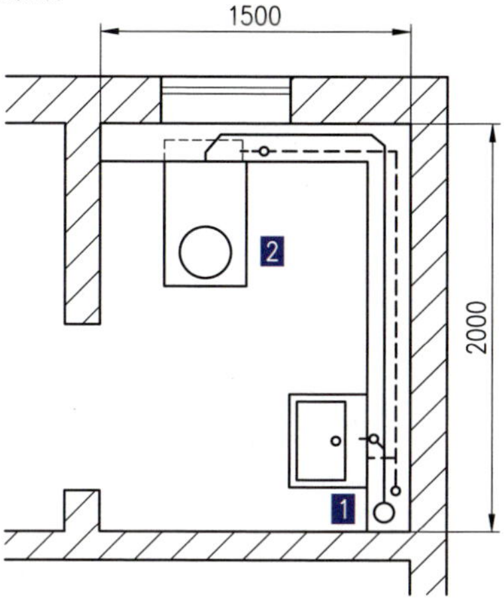

Ansicht (Aufriss)

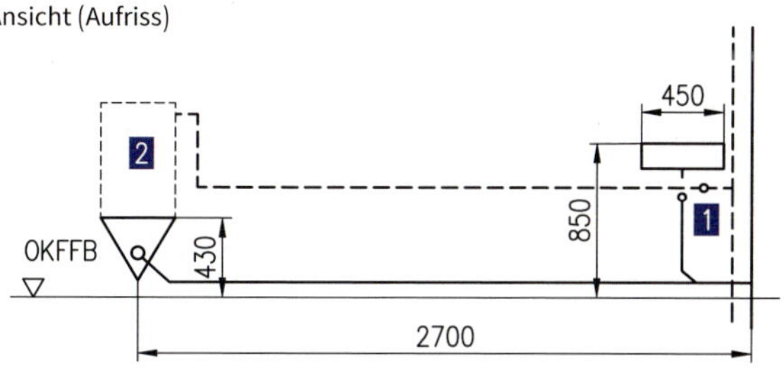

Rohrleitungen werden vereinfacht als Linien dargestellt. Diese verlaufen auf der Mittelachse der jeweiligen Leitungen.
Senkrecht zur Bildebene laufende Leitungen werden durch einen Kreis symbolisiert 1.
Ausstattungsgegenstände 2, Armaturen und Geräte werden sinnbildlich dargestellt ↑ 64 f., ihre äußeren Abmaße maßstäblich.
Höhen und seitliche Abstände und Längen werden im Maßstab dargestellt (i.d.R. 1:10 oder 1:20).
In der Ansicht können Raumecken aufgeklappt werden.

Strangschema

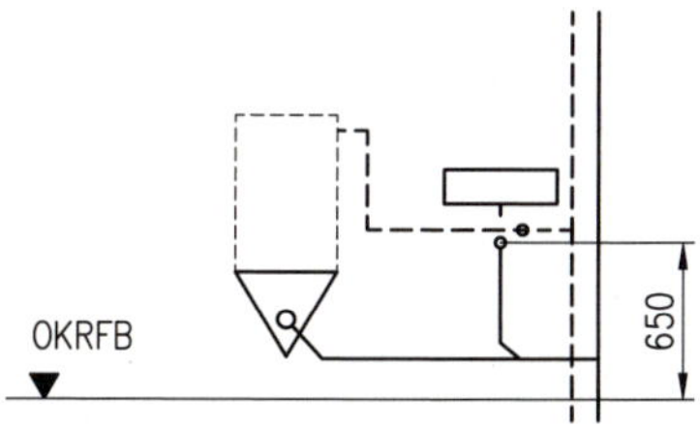

Rohrleitungen werden als Linien dargestellt.
Höhen und Objektbreiten sind maßstäblich zu zeichnen, seitliche Abstände und Rohrlängen nicht.

Meist soll ein Strangschema einen oder mehrere ganze Stränge abbilden. Dann wird es als senkrechter Schnitt durch sämtliche Etagen eines Gebäudes im Maßstab 1 : 50 dargestellt.

Isometrische Darstellung (30°-Raumschema)

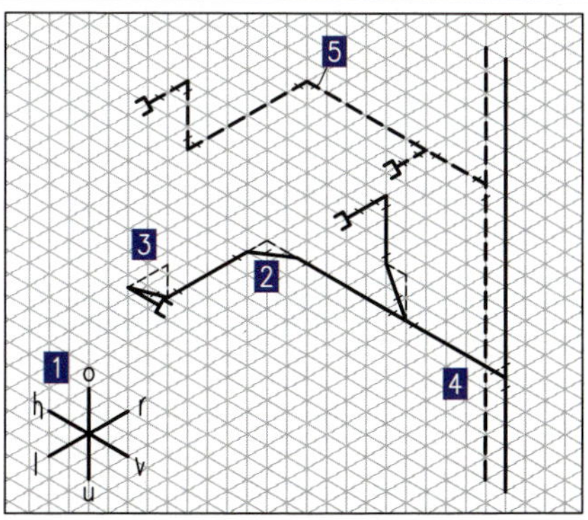

Die Rohrleitungen werden in einem Hilfsraster, dem isometrischen Liniennetz, dargestellt.

Die Rohrlängen sind nicht maßstäblich abgebildet, Übersichtlichkeit geht vor.

Nach oben (o) und unten (u) verlaufende Leitungen werden senkrecht dargestellt. Waagerechte Leitungen verlaufen in einem Winkel von 30° entsprechend der abgebildeten Richtungsvorgaben hinten (h) – vorne (v) oder links (l) – rechts (r) 1.

Schräge Leitungen werden im Verhältnis 1:2 oder 2:3 gezeichnet 2. Die Richtung muss durch Orientierungslinien 3 definiert werden.

Kreuzen sich Leitungen, wird die dahinterliegende unterbrochen 4.

Verbindungen werden durch kleine Schrägstriche dargestellt 5.

Um die Rohrstrecken, Fittings und Armaturen einer Stückliste zuordnen zu können, werden sie in Fließrichtung durchnummeriert.

Fließschema/Schaltschema

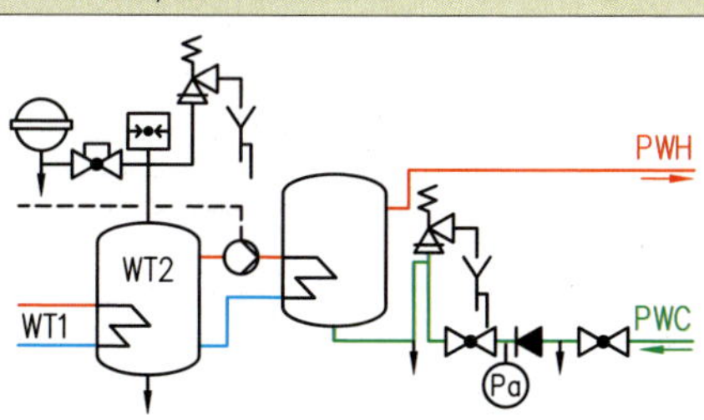

Es wird dargestellt, wie die Komponenten einer Anlage miteinander verschaltet sind.

Der Maßstab spielt keine Rolle.

Für die Darstellung der Komponenten werden Sinnbilder verwendet ↑ 64 f..

Verschiedene Rohrleitungen und Steuerleitungen werden durch die Verwendung von Farben oder Linienarten voneinander unterschieden.

64.1 Sinnbilder Trinkwasserinstallation — DIN EN 806-1: 2001-12

Wasserleitungen

Benennung	Sinnbild
Wasserleitung[1]	*
Trinkwasserleitung kalt, z. B. DN 80	PWC 80
Trinkwasserleitung warm, DN 50, Wärmedämmung	PWH 50–TI
Trinkwasserleitung warm, Zirkulation, DN 40	PWH–C 40
Schlauchleitung	
Leitungskreuz	
Abzweig, einseitig	
Abzweig, beidseitig	
Übergang in der Nennweite z. B. von DN 50 auf DN 40	50 40
Übergang im Werkstoff z. B. von Stahl auf Kupfer	St Cu
elektrische Trennung, Isolierstück	
Dehnungsbogen	
Stopfbuchsenkompensator	
Leitungsgefälle nach links, 5 %	5 %
Leitungsabschluss	
Wand- oder Deckendurchführung mit Schutzrohr	
Wand- und Deckendurchführung mit Schutzrohr und Abdichtung	
Leitungsfestpunkt	
Leitungsbefestigung mit Gleitführung	
Schutzpotenzialausgleich, Erdung	

[1] Der Stern wird ersetzt durch Angaben zum Fließmedium oder/und zur Rohrdimension:

PW	Trinkwasser (potable water)
PWC	Trinkwasser, kalt (p. w. cold)
PWH	Trinkwasser, warm (p. w. hot)
PWH-C	Zirkulation (p. w. h. circulation)
PWH-TI	Wärmedämmung (thermal insulation)
NPW	Nichttrinkwasser

Richtungshinweise im Grundriss

Benennung	Sinnbild
senkrechte Rohrleitung im Grundriss	
hindurchgehend	+ –
Leitung ab Knick aufwärts verlaufend	+
Fließrichtung ab Knick nach oben	+
Leitung ab Knick abwärts verlaufend	–
Fließrichtung ab Knick nach unten	–

Rohrverbindungen

Benennung	Sinnbild
Rohrverbindung[2]	*
Gewindeverbindung	
Schnellkupplung	
Flanschverbindung	
geschweißt oder gelötet ↑ 70.3	x

[2] Der Stern wird ersetzt durch:

AD	Klebeverbindung
BR	Hartlöten
CP	Klemmverbindung
CR	Pressfittingverbindung
FL	Flanschverbindung
PF	Steckverbindung
SC	Gewindeverbindung
SL	Weichlöten

Absperr- und Drosselarmaturen

Benennung	Sinnbild
Absperrarmatur, allgemein	
Eckventil	
Dreiwegeventil	
Vierwegeventil	
Geradsitzventil	
Kugelhahn	
Kolbenschieber	
Schieber	
Absperrklappe	
Druckminderer	p
Anschlussvorrichtung	
Ventilanbohrschelle	

65.1 Sinnbilder Trinkwasserinstallation, Fortsetzung

Sicherungsarmaturen

Sicherungsarmatur, allgemein[1]	*	Rohrentlüfter		Rohrbruch- bzw. Schlauchbruchsicherung	
freier Auslauf		Rückflussverhinderer (RV)		Sicherheitsventil, federbelastet	
Rohrunterbrecher		Schrägsitzventil mit integriertem RV		Sicherheitsventil, Temperaturablassventil	T
Rohrlüfter/ Rohrbelüfter in Durchgangsform		Rohrtrenner		Sicherheitsgruppe	

[1] Der Stern wird ersetzt durch die Kennbuchstaben der jeweiligen Sicherungsarmatur, z. B. BA für Systemtrenner ↑ 249.1.

Entnahmestellen und Zubehör

Auslaufventil		Standmischbatterie		Druckspüler mit Rohrunterbrecher	FV
Standauslaufventil		Wandmischbatterie		Spülkasten	FC
Wandauslaufventil		Selbstschlussarmatur	SC	Auslaufventil mit Schnellkupplung an Schlauch	
Mischbatterie		Brause/ Schlauchbrause		Trichter	

Wasserbehandlungsanlagen

mechanischer Filter		Dosiergerät	CHD	Enthärtungsanlage	SOF
Wasserbehandlungsgerät[2]	*	[2] Der Stern wird ersetzt durch Kennbuchstaben und Pfeilsymbol der jeweiligen Behandlungsanlage.			

Einrichtungen mit rotierenden Teilen

Pumpe		Waschmaschine		Druckerhöhungsanlage	0,1 MPa – 25 m³/h – 0,5 MPa
Geschirrspüler		Wäschetrockner			

Messeinrichtungen

Messgerät mit Anzeige, allgemein		Steuerleitung Fließmedium		Zähler, allgemein	*
Thermometer	°C	Anschluss für Messeinrichtung		Wasserzähler	m^3
Manometer	Pa	Registriergerät, allgemein	*		
Durchflussmessgerät	m^3/s	Durchflussschreiber	m^3/s	Wärmemengenzähler	Wh

66.1 Sinnbilder Trinkwasserinstallation, Fortsetzung

Antriebe für Armaturen

Antrieb durch Hand	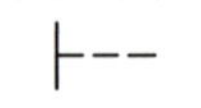	Antrieb durch Elektromotor	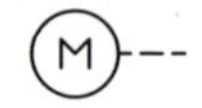	Antrieb durch Schwimmer	
Antrieb durch Elektromagnet	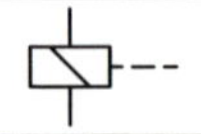	Antrieb durch Federbelastung		hydraulischer Antrieb	

Trinkwassererwärmer und -behälter

Druck- oder Vakuumbehälter	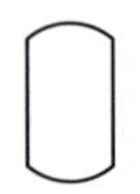	Membrandruckgefäß	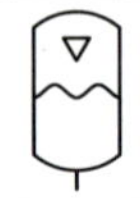	Trinkwasserbehälter[3]	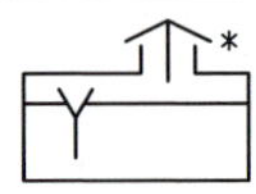	[3] Der Stern wird durch die Kennbuchstaben der jeweiligen Sicherungsarmatur ersetzt ↑ 249.1.

Speichertrinkwassererwärmer

direkt beheizt[4]	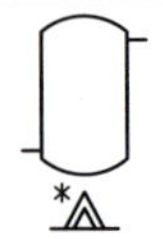	solar beheizt	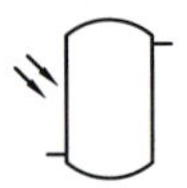	elektrisch beheizt	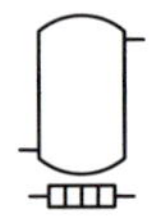	indirekt beheizt[5]	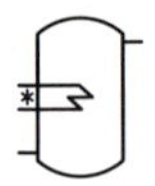

Durchlauferhitzer

direkt beheizt[4]	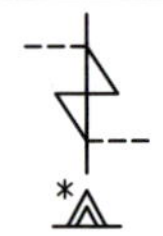	solar beheizt		elektrisch beheizt	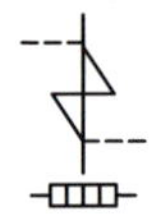

[4] Der Stern wird ersetzt durch: O öl-, G gas-, C fest-, D fernwärmebefeuert

[5] Der Stern wird ersetzt durch:
HW Heizwasser,
HW-S HW-Zulauf,
HW-R HW-Rücklauf.

66.2 Sinnbilder Abwasserinstallation — DIN 1986-100: 2016-12

Abwasser und Lüftungsleitungen

Schmutzwasserleitung, DS: Druckleitung	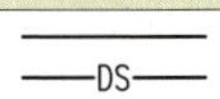	Werkstoffwechsel	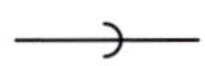	Fallleitung (im Grundriss)	
Regenwasserleitung, DR: Druckleitung	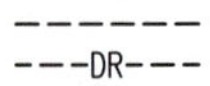	Reinigungsrohr mit runder oder rechteckiger Öffnung	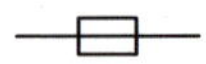	**Richtungshinweise:** hindurchgehend	
Mischwasserleitung		Rohrendverschluss		beginnend und abwärts verlaufend	
Lüftungsleitung	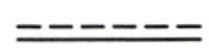	Belüftungsventil		von oben kommend und endend	
Nennweitenänderung	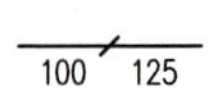	Geruchsverschluss (im Aufriss)		Lüftungsleitung, beginnend und aufwärts verlaufend	

Abläufe, Abscheider, Abwasserhebeanlagen, Schächte

Benennung	Grundriss	Aufriss	Benennung	Grundriss	Aufriss
Ablauf oder Entwässerungsrinne ohne Geruchsverschluss			Rückstauverschluss für fäkalienfreies Abwasser	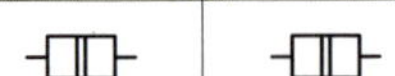	
Ablauf oder Entwässerungsrinne mit Geruchsverschluss			Rückstauverschluss für fäkalienhaltiges Abwasser		
Ablauf mit Rückstauverschluss für fäkalienfreies Abwasser			Abwasserhebeanlage für fäkalienhaltiges Abwasser	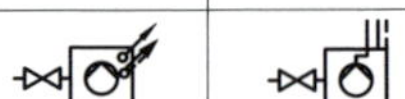	
Bodenablauf mit Heizölsperre	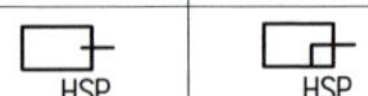		Abwasserhebeanlage für fäkalienfreies Abwasser		
Heizölsperre mit Rückstauverschluss			Schacht mit offenem Durchfluss		
Abscheideanlage[1]			Schacht mit geschlossenem Durchfluss	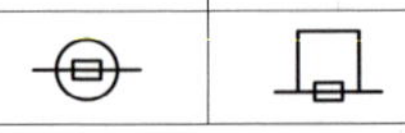	

[1] Der Stern wird ersetzt durch: B Abscheider für Leichtflüssigkeiten, F Fettabscheider, H Koaleszenzabscheider, P Probenahmeschacht, S Schlammfang, St Stärkeabscheider.

67.1 Sinnbilder Abwasserinstallation, Fortsetzung

Sanitäre Ausstattungsgegenstände

Benennung	Grundriss	Aufriss	Benennung	Grundriss	Aufriss
Badewanne			Ausgussbecken		
Duschwanne			Spülbecken, einfach		
Waschtisch, Handwaschbecken			Spülbecken, doppelt		
Klosettbecken			Geschirrspülmaschine		
Sitzwaschbecken (Bidet)			Waschmaschine		
Urinalbecken			Wäschetrockner		
Urinalbecken mit automatischer Spülung			Klimagerät		

67.2 Sinnbilder Gasanlagen

DVGW-TRGI 2018-G600

Rohrverbindung		elektrische Trennung, Isolierstück		lösbare Verbindung	
Nennweitenübergang		Leitungsabschluss		Gas-Schlauchleitung	
Wand- oder Deckendurchführungen … mit Schutzrohr		… mit Schutzrohr und Abdichtung (Mantelrohr)		… mit Schutzrohr und Brandschutzmanschette (* = R60, R90, R120)	
Sicherheits-Gassteckdose **GSD**		Druckmessgerät		thermische Absperreinrichtung **TAE**	
Absperreinrichtung **AE**		Absperreinrichtung kombiniert mit TAE		Absperreinrichtung in Eckform	
Gasströmungswächter **GS**		GS Typ K mit TAE kombiniert **GS-T**		Gaszähler **G…** (Einstutzen)	
Gas-Druckregelgerät **GR**		Gasdruckregler kombiniert mit GS		Gaszähler **G…** (Zweistutzen)	
Durchlaufwasserheizer **DWH**		Vorratswasserheizer **VWH**		Kombiwasserheizer **KWH**	
Gasheizkessel **HK**		Gasherd **H**		Gasheizherd **HH**	
Gas-Blockheizkraftwerk **BHKW**		Brennstoffzellenheizgerät **BZ**		Gas-Wärmepumpe **WP**	

67.3 Sinnbilder Heizung ↑ 157 ff

DIN 28000-4: 2014-07, DIN EN 1861: 1998-07 u. a.

Solar-Flachkollektor		Heizkessel		Brenner		Einsteckrohrschlange	
(Platten-) Wärmetauscher		(Rohr-) Wärmetauscher		(Fußboden-) Heizungsverteiler		Kondensatableiter	
Wärmeverbraucher (Heizkreis)		Membranausdehnungsgefäß		Schmutzfänger		Umwälzpumpe	
Flächenheizung		Konvektor		Raumheizkörper		Deckenstrahlplatte	
Absperrventil, gegen unbefugte Betätigung gesichert		Ventil mit stetigem Stellverhalten, z. B. Expansionsventil		Verdichter, allgemein		Spiral-/Scrollverdichter	

1 Grundlagen

68.1 Sinnbilder Lüftungs- und Klimatechnik — DIN EN 12792: 2004-05

Luftverteilung							
Luftleitung, starr rechteckig rund oval	a x b ø oval	Luftleitung, starr mit Wärmedämmung außen innen	XXXX XXXX	Luftleitung, starr mit Schalldämmung außen innen		Luftleitung, flexibel	
						Bogen	
						Abzweig	
Übergang, plötzlich		Übergang, gleichmäßig		Zuluftdurchlass		Abluftdurchlass	
Wetterschutzgitter		Strömungsgleichrichter		Luftfilter, allgemein		Schalldämpfer	
Volumenstromregler, konstant		Volumenstromregler, variabel		Drosselklappe		Drosselklappe, luftdicht	
Aufteil-, Umschaltklappe		Beipassklappe		Rückschlagklappe		Überströmklappe	
Rauchschutzklappe		Brandschutzklappe		Rauch- und Brandschutzklappe		Jalousieklappe, gleichläufig	
Ventilator, allgemein		Radialventilator		Axialventilator		Jalousieklappe, gegenläufig	
Luftbehandlung							
Mischkammer		Mischkammer mit konstantem,		Lufterwärmer		Ventilatorkonvektor	
Luftbefeuchter		mit geregeltem Volumenstrom		Luftkühler		Induktionsgerät	

Messen und Regeln						**Wärmerückgewinnung und Kälteanlagen**					
Messfühler[1]		Raumfühler [1) 2)]		Regler		Wärmerückgewinnung[2]		Kältemittelverdichter[2]			
Kanalfühler[1) 2)]		Außenfühler [1) 2)]		Stellantrieb		Erwärmer/Kühler mit Wärmerückgewinnung		Wärmepumpe[2]			

[1] Der Stern wird ersetzt durch: ϑ Temperatur, Δp Differenzdruck, φ relative Feuchte, $\dot{V}$ Volumenstrom

[2] Sinnbilder nach DIN 1946-1 (2004 zurückgezogen)

68.2 Sinnbilder Mess-, Steuerungs- und Regeleinrichtungen — DIN 19227-2: 1991-02 u. a.[1]

Aufnehmer für *F Durchfluss, T Temperatur, P Druck	*	Volumenstrom-, Durchflussmessgerät[1]		Regler *= Reglerverhalten: P, PI, PID	*	Volumenzähler[1] (Wasserzähler)	1000 Σ m³
Widerstandsthermometer	T	Temperaturmessgerät		Steuergerät[1]		Wärmemengenzähler	1000 ΣJ
Thermoelement	T	Temperaturbegrenzer[1]		Sollwertsteller		Zeitschaltuhr[1]	
Venturi-Rohr	F	Temperaturwächter[1]	W	Signal- oder Messumformer	* *	Rauchmelder	
Venturi-Düse	F	Druckmessgerät[1]		Verstärker		Lichtwellenleiter	

[1] gebräuchliche Sinnbilder teils aus zurückgezogenen Normen und Herstellerunterlagen

69.1 Darstellung elektrischer Schaltungen

Stromlaufplan in zusammenhängender Darstellung	Übersichtsschaltplan/Installationsschaltplan
Beispiel Ausschaltung: Ein Schalter Q1 trennt bei Betätigung die Spannungsversorgung eines Lüfter-Motors M1.	

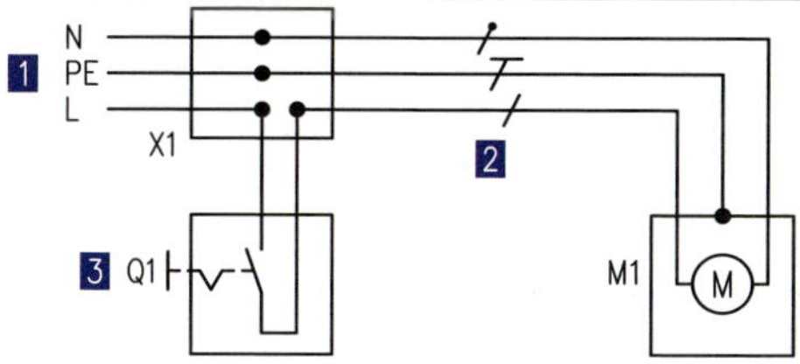

Jeder Leiter wird als einzelne, ggf. farbige Linie dargestellt. An der Zuleitung werden die einzelnen Leiter mit Kennbuchstaben **1** versehen. Adern eines Kabels werden parallel zueinander gezeichnet. Wird nicht farbig gezeichnet, werden die Adern mit den entsprechenden Sinnbildern **2** versehen. Die verwendeten Betriebsmittel werden mit den entsprechenden Kennbuchstaben **3** versehen.

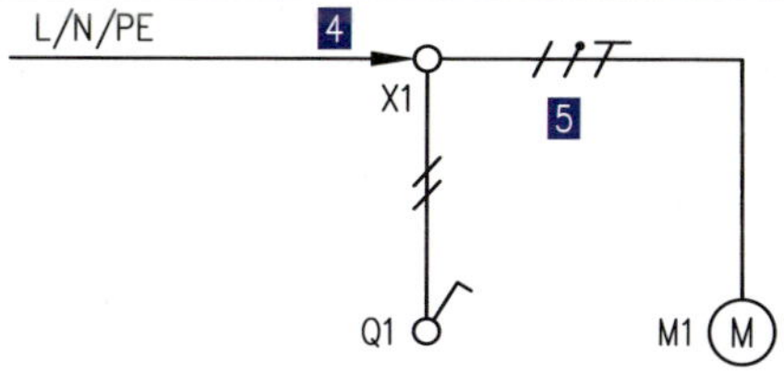

Ein Kabel wird als eine Linie dargestellt. Die Zuleitung erhält einen Pfeil **4**. Die Anzahl und Art der Adern des Kabels sind an entsprechenden Sinnbildern **5** erkennbar.
Die Betriebsmittel werden im Übersichtsschaltplan, wenn möglich, lagerichtig angeordnet, im Installationsplan lagerichtig und maßstäblich.
Der Übersichtsschaltplan kann auch Informationen über die Raumart, das Leitungsmaterial und die Verlegeart enthalten.

69.2 Kennbuchstaben von Betriebsmitteln

DIN EN 81346-2: 2020-10

E	Lampe, Heizung, Heizwiderstand	K	Relais, Schütz, Transistor	Q	Lastschütz, Schalter, Wegeventil
F	Sicherung, LS-Schalter, RCD	M	Elektromotor, Magnetspule	X	Klemme, Klemmleiste, Steckdose

69.3 Sinnbilder Elektrotechnik

DIN 60617: 1997-08

Gleichstrom	—	Erde		Wechselrichter		Gleichrichter	
Wechselstrom 50 Hz	~ 50 Hz	Schutzerde		Induktivität, Spule, Wicklung		Lampe allgemein	
Gleich- oder Wechselstrom		Masse		Kondensator, allgemein		Maschine[1]	*
Sternschaltung Dreieckschaltung	Y Δ	Batterie/ Akkumulator	– +	Halbleiterdiode, allgemein		Heißwasserspeicher	
Leitung, Leiter, Kabel		Fotozelle		Leuchtdiode (LED), allgemein		Durchlauferhitzer	
Leiter bewegbar		Schließer, Schalter allgemein		Messgerät[2]	*	Heizwiderstand	
Kennzeichnung der Leiterzahl[3]	3	Öffner		Wattstundenzähler	Wh	Elektrowärmespeicher	
Neutralleiter (N), Mittelleiter (M)		Widerstand, allgemein		Buchse, Steckdose		Transformator m. zwei Wicklungen	
Schutzleiter (PE)		Widerstand, veränderbar		Steckverbindung, Buchse und Stecker		Schalter, allgemein[3]	
drei Leiter, ein Neutralleiter, ein Schutzleiter[3]		Widerstand, temperaturabhängig PTC	ϑ	Buchse/Steckdose mit Schutzkontakt		Schalter mit Kontrollleuchte[3]	
Abzweig von Leitern		Widerstand, temperaturabhängig NTC	ϑ	Dreifach-Steckdose mit Schutzkontakt	3	Serienschalter[3]	
Leitung auf Putz Leitung im Putz		Sicherung, allgemein		Steckdose für Drehstrom[3]	3/N/PE	Wechselschalter[3]	

[1] Der Stern wird ersetzt durch C Umformer, G Generator, M Motor, MS Synchronmotor.
[2] Der Stern wird ersetzt durch V Spannung, A Strom, W Leistung.
[3] Sinnbilder für Übersichtsschaltpläne

70.1 Darstellung Schweiß- und Lötnähte — DIN EN ISO 2553: 2017-04

Zeichnungseintragung

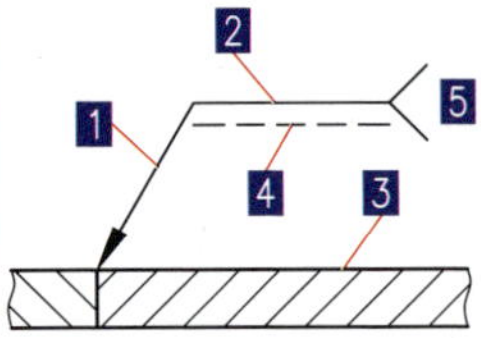

Die Pfeillinie 1 zeigt auf die Schweißnaht.
Auf der Bezugsvolllinie 2 wird z. B. das gewünschte Schweißnahtsymbol gezeichnet, wenn es um die Seite 3 geht. Symbole, die die Gegenseite betreffen, werden an der Bezugsstrichlinie 4 angebracht.
Neben der Gabel 5 können weitere Angaben, z. B. zum Schweißverfahren, gemacht werden.

Beispiel

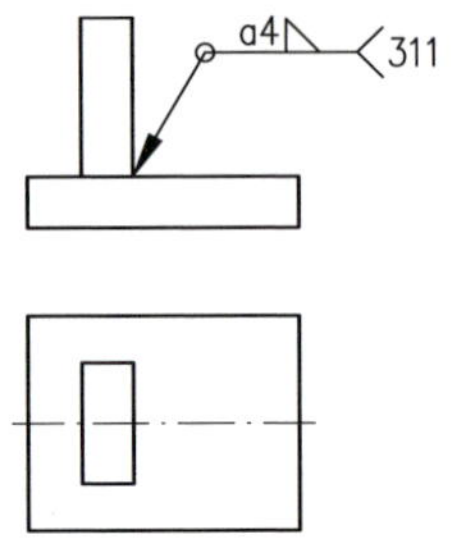

Die Kehlnaht hat eine Nahtdicke von 4 mm und führt ringsum. Das Verfahren ist Gasschweißen mit Acetylen-Sauerstoff-Flamme (s. DIN EN ISO 4063). ↑ 70.3
Die Nahtdicke *a* kann auch als Schenkeldicke *z* angegeben werden.

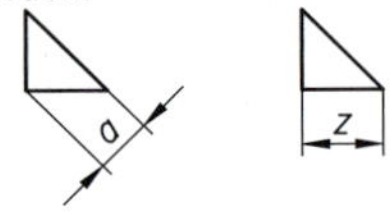

70.2 Sinnbilder für Schweiß- und Lötnähte (ausgewählte) — DIN EN ISO 2553: 2019-12

Benennung	Symbol	Darstellung	Benennung	Symbol	Darstellung	Benennung	Symbol	Darstellung
Bördelnaht			I-Naht		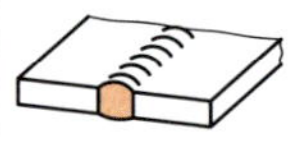	V-Naht		
HV-Naht		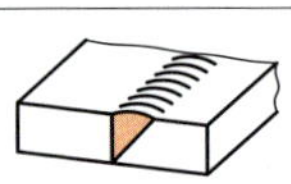	Y-Naht		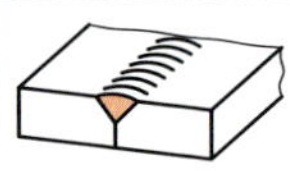	Kehlnaht	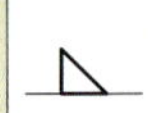	
HY-Naht	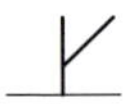	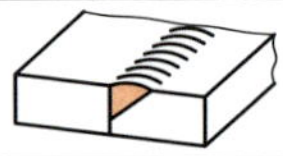	Aufgeweichte Y-Naht		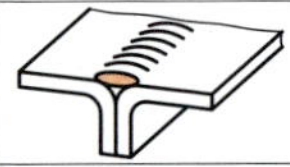	Widerstandsrollenschweißnaht		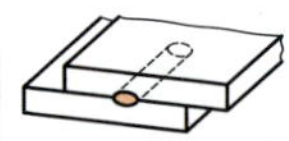
Punktnaht		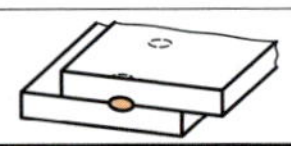	Flächennaht		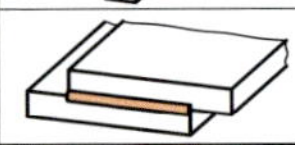	Falznaht		

70.3 Schweißprozesse — DIN EN ISO 4063: 2023-07

Kennzahl	Verfahren	Kennzahl	Verfahren	Kennzahl	Verfahren	Kennzahl	Verfahren
1	Lichtbogenschweißen	111	Lichtbogenhandschweißen	131	Metall-Inertgasschweißen mit Massivdrahtelektrode	141	Wolfram-Inertgasschweißen mit Massivstabzusatz
3	Gasschmelzschweißen	311	Gasschweißen mit Sauerstoff-Acetylen-Flamme	312	Gasschweißen mit Sauerstoff-Propan-Flamme	313	Gasschweißen mit Sauerstoff-Wasserstoff-Flamme
4	Pressschweißen	41	Ultraschallschweißen	42	Reibschweißen	48	Kaltpressschweißen
5	Strahlschweißen	512	Elektronenstrahlschweißen in Atmosphäre	513	Elektronenstrahlschweißen unter Schutzgas	52	Laserstrahlschweißen

70.4 Zusatzsymbole für Schweißnähte — DIN EN ISO 2553: 2019-12

Benennung	Symbol	Anwendungsbeispiel		Darstellung
Flach nachbearbeitet		Flach nachgearbeitete V-Naht	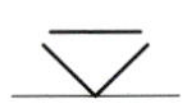	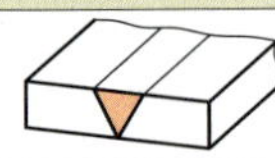
Konvex (gewölbt)		Konvexe HV-Naht		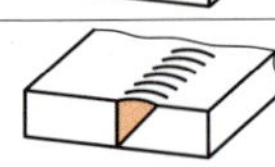
Konkav (hohl)		Konkave Kehlnaht		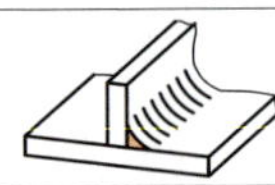
Gegenlage (nach der V-Naht ausgeführt/Kapplage)		V-Naht mit ergänzter Gegenlage	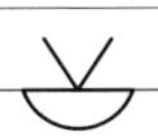	

71.1 Einteilung der Fertigungsverfahren DIN 8580: 2022-12

Urformen	Umformen	Trennen	Fügen	Beschichten	Stoffeigenschaft ändern
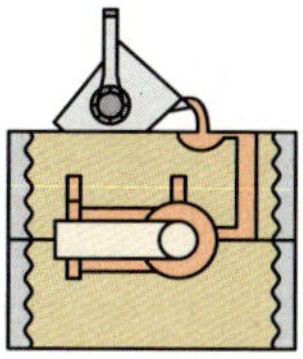	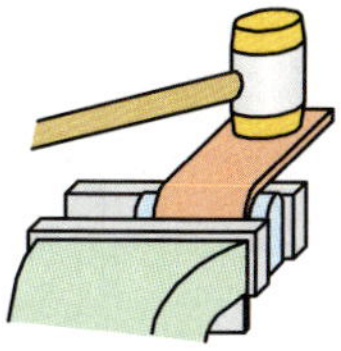	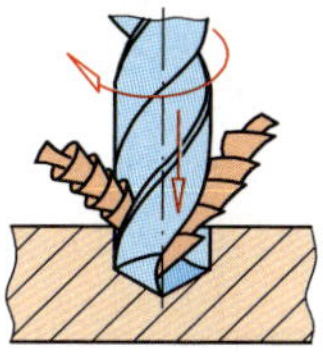	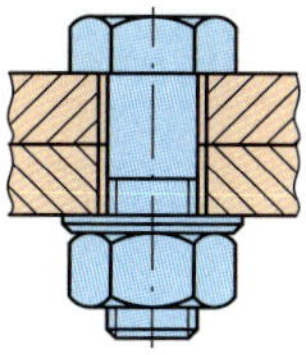	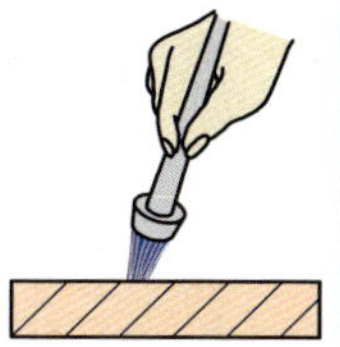	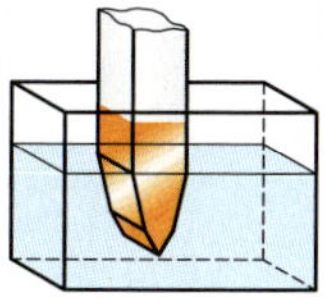
Es wird ein fester Körper mit geometrisch definierter Form aus einem formlosen Stoff hergestellt.	Ein Werkstoff wird gezielt in eine andere Form gebracht, ohne dabei Material zu entfernen. Verformung ist eine ungezielte plastische Formänderung (z. B. bei einem Verkehrsunfall).	Vom Werkstück wird etwas abgetrennt. Neben einem Reststück entstehen dabei meistens Späne.	Es werden zwei oder mehrere feste Körper dauerhaft miteinander verbunden.	Es wird eine fest haftende Schicht aus formlosem Stoff auf die Oberfläche eines Werkstücks aufgebracht.	Die Eigenschaften eines Werkstoffs wird gezielt und dauerhaft verändert.
z. B. Gießen, Extrudieren, Pressen	z. B. Biegen, Abkanten, Weiten	z. B. Bohren, Sägen, Schleifen	z. B. Schweißen, Löten, Schrauben	z. B. Lackieren, Galvanisieren	z. B. Härten, Nitrieren, Sintern

71.2 Sägen

Zahnteilung	grob  	mittel 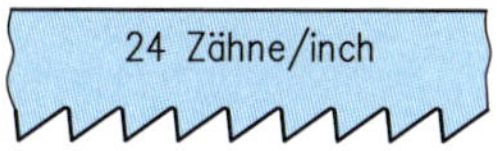 	fein 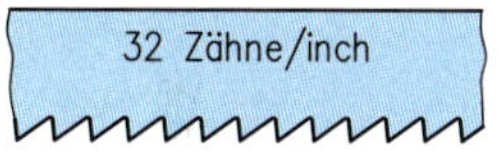
Anwendung	weiche Werkstoffe, Kupfer, Aluminium, Vollmaterial	Werkstoffe mittlerer Festigkeit, Stahl, Messing, dickwandige Rohre	harte Werkstoffe, legierte Stähle, dünnwandige Rohre, Bleche
Freischneiden	geschränktes Sägeblatt 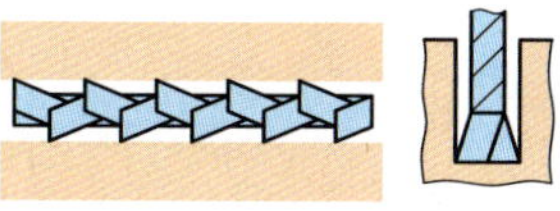	gestauchtes Sägeblatt 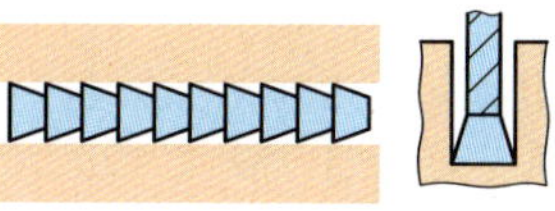	gewelltes Sägeblatt 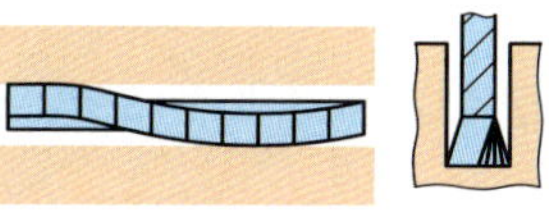
Anwendung	Maschinensägeblätter		Handsägeblätter

Zahnformen	Winkelzähne 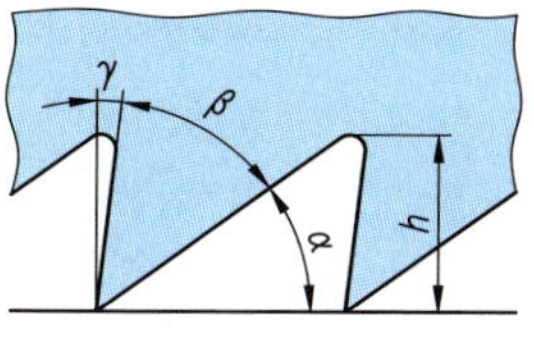 Keilwinkel $\beta = 50°$ Spanwinkel $\gamma = 5°$ Freiwinkel $\alpha = 35°$	Bogenzähne 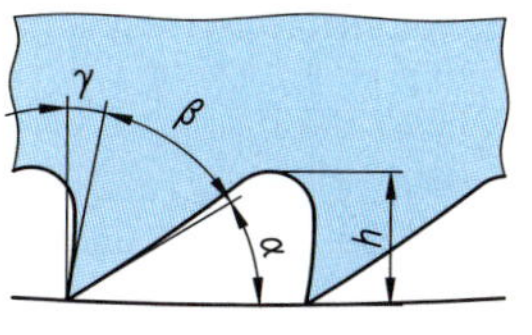 Keilwinkel $\beta = 50°$ Spanwinkel $\gamma = 10°$ Freiwinkel $\alpha = 30°$
Anwendung	Handsägeblätter	Maschinensägeblätter

72.1 Feilen

Feilenformen/Querschnitte

Flachfeile

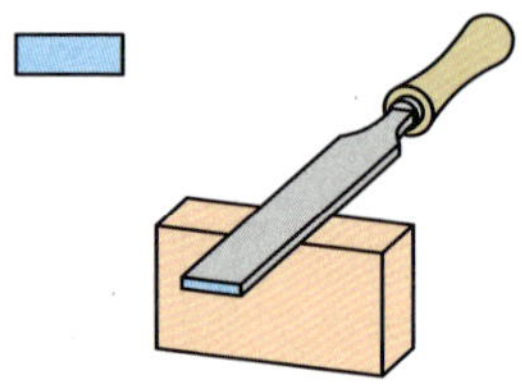

Rundfeile

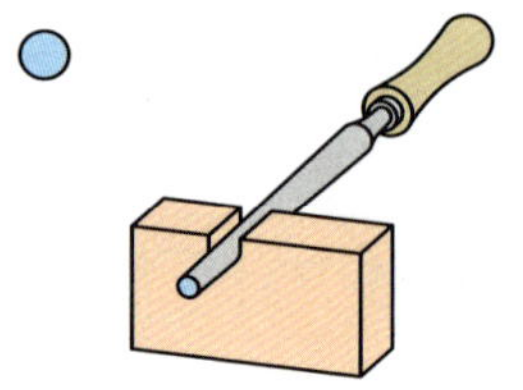

Halbrundfeile

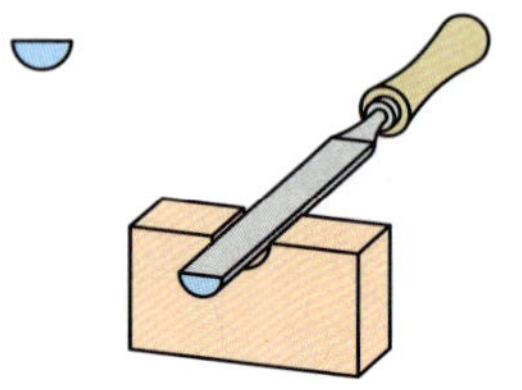

Vierkantfeile

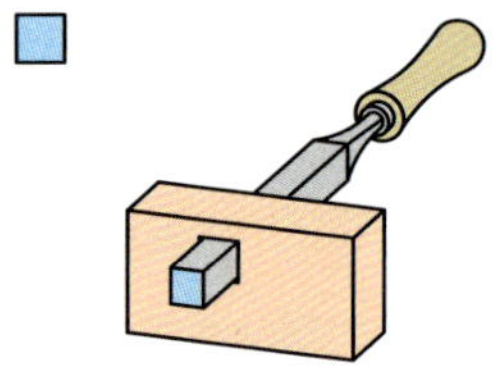

Dreikantfeile

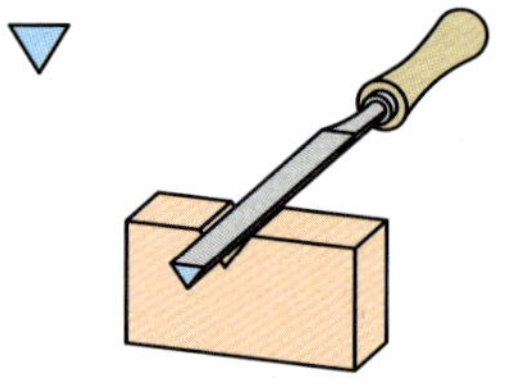

Messerfeile

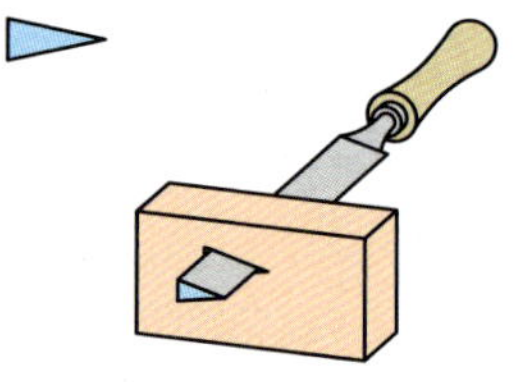

Hiebarten und Anwendung

Einhieb	Einhieb mit Spanbrechernuten	Kreuzhieb	Pocken- oder Raspelhieb
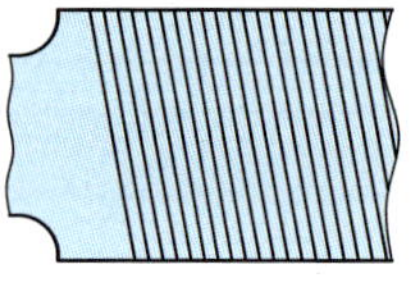		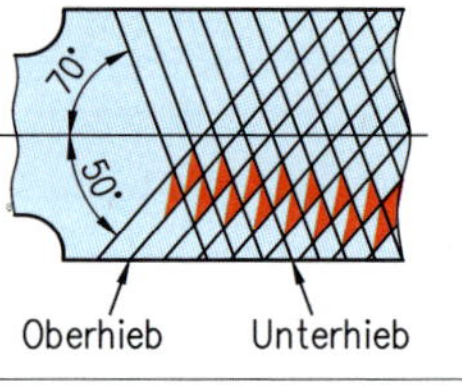	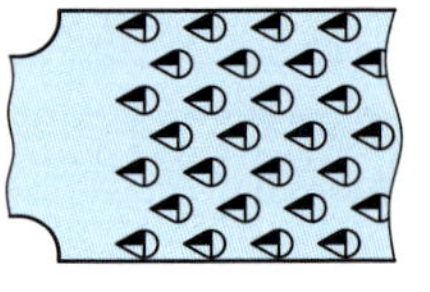
Weiche Werkstoffe, z. B. Aluminium, Kupfer		Harte Werkstoffe, z. B. Stahl, Gusseisen	Holz, Kunststoff

Zahnformen

gefräste Feilenzähne

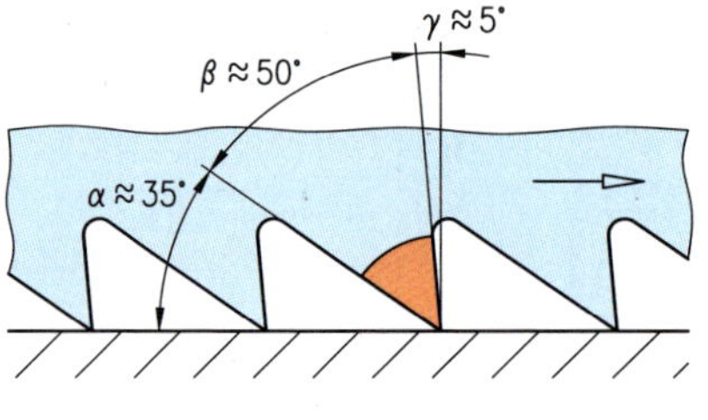

gehauene Feilenzähne

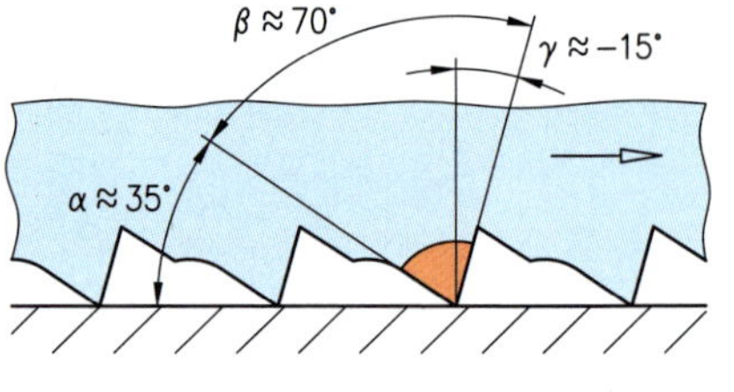

Hiebnummern und Oberflächengüte

Hiebnummer	Hiebzahl	Feinheit/Grobheit	Feilenbezeichnung
0	4,5–10	grob	Grob-Feile
1	5,3–16	mittelgrob	Schrupp-Feile
2	10–25	mittelfein	Halbschlicht-Feile
3	14–35,5	halbfein	Schlicht-Feile
4	25–50	fein	Doppelschlicht-Feile
5	40–71	sehr fein	Feinschlicht-Feile

73.1 Bohrerarten

	Metallbohrer (Spiralbohrer)	Stein-/Betonbohrer	Holzbohrer	Universalbohrer
Grafik				
Spitze	kegelförmig	keilförmig, aus Hartmetall	Zentrierspitze	keilförmig, aus Hartmetall
Schneide	zwei scharfe Schneiden	zwei Schneiden, stumpf oder geschliffen	zwei scharfe Schneiden, außen tiefer	zwei scharfe Schneiden
Material	HSS (Hochleistungs-Schnellarbeitsstahl)	Carbonstahl, Chrom-Nickel-Molybdän-Stahl, Werkzeugstahl	Carbonstahl, Chrom-Vanadium-Stahl, Werkzeugstahl	HSS (Schnellarbeitsstahl), Werkzeugstahl
Einsatzgebiet	Eisen, Stahl, Kupfer, Messing und Aluminium	Beton, Naturstein, Fliesen und Granit	Weich- und Hartholz, Spanplatten, Sperrholz, MDF und andere Holzwerkstoffe	Bohrungen von Konstruktionen, Stahlbetondecke oder alten Mauerwerken mit Holzpfosten

73.2 Schneidengeometrie Spiralbohrer

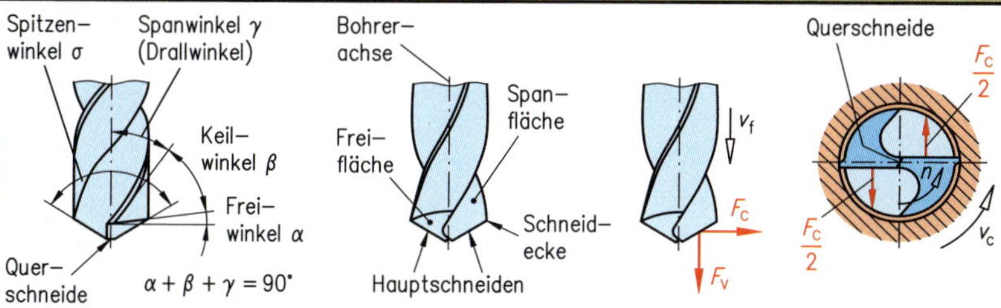

v_f	Vorschubgeschwindigkeit
v_c	Schnittgeschwindigkeit
F_c	Schnittkraft
F_V	Vorschubkraft
n	Umdrehungsfrequenz (Drehzahl)

73.3 Bohrertypen und Einsatzgebiete

Bohrertyp	Seitenspanwinkel γ	Spitzenwinkel σ	Einsatzgebiet
Typ N 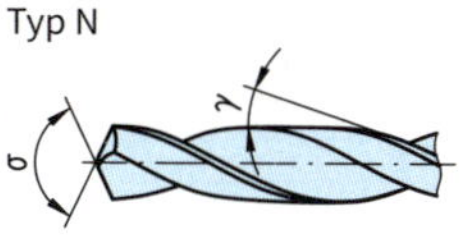	19°–40° normal	118°	Werkstoffe mittlerer Festigkeit bis 700 N/mm² Stahl, Gusseisen, Messing
		130°–140°	Stahl und Stahlguss bis 1 200 N/mm² Aluminium, nicht rostende Stähle
Typ H 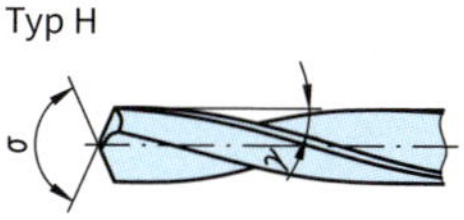	10°–19° lang gedrallt	80°	Marmor, Hartgummi, Kunststoff
		118°	Kupfer-Zink-Legierungen, Magnesiumlegierungen
		140°	Kupfer, Aluminium, Hartguss
Typ W 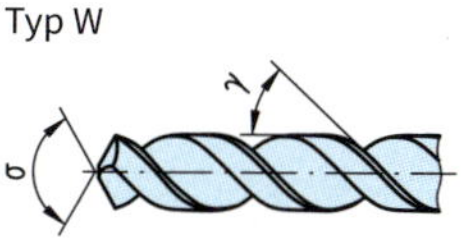	27°–45° kurz gedrallt	80°	Formpressstoffe
		118°	Zinklegierungen, Weißmetall
		140°	Aluminiumlegierungen, Kupfer, Zelluloid

73.4 Schnittgeschwindigkeit beim Bohren

$$v_c = \frac{d \cdot \pi \cdot n}{1\,000}$$

v_c	Schnittgeschwindigkeit	in m/min
d	Durchmesser	in mm
π	Kreiszahl	≈ 3,14
n	Umdrehungsfrequenz (Drehzahl)	in 1/min
1 000	Umrechnungszahl	in mm/m

1 Grundlagen

74.1 Schnittgeschwindigkeit und Vorschub für Spiralbohrer HSS (Richtwerte)

Werkstoff	Zugfestigkeit R_m in N/mm²	Schnittgeschwindigkeit v_c in m/min	Vorschub *f* in mm je Umdrehung bei Bohrerdurchmesser *d* in mm				
			5	8	12	16	25
Eisenmetalle							
Stahl, unlegiert	< 400 < 600 < 800	30–40 25–35 20–40	0,12 0,12 0,07	0,20 0,20 0,10	0,20 0,25 0,16	0,30 0,30 0,20	0,40 0,40 0,25
Stahl, legiert	< 700	15–35	0,05	0,08	0,12	0,14	0,18
Stahl rost-, säure-, hitzebeständig	< 900	10–30	0,05	0,08	0,12	0,14	0,18
Stahl, gehärtet		6–10	0,05	0,08	0,12	0,14	0,18
Gusseisen	< 200 < 350	20–35 20–40	0,12 0,07	0,20 0,10	0,25 0,16	0,30 0,20	0,40 0,25
Nichteisenmetalle							
Kupfer, rein	< 290	35–70	0,12	0,24	0,20	0,25	0,40
Kupferlegierungen (Messing, Rotguss)	< 290	60–80	0,16	0,16	0,25	0,35	0,42
Aluminium-knetlegierungen	< 400	30–60	0,14	0,20	0,22	0,30	0,40
Aluminium-gusslegierungen	< 600	30–60	0,16	0,20	0,30	0,36	0,50
Kunststoffe							
Thermoplaste (PVC, PMMA, PP, PE)	–	20–40	0,12	0,16	0,22	0,30	0,50
Duroplaste (EP, UF, MF)	–	15–35	0,12	–	0,20	0,25	0,31

74.2 Drehzahldiagrammm

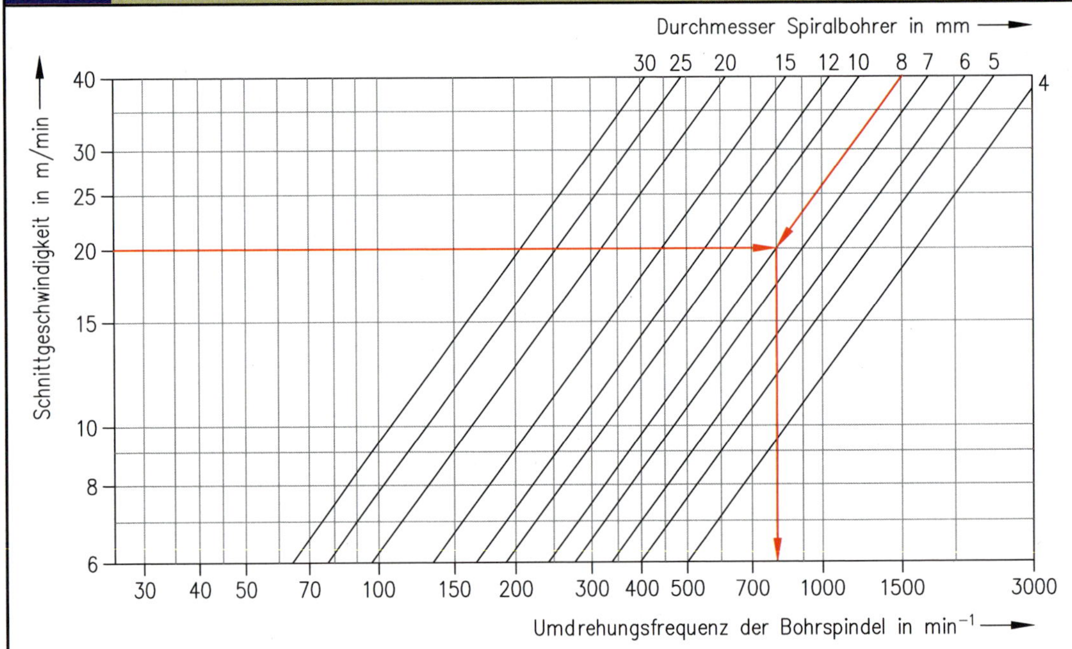

75.1 Trennschleifscheibe

41 - 125 x 2,5 x x 22,23 A 24 K 4 BF-80

- Formnummer
- Randform
- Nennmaß (Liste je nach Form)
- Schleifmittel
- Körnung
- Härtegrad
- Gefüge
- Bindung
- Arbeitshöchstgeschwindigkeit

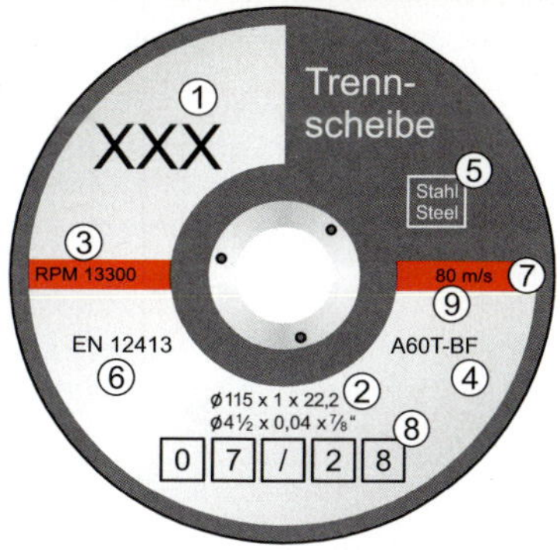

① Hersteller
② Abmessungen der Scheibe
③ max. zul. Drehzahl
④ Schleifmittel und Bindung
⑤ Anwendungseinschränkung/Einsatzgebiet (Stahl/Metall/Stein)
⑥ Prüfvermerk oder Prüfzeichen
⑦ Farbstreifen für Arbeitsgeschwindigkeit
⑧ Verfallsdatum, z. B. Juli/2028
⑨ max. zul. Arbeitsgeschwindigkeit

Schleifmittel		Körnung		Härtegrad		Gefüge		Arbeitshöchstgeschwindigkeit		Bindung	
A	Korund	sehr grob	8, 10,12	A bis D	äußerst weich	1 bis 4	dicht	blau	max. 50 m/s	V/VM	keramisch
C	Silizium-carbid	grob	14,16, 20, 24	E bis G	sehr weich	5 bis 7	normal	gelb	max. 63 m/s	B/BF	Kunstharz
Z	Zirkon-korund	mittel	30, 36, 400, 46, 54, 60	H bis K	weich	8 bis 11	offen	rot	max. 80 m/s		
BN	Bohr-nitrid	fein	70, 80, 90, 100, 120	L bis O	mittel	12 bis 18	sehr offen	grün	max. 100 m/s		
D	Diamant	sehr fein	150, 180, 220, 240	P bis S	hart			blau/gelb	max. 125 m/s		
		staubfein	280, 320, 360 … 1 000	T bis Z	äußerst hart						

75.2 Thermisches Trennen (autogenes Brennschneiden) Richtwerte

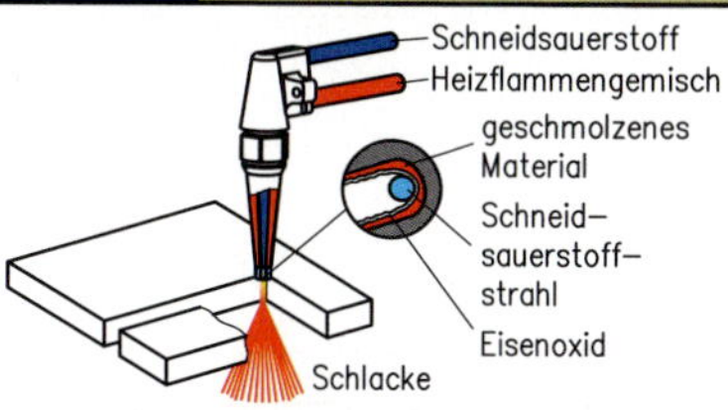

Schneidzeit $t_s = \frac{l}{v_c} \cdot n$	t_s	Brennschneidzeit	in min
	l	Länge des zu schneidenden Bleches	in mm
	v_c	Schnittgeschwindigkeit	in mm/min
	n	Anzahl der herzustellenden Stücke	
Verbrauch $\Delta V = \dot{V} \cdot t_s$	ΔV	Verbrauch von Sauerstoff bzw. Acetylen	in l
	$\dot{V}$	Sauerstoff- bzw. Acetylenvolumenstrom	in l/h
	t_s	Schneidzeit	in h

Werkstückdicke in mm	Schneiddüse in mm	Drücke Acetylen in bar	Drücke Sauerstoff in bar	Schnittgeschwindigkeit in mm/min	Schnittfugenbreite in mm	Verbrauch Acetylen in l/h	Verbrauch Sauerstoff in l/h
3	3–10	0,3	2,5	680	0,9	250	1 250
6			3,0	600		295	1 440
10			3,5	525		340	1 640
10	10–25	0,3	3,0	540	1,2	360	2160
20			3,75	500		405	2 510
25			4,0	470		430	3 230
25	25–75	0,15	2,5	500	1,6	400	4 050
50			3,0	460		550	4 675
75			3,5	380		700	5 300

Die angegebenen Werte sind Richtwerte und beziehen sich auf unlegierten Stahl bis 0,3 % C und bei der Verwendung von Sauerstoff mit mindestens 99,5 % Reinheit.

1 Grundlagen

76.1 Berechnung Zuschnittslänge für Biegewinkel $\alpha = 90°$ (Flachstahl)

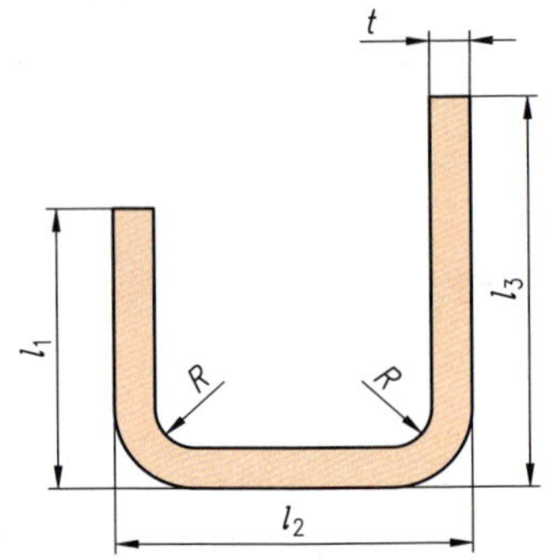

Für eine Biegestelle

$$L_s = l_1 + l_2 - v$$

Für *n* Biegestellen

$$L_s = l_1 + l_2 + l_3 + \ldots - n \cdot v$$

Zuschnittlänge (Faustformel für Blechdicken $s < 2$ mm)

$$L_s = l_1 + l_2 + l_3 + \ldots - 2 \cdot t \cdot n$$

L_s	gestreckte Länge	in mm
$l_1, l_2 \ldots$	Teillängen	in mm
n	Anzahl	
v	Ausgleichswert für die Verkürzung in der Biegestelle	in mm
R	Radius	in mm
t	Blechdicke	in mm

76.2 Ausgleichswerte *v* für Biegewinkel $\alpha = 90°$ — DIN 6935 Beiblatt 2: 2011-10

Dicke *t* in mm	Empfohlener Biegeradius R[1)] in mm											
	1	1,2	**1,6**	2	**2,5**	3	**4**	5	**6**	8	**10**	12
	Ausgleichswert *v* in mm											
1	+ 1,92	+ 1,97	+ 2,10	+ 2,23	+ 2,41	+ 2,59	+ 2,97	+ 3,36	+ 3,79	+ 4,65	+ 5,51	+ 6,37
1,5	–	–	+ 2,90	+ 3,02	+ 3,18	+ 3,34	+ 3,70	+ 4,07	+ 4,45	+ 5,26	+ 6,11	+ 6,97
2	–	–	–	–	+ 3,98	+ 4,13	+ 4,46	+ 4,81	+ 5,18	+ 5,94	+ 6,72	+ 7,58
2,5	–	–	–	–	+ 4,80	+ 4,93	+ 5,24	+ 5,57	+ 5,93	+ 6,66	+ 7,42	+ 8,21
3	–	–	–	–	–	+ 5,76	+ 6,04	+ 6,35	+ 6,69	+ 7,40	+ 8,14	+ 8,91
3,5	–	–	–	–	–	–	+ 6,85	+ 7,15	+ 7,47	+ 8,15	+ 8,88	+ 9,63
4	–	–	–	–	–	–	–	+ 7,95	+ 8,26	+ 8,92	+ 9,62	+ 10,36
4,5	–	–	–	–	–	–	–	–	+ 9,06	+ 9,69	+ 10,38	+ 11,10
5	–	–	–	–	–	–	–	–	+ 9,87	+ 10,48	+ 11,15	+ 11,85
6	–	–	–	–	–	–	–	–	–	+ 12,08	+ 12,71	+ 13,38
7	–	–	–	–	–	–	–	–	–	–	+ 14,29	+ 14,93
8	–	–	–	–	–	–	–	–	–	–	–	+ 16,51

1) Die fett gedruckten Biegeradien sind bevorzugt zu verwenden.

76.3 Kleinste zulässige Biegeradien für das Kaltbiegen von Flachstahl — DIN 6935: 2011-10

Stahlsorten mit einer gewährleisteten Mindestzugfestigkeit in N/mm²	beim Biegen quer oder längs zur Walzrichtung	Kleinster zulässiger Biegehalbmesser für Dicke *t* in mm														
		1	über 1 bis 1,5	über 1,5 bis 2,5	über 2,5 bis 3	über 3 bis 4	über 4 bis 5	über 5 bis 6	über 6 bis 7	über 7 bis 8	über 8 bis 10	über 10 bis 12	über 12 bis 14	über 14 bis 16	über 16 bis 18	über 18 bis 20
bis 390	quer	1	1,6	2,5	3	5	6	8	10	12	16	20	25	28	36	40
	längs	1	1,6	2,5	3	6	8	10	12	16	20	25	28	32	40	45
über 390 bis 490	quer	1,2	2	3	4	5	8	10	12	16	20	25	28	32	40	45
	längs	1,2	2	3	4	6	10	12	16	20	25	32	36	40	45	50
über 490 bis 640	quer	1,6	2,5	4	5	6	8	10	12	16	20	25	32	36	45	50
	längs	1,6	2,5	4	5	8	10	12	16	20	25	32	36	40	50	63

77.1 Gestreckte Länge für Teile mit beliebigem Biegewinkel (Flachstahl) DIN 6935: 2011-10

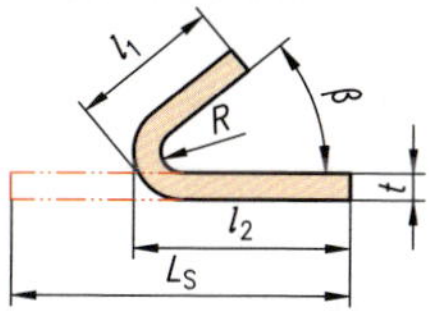

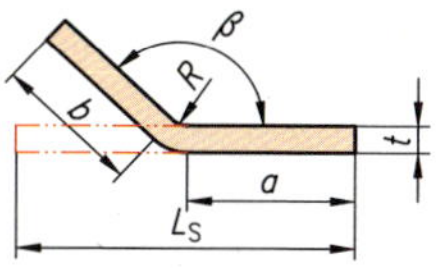

Korrekturfaktor *z*

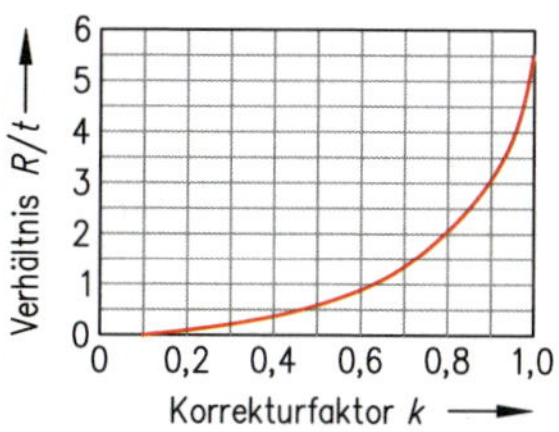

Für eine Biegestelle

$L_s = l_1 + l_2 - v$

Ausgleichswert für 0° < β ≤ 90°:

$$v = 2(R+t) - \pi \cdot \left(\frac{180° - \beta}{180°}\right) \cdot \left(R + \frac{t}{2} \cdot k\right)$$

Ausgleichswert für 90° < β ≤ 165°:

$$v = 2(R+t) \cdot \tan\frac{180° - \beta}{2} - \pi \cdot \left(\frac{180° - \beta}{180°}\right) \cdot \left(R + \frac{t}{2} \cdot k\right)$$

Ausgleichswert für 165° < β ≤ 180°:

$v = 0$ (vernachlässigbar klein)

L_s	gestreckte Länge	in mm
$l_1, l_2 ...$	Teillängen	in mm
v	Ausgleichswert für die Verkürzung in der Biegestelle	in mm
R	Radius	in mm
t	Blechdicke	in mm
π	Kreiszahl	≈ 3,14
β	Biegewinkel	in °
k	Korrekturfaktor	

77.2 Ausgewählte Korrekturfaktoren *k*[1]

R/t	0,25	0,5	0,75	1,0	1,5	2,0	2,5	3,0	3,5	4,0	4,5	5,0	5,5	6,0
k	0,35	0,5	0,59	0,65	0,74	0,8	0,85	0,91	0,93	0,95	0,98	1,0	1,02	1,04

[1] Der Korrekturfaktor kann mit der Formel $k = 0{,}65 + 0{,}5 \cdot \log R/t$ berechnet werden.

77.3 Anwärmlänge und Biegeradien beim Warmbiegen von Rohren

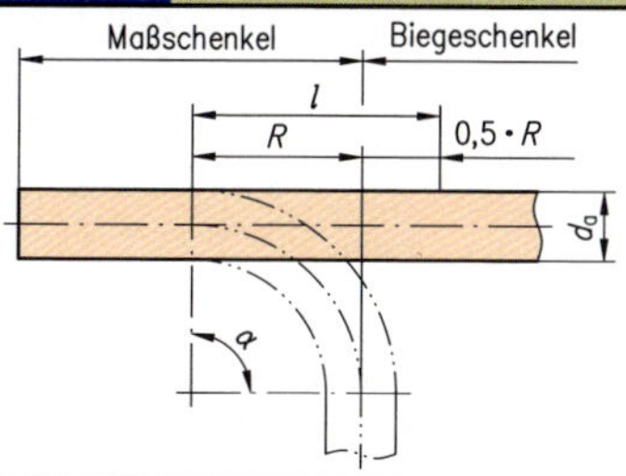

$$l = \frac{2 \cdot R \cdot \pi \cdot \alpha}{360}$$

Faustformel für $\alpha = 90°$:

$l \approx 1{,}5 \cdot R$

l	Anwärmlänge	in mm
R	Biegeradius	in mm
π	Kreiszahl	≈ 3,14
α	Biegewinkel	in °
d_a	Außendurchmesser	in mm

77.4 Biegeradien *R* beim Rohrbiegen (in mm)

Werkstoff			Biegeradius
Stahlrohr unlegiert	Warmbiegen	ND-Anlagen[1]	$R > 3$ bis $5 \cdot d_a$
		HD-Anlagen[2]	$R > 6 \cdot d_a$
Kupferrohr $d_a \leq 28$	Kaltbiegen	ohne Werkzeug	$R \geq 6$ bis $12 \cdot d_a$
		mit Werkzeug	$R \geq 3{,}5$ bis $6 \cdot d_a$
Kunststoffrohre	PB und PE-X		$R \geq 5 \cdot d_a$
	PP und PE		$R \geq 8 \cdot d_a$
Verbundrohre	Herstellerangaben		$R \geq 5 \cdot d_a$

[1] Niederdruckanlage [2] Hochdruckanlage

77.5 Kleinste Biegeradien *R* (in mm)

Kupferrohre weich und halbhart beim Biegen mit Werkzeug

Außendurchmesser	weich	halbhart
12	36	45
15	45	55
18	54	70
22	66	88
28	–	114

Präzisionsstahl- und Edelstahlrohre beim Biegen mit Werkzeug

bis DN 25	$3{,}0 \cdot d_a$
bis DN 50	$3{,}5 \cdot d_a$

78.1 Metrisches ISO-Gewinde (Regelgewinde) DIN 13-1: 1999-11

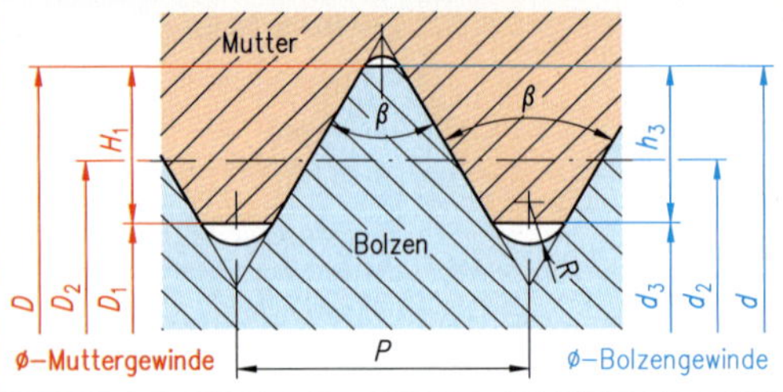

Bolzengewinde			
d	Nenndurchmesser	in mm	$d = D$
d_2	Flankendurchmesser	in mm	$d_2 = D_2$ $d_2 = d - 0{,}649519 \cdot P$
d_3	Kerndurchmesser	in mm	$d_3 = d - 1{,}226869 \cdot P$
h_3	Gewindetiefe	in mm	$h_3 = 0{,}613435 \cdot P$
Muttergewinde			
D	Nenndurchmesser	in mm	$D = d$
D_1	Kerndurchmesser	in mm	$D_1 = d - 2 \cdot H_1$
D_2	Flankendurchmesser	in mm	$D_2 = d_2$
H_1	Gewindetiefe	in mm	$H_1 = 0{,}541266 \cdot P$

P	Steigung	in mm
β	Flankenwinkel (60°)	in Grad
S	Spannungsquerschnitt	in mm²
SW	Schlüsselweite	in mm

Nenndurchmesser $d = D$ in mm	Sechskantschlüsselweite[1] SW in mm	Durchmesser Kernlochbohrer in mm	Steigung P in mm	Flankendurchmesser $d_2 = D_2$ in mm	Kerndurchmesser Bolzen d_3 in mm	Kerndurchmesser Mutter D_1 in mm	Gewindetiefe Bolzen h_3 in mm	Gewindetiefe Mutter H_1 in mm	Spannungsquerschnitt S in mm²
M6	10	5	1	5,350	4,773	4,917	0,613	0,541	20,2
M8	13	6,8	1,25	7,188	6,466	6,647	0,767	0,677	36,6
M10	16	8,5	1,5	9,026	8,160	8,376	0,920	0,812	58,1
M12	18	10,2	1,75	10,863	9,853	10,106	1,074	0,947	84,3
M16	24	14	2	14,701	13,546	13,835	1,227	1,083	157
M20	30	17,5	2,5	18,376	16,933	17,294	1,534	1,353	245

[1] für Sechskantschrauben und -muttern nach DIN EN ISO 4014, 6017 bzw. 4032, 4033

78.2 Whitworth-Rohrgewinde DIN EN 10226: 2004-10, DIN EN ISO 228-1: 2003-05

Kegeliges Außengewinde (R)

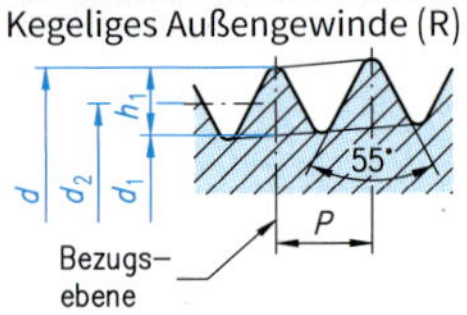

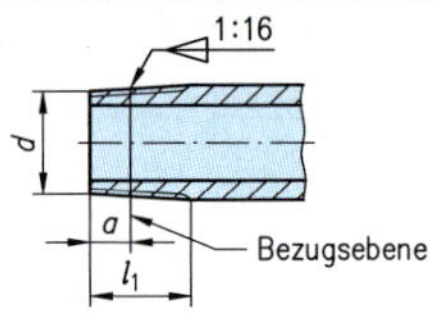

Zylindrisches Innengewinde (Rp und G)

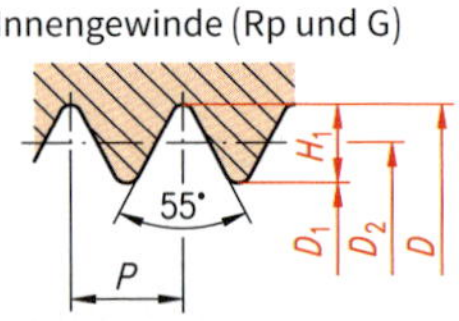

P	Steigung	in mm	Beim kegeligen Außengewinde R gelten diese Werte nur in der Bezugsebene, beim zylindrischen Außengewinde G auf der gesamten Länge.
a	Abstand zur Bezugsebene	in mm	
l_1	nutzbare Gewindelänge	in mm	
$d = D$	Nenndurchmesser	in mm	
$d_1 = D_1$	Kerndurchmesser	in mm	
$d_2 = D_2$	Flankendurchmesser	in mm	
$h_1 = H_1$	Gewindetiefe	in mm	$h_1 = H_1 = 0{,}640327 \cdot P$

Gewindebezeichnung DIN EN 10226-1 Außengewinde	Gewindebezeichnung DIN EN 10226-1 Innengewinde	Gewindebezeichnung DIN ISO 228-1 Außen- und Innengewinde	Nenndurchmesser $d = D$	Flankendurchmesser $d_2 = D_2$	Kerndurchmesser $d_1 = D_1$	Steigung P	Gangzahl auf 25,4 mm Z	Profilhöhe $h = h_1 = H_1$	nutzbare Länge des Außengewindes ≥
R⅜	Rp⅜	G⅜	16,66	15,81	14,95	1,34	19	0,86	10,1
R½	Rp½	G½	20,96	19,79	18,63	1,81	14	1,16	13,2
R¾	Rp¾	G¾	26,41	25,28	24,12	1,81	14	1,16	14,5
R1	Rp1	G1	33,25	31,77	30,29	2,31	11	1,48	16,8
R1¼	Rp1¼	G1¼	41,91	40,43	38,95	2,31	11	1,48	19,1
R1½	Rp1½	G1½	47,80	46,32	44,85	2,31	11	1,48	19,1
R2	Rp2	G2	59,61	58,14	56,66	2,31	11	1,18	23,4
R2½	Rp2½	G2½	75,18	73,71	72,23	2,31	11	1,48	26,7
R3	Rp3	G3	87,88	86,41	84,93	2,31	11	1,48	29,8

79.1 Maschinenelemente

Schraubenkopfformen

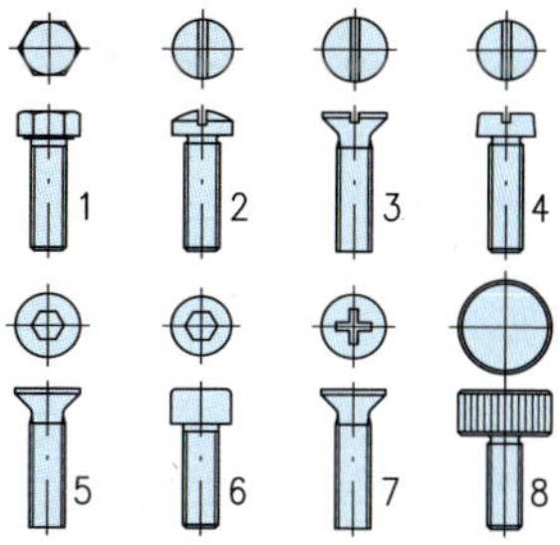

1 Sechskantkopf
2 Halbrundkopf mit Schlitz
3 Senkkopf mit Schlitz
4 Zylinderkopf mit Schlitz
5 Senkkopf mit Innensechskant
6 Zylinderkopf mit Innensechskant
7 Senkkopf mit Kreuzschlitz
8 Rädelkopf

Schraubenarten

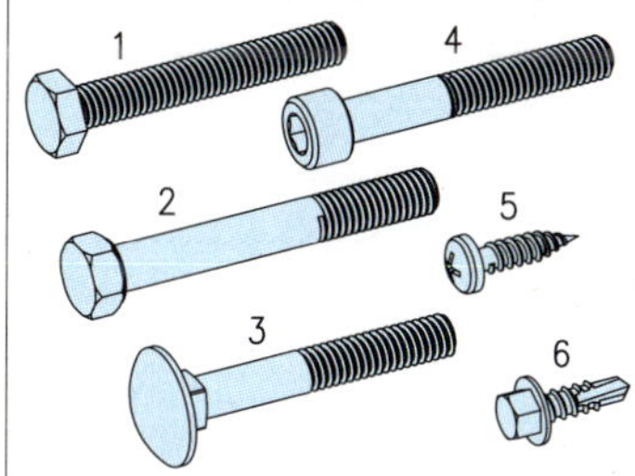

1 Sechskantschraube Regelgewinde
2 Sechskantschraube Schaft und Regelgewinde
3 Vierkantansatzschraube
4 Zylinderschraube mit Innensechskant
5 Blechschraube
6 Bohrschraube

Scheiben sowie Schrauben- und Wellensicherungen

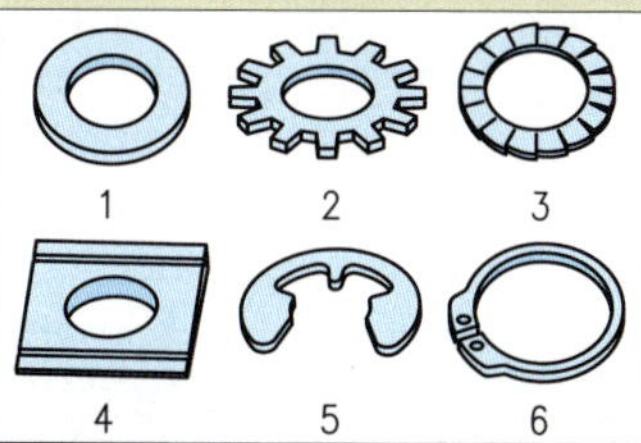

1 Scheibe
2 Zahnscheibe
3 Fächerscheibe
4 Scheibe vierkant
5 Sicherungsscheibe Welle
6 Sicherungsring Welle

Muttern

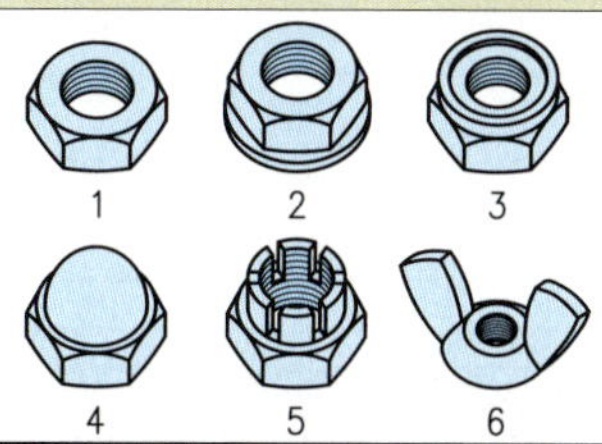

1 Sechskantmutter
2 Bundmutter
3 selbstsichernde Mutter
4 Hutmutter
5 Kronenmutter
6 Flügelmutter

79.2 Schraubenbezeichnung

Sechskantschraube DIN EN ISO 4014 – M16 × 80 – 8.8

- Benennung: Sechskantschraube
- ISO-Hauptnummer: DIN EN ISO 4014
- Gewinde-Nenndurchmesser: M16
- Nennlänge: 80
- Festigkeitsklasse: 8.8

79.3 Festigkeitsklassen von Schrauben

DIN EN ISO 898-1: 2013-05

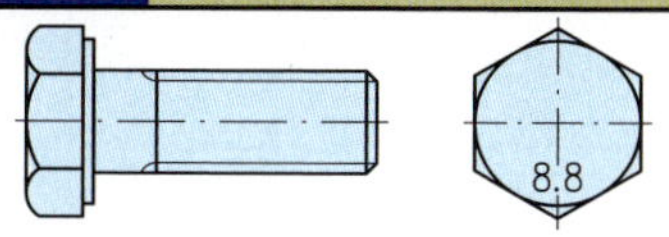

Streckgrenze R_e = erste Ziffer · zweite Ziffer · 10
Zugfestigkeit R_m = erste Ziffer · 100

	Festigkeitsklassen						
	4.6	5.6	6.8	8.8	9.8	10.9	12.9
Zugfestigkeit R_m in N/mm²	400	500	600	800	900	1 000	1 200
Streckgrenze R_e in N/mm²	240	300	480	640	720	900	1 080
Bruchdehnung A in %	22	20	–	12	10	9	8

79.4 Mutternbezeichnung

Sechskantmutter DIN EN ISO 4023 – M16 – 8

- Benennung: Sechskantmutter
- ISO-Hauptnummer: DIN EN ISO 4023
- Gewinde-Nenndurchmesser: M16
- Festigkeitsklasse: 8

79.5 Kombination Schraube mit normaler Mutter $0{,}73d \leq m < 0{,}83d$

DIN EN ISO 898-2:2023-02

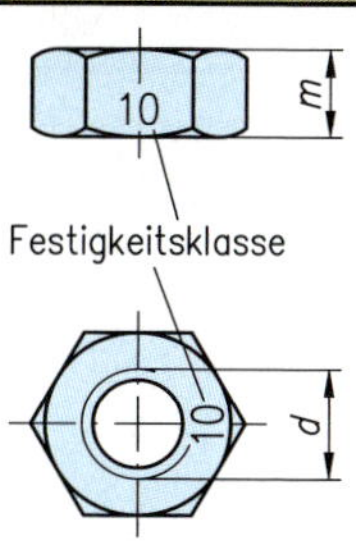

Festigkeitsklasse der Mutter	Höchste Festigkeitsklasse der gepaarten Schraube
5	5,8
6	6,8
8	8,8
10	10,9
12	12,9/12,9

80.1 Anziehdrehmoment bei Schrauben und Muttern

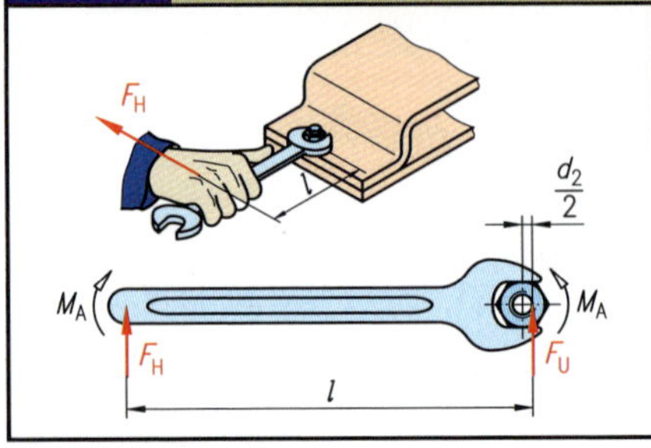

$$M_A = F_H \cdot l$$

$$M_A = \frac{F_U \cdot d_2}{2}$$

$$M_A = \frac{F_V \cdot P}{2 \cdot \pi \cdot \eta}$$

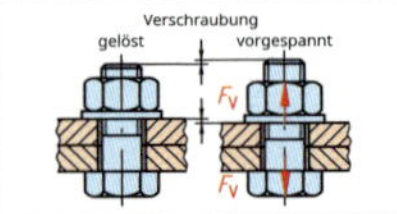

M_A	Anziehdrehmoment	in Nm
F_H	Handkraft	in N
l	Hebellänge	in m
F_U	Umfangskraft	in N
d_2	Gewinde-Flankendurchmesser	in mm
F_V	Vorspannkraft	in N
P	Gewindesteigung	in mm
π	Kreiszahl	≈ 3,14
η	Wirkungsgrad	

80.2 Vorspannkräfte und Anziehdrehmomente bei Schaftschrauben Festigkeitsklasse 8.8 (Richtw.)

Gewinde	Vorspannkraft F_V in kN	Anziehdrehmoment M_{Amax} in Nm	Gewinde	Vorspannkraft F_V in kN	Anziehdrehmoment M_{Amax} in Nm
M8	16,5	20–30	M16	72,0	210
M10	26,0	49	M20	117,0	425
M12	38,5	85	M24	168,0	730

80.3 Sechskantschrauben mit metrischem Regelgewinde und Schaft DIN EN ISO 4014: 2022-10

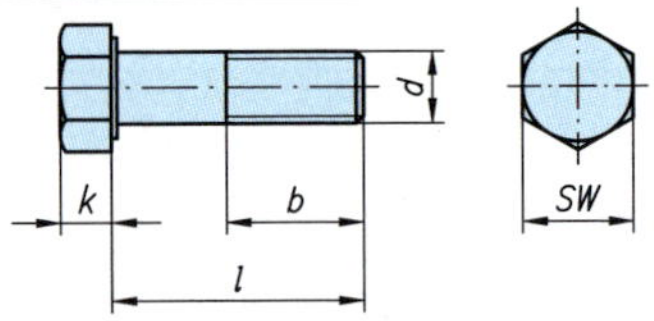

d	M5	M6	M8	M10	M12	M16	M20	M24	M30
SW	8	10	13	16	18	24	30	36	46
k	3,5	4	5,3	6,4	7,5	10	12,5	15	18,7
b	16	18	22	26	30	38	46	54	66
l von	25	30	40	45	50	65	80	90	110
bis	50	60	80	100	120	160	200	240	300

80.4 Sechskantschrauben mit metrischem Regelgewinde bis Kopf DIN EN ISO 4017: 2022-10

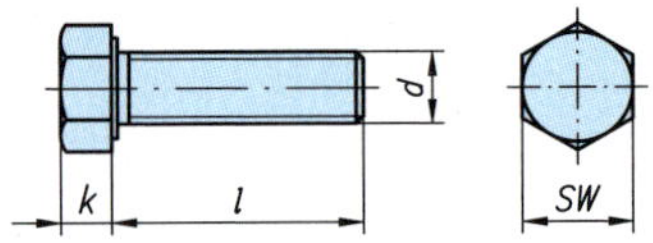

d	M5	M6	M8	M10	M12	M16	M20	M24	M30
SW	8	10	13	16	18	24	30	36	46
k	3,5	4	5,3	6,4	7,5	10	12,5	15	18,7
l von	10	12	16	20	25	30	40	50	60
bis	50	60	80	100	120	150	200	200	200

80.5 Senkschrauben mit Kreuzschlitz Form H oder Form Z DIN EN ISO 7046: 2011-12

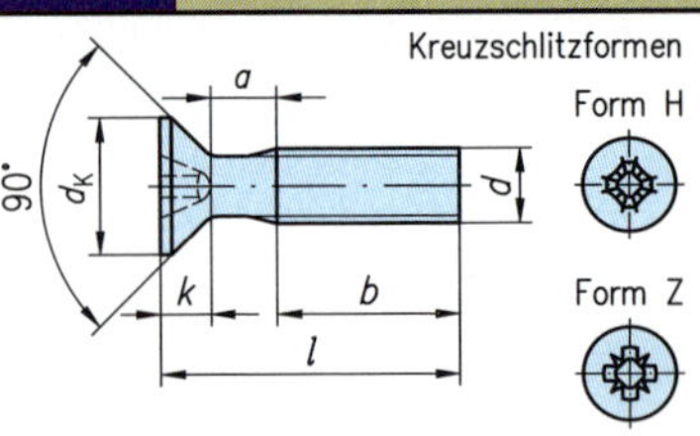

d	M2,5	M3	M4	M5	M6	M8	M10
d_k max	4,7	5,5	8,4	9,3	11,3	15,8	18,3
a max	0,9	1,0	1,4	1,6	2,0	2,5	3
k max	1,5	1,65	2,7	2,7	3,3	4,65	5
l von	3	4	5	6	8	10	12
bis	25	30	40	50	60	60	60

80.6 Linsensenk-Blechschrauben mit Kreuzschlitz DIN EN ISO 7051: 2011-11

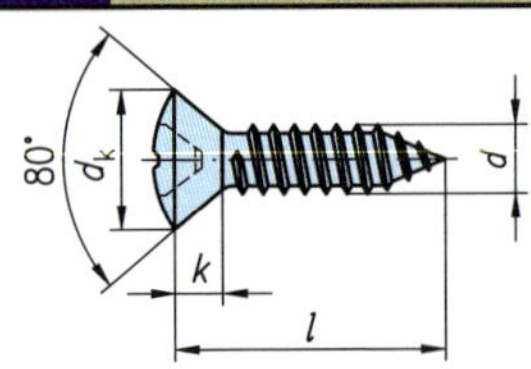

Gewindegröße	ST2,9	ST3,5	ST4,2	ST4,8	ST5,5	ST6,3
d	2,9	3,53	4,22	4,8	5,46	6,25
d_k	5,5	6,8	8,1	9,5	10,8	12,4
k	1,7	2,1	2,5	3	3,4	3,8
l von	6,5	9,5	9,5	9,5	13	13
bis	19	25	32	32	38	38

81.1 Flachkopf-Bohrschrauben mit Kreuzschlitz und Blechschraubengewinde DIN EN ISO 15481: 2000-02

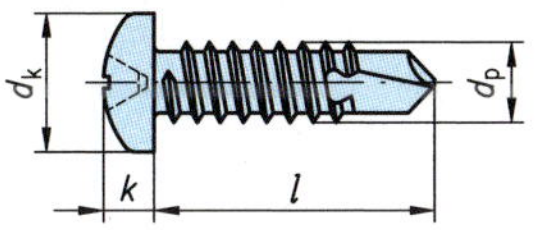

Gewindegröße	ST2,9	ST3,5	ST4,2	ST4,8	ST5,5	ST6,3
d_k	2,9	3,53	4,22	4,8	5,46	6,25
d_p	2,3	2,8	3,6	4,1	4,8	5,8
k max	2,2	2,6	3,05	3,7	4	4,6
l von	9,5	9,5	13	16	19	19
l bis	19	25	38	50	50	50

81.2 Durchgangsbohrungen für Schrauben DIN EN 20273: 1992-02

Gewindedurchmesser		M6	M8	M10	M12	M16	M20	M24	M30
Durchgangsbohrungs-durchmesser bei Toleranzklasse ↑ 61.1	fein	6,4	8,4	10,5	13,0	17,0	21,0	25,0	31,0
	mittel	6,6	9,0	11,0	13,5	17,5	22,0	26,0	33,0
	grob	7,0	10,0	12,0	14,5	18,5	24,0	28,0	35,0

81.3 Flache Scheiben mit Fase – normale Reihe DIN EN ISO 7090: 2000-11

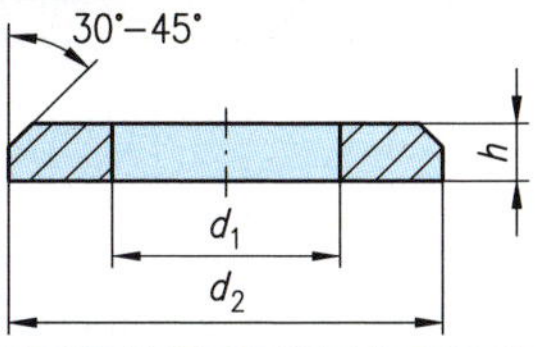

Nenngröße	5	6	8	10	12	16	20
Gewindenenn-Ø	M5	M6	M8	M10	M12	M16	M20
d_{1min} (Nennmaß)	5,3	6,4	8,4	10,5	13,0	17,0	21,0
d_{2max} (Nennmaß)	10,0	12,0	16,0	20,0	24,0	30,0	37,0
h	1,0	1,6	1,6	2,0	2,5	3,0	3,0

81.4 Offener Blindniet mit Sollbruchdorn und Flachkopf DIN EN ISO 15977: 2011-02

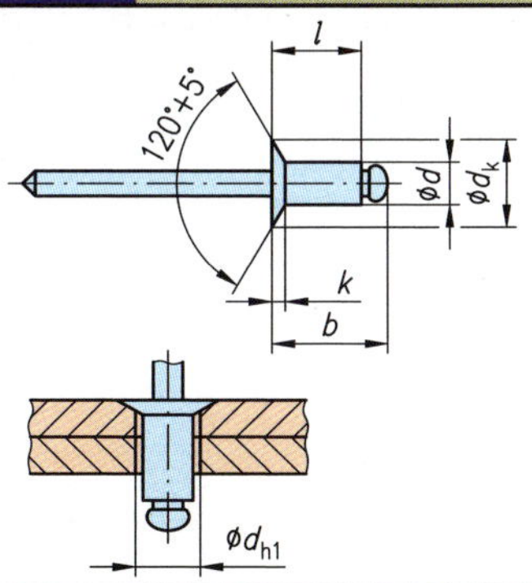

Nennmaß		2,4	3	3,2	4	4,8	5
Niethülse	d_{max}	2,48	3,08	3,28	4,08	4,88	5,08
	d_{kmax}	5,0	6,5	6,5	8,0	9,5	9,5
	k	0,65	1,0	1,0	1,2	1,3	1,3
Einbaulänge	b_{max}	$l_{max}+3,5$	$l_{max}+3,5$	$l_{max}+4,0$	$l_{max}+4,0$	$l_{max}+4,5$	$l_{max}+4,5$
Nietloch Ø	d_{h1}	2,5	3,1	3,3	4,1	4,9	5,1
Nennlänge	l_{max}	5, 6, 8, 10, 12, 14, 16, 18, 20, 25, 30, 35, 40					

81.5 Physikalisch abbindende Klebstoffe (Komponentenkleber)

Klebstoffart		Verwendung	Abbindezeit in min	Kontakt-druck	Endfestigkeit in h
Nassklebstoff	Dispersions-klebstoff	Poröse Werkstoffe untereinander Poröse Werkstoffe mit dichtem nichtmetallischem Werkstoff zum Beispiel Fliesen, Tapeten, PVC, Holz	10–15	ja	ca. 12
	Lösungsmittel-klebstoff	Anlösbare Kunststoffe untereinander Anlösbare Kunststoffe mit porösen und nicht lösbaren Werkstoffen zum Beispiel Papier, Pappe, PVC	10–30	ja	ca. 24
Kontaktklebstoff		Poröse, nicht anlösbare plattenförmige Werkstoffe miteinander Poröse, nicht anlösbare plattenförmige Werkstoffe mit dichtem Werkstoff	10–15	ja	ca. 24
Aktivklebstoff/Schmelzklebstoff		Alle verklebbaren Werkstoffe einschließlich Metall	ca. 5	ja	ca. 1

1 Grundlagen

82.1 Chemisch abbindende Klebstoffe (Reaktionskleber)

Klebstoffart		Verwendung	Abbindezeit in min	Kontaktdruck	Endfestigkeit in h
Polymerisationskleber	Polyesterharze + Härter	Metalle, Duroplaste, Keramik, Holz, Glas, keine weichelastischen Werkstoffe (PVC, Gummi)	ca. 10	ja	ca. 1
Polyadditionskleber	Epoxidharze + Härter		> 60	ja	25 °C: 36 40 °C: 8 60 °C: 2
	Polyurethanharze + Härter		ca. 60	ja	ca. 24

82.2 Vorbehandlung der Klebeflächen

Material	**Vorbehandlung**
Stahl	Reinigen, Entfetten, Spülen, Trocknen, Aufrauen
Stahl, verzinkt	Reinigen, Entfetten, Spülen, Trocknen
Aluminium	Reinigen, Entfetten, Spülen, Trocknen, Aufrauen, falls erforderlich Beizen
Kupfer	Reinigen, Entfetten, Spülen, Trocknen, Aufrauen
Kunststoffe	Reinigen, Entfetten, Spülen, Trocknen, Aufrauen, falls erforderlich Beizen
Glas	Entfetten

82.3 Verklebungsarten

Schäftung

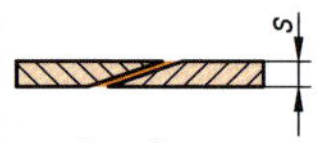

$l_ü \approx 5 \cdot s$

Überlappung

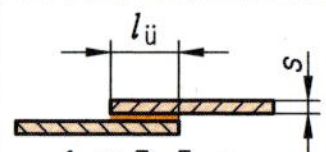

$l_ü \approx 3\text{–}5 \cdot s$
$l_{ümin} = 10$ mm

Einfachlasche

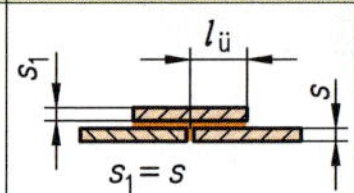

$s_1 = s$
$l_ü \approx 3\text{–}5 \cdot s$

Doppellasche

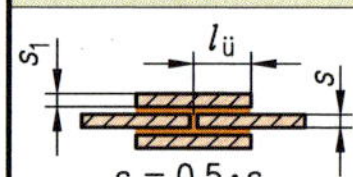

$s_1 = 0{,}5 \cdot s$
$l_ü \approx 3\text{–}5 \cdot s$

T-Stoß

s	Materialstärke
$l_ü$	Länge Überlappung
F	Kraft

82.4 Lötverfahren

DIN EN ISO 4063: 2023-07

Kennzahl	Verfahren	Kennz.	Verfahren	Kennz.	Verfahren	Kennz.	Verfahren
91	Hartlöten	912	Flammhartlöten	918	Widerstandshartlöten	916	Induktionshartlöten
94	Weichlöten	942	Flammweichlöten	948	Widerstandsweichlöten	952	Kolbenweichlöten

82.5 Verbindungslötarten

Fugenlöten

Ein breiter Spalt, die Lötfuge, wird vorwiegend mit Hilfe der Schwerkraft gefüllt.

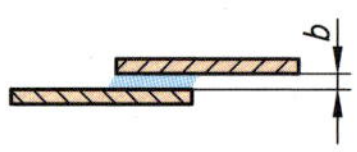

Spaltlöten, Kapillarlöten ↑ 114.2

Ein enger Spalt, der Lötspalt, wird durch kapillaren Fülldruck mit Lot gefüllt.

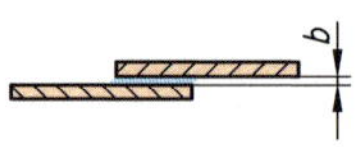

Kapillarwirkung in Abhängigkeit von der Lötspaltbreite

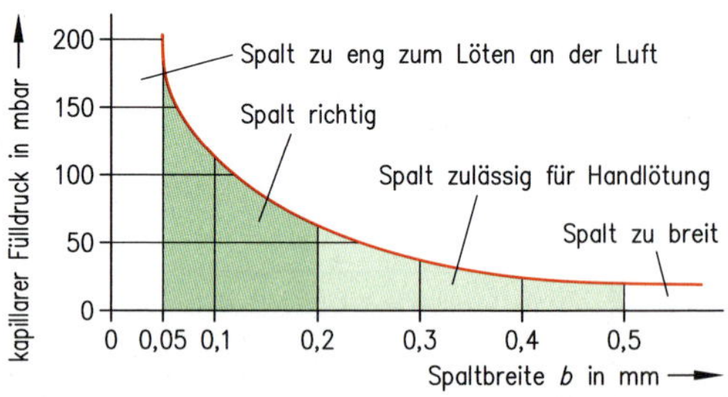

82.6 Weichlote für Installations- und Klempnerarbeiten

DIN EN ISO 9453: 2021-01

Kurzzeichen	Schmelzbereich in °C	Verwendung	Flussmittel
Sn97Cu3	227–310	Kupfer-Rohrinstallation TW, Heizung; Klempnerarbeiten; Cu mit Cu, Cu mit Messing (Cu-Zn) und Rotguss (Cu-Zn-Sn)	3.1.1, 3.1.2, 2.1.2
Sn97Ag3	221–224	Kupfer-Rohrinstallation TW, Heizung, Kältetechnik; Klempnerarbeiten; Cu mit Cu, Cu mit Messing und Rotguss	3.1.1, 3.1.2, 2.1.2
Sn60Pb40	183–190	Klempnerarbeiten, Verzinnen; Kupfer, Messing, Nickel, Stahl, Titanzink, verzinktes Feinblech, Zink	2.1.3, 2.2.2, 2.2.3
Pb60Sn40	183–238		
Pb70Sn30	183–255	Karosseriebau, Klempnerarbeiten; Blei	1.1.1

83.1 Flussmittel zum Weichlöten — DIN EN ISO 9454-1: 2016-07

Flussmitteltyp		Flussmittelbasis		Flussmittelaktivator		Flussmittelart
1	Harz	1 2	Kolofonium (Harz) ohne Kolofonium	1 2 3	ohne Aktivator mit Halogenen aktiviert ohne Halogene aktiviert	A flüssig B fest C Paste
2	organisch	1 2	wasserlöslich nicht wasserlöslich			
3	anorganisch	1	Salze	1 2	mit Ammoniumchlorid ohne Ammoniumchlorid	
		2	Säuren	1 2	Phosphorsäure andere Säuren	
		3	basisch	1	Amine und/oder Ammoniak	

83.2 Flussmittel-Beispiele zum Weichlöten

ISO 9454	alte Bezeichnung	Rückstände wirken	Verwendung	Wirkbereich in °C
3.2.2. A	F - SW 11	stark korrosiv – abwaschen	Stahl, rostfreier Stahl, Titanzink, Bauklempnerei (stark oxidierende Oberflächen)	150–400
3.1.1. A	F - SW 12		Kupfer, Messing, Kupferklempnerei	180–450
3.1.1. C	F - SW 21	bedingt korrosiv – abwaschen	Kupfer-Rohrinstallation, Kupferklempnerei	150–400
3.1.2. C	F - SW 22		Kupfer-Rohrinstallation, Trinkwasserinstallation	150–400
2.1.2. C	F - SW 25		Kupfer-Rohrinstallation, Elektrotechnik	150–400
1.1.1. B	F - SW 31	nicht korrosiv	Elektrotechnik, Bleiklempnerei, Aluminium	200–350

83.3 Hartlote für Installations- und Klempnerarbeiten — DIN EN ISO 17672: 2024-08

Kurzz.	Kurzz. ISO 3677	Schmelzber. in °C	Verwendung		Grundwerkstoffe/Flussmittel
CuP 179	B-Cu94P-710/890	710–890	Rohrinstallation[1], Klempnerarbeiten, nicht in ammoniakhaltiger Umgebung	Spalt	Kupfer/ohne Bronze, Messing, Rotguss/FH10
CuP 279	B-Cu92PAg-645/825	645–825		Spalt, Fuge	
CuP 281	B-Cu89PAg-645/815	645–815	Kälte- und Klimatechnik	Spalt, Fuge	Kupfer/ohne
Cu 471	B-Cu58Zn(Sn)(Si)(Mn)-870/900	870–900	Rohrinstallation[1], Klempnerarbeiten; Schweißen von Cu-Zn-Sn-Legierungen	Spalt, Fuge	Cu-Legierungen/FH10, Ni-Legierungen, Stahl/FH21
Ag 134	B-Cu36AgZnSn-630/730	630–730	Rohrinstallation[1], Klempnerarbeiten	Spalt	Cu-Legierungen/FH10, Ni-Legierungen, Stahl, Temper-guss/FH21
Ag 145	B-Ag45CuZnSn-640/680	640–680	Rohrinstallation[1], Klempnerarbeiten	Spalt	Stahl, Ni-Leg., Cu-Leg., Cr-Ni-Stahl, Temperguss /FH21

[1] Rohrinstallation für Gas, Flüssiggas, Heizung, Öl und Trinkwasser ab DN32

83.4 Flussmittel zum Hartlöten — DIN EN ISO 18496: 2021-12

Kurzzeichen	Rückstände wirken	Verwendung	Wirkbereich in °C
FH10	korrosiv – abwaschen oder beizen	Vielzweckflussmittel	550–800
FH11		Kupfer-Aluminiumverbindungen	
FH12		rostfreie, hoch legierte Stähle, Hartmetalle	550–850
FH20		Vielzweckflussmittel	700–1 000
FH21	nicht korrosiv – mechanisch entfernen oder beizen	Vielzweckflussmittel	750–1 100
FL10	korrosiv – abwaschen oder beizen	Aluminiumlegierungen	480–750
FL20	nicht korrosiv – Lötstelle vor Wasser schützen	Aluminiumlegierungen	500–650

1 Grundlagen

84.1 Regelwerke zum Einsatz von Cu-Lötverbindungen

Anwendung	Regelwerk	Fittings nach DIN EN 1254 weich	Fittings nach DIN EN 1254 hart	handwerklich hergestellte Muffenverbindung weich	handwerklich hergestellte Muffenverbindung hart
Trinkwasser	DIN EN 806, DIN 1988, DVGW[1] GW 2	ja	≥ 35 mm[2]	≤ 28 mm	≥ 35 mm
Heizung/Solar	DIN EN 14336, DIN EN 12976-1	bis 110 °C[3]	ja	bis 110 °C	ja
Erdgas	TRGI, DVGW GW 2	nein	ja	nein	ja
Flüssgikgas	TRF, DVGW GW 2	nein	≤ 35 mm	nein	nein
Heizöl	DIN 4755, TRÖl	nein	ja	nein	nein

[1] Deutscher Verein des Gas- und Wasserfaches [2] zulässiger Rohraußendurchmesser d_a [3] zulässige Temperatur des Fließmediums

84.2 Zulässige Temperaturen und Drücke von Rohrleitungslötstellen[1] DIN EN 1254-1: 1998-03

Weichlote	ϑ in °C	p in bar für d_a in mm ≤ 34	≤ 54	≤ 108	Hartlote	ϑ in °C	p in bar für d_a in mm ≤ 28	≤ 54	≤ 108
S-Sn97Cu3 S-Sn97Ag3	30	25	25	16	CuP 179	30	25	25	16
	65	25	16	16	CuP 279	65	25	16	10
	110	16	10	10	Ag 145	110	16	10	10

[1] Werte gelten nur, wenn Fittings nach DIN EN 1254 verwendet werden.

84.3 Schweißverfahren zum Metallschweißen DIN EN ISO 4063: 2023-07

Kennzahl	Verfahren	Kennzahl	Verfahren	Kennzahl	Verfahren	Kennzahl	Verfahren
111	Lichtbogenhand-schweißen (E)	131	Metall-Inertgas-schweißen (MIG)	135	Metall-Aktivgas-schweißen (MAG)	141	Wolfram-Inertgas-schweißen (WIG)
31	Gasschweißen (G)	311	G mit Acetylen-Sauerstoffflamme	312	G mit Propan-Sauerstoffflamme	313	G mit Wasserstoff-Sauerstoffflamme

84.4 Spezielle Kennzeichnung für gebräuchliche Gase DIN EN 1089-3: 2011-10

Gasart	Kennfarbe[1] Fl.-Schulter	Ventilanschluss DIN 477-1	Volumen V_{Fl} in l	Druck p in bar	Füll-menge[2]
Sauerstoff	weiß	G 3/4	10 40 50	200 150 200	2 000 l 6 000 l 10 000 l
Acetylen	kastanienbraun	Spannbügel	40 50	18 19	6,3 kg 10 kg
Propan	rot	W 21,80 × 1/14[3] – LH[4]	10 50	8,53	4,25 kg 21,25 kg
Wasserstoff	rot	W 21,80 × 1/14[3] – LH[4]	10 50	200	1 800 l 8 900 l
Stickstoff	schwarz	W 24,32 × 1/14[3]	40 50	150 200	6 000 l 10 000 l
Kohlenstoff-dioxid	grau	W 21,80 × 1/14[3]	13,4 40	57,29	10 kg 30 kg
Argon	dunkelgrün	W 21,80 × 1/14[3]	10 50	200	2 000 l 10 000 l
Helium	braun	W 21,80 × 1/14[3]	10 50	200	2 000 l 10 000 l

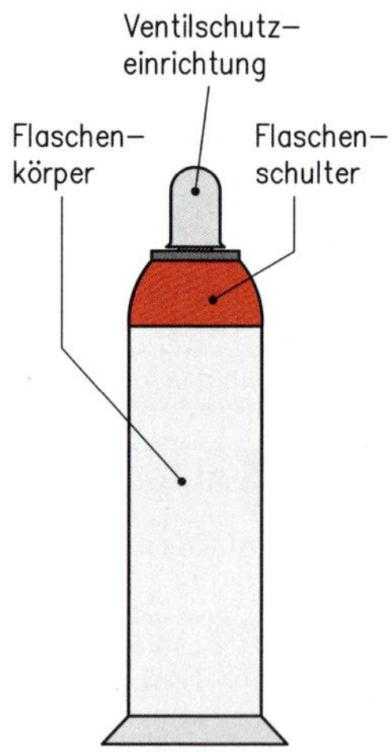

[1] Der Flaschenkörper und die Ventilschutzeinrichtung dürfen auch andere Farben aufweisen. Farben, die missdeutet werden können, sind zu vermeiden.
[2] bei p_{amb} = 1,013 bar und ϑ = 0 °C
[3] Whitworth-Gewinde (Nenndurchmesser × Steigung)
[4] LH = Linksgewinde

85.1 Allgemeine Kennzeichnung für Gase und Gasgemische — DIN EN 1089-3: 2011-10

Schulterfarbe	gelb 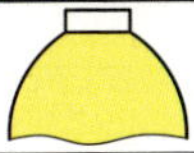	rot 	hellblau 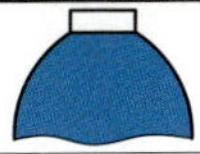	leuchtend grün 
Eigenschaften	giftig und/oder ätzend	entzündbar	oxidierend	erstickend
Beispiele	Ammoniak, Chlor, Arsenwasserstoff, Fluor, Kohlenmonoxid, Stickoxid, Schwefeldioxid	Wasserstoff, Methan, Ethylen, Formiergas Stickstoff/Wasserstoffgemisch	Sauerstoff-, Lachgasgemische (außer Inhalationsgemische)	Krypton, Xenon, Neon, Schweißschutzgasgemische, Druckluft technisch

85.2 Gasschmelzschweißen mit Acetylen und Sauerstoff

Sauerstoffverbrauch

Formel	Zeichen	Bedeutung	Einheit
$V = V_{Fl} \cdot \frac{p_{Fl}}{p_{amb}}$	V	nutzbares Sauerstoffvolumen	in l, dm³
	V_{Fl}	Flaschenvolumen	in l, dm³
	p_{Fl}	Flaschendruck	in bar
	p_{amb}	Umgebungsdruck	in bar
$\Delta V = V_{Fl} \cdot \frac{p_1 - p_2}{p_{amb}}$	ΔV	Sauerstoffverbrauch	in l, dm³
	p_1	Flaschendruck vor der Entnahme	in bar
	p_2	Flaschendruck nach der Entnahme	in bar

Acetylenverbrauch

$V_F = V_A \cdot p_F \cdot 25\,\frac{1}{\text{bar}}$	V_F	Füllvolumen	in l, dm³
	V_A	Acetoninhalt (V_A = 13–16 l)	in l, dm³
	p_F	Fülldruck (p_F = 18–19 bar)	in bar
$\Delta V = V_F \cdot \frac{p_1 - p_2}{p_F}$	ΔV	Acetylenverbrauch	in l, dm³
	p_1	Flaschendruck vor der Entnahme	in bar
	p_2	Flaschendruck nach der Entnahme	in bar

85.3 Schweißstäbe für das Gasschmelzschweißen[1] — DIN EN ISO 20378: 2018-12

Schweißstabklasse[2]	Anwendung	Grundwerkstoffe (Auswahl)	Eigenschaften		
			Spritzer	Porenneigung	Fließverhalten
O I	Bleche, Rohre	S185, S235JR	viel	ja	dünn fließend
O II	Behälter, Rohre	S185, S235JR – S275JR, P235GH – P265GH	wenig	ja	weniger dünn fließend
O III	Behälter, Rohre	S185 – E295, S235JR – S275JR, P235GH – P295GH	keine	keine	zäh fließend
O IV	Druckbehälter, Rohrleitungen bis ≈ 500 °C	S355J0, E335, P285NH, P310GH, P355N – P460N, 16Mo3	keine	keine	zäh fließend
O V	Druckbehälter, Rohrleitungen bis ≈ 550 °C	13CrMo 4-5, 16CrMo 4-4, G-17CrMo 5-5, 24CrMo5, 25CrMo4	keine	keine	zäh fließend
O VI	Druckbehälter, Rohrleitungen bis ≈ 600 °C	10CrMo 9-10, 12CrMo 9-10, G-17CrMo 9-10	keine	keine	zäh fließend

Gängige Lieferformen: Ø 2,0; 2,5; 3,0; 4,0; 5,0 mm; Länge 1 000 mm

[1] autogenes Schweißen [2] O = Schweißprozess (autogenes Schweißen); I bis VI = chemische Zusammensetzung

85.4 Schweißzusatzwerkstoffe für das Schweißen von Kupfer — DIN EN ISO 24373: 2018-11

Schweißzusatzwerkstoff	Zusammensetzung	Schmelzberreich in °C	Verwendung
SG-CuAg	99 % Cu, 1 % Ag	1 070–1 080	Gasschweißen mit Flussmittel FH 21 o. FH 30 ↑ 83.4
SG-CuSn	98 % Cu, 1 % Sn	1 020–1 050	WIG-Schweißen, MIG-Schweißen

85.5 Schweißverfahren zum Kunststoffschweißen — DIN 1910-3: 2023-05

Ordnungsnummer	Kurzzeichen	Verfahren	Ordnungsnummer	Kurzzeichen	Verfahren
661	HS	Heizelementstumpfschweißen	642	WF	Warmgasfächelschweißen
663	HD	Heizelement-Muffenschweißen	645	WZ	Warmgasziehschweißen
611	HM	Heizwendelschweißen (Elektro-Muffenschweißen)	753	IR	Infrarotschweißen

86.1 Schweißtemperaturen für ausgewählte Kunststoffe DVS[1] 2207

Kunststoff	Schweißtemperatur in °C	Kunststoff	Schweißtemperatur in °C
Polybuten (PB)	260 ± 10	Polypropylen (PP)	210 ± 10
Polyethylen (PE)	220 ± 10	Polyvinylidenfluorid (PVDF)	240 ± 8

[1] Deutscher Verband für Schweißtechnik

86.2 Heizelementstumpfschweißen von PE, Richtwerte[1] DVS 2207-1: 2015-08

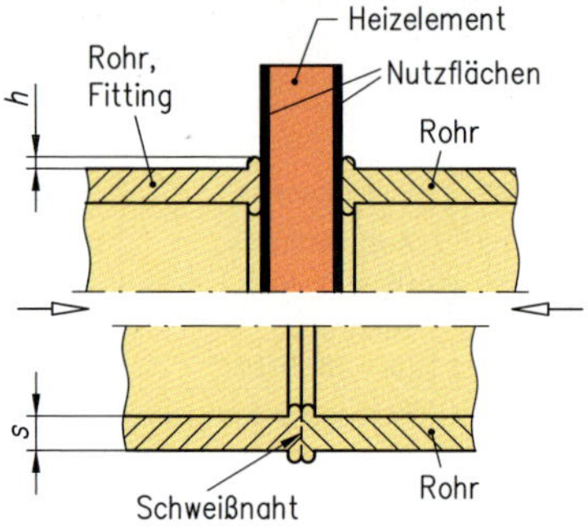

Nennwanddicke s in mm	Angleichen Mindestwulsthöhe h am Heizelement am Ende der Angleichzeit in mm	Anwärmzeit = 10 × Wanddicke (Anwärmen $p \leq 0{,}01$ N/mm²) in s	Maximale Umstellzeit in s	Fügen: Fügedruckaufbauzeit in s	Fügen: Mindestabkühlzeit in min
bis 4,5	0,5	bis 45	5	5	6
4,5–7	1,0	45–70	5–6	5–6	6–10
7–12	1,5	70–120	6–8	6–8	10–16

[1] bei Angleich-, Füge- und Abkühldruck von 0,15 N/mm² und 20 °C Außentemperatur

86.3 Heizelementmuffenschweißen von PP, Richtwerte DVS 2207-11: 2017-02

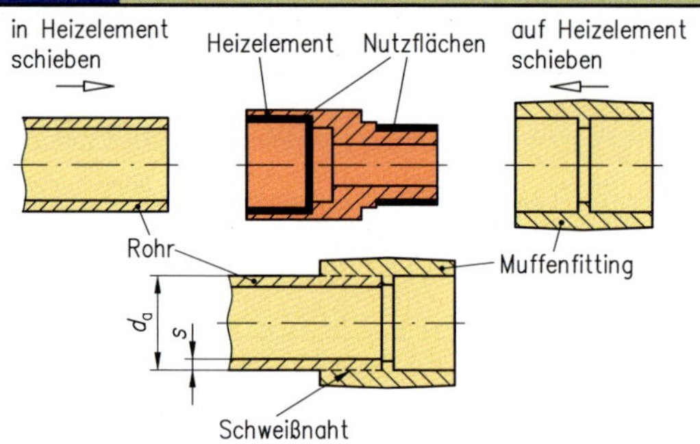

[1] Hersteller empfehlen längere Anwärmzeiten
[2] bei 20 °C Außentemperatur

Rohraußen-Ø d_a in mm	Mindestwanddicke s in mm	Einschweißtiefe in mm	Anwärmzeit[1] in s	Maximale Umstellzeit in s	Mindestabkühlzeit[2] in min
16	1,8	13,0	5	4	2
20	2,0	14,0	5	4	2
25	2,3	15,0	7	4	2
32	3,0	16,5	8	6	4
40	3,7	18,0	12	6	4
50	4,6	20,0	18	6	4
63	5,8	24,0	24	8	6
75	6,9	26,0	30	8	8
90	8,2	29,0	40	8	8

86.4 Heizwendelschweißen von PE-Rohren DVS 2207-1: 2015-08

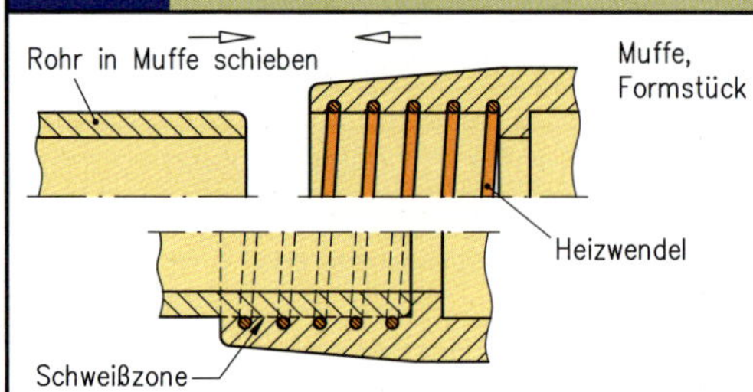

Vorbereitung des Rohres

1. Fügeflächen über den Schweißbereich hinaus mit einem Reinigungsmittel gemäß DVS 2207-1 mit unbenutztem, saugfähigem, nicht faserndem und nicht eingefärbtem Papier reinigen.
2. Rohroberfläche im Schweißbereich mechanisch bearbeiten, möglichst mit Rotationsschälgerät und Wanddickenabtrag von ca. 0,2 mm.
   Die mechanische Bearbeitung der Rohroberfläche muss über die Schweißfläche hinaus sichtbar sein.
3. Späne ohne Berührungen der Rohroberfläche entfernen.

Schweißgerät

- Das Schweißgerät muss auf die zu schweißenden Teile abgestimmt sein.
- Automatische Schweißgeräte sind zu bevorzugen.
- Das Gerät muss die erforderlichen Schweißparameter wie Schweißzeit, Stromstärke und -spannung gewährleisten.
- Das Gerät muss sich automatisch abschalten, sobald der Schweißzone die notwendige Wärmemenge zugeführt worden ist.

Hinweise zum Schweißvorgang

1. Das Schweißgerät wird durch Kabel mit der Heizwendelmuffe verbunden. Die Kabel sind zugentlastet anzubringen.
2. Bei Unterbrechen der Stromzufuhr kann eine vorzeitig abgebrochene Schweißung nach Abwarten der Abkühlzeit in der Regel einmal wiederholt werden.
3. Sind am Formstück Schweißindikatoren vorhanden, so sind diese zu kontrollieren.

87.1 Werkstoffe

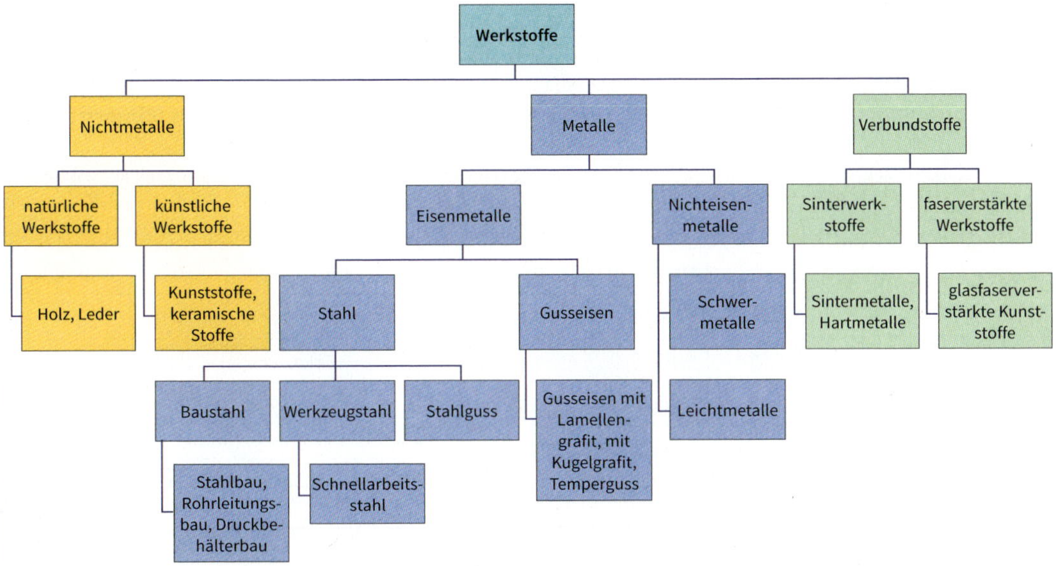

87.2 Eisenwerkstoffe – Stahl

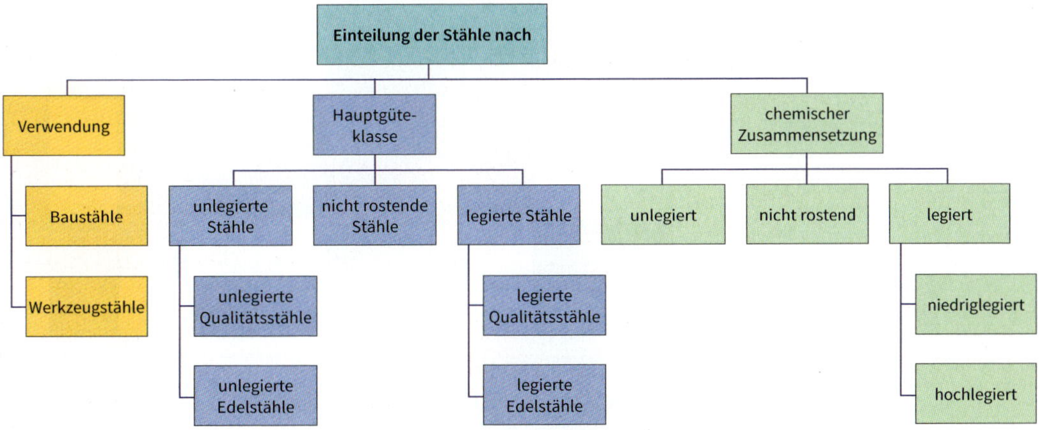

88.1 Grenzgehalte für die Einteilung der Stähle

Stahl	Stähle sind Eisen-Kohlenstoff-Legierungen mit weniger als 2,06 Prozent Kohlenstoff, Eisen hat den größten Massenanteil in der Legierung.
Unlegierter Stahl	Kein Element hat den vorgegebenen Grenzgehalt der nachstehenden Tabelle erreicht.
Legierter Stahl	Mindestens ein Element hat den vorgegebenen Grenzgehalt der nachstehenden Tabelle erreicht oder überschritten.
Nicht rostender Stahl	Stähle mit einem Massenanteil Chrom (Cr) ≥ 10,5 % und Kohlenstoff (C) ≤ 1,2 %
Andere legierte Stähle	Entsprechen nicht der Definition für nicht rostende Stähle und mindestens ein Grenzwert der nachstehenden Tabelle wird erreicht.

Element	Grenzgehalt Massenanteil in %		Element	Grenzgehalt Massenanteil in %		Element	Grenzgehalt Massenanteil in %	
	A	B		A	B		A	B
Cobalt	0,30	–	Molybdän	0,08	0,10	Vanadium	0,10	0,12
Chrom	0,30	0,50	Nickel	0,30	0,50	Wolfram	0,10	–
Kupfer	0,40	0,50	Blei	0,40	–	Zirkonium	0,05	0,12
Mangan	1,65	1,80	Silizium	0,60	–	Sonstige	0,10	–

A: Grenzgehalt für die Einteilung in unlegierte und legierte Stähle

B: Grenzgehalt für die Unterteilung der legierten schweißgeeigneten Feinkornbaustähle in Qualitäts- und Edelstähle

88.2 Einfluss der Legierungselemente auf Stähle

Eigenschaft	Legierungselement										
	Al	Co	Cr	Mn	Mo	Ni	P	S	Si	V	W
Zugfestigkeit	–	↑	↑	↑	↑	↑	↑	–	↑	↑	↑
Streckgrenze	–	↑	↑	↑	↑	↑	↑	–	↑	↑	↑
Kerbschlagzähigkeit	↓	↓	↓	–	↑	–	↓	↓	↓	↑	–
Verschleißfestigkeit	–	↑	↑	↓	↑	↓	–	–	↓	↑	↑
Warmumformbarkeit	↓	↓	↓	↑	↑	↑	–	↓	↓	↑	↓
Kaltumformbarkeit	–	↓	–	↓	↓	–	↓	↓	↓	–	↓
Zerspanbarkeit	–	–	–	↓	↓	↓	↑	↑	↓	–	↓
Warmfestigkeit	–	↑	↑	–	↑	↑	–	–	↑	↑	↑
Korrosionsbeständigkeit	–	–	↑	–	–	–	–	↓	–	↑	–
Härtetemperatur	–	–	↑	↓	↑	–	–	–	↑	↑	↑
Härtbarkeit/Vergütbarkeit	–	↑	↑	↑	↑	↑	–	–	↑	↑	↑
Nitrierbarkeit	↑	–	↑	↑	↑	–	–	–	↓	↑	↑
Schweißbarkeit	↑	–	↓	↓	↓	↓	↓	↓	–	↑	–

89.1 Bezeichnung von Stählen

Hauptsymbole		Zusatzsymbole		
Werkstoffsorte	Haupteigenschaft	Gruppe 1	Gruppe 2 +	Erzeugnisart
S	**235**	**JR**	**C**	**CR**
Stähle für Stahlbau	Streckgrenze R_e	vorgeschriebene Kerbschlagarbeit	mit besonderer Kaltumformbarkeit	kaltgewalzt

89.2 Haupt- und Zusatzsymbole für Stähle

DIN EN 10 027-1: 2017-01

Hauptsysmbole			Zusatzsymbole	
Werkstoffsorte		Haupteigenschaft	Gruppe 1	Gruppe 2
S, GS	Stähle für Stahlbau (Gusszeichen **G** nur bei Gussstücken erforderlich)	Kennzahl: Mindeststreckgrenze R_e in N/mm² für die geringste Erzeugnisdicke	Kerbschlagarbeit A, G, H bei Feinkornbaustählen: M, N, Q	C, D, E, F, H, L, M, N, O, P, Q, S, T, W
P	Stähle für Druckbehälter		G, S, B, T, bei Feinkornbaustählen: M, N, Q	H, L, R, X
L	Stähle für Leitungsrohre		G, bei Feinkornbaustählen: M, N, O	O, E
E	Maschinenbaustähle		G	C
H	Kaltgewalzte Flacherzeugnisse aus hochfesten Stählen		M, B, P, G, X	D
D	Flacherzeugnisse aus weichen Stählen zum Kaltumformen	C kaltgewalzt D warmgewalzt X kalt- oder warmgewalzt zweistellige Kennzahl	D, EK, ED, H, T, G	–

89.3 Zusatzsymbole für Stähle, Gruppe 1

DIN EN 10 027-1: 2017-01

Kerbschlagarbeit W_{kerb} in Joule			Prüftemperatur ϑ in °C
27	40	60	
JR	KR	LR	+20
J0	K0	L0	0
J2	K2	L2	−20
J4	K4	L4	−40
J5	K5	L5	−50
J6	K6	L6	−60

A	ausschneidungshärtend
B	für Gasflaschen
C	zum Kaltziehen
D	für Schmelztauchüberzüge
ED	für direkte Emaillierung
EK	für konventionelle Emaillierung
H	für Hohlprofile
M	thermomechanisch gewalzt
N	normal geglüht oder normalisierend gewalzt
Q	vergütet
S	für einfache Druckbehälter
T	für Rohre

90.1	Zusatzsymbole für Stähle, Gruppe 2 nur in Verbindung mit Symbolen der Gruppe 1 DIN EN 10 027-1: 2017-01		
C	besondere Kaltumformbarkeit	N	normal geglüht oder normalisierend gewalzt
D	für Schmelztauchüberzüge	O	Offshore-Einsätze
E	für Emaillierung	Q	vergütet
F	zum Schmieden	R	für Raumtemperatur
H	für Hohlprofile	S	für Schiffsbau
H	Hochtemperaturverwendung	T	für Rohre
L	für tiefere Temperaturen	W	wetterfest
M	thermomechanisch gewalzt	X	für Hoch- und Tieftemperatur

90.2	Zusatzsymbole für Stahlerzeugnisse		DIN EN 10 027-1: 2017-01
Art des Behandlungszustands			
+ AR	wie gewalzt – ohne besondere Bedingungen	+ N	normal geglüht, normalisierend gewalzt
+ A	weichgeglüht	+ NT	normal geglüht und angelassen
+ AC	geglüht zur Erzielung kugliger Karbide	+ Q	abgeschreckt
+ AT	lösungsgeglüht	+ QA	luftgehärtet
+ C	kaltverfestigt	+ QO	ölgehärtet
+ Cxxx	kaltverfestigt auf eine Mindestzugfestigkeit von xxx N/mm²	+ QT	vergütet
+ CR	kaltgewalzt	+ QW	wassergehärtet
+ DC	Lieferzustand dem Hersteller überlassen	+ S	behandelt auf Kaltscherbarkeit
+ FP	behandelt auf Ferrit-Perlit-Gefüge und Härtespanne	+ SR	spannungsarm geglüht
+ HC	warm-kalt-geformt	+ T	angelassen
+ LC	leicht kalt nachgewalzt-gezogen	+ TH	behandelt Härtespanne
+ M	thermomechanisch gewalzt	+ U	unbehandelt
		+ WW	warmverfestigt
Bosondere Anforderungen			
+ H	mit besonderer Härtbarkeit	+ Z xx	Mindestbrucheinschnürung senkrecht zur Oberfläche von xx %
Art des Überzugs			
+ A	feueraluminiert	+ S	feuerverzinnt
+ AR	Aluminium-walzplattiert	+ SE	elektrolytisch verzinnt
+ AZ	mit Al-Zn-Legierung überzogen	+ T	schmelztauchveredelt, mit Pb-Sn-Legierung
+ CE	elektrolytisch spezialverchromt	+ Z	feuerverzinkt
+ Cu	Kupferüberzug	+ ZE	elektrolytisch verzinkt
		+ ZF	diffusionsgeglühte Zinküberzüge
Mehrere Zusatzsymbole für Stahlerzeugnisse müssen jeweils durch ein Pluszeichen (+) voneinander getrennt werden!			

91.1 Kurznamen von Stählen mit Hinweisen auf die chemische Zusammensetzung

DIN EN 10 027-1: 2017-01

Hauptsymbole		Zusatzsymbole		
Stahlgruppe	chemische Zusammensetzung	Gruppe 1	Gruppe 2	+ Erzeugnisart
C	**35**	**E4**		**QT**
unlegierte Stähle	Kohlenstoffgehalt	max. Schwefelgehalt		vergütet

91.2 Stahlgruppen und chemische Zusammensetzung für Stähle

Stahlgruppe	Hauptsymbole
hochlegierte Stähle, (ausgenommen Schnellarbeitsstähle) Gehalt an einem Legierungselement ≥ 5 %	X GX[1]
niedrig legierte Stähle, unlegierte Automatenstähle Gehalt jedes einzelnen Legierungselements < 5 %	G[1]
unlegierte Stähle, Mn-Gehalt < 1 %	C GC[1]
unlegierte Stähle, Mn-Gehalt > 1 %	
Schnellarbeitsstähle	HSS

chemische Zusammensetzung

Kohlenstoffgehalt

$$\frac{\text{Kennzahl}}{100} = \text{C-Gehalt in \%}$$

Legierungsanteile

$$\frac{\text{Kennzahl}}{\text{Teiler des Elements}} = \text{Gehalt in \%}$$

Multiplikator	Legierungselemente
4	Mn, Si, Ni, W, Cr, Co
10	Al, Cu, Mo, Ta, Ti, V, Pb, Zr, Nb, Be
100	P, S, N, C
1 000	B

Angabe des prozentualen Gehalts der Legierungselemente, durch Bindestriche getrennt Reihenfolge: W – Mo – V – Co

Zusatzsymbole

Gruppe 1

C	Zum Kaltumformen	S	Für Federn
D	Zum Drahtziehen	U	Für Werkzeuge
E	Vorgeschriebener max. S-Gehalt	W	Für Schweißdraht
R	Vorgeschriebener Bereich des S-Gehaltes	G	Andere Merkmale, ggf mit 1 oder 2 nachfolgenden Ziffern

Gruppe 2

Chemische Symbole für vorgeschriebene zusätzliche Elemente. Falls erforderlich, ergänzt mit einer einstelligen Ziffer, die das Zehnfache des Mittelwertes der vorgeschriebenen Spanne des Gehaltes (auf 0,1% gerundet) des betreffenden Elementes angibt.

Erzeugnisart

Kennzeichnung besondere Anforderungen, Art des Überzuges oder Behandlungszustandes des Stahlerzeugnisses.

[1] Gusszeichen **G** nur bei Gussstücken erforderlich

Bezeichnungsbeispiele

Aufbau nach Verwendungszweck und mechanischen Eigenschaften

L 210 N B

- B: Anforderungsklasse B
- N: normalisiert gewalzt
- 210: Streckgrenze 210 N/mm^2
- L: Stahl für Rohrleitungen

Aufbau nach chemischer Zusammensetzung, unlegierter Stahl

C 45 E

- E: Angabe max. S-Gehalt
- 45: 0,45 % C
- C: unlegierter Stahl

Aufbau nach chemischer Zusammensetzung, niedrig legierter Stahl

15 Cr Mo V 5 - 9

- V: Anteile an V
- Mo / 9: 9/10 = 0,9 % Mo
- Cr / 5: 5/4 = 1,25 % Cr
- 15: 0,15 % C

Aufbau nach chemischer Zusammensetzung, hoch legierter Stahl

G X 15 Cr 13

- Cr 13: 13 % Cr
- 15: 0,15 % C
- X: hoch legiert
- G: Stahlfromguss

1 Grundlagen

92.1 Nummernsystem zur Bezeichnung von Werkstoffen DIN EN 10 027-2: 2015-07

Werkstoffhauptgruppe	.	Sortennummer	.	Anhängezahlen
X	.	XXXX	.	XX

Werkstoffhauptgruppen			
0	Roheisen und Ferrolegierungen	3	NE-Leichtmetalle
1	Stahl, Stahlguss	4–8	nicht metallische Werkstoffe
2	NE-Schwermetalle	9	frei für interne Benutzung
Sortennummern Werkstoffhauptgruppe 0		**Sortennummern Werkstoffhauptgruppe 1**	
0.0000–0.2999	Roheisen	1.0000–1.0099	Grundstahl
0.3000–0.4999	Vorlegierungen	1.0100–1.0799	Massenstähle/unlegierte Qualitätsstähle
0.5000–0.5999	Reserve	1.0800–1.0999	legierter Qualitätsstahl
0.6000–0.6999	GJL – Gusseisen, Lamellengrafit	1.1000–1.1999	unlegierte Edelstähle
0.7000–0.7999	GJS – Gusseisen, Kugelgrafit	1.2000–1.2999	Werkzeugstähle
0.8000–0.8999	GJMB – Temperguss Schwarz	1.3000–1.3999	verschiedene Sorten
0.9000–0.9999	Sonderguss	1.4000–1.4999	chemisch beständige Sorten
Sortennummern Werkstoffhauptgruppe 2		1.5000–1.5999	Baustähle
2.0000–2.1799	Kupfer und Kupferlegierungen	1.6000–1.7999	Vergütungs- und Einsatzstähle
2.2000–2.2499	Zink/Zinklegierungen und Cadmium/Cadmiumlegierungen	1.8000–1.8999	Bau-, Maschinenbau-, Behälterstahl
2.3000–2.3499	Blei und Bleilegierungen	**Sortennummern Werkstoffhauptgruppe 3**	
2.3500–2.3999	Zinn und Zinnlegierungen	3.0000–3.4999	Aluminium und Aluminiumlegierungen
2.4000–2.4999	Nickel/Nickellegierungen und Kobalt/Kobaltlegierungen	3.5000–3.5999	Magnesium und Magnesiumlegierungen
Anhängezahlen Werkstoffhauptgruppe 1			
Ziffer	Herstellungsverfahren (Stelle 6)	Ziffer	Behandlungsart (Stelle 7)
0	unbestimmt	0	unbestimmt
1	unberuhigter Thomasstahl	1	normalgeglüht
2	beruhigter Thomasstahl	2	weichgeglüht
3	unberuhigter Stahl nach anderer Erschmelzung	3	wärmebehandelt
4	beruhigter Stahl nach anderer Erschmelzung	4	zähvergütet
5	unberuhigter Siemens-Martin-Stahl	5	vergütet
6	beruhigter Siemens-Martin-Stahl	6	hartvergütet
7	unberuhigter Sauerstoffaufblas-Stahl	7	kaltverformt
8	beruhigter Sauerstoffaufblas-Stahl	8	federhart
9	Elektrostahl	9	Sonderbehandlung
Anhängezahlen Werkstoffhauptgruppen 2 und 3			
Ziffer	Herstellungsverfahren	Ziffer	Herstellungsverfahren
.00–.09	unbehandelt	.50–.59	lösungsgeglüht, kalt nachbehandelt
.10–.19	weich	.60–.69	warm ausgehärtet, nachbehandlungsfrei
.20–.29	kaltverfestigt	.70–.79	warm ausgehärtet, kalt nachbehandelt
.30–.39	hart kaltverfestigt	.80–.89	entspannt ohne vorangegangene Kaltverfestigung
.40–.49	lösungsgeglüht, nachbehandlungsfrei		

93.1 Stähle in der Versorgungstechnik

Werkstoffnummer	Kurzname nach DIN EN 10027	R_m in N/mm²[1]	R_e in N/mm²[2]	A in %[3]	Verwendung
1.0026	S195T	320–520	195	20	allgem. Baustähle, geschweißte Rohre ohne besondere Anforderungen DIN EN 10025
1.0036	S235JRG1	340–470	235	26	
1.0037	S235JR	340–470	235	26	
1.0038	S235JRG2	340–470	235	26	
1.0319	L210GA	335–475	210	25[4]	Rohre für brennbare Medien, Anforderungsklasse A
1.0458	L235GA	370–510	235	23[4]	
1.0254	P235TR1	360–500	235	25	nahtlose und geschweißte Rohre
1.4401	X5CrNiMo17-12-2	510–710	205	40	Präzisionsstahlrohre für Trinkwasserinstallation, Pressfittingsystem
1.4571	X6CrNiMoTi17-12-2	500–730	215	35	
1.7218	25CrMo4	800–950	700	14	Rohre und Formstücke bis 200 °C

R_m Zugfestigkeit in N/mm²

R_e Streckgrenze in N/mm²

A Bruchdehnung in %

[1] Werte für Erzeugnisdicken 3 mm ≤ s ≤ 100 mm

[2] Werte für Erzeugnisdicke s ≤16 mm

[3] Werte für Längsproben 3 mm ≤ s ≤ 40 mm

[4] Werte für Querproben vom Rohrkörper

93.2 Bezeichnung für Gusseisenwerkstoffe

DIN EN 1560: 2011-05

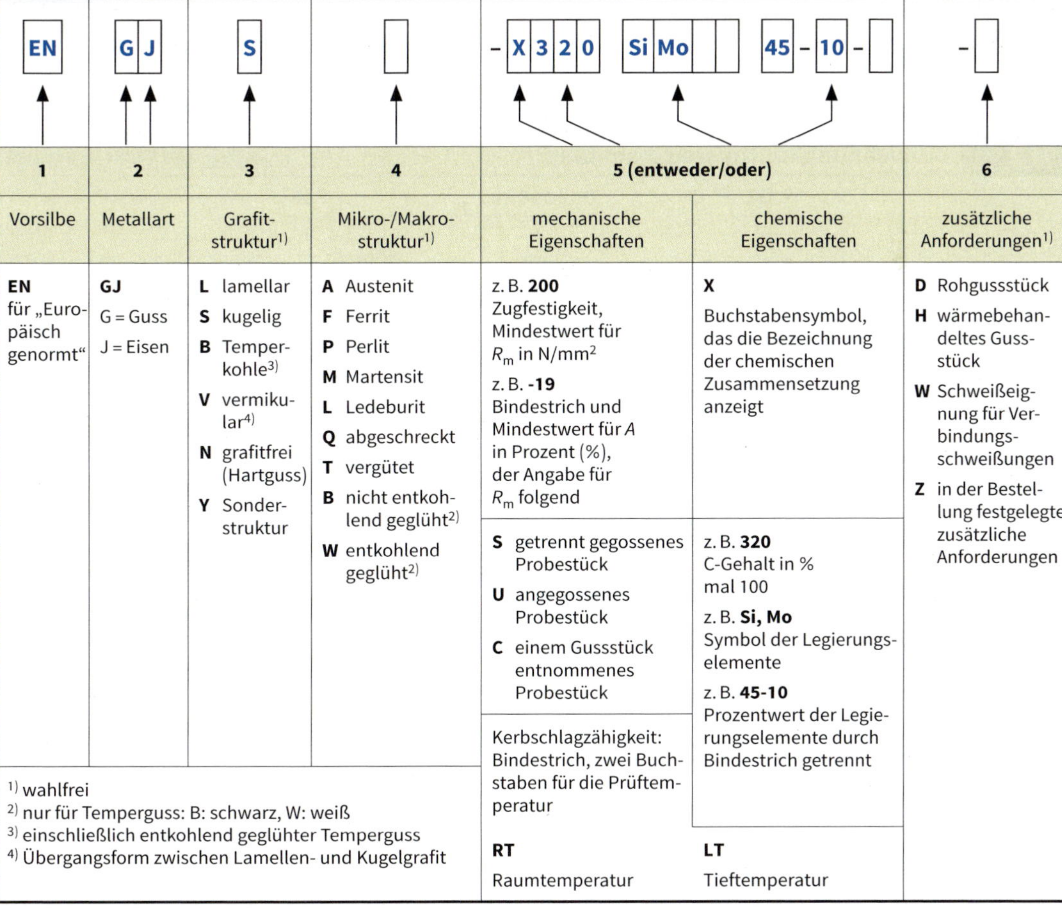

1	2	3	4	5 (entweder/oder)		6
Vorsilbe	Metallart	Grafitstruktur[1]	Mikro-/Makrostruktur[1]	mechanische Eigenschaften	chemische Eigenschaften	zusätzliche Anforderungen[1]
EN für „Europäisch genormt“	**GJ** G = Guss J = Eisen	**L** lamellar **S** kugelig **B** Temperkohle[3] **V** vermikular[4] **N** grafitfrei (Hartguss) **Y** Sonderstruktur	**A** Austenit **F** Ferrit **P** Perlit **M** Martensit **L** Ledeburit **Q** abgeschreckt **T** vergütet **B** nicht entkohlend geglüht[2] **W** entkohlend geglüht[2]	z. B. **200** Zugfestigkeit, Mindestwert für R_m in N/mm² z. B. **-19** Bindestrich und Mindestwert für A in Prozent (%), der Angabe für R_m folgend	**X** Buchstabensymbol, das die Bezeichnung der chemischen Zusammensetzung anzeigt	**D** Rohgussstück **H** wärmebehandeltes Gussstück **W** Schweißeignung für Verbindungsschweißungen **Z** in der Bestellung festgelegte zusätzliche Anforderungen
				S getrennt gegossenes Probestück **U** angegossenes Probestück **C** einem Gussstück entnommenes Probestück	z. B. **320** C-Gehalt in % mal 100 z. B. **Si, Mo** Symbol der Legierungselemente z. B. **45-10** Prozentwert der Legierungselemente durch Bindestrich getrennt	
				Kerbschlagzähigkeit: Bindestrich, zwei Buchstaben für die Prüftemperatur		
				RT Raumtemperatur	**LT** Tieftemperatur	

[1] wahlfrei

[2] nur für Temperguss: B: schwarz, W: weiß

[3] einschließlich entkohlend geglühter Temperguss

[4] Übergangsform zwischen Lamellen- und Kugelgrafit

1 Grundlagen

94.1 Gusseisenwerkstoffe

Kurzname nach DIN EN 1560	Werkstoffnummer	Dehngrenze $R_{p0,2}$ in N/mm^2 2)	Zugfestigkeit R_m in N/mm^2 1)	Bruchdehnung A in % 1)	Druckfestigkeit σ_{dB} in N/mm^2 1)	Verwendung
Gusseisen mit Lamellengrafit nach DIN EN 1561: 2012-01						
EN-GJL-100	5.1100	–	100–200	0,3–0,8	600	Formstücke
EN-GJL-200	5.1400	–	200–300	0,3–0,8	720	Rohre
EN-GJL-300	5.1302	–	300–400	0,3–0,8	840	Getriebegehäuse
Temperguss nicht entkohlend geglüht (schwarz), entkohlend geglüht (weiß) nach DIN EN 1562: 2012-09 2)						
EN-GJMB-350-10	5.4101	200	350	10	–	Fittings
EN-GJMB-450-6	5.4206	300	450	5	–	Zahnräder
EN-GJMW-450-7	5.4203	260	450	7	–	Fittings und Armaturen
EN-GJMW-350-4	5.400	–	350	4	–	Fittings und Armaturen
Gusseisen mit Kugelgrafit nach DIN EN 1563: 2012-03						
EN-GJS-700-2U	5.3307	420	700	2	800	Fittings
EN-GJS-800-2	5.3301	420	800	2	870	Zahnräder
EN-GJS-400-18-LT	5.305	240	400	18	–	Rohre

1) Werte für getrennt gegossene Probe $d = 30$ mm
2) R_m, R_e und A für Probendurchmesser 12 mm

94.2 Bezeichnung für Nichteisenmetalle

DIN 17007-4: 2012-12

GZ **CuZn40Pb2** **F38**

Teil 1		**Teil 2** (wird immer angegeben)		**Teil 3**		
Herstellung und Verwendung		**Zusammensetzung**		**Behandlung und besondere Eigenschaften**		
		Hauptbestandteil Elemente	Legierungselemente in Prozentanteil	Behandlungszustand		Zugfestigkeit
E-	Werkstoff für die Elektronik	chemsiches Symbol z. B. Al, Cu, Fe, Mg, Ni, Ti, Pb, Sn, Zn	chemsiche Symbole + Zahlenwert der Prozentangabe z. B. Kupferlegierung Zn40 ≙ 40 % Zink Pb2 ≙ 2 % Blei	EQ	Eloxalqualität	**F** mit Kennzahl für Mindestzugfestigkeit $R_m = 10 \cdot$ Kennzahl 38 ≙ 380 N/mm^2
G-	Guss, Masseln			F	Mindestwert der Zugfestigkeit	
GC-	Strangguss (C = Continuous)			H	Hüttenlegierung	
GD-	Druckguss			R	Reinstlegierung	
GK-	Kokillenguss			a	ausgehärtet	
GL-	Gleitmetall (Lagermetall)			g	geglüht und abgeschreckt	
GZ-	Schleuderguss (Zentrifugalguss)			ka	kalt ausgehärtet	
L-	Lot			p	gepresst	
Lg	Lagermetall			pl	plattiert	
R	Reduktionslegierung			ta	teilausgehärtet	
S-	Schweißzusatzwerkstoff			wa	warm ausgehärtet	
V-	Vorlegierung			wh	gewalzt (walzhart)	
VR-	Vorlegierung höheren Reinheitsgrads			zh	gezogen (ziehhart)	

95.1 Kupfer und Kupferlegierungen

Handelsnamen von Kupferlegierungen	
Bronze	Legierung aus Kupfer und Zinn
Duran-Metall	Kupfer-Zink-Legierung mit weniger als 50 % Kupfer
Isabellin	Kupfer-Nickel-Mangan-Legierung
Konstantan	Kupfer-Nickel-Legierung
Messing	Sammelbezeichnung für Legierungen aus Kupfer (> 50 % Gehalt) und Zink
Neusilber	Legierung aus Kupfer, Nickel und Zink
Rotguss	Gut gießbare Legierungen aus Kupfer, Zink, Zinn und Blei

Legierung	**niedrig legiert**	**hoch legiert**			
Handelsname	Kupfer	Bronze	Messing	Rotguss	Neusilber
Bestandteile/ Gehalt	Kupfer > 95 % Zusatzelemente < 5 % Ni, Si, Cr, Cd	Kupfer 60–98 % Zusatzelemente Zinn, Al, Pb	Kupfer ≥ 50 % Zusatzelemente Zink Unterscheidung in Gussmessing, Knetmessing und Sondermessing Zusatzelemente Ni, Mn, Fe, Sn, Al, Pb	Kupfer 80–90 % Zinn 1,5–11 % Zink 1–9 % Pb, Ni geringe Anteile	Kupfer 40–70 % Zink 10–30 % Ni geringe Anteile
Eigenschaften	Korrosionsbeständig, gut umformbar	korrosionsbeständig, verschleißfest	hohe Zugfestigkeit	gut gießbar, kavitationsbeständig, verschleißfest	silberweißes Aussehen
Einsatzgebiet	Rohre, Dachentwässerung	Fittings, Schneckenräder	Armaturen, Formstücke	Fittings, hydraulische Anlagen	Reißzeug, Schrauben

95.2 Kupferwerkstoffe

Werkstoffnummer	Kurzname/Kennzeichen	Zugfestigkeit R_m in N/mm²	Dehngrenze $R_{p0,2}$ in N/mm²	Bruchdehnung A in %	Verwendung
Reines Kupfer					
CW024A	Cu-DHP-R200	200	≤ 140	40	Kupferrohre
	Cu-DHP-R250	250	≥ 150	20	
	Cu-DHP-R290	290	≥ 250	5	
Kupferlegierungen					
CC483K	CuSn12-C-GS	260	140	7	Armaturen, Pumpengehäuse, Fittings
	CuSn12-C-GM	270	150	5	
	CuSn12-C-GC	300	150	6	
Kupfer-Knetlegierungen					
CC333G	CuAl10Fe5Ni5-C- GS	600	250	13	Ventilsitz, Getrieberäder
CW 352 H	CuNi10Fe1Mn-R310	310	≥ 220	12	Wärmetauscher
CW602N	CuZn36Pb2As-R290	290	≥ 250	20	Armaturen

96.1 Kupfer im relativen Vergleich zu anderen Metallen

Metall	Elektrische Leitfähigkeit[1] in %	Wärme-leitfähigkeit[1] in %	Metall	Elektrische Leitfähigkeit[1] in %	Wärme-leitfähigkeit[1] in %
Silber	106	108	Cadmium	23	24
Kupfer	**100**	**100**	Kobalt	18	17
Gold	72	76	Eisen	17	17
Aluminium	62	56	Platin	16	18
Magnesium	39	41	Zinn	15	17
Zink	29	29	Blei	8	9
Nickel	25	15	Titan	4	4

[1] Im Vergleich zu Kupfer. Kupfer entspricht 100 %.

96.2 Kurzzeichen von Aluminium und Aluminiumknetlegierungen DIN EN 573-1: 2005-02

EN A W - 5 1 5 4 A [Al Mg 3,5]

EU-Norm	Aluminium	Halbzeug	Legierungs-gruppe		Legierungs-abwandlung		Seriennummer, Aluminiumanteil	Nationale Varianten
			1	Al ≥ 99 %	0	Original-legierung	Diese beiden Ziffern beschreiben die Zuordnung zur Serie 1.000, Aluminium-anteil. ohne Bedeutung für andere Serien	Kennzeichen für nationale Varianten
			2	Cu				
			3	Mn	1 bis 9	Legierungs-abwand-lungen		
			4	Si				
			5	Mg				
			6	Mg + Si				
			7	Zn				
			8	sonstige				

96.3 Aluminiumwerkstoffe

Werkstoff-nummer	Kurzname	Zugfestigkeit R_m in N/mm²	Dehngrenze $R_{p0,2}$ in N/mm²	Bruchdehnung A_5 in %	Verwendung
Aluminium, Hütten- bzw. Reinstaluminium					
3.0280	Al99,8H	60–150	15–120	40–4	Bleche, Behälter
Aluminiumknetlegierung nicht aushärtbar					
3.0515	AlMn1	90–200	40–180	28–6	Schrauben, Nieten
Aluminiumknetlegierung aushärtbar					
3.2315	AlMgSi1	200–310	100–260	18–10	Baubeschläge
3.4335	AlZn4,5Mg1	bis 350	bis 280	10	Apparatebau
Aluminiumgusslegierungen					
3.3241.01	G-AlMg3Si	140–230	80–150	10–3	Armaturen, Apparate

96.4 Feinbleche

Werkstoff	Norm	Blechdicke *t* in mm				
		0,5	0,6	0,7	0,8	1,0
		Flächenbezogene Masse m″ in kg/m²				
Aluminium	DIN EN 485-1	1,38	1,65	1,92	2,2	2,75
Blei	DIN EN 12588	5,7	6,8	7,9	9,1	11,3
Kupfer	DIN EN 1172	4,5	5,3	6,2	7,1	8,9
Stahl nichtrostend	DIN EN 10028-1	3,96	4,76	5,55	6,34	7,93
Stahl schmelztauchveredelt	DIN EN 10346	3,92	4,71	5,5	6,28	7,85
Titanzink (Zn-Cu-Ti)	DIN EN 988	2,27	4,3	5,0	5,8	7,2

97.1 Kunststoffe

Kunststoffe

- **umgewandelte Naturstoffe**
  - **pflanzliche Basis**: z. B. Holz, Gummi, Baumwolle, Zellstoff
  - **tierische Basis**: z. B. Eiweiß, Chitin, Fibrin, Hormone
- **Polymere: synthetisch (künstlich) hergestellte Stoffe aus Kohle, Erdöl, Erdgas**
  - **Thermoplaste**: (Plastomere) z. B. **PE** Polyethylen, **PS** Polystyrol
  - **Duroplaste**: (Duromere) z. B. **PI** Polyimide, **EP** Epoxidharze
  - **Elastomere**: (Elastomere) z. B. **NR** Naturkautschuk, **SI** Silikon

	Thermoplaste	**Duroplaste**	**Elastomere**
Bearbeitung	Im warmen Zustand leicht verformbar. Makromoleküle sind nicht oder gering miteinander vernetzt.	Makromoleküle vernetzen stark beim Aushärten nach der Formgebung im flüssigen Zustand. Anschließend keine Verformung – auch bei Erwärmung – mehr möglich.	Besitzen weitmaschige Vernetzung der Makromoleküle. Dadurch sind sie elastisch wie Gummi.
Innere Struktur	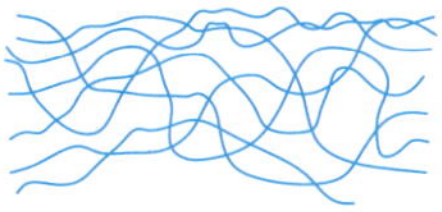	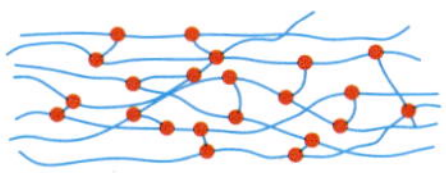	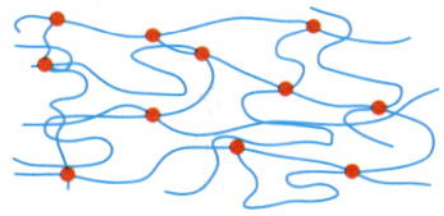
Eigenschaften	warm umformbar, schweißbar, zerspanbar, zum Teil klebbar	nicht umformbar, nicht schweißbar, zerspanbar, klebbar	hohe Elastizität, hohes Dehnvermögen, nicht umformbar, nicht schweißbar, zum Teil klebbar
Recycling	gut recycelbar	nicht recycelbar	nicht recycelbar

97.2 Bezeichnungen für Polymere

DIN EN ISO 1043-1: 2016-09

PE – **H** **D**

(PE → Basispolymere; H, D → besondere Eigenschaften)

Basispolymere

Kurzzeichen	Bedeutung	Kunststoffart[1)]	Kurzzeichen	Bedeutung	Kunststoffart[1)]
A/B/A	Acrylnitril/Butadien/Acrylat	1	**PE**	Polyethylen	1
			PLA	Polylactid	1
ABS	Acrylnitril-Butadien-Styrol	1	**PMMA**	Polymethylmethacrylat	1
CA	Celluloseacetat	1	**POM**	Polyoxymethylen, Polyformaldehyd	1
CN	Cellulosenitrat	4	**PP**	Polypropylen	1
EA	Ethylacrylat	3	**PS**	Polystyrol	1
EP	Epoxid	2	**PTFE**	Polytetraflourethylen	1
E/P	Ethylen/Propylen	1	**PUR**	Polyurethan	3
E/VA	Ethylen/Vinylacetat	1	**PVC**	Polyvinylchlorid (hart, weich)	1
FEP	Tetrafluorethylen/Hexafluorpropylen	1	**SI**	Silikon	3
MC	Methylcellulose	2	**SP**	Polyester, gesättigt	2
MF	Melamin-Formaldehyd-Harz	2	**UF**	Harnstoff-Formaldehyd	2
P	Polyester	2	**UP**	Polyester, ungesättigt	2
PA	Polyamid	1	**VC/E**	Vinylchlorid/Ethylen	1
PC	Polycarbonat	1	**VC/MA**	Vinylchlorid/Methylacryle	1

1) 1 Thermoplaste, 2 Duroplaste, 3 Elastomere, 4 Naturstoffverbindungen

besondere Eigenschaften

Kennbuchst.	Bedeutung	Kennbuchst.	Bedeutung
B	block, bromiert	**O**	orientiert
C	chloriert	**P**	weichmacherhaltig
D	Dichte	**R**	erhöht, Resol
E	verschäumt, verschäumbar, expandiert, expandierbar	**S**	gesättigt, sulfoniert
F	flexibel, flüssig	**T**	Temperatur (beständig), thermoplastisch, duroplastisch, zähmodifiziert
H	hoch	**U**	ultra, weichmacherfrei, ungesättigt
I	schlagzäh	**V**	sehr
L	linear, niedrig	**W**	Gewicht
M	mittel, molekular	**X**	vernetzt, vernetzbar
N	normal, Novolak		

1 Grundlagen

98.1 Klassifikation thermoplastischer Werkstoffe für Rohre und Formstücke

DIN EN ISO 12162: 2010-04

Polyethylen-Typen	PE 63	PE 80	PE 100	PE 100-RC
MRS[1)]	6,3 N/mm²	8,0 N/mm²	10,0 N/mm²	10,0 N/mm²

[1)] MRS – Minimum Required Strength = Dauerspannung im Rohr, bei der nach frühestens 50 Jahren der Bruch eintreten kann.

98.2 Kunststoffe in der Versorgungstechnik

Kurzzeichen	Bezeichnung	Max. Temperatur dauernd ϑ_{zul} in °C	Dichte ϱ in kg/dm³	Wärmeleitzahl λ in $\frac{W}{m \cdot K}$	Längenausdehnungszahl α in $\frac{1}{K}$	Verwendung
ABS	Acrylnitril-Butadien-Styrol	100	1,03–1,07	0,15–0,17	0,000 085	HT-Abwasserrohr
EPDM	Ethylen-Propylen-Dien-Kautschuk	135	1,4	–	–	Dichtungen, Schläuche
FKM	Fluorkautschuk	200	1,80–2,6	0,3	–	Dichtungen
HNBR	Hydrierter Acrylnitrilbutadien-Kautschuk	150	1,1–1,45	–	–	Dichtungen (O-Ringe)
PA	Polyamid	95	1,12–1,16	0,21–0,23	0,000 07–0,000 11	Rohr, Textilfaser, Schlauch
PB	Polybutylen	95	0,914	0,19	0,000 13	Heizungsrohr, Rohre PW
PE – HD	Polyethylen HD – hohe Dichte LD – niedrige Dichte X – vernetzt	80	0,95	0,4	0,000 15	Rohre für Gas, Wasser, Abwasser
PE – LD		60	0,92	0,35	0,000 23	Öltanks, Folien
PE – X		90	0,94	0,04	0,000 18	Heizungsrohr, Rohre PW
PP	Polypropylen	100	0,903	0,22	0,000 20	Verpackungen, Rohre für Abwasser und PW
PS – E	Polystyrolschaum	70	1,05	0,17	0,000 08	Schaumstoff, Wärmedämmung,
PTFE	Polytetrafluorethylen	260	2,18	0,25	0,000 12	Dichtungen, Gleitlager
PUR	Polyurethanschaum	80	1,2	0,245	0,000 12	Wärmedämmung, Dichtungen
PVC – C	Polyvinylchlorid	85	1,52	0,14	0,000 07	Rohre für Wasser, HT-Abwasserrohr
PVC – U		60	1,38	0,15	0,000 08	Dachrinnen, KG-Abwasserrohr
PVDF	Polyvinylidenfluorid	150	1,78	0,19	0,000 13	Rohrleitungen, Folie

1 Grundlagen

99.1 Erkennungsmerkmale von Kunststoffen durch Brenn- und Geruchsprobe[1]

Kunststoff	Brennverhalten	Geruchsentwicklung
POM	bläuliche Flamme, tropft brennend	Geruch nach Formaldehyd
PET	leuchtende Flamme, knisternd, rußt, tropfend	süßlich, kratzender Geruch
PA	blaue Flamme mit gelblichem Rand, tropft fadenziehend	Geruch nach verbranntem Horn
PVDF	leuchtende Flamme, rußt stark	stechender Geruch
PE-HD	helle Flamme mit blauem Kern, Tropfen brennen, Dämpfe kaum sichtbar	paraffinartiger Geruch
PP	helle Flamme mit blauem Kern, Tropfen brennen, Dämpfe kaum sichtbar	paraffinartiger Geruch
PC	gelbe Flamme, rußt	Geruch nach Phenol
ABS	gelbe Flamme, rußt stark	Geruch nach Leuchtgas

[1] Gesundheitsschutz ist zu beachten und Brandentstehung ist zu verhindern.

99.2 Verbindungsarten von Kunststoffen in der Haustechnik

Material	Verbindungsart				
	kleben	schweißen	klemmen	pressen	stecken
PVC-C	X	–	–	–	–
PP-R	–	X	–	–	–
PB	–	X	X	X	X
PE-HD	–	X	X	–	X
PE-X	–	–	X	X	–
MVR[1]	–	–	X	X	X
PVDF	–	–	–	X	X

[1] Mehrschichtverbundrohr – Verbindungstechnik herstellerabhängig

99.3 Verbundwerkstoffe

Verbundwerkstoffe nutzen die vorteilhaften Eigenschaften ihrer Komponenten bei gleichzeitiger Überdeckung der schwachen Eigenschaften. Der Matrixwerkstoff aus Kunststoff, Keramik oder Metall wird optimiert.

Kunststoffe: geringe Dichte, chemische Beständigkeit und Zähigkeit
Keramik: geringe Dichte, Härte, chemische Beständigkeit, Warmfestigkeit
Metalle: Zugfestigkeit, Dehnbarkeit, Zeitstandsfestigkeit, geringe Wärmelängenausdehnung

Schichtverbund	Faserverbund	Teilchenverbund	Durchdringungsverbund
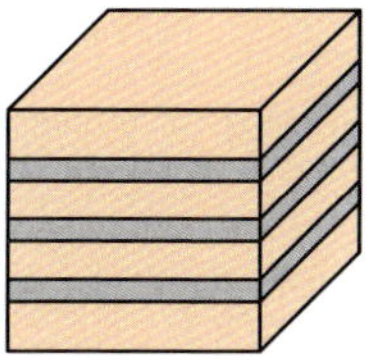	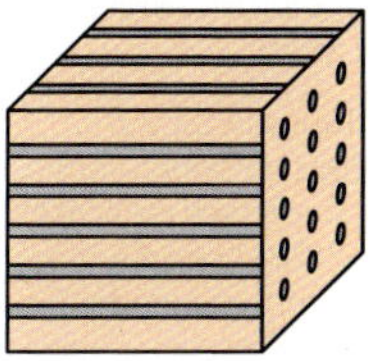	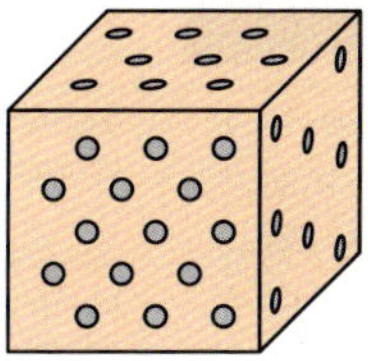	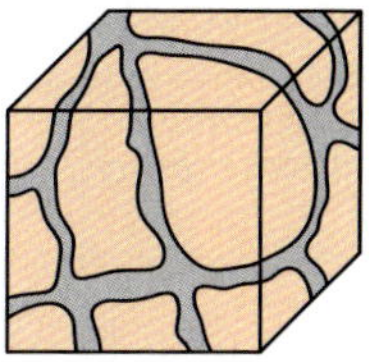
Sicherheitsglas, Bimetalle, Verbunddämmkonstruktionen, Mehrschicht-Verbundrohr	Faserverstärkter Kunststoff, Drahtglas, hartfaserverstärktes Aluminium	Hartmetalle, Oxidkeramik, Schleifscheiben, Tränkwerkstoffe	Sinterlager, kunststoffgebundene Schleifscheiben

100.1 Korrosion

- **Werkstoffschädigung**
  - **Abnutzung**
    - chemisch
      - Umsetzung
      - Korrosion
    - elektrochemisch
      - Korrosion
    - mechanisch
      - Erosion
      - Kavitation
      - Verschleiß
  - **Überbeanspruchung**[1)]

[1)] Die Überbeanspruchung ist eine gewollte Schädigung und gehört nicht zur Korrosion.

100.2 Korrosionsarten

DIN EN ISO 8044: 2020-08

Korrosionsart	Erscheinung	hervorgerufen durch	Auswirkungen
Gleichmäßige Flächenkorrosion	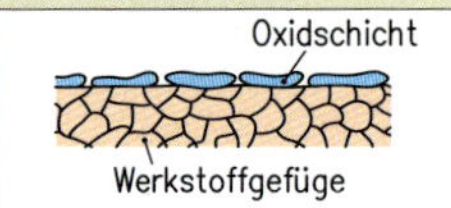	Korrosion mit nahezu gleicher Abtraggeschwindigkeit auf der gesamten Oberfläche.	Bei Eisenmetallen Bildung poröser Schichten (Rost) Bei NE-Metallen dichte Oxidschichten
Lochkorrosion	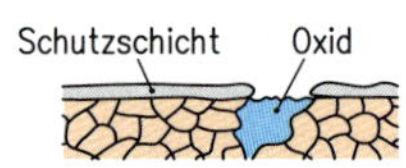	Elektrolytisch bedingter und örtlich begrenzter Materialabtrag, der zur Lochbildung (Lochfraß) führt.	starke, tiefe und teilweise unterhöhlende Vertiefungen
Bimetallkorrosion (Kontaktkorrosion)	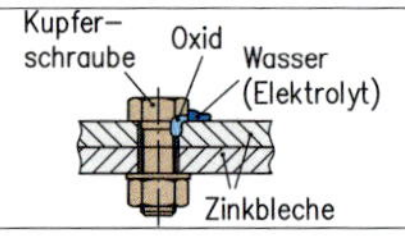	Bildung eines Potenzialunterschieds bei verschiedenen Metallen und Anwesenheit eines Elektrolyten.	Auflösen des unedleren Metalls bzw. Potenzialausgleich mit Werkstoffzerstörung.
Spaltkorrosion		Tritt an Metallteilen bei Vorhandensein eines korrosiven Mediums in engen, nicht abgeschlossenen Spalten auf.	Starke und tiefe Spalten führen zur Lochkorrosion, wenn korrosionsauslösende Ionen nicht aus dem Spalt austreten können.
Selektive Korrosion Entzinkung	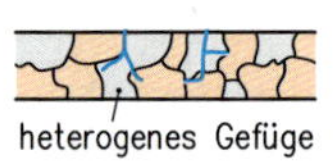	Potenzialunterschiede an den Korngrenzen bzw. in den Körnern führen zur Zerstörung der Kornstruktur.	Entzinkung = Auflösen des unedleren Zink in Cu-Zn-Legierungen
Interkristalline Korrosion	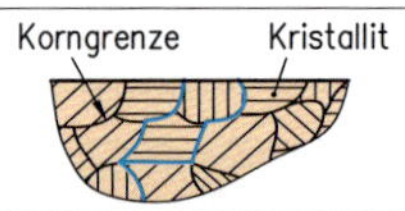	Unsachgemäße Wärmebehandlung führt zu Ausscheidung von Legierungsbestandteilen an den Korngrenzen.	Korrosion entlang der Korngrenzen
Erosionskorrosion	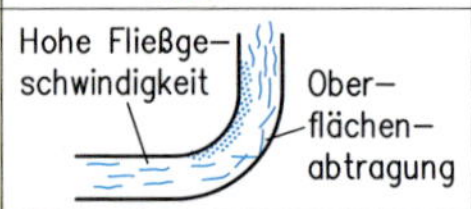	Werkstoffabtrag infolge von mechanischem Oberflächenabtrag durch zu hohe Geschwindigkeiten.	Abtragung von Werkstoffteilchen, Korrosion an den zerstörten Stellen
Kavitationskorrosion	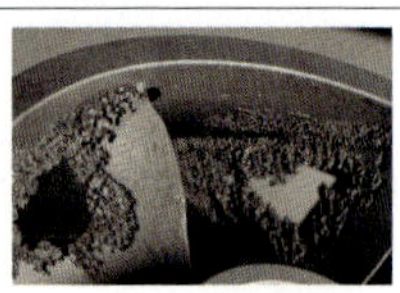	Bildung und Auflösung von Gasblasen in Flüssigkeiten durch lokale Druckschwankungen bei hohen Strömungsgeschwindigkeiten. Implodierende Gasblasen üben hohe Druckstöße auf den Werkstoff aus.	Das Oberflächenmaterial wird in mikroskopisch kleinen Teilen deformiert. Nach einiger Zeit brechen aus der Oberfläche größere Partikel heraus.
Wässrige Korrosion (Taupunktkorrosion)	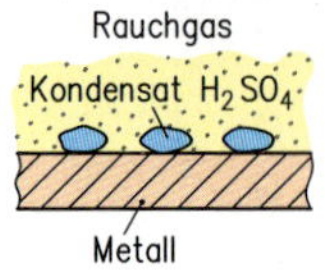	Entsteht bei einer Taupunktunterschreitung, wobei Wasser oder Säure (z. B. aus Verbrennungsgasen im Kessel oder Abgasrohr) auf Metalloberflächen kondensieren und zu örtlichen oder flächenhaften Schäden führen.	Zerstörung von Wärmeerzeugern, Abgasleitungen und Schornsteinen
Spannungsrisskorrosion	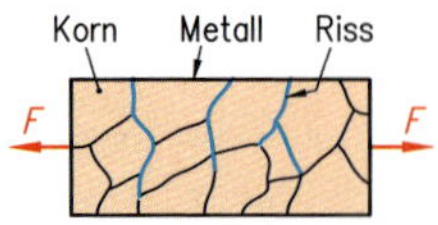	Entsteht, wenn auf einen anfälligen, reaktiven Werkstoff (etwa austenitische Chrom-Nickel-Stähle, Kupfer-Zink-Legierungen) unter Zugspannung ein korrosives Medium wirkt.	Bildung von Mikrorissen, die sich senkrecht zur Zugspannung ausbreiten. Die Mikrokerben weisen erhöhte Spannungen am Kerbgrund auf und führen schließlich zum Bruch.

101.1 Elektrochemische Spannungsreihe der Elemente

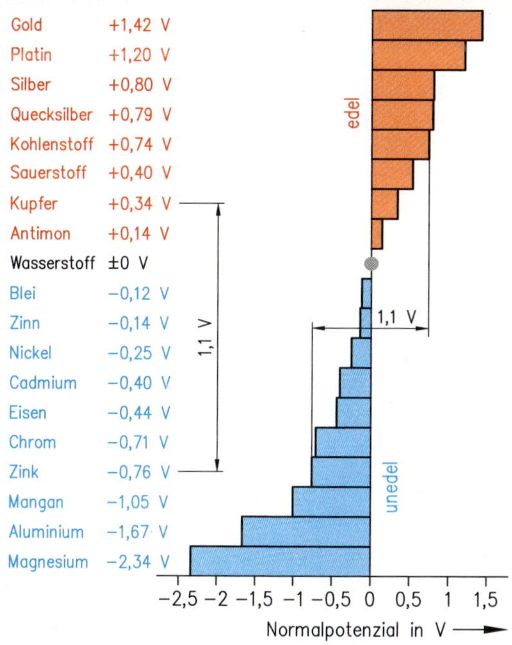

101.2 Korrosionsschutz

aktiver Korrosionsschutz	Es wird direkt in die chemischen bzw. elektrochemischen Reaktionsabläufe eingegriffen.	Wasseraufbereitung durch Einsatz von Inhibitoren (z. B. Silikate, Phosphate) anodischer und kathodischer Korrosionsschutz
passiver Korrosionsschutz	Das zu schützende Werkstück und das angreifende korrosive Medium (Wasser, Elektrolytlösungen, Luft) werden durch Überzüge voneinander getrennt.	Metallüberzüge Verzinken Verchromen Kunststoffüberzüge Pulverbeschichtung Kunststofflacke
geeignete Werkstoffauswahl	korrosionsschutzgerechte Konstruktion	Vermeidung von Spalten, Abdichtung gegen Feuchtigkeit geeignete Verpackung und Lagerung Rohrwerkstoff gemäß Wasseranalyse wählen Fließregel beachten: In Fließrichtung immer unedle Werkstoffe vor edlen Werkstoffen installieren!

101.3 Mischinstallationen in der Trinkwasserinstallation (Fließregel)

Bei Trinkwasserinstallationen mit zwei oder mehreren Metallen muss in Fließrichtung gesehen erst der unedle und dann der edle Werkstoff eingesetzt werden.

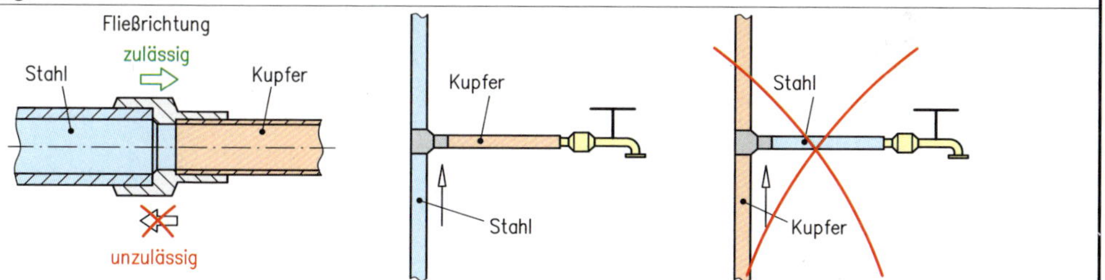

Liegt im Warmwassernetz Mischinstallation mit Zirkulation vor, ist die Gefahr der Verletzung der Fließregel groß, wenn ein verzinkter Warmwasserspeicher und eine Kupferrohrinstallation miteinander verbunden sind. In Bestandsanlagen sind vor Erweiterung oder Reparatur unbedingt die vor- und nachgelagerten Rohrabschnitte genau zu prüfen. ↑ 258.4

Mögliche Mischinstallation in Bestandsanlagen

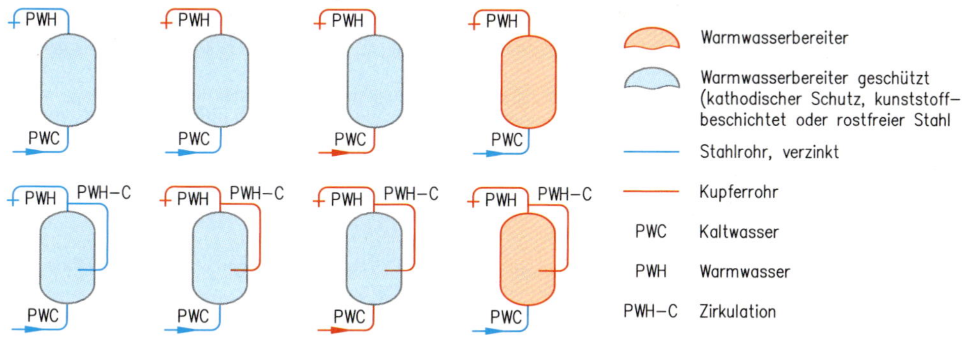

102.1 Grundmaßnahmen der Instandhaltung — DIN 31051: 2019-06

Unterteilung der Instandhaltung

- **Instandhaltung**
  - Wartung
  - Inspektion
  - Instandsetzung
  - Verbesserung

Wartung: Maßnahmen zur Verzögerung des Abbaus des vorhandenen Abnutzungsvorrats

- Auftrag, Auftragsdokumentation und Analyse des Auftragsinhalts
- Erstellen eines Wartungsplans, der auf die spezifischen Belange des jeweiligen Betriebs oder des Objekts abgestellt ist und hierfür verbindlich gilt; dieser Plan sollte u. a. Angaben über Ort, Termin, Maßnahmen und zu beachtende Merkmalswerte enthalten
- Vorbereitung der Durchführung
- Vorwegmaßnahmen wie Arbeitsplatzausrüstung, Schutz- und Sicherheitseinrichtungen usw.
- Überprüfung der Vorbereitung und der Vorwegmaßnahmen einschließlich der Freigabe zur Durchführung
- Durchführung
- Funktionsprüfung
- Rückmeldung

Inspektion: Prüfung auf Konformität der maßgeblichen Merkmale eines Objekts durch Messung, Beobachtung oder Funktionsprüfung

- Auftrag, Auftragsdokumentation und Analyse des Auftragsinhalts
- Erstellen eines Plans zur Feststellung des Istzustands, der auf die spezifischen Belange des jeweiligen Betriebs oder des Objekts abgestellt ist und hierfür verbindlich gilt; dieser Plan sollte u. a. Angaben über Ort, Termin, Methode, Gerät, Maßnahmen und zu betrachtende Merkmalswerte enthalten
- Vorbereitung der Durchführung
- Vorwegmaßnahmen wie Arbeitsplatzausrüstung, Schutz- und Sicherheitseinrichtungen usw.
- Überprüfung der Vorbereitung und der Vorwegmaßnahmen einschließlich der Freigabe zur Durchführung
- Durchführung, vorwiegend die quantitative Ermittlung bestimmter Merkmalswerte
- Vorlage des Ergebnisses der Istzustandsfeststellung
- Auswertung der Ergebnisse zur Beurteilung des Istzustands
- Analyse des Inspektionsergebnisses
- Planung im Sinne des Aufzeigens und Bewertens alternativer Lösungen unter Berücksichtigung betrieblicher und außerbetrieblicher Forderungen
- Entscheidung für eine Maßnahme
- Rückmeldung

Instandsetzung: Physische Maßnahme, die ausgeführt wird, um die Funktion eines fehlerhaften Objekts wiederherzustellen

- Auftrag, Auftragsdokumentation und Analyse des Auftragsinhalts
- Vorbereitung der Durchführung, beinhaltend Kalkulation, Terminplanung, Abstimmung, Bereitstellung von Personal, Mitteln und Material, Erstellung von Arbeitsplänen
- Vorwegmaßnahmen wie Arbeitsplatzausrüstung, Schutz- und Sicherheitseinrichtungen usw.
- Überprüfung der Vorbereitung und der Vorwegmaßnahmen einschließlich der Freigabe zur Durchführung
- Durchführung
- Funktionsprüfung und Abnahme
- Fertigmeldung
- Auswertung einschließlich Dokumentation, Kostenaufschreibung, Aufzeigen der Möglichkeit von Verbesserungen
- Rückmeldung

Verbesserung: Kombination aller technischen und administrativen Maßnahmen sowie Maßnahmen des Managements zur Steigerung der immanenten Zuverlässigkeit und/oder Instandhaltbarkeit und/oder Sicherheit eines Objekts, ohne seine ursprüngliche Funktion zu ändern

- Auftrag, Auftragsdokumentation und Analyse des Auftragsinhalts
- Vorbereitung der Durchführung, beinhaltend Kalkulation, Terminplanung, Abstimmung, Bereitstellung von Personal, Mitteln und Material, Erstellung von Arbeitsplänen
- Vorwegmaßnahmen wie Gefährdungsbeurteilung, Schutz- und Sicherheitseinrichtungen usw.
- Überprüfung der Vorbereitung und der Vorwegmaßnahmen einschließlich der Freigabe zur Durchführung
- Durchführung
- Funktionsprüfung und Abnahme
- Fertigmeldung
- Auswertung einschließlich Dokumentation, Kostenaufschreibung
- Rückmeldung

Objekt:	Teil, Bauelement, Gerät, Teilsystem, Funktionseinheit, Betriebsmittel oder System, das/die für sich allein beschrieben und betrachtet werden kann
Abnutzungsvorrat:	Vorrat der möglichen Funktionserfüllungen unter festgelegten Bedingungen, der einem Objekt aufgrund der Herstellung, Instandsetzung oder Verbesserung innewohnt

103.1 Leistungsprogramm für die Wartung von technischen Anlagen und Ausrüstungen in Gebäuden: Übersicht, Gliederung, Begriffe VDMA 24186-0: 2019-09

Nr.	Gewerke	VDMA Einheitsblatt 24186 – Untertitel
0	sämtliche Gewerke	Übersicht und Gliederung, Nummernsystem, Allgemeine Anwendungshinweise
1	Raumlufttechnik	lufttechnische Geräte und Anlagen
2	Heiztechnik	heiztechnische Geräte und Anlagen
3	Kälte- und Wärmepumpentechnik	kältetechnische Geräte und Anlagen zu Kühl- und Heizzwecken
4	MSR-Technik und Gebäudeautomation	MSR-Einrichtungen und Gebäudeautomationssysteme
5	Elektrotechnik	elektrotechnische Geräte und Anlagen
6	Sanitärtechnik	sanitärtechnische Geräte und Anlagen
7	Brandschutztechnik	Brandschutztechnische Geräte und Anlagen

Die Folgeteile 1 bis 7 zu VDMA 24186 beinhalten Leistungsprogramme für die Wartung an technischen Anlagen und Ausrüstungen in Gebäuden. In den Leistungsprogrammen sind die erforderlichen Wartungstätigkeiten aufgeführt. Produktbezogene Abweichungen sind im Einzelfall möglich.

Bei der Ausführung der Wartung wird unterschieden in:

- periodisch durchzuführende Tätigkeiten, die in regelmäßigen Zeitabständen notwendig sind. An die Stelle der periodischen Wartung kann im Einzelfall eine zustandsabhängige Wartung treten, sofern dies technisch möglich und sinnvoll ist;
- bei Bedarf durchzuführende Tätigkeiten, wobei der Bedarf zur Durchführung von dem Ergebnis der jeweils vorausgegangenen periodischen Prüfung abhängig ist

Zeitabstände für periodische Tätigkeiten sind nicht festgelegt. Sie richten sich insbesondere nach:

- der jeweiligen Einrichtung, den Betriebsbedingungen und dem Standort;
- den herstellerspezifischen Vorgaben (Wartungs- und Betriebsanleitungen);
- den rechtlichen Festlegungen;
- sonstigen anlagenbezogenen Regelungen (z. B. VdS-Bestimmungen)

Bei Erstellung eines detaillierten Wartungsplans sind die Zeitintervalle entsprechend den Bedingungen des jeweiligen Einzelfalles zu ergänzen. Sollen Materialien und Stoffe vom Auftragnehmer beigestellt werden, ist dies gesondert zu vereinbaren.
Eine Bezugnahme auf DIN 31051 allein ist nicht ausreichend, weil die Gewerke und Betriebsbedingungen der Technischen Gebäudeausrüstung damit nicht hinreichend erfasst sind.

Bestandteile der Instandhaltung			
Wartung	Inspektion	Instandsetzung	Verbesserung
Ziele			
Bewahrung des Sollzustands	Feststellung und Beurteilung des Istzustands	Wiederherstellung des Sollzustands	Steigerung der Funktionssicherheit ohne Änderung der geforderten Funktion
Einzelmaßnahmen			
Prüfen, Nachstellen, Auswechseln, Ergänzen, Schmieren, Konservieren, Reinigen, Funktionsprüfung	siehe VDMA 24176	siehe DIN 31051	siehe DIN 31051
Ausführendes Fachpersonal			
Fachmonteur, Meister, Techniker (erforderlichenfalls auch Ingenieur)	siehe VDMA 24176	keine Festlegung	keine Festlegung

Für die Anwendung des VDMA-Einheitsblatts 24186 gelten die folgenden Begriffe:

Prüfung: Ist ein „technischer Vorgang, der aus dem Ermitteln eines oder mehrerer Merkmale eines Produkts, eines Prozesses oder einer Dienstleistung nach einem festgelegten Verfahren besteht".

Funktionserhaltendes Reinigen: Ist die Reinigung, die aus technischen Gründen notwendig ist. Dabei geht es nicht um Aussehen, sondern um die Erhaltung der Funktionsfähigkeit bzw. Funktionserfüllung.

Fachpersonal: Ist Personal (Monteur, Meister, Techniker, Ingenieur) mit einschlägiger beruflicher Qualifikation. Diese ist gekennzeichnet durch mindestens eine abgeschlossene industrielle oder handwerkliche Berufs- oder höherwertige Ausbildung und mehrjährige Berufserfahrung im jeweiligen Fachbereich der technischen Gebäudeausrüstung.

104.1 Brandschutz

Schematische Darstellung der Säulen des Brandschutzes	§ 14 Musterbauordnung – MBO – Brandschutz
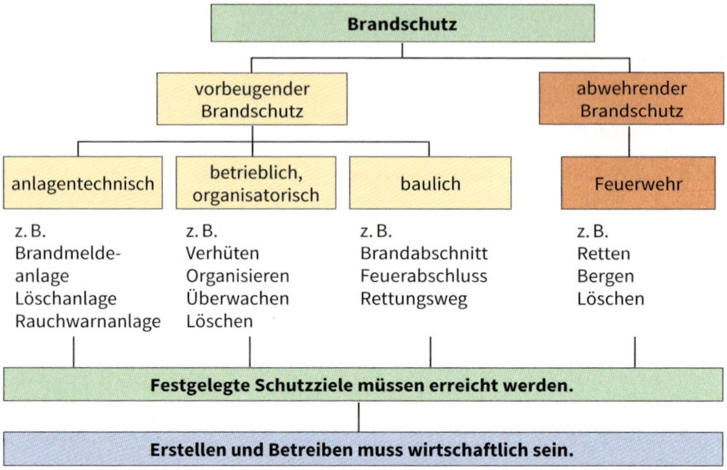	Bauliche Anlagen sind so anzuordnen, zu errichten, zu ändern und in Stand zu halten, dass der Entstehung eines Brands und der Ausbreitung von Feuer und Rauch (Brandausbreitung) vorgebeugt wird und bei einem Brand die Rettung von Menschen und Tieren sowie wirksame Löscharbeiten möglich sind.

104.2 Überblick über die Gebäudeklassen und Brandschutzanforderungen (MBO)

Gebäudeklasse	GK 1 (a + b)	GK 2	GK 3	GK 4	GK 5
			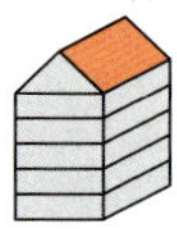	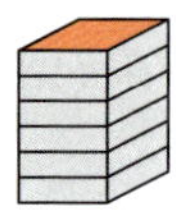	
Eigenschaften	freistehendes Gebäude, ≤ 7 m OKFFB, [1] max. 2 Nutzungseinheiten, ≤ 400 m² gesamt	Gebäude, ≤ 7 m OKFFB, [1] max. 2 Nutzungseinheiten, ≤ 400 m² gesamt	sonstige Gebäude, ≤ 7 m OKFFB [1]	Gebäude, ≤ 13 m OKFFB, [1] Nutzungseinheiten mit je ≤ 400 m²	sonstige Gebäude, ≤ 22 m OKFFB [1]
Beispiel	Einfamilienhaus, land- und forstwirtschaftliche Gebäude	Doppelhaushälfte, Reihenhaus	Mehrfamilienhaus, Bürogebäude	Mehrfamilienhaus, Bürogebäude	Mehrfamilienhaus, Bürogebäude
Decken über KG	keine Anforderungen an Brandschutz		F90	F90	F90
Decken über OG	keine Anforderungen an Brandschutz		F30	F90	F90
Raumabschließende Trennwände in den OG	keine Anforderungen an Brandschutz	F30	F30	F90	F90
Wände von notwendigen Fluren und Ausgänge ins Freie	keine Anforderungen an Brandschutz		OG: F30 KG: F90	OG: F30 KG: F90	OG: F30 KG: F90
Wände von notwendigen Treppenräumen	keine Anforderungen an Brandschutz	F30-A	F90-A	F90-A	F90-A
Brandwände und Gebäudetrennwände	keine Anforderungen an Brandschutz	F90-AB	F90-AB	F90-AB	F90-AB

[1] Bezieht sich auf die Fußbodenoberkante des höchstgelegenen Geschosses, in dem ein Aufenthaltsraum möglich ist.

105.1 Feuerwiderstandsklassen von Bauteilen — DIN 4102-1: 1998-05

Bauteil		DIN 4102	Feuerwiderstandsklasse entsprechend einer Feuerwiderstandsdauer von ≥ 30 min	≥ 60 min	≥ 90 min	≥ 120 min	≥ 180 min
Wände, Decken, Stützen		Teil 2	F30	F60	F90	F120	F180
Brandwände		Teil 3	–	–	F90 (F120, F180) + Stoßbeanspruchung		
nicht tragende Außenwände, Brüstungen			W30	W60	W90	W120	W180
Feuerschutzabschlüsse (Türen, Tore, Klappen)	Sonderbauteile	Teil 5	T30	T60	T90	T120	T180
Brandschutzverglasungen – strahlungsundurchlässig		Teil 13	F30	F60	F90	F120	–
– strahlungsdurchlässig			G30	G60	G90	G120	–
Rohre und Formstücke für Lüftungsleitungen		Teil 6	L30	L60	L90	L120	–
Absperrvorrichtungen in Lüftungsleitungen			K30	K60	K90	–	–
Kabelabschottungen		Teil 9	S30	S60	S90	S120	S180
Installationsschächte und -kanäle		Teil 11	I30	I60	I90	I120	–
Rohrdurchführungen			R30	R60	R90	R120	–
Funktionserhalt elektrischer Leitungen		Teil 12	E30	E60	E90	–	–

105.2 Klassifizierungen von Bauteilen — DIN 4102 und DIN EN 13501

Bauteil	Klassifizierung nach DIN	EN
nicht tragende Wand	F30	EI30
Stahltragwerk	F90	R90
Kabelabschottung	S90	EI90
Lüftungsleitung	L90	EI90 ($v_e h_o$ i ↔ o)-S
Installationskanal	I30	EI90 ($v_e h_o$ i → o)

105.3 Bedeutung Kurzzeichen Feuerwiderstandsfähigkeit

Kurzzeichen	Kriterium
R (Resistance)	Tragfähigkeit
E (Étanchéité)	Raumabschluss
I (Isolation)	Wärmedämmung (unter Brandeinwirkung)
M (Mechanical)	Widerstand gegen mechanische Beanspruchung
W (Radiation)	Strahlung
i → o (in – out)	Richtung der klassifizierten Feuerwiderstandsdauer
i ← o (out – in)	
i ↔ o	
v_e, h_o (vertical, horizontal)	für vertikalen/horizontalen Einbau klassifiziert

105.4 Bauaufsichtliche Benennung und Klassifizierung von Wänden — DIN EN 13501-2: 2023-12

Bauaufsichtliche Benennung	tragende Wände: nicht raumabschließend	tragende Wände: raumabschließend	nicht tragende Wände Trennwände	tragende Decken raumabschließend	Wände mit Stoßbeanspruchung tragend/nicht tragend
feuerhemmend (30 Minuten)	R30	REI30	E30	RE30	REI30-M[1] EI30-M[1]
hoch-feuerhemmend (60 Minuten)	R60	REI60	E60	RE60	REI60-M[1] EI60-M[1]
feuerbeständig (90 Minuten)	R90	REI90	E90	RE90	–
Brandwand	–	–	–	–	REI90-M[1] EI90-M[1]
Feuerwiderstands-dauer 120 Minuten	R120	REI120	E120[1]	RE120	REI120-M[1] EI120-M[1]

1) nach Industriebaurichtlinie

1 Grundlagen

106.1 Schallschutz

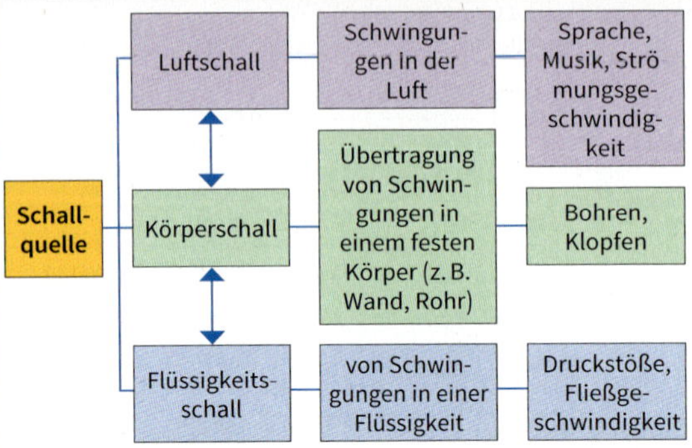

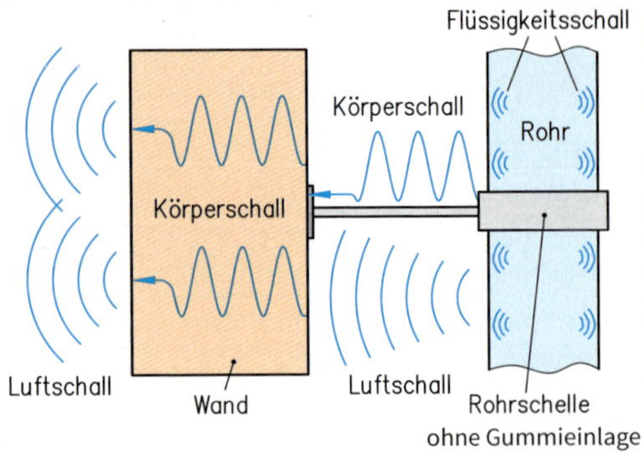

Schallgeschwindigkeit	Schallleistungspegel	Schalldruckpegel
$c = \lambda \cdot f$ $f = \frac{1}{T}$	$L_W = 10 \cdot lg \frac{P}{P_0}$	$L_P = 20 \cdot lg \frac{p}{p_0}$

Material	Schallgeschwindigkeit
Luft	332 m/s (bei 0 °C)
Wasser	1 450 m/s
Eis	3 250 m/s
Holz (Buche)	3 300 m/s
Aluminium	5 100 m/s
Stahl	5 920 m/s
Marmor	6 100 m/s

Für trockene Luft gilt:
$c = (331{,}6 + 0{,}6 \cdot \vartheta)$ m/s

Ton, Klang, Geräusch

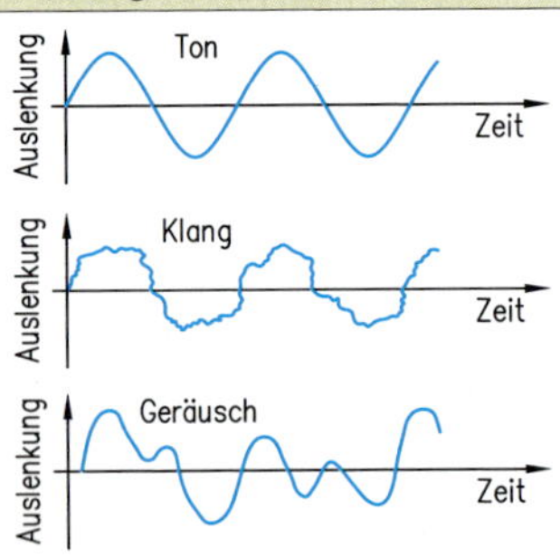

Darstellung Größenskalen

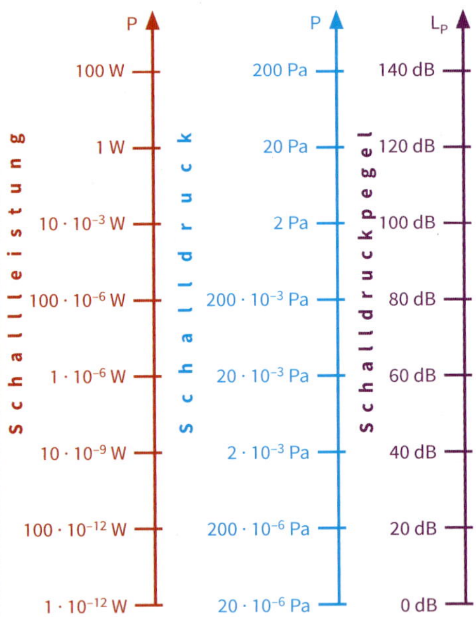

Auswirkungen auf das Gehör

- akute, nicht reversible Schädigung
- Schmerzschwelle Gehörschäden bei kurzfristiger Einwirkung
- Gefährdung des Gehörs bei langfristiger Einwirkung
- Kommunikation beeinträchtigt
- Normale Unterhaltung 1 m Entfernung
- sehr ruhiges Zimmer
- Hörschwelle

c	Schallgeschwindigkeit	in m/s
λ	Wellenlänge	in m
f	Frequenz	in Hz = 1/s
T	Schwingungsdauer	in s
ϑ	Lufttemperatur	in °C
L_W	Schallleistungspegel	in dB
P	Schallleistung	in W
P_0	Bezugsschallleistung für Luft	in W
L_p	Schalldruckpegel	in dB
p	effektiver Schalldruck	in Pa
p_0	Bezugsschalldruck für Luft (Hörschwelle)	in Pa

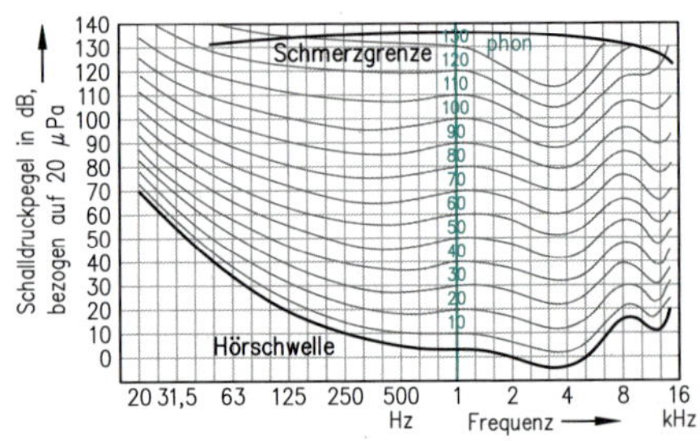

Die türkise Linie kennzeichnet die Referenzfrequenz von 1 000 Hz (1 kHz). Dort sind Dezibel und phon gleich gross. Ein 20-Hz-Ton mit 110 dB wird so laut wie ein 4-kHz-Ton mit 70 dB empfunden. Beide Töne haben 80 phon.

107.1 Gesundheitsgefährdung durch Lärm

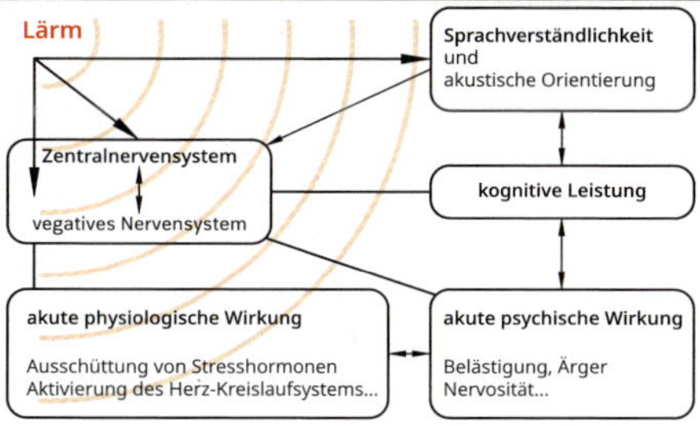

Hinweis: Durch extra-aurale Lärmwirkungen können langfristig gesundheitliche Beeinträchtigungen entstehen.

Gefährdung durch Lärm

- Beeinträchtigt die Wahrnehmung von akustischen Gefahrensignalen
- Setzt die Aufmerksamkeit und Konzentration herab
- Beeinträchtigt die Sprachkommunikation
- Erhöht die Fehlerquote
- Verringert die Reaktionsfähigkeit
- Erhöht die Risikobereitschaft
- Vermindert die Sicherheit bei manuellen Tätigkeiten

107.2 Schalldruckpegel in Räumen Richtwerte ↑132

Raumart	Bezeichnung	A-Schalldruckpegel L_p in dB (A)		Raumart	Bezeichnung	A-Schalldruckpegel L_p in dB (A)	
		Mindestanforderung	Erhöhte Anforderung			Mindestanforderung	Erhöhte Anforderung
Wohnraum/ Hotelzimmer	nachts	30	25	Büroräume	Pausenraum	40	35
	tags	35	30		kleiner Büroraum	40	35
Versammlungsräume	Hörsaal	40	35		Großbüroraum	50	45
	Lesesaal	40	35	Sportstätten	Turnhalle	50	45
	Seminarraum	40	35		Schwimmbad	50	40
	Schulklassenraum	40	35	Räume mit Publikumsverkehr	Gaststätte	55	40
Sonstige Räume	Küche	60	45		Verkaufsraum	55	45

107.3 Zulässiger Schalldruckpegel nach technischen Regeln für Arbeitsstätten

Tätigkeitskategorie		Beispiel	Beurteilungsschallpegel L_p in dB (A)
1	hohe Konzentration oder hohe Sprachverständlichkeit	Besprechungen und Verhandlungen in Konferenzräumen; Arbeiten in Bibliothekslesesälen; Wissensvermittlung durch Vorlesung oder Seminare sowie Prüfungen im akademischen oder schulischen Bereich; wissenschaftliches und kreatives Arbeiten; ärztliche Untersuchungen und Operationen; Entwerfen, Übersetzen, Aufnehmen und Korrigieren von schwierigen Texten,	55
2	mittlere Konzentration oder mittlere Sprachverständlichkeit	allgemeine Bürotätigkeiten und vergleichbare Tätigkeiten in der Produktion und Überwachung: informations- und kommunikationsgeprägte Tätigkeiten, wie Disponieren; Daten erfassen; Texte verarbeiten; Sachbearbeitung im Büro; Arbeiten in Laboratorien; Bedienen von Beobachtungs-, Steuerungs- und Überwachungsanlagen in geschlossenen Messwarten und Prozessleitwarten; Verkaufen, Bedienen von Kunden; Tätigkeiten mit Publikumsverkehr	70
3	geringere Konzentration oder geringere Sprachverständlichkeit	einfache Montagearbeiten; handwerkliche Tätigkeiten; Tätigkeiten an Fertigungsmaschinen, Vorrichtungen, Geräten; Warten, Instandsetzen und Reinigen technischer Einrichtungen und deren unmittelbare Beaufsichtigung; Bedienen von Bearbeitungsmaschinen für Metall, Holz und dergleichen; Reinigungsarbeiten; Lagerarbeiten; Einräumen von Ware.	Beurteilungspegel ist unter Berücksichtigung betrieblicher Lärmminderungsmaßnahmen soweit wie möglich zu reduzieren.
	Pausenzeiten	Pausen-, Sanitäts-, Bereitschafts-, Liegeräume	55

107.4 Zulässiger Schalldruckpegel — nach TA-Lärm: 2017-06

Immissionsorte	Beurteilungsschallpegel L_p in dB (A)		Immissionsorte	Beurteilungsschallpegel L_p in dB (A)	
	tags[1)]	nachts[2)]		tags[1)]	nachts[2)]
Industriegebiete	70	70	allgemeine Wohngebiete und Kleinsiedlungsgebiete	55	40
Gewerbegebiete	65	50	Kurgebiete, für Krankenhäuser und Pflegeanstalten	50	35
urbane Gebiete	63	45	Kerngebiete, Dorfgebiete und Mischgebiete	60	45
reine Wohngebiete	45	35	[1)] 06.00–22.00 Uhr [2)] 22.00–06.00 Uhr		

Einzelne kurzzeitige Geräuschspitzen dürfen die Immissionsrichtwerte am Tage um nicht mehr als 30 dB(A) und in der Nacht um nicht mehr als 20 dB(A) überschreiten.

108.1 Rohrarten-Überblick

- **Metallrohre**
  - Stahlrohre
    - Gewinderohr ↑ 109.2 — Gas, Heizungsbau, Druckluft, kaltes Trinkwasser
    - Siederohr — Gasleitungen, Heizungsbau
    - Präzisionsstahlrohr ↑ 112.1 — Druckluft, Erdgas, Flüssiggas, Heizungsbau (geschlossene Systeme)
    - nicht rostende Stahlrohre ↑ 112.2 — Trinkwasser, Gas, Heizöl, Solarleitungen
  - Kupferrohre ↑ 112.3 — Trinkwasser, Heizungs- und Kühlsysteme, Gas, Heizöl, Solarflüssigkeit, Regenwasser
  - Gusseisenrohre — Abwasser ↑ 123
- **Kunststoffrohre**
  - Polyethylen-Rohr (PE) ↑ 126 — Kaltwasser, Ver- und Entsorgung , erdverlegte Gasleitungen
  - PE-X-Rohr (vernetztes PE) ↑ 116.4 — Kalt- und Warmwasser, erdverlegte Gasleitungen
  - PE-X-Rohr mit Sperrschicht — Kalt- und Warmwasser, Heizwasser nach DIN 4762
  - Polybuten-Rohr (PB) — Kalt- und Warmwasser, Flächenheizungen
  - Polypropylen-Rohr (PP) ↑ 118.2 — Kalt- und Warmwasser, Entsorgung
  - Polyvinylchloridrohr (PVC-U) — Kaltwasser erdverlegte Abwasserleitungen, erdverlegte Gasleitungen
  - chloriertes PVC-Rohr (PVC-C) ↑ 119.1 — Kalt- und Warmwasser, Entsorgungsleitungen
- **Verbundrohre**
  - PE / Al / PE-Rohr ↑ 117.3, PE / Al / PE-X-Rohr, PP / Al / PP-Rohr — Kalt- und Warmwasser, Regenwasser, Heizwasser, Gas , Druckluft (ölfrei)
  - Kupfer-Verbundrohr mit PE-RT-Mantel — Kalt-, Warm-, Heizwasser, nicht für Gasleitungen
- **bewegliche Leitungen**
  - Ganzmetallschlauch, gewellt — Gasleitungen
  - Edelstahl-Wellrohr ↑ 120.1 — Gas, Trink-, Heizwasser, Solarflüssigkeit
  - Schlauchleitung, metallbewehrt ↑ 119.3 — vielerlei Anschlüsse

109.1 Bezeichnungen an Rohren

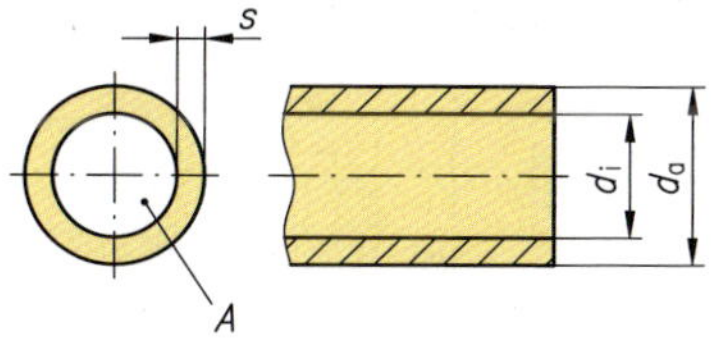

d_a	Außendurchmesser	in mm	DN/ID[1]	Nennweite = ungefährer Innendurchmesser in mm
d_i	Innendurchmesser	in mm		
s	Wanddicke	in mm	PN	ungefährer zulässiger Innendruck, abhängig von Temperatur u. a. (früher Nenndruck)
A	lichter Querschnitt	in mm²		
m'	längenbezogene Masse	in kg/m	R	Rohraußengewinde nach DIN EN10255 in Zoll
V'	längenbezogenes Volumen	in dm³/m		

[1] ID = inner diameter. Nennweite kann auch als DN/OD = ungefährer Außendurchmesser (OD = outer diameter) angegeben werden.

109.2 Rohre aus unlegiertem Stahl zum Schweißen und Gewindeschneiden

DIN EN 10255: 2007-07

Übliche Bezeichnung: Gewinderohr

Werkstoff: S195T nach DIN EN 10 027-1

Fertigungsverfahren: nahtlos **S** oder geschweißt **W**

Rohr-Reihen: mittlere Reihe (M), schwere Reihe (H)

Gewinde: Whitworth-Rohrgewinde R, DIN EN 10 226 ↑78

Farbkennzeichnung: mittlere Reihe (M) blau; schwere Reihe (H) rot

Lieferart: Standardlänge, meist l = 6 oder 6,4 m

Verbindungstechnik: Rohrgewinde, Schweißen, Pressen, Flansche zum Anschweißen

Biegeradius, kalt: ≥ 3 · d_a (bis einschließlich DN25)

Optionen:

Rohrende: 1 : konisches Außengewinde
2 : je eine Muffe
4 : Endverschluss/Kappe, Stopfen
5 : Gewindeschutz
Eignung zum: 6 : Schmelztauchverzinken mit Überzugsqualität A.2, A.3
7 : Schmelztauchverzinken mit Überzugsqualität A.1
Überzug: 9 : Oberfläche verzinkt nach DIN EN 10 240 (ISO 1461)
12 : temporärer Oberflächenschutz

mittlere und schwere Rohrreihe			mittlere Rohrreihe – M					schwere Rohrreihe – H				
DN	R ["]	d_a [mm]	s [mm]	d_i [mm]	A [cm²]	V′ [dm³/m]	m′ [kg/m]	s [mm]	d_i [mm]	A [cm²]	V′ [dm³/m]	m′ [kg/m]
10	⅜	17,2	2,3	12,6	1,25	0,12	0,84	2,90	11,4	1,02	0,10	1,02
15	½	21,3	2,6	16,1	2,03	0,20	1,21	3,20	14,9	1,74	0,17	1,44
20	¾	26,9	2,6	21,7	3,70	0,37	1,56	3,20	20,5	3,30	0,33	1,87
25	1	33,7	3,2	27,3	5,85	0,58	2,41	4,00	25,7	5,18	0,52	2,93
32	1¼	42,4	3,2	36,0	10,18	1,02	3,10	4,00	34,4	9,29	0,93	3,79
40	1½	48,3	3,2	41,9	13,79	1,37	3,56	4,00	40,3	12,76	1,28	4,37
50	2	60,3	3,6	53,1	22,15	2,21	5,03	4,50	51,3	20,67	2,07	6,19
65	2½	76,1	3,6	68,9	37,28	3,73	6,42	4,50	67,1	35,36	3,54	7,93
80	3	88,9	4,0	80,9	51,40	5,14	8,36	5,00	78,9	49,89	4,89	10,30
100	4	114,3	4,5	105,3	87,09	8,71	12,20	5,40	103,5	84,13	8,41	14,50

Bezeichnung für ein längsgeschweißtes Gewinderohr, Reihe M, Nennweite DN20, schmelztauchverzinkt, mit Kappen:

W-Rohr – DIN EN 10 255 – 26,9 × 2,6 – Optionen 4 und 9 – S195T

Alternativ: **W-Rohr – DIN EN 10 255 – R¾, Reihe M – Optionen 4 und 9 – S195T**

109.3 Gewindefittings aus Temperguss

DIN EN 10242/A2: 2003-06

Werkstoff: weißer (z. B. EN-GJMW-400-5) oder schwarzer (z. B. EN-GJMB-350-10) Temperguss ↑94.1

Gewinde: Verbindungsgewinde nach DIN EN 10226, Befestigungsgewinde nach DIN EN 228 ↑78

Dessin-Symbol A: Werkstofffestigkeit mind. 350 N/mm², Außengewinde R und Innengewinde Rp; Dessin-Symbol B ist nach DVGW/TRGI nicht zugelassen

Oberfläche: schwarz (Fe) oder verzinkt (Zn)

Bezeichnung für einen kurzen 90°-Bogen mit Innen- und Außengewinde der Größe ½″, verzinkt, Dessin-Symbol A:

Kurzer Bogen – DIN EN 10 242 – D4 – ½ – Zn – A

2 Rohre und Armaturen

110.1 Gewindefittings aus Temperguss (Maße in mm)

Typ		Winkel 90°		T-Stück, egal	Bogen 90°, kurz		Bogen 90°, lang			Bogen 45°, lang		
Kurzzeichen		A1 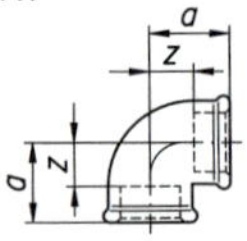 A4 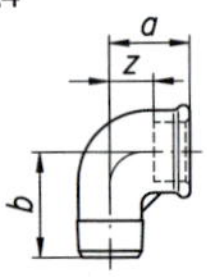		B1 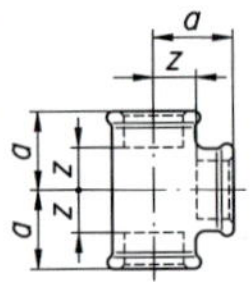	D1 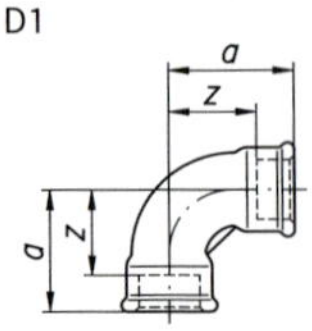 D4 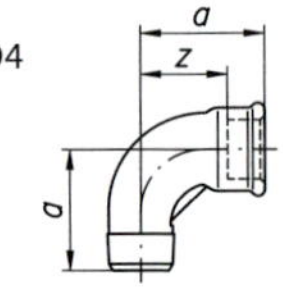		G1 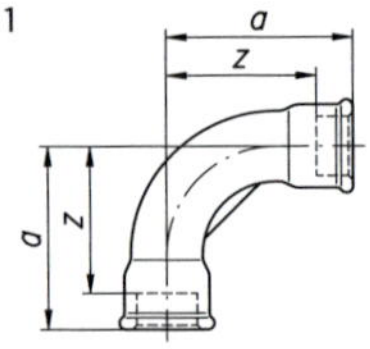 G4 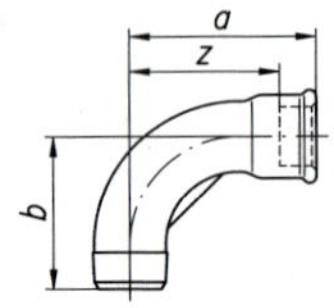			G1/45° 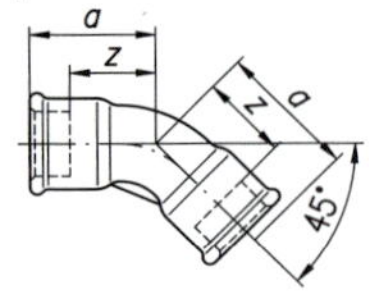 G4/45° 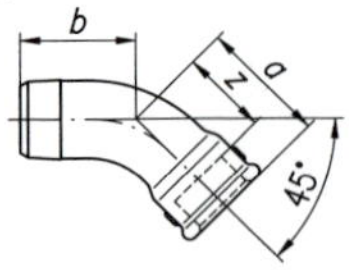		
DN	R, Rp	*a*	*b*	*z*	*a*	*z*	*a*	*b*	*z*	*a*	*b*	*z*
10	⅜	25	32	15	36	26	48	42	38	30	24	20
15	½	28	37	15	45	32	45	48	42	36	30	23
20	¾	33	43	18	50	35	69	60	54	43	36	28
25	1	38	52	21	63	46	85	75	68	51	42	34
32	1¼	45	60	26	76	57	105	95	86	64	54	45
40	1½	50	65	31	85	66	116	105	97	68	58	49
50	2	58	74	34	102	78	140	130	116	81	70	57

Typ			Verschraubung, flach dichtend				Winkelverschraubung, flach dichtend					Muffe, reduziert		
Kurzzeichen	Überwurfmutter		U1 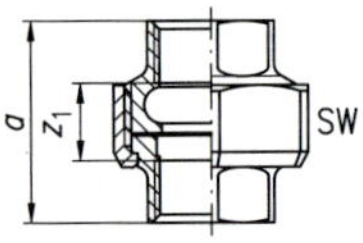		U2 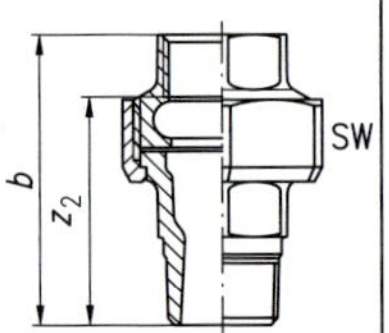		UA1 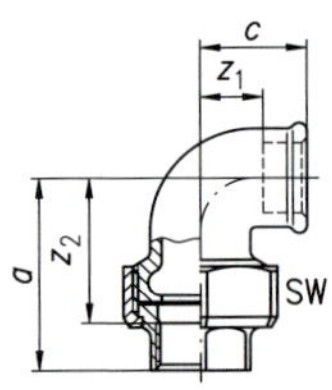		UA2 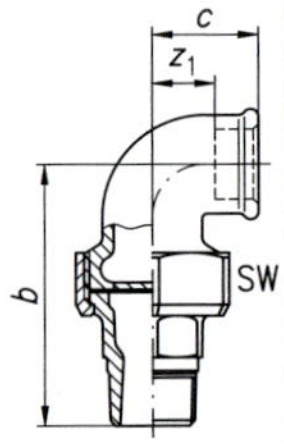			M2 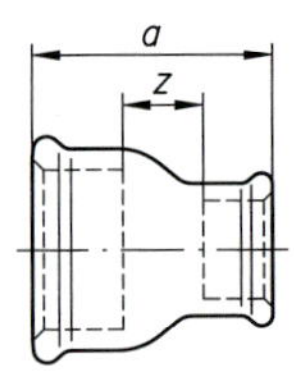		
R, Rp	G	SW	*a*	*b*	z_1	z_2	*a*	*b*	*c*	z_1	z_2	R × Rp	*a*	*z*
⅜	¾	32	47	58	27	48	52	65	25	15	42	½ × ⅜	36	13
½	1	41	48	66	22	53	58	79	28	15	45	¾ × ½	39	11
¾	1¼	48	52	72	22	57	62	82	33	18	47	1 × ½	45	15
1	1½	55	59	80	25	63	72	93	38	21	55	1 × ¾	45	13
1¼	2	67	65	90	27	71	82	107	45	26	63	1¼ × 1	50	14
1½	2¼	74	70	95	32	76	90	115	50	31	71	1½ × 1	55	19
2	2¾	90	80	107	32	83	100	128	58	34	76	1½ × 1¼	55	17

Typ		Stopfen mit Rand			Muffe			Doppelnippel		
DN	R	T9 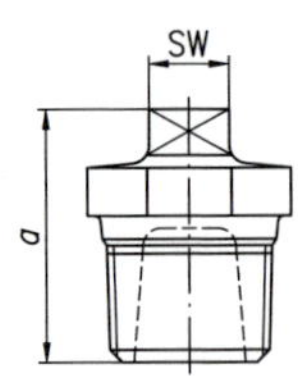	*a*	SW	M2, M2 R-L 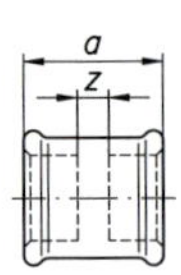	*a*	*z*	N8, N8 R-L 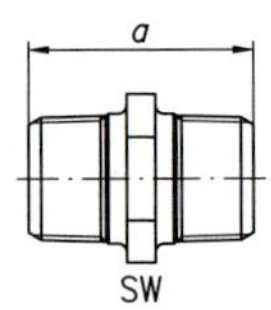	*a*	SW
10	⅜		28	10		30	10		38	22
15	½		32	11		36	10		44	28
20	¾		37	17		39	9		47	33
25	1		41	19		45	11		53	42
32	1¼		47	22		50	12		57	50
40	1½		47	22		55	17		59	55
50	2		54	27		65	17		68	70

111.1 Gewindefittings aus Temperguss, Fortsetzung (Maße in mm)

T-Stück, reduziert, Kurzzeichen B1

Abzweig reduziert oder vergrößert

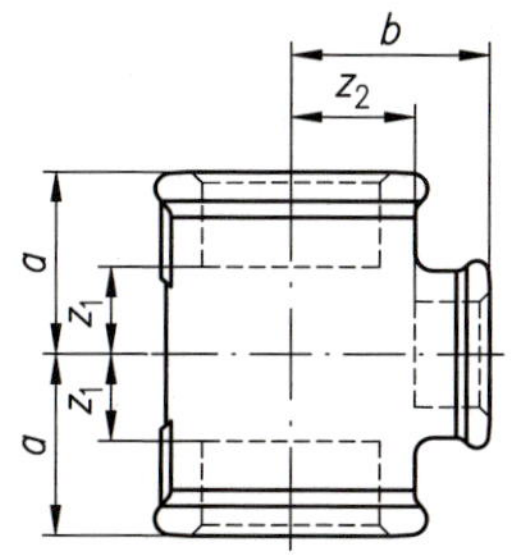

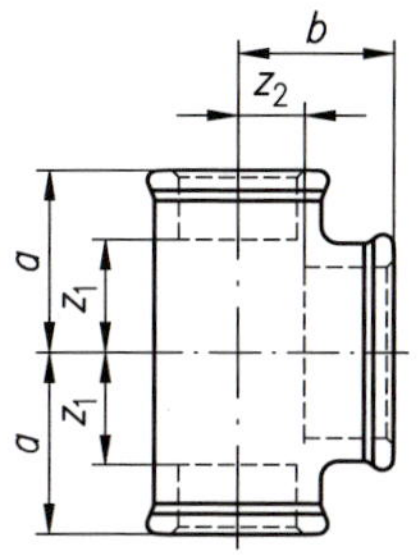

$Rp_1 \times Rp_2$	*a*	*b*	z_1	z_2
½ × ¾	31	30	18	15
½ × 1	34	32	21	15
¾ × ⅜	28	28	13	18
¾ × ½	30	31	15	18
¾ × 1	36	35	21	18
1 × ½	32	34	15	21
1 × ¾	35	36	18	21
1 × 1¼	42	40	25	21
1 × 1½	46	42	29	23
1¼ × ¾	36	41	17	26
1¼ × 1	40	42	21	25
1¼ × 1½	48	46	29	27
1¼ × 2	54	48	35	24
1½ × 1	42	46	23	29
1½ × 1¼	46	48	27	29
1½ × 2	55	52	36	28
2 × 1¼	48	54	24	35
2 × 1½	52	55	28	36

Abzweig reduziert oder vergrößert, Durchgang reduziert

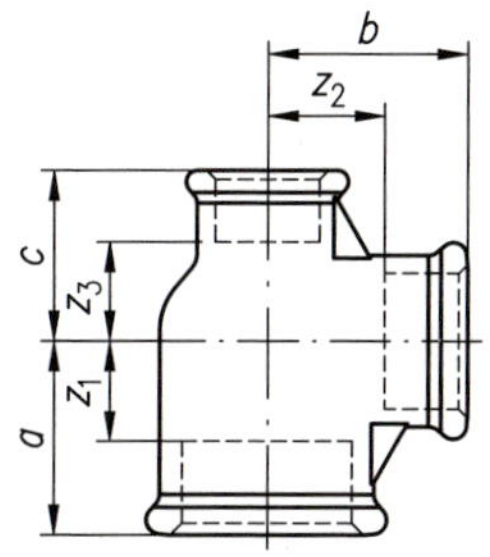

$Rp_1 \times Rp_2 \times Rp_3$	*a*	*b*	*c*	z_1	z_2	z_3
¾ × ⅜ × ½	28	28	26	13	18	13
¾ × ½ × ⅜	30	31	26	15	18	16
¾ × ½ × ½	30	31	28	15	18	15
¾ × ¾ × ⅜	33	33	28	18	18	18
¾ × ¾ × ½	33	33	31	18	18	18
1 × ½ × ½	32	34	28	15	21	15
1 × ½ × ¾	32	34	30	15	21	15
1 × ¾ × ½	35	36	31	18	21	18
1 × ¾ × ¾	35	36	33	18	21	18
1 × 1 × ⅜	38	38	32	21	21	22
1 × 1 × ½	38	38	34	21	21	21
1 × 1 × ¾	38	38	36	21	21	21
1¼ × ½ × 1	34	38	32	15	25	15
1¼ × ¾ × ¾	36	41	33	17	26	18
1¼ × ¾ × 1	36	41	35	17	26	18
1¼ × 1 × ¾	40	42	36	21	25	21
1¼ × 1 × 1	40	42	38	21	25	21
1¼ × 1¼ × ½	45	45	38	26	26	25
1¼ × 1¼ × ¾	45	45	41	26	26	26
1¼ × 1¼ × 1	45	45	42	26	26	25
1½ × ½ × 1¼	36	42	34	17	29	15
1½ × ¾ × 1¼	38	44	36	19	29	17
1½ × 1 × 1	42	46	38	23	29	21
1½ × 1 × 1¼	42	46	38	23	29	21
1½ × 1¼ × 1	46	48	42	27	29	25
1½ × 1¼ × 1¼	46	48	45	27	29	26
1½ × 1½ × ½	50	50	42	31	31	29
1½ × 1½ × ¾	50	50	44	31	31	29
1½ × 1½ × 1	50	50	46	31	31	29
1½ × 1½ × 1¼	50	50	48	31	31	29
2 × 1 × 1½	44	52	42	20	35	23
2 × 1¼ × 1¼	48	54	45	24	35	26
2 × 1¼ × 1½	48	54	46	24	35	27

Reduziernippel

N4

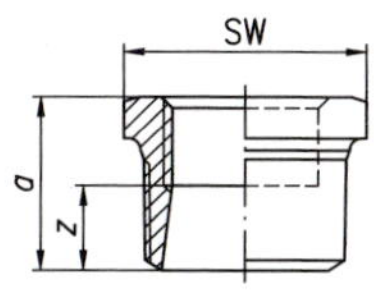

R × Rp	*a*	*z*	SW
½ × ⅜	24	14	23
¾ × ½	26	13	30
1 × ½	29	16	36
1 × ¾	29	14	36
1¼ × 1	31	14	46
1½ × 1	31	14	50
1½ × 1¼	33	12	50

112.1 Präzisionsstahlrohr, geschweißt, maßgewalzt

DIN EN 10305-3: 2024-02

Übliche Bezeichnung: C-Stahl-Rohr
Werkstoff: unlegierte Maschinenbaustähle, z. B. E195 (1.0034)
Lieferzustand: CR1 : geschweißt und maßgewalzt, zum Glühen geeignet
CR2 : geschweißt und maßgewalzt, keine Wärmebehandlung vorgesehen
A : weichgeglüht   N : normalgeglüht
Oberflächenschutz: S1 : rohschwarz
S2 : gebeizt
S3 : kaltgewalzt
S4 : mit Überzug nach Vereinbarung (phosphatiert und geölt, gelb verzinkt, außen passiviert, außen Kunststoffbeschichtung aus PP, Dicke s = 1 mm)
Lieferlänge: 3–8 m, je nach Hersteller
Wärmeausdehnung: 0,0120 mm/(m · K) (1.0034)
Verbindungstechnik: Pressen, Schneidring, Klemmring, Stecken
Biegeradius, kalt: ≥ 3,5 · d_a (bis einschließlich DN50 und bis E235)

DN	$d_a \times s$ [mm]	d_i [mm]	A [cm²]	V' [l/m]	m' [kg/m]
10	12 × 1,2	9,6	0,72	0,072	0,320
12	15 × 1,2	12,6	1,25	0,125	0,408
15	18 × 1,2	15,6	1,91	0,191	0,497
20	22 × 1,5	19	2,84	0,284	0,758
25	28 × 1,5	25	4,91	0,491	0,980
32	35 × 1,5	32	8,04	0,804	1,239
40	42 × 1,5	39	11,95	1,195	1,498
50	54 × 1,5	51	20,43	2,043	1,942
65	76,1 × 2,0	72,1	40,83	4,083	3,655
80	88,9 × 2,0	84,9	56,61	5,661	4,286
100	108 × 2,0	104,0	84,95	8,495	5,228

Bezeichnung für ein gebeiztes 22er C-Stahl-Rohr aus E195 geschweißt und maßgewalzt, für das keine Wärmebehandlung vorgesehen ist:
W-Rohr – DIN 10 305-3 – 22×1,5 – E195 + CR2 + S2

112.2 Präzisionsstahlrohr, rostfrei zum Pressen

DIN EN 10312: 2005-12/DIN EN ISO 1127: 2019-03

Übliche Bezeichnung: Edelstahl rostfrei
Werkstoff: X5CrNiMo17-12-2 (1.4401)
für Trinkwasser, Gas- und Solarleitungen
Anforderungen: DVGW GW 541: 2004-10
Verwendung: Trinkwasser-, Gas-, Solarleitungen
Oberfläche: innen und außen metallisch blank
Lieferlänge: 6 m
Wärmeausdehnung: 0,0160 mm/(m · K) (1.4401)
Verbindungstechnik: Pressen, Schneidring, Klemmring, Stecken
Biegeradius, kalt: ≥ 3,5 · d_a (bis einschließlich DN25)

DN	$d_a \times s$ [mm]	d_i [mm]	A [cm²]	V' [l/m]	m' [kg/m]
12	15 × 1,0	13,0	1,33	0,113	0,333
15	18 × 1,0	16,0	2,01	0,201	0,410
20	22 × 1,2	19,6	3,02	0,302	0,624
25	28 × 1,2	25,6	5,15	0,514	0,790
32	35 × 1,5	32,0	8,04	0,804	1,240
40	42 × 1,5	39,0	11,95	1,194	1,503
50	54 × 1,5	51,0	20,43	2,042	1,972
65	76,1 × 2,0	72,1	40,83	4,080	3,550
80	88,9 × 2,0	84,9	56,61	5,660	4,150
100	108 × 2,0	104,0	84,95	8,490	5,050

Bezeichnung für ein geschweißtes 22er Präzisionsstahlrohr aus Edelstahl rostfrei 1.4401 zum Pressen, das dem DVGW-Datenblatt W541 entspricht:
W-Rohr – DIN EN ISO 1127 – 22×1,2 – X5CrNiMo17-12-2

112.3 Kupferrohr für Wasser-, Gas- und Solarleitungen

DIN EN 1057: 2010-06

Werkstoff: Cu-DHP-* (Werkstoffnummer CW024A)
***Festigkeitszustand:** R220 (weich), R250 (halbhart) oder R290 (hart)
Lieferzustand: innenverzinnt
kunststoffummantelt
werksseitig wärmegedämmt
Lieferlänge: gerade Längen 5 m (R250 und R290)
in Ringen 25 oder 500 m (R220, d_a ≤ 22 mm)
Wärmeleitfähigkeit: 294–364 W/(m ·K)
Wärmeausdehnung: 0,0165 mm/(m · K)
Verbindungstechnik: Löten, Klemmring, Pressen, Stecken, Schneidring, Schweißen (d_a ≥ 35 mm)
Biegeradius, kalt: ohne Werkzeug 6 bis 8 · d_a (R220)
mit Werkzeug ≈ 4 · d_a (R220 und R250, d_a ≤ 28 mm)

DN	$d_a \times s$ [mm]	d_i [mm]	A [cm²]	V' [l/m]	m' [kg/m]
6	8 × 1	6	0,28	0,028	0,196
8	10 × 1	8	0,50	0,050	0,252
10	12 × 1	10	0,79	0,079	0,308
12	15 × 1	13	1,33	0,133	0,391
15	18 × 1	16	2,01	0,201	0,475
20	22 × 1	20	3,14	0,314	0,587
25	28 × 1	26	5,31	0,531	0,755
32	35 × 1,2	32,6	8,35	0,835	1,134
40	42 × 1,2	39,6	12,32	1,232	1,369
50	54 × 1,5	51	20,43	2,043	2,202
–	64 × 2	60	28,27	2,827	3,467
65	76,1 × 2	72,1	40,83	4,083	4,144

Bezeichnung für ein halbhartes 22er Kupferrohr nach DIN EN 1057, das für Gas- und Wasserleitungen geeignet ist:
Cu-Rohr – DIN EN1057– 22x1 – R250

113.1 Pressfittings für Leitungen aus Metall — DIN EN 1254-7: 2019-07

Pressvorgang mit M-Kontur

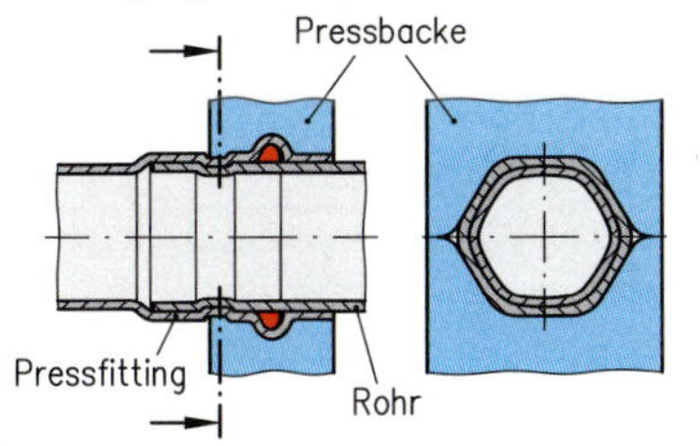

Presswerkzeuge (je nach Hersteller)

M-Kontur
Verpressung an:
- drei Stellen auf der O-Ring-Sicke,
- einer Stelle neben der O-Ring-Sicke

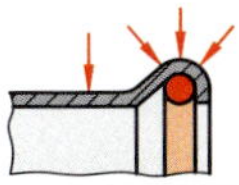

V-Kontur
Verpresseung an:
- einer Stelle auf der O-Ring-Sicke,
- beiderseits neben der O-Ring-Sicke

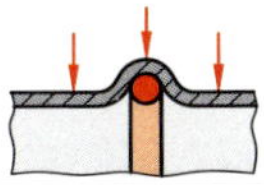

SA-Kontur
Verpresseung an:
- einer Stelle auf der O-Ring-Sicke,
- einer Stelle neben der O-Ring-Sicke

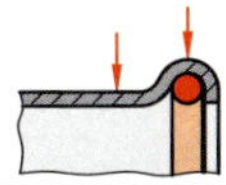

Werkstoff:	Edelstahl rostfrei: 1.4401, 1.4404, 1.4408	unlegierter Stahl: 1.0034, 1.0308, verzinkt	Kupfer, Rotguss: CC 499K, Siliziumbronze: CC 246E/CuSi4Zn9MnP
Verwendung:	Trinkwasser, Gas, Regenwasser, Solaranlagen	Heizung, Druckluft, Heizöl, Solaranlagen (geschlossene Systeme)	Gas, Trinkwasser, Heizung, Solaranlagen

Dichtring:
Trinkwasser/Heizung/Kühlwasser: EPDM (schwarz): –35 bis 85 °C (TW), 110 °C (Heizung/Kühlung)
Solar/Fernwärme: FKM (grün oder blau): –30 bis 200 °C (Solar), 140 °C (Fernwärme)
Erdgas/Flüssiggas/Biogas/Heizöl: HNBR (gelb): –20 bis 70 °C (Gas), 40 °C (Heizöl), HTB: 30 min bei 650 °C
↑98.2 ↑222.2 ↑224.1

113.2 Pressfittings (V-Kontur), (Maße in mm) — Herstellerangaben

Bogen 90°

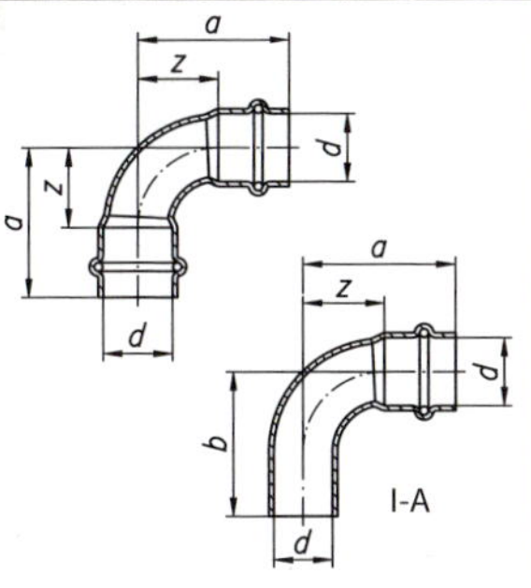

Bogen 45°

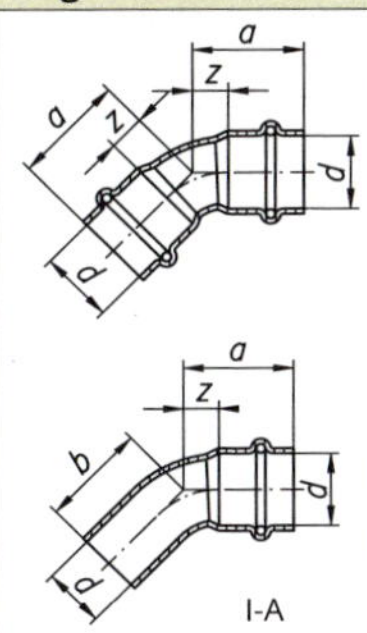

T-Stück, egal

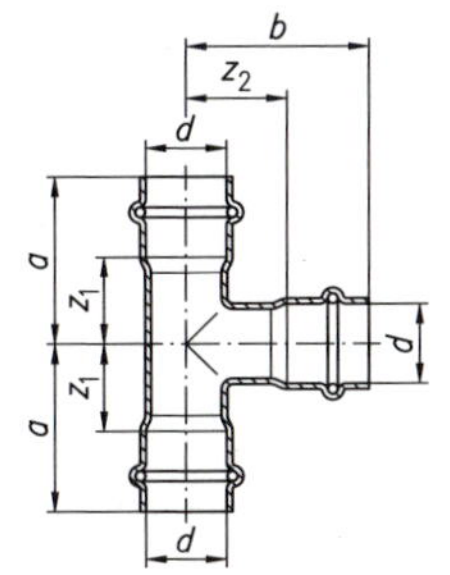

Muffe

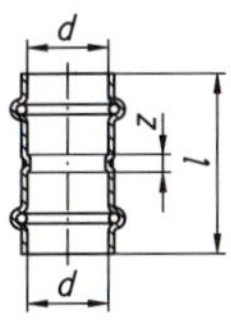

		Bogen 90°			Bogen 45°			T-Stück, egal				Muffe	
DN	d	z	a	b	z	a	b	z_1	z_2	a	b	z	l
12	15	16	38	40	7	29	29	19	22	41	44	12	56
15	18	18	40	41	7	29	31	21	23	43	45	11	55
20	22	26	49	50	11	34	35	24	27	47	50	13	59
25	28	34	58	59	14	38	39	28	29	52	53	12	60
32	35	33	59	62	15	41	42	27	27	53	53	12	64
40	42	50	87	88	21	57	59	32	32	68	68	12	85
50	54	65	105	107	27	67	69	39	39	79	79	12	93

Reduzierstück

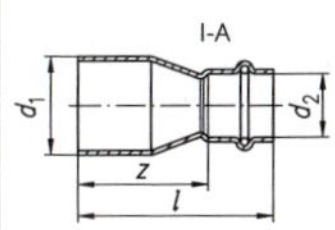

$d_1 \times d_2$	z	l
18 × 15	30	52
22 × 15	35	57
22 × 18	37	59
28 × 15	50	72
28 × 18	47	69
28 × 22	42	65
35 × 18	50	72
35 × 22	51	74
35 × 28	43	67
42 × 22	65	88
42 × 28	64	88
42 × 35	54	80

Wandscheibe

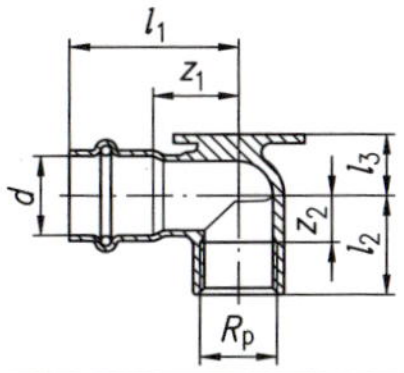

d x Rp	z_1	z_2	l_1	l_2	l_3
15 × ½	25	11	47	26	12
18 × ½	23	11	45	26	14
22 × ½	25	13	48	28	17
22 × ¾	27	13	50	30	17
28 × 1	31	16	55	36	21

Übergangsstück mit AG

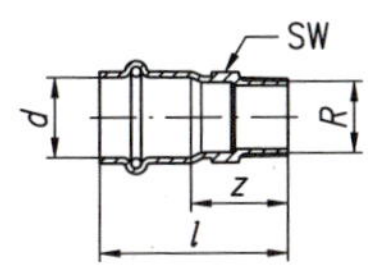

d x R	z	l	SW
15 × ½	31	53	22
18 × ½	30	52	22
18 × ¾	33	55	27
22 × ¾	33	56	27
28 × 1	37	61	36

Übergangswinkel mit IG

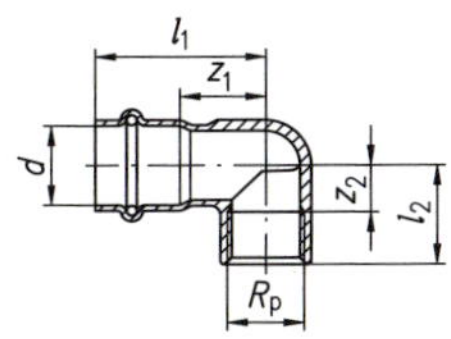

d x Rp	z_1	z_2	l_1	l_2
15 × ½	24	11	46	26
18 × ½	24	11	46	26
18 × ¾	25	11	47	28
22 × ¾	26	13	49	30
28 × 1	32	16	54	36

Verschraubung

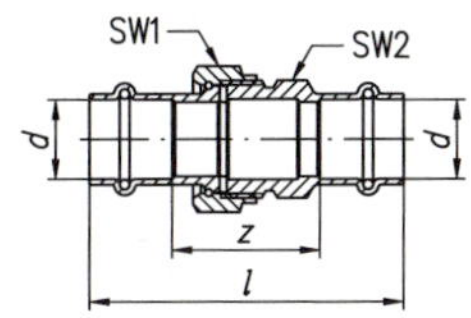

d	z	l	SW1	SW2
15	42	86	30	30
18	41	85	30	27
22	48	94	37	36
28	53	101	46	46
35	58	111	53	50

114.1 Pressfittings (V-Kontur), (Maße in mm), Fortsetzung

T-Stück, Abzweig reduziert

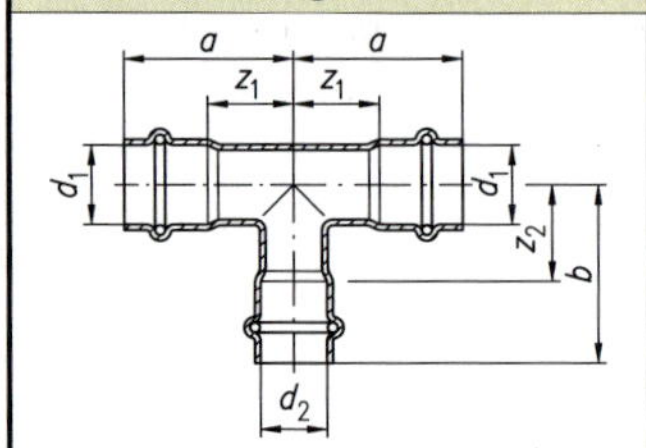

$d_1 \times d_2$	z_1	z_2	a	b
18 × 15	21	23	43	45
22 × 15	22	25	45	47
22 × 18	22	25	45	47
28 × 15	21	29	45	51
28 × 18	21	29	45	51
28 × 22	23	31	47	54
35 × 15	19	33	45	55
35 × 18	19	33	45	55
35 × 22	21	34	47	57
35 × 28	26	33	53	57
42 × 18	19	36	55	58
42 × 22	19	38	55	61
42 × 28	25	37	61	61

T-Stück, mehrfach reduziert

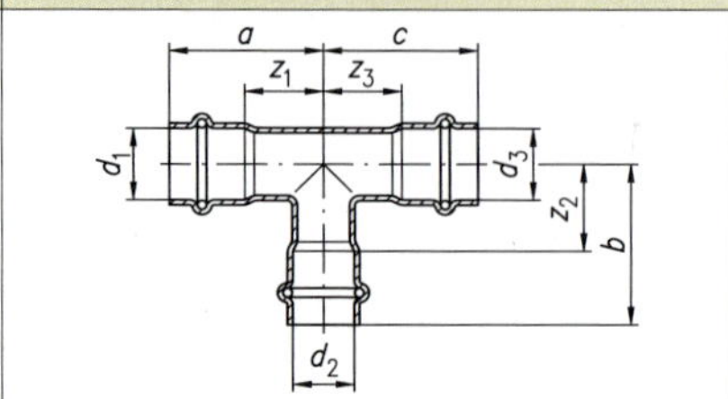

$d_1 \times d_2 \times d_3$	z_1	z_2	z_3	a	b	c
18 × 15 × 15	32	22	19	54	44	41
28 × 22 × 22	23	31	41	47	54	64

Doppelwandscheibe

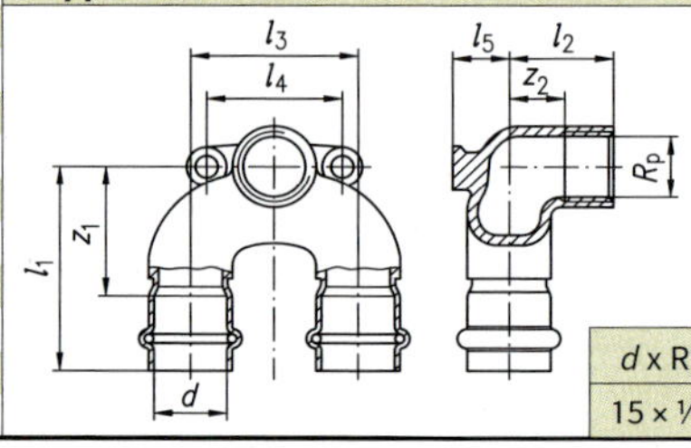

$d \times Rp$	z_1	z_2	l_1	l_2	l_3	l_4	l_5
15 × ½	40	11	62	26	50	40	12

T-Stück, Abzweig mit Innengewinde

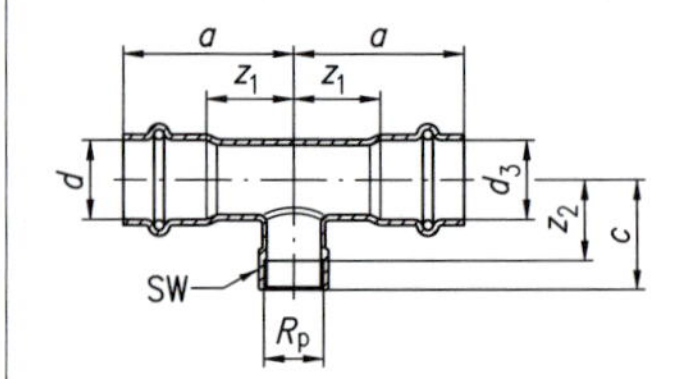

$d \times Rp$	z_1	z_2	a	b	SW
15 × ½	19	17	41	29	24
18 × ½	21	20	43	30	24
18 × ¾	24	21	46	32	30
22 × ½	22	22	45	32	24
22 × ¾	24	22	47	33	30
28 × ½	21	26	45	36	24
28 × ¾	23	26	47	37	30
28 × 1	28	27	52	40	36
35 × ½	19	29	45	40	24

114.2 Kapillarlötfittings

DIN EN 1254-1, -4: 2021-10

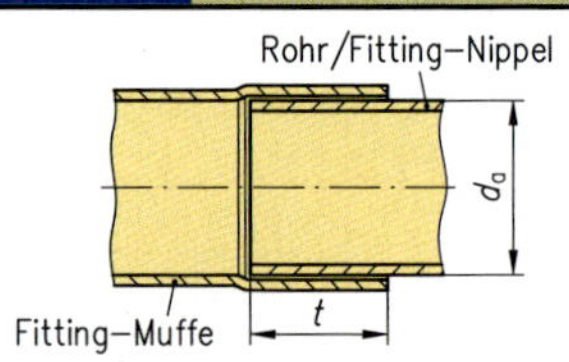

Werkstoff: Kupfer Cu DHP (CW024A), Rotguss (z. B. CuSn5Zn5Pb2, CC499K)
Rohr: Cu-Rohr DIN 1057
Verwendung: Trinkwasser, Gas, Heizöl, Heizung, Solaranlagen
Lötverfahren: Weichlöten, Hartlöten

d_a in mm	8	10	12	15	18	22	28	35	42	54
Einstecktiefe t in mm	6,8	7,8	8,6	10,6	12,6	15,6	18,4	23,0	27,0	32,0
Lötspaltbreite in mm	0,01–0,10					0,01–0,12		0,015–0,15		

114.3 Lötfittings (Maße in mm)

Herstellerangaben (geringe Maßunterschiede möglich)

Typ Nr.

Bogen 90° – 5002 a

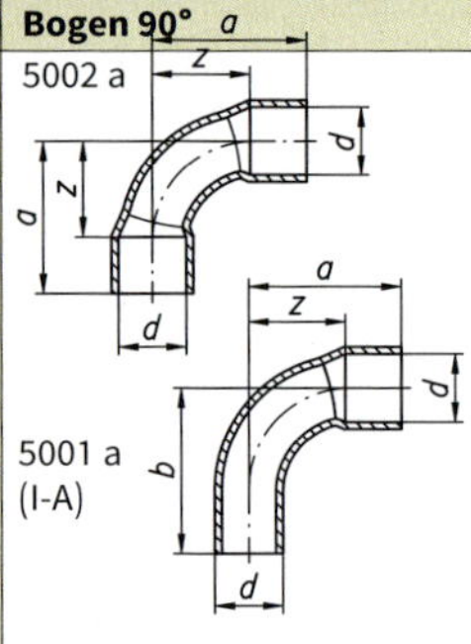

5001 a (I-A)

Bogen 45° – 5041

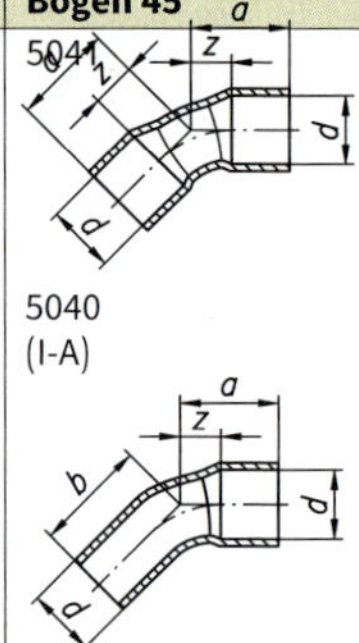

5040 (I-A)

Winkel 90° – 5090

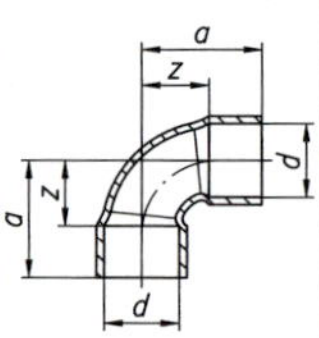

T-Stück, egal – 5130

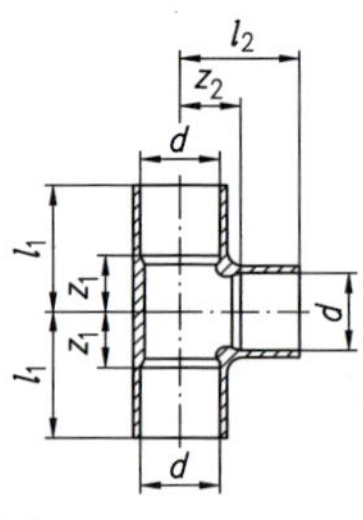

T-Stück, Abzweig reduziert – 5130

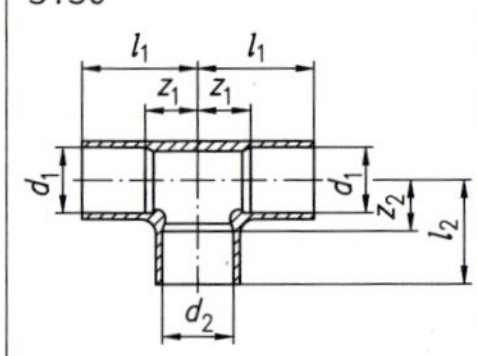

DN	d	Bogen 90° z	Bogen 90° a	Bogen 90° b	Bogen 45° z	Bogen 45° a	Bogen 45° b	Winkel 90° z	Winkel 90° a	T-Stück egal z_1	T-Stück egal z_2	T-Stück egal l_1	T-Stück egal l_2
8	10	14	22	24	6	14	16	14	22	6	6	14	14
10	12	14	23	25	5	15	16	12	21	7	7	16	16
12	15	18	29	31	6	17	19	10	21	8	9	19	20
15	18	22	35	37	8	20	22	12	25	10	11	23	24
20	22	26	42	43	9	25	27	15	31	12	12	28	28
25	28	34	53	55	12	31	33	19	38	15	18	34	37
32	35	42	65	67	14	38	40	28	51	19	22	42	44
40	42	50	77	79	17	44	46	34	61	26	25	52	52

T-Stück, Abzweig reduziert:

$d_1 \times d_2$	z_1	z_2	l_1	l_2
12 × 10	7	8	16	16
12 × 15	11	8	20	19
15 × 12	8	10	19	20
15 × 18	13	10	24	23
18 × 15	8	13	21	24
18 × 22	14	13	28	29
22 × 15	8	12	24	23
22 × 18	11	14	27	27
22 × 28	20	14	36	34
28 × 18	10	18	29	30
28 × 22	12	18	31	34
35 × 28	16	22	39	42

115.1 Lötfittings, Fortsetzung

T-Stück, Abzweig reduziert

5130

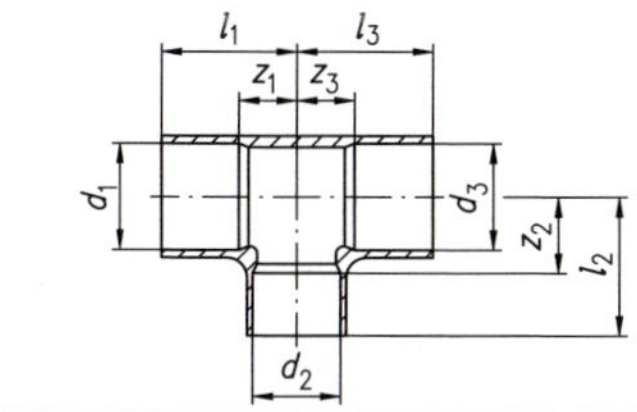

$d_1 \times d_2 \times d_3$	z_1	z_2	z_3	l_1	l_2	l_3
15 × 12 × 12	8	10	14	19	20	23
15 × 15 × 12	8	9	15	19	20	24
18 × 12 × 15	8	13	14	21	22	25
18 × 15 × 15	8	13	14	21	24	25
18 × 18 × 12	10	10	18	23	23	27
18 × 18 × 15	10	10	16	23	23	27
22 × 15 × 18	8	12	7	24	23	28
22 × 18 × 15	11	14	11	27	27	32
22 × 18 × 18	11	14	19	27	27	32
22 × 22 × 15	12	12	22	28	28	33
22 × 22 × 18	12	12	20	28	28	33
28 × 22 × 15	12	18	26	31	34	37
28 × 22 × 18	12	18	24	31	34	37
28 × 22 × 22	12	18	21	31	34	37

Übergangsmuffe mit IG

4270g

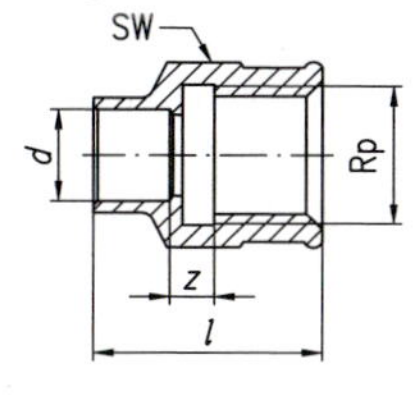

d × Rp	z	l	SW
10 × ⅜	1	21	20
10 × ½	1	24	25
12 × ⅜	2	22	20
12 × ½	1	25	25
15 × ½	2	28	25
15 × ¾	2	29	30
18 × ½	2	30	25
18 × ¾	2	31	30
22 × ½	2	33	25
22 × ¾	1	34	30
22 × 1	1	36	38
28 × ¾	2	37	30
28 × 1	2	40	38
28 × 1¼	4	44	47

Übergangswinkel mit IG

4090g

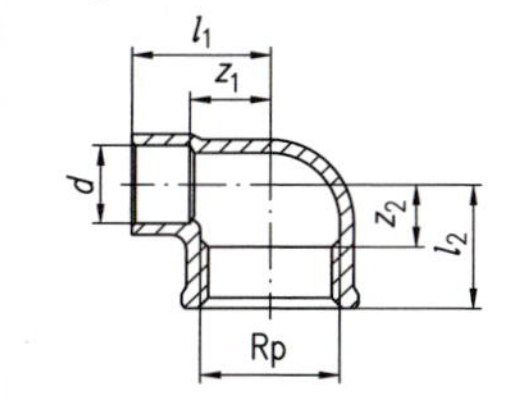

d × Rp	z_1	z_2	l_1	l_2
12 × ⅜	11	5	20	16
12 × ½	12	4	21	19
15 × ⅜	10	6	21	18
15 × ½	12	6	22	22
15 × ¾	17	7	28	23
18 × ½	12	8	24	23
18 × ¾	16	8	28	24
22 × ½	11	8	27	23
22 × ¾	16	10	32	26
22 × 1	19	11	35	30
28 × ¾	15	14	34	30
28 × 1	21	13	40	32
35 × 1¼	23	19	46	40
42 × 1½	26	24	53	45

Reduziermuffe

5240

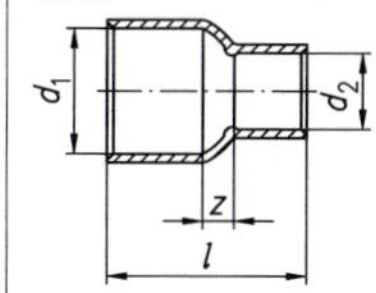

$d_1 \times d_2$	z	l
10 × 8	2	18
12 × 8	5	24
12 × 10	4	20
15 × 10	5	23
15 × 12	5	26
18 × 12	6	29
18 × 15	4	27
22 × 15	7	37
22 × 18	6	34
28 × 18	7	42
28 × 22	5	43
35 × 22	11	50
35 × 28	9	52
42 × 28	12	59

Bogen 180°

5060

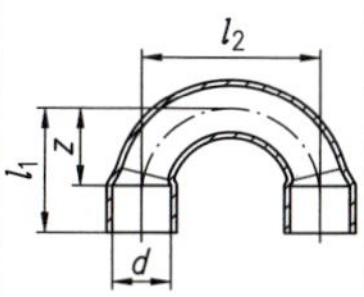

d	z	l_1	l_2
10	16	24	30
12	17	26	34
15	22	34	45
18	26	39	52
22	32	48	66
28	41	60	84

Wandscheibe

4472g

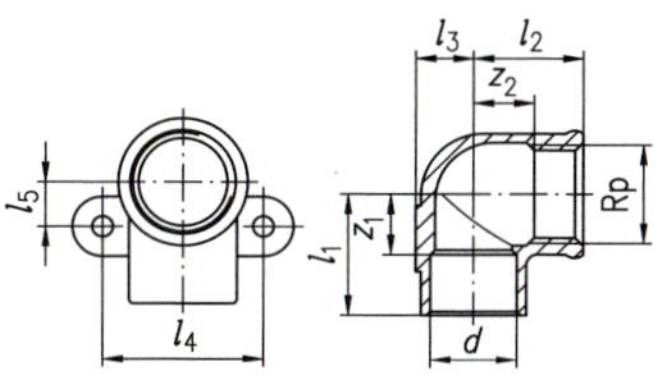

d × Rp	z_1	z_2	l_1	l_2	l_3	l_4	l_5
12 × ½	13	5	22	20	9	33	9
15 × ⅜	10	6	21	18	11	34	9
15 × ½	12	6	22	22	10	33	9
18 × ½	13	8	26	23	12	33	9
22 × ¾	17	10	32	26	14	42	12

T-Wandscheibe

4490g

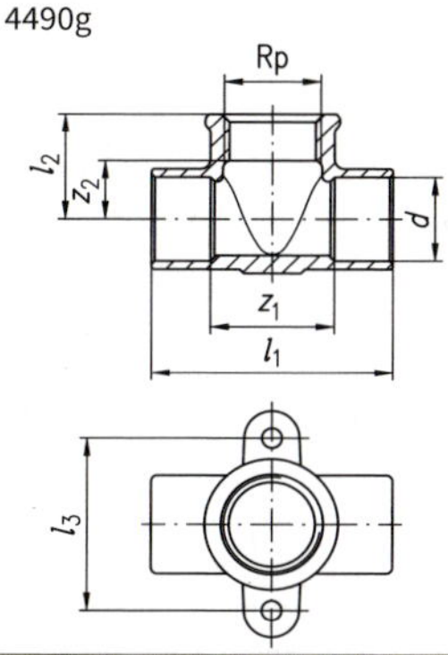

d × Rp	z_1	z_2	l_1	l_2	l_3
15 × ½	30	7	52	22	38
18 × ½	26	8	52	23	38
22 × ½	23	14	56	28	48

T-Stück, Abgang mit IG

4130g

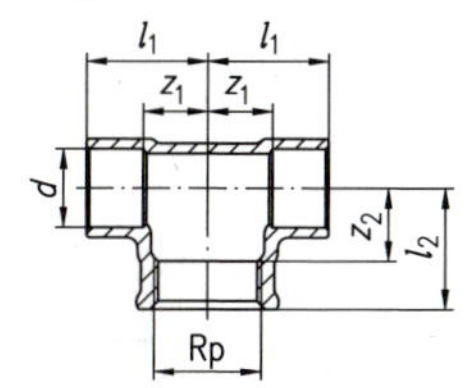

d × Rp	z_1	z_2	l_1	l_2
12 × ½	13	7	22	22
15 × ⅜	10	6	21	18
15 × ½	12	8	23	23
18 × ½	12	8	24	23
18 × ¾	17	9	30	25
22 × ½	11	10	26	25
22 × ¾	17	10	32	26
28 × ¾	15	15	34	31
28 × 1	20	13	39	32

Kappe

5301

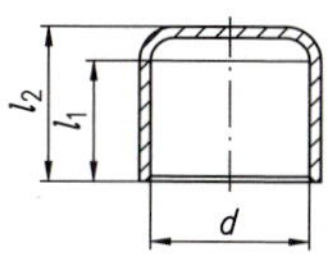

d	l_1	l_2
10	8	10
12	9	11
15	11	13
18	13	15
22	15	18
28	18	21
35	24	29
42	27	33

Übergangsverschraubung mit AG

4343g

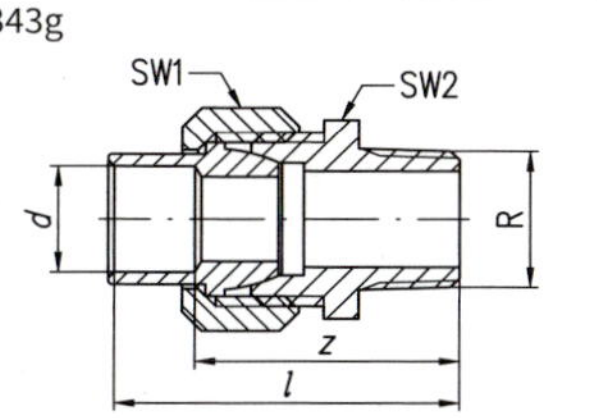

d × R	z	l	SW1	SW2
12 × ½	33	42	22	23
15 × ½	35	46	29	27
15 × ¾	39	50	29	28
18 × ½	35	48	29	27
18 × ¾	39	52	29	28
22 × ¾	40	55	36	34
22 × 1	41	57	36	34
28 × 1	44	63	46	44

Übergangsverschraubung

4330g

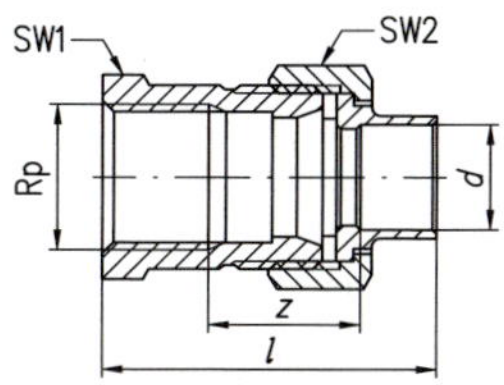

d × Rp	z	l	SW1	SW2
15 × ½	21	47	29	27
18 × ½	22	50	29	27
22 × ¾	22	54	36	34
28 × 1	21	59	46	44

Überbogen

5085

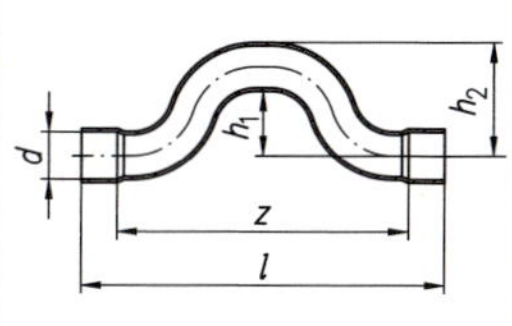

d	z	l	h_1	h_2
15	90	112	20	35
18	102	128	20	38
22	115	147	23	45

116.1 Steckfittings für Metallrohre

DIN EN 1254-6: 2021-10, Herstellerangaben

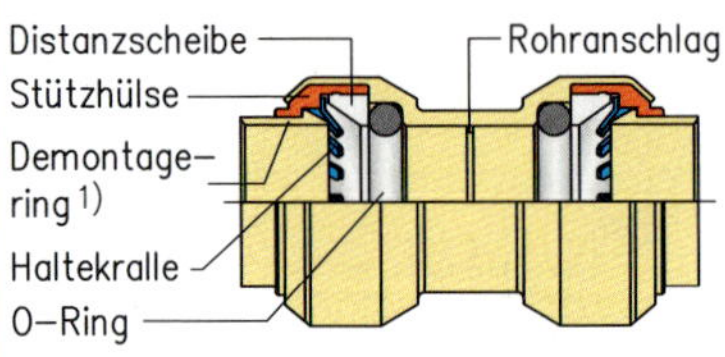

1) Dieses Steckfitting für Metallrohre ist mithilfe eines Spezialwerkzeugs lösbar.

Werkstoff:	Messing: CW 602N, Rotguss: RG 5, CC 491K	Edelstahl rostfrei: 1.4401
Rohr:	Kupfer DIN EN 1057	Edelstahl rostfrei DIN EN 10312
Rohr-d_a in mm:	12, 15, 18, 22, 28, 35, 42, 54	15, 18, 22, 28, 35, 42, 54
Dichtung:	EPDM	
Verwendung:	alle Warm- und Kaltwasserinstallationen, Kühlanlagen, ölfreie Druckluftanlagen, Heizungssysteme	
Betriebsdruck:	max. 16 bar	
Betriebs-temperatur:	Trinkwasser: –20 bis 85 °C, kurzzeitig bis max. 120 °C; Heizung: –20 bis kurzzeitig 120 °C	

116.2 Steckfittings für Metallrohre (Maße in mm)

Herstellerangaben

Muffe

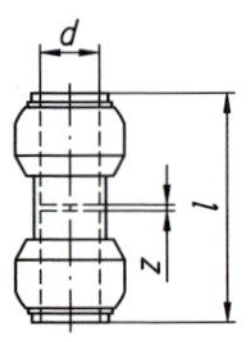

Winkel 90°

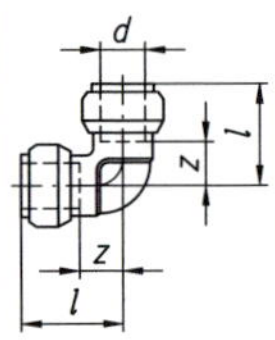

T-Stück, egal

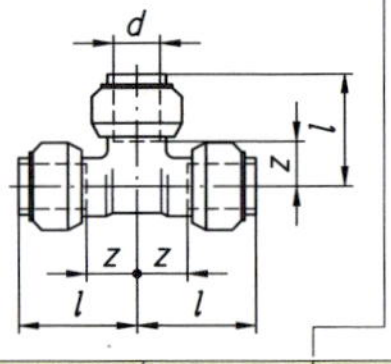

T-Stück mit IG-Abgang

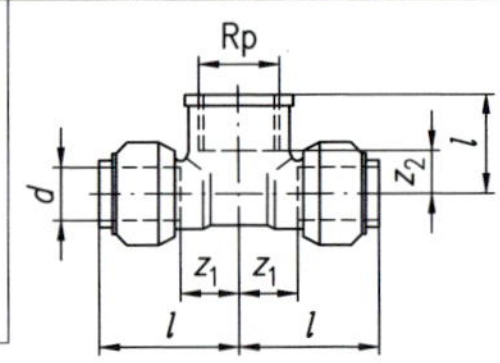

Deckenwinkel

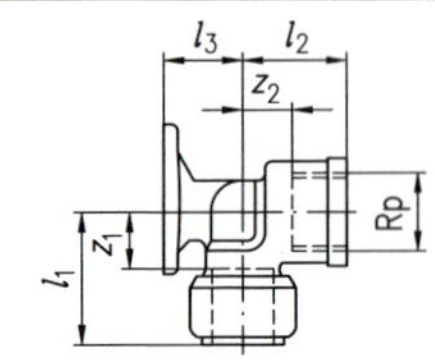

		Muffe		Winkel 90°		T-Stück, egal		T-Stück mit IG-Abgang				
DN	d	z	l	z	l	z	l	$d \times Rp$	z_1	z_2	l_1	l_2
10	12	1	48,8	7,0	30,9	7,0	30,0	15 × ½	10,3	10,0	34,5	25,2
12	15	1	49,2	9,0	33,1	9,0	33,1	18 × ½	13,0	12,3	35,0	27,5
15	18	1	49,2	10,5	34,6	10,2	33,2	22 × ½	10,4	12,0	38,0	27,2
20	22	1	58,4	12,2	40,9	12,2	39,2	22 × ¾	12,5	12,0	40,0	30,2
25	28	1	69,0	15,2	49,2	15,2	46,2	28 × ½	10,3	17,3	34,0	32,2
32	35	1	115,0	19,0	76,0	19,8	76,7	35 × ½	11,3	19,8	68,0	48,5
40	42	1	126,0	23,0	85,0	23,0	85,0	42 × ½	11,3	23,3	73,5	52,0

Deckenwinkel					
$d \times Rp$	z_1	z_2	l_1	l_2	l_3
12 × ½	10,5	12,7	34,4	25,2	19,01
15 × ½	10,5	12,7	34,6	25,2	19,01
18 × ½	10,5	12,7	34,4	25,2	19,01
18 × ¾	15,5	17,5	36,0	32,0	12,21
22 × ¾	13,5	26,1	36,0	32,0	12,21

116.3 Kenngrößen von Kunststoff- und Mehrschichtverbundrohren

ISO 4085: 2018-01

Wanddicke s in mm	Rohrserienzahl S	Durchmesser/Wanddicken-Verhältnis (Standard Dimension Ratio)
$s = \frac{d_a}{2 \cdot S + 1}$	$S = \frac{d_a - s}{2 \cdot s}$	$SDR = 2 \cdot S + 1 \approx \frac{d_a}{s}$

116.4 Rohre aus vernetztem Polyethylen

DIN EN ISO 15875: 2021-03

Werkstoff: Polyethylen, vernetzt

Vernetzungsart/ Vernetzungsgrad:

a	peroxidvernetzt	70 %
b	silanvernetzt	65 %
c	elektronenstrahlvernetzt	60 %
d	azovernetzt	60 %

Lieferform: gerade Längen 6 m oder in Ringen; werksseitig mit UV-Schutzbeschichtung; werksseitig mit-Schutz-Wellrohr aus PE

Rohrserienzahl: verschiedene S, bzw. SDR verfügbar
Verwendung: Trinkwasser warm und kalt; Flächenheizungen (mit zusätzlicher Sauerstoff-Sperrschicht)
Dichte: 0,938 g/cm³
Wärmeleitfähigkeit: 0,35 W/(m · K)
Wärmeausdehnung: 0,15 mm/(m · K)
Verbindungstechnik: Klemmring, Stecken, Pressfittings mit Stützhülse
Biegeradius: ohne Werkzeug 8 · d_a; mit Werkzeug 5 · d_a

Rohrdaten (Herstellerangaben):

Bezeichnung für eine Rohr aus peroxidvernetztem Polyethylen des Herstellers Uponor mit der Nennweite DN15 das für Trinkwasser geeignet ist:

Uponor – PE-Xa – DIN EN ISO 15875 – S3 (SDR7,1) – 20 × 2,8

	Trinkwasser $\vartheta_{max} = 70$ °C; $p_{max} = 10$ bar						Heizung $\vartheta_{max} = 90$ °C; $p_{max} = 6$ bar					
DN	d_a [mm]	s [mm]	d_i [mm]	A [cm²]	V' [l/m]	m' [g/m]	d_a [mm]	s [mm]	d_i [mm]	A [cm²]	V' [l/m]	m' [g/m]
12	16	2,2	11,6	1,06	0,106	98	16	2	12	1,13	0,113	96
15	20	2,8	14,4	1,63	0,163	154	20	2	16	2,01	0,201	129
20	25	3,5	18	2,54	0,254	236	25	2,3	20,4	3,27	0,327	182
25	32	4,4	23,2	4,23	0,423	380	32	2,9	26,2	5,39	0,539	268

117.1 Klemmverbindung mit Schiebehülse

DIN EN 1254-3: 2021-07, Herstellerangaben

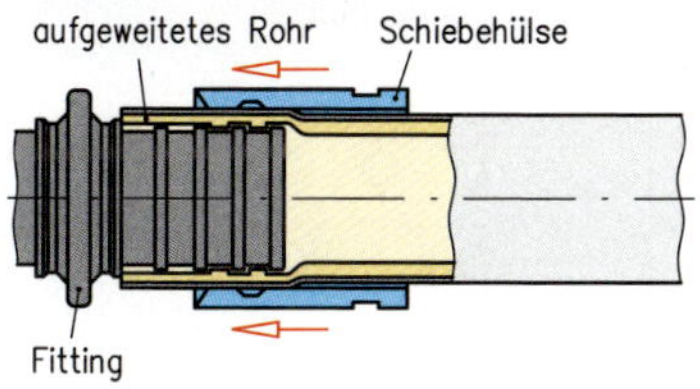

Fitting-Werkstoff:	Messing (nicht für Trinkwasser), Rotguss, Siliziumbronze, Edelstahl rostfrei, Kunststoff: z. B. Polyphenylsulfon (PPSU)
Schiebehülsenwerkstoff:	Messing (z. B. CuZn 39 Pb3/F43), Kunststoff: z. B. Polyvinylidenfluorid (PVDF)
Rohr:	Kunststoffrohre und Mehrschichtverbundrohre
Verwendung:	Trinkwasser, Heizungsanlagen, Druckluft, Gas (konkrete Zulassung beachten)
Werkzeug:	Aufweitzange, Schiebehülsenwerkzeug

117.2 Schiebehülsenfittings (Maße in mm)

Herstellerangaben

Rohrdaten		Schiebehülse			Kupplung			Bogen 90°		T-Stück, egal				Übergangsstück mit AG bzw. IG, Rotguss							
		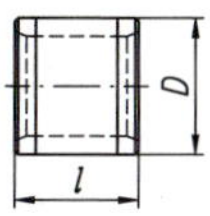			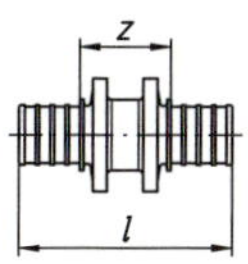			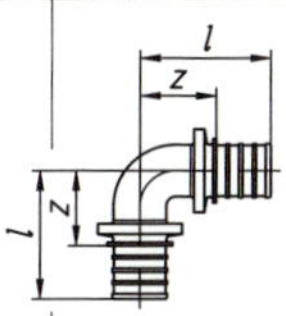		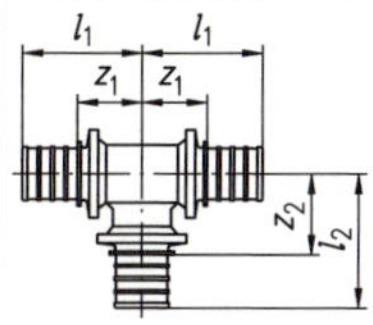				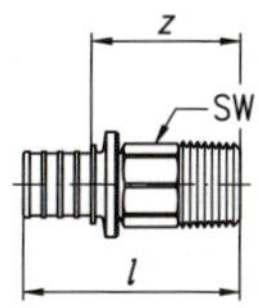				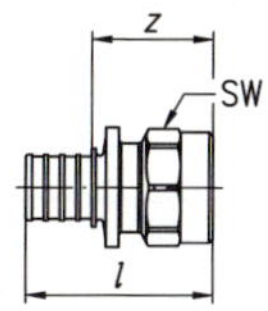			
DN	d_a	Werkstoff	l	D	Werkstoff	z	l	z	l	z_1	z_2	l_1	l_2	d_a × R	z	l	SW	d_a × Rp	z	l	SW
12	16	PVDF	24	24	PPSU	16	45	24	38	20	24	34	38	16 × ½	33	45	21	16 × ½	32	44	25
15	20		25	28		16	51	26	43	21	26	39	43	16 × ¾	34	46	27	20 × ½	31	47	25
20	25		27	33		17	64	30	53	25	30	48	53	20 × ¾	34	50	18	20 × ¾	34	50	31
25	32		34	41		22	82	35	65	30	35	60	65	20 × 1	37	53	34	25 × ½	26	49	25
32	40		37	50		25	88	44	75	38	44	69	75	25 × ¾	36	59	22	25 × ¾	34	57	31
40	50	Messing	44	61	Rotguss	26	104	48	87	38	50	77	89	25 × 1	38	61	34	32 × ¾	27	54	31

117.3 Mehrschichtverbundrohre

DIN EN ISO 21003-2: 2011-07

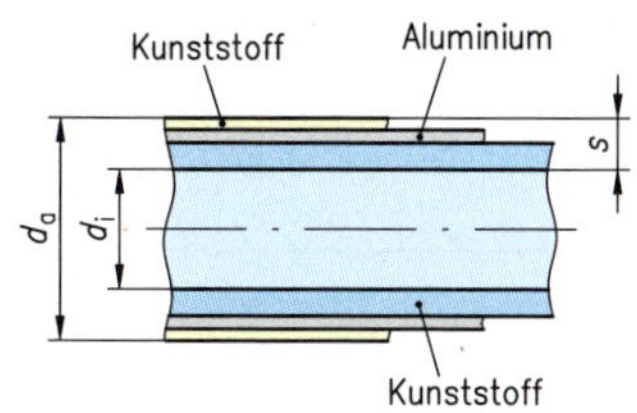

Werkstoff: außen/innen: PP, PE oder PE-X; mittig: Aluminium
Lieferform[1]: gerade Längen 3 oder 5 m oder in Ringen; werksseitig mit UV-Schutzbeschichtung, im Schutz-Wellrohr aus PE oder wärmegedämmt
Verwendung[1]: Trinkwasser kalt und warm bis 70 °C, Flächenheizung, Heizung bis 80 °C
Betriebsdruck[1]: p_{max} = 10 bar
Wärmeleitfähigkeit[1]: 0,4 W/(m · K)
Wärmeausdehnung[1]: 0,025 mm/(m · K)
Verbindungstechnik: Klemmring, Pressfittings mit innerer Stützhülse, Stecken
Biegeradius[1]: ohne Werkzeug 5 · d_a; mit Werkzeug 2,5 · d_a

Rohrdaten[1]:

DN	d_a [mm]	s [mm]	d_i [mm]	A [cm²]	V' [l/m]	m'[3] [g/m]
10	14	2	10	0,79	0,079	91/–
12	16	2	12	1,13	0,113	111/119
15	20	2,3	15,5	1,89	0,189	161/171
20	25	2,5	20	3,14	0,314	233/247
25	32	3	26	5,31	0,531	364/394
32	40	4	32	8,04	0,804	–/508

Bezeichnung für ein Mehrschichtverbundrohr aus PE-RT[2], Aluminium und PE-RT des Herstellers Uponor mit der Nennweite DN20:
Uponor – Rohr – PE-RT/Al/PE-RT[4] – DIN EN ISO 20003 – S4 (SDR11) – 25 × 2,5

[1] Herstellerangaben eines PE-RT/Al/PE-RT- Rohrs
[2] RT = PE mit erhöhter Temperaturbeständigkeit ↑ 97
[3] längenbezogene Masse von Ring/Stange
[4] Die Werkstoffe werden von innen nach außen angegeben.

117.4 Pressfittings für Mehrschichtverbundrohr

DIN EN ISO 21003-3: 2022-05

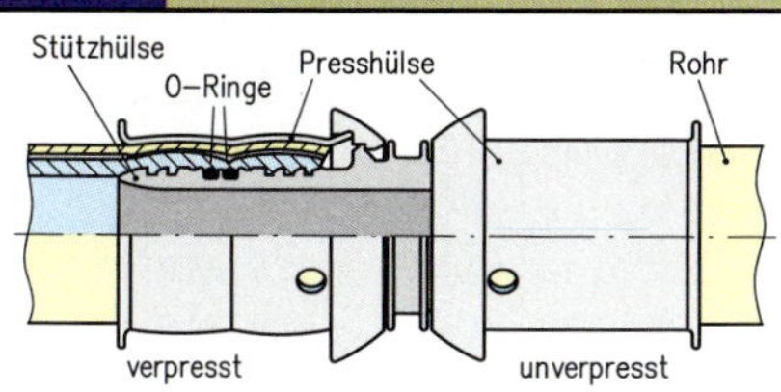

Fitting-Werkstoff:	Kunststoff: z. B. Polyphenylsulfon (PPSU) oder Polyvinylidenfluorid (PVDF); Messing, verzinnt; Rotguss
Presshülse[1]:	Aluminium; Edelstahl rostfrei
O-Ring:	EPDM
Rohr:	Kunststoffrohre und Mehrschichtverbundrohre
Verwendung:	Heizungsanlagen, Trinkwasser warm und kalt

[1] je nach Hersteller und Dicke der Al-Schicht mit oder ohne Presshülse

118.1 Pressfittings mit Presshülse für Mehrschichtverbundrohr

Herstellerangaben

Kupplung

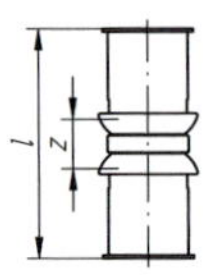

Winkel 90°

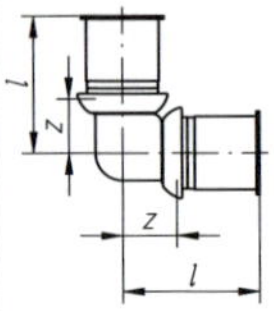

T-Stück, egal

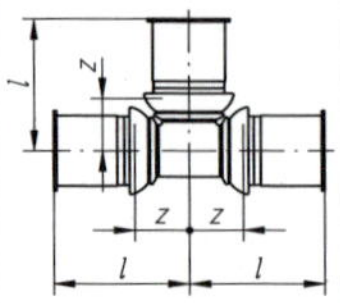

Übergangsstück mit AG

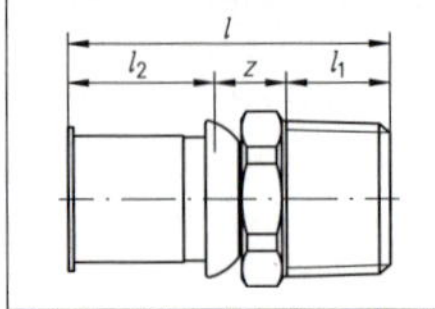

Doppelwandscheibe

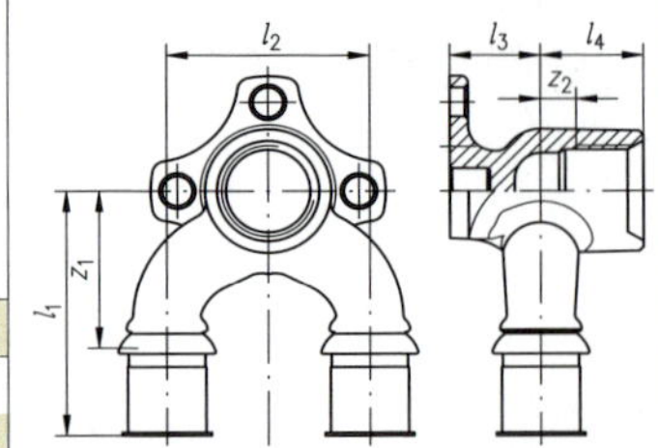

Rohrdaten DN	Rohrdaten d_a	Kupplung z	Kupplung l	Winkel 90° z	Winkel 90° l	T-Stück, egal z	T-Stück, egal l
10	14	11	54	13	33	14	34
12	16	12	52	16	37	16	37
15	20	12	54	19	48	19	47
20	25	12	68	23	51	23	51
25	32	12	68	–	–	–	–

Übergangsstück mit AG

$d_a \times R$	z	l	l_1	l_2
14 × ½	11	50	14	22
16 × ½	10	44	14	20
16 × ¾	11	46	16	20
20 × ½	10	45	12	21
20 × ¾	11	48	15	21
25 × ¾	11	55	15	28

Doppelwandscheibe

$d_a \times Rp$	z_1	z_2	l_1	l_2	l_3	l_4
16 × ½	36	8	56	45	20	23
20 × ½	36	8	57	45	20	23
25 × ½	36	9	64	60	27	24

118.2 Rohre aus Polypropylen

DIN EN ISO 15874-2: 2022-11

Werkstoff: PP-B (Block-Copolymer), PP-R (Random-Copolymer) oder PP-RP (PP mit erhöhter Druckfestigkeit), je nach Hersteller und SDR auch faserverstärkt
Farbe: grün, blau, lila (je nach Hersteller und Anwendung)
Lieferform[1]**:** gerade Längen 4 m oder in Ringen; werksseitig wärmegedämmt
Rohrserienzahl: verschiedene S bzw. SDR verfügbar
Dichte[1]**:** 0,9 g/cm³
Verwendung[1]**:** Trinkwasser kalt und warm bis 70 °C, chemische Industrie
Betriebsdruck[1]**:** p_{max} = 25 bar bei 20 °C und 11 bar bei 65 °C
Wärmeleitfähigkeit: 0,15 W/(m · K)
Wärmeausdehnung[1]**:** 0,15 mm/(m · K)
Verbindungstechnik: Heizelementstumpf-, Muffen-, Elektromuffenschweißen
Schweißtemperatur: 260 °C
Biegeradius, kalt: ≥ 6 · d_a

Rohrdaten[1]

DN	d_a [mm]	s [mm]	d_i [mm]	A [cm²]	V' [l/m]	m' [kg/m]
10	16	2,7	10,6	0,88	0,088	0,111
12	20	3,4	13,2	1,37	0,137	0,174
15	25	4,2	16,6	2,16	0,216	0,268
20	32	5,4	21,2	3,53	0,353	0,437
25	40	6,7	26,6	5,56	0,556	0,675
32	50	8,3	33,4	8,76	0,876	1,047
40	63	10,5	42	13,85	1,385	1,662
50	75	12,5	50	19,63	1,964	2,351
60	90	15	60	28,27	2,827	3,379

Bezeichnung für ein Trinkwasserrohr aus PP-R 80[2] zum Heizelement-Muffenschweißen des Herstellers Aquatherm mit der Nennweite DN20: **Aquatherm – Rohr – PP-R 80 – DIN EN ISO 15874 – S2(SDR6) – 32 × 5,4**

[1] Herstellerangaben eines PP-R- 80- Rohrs mit S2,5 (SDR6) [2] 80 = Mindestfestigkeit 8 N/mm²

118.3 PP-Fittings zum Heizelement-Muffenschweißen

DIN EN ISO 15874-3: 2022-05

Werkstoff: PP-R[1], Gewindeeinsätze: Messing; Edelstahl rostfrei
Farbe: grün, blau (je nach Hersteller und Verwendung)
Verwendung: Trinkwasser warm und kalt, Heizungsanlagen, Druckluft je nach SDR des Rohrs, Abwasser

Rohr: PP-R
Maße: Herstellerangaben

[1] Für PE-Rohre gibt es entsprechend Spritzgussfittings aus PE.

Maße in mm

Muffe

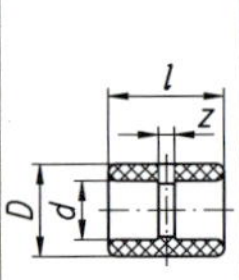

Winkel 90°

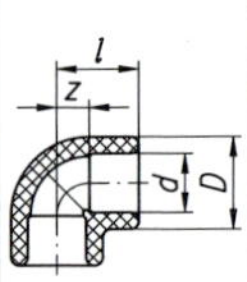

T-Stück, egal

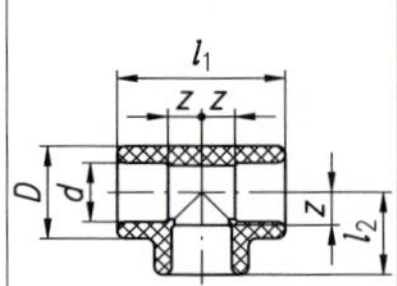

Übergang mit IG

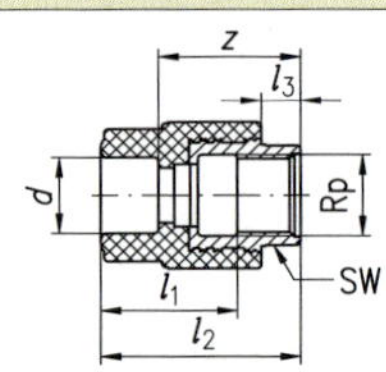

Wandscheibe mit IG

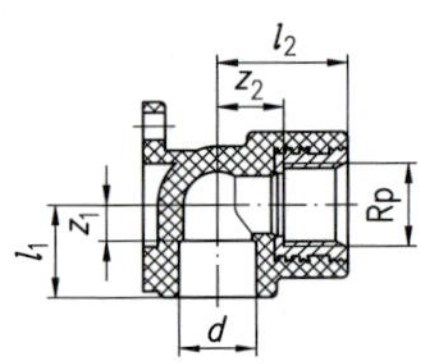

d	D	Muffe z	Muffe l	Winkel 90° z	Winkel 90° l	T-Stück, egal z	T-Stück, egal l_1	T-Stück, egal l_2	Übergang mit IG $d \times Rp$	z	l_1	l_2	l_3	SW
16	24,5	4,0	30,0	9,0	22,0	9,0	44,0	22,0	16 × ½	37,5	34,5	50,5	10	24
20	27,0	3,0	32,0	11,0	25,5	11,0	51,0	25,5	20 × ½	36,0	34,5	50,5	10	24
25	34,0	3,0	35,0	13,5	29,5	14,5	62,0	30,5	20 × ¾	35,5	29,0	50,0	10	31
32	43,0	4,5	40,5	17,0	35,0	15,5	70,0	33,5	25 × ½	36,0	36,0	52,0	10	24
40	52,0	6,5	47,5	21,0	41,5	20,0	81,0	40,5	25 × ¾	34,0	29,0	50,0	10	31
50	68,0	6,0	53,0	26,0	49,5	26,0	99,0	49,5	32 × ¾	35,0	32,0	53,0	10	31

Wandscheibe mit IG

$d \times Rp$	z_1	z_2	l_1	l_2
16 × ½	18,0	18,5	31,0	31,5
20 × ½	16,5	18,5	31,0	31,5
20 × ¾	22,5	24,0	37,0	37,0
25 × ¾	21,0	24,0	37,0	37,0
25 × ½	17,5	18,0	33,5	31,0

119.1 Rohre aus chloriertem Polyvinylchlorid — DIN EN ISO 15877-2: 2021-03

Werkstoff: PVC-C
Lieferform[1]**:** gerade Länge 5 m
Rohrserienzahl: verschiedene S bzw. SDR verfügbar
Farbe: verschiedene Grautöne aber auch andere Farben
Dichte[1]**:** 1,5 g/cm³
Verwendung: Trinkwasser kalt und warm bis 70 °C, Abwasser, industrielle Anwendungen
Betriebsdruck[1]**:** p_{max} = 25 bar bei 20 °C und 11 bar bei 65 °C
Wärmeleitfähigkeit: 0,15 W/(m · K)
Wärmeausdehnung[1]**:** 0,065 mm/(m · K)
Verbindungstechnik: Kleben (= Quellschweißen), Stecken

Rohrdaten[1]

DN	d_a [mm]	s [mm]	d_i [mm]	A [cm²]	V' [l/m]	m' [kg/m]
10	16	1,8	12,4	1,21	0,121	0,136
12	20	2,3	15,4	1,86	0,186	0,217
15	25	2,8	19,4	2,96	0,296	0,326
20	32	3,6	24,8	4,83	0,483	0,534
25	40	4,5	31,0	7,55	0,755	0,830
32	50	5,6	38,8	11,82	1,182	1,290
40	63	7,1	48,8	18,70	1,870	2,050

Bezeichnung für ein PVC-Rohr des Herstellers Georg Fischer mit der Nennweite DN20, das sich für Trinkwasser eignet, zum Kleben mit Muffenfittings:
+GF+ – Rohr – PVC-C – DIN EN ISO 15877 – S4(SDR9) – 32 × 3,6

[1] Herstellerangaben eines PVC-C-Rohrs mit S4 (SDR9) und DVGW-Zulassung

119.2 PVC-C-Fittings zum Kleben — DIN EN ISO 15877-3: 2021-03

Werkstoff: PVC-C, Gewindeeinsätze: Edelstahl rostfrei
Farbe: grau
Verwendung: Trinkwasser warm und kalt, Abwasser
Betriebsdruck: p_{max} = 16 bar
Rohr: PVC-C
Maße: Herstellerangaben

Muffe

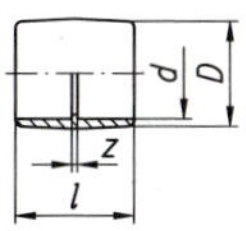

Winkel 90°

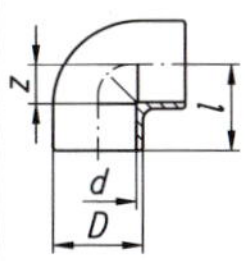

T-Stück, egal

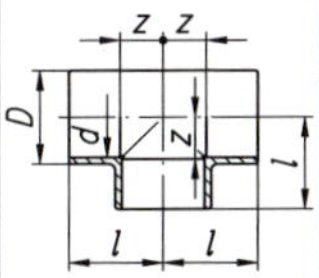

Übergang mit IG

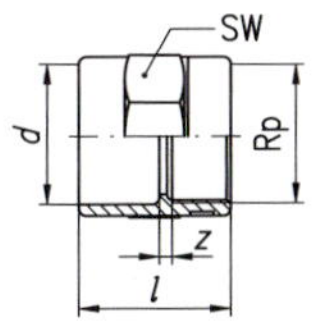

Muffennippel mit AG

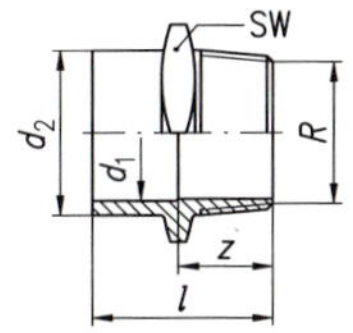

Übergangsverschraubung

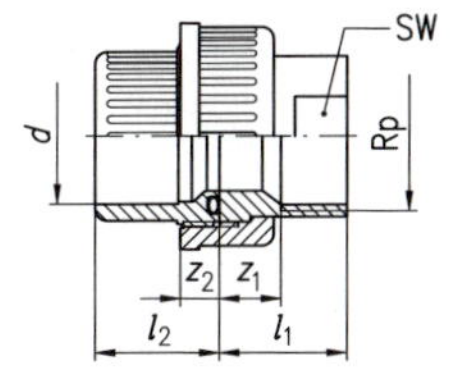

Muffe				Winkel 90°		T-Stück, egal		Übergang mit IG				Muffennippel mit AG				Übergangsverschraubung					
d	D	z	l	z	l	z	l	d × Rp	z	l	SW	$d_1 \times d_2 \times$ R	z	l	SW	d × Rp	z_1	z_2	l_1	l_2	SW
16	21	3	31	9	23	9	23														
20	25	3	35	11	27	11	27	20 × ½	4	35	32	16 × 20 × ½	28	42	32	16 × ⅜	9	10	19	24	19
25	31	3	41	14	33	14	33	25 × ¾	3	40	36	20 × 25 × ¾	31	47	36	20 × ½	11	10	24	26	24
32	40	3	47	17	39	17	39	32 × 1	3	45	46	25 × 32 × 1	35	54	46	25 × ¾	11	10	26	29	29
40	49	3	55	21	47	21	47	40 × 1¼	5	51	55	32 × 40 × 1¼	38	60	55	32 × 1	12	10	29	33	36
50	61	3	65	26	57	26	57	50 × 1½	7	59	65	40 × 50 × 1½	40	66	65	40 × 1¼	14	12	33	39	45

119.3 Schlauchleitungen[1] für Trinkwasser — DVGW W 543: 2005-05

Kategorie	Anwendungsbereich	Betriebstemperatur	Baulänge	Betriebszeit
Gruppe I	Anschluss von Armaturen und Apparaten für sichtbare und zugängliche Installationen	Kaltwasser max. 25 °C Warmwasser max. 60 °C	max. 2 000 mm	20 Jahre
Gruppe II	Anschluss von Wasch- und Geschirrspülmaschinen und Trommeltrocknern		standardmäßig 2 000 mm, jedoch 4 000 mm möglich	10 Jahre
Gruppe III	unzugängliche Installationen (z. B. im Versorgungsschacht)		max. 4 000 mm	50 Jahre
Gruppe IV[2]	zeitlich befristeter Transport von Trinkwasser in mobilen Schläuchen für Kaltwasser (z. B. Versorgung von Marktständen)	Kaltwasser max. 25 °C	unbegrenzt, nach DIN 2001-2 max. 40 m	ca. 3 Jahre

[1] Schlauchleitung = druckfester Schlauch mit beidseitig vorkonfektionierten festen Anschlüssen
[2] DVGW VP 549: Schläuche für den zeitlich befristeten Transport von Trinkwasser

Aufbau einer flexiblen Schlauchleitung

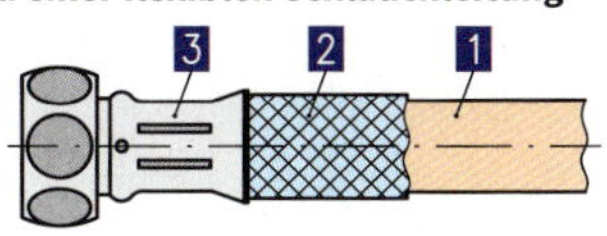

1 Innenschlauch: EPDM, Silikon, PE-X
2 Umflechtung: Edelstahl rostfrei; Stahl, verzinkt; Polyamid, Polyester
3 Anschlüsse: Edelstahl rostfrei; Stahl, verzinkt; Kupferlegierungen

Je nach Hersteller können zusätzliche Schichten vorhanden sein.

120.1 Edelstahlwellrohr

DIN EN ISO 10380: 2013-02

Werkstoff: Edelstahl rostfrei (z. B. 1.4404)
Verbindungstechnik: Überwurfmuttern, flach dichtend oder metallisch dichtend
Verbindungselement: Edelstahl rostfrei; Messing

Verwendung: Gas-, Heizungs- und Solarleitungen, Wärmetauscher
Lieferform: im Ring oder als vorkonfektionierte Längen
Varianten: wärmegedämmt; im Kunststoffschutzrohr; als ausziehbares Wellrohr; mit PE- oder PP-Umhüllung

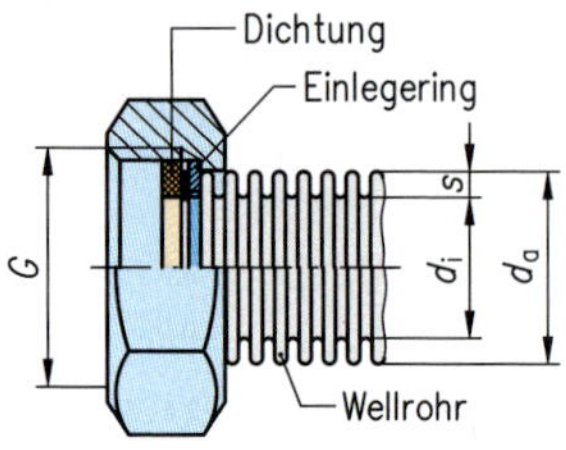

DN Nennweite
d_a Außendurchmesser
d_i Innendurchmesser
G Anschlussgewinde
s Wandstärke
A'_W längenbezogene Wärmetauscherfläche
V' längenbezogenes Volumen
p_S zulässiger Betriebsdruck
r_b Biegeradius

DN	G ["]	d_a [mm]	d_i [mm]	s [mm]	A'_W [m²/m]	V' [l/m]	p_S [bar]	r_b [mm]
8	⅜	11,2	7,70	0,15	0,47	k.A.	16	15
12	½	16,8	12,25	0,18	1,18	0,078	14	19
15	¾	21,5	16,20	0,18	2,06	0,112	11	27
20	1	26,8	20,30	0,18	3,24	0,134	11	30
25	1¼	32,3	25,40	0,22	5,07	0,174	8	39
32	1½	41,1	34,30	0,25	9,24	0,250	4	49
40	2	49,5	40,00	0,25	12,57	0,272	3	58

120.2 Absperrarmaturen-Grundbauarten

DIN EN 736-1: 2018-05

Ventil	Schieber	Hahn	Klappe
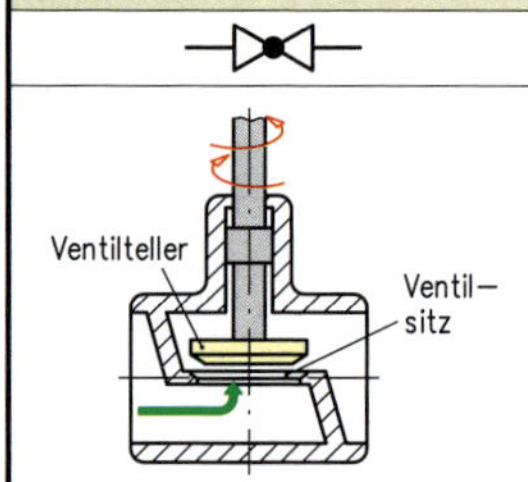	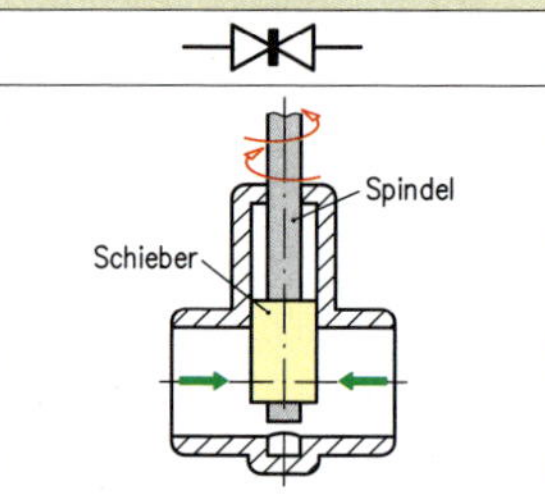	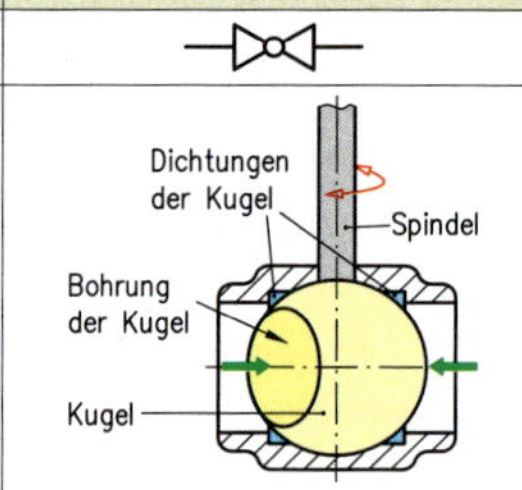	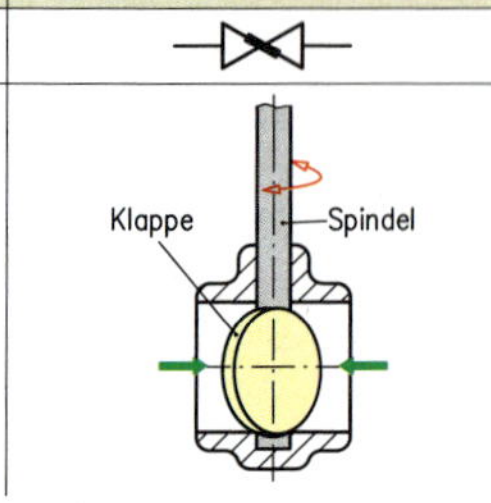

mögliche Fließrichtung — Bewegung der Spindel beim Öffnen und Schließen

Ventil	Schieber	Hahn	Klappe
ζ[1] = 7,0 Geradsitzventil; 2,0 Schrägsitzventil	$\zeta = 0{,}5$	$\zeta = 0{,}5$ (Kugelhahn)	$\zeta = 0{,}5$
• universeller Einsatz • Rückflussverhindererfunktion integrierbar • Spindel steigend und nicht steigend	• sehr strömungsgünstig • als Drosselarmatur ungeeignet • geringe Einbaulänge • Spindel steigend und nicht steigend	• sehr strömungsgünstig • schnelles Öffnen und Schließen • Druckstoßgefahr	• strömungsgünstig • nicht geeignet bei hohen Dichtheitsanforderungen • geringe Einbaulänge

[1] Widerstandsbeiwerte ζ für DN25 nach DIN 1988-300

Schieber
- Aufgabe
  - Absperren
- Verschlusskörper
  - Kolben
  - Kegel
  - Platte/Scheibe

Hahn
- Aufgabe
  - Absperren
  - Füllen- und Entleeren
  - Regeln
- Verschlusskörper
  - Kugel
  - Kegel
- Gehäuseform
  - Durchgangsform
  - 3-, 4-Wege-Hahn

Klappe
- Aufgabe
  - Absperren
  - Drosseln
  - Rückschlagklappe

Ventil
- Aufgabe
  - Absperren
  - Regeln
  - Drosseln
  - Sicherheitsventil
  - Rückschlagventil
  - …
- Gehäuseform
  - Durchgangsform
  - Eckventil
  - 3-, 4-Wegeventil
- Ventilsitz
  - Geradsitz
  - Schrägsitz
- Verschlusskörper
  - Teller
  - Kegel
  - Membran
  - …

121.1 Absperrarmaturen für Trinkwasserinstallation

Anwendungsbereich: Trinkwasserinstallation bis DN100, zul. Temperatur $\vartheta_S \leq 90$ °C, zulässiger Druck $p_S \leq 10$ bar (PN10)
Werkstoffe: Gehäuse aus Messing (z. B. CuZn37Pb0,5) oder Rotguss, Edelstahl rostfrei oder Kunststoff (z. B. PVC-C); Dichtungen aus EPDM, NBR
Anschlussarten: Flansche, Gewindemuffen IG oder Gewindenippel AG nach DIN EN 10226, Lötmuffen, Pressverbinder, Kunststoffgehäuse mit PVC-Klebemuffen, Steckverbinder
Beispiele (Messing-Gehäuse): Maße nach Herstellerangaben in mm

			Geradsitzventil mit IG DIN 3512	**Schrägsitzventil mit IG** DIN 3502	**Kolbenschieber mit IG** DIN 3500	**Kugelhahn** DIN EN 13828
DN	Rp	*t*	*l*	*l*	*l*	*l*
10	⅜	11	65	55	–	–
15	½	15	67	57	65	60
20	¾	16,3	77	67	75	69
25	1	19,1	92	78	90	82
32	1¼	21,4	112	92	110	93
40	1½	21,4	122	102	120	102

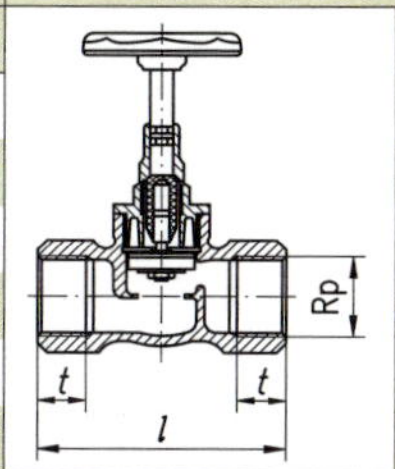

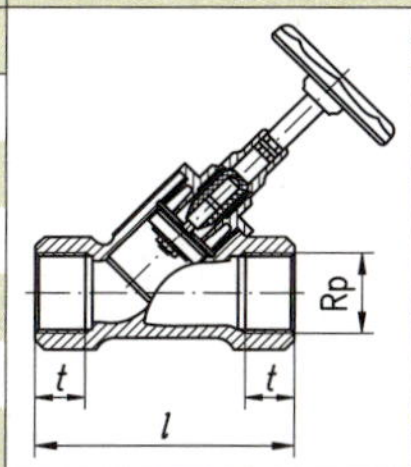

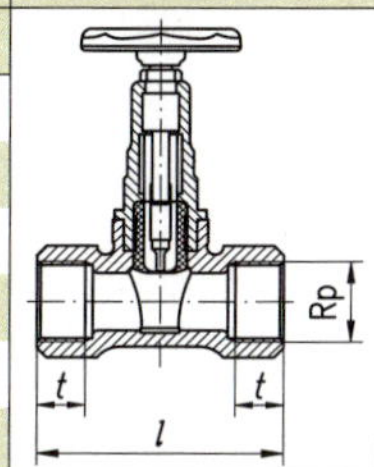

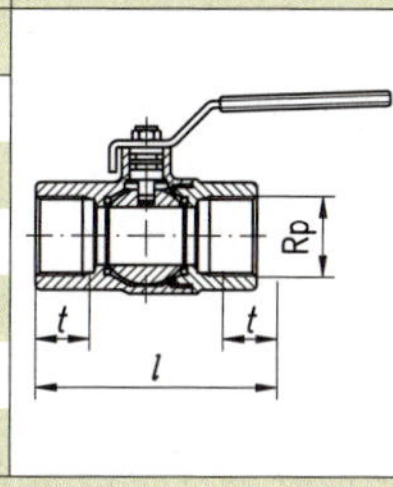

Schrägsitz KFR[1] mit Entleerung

DN	*t*	Rp	*l*
15	15	½	64,5
20	16,3	¾	75,0
25	19,1	1	90,5
32	21,4	1¼	111,5
40	21,4	1½	121,5
50	25,7	2	152,0

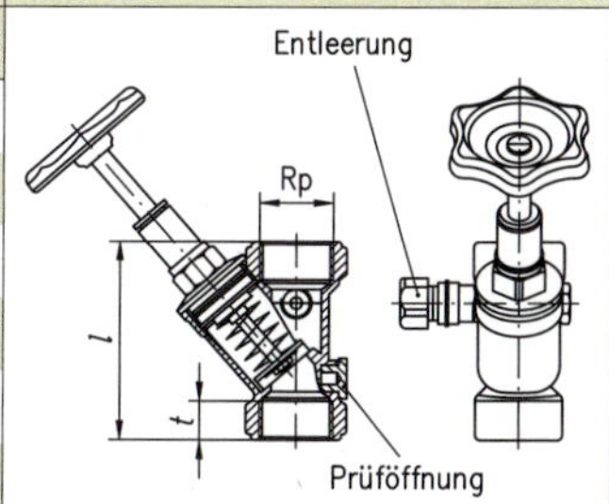

RV[2]

G	*l*
¾	70
1	80
1¼	82
1½	87
1¾	98
2⅜	115

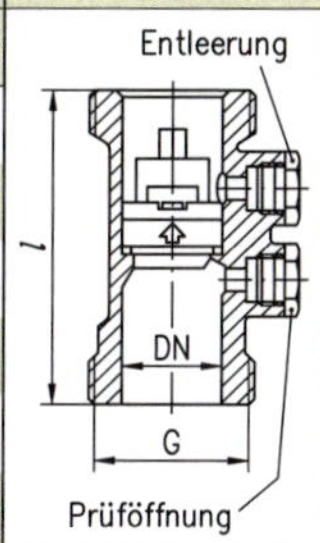

Eckregulierventil

G	½	⅜
d	10	10
l_1	49	49
l_2	18,5	23,5
t	13	13
SW_1	17	19
SW_2	19	19

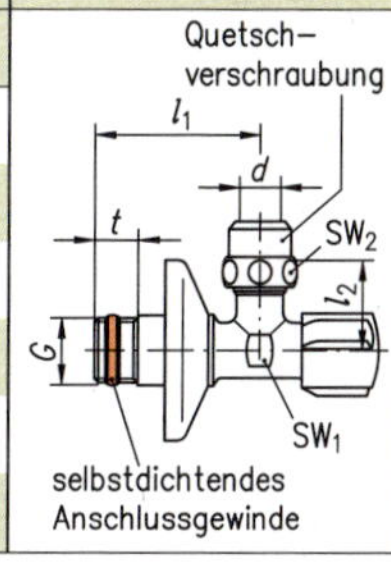

[1] KFR = Kombination Freiflussventil mit Rückflussverhinderer [2] RV = Rückflussverhinderer

121.2 Probenentnahmeventil

Herstellerangaben

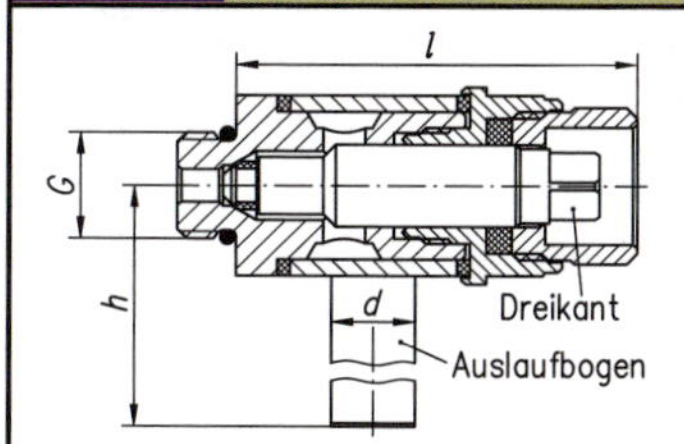

Anwendung: Probenentnahme von Trinkwasser
Werkstoff: Rotguss, Edelstahl rostfrei
Ventilsitz-Dichtung: Polytetrafluorethylen (PTFE)
Betätigung: Dreikant-Schlüssel gegen unbefugte Wasserentnahme, Innensechskant
Auslaufbogen: Edelstahl rostfrei; abflammbar, drehbar
Betriebstemperatur: ≤ 90 °C
Betriebsdruck: PN16

DN	für DN[1]	G[2]	*d* in mm	*h* in mm	*l* in mm
8	15–50	¼	10	125	48
10	65–150	⅜	10	125	48

[1] Nennweite der Armatur, an der die Probenentnahme erfolgt
[2] Gewinde-Nenngröße der Entleerung der Armatur

121.3 Absperrklappe mit Flanschanschluss[1]

Herstellerangaben

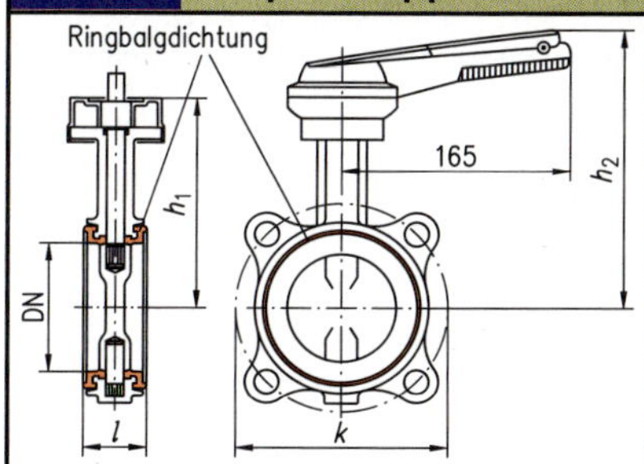

DN	*l*[2]	h_1	h_2	*k* PN6	*k* PN10/16
20	27	101	153	75	85
25	27	104	156	75	85
32	27	108	160	90	100
40	33	126	178	100	110
50	43	131	183	110	125
65	46	157	209	130	145

Anwendung: Heizung, Trinkwasser, Gas, Öl, Glykol, Lüftung
Werkstoff: Gehäuse: Gusseisen
Gehäusebeschichtung: PU
Hebel: Aluminium
Klappenscheibe: Edelstahl
Ringbalg: EPDM (≤ 130 °C), NBR (≤ 90 °C)
Betätigung: Hebel mit Rastfunktion oder elektrischer Stellantrieb
Zubehör: Thermometer-Aufsatz

[1] wird zwischen Flanschen montiert, bzw. geklemmt [2] Länge von Flansch-Armaturen nach DIN EN 558: 2020-10

122.1 Einsatzgebiete gängiger Werkstoffe in der Entwässerung DIN 1986-4: 2019-08

Werkstoff	Norm	Anschluss-, Verbindungsleitung	Schmutzwasserfallleitung	Sammelleitung	Grundleitung[5]		Lüftungsleitung	Regenwasserfallleitung im		Leitungen für Kondensate aus Feuerungsanlagen	Brandverhalten der Baustoffe nach DIN EN 13501-1
					unzugänglich in der Grundplatte	im Erdreich		Gebäude	Freien		
Gusseisernes Rohr, Lamellengraphit	DIN EN 877 mit DIN 19522	+	+	+	+	+[4]	+	+	+	–[3]	A 1 nicht brennbar
Gusseisernes Rohr, duktil	DIN EN 598	–	–	–	+	+	–	–	–	–[3]	A 1 nicht brennbar
Stahlrohr	DIN EN 1123-1 DIN EN 1123-2	+	+	+	+	+[2]	+	+	+	–[3]	A 1 nicht brennbar
Rohr aus nichtrostendem Stahl	DIN EN 1124-1 DIN EN 1124-2 DIN EN 1124-3	+	+	+	+	+[2]	+	+	+	+	A 1 nicht brennbar
Blechrohre (Zn, Cu, Al, verz. Stahl)	DIN EN 612	–	–	–	–	–	–	–	+[2]	–	A 1 nicht brennbar
PE-HD Rohr	DIN EN 1519-1	+	+	+	+	–	+	+	+	+	B 2 normal entflammbar
PE-HD Rohr	DIN EN 12666-1	–	–	–	+	+	–	–	–	+	–
PP Rohr	DIN EN 1451-1	+	+	+	+	–	+	+	–	+	B 1 schwer entflammbar
ABS Rohr	DIN EN 1455-1	+	+	+	+	–	+	+	–	+	B 2 normal entflammbar
SAN + PVC Rohr	DIN EN 1565-1	+	+	+	+	–	+	+	–	+	B 2 normal entflammbar
PP Rohr	DIN EN 1852-1	–	–	–	+	+	–	–	–	+	–
PP Rohr profiliert	DIN EN 13476-1 DIN EN 13476-2 DIN EN 13476-3	–	–	–	+	+	–	–	–	+	–
PP Rohr mineralverstärkt	DIN EN 14758-1	–	–	–	+	+	–	–	–	+	–
Stahlbetonrohr Typ 1	DIN EN 1916 mit DIN V 1201[1]	–	–	–		+	+	–	–	–	A 1 nicht brennbar
Faserzementrohr	DIN EN 12763	+	+	+	–	–	+	+	+	–[5]	A 1 nicht brennbar
Faserzementrohr	DIN EN 588-1	–	–	–	+	+	–	–	+	–[5]	A 1 nicht brennbar
Blechrohre (Zn, Cu, Al, verz. Stahl)	DIN EN 612	–	–	–	–	–	–	–	+[2]	–	A 1 nicht brennbar
PVC-U Rohr	DIN EN 1401-1	–	–[3]	–[3]	+	+[4]	–	–	–	+	B 1 schwer entflammbar
PVC-U Rohr	DIN EN 1229-1 mit DIN 19531-10	+	+	+	+	–	+	+	–	+	B 1 schwer entflammbar
PVC-U, Regenfallleitung	DIN EN 12200-1	–	–	–	–	–	–	–	+[2]	–	B 1 schwer entflammbar
PVC-U Rohr/ profiliert	DIN EN 13476-1 DIN EN 13476-2 DIN EN 13476-3	–	–	–	+	+	–	–	–	+	–
PVC-C Rohr	DIN EN 1566-1	+	+	+	+	–	+	+	+[2]	+	B 1 schwer entflammbar

[1] Typ 2 Anwendung für Misch- und Schmutzwasserkanäle. [2] Nicht als Standrohr verwendbar. [3] Darf als Fall- und Sammelleitung verwendet werden, sofern keine höheren Abwassertemperaturen als 45 °C zu erwarten sind. [4] Mindestens SN 4 nach DIN EN 1401-1. [5] Bei Wechsel der Muffenmaße innerhalb einer Abwasserleitung müssen Übergangsstücke verwendet werden. Sind diese nicht verfügbar, ist ein Schacht anzuordnen. +: darf verwendet werden –: darf nicht verwendet werden

122.2 Muffenlose gusseiserne Rohre DIN 19522: 2016-12

Bezeichnung	Beschreibung	Einsatz
SML	Außen verzinkt und mit Anstrich versehen (meistens rotbraun), innen epoxidbeschichtet	Verlegung im Gebäudeinneren, durch günstige Wärmedehnung auch Verlegung im Beton zulässig. Bei Einbau außerhalb des Gebäudes (z. B. als Standrohr) zusätzlichen Rostschutzanstrich vorsehen.
KML	Außen sprühverzinkt und epoxidbeschichtet, innen doppelt epoxidbeschichtet, um eine erhöhte Beständigkeit zu erreichen	Für fetthaltige Küchenabwässer in der Zuleitung zum Fettabscheider. Bei fachgerechter Verlegung (Schnittkanten-schutz) beständig gegen aggressive Zersetzungsprodukte der Fette. Verlegung im Gebäude oder im Erdreich.
TML	Außen dicker sprühverzinkt als SML und epoxidbeschichtet, innen epoxidbeschichtet	Verlegung im Erdreich mit speziellen Verbindern.

123.1 Rohre Gusseisen muffenlos — DIN 19522: 2016-12

Nennweite	Außen Ø		Wanddicke Rohre und Formstücke		Einschublänge (Dichtzone)	Mögliche Innendruckbelastung		Rohrgewicht leer	Rohrgewicht gefüllt	Oberfläche m²
DN	d_a	zul. Abw.	Nennmaß	Mindestmaß	t	Rohre bis	Formstücke* bis	ca.kg/m	ca. kg/m	je m
50	58	+2,0/−1,0	3,5	3,0	30	10 bar	10 bar	5,3	7,3	0,18
80	83	+2,0/−1,0	3,5	3,0	35	10 bar	10 bar	6,7	11,1	0,26
100	110	+2,0/−1,0	3,5	3,0	40	10 bar	10 bar	8,5	16,8	0,35
125	135	+2,0/−2,0	4,0	3,5	45	10 bar	10 bar	11,7	24.4	0,42
150	160	+2,0/−2,0	4,0	3,5	50	10 bar	5 bar	14,3	32,5	0,50

* ausgenommen Reinigungsrohre, Geruchverschlüsse, Enddeckel mit Klemmschelle und Anschlussstücke.
Lieferlänge Standard: Stangen der Länge l = 3m

123.2 Übergangsstücke Gusseisen muffenlos — DIN 19522: 2016-12

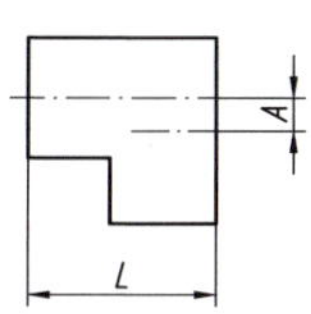

DN	A [mm]	L [mm]	m [kg]
80 × 50	12,5	80	0,7
100 × 50	25	80	0,9
100 × 80	13,5	90	1,0
125 × 50	38,5	85	1,4
125 × 80	26	95	1,7
125 × 100	12,5	95	1,5
150 × 50	51	95	2,0
150 × 80	37,5	100	2,3
150 × 100	25	105	2,2
150 × 125	12,5	110	2,2

123.3 Abzweige Gusseisen muffenlos (Maße in mm) — DIN 19522: 2016-12

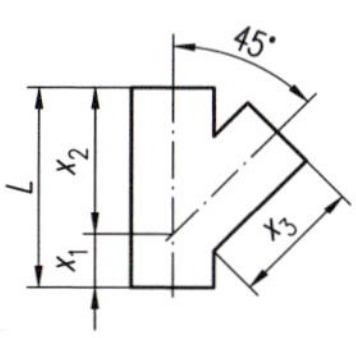

DN	X_1 [mm]	X_2 [mm]	X_3 [mm]	L [mm]	m [kg]
50 × 50	50	135	135	138	1,4
80 × 50	50	140	140	190	1,7
80 × 80	65	160	160	225	2,4
100 × 50	35	165	165	200	2,5
100 × 80	55	175	175	230	3,3
100 × 100	70	205	205	275	4,2
125 × 50	20	185	185	205	3,4
125 × 80	40	200	200	240	3,6
125 × 100	60	220	220	280	5,2
125 × 125	80	240	240	320	6,4

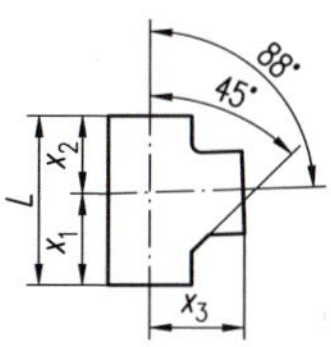

Abzweig 88°, Einlaufwinkel 45°

DN	X_1 [mm]	X_2 [mm]	X_3 [mm]	L [mm]	m [kg]
50 × 50	79	66	80	145	0,9
80 × 50	95	85	90	180	1,4
80 × 80	95	85	95	180	1,8
100 × 50	94	76	105	170	2,1
100 × 80	105	85	110	190	2,5
100 × 100	115	105	120	220	2,9
125 × 50	98	82	120	180	3,0
125 × 80	110	100	125	205	3,1
125 × 100	125	110	130	235	4,0
125 × 125	137	123	135	260	4,6

Bezeichnung: SML-Abzweig DIN 19522 – DN X dn – Winkel   DN: größere Nennweite, dn: kleinere Nennweite
Beispiel: SML-Abzweig DIN 19522 – 80X50 – 88°

123.4 Mehrfachabzweige Gusseisen muffenlos — DIN 19522: 2016-12

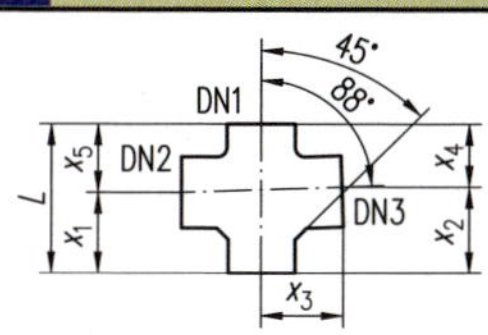

Doppelabzweig 88°, Einlaufwinkel 45°

$DN_1 \times DN_2 \times DN_3$	X_1 [mm]	X_2 [mm]	X_3 [mm]	X_4 [mm]	X_5 [mm]	L [mm]	m [kg]
100 × 50 × 50	100	100	105	80	80	180	2,2
100 × 80 × 80	110	110	120	95	95	205	3,2
100 × 100 × 100	120	120	120	110	110	230	3,4
150 × 100 × 100	130	130	145	115	115	245	5,9

Mehrfachabzweige (Fortsetzung)

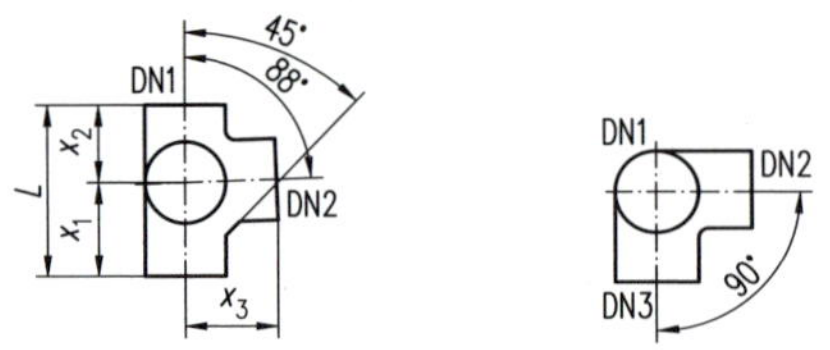

Eckabzweig 88°, Einlaufwinkel 45°, Spreizwinkel 90°

$DN_1 \times DN_2 \times DN_3$	X_1 [mm]	X_2 [mm]	X_3 [mm]	L [mm]	m [kg]
80 × 80 × 80	105	90	105	195	2,2
100 × 50 × 100 rechts	115	105	104	220	3,1
100 × 80 × 80	110	95	120	205	2,5
100 × 100 × 50 links	89	131	120	220	3,1
100 × 100 × 100	115	105	120	220	3,4
125 × 80 × 80	105	100	125	205	4,5
125 × 100 × 100	125	110	130	235	4,6

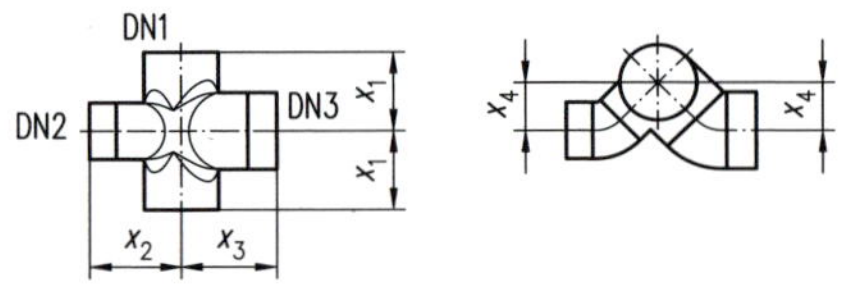

Kombinationsabzweig, Einlaufwinkel 45°

$DN_1 \times DN_2 \times DN_3$	X_1 [mm]	X_2 [mm]	X_3 [mm]	X_4 [mm]	m [kg]
100 × 100 × 80	115	140	135	70	4,1
100 × 100 × 100	115	140	140	70	5,0

124.1 Bögen Gusseisen

DIN 19522: 2016-12

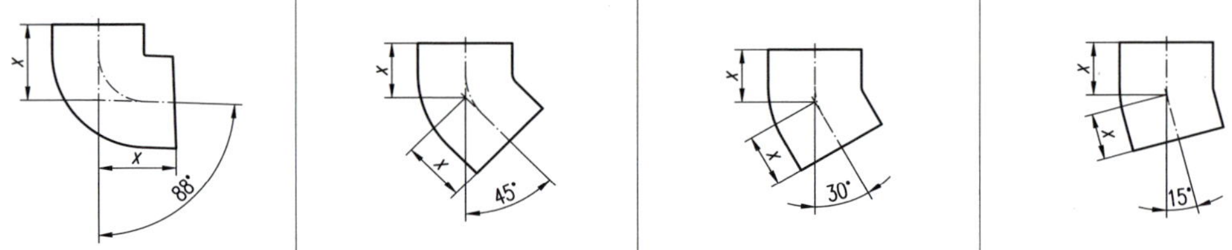

DN	X [mm]	m [kg]	DN	X [mm]	m [kg]	DN	X [mm]	m [kg]	DN	X [mm]	m [kg]
50	75	0,7	50	50	0,5	50	45	0,5	50	50	40
80	95	1,2	80	60	0,9	80	60	0,9	80	80	50
100	110	2,1	100	70	1,5	100	60	1,3	100	100	50
125	125	3,2	125	80	2,3	125	70	2,0	125	125	60
150	145	5,2	150	90	3,5	150	80	3,1	150	150	65

124.2 Kombination von Formstücken Gusseisen

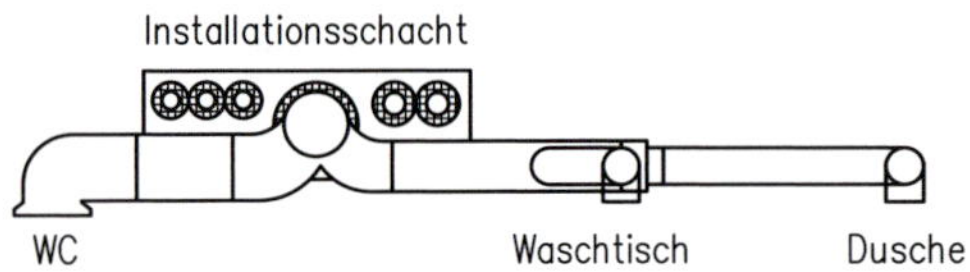

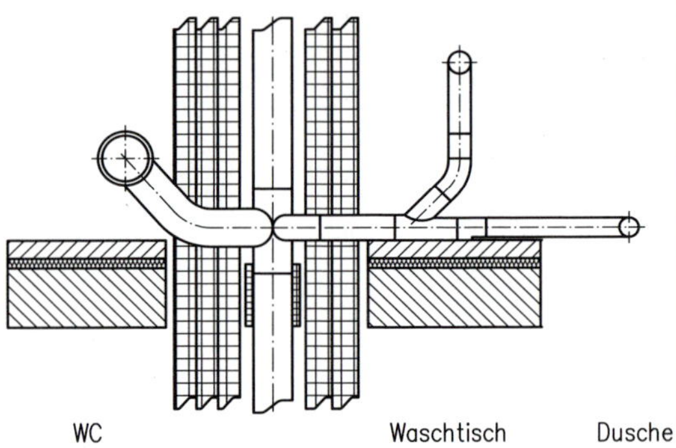

125.1 Sonderformstücke Gusseisen DIN 19522: 2016-12

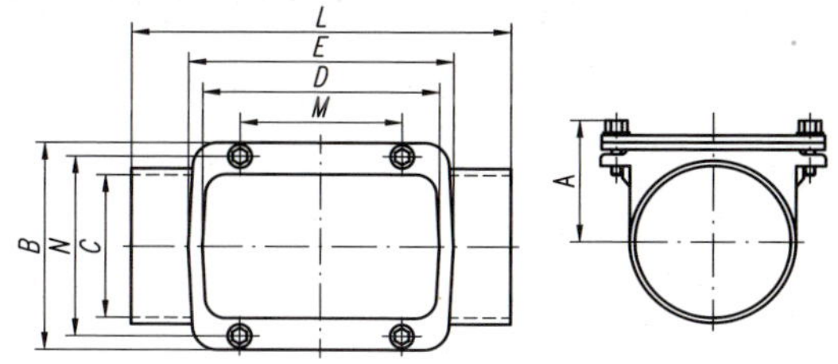

Reinigungsrohr mit rechteckiger Öffnung für Grund- und Fallleitungen

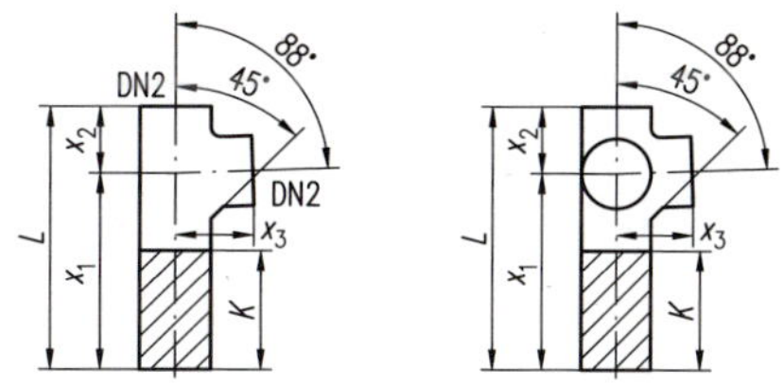

Abzweig und Eckabzweig mit langem Schenkel

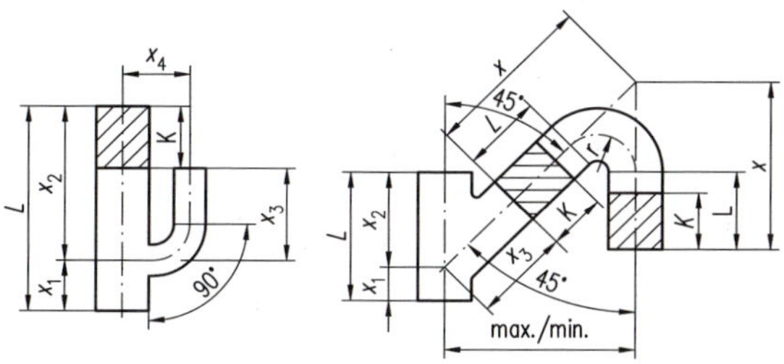

Parallelabzweig Bogen für den Anschluss einer Umgehungsleitung

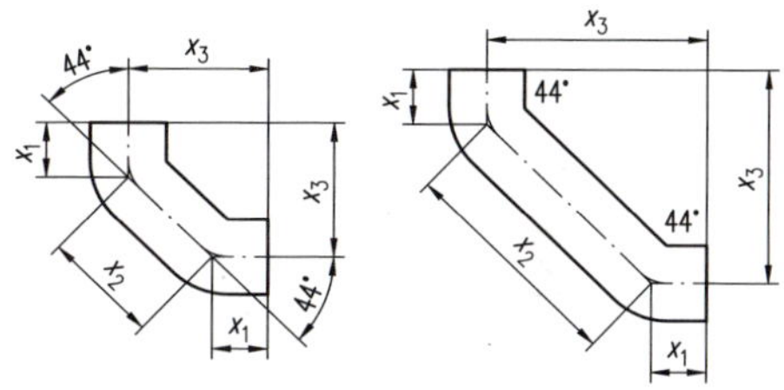

Doppelbogen ohne und mit Beruhigungsstrecke

125.2 Verbinder Gusseisen DIN 19522: 2016-12

	Rapid-Verbinder, auch in INOX-Ausführung erhältlich Einschraubenverbinder Längskraftschlüssigkeit bis 0,5 bar
	CV-Verbinder, auch in INOX-Ausführung erhältlich, Spezialausführung auch für Erdverlegung Zweischraubenverbinder Längskraftschlüssigkeit keine, bei Krallenmontage (zusätzlich): DN50-DN200: 5 bar
	Connect-Verbinder mit und ohne Krallen, auch in INOX-Ausführung erhältlich, Verbinder für die Verlegung im Erdreich und bei direkter Bewitterung. Mit Krallen längskraftschlüssig: DN50-DN400: 10 bar
	Kombi-Kralle, Sicherungsschelle zum Einsatz in Verbindung mit Rapid- oder CV-Verbinder zur längskraftschlüssigen Verbindung DN50-DN100: bis 10 bar DN125-DN150: bis 5 bar DN200: bis 3 bar

Außerdem sind Übergangs- und Anschlussstücke für die gängigen Rohrwerkstoffe und Sanitärgegenstände erhältlich.

2 Rohre und Armaturen

126.1 Rohre PE-HD

DIN 19522: 2016-12

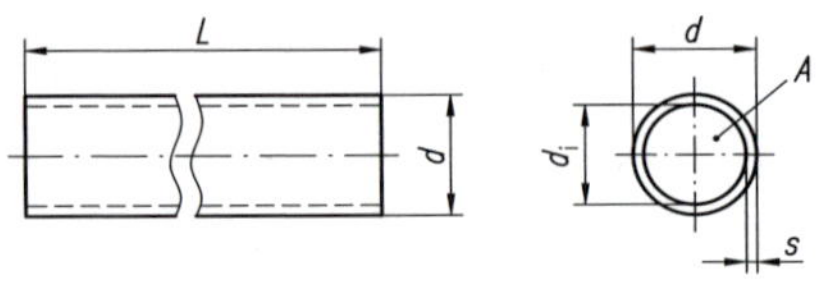

DN	d [mm]	d_i [mm]	s [mm]	L [m]	A [mm²]	PN [bar]	S [mm]
30	32	26	3	5	53	10,3	5
40	40	34	3	5	90	8,1	6,3
50	50	44	3	5	152	6,4	8
56	56	50	3	5	196	5,7	8,8
70	75	69	3	5	373	4,1	12,5
90	90	83	3,5	5	541	4	12,5
100	110	101,4	4,3	5	807	4	12,5

126.2 Übergangsstücke PE-HD

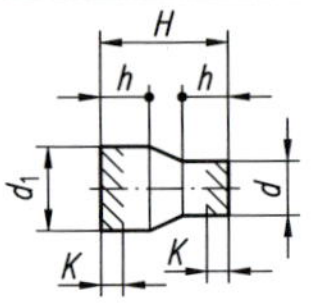

Zentrisch kurz

DN	d [mm]	d_1 [mm]	H [mm]	k [mm]	K [mm]
40/30	40	32	80	30	15
50/30	50	32	80	30	15
100/90	100	90	80	30	15

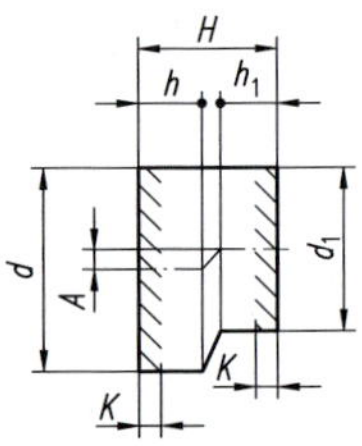

Exzentrisch kurz

Lieferbar auch in langer Version

DN	d [mm]	d_1 [mm]	A [mm]	H [mm]	h [mm]	h_1 [mm]	K [mm]
50/40	50	40	5	80	35	37	20
56/40	56	40	8	80	35	37	20
56/50	56	50	3	80	35	37	20
70/40	75	40	18	80	35	37	20
70/50	75	50	13	80	35	37	20
70/56	75	56	10	80	35	37	20
90/50	90	50	20	80	35	37	20
90/56	90	56	17	80	35	37	20
90/70	90	75	8	80	35	37	20
100/40	110	40	34	80	35	37	20
100/50	110	50	29	80	35	37	20
100/56	110	56	26	80	35	37	20
100/70	110	75	16	80	35	37	20
100/90	110	90	9	80	35	37	20

K: mögliche Kürzung

126.3 Abzweige PE-HD

Abzweig 88,5°

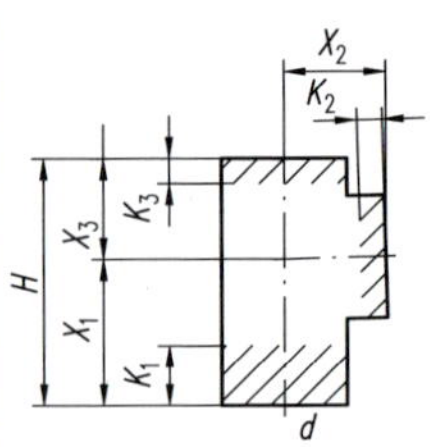

DN	d [mm]	d_1 [mm]	H [mm]	X_1 [mm]	X_3 [mm]	K_1 [mm]	K_2 [mm]	K_3 [mm]
30/30	32	32	85	50	35	25	10	10
40/30	40	32	130	75	55	50	25	20
40/40	40	40	130	75	55	45	25	25
50/40	50	40	150	90	60	60	25	30
50/50	50	50	150	90	60	55	25	25
56/50	56	50	175	105	70	70	30	35
56/56	56	56	175	105	70	65	30	30
70/40	75	40	175	105	70	75	25	40
70/50	75	50	175	105	70	70	25	35
70/56	75	56	175	105	70	65	25	30
70/70	75	75	175	105	70	55	25	25
90/40	90	40	200	150	80	85	25	45
90/50	90	50	200	120	80	85	25	45
90/56	90	56	200	120	80	80	25	40
90/70	90	75	200	120	80	70	25	30
90/90	90	90	200	120	80	65	25	25
100/40	110	40	225	135	90	100	25	60

Abzweige PE-HD (Fortsetzung)

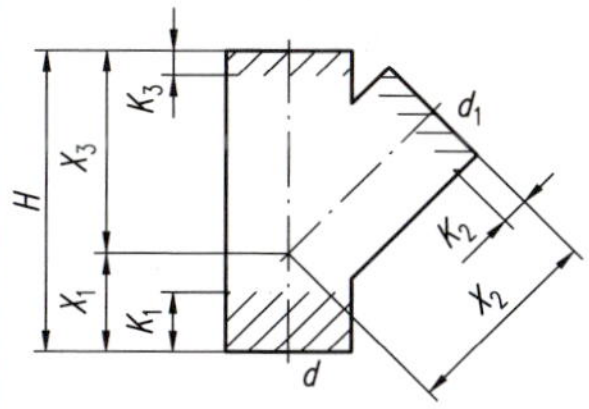

Abzweig 45°

DN	d [mm]	d_1 [mm]	H [mm]	X_1 [mm]	X_3 [mm]	K_1 [mm]	K_2 [mm]	K_3 [mm]
30/30	32	32	105	35	70	20	20	20
40/40	40	40	135	45	90	25	30	30
50/40	50	40	165	55	110	40	45	45
50/50	50	50	165	55	110	35	20	20
56/50	56	50	180	60	120	40	30	30
56/56	56	56	180	60	120	40	25	25
70/40	75	40	210	70	140	65	50	60
70/50	75	50	210	70	140	60	30	40
70/56	75	56	210	70	140	55	25	35
70/70	75	75	210	70	140	40	25	25
90/40	90	40	240	80	160	75	55	65
90/50	90	50	240	80	160	80	40	50
90/56	90	56	240	80	160	75	35	45
90/70	90	75	240	80	160	65	30	35
90/90	90	90	240	80	160	50	20	20
100/40	110	40	270	90	180	95	60	75
100/50	110	50	270	90	180	95	50	55

127.1 Mehrfachabzweige PE-HD

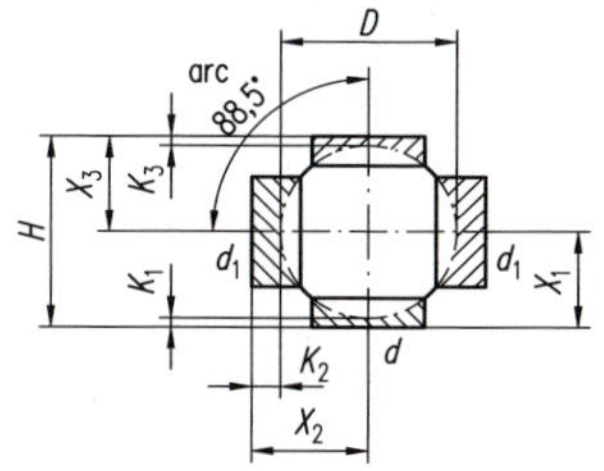

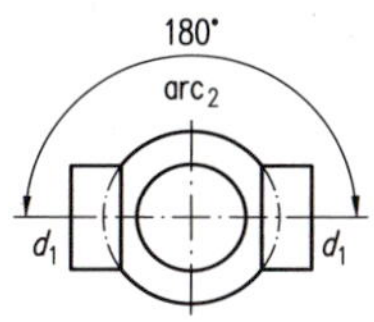

Kugelabzweig zweifach 88,5°

Andere Bauformen:

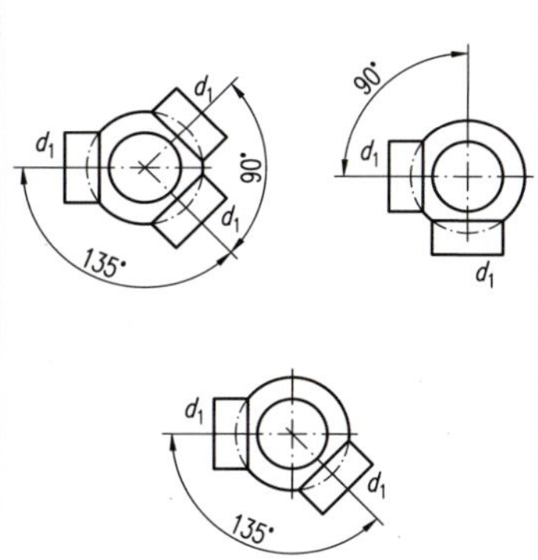

DN	d [mm]	d_i [mm]	arc [°]	arc_2 [°]	D [mm]	H [mm]	X_1 [mm]	X_3 [mm]	K_1 [mm]	K_2 [mm]	K_3 [mm]
70/70	75	75	88,5	180	120	160	80	80	15	35	15
100/100	110	110	88,5	180	170	200	100	100	15	40	15

127.2 Bögen PE-HD

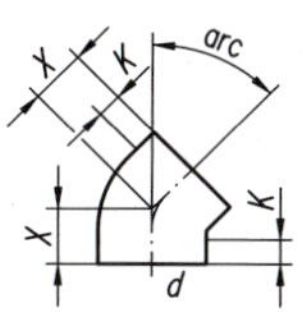

DN	d [mm]	arc [°]	X [mm]	K [mm]
40	40	45	40	20
50	50	45	45	20
50	50	88,5	60	20
56	56	45	45	20
56	56	88,5	65	20
70	75	45	50	20
70	75	88,5	75	20
90	90	45	55	20
90	90	88,5	80	20
100	110	45	60	25
100	110	88,5	95	25

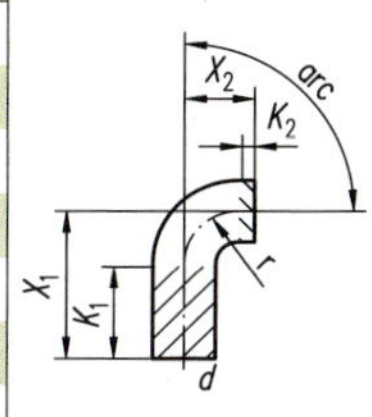

Bogen mit langem Schenkel

DN	d [mm]	arc [°]	X_1 [mm]	K_1 [mm]	K_2 [mm]	r [mm]
30	32	90	100	70	–	30
40	40	90	150	120	–	30
50	50	90	180	140	–	40
56	56	88,5	210	170	0	40
56	56	90	210	170	–	40
70	75	88,5	210	140	0	70
70	75	90	210	140	–	70
90	90	90	240	150	–	90
100	110	15	180	155	45	–
100	110	30	195	155	450	–
100	110	45	147	110	25	–
100	110	90	270	170	–	100

128.1 Sonderformstücke PE-HD

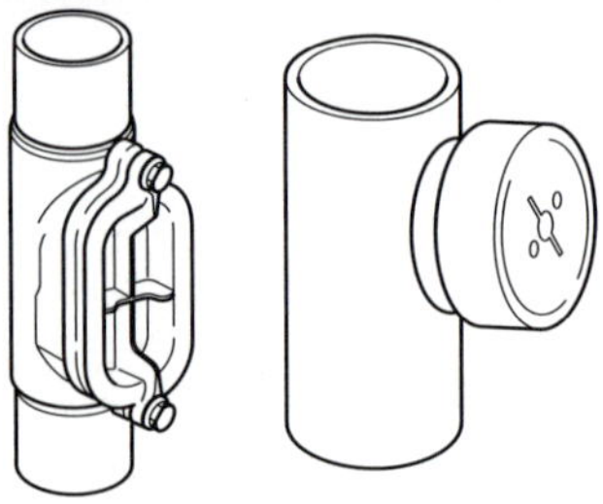

Reinigungsrohr mit ovaler oder runder Serviceöffnung

Doppelanschlussbogen

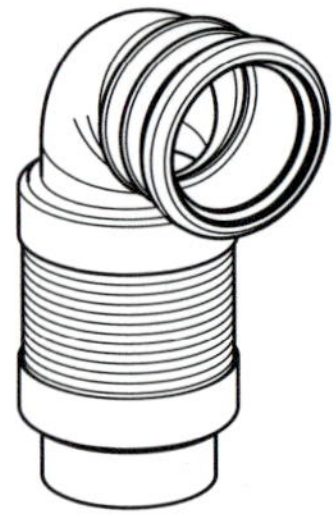

Anschlussbogen für Wand-WC (ausziehbar)

128.2 Verbinder PE-HD

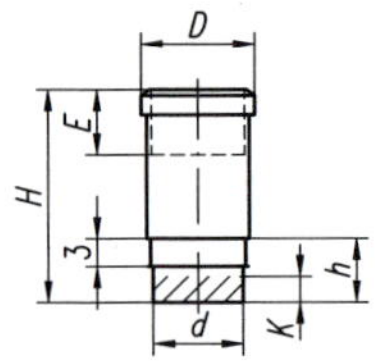

Langmuffe als Dehnungsausgleich mit Bund zur Aufnahme der Festschelle

DN	d [mm]	D [mm]	E [mm]	H [mm]	h [mm]	K [mm]
30	32	46	35–70	128	39	0
40	40	55	65–130	237	68	30
50	50	67	65–130	240	68	30
56	56	74	65–130	240	68	30
70	75	97	70–135	246	68	30
90	90	113	70–135	249	69	30
100	110	136	75–140	256	73	35

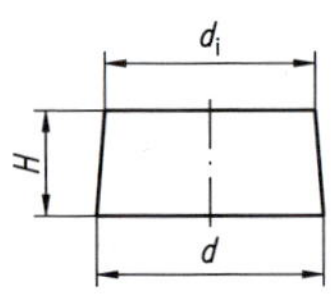

Stützring bei Benutzung von Spannverbindern

DN	d [mm]	d_i [mm]	H [mm]
56	56	50	40
70	75	69	40
90	90	83	40
100	110	101,4	40
125	125	115,2	40
150	160	147,6	40

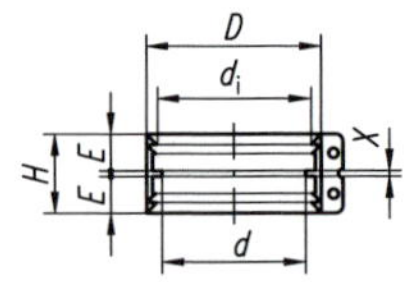

Übergangsspannverbinder

DN	d [mm]	d_i [mm]	D [mm]	E [mm]	H [mm]	X [mm]
56	56	58	75	27	57	3
70	75	68	90	27	57	3
70	75–76	78	93	27	57	3
70	75–76	83–84	98	27	57	3
70	75–76	89–90	103	27	57	3
90	89–90	83–84	111	27	57	3
90	89–90	89–90	103	27	57	3
100	108–110	108–110	125	27	57	3
100	108–110	114–116	131	33	69	3

Heizwendelschweißmuffe

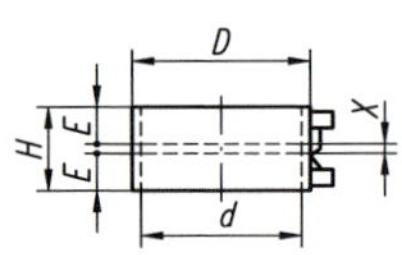

DN	d [mm]	D [mm]	E [mm]	H [mm]	X [mm]
56	56	68	28	60	3
70	75	89	28	60	3
90	90	104	28	60	3
100	110	125	28	60	3

Außerdem sind Übergangs- und Anschlussstücke für die gängigen Rohrwerkstoffe und Sanitärgegenstände erhältlich.

129.1 Rohre aus Mineralverstärktem Polypropylen (PP-MX) DIN 19522: 2016-12

Aufbau:

Durch das hohe spezifische Gewicht werden gute Schallschutzwerte erreicht.

Dichte: 1,8 g/cm³

Längendehnungskoeffizient: 0,08 mm/(m · K)

Besonderheiten:

Verlegerichtlinien des Herstellers sind zu beachten.

Längendehnung muss aufgenommen werden können.

Durch Verwendung von Krallen an den Steckmuffen kann kurzzeitig eine Druckfestigkeit von 2 bar erreicht werden.

Dauerhafte planmäßige Druckbelastung ist nicht zulässig.

129.2 Rohre PP-MX DIN 19522: 2016-12

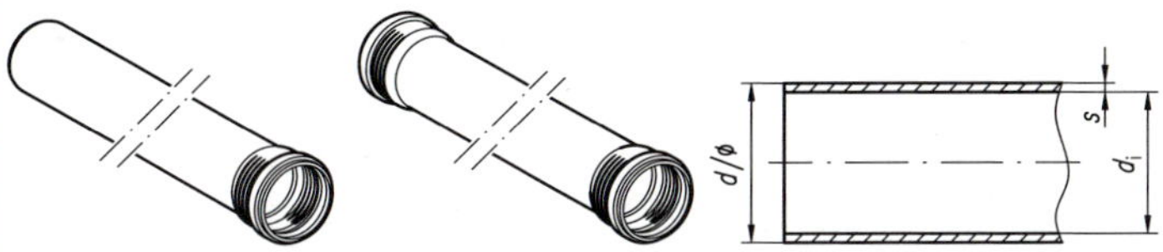

Ausführung mit einer (*) und zwei Muffen (**) erhältlich, Rohrlänge je nach Ausführung und Nennweite:

150 mm* 250 mm* 500 mm* 1 000 mm* 1 500 mm*, ** 2 000 mm* 3 000 mm*, **

DN	d [mm]	d_i [mm]	s [mm]
50	50	44	3
70	75	67,4	3,8
90	90	81,4	4,3
100	110	101	4,5
125	125	115	5
150	160	148	6

129.3 Übergangsstücke PP-MX

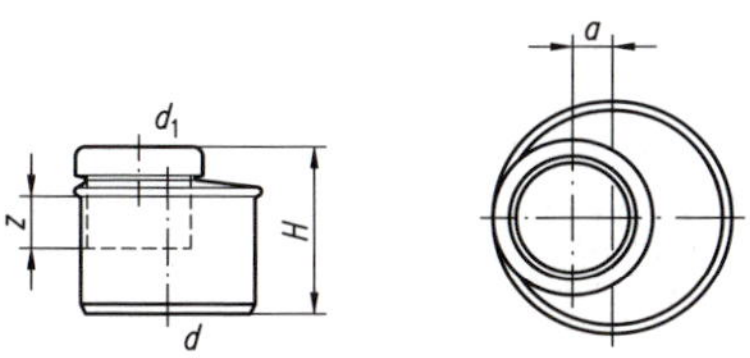

DN	d [mm]	d_1 [mm]	a [mm]	H [mm]	Z [mm]
70/50	75	50	8	8	29
90/50	90	50	15	88	23
90/70	90	75	3	89	27
100/50	110	50	25	95	22
100/70	110	75	13	96	28
100/90	110	90	5	98	31
125/90	125	90	12	104	29
125/100	125	110	2	105	37

129.4 Abzweige PP-MX (Auswahl)

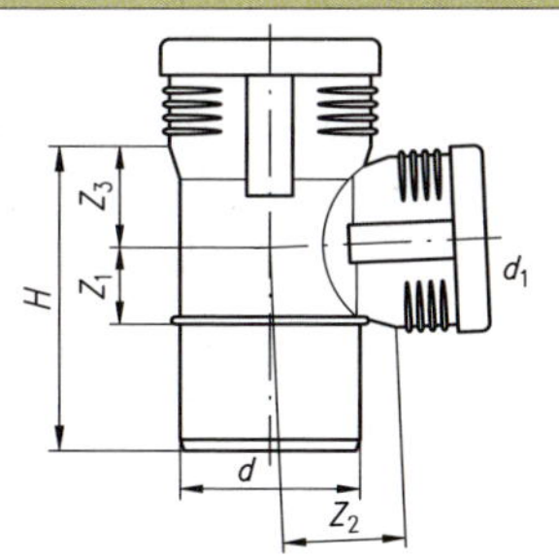

DN	d [mm]	d_1 [mm]	H [mm]	Z_1 [mm]	Z_2 [mm]	Z_3 [mm]
70/50	75	50	115	28	42	31
70/70	75	75	139	39	43	43
90/50	90	50	121	28	49	32
150/125	160	125	252	83	130	88
150/150	160	160	252	83	86	88
50/50	50	50	109	29	28	29
90/70	90	75	146	40	51	45
100/50	110	50	129	28	60	32
100/70	110	75	154	40	60	45

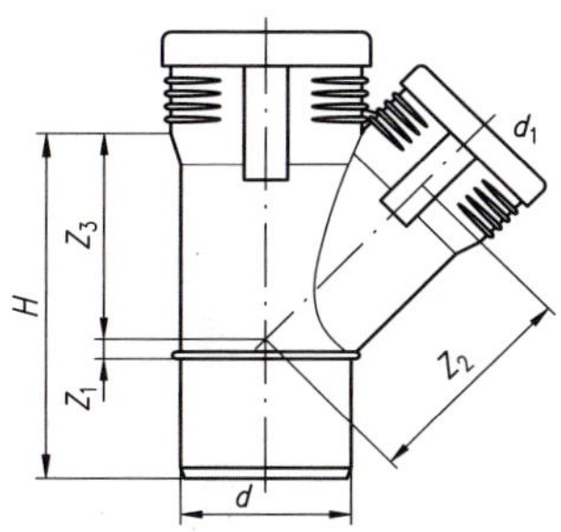

DN	d [mm]	d_1 [mm]	H [mm]	Z_1 [mm]	Z_2 [mm]	Z_3 [mm]
50/50	50	50	129	15	63	63
70/50	75	50	135	14	81	78
70/70	75	75	169	19	94	94
90/50	90	50	139	59	92	84
90/70	90	75	175	12	105	102
90/90	90	90	196	22	113	113
100/50	110	50	151	15	106	98
100/70	110	75	185	24	119	115
100/90	110	90	205	11	126	126
100/100	110	110	233	27	138	138

130.1 Mehrfachabzweige PP-MX

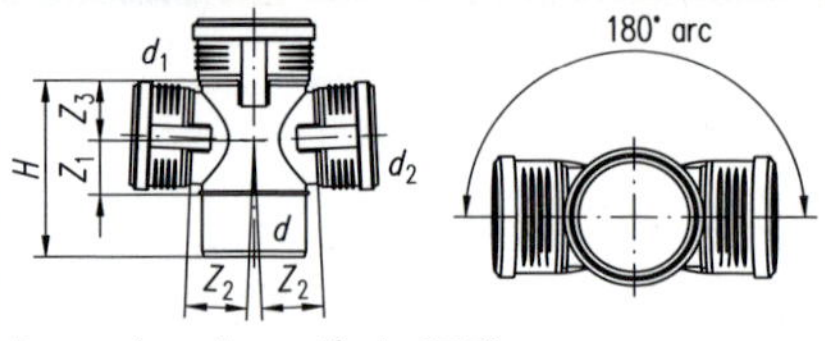

Bogenabzweig zweifach, 87,5°

DN	d [mm]	d_1 [mm]	d_2 [mm]	H [mm]	Z_1 [mm]	Z_2 [mm]	Z_3 [mm]	Z_4 [mm]
90/90/90	90	90	90	177	70	70	67	49
100/100/100	110	110	110	212	77	77	82	61
125/100/100	125	110	110	229	82	82	77	78

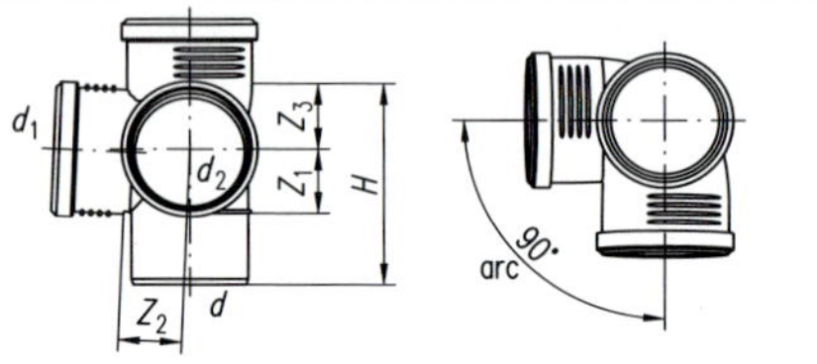

Eckabzweig 87,5°, Spreizwinkel 90°

DN	d [mm]	d_1 [mm]	d_2 [mm]	H [mm]	Z_1 [mm]	Z_2 [mm]	Z_3 [mm]
90/90/90	90	90	90	160	49	50	51
100/90/90	110	90	90	212	82	81	61
100/100/100	110	110	110	189	59	60	62
125/100/100	125	110	110	229	77	82	78

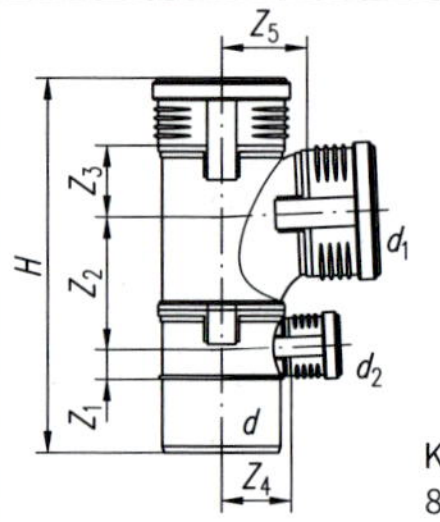

Kombibogenabzweig, 87,5°

DN	d [mm]	d_1 [mm]	d_2 [mm]	H [mm]	Z_1 [mm]	Z_2 [mm]	Z_3 [mm]	Z_4 [mm]	Z_5 [mm]
90/90/90	90	90	50	306	28	108	49	49	70
100/90/50	110	90	50	349	28	123	61	60	80
100/100/50	110	110	50	349	28	123	61	60	77

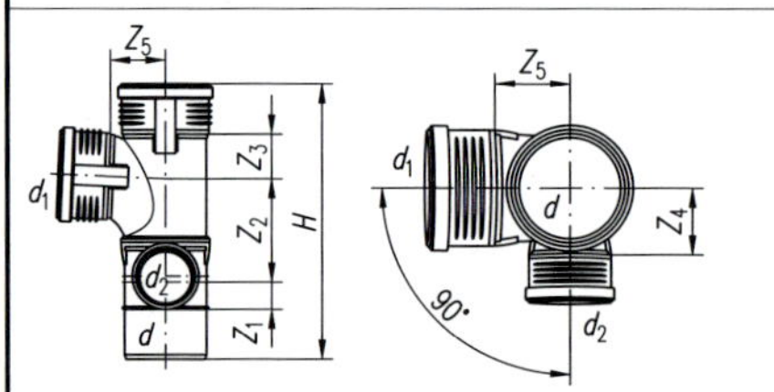

Kombibogeneckabzweig rechts, 87,5°
Auch Ausführung „links" lieferbar.

DN	d [mm]	d_1 [mm]	d_2 [mm]	H [mm]	Z_1 [mm]	Z_2 [mm]	Z_3 [mm]	Z_4 [mm]	Z_5 [mm]
90/90/50	90	90	50	306	28	108	49	49	70
100/90/50	110	90	50	349	28	122	61	60	81
100/100/50	110	110	50	345	28	123	61	60	77

130.2 Bögen PP-MX (Auswahl)

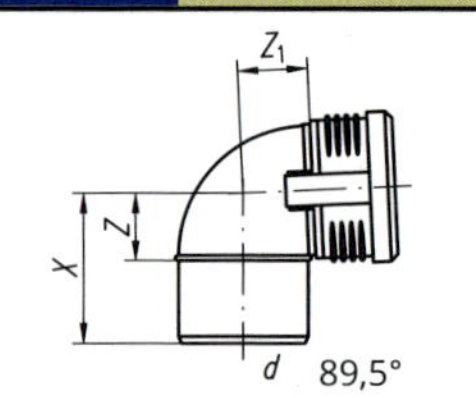

89,5°

DN	d [mm]	X [mm]	Z [mm]	Z_1 [mm]
50	75	79	28	30
70	75	97	41	42
90	90	110	49	48
100	110	128	60	60
125	125	142	68	67
150	160	166	85	84

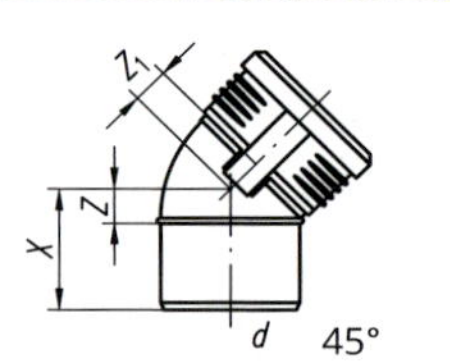

45°

DN	d [mm]	X [mm]	Z [mm]	Z_1 [mm]
50	50	65	15	14
70	75	76	20	21
90	90	85	24	25
100	110	98	30	29
125	125	107	33	33
150	160	122	42	40

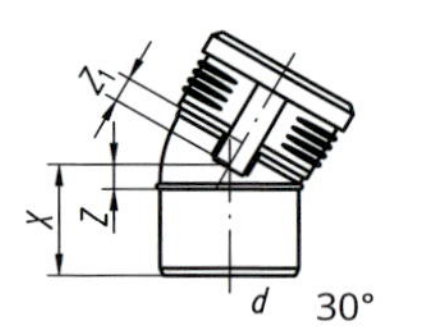

30°

DN	d [mm]	X [mm]	Z [mm]	Z_1 [mm]
50	50	62	11	10
70	75	71	15	15
90	90	79	18	17
100	110	90	21	20
125	125	98	24	25
150	160	110	30	28

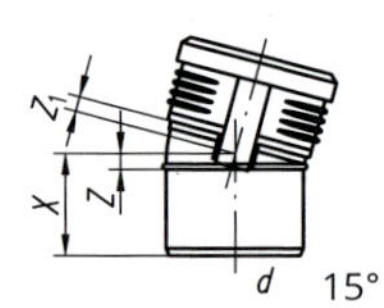

15°

DN	d [mm]	X [mm]	Z [mm]	Z_1 [mm]
50	50	58	07	11
70	75	65	09	15
90	90	73	12	16
100	110	82	14	20
125	125	89	16	24
150	160	99	19	27

131.1 Kombination von Formstücken PP-MX

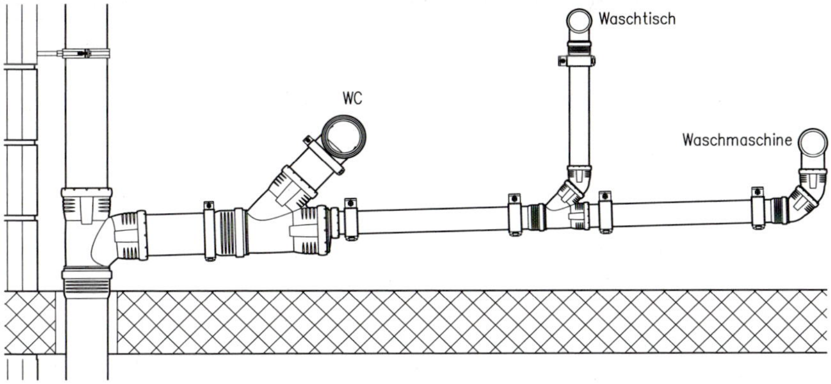

131.2 Sonderformstücke PP-MX

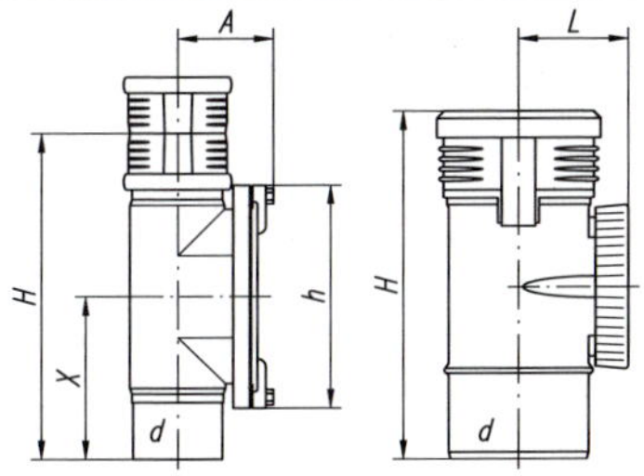

Reinigungsrohr mit ovaler oder runder Serviceöffnung

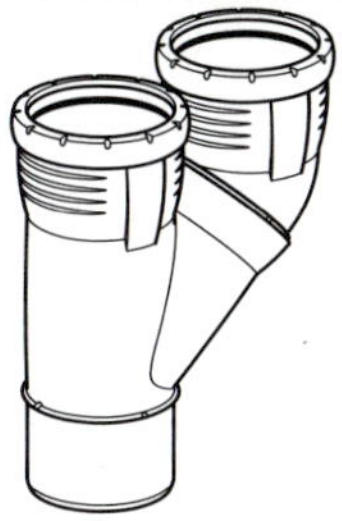

Parallelabzweig

Schachtbogenabzweig

131.3 Übergangsstücke

DIN 19522: 2016-12

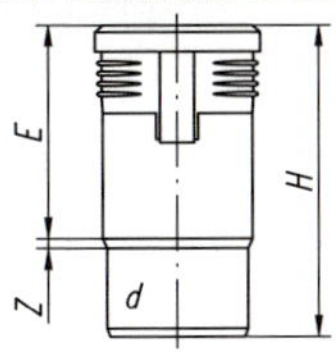

Langmuffe mit Dehnungskompensation

DN	d [mm]	E [mm]	H [mm]	Z [mm]
50	50	48–114	170	3
70	75	56–121	184	6
90	90	60–136	202	3
100	110	66–150	225	5

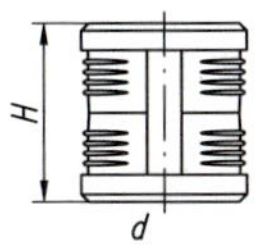

Überschiebemuffe zur Reparatur beschädigter Rohre

DN	d [mm]	H [mm]
50	50	103
70	75	113
90	90	124
100	110	139
125	125	152
150	160	165

Doppelsteckmuffe

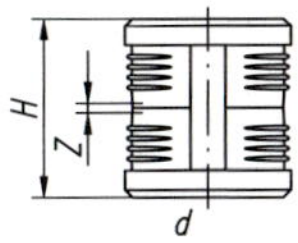

DN	d [mm]	H [mm]	Z [mm]
50	50	103	1
70	75	113	2
90	90	124	2
100	110	139	3
125	125	152	4
150	160	165	4

131.4 Sicherungskralle für PP-MX

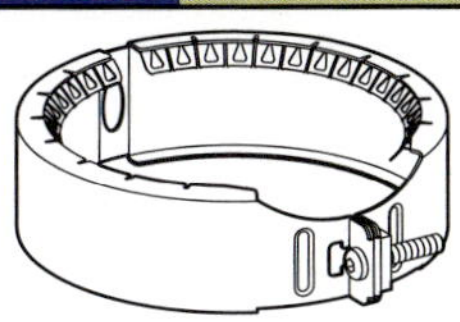

Anbringen einer Sicherungskralle sichert die Steckmuffenverbindung gegen kurzzeitige Innendrücke bis 2 bar.
Anwendung beispielsweise bei innenliegender Niederschlagsentwässerung

Außerdem sind Übergangs- und Anschlussstücke für die gängigen Rohrwerkstoffe und Sanitärgegenstände erhältlich.

2 Rohre und Armaturen

132.1 Anforderungen an Schalldruckpegel durch Sanitärtechnik/Wasserinstallationen, Schall aus fremden Wohnungen

VDI 4100: 2012-10

Regelwerk	Anforderungen	Zulässiger Schalldruckpegel L_p in Wohn- und Schlafräumen in dB(A)	
		In Mehrfamilienhäusern	In Einfamilienreihen- und Doppelhäusern
DIN 4109-1	Mindestanforderungen	30	30
DIN 4109-5	Erhöhte Anforderungen	27	25
VDI 4100 Mehrfamilienhäuser	Schallschutzstufe I	30	
	Schallschutzstufe II	27	
	Schallschutzstufe III	24	

132.2 Zulässige Schalldruckpegel in schutzbedürftigen Räumen

DIN 4109-1: 2018-01

Geräuschquelle	Wohn- und Schlafräume	Unterrichts- und Arbeitsräume
Sanitärtechnik/Wasserinstallationen	≤ 30 dB(A)[1)]	≤ 30 dB(A)[1)]
Sonstige fest installierte Anlagen	≤ 30 dB(A)[2)]	≤ 30 dB(A)

1) Einzelne kurzzeitige Spitzen, die beim Betätigen der Armaturen und Geräte entstehen, sind nicht zu berücksichtigen. Ausführungsunterlagen müssen die Anforderungen des Schallschutzes berücksichtigen, d. h. unter anderem: zu Bauteilen müssen erforderliche Schallschutznachweise vorliegen. Verantwortliche Bauleitung ist zu benennen und hinzuzuziehen.

2) Bei lüftungstechnischen Anlagen sind um 5 dB(A) höhere Werte zulässig, sofern es sich um Dauergeräusch ohne auffällige Einzeltöne handelt.

132.3 Erhöhter Schallschutz vor Geräuschen aus gebäudetechnischen Anlagen

DIN 4109-5:2020-08

	Maximal Zulässiger Schalldruckpegel L_p in Wohn- und Schlafräumen in dB(A)	
	In Mehrfamilienhäusern	In Einfamilienreihen- und Doppelhäusern
Sanitärtechnik/Wasserinstallation Wasserversorgungs- und Abwasseranlagen gemeinsam	≤ 27 dB(A)[1), 2)]	≤ 25 dB(A)[1), 2)]
Sonstige hausinterne, fest installierte technische Schallquellen der technischen Gebäudeausrüstung, Ver- und Entsprgung sowie Garagenanlagen	≤ 27 dB(A)[2)]	≤ 25 dB(A)[2)]

1) Einzelne kurzzeitige Spitzen, die beim Betätigen der Armaturen und Geräte entstehen (öffnen, schließen, umstellen, unterbrechen), dürfen die Kennwerte um nicht mehr als 10 dB überschreiten.
Ausführungsunterlagen müssen die Anforderungen des Schallschutzes berücksichtigen, d.h. unter anderem: zu Bauteilen müssen erforderliche Schallschutznachweise vorliegen. Verantwortliche Bauleitung ist zu benennen und zu einer Teilabnahme vor Verschließen der Bauteile hinzuzuziehen.

2) Abweichend von DIN EN ISO 10052: 2010-10: 6.3.3 wird auf Messung in der schallhärtesten Raumecke verzichtet.

Nutzergeräusche (z. B. Aufstellen eines Zahnputzbechers auf einer Abstellplatte, öffnen und schließen des WC-Deckels) sollten durch körperschalldämmende Maßnahmen so weit wie möglich gemindert werden.

Wegen fehlender Reproduzierbarkeit werden hierfür keine Grenzwerte angegeben.

133.1 Rohrausdehnung und Dehnungsausgleicher

Längenausdehnung

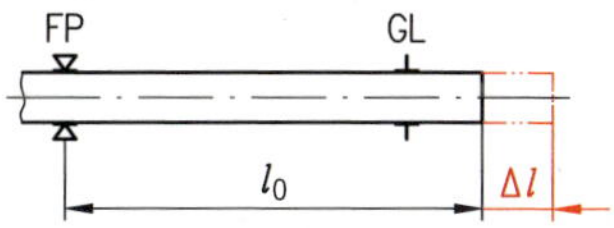

$$\Delta l = \alpha \cdot l_0 \cdot \Delta\vartheta$$

Δl	Längenänderung	in mm
l_0	Ausgangslänge	in mm
α	Längenausdehnungskoeffizient	in mm/(m · K)
$\Delta\vartheta$	Temperaturdifferenz	in K

Längenausdehnungskoeffizienten

Rohrmaterial	α in mm/(m · K)	Rohrmaterial	α in mm/(m · K)	Rohrmaterial	α in mm/(m · K)	Rohrmaterial	α in mm/(m · K)
Edelstahl	0,0165	Kunststoff PE	0,200	Kunststoff PP	0,180	Metall-Kunststoff-Verbundrohr	0,026
Kunststoff PB	0,150	Kunststoff PE-X	0,180	Kupfer	0,0165	Stahl, unlegiert	0,011

Dehnungsausgleicher

L-Bogen

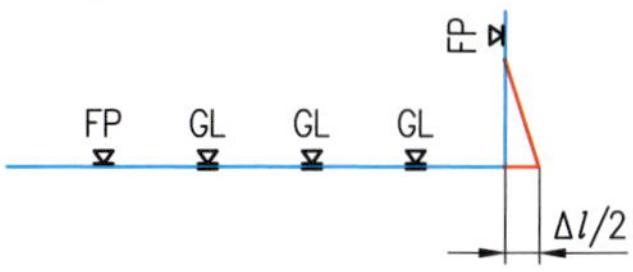

Z-Bogen

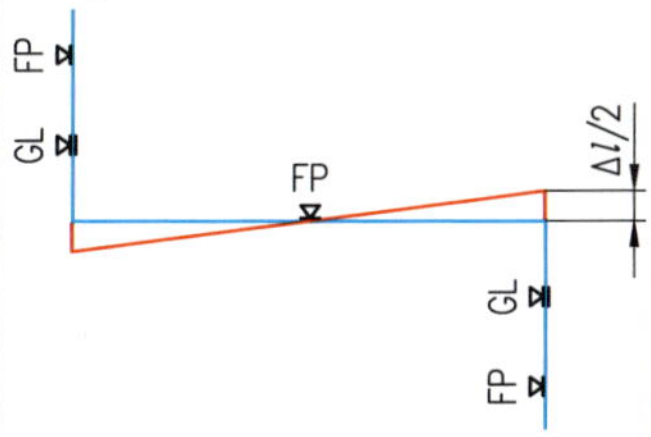

U-Bogen

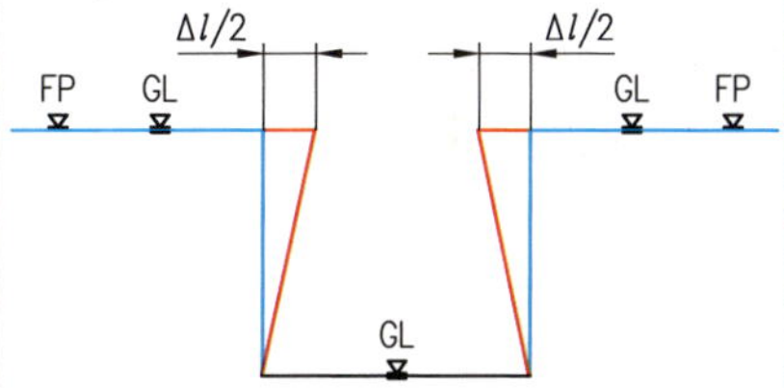

Kompensatoren

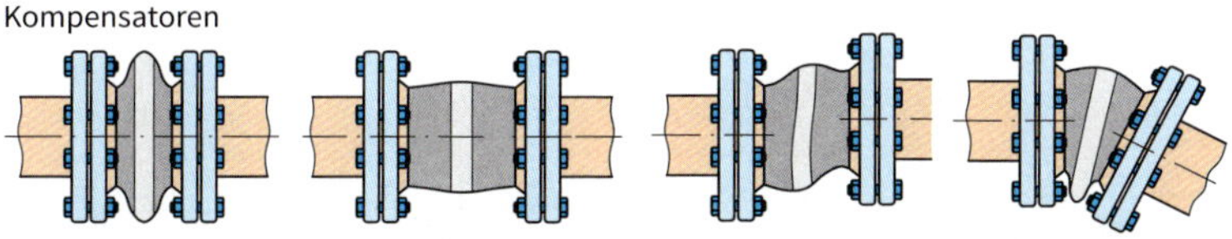

axial · axial · lateral · angular

FP	Festpunkt
GL	Gleitpunkt
(blaue Linie)	Leitung, kalt
(rote Linie)	Leitung, maximal ausgedehnt

133.2 Richtwerte für Rohrschellenbefestigungsabstände

Rohrmaterial		Nennweite in DN 10	15	20	25	32	40	50	65	80	100
		Befestigungsabstände in m									
Stahl		2,25	2,75	3,00	3,50	3,75	4,25	4,75	5,50	5,00	6,00
Kupferrohr/dünnwandige Stahlrohre		1,25	1,50	2,00	2,25	2,75	3,00	3,50	4,25	4,75	5,00
Verbundrohr		1,00	1,00	1,50	2,00	2,00	2,00	–	–	–	–
Kupferrohr mit Wärmedämmung		1,00	1,30	1,30	1,50	1,60	1,70	2,00	–	–	–
PVC-U	20 °C	0,80	0,90	0,95	1,05	1,20	1,40	1,50	1,65	1,80	2,00
	40 °C	0,50	0,60	0,65	0,70	0,90	1,10	1,20	1,35	1,50	1,70
PVC-C	20 °C	0,85	0,95	1,05	1,20	1,35	1,50	1,70	1,80	2,00	–
PE	40 °C	0,60	0,65	0,75	0,85	0,95	1,05	1,20	1,30	1,45	1,60
	20 °C	0,70	0,75	0,80	0,90	1,00	1,15	1,30	1,40	1,55	1,70
PE-X	60 °C	0,50	0,60	0,65	0,75	0,85	0,95	1,05	1,15	1,30	1,40
	20 °C	1,20	1,20	1,20	1,20	1,50	1,50	1,50	–	–	–
PP	20 °C	0,75	0,80	0,85	1,00	1,10	1,25	1,40	1,55	1,65	1,85
	60 °C	0,65	0,65	0,75	0,85	0,95	1,05	1,20	1,30	1,45	1,60
PB	60 °C	0,25	0,30	0,35	0,40	0,50	0,60	0,75	–	–	–

134.1 Befestigungselemente von Rohrleitungen (allgemein)

Festpunktrohrschelle

- körperschallgedämmt
- Aufnahme von Rohrlasten
- Aufnahme von Rohrschubkräften bei Hitze- bzw. Kälteeinwirkung

Gleitrohrschelle

- verzinkter Stahl
- Halterung von Rohrleitungen mit starker Dehnung
- Gleit- bzw. Rollfunktion

Zweiteilige Rohrschelle

- aus verzinktem Bandstahl oder Edelstahl
- geeignet für alle Rohrtypen
- Spannbereich von 15–1 400 mm

Gelenkrohrschelle

- verzinkter Bandstahl
- EPDM-Schallschutzeinlage
- Schnellverschluss
- einfache, einhändige Montage
- Spannbereich von 15–63 mm

Isolierrohrschelle

- Halterung für Rohre der Kälte- und Klimatechnik
- integrierter Dämmung
- Spannbereich von 10–114 mm

Schraubrohrschelle

- verzinkter Bandstahl
- keine Dämmung
- geeignet für alle Rohrtypen
- Durchmesserbereich von 15–196 mm

Montageschiene

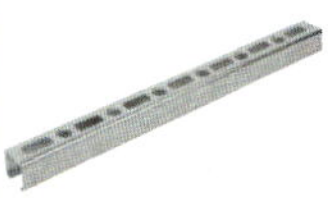

- gelochte Montageschienen aus verzinktem Stahl
- verbesserter Korrosionsschutz
- hohe Stabilität
- zur Herstellung von Traversen, Wandkonsolen und Tragrahmen

Auslegerkonsole

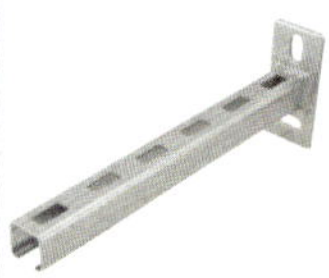

- verzinkt, montagefertig
- hohe Stabilität
- gute Anpassung an bauliche Anforderungen
- Tragekonstruktion für Rohrtrassen, Pumpen, Lüftungskanäle

Schwerlastkonsole

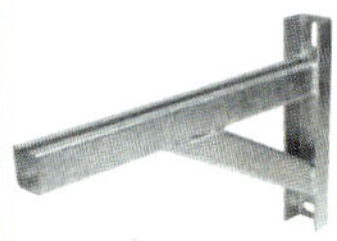

- verzinkte und stützgeschweißte Konsole für schwere Rohrbefestigungen
- für Außenbereich geeignet
- Befestigung von schweren Aggregaten, Pumpen und Klimageräten

Trägerklemmkralle

- Befestigung von Montageschienen an Stahlträger-Konstruktionen
- Montage ohne zu bohren oder zu schweißen
- ermöglicht nachträgliches Ausrichten
- galvanisch verzinkt

Trägerklammer

- schnelle und einfache Befestigung an Stahlkonstruktionen und Profilen
- ohne Schweißen oder Bohren
- stufenlose Anpassung an Klemmdicken
- galvanisch verzinkt

Stockschraube

- verzinkter Stahl
- ein Ende mit Holz- bzw. Dübelgewinde und ein Ende mit metrischem Gewinde
- verschiedene Längen
- Gewinde M5 bis M12

Sechskant Distanzmuffe

- verzinkter Stahl
- verschiedene Länge
- Gewinde M5 bis M20

Hammerkopfbefestiger

- kein Montagezeitverlust
- galvanisch verzinkt
- komplett vormontiert mit Mutter und Scheibe

Gewindestange

- verzinkter Stahl
- metrisches Gewinde
- verschiedene Längen
- Gewinde M8 bis M12

135.1 Dübelbefestigung

Dübelauswahl

Haftungsart \ Dübelwerkstoff	Kunststoff	Metall	Untergrund
Reibschluss Spreizdübel	Rohrleitungen ohne besondere Anforderungen für leichte und mittelschwere Lasten	Rohrleitungen mit besonderen Anforderungen; brandsichere Befestigung von Gas- und Löschwasserleitungen	Vollziegel
Formschluss Hohlraumdübel			Loch-/Hohlkammersteine
Stoffschluss Schwerlastdübel	———	bei hohen Belastungen und schwierigen porenhaltigen Untergründen	Beton

Nur für den jeweiligen Untergrund zugelassene/geeignete Dübel verwenden. Die Tragfähigkeit ist i. d. R. durch das Mauerwerk und nicht durch den Dübel begrenzt.

Verankerungsgrund		Mauerwerk		Leichtbaustoffe		Beton	Naturstein	bauaufsichtliche Zulassung[1)]
		Vollziegel	Loch-/Hohlkammersteine	Porenbeton	Gipskarton	(Normal)		
Grundlochbohrung		Schlagbohren[2)]	Drehbohren[2)]	Drehbohren[2)]	Drehbohren[2)]	Hammerbohren[2)]	Hammerbohren[2)]	
Allgemeine Befestigungen								
Spreizdübel		●	–	–	–	●	●	
Universaldübel		●	●	●	●	●	●	
Gasbetondübel		–	–	●	–	–	–	■
Metallspreizdübel		●	●	●	–	●	●	
Porenbetondübel	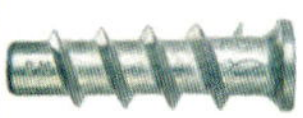	–	–	●	–	–	–	
Schwerlast-Befestigungen								
Schwerlastanker		–	–	–	–	●	–	■
Einschlaganker	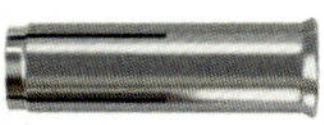	–	–	–	–	●	–	■
Injektionsanker		●	●	●	–	●	●	■
Hohlraum-Befestigungen								
Hohlraumdübel		–	●	–	●	–	–	
Gipskartondübel		–	–	–	●	–	–	

● geeignet; – nicht geeignet; ■ mit bauaufsichtlicher Zulassung erhältlich

1) Bei tragenden Konstruktionen und Fensterwänden ist eine bauaufsichtliche Zulassung der Dübel erforderlich.

2) Drehbohren ohne Schlag; Schlagbohren viele Schläge niedrige Schlagenergie; Hammerbohren wenig Schläge hohe Schlagenergie

136.1 Schlitze und Aussparungen in Mauerwerk – zulässige Größen – DIN EN 1996-1-1/NA: 2019-12

Ohne Nachweis zulässige Größe horizontaler und schräger Schlitze			Ohne Nachweis zulässige Größe vertikaler Schlitze und Aussparungen						
Wand-dicke	maximale horizontale Schlitz-tiefe[1] $t_{ch,h}$ bei unbeschränkter Länge	maximale horizontale Schlitz-tiefe[1] $t_{ch,h}$ bei einer Länge ≤ 1 250 mm[2]	Wand-dicke	Nachträglich hergestellte Schlitze und Aussparungen[4]		Mit der Errichtung des Mauerwerks hergestellte Schlitze und Aussparungen im gemauerten Verband			
				maximale vertikale Schlitz-tiefe[5] $t_{ch,v}$	maximale Breite[6] (Einzel-schlitz)	Verblei-bende Mindest-wanddicke	maximale Breite[7]	Mindestabstand der Schlitze und Aussparungen	
								von Öffnungen	unter-einander
mm	mm	mm	mm	mm	mm	mm	mm		
115 – 149	–	–	115 – 149	10	100[6]	–	–	≥ zwei-fache Schlitz-breite bzw. ≥ 240 mm	≥ ein-fache Schlitz-breite
150 – 174	–	0[3]	150 – 174	20	100[6]	–	–		
175 – 199	0[3]	25	175 – 199	30	100[6]	115	260[7]		
200 – 239	0[3]	25	200 – 239	30	125[6]	115	300[7]		
240 – 299	15[3]	25	240 – 299	30	150[6]	115	385[7]		
300 – 364	20[3]	30	300 – 364	30	200[6]	175	385[7]		
≥ 365	20[3]	30	≥ 365	30	200[6]	240	385[7]		

[1] Horizontale und schräge Schlitze sind nur zulässig in einem Bereich ≤ 0,4 m ober- oder unterhalb der Rohdecke sowie jeweils an einer Wandseite. Sie sind nicht zulässig bei Langlochziegeln.
[2] Mindestabstand in Längsrichtung von Öffnungen ≥ 490 mm, vom nächsten Horizontalschlitz zweifache Schlitzlänge.
[3] Die Tiefe darf um 10 mm erhöht werden, wenn Werkzeuge verwendet werden, mit denen die Tiefe genau eingehalten werden kann. Bei Verwendung solcher Werkzeuge dürfen auch in Wänden ≥ 240 mm gegenüberliegende Schlitze mit jeweils 10 mm Tiefe ausgeführt werden.
[4] Abstand der Schlitze und Aussparungen von Öffnungen ≥ 115 mm.
[5] Schlitze, die bis maximal 1 m über den Fußboden reichen, dürfen bei Wanddicken ≥ 240 mm bis 80 mm Tiefe und 120 mm Breite ausgeführt werden.
[6], [7] Die Gesamtbreite von Schlitzen nach [6] und nach [7] darf je 2 m Wandlänge die Maße nach [7] nicht überschreiten. Bei geringeren Wandlängen als 2 m sind die Werte nach [7] proportional zur Wandlänge zu verringern.

136.2 Mindest-Wärmedämmdicken von Rohrleitungen und Armaturen GEG 2024

Wärmedämmung von Wärmeverteilungs- und Warmwasserleitungen, Kälteverteilungs- und Kaltwasserleitungen sowie Armaturen

Zeile	Art der Leitungen und Armaturen		d_{min}[1] in mm
1[2]	Innendurchmesser	$d_i \leq 22$ mm	20 (= 100 %)
2[2]	Innendurchmesser	22 mm < $d_i \leq 35$ mm	30 (= 100 %)
3[2]	Innendurchmesser	35 mm < $d_i \leq 100$ mm	= d_i (= 100 %)
4[2]	Innendurchmesser	$d_i > 100$ mm	100 (= 100 %)
5	Leitungen und Armaturen nach den Zeilen 1 bis 4 in Wand- und Deckendurchbrüchen, im Kreuzungsbereich von Leitungen, an Leitungsverbindungsstellen, bei zentralen Leitungsnetzverteilern		50 % der Anforderung von Zeile 1 bis 4
6	Wärmeverteilungsleitungen nach den Zeilen 1 bis 4, die in Bauteilen zwischen beheizten Räumen verschiedener Nutzer verlegt werden		50 % der Anforderung von Zeile 1 bis 4
7	Leitungen nach Zeile 6 im Fußbodenaufbau		6
8	Kälteverteilungs- und Kaltwasserleitungen sowie Armaturen von Raumlufttechnik- und Klimakältesystemen		für $d_i \leq 22$ mm: 9 mm für $d_i > 22$ mm: 19 mm

[1] Die Mindestdicken der Dämmschichten d_{min}, beziehen sich auf eine Wärmeleitfähigkeit von $\lambda = 0{,}035$ W/(m · K). Werden Dämmschichten mit einer anderen Wärmeleitfähigkeit verwendet, so sind diese umzurechnen.
[2] Wenn Wärmeverteilungs- und Warmwasserleitungen an Außenluft grenzen, sind diese mit dem Zweifachen der Mindestdicke nach Zeile 1 bis 4 zu dämmen.

137.1 Pauschalwerte der Wärmedurchgangskoeffizienten von Bauteilen nach Baualtersklassen im Gebäudebestand

Bauteile und Konstruktion		Pauschalwerte für den Wärmedurchgangskoeffizienten U in W/(m² · K)										
		Wohngebäude				DIN EN 12831-1: 2017-09				Nichtwohngebäude		
		bis 1918	1919 – 1948	1949 – 1957	1958 – 1968	1969 – 1978	1979 – 1983	1984 – 1994	ab 1995	1995 – 2001	2001 – 2006	ab 2007
Dach (Holzkonstruktion)		2,60	1,40	1,40	1,40	0,80	0,50	0,40	0,30	0,30	0,20	0,20
Oberste Geschossdecke		2,10	2,10	2,10	2,10	0,60	0,50	0,40	0,30	0,30	0,20	0,20
Außenwand massiv, Wände gegen Erdreich		1,70	1,70	1,40	1,40	1,00	0,80	0,60	0,50	0,50	0,40	0,30
Decken gegen Erdreich		1,20	1,20	1,50	1,00	1,00	0,80	0,60	0,60	0,60	0,50	0,40
Fenster und Fenster-türen	Holz – 2 Scheiben	2,70	2,70	2,70	2,70	2,70	2,70	2,70	1,80	1,60	1,50	1,40
	Kunststoff – Isolierverglasung	–	–	3,00	3,00	3,00	3,00	3,00	1,80	1,90	1,50	1,30
	Alu/Stahl – Isolierverglasung	–	–	4,30	4,30	4,30	4,30	4,30	1,80	1,90	1,53	1,44
Rollladenkasten		3,00 (ungedämmt), 1,80 (gedämmt)										
Türen		3,50										

137.2 Wärmedurchgang und Temperaturverlauf

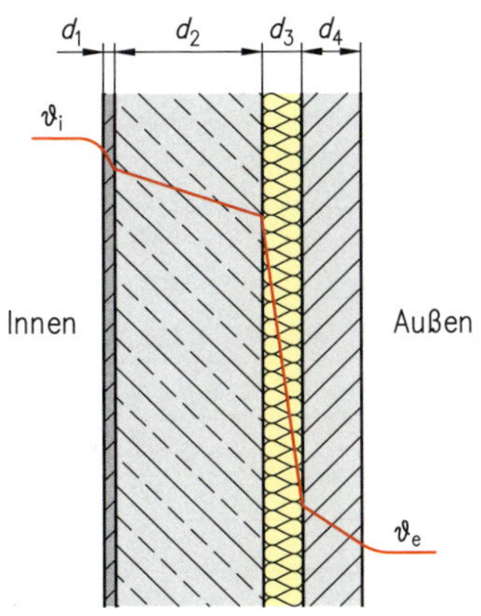

$$R_\lambda = \frac{d}{\lambda}$$

$$R_U = R_{Si} + \sum R_\lambda + R_{Se}$$

$$U = \frac{1}{R_U}$$

R_λ	Wärmeleitwiderstand	in m² · K/W
d	Baustoffdicke	in m
λ	Wärmeleitfähigkeit des Baustoffs	in W/(m · K)
R_U	Wärmedurchgangswiderstand	in m² · K/W
R_{Si}	Wärmeübergangswiderstand – innen	in m² · K/W
R_{Se}	Wärmeübergangswiderstand – außen	in m² · K/W
U	Wärmedurchgangskoeffizient (U-Wert)	in W/(m² · K)

$$\frac{\Delta\vartheta_{ges}}{R_U} = \frac{\Delta\vartheta}{R}$$

$$\Delta\vartheta_{ges} = (\vartheta_i - \vartheta_e)$$

ϑ_i	Innentemperatur	in °C
ϑe	Außentemperatur	in °C
$\Delta\vartheta_{ges}$	Temperaturdifferenz außen – innen	in K
$\Delta\vartheta$	Temperaturdifferenz einer Schicht	in K
R	Wärmewiderstand einer Schicht	in m² · K/W

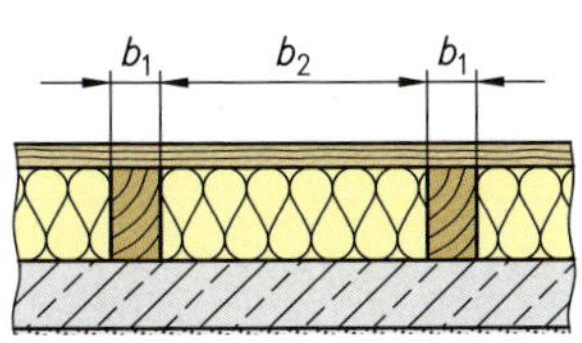

$$A_i = l_i \cdot b_i$$

$$i = 1, 2, 3, \ldots$$

$$U_M = \frac{A_1 \cdot U_1 \cdot A_2 \cdot U_2 + \ldots}{A_1 + A_2 + \ldots}$$

$A_1, A_2 \ldots$	Fläche des Bauteils	in m²
$l_1, l_2, \ldots$	Länge bzw. Tiefe des Bauteils	in m
$b_1, b_2 \ldots$	Breite des Bauteils	in m
$U_1, U_2 \ldots$	U-Wert des Bauteils	in W/(m² · K)
U_M	Misch-U-Wert	in W/(m² · K)

137.3 Wärmeübergangswiderstände DIN EN ISO 6946: 2018-03

Richtung des Wärmestroms		R_{Si} in m² · K/W	R_{Se} in m² · K/W
Aufwärts	⇧	0,10	0,04
Horizontal	⇔	0,13	0,04
Abwärts	⇩	0,17	0,04

137.4 Wärmedurchlasswiderstände R_g von ruhenden Luftschichten in m² · K/W DIN EN ISO 6946: 2018-03

Richtung des Wärmestroms		Dicke d der Luftschicht in mm								
		0	5	7	10	15	25	50	100	300
Aufwärts	⇧	0,00	0,11	0,13	0,15	0,16	0,16	0,16	0,16	0,16
Horizontal	⇔	0,00	0,11	0,13	0,15	0,17	0,18	0,18	0,18	0,18
Abwärts	⇩	0,00	0,11	0,13	0,15	0,17	0,19	0,21	0,22	0,23

138.1 Wärmeleitfähigkeit λ und Dichte ϱ von Bauteilen DIN 4108-4: 2020-11, DIN EN ISO 10456: 2010-05

Zeile	Baustoff	ϱ in kg/m³	λ in W/(m · K)
1.1.1	Putzmörtel aus Kalk, Kalkzement und hydraulischem Kalk	1 800	1,00
1.1.2	Gipsputzmörtel	1 400	0,51
1.1.4	Leichtputz	≤ 1 000	0,38
1.1.6	Kunstharzputz	(1 100)	0,70
1.2.1	Zementmörtel	(2 000)	1,60
1.2.2	Normalmörtel NM	(1 800)	1,20
1.2.5	Leichtmauermörtel	≤ 700	0,21
1.3.2	Zement-Estrich	(2 000)	1,40
2.1	Beton – ohne Armierung	2 000	1,35
	Beton – mit 1 % Stahl armiert	2 300	2,30
2.2	Leichtbeton und Stahlleichtbeton mit geschlossenem Gefüge	800 1200	0,39 0,62
2.4.2.1	Leichtbeton mit haufwerksporigem Gefüge, nur unter Verwendung von Naturbims	800 1 200	0,24 0,41
3.1.1	Porenbeton-Bauplatten (Ppl)	600	0,24
3.1.2	Porenbeton-Planbauplatten (Pppl) dünnfugig verlegt	500	0,16
		600	0,19
3.3	Gips-Wandbauplatten	900	0,30
3.4	Gipskartonplatten	900	0,25
4.1.1	Vollklinker	1 800	0,81
4.1.2	Vollziegel	1 600	0,68
4.1.4	Hochlochziegel (HLzW mit NM)	800	0,26
4.2	Kalksandsteine	1 400	0,70
4.3	Porenbeton-Plansteine nach DIN EN 771-4 in Verbindung mit DIN 20000-404	400 500 650	0,13 0,16 0,21
4.4.5	Beton-Vollsteine (V)	1 200	0,54

Wärmedämmstoffe, Holzwerkstoffe und sonstige gebräuchliche Stoffe		ϱ in kg/m³	λ in W/(m · K)
Polystyrol-Hartschaum expandiert (EPS) Baustoffklasse B1	WLS 032 WLG 035 WLG 040	15 – 30	0,032 0,035 0,040
Polystyrol-Hartschaum extrudiert (XPS) Baustoffklasse B1	WLS 032 WLG 035 WLG 040	25 – 45	0,032 0,035 0,040
Polyisocyanurat Hartschaum (PIR) Baustoffklasse B1/B2	WLS 023 WLG 030 WLG 035	30 – 250	0,023 0,030 0,035
Polyurethan -Hartschaum (PUR) Baustoffklasse B1/B2	WLS 024 WLG 030 WLG 035	30 – 300	0,024 0,030 0,035
Mineralfaser-dämmstoffe Baustoffklasse A1/A2	WLG 035 WLG 040 WLG 045	8 – 500	0,035 0,040 0,045
Mineraldämmplatten		110	0,045
Schaumglas Baustoffklasse A1	WLS 036 WLG 045 WLG 060	100 – 165	0,036 0,045 0,060
Holzwolle-Leichtbauplatten		360	0,093
Holzfaserdämmplatten Baustoffklasse B2	WLG 040 WLG 045 WLG 060	120 – 450	0,040 0,045 0,060
Spanplatte (Holzwerkstoff)		600	0,14
Konstruktionsholz		500	0,13
OSB-Platte (Holzwerkstoff)		650	0,13
Quarzglas		2 200	1,40
Aluminiumlegierungen		2 800	160
Stahl		7 800	50
Nicht rostender Stahl		7 900	17
Messing		8 400	120
Kupfer		8 900	380

138.2 Entwicklung des Heizenergiebedarfs und Abschätzung der Heizlast

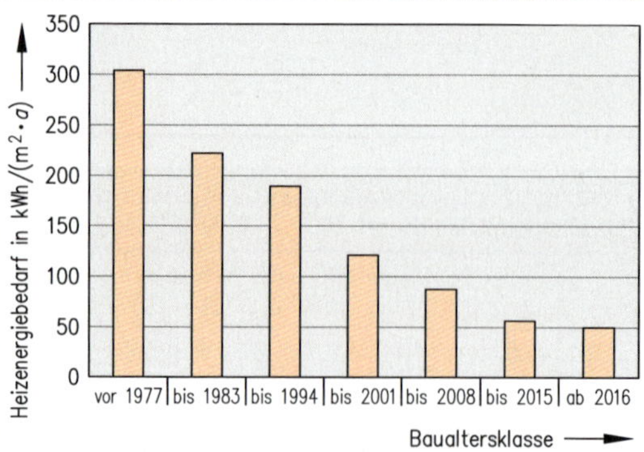

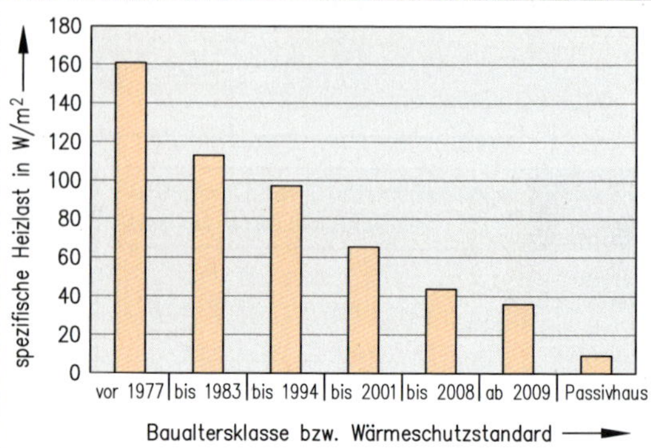

139.1 GEG – *U*-Werte und Anforderungen an Wohngebäude – Referenzgebäude GEG 2024

Zeile	Bauteile/Systeme	Eigenschaft (zu Zeilen 1.1 bis 3)	Referenzausführung/Wert (Maßeinheit) nach Gebäudeenergiegesetz (GEG)
	Ein neues Wohngebäude ist so zu errichten, dass der Jahres-Primärenergiebedarf für Heizung, Warmwasserbereitung, Lüftung und Kühlung das 0,75-fache des auf die Gebäudenutzfläche bezogenen Wertes des Jahres-Primärenergiebedarfs eines Referenzgebäudes, das die gleiche Geometrie, Gebäudenutzfläche und Ausrichtung wie das zu errichtende Gebäude aufweist und der technischen Referenzausführung nach den Zeilen 1.1 bis 10 entspricht, nicht überschreitet.		
1.1	Außenwand (einschließlich Einbauten, wie Rollladenkästen), Geschossdecke gegen Außenluft	Wärmedurchgangskoeffizient	$U = 0{,}28\ \text{W/(m}^2\cdot\text{K)}$
1.2	Außenwand gegen Erdreich, Bodenplatte, Wände und Decken zu unbeheizten Räumen	Wärmedurchgangskoeffizient	$U = 0{,}35\ \text{W/(m}^2\cdot\text{K)}$
1.3	Dach, oberste Geschossdecke, Wände zu Abseiten	Wärmedurchgangskoeffizient	$U = 0{,}20\ \text{W/(m}^2\cdot\text{K)}$
1.4	Fenster, Fenstertüren	Wärmedurchgangskoeffizient	$U_W = 1{,}3\ \text{W/(m}^2\cdot\text{K)}$
1.5	Dachflächenfenster	Wärmedurchgangskoeffizient	$U_W = 1{,}4\ \text{W/(m}^2\cdot\text{K)}$
1.6	Lichtkuppeln	Wärmedurchgangskoeffizient	$U_W = 2{,}7\ \text{W/(m}^2\cdot\text{K)}$
1.7	Außentüren	Wärmedurchgangskoeffizient	$U = 1{,}8\ \text{W/(m}^2\cdot\text{K)}$
2	Bauteile nach Zeile 1.1 bis 1.7	Wärmebrückenzuschlag	$\Delta U_{WB} = 0{,}05\ \text{W/(m}^2\cdot\text{K)}$
3	Solare Wärmegewinne über opake Bauteile	wie das zu errichtende Gebäude	
4	Luftdichtheit der Gebäudehülle	Bemessungswert n_{50}	Bei Berechnung nach • DIN V 4108-6 : 2003-06: mit Dichtheitsprüfung • DIN V 18599-2: 2018-09: nach Kategorie I
5	Sonnenschutzvorrichtung	keine	
6	Heizungsanlage	• Wärmeerzeugung durch Brennwertkessel (verbessert), Erdgas, Aufstellung: – für Gebäude bis zu 500 m² Gebäudenutzfläche innerhalb der thermischen Hülle; – für Gebäude mit mehr als 500 m² Gebäudenutzfläche außerhalb der thermischen Hülle • Auslegungstemperatur 55/45 °C, zentrales Verteilsystem innerhalb der wärmeübertragenden Umfassungsfläche, innen liegende Stränge und Anbindeleitungen, Standard-Leitungslängen nach DIN V 4701-10: 2003-08, Tabelle 5.3-2, Pumpe auf Bedarf ausgelegt (geregelt, Δ*p*-konstant), Rohrnetz hydraulisch abgeglichen • Wärmeübergabe mit freien statischen Heizflächen, Anordnung an normaler Außenwand, Thermostatventile mit Proportionalbereich 1 K	
7	Anlage zur Warmwasserbereitung	• zentrale Warmwasserbereitung • gemeinsame Wärmebereitung mit Heizungsanlage nach Zeile 6 • bei Berechnung nach DIN V 18599: Solaranlage mit Flachkollektor nach 1998 sowie Speicher ausgelegt gemäß DIN V 18599-8: 2018-09 Abschnitt 6.4.3 • bei Berechnung nach DIN V 4108-6: 2003-06 und DIN V 4701-10: 2003-08 Solaranlage mit Flachkollektor zur ausschließlichen Trinkwassererwärmung entsprechend den Vorgaben nach DIN V 4701-10: 2003-08, Tabelle 5.1-10, mit Speicher, indirekt beheizt (stehend), gleiche Aufstellung wie Wärmeerzeuger, – kleine Solaranlage bei $A_N \leq 500$ m² (bivalenter Solarspeicher); – große Solaranlage bei $A_N > 500$ m² • Verteilsystem innerhalb der wärmeübertragenden Umfassungsfläche, innen liegende Stränge, gemeinsame Installationswand, Standard-Leitungslängen nach DIN V 4701-10: 2003-08, Tabelle 5.1-2 mit Zirkulation	
8	Kühlung	keine Kühlung	
9	Lüftung	zentrale Abluftanlage, nicht bedarfsgeführt mit geregeltem DC-Ventilator, • DIN V 4701: 2003-08: Anlagen-Luftwechsel $n_A = 0{,}4\ \text{h}^{-1}$ • DIN V 18599-10: 2018-09: nutzungsbedingter Mindestaußenluftwechsel n_{Nutz}: $0{,}55\ \text{h}^{-1}$	
10	Gebäudeautomation	Klasse C nach DIN V 18599-11: 2018-09	

139.2 Höchstwerte des spezifischen Transmissionswärmeverlusts GEG 2024

Freistehendes Wohngebäude	$A_N \leq 350$ m²	H'_T max = 0,40 W/(m² · K)
	$A_N > 350$ m²	H'_T max = 0,50 W/(m² · K)
Einseitig angebautes Wohngebäude		H'_T max = 0,45 W/(m² · K)
Alle anderen Wohngebäude		H'_T max = 0,65 W/(m² · K)

139.3 Gebäudenutzfläche DIN V 18599-1: 2018-09

für 2,5 m ≤ h_G ≤ 3 m gilt:	für h_G < 2,5 m oder h_G > 3 m gilt:
$A_N = 0{,}32\ \text{m}^{-1} \cdot V_e$	$A_N = (1\ h_G - 0{,}04\ \text{m}^{-1}) \cdot V_e$

A_N	Gebäudenutzfläche	in m²
V_e	beheiztes Gebäudevolumen	in m³
h_G	Geschosshöhe	in m

140.1 Einteilung in Energieeffizienzklassen GEG 2024

Energieeffizienzklasse	A+	A	B	C	D	E	F	G	H
Endenergie in $kWh/(m^2 \cdot a)$	≤ 30	≤ 50	≤ 75	≤ 100	≤ 130	≤ 160	≤ 200	≤ 250	> 250

140.2 Höchstwerte der Wärmedurchgangskoeffizienten von Außenbauteilen GEG 2024

Nr.	Wohngebäude und Zonen von Nichtwohngebäuden mit einer Raum-Solltemperatur ≥ 19 °C	U_{max}
1a	Außenwand (Erstmaliger Einbau oder Ersatz)	$U = 0{,}24\ W/(m^2 \cdot K)$
1b	Bestehende Außenwand (Anbringen von Bauteilen oder Erneuerung des Außenputzes)	$U = 0{,}24\ W/(m^2 \cdot K)$
2a	Fenster und Fenstertüren (Erstmaliger Einbau, Ersatz oder Einbau zus. Vor oder Innenfenster)	$U_W = 1{,}3\ W/(m^2 \cdot K)$
2b	Dachflächenfenster (Erstmaliger Einbau, Ersatz oder Einbau zus. Vor oder Innenfenster)	$U_W = 1{,}4\ W/(m^2 \cdot K)$
2c	Fenster, Fenstertüren und Dachflächenfenster (Ersatz der Verglasung)	$U_G = 1{,}1\ W/(m^2 \cdot K)$
2d	Vorhangfassaden (Erstmaliger Einbau oder Ersatz des gesamten Bauteils)	$U_C = 1{,}5\ W/(m^2 \cdot K)$
2e	Glasdächer (Erstmaliger Einbau, Ersatz des gesamten Bauteils oder Ersatz der Verglasung)	$U_W/U_G = 2{,}0\ W/(m^2 \cdot K)$
2f	Fenstertüren mit Klapp-, Falt-, Schiebe- oder Hebemechanismus (Erstmaliger Einbau oder Ersatz)	$U_W = 1{,}6\ W/(m^2 \cdot K)$
3a	Fenster, Fenstertüren und Dachflächenfenster mit Sonderverglasung (Erstmaliger Einbau oder Ersatz)	$U_W/U_G = 2{,}0\ W/(m^2 \cdot K)$
3b	Fenster, Fenstertüren und Dachflächenfenster mit Sonderverglasung (Ersatz der Verglasung)	$U_G = 1{,}6\ W/(m^2 \cdot K)$
3c	Vorhangfassaden mit Sonderverglasung: (Erstmaliger Einbau oder Ersatz des gesamten Bauteils)	$U_C = 2{,}3\ W/(m^2 \cdot K)$
4	Außentüren (ohne rahmenlose Türanlagen aus Glas, Karussell- u. kraftbetätigte Türen) Neuer Einbau	$U = 1{,}8\ W/(m^2 \cdot K)$
	Dachflächen, einschließlich Dachgauben sowie gegen unbeheizte Dachräume abgrenzende Decken (oberste Geschossdecken) und Wände (einschließlich Abseitenwände):	
5a	• Erstmaliger Einbau oder Ersatz	$U = 0{,}24\ W/(m^2 \cdot K)$
5b	• Ersatz oder Neuaufbau einer Dachdeckung einschließlich der darunter liegenden Lattungen und Verschalungen oder • Aufbringen oder Erneuerung von Bekleidungen oder Verschalungen oder Einbau von Dämmschichten auf der kalten Seite von Wänden oder • Aufbringen oder Erneuerung von Bekleidungen oder Verschalungen oder Einbau von Dämmschichten auf der kalten Seite von obersten Geschossdecken	$U = 0{,}24\ W/(m^2 \cdot K)$ U-Werte anzuwenden nur für opake[1] Bauteile
5c	Dachflächen mit Abdichtung (Ersatz einer Abdichtung, die flächig das Gebäude wasserdicht abdichtet, durch eine neue Schicht gleicher Funktion, bei Kaltdachkonstruktionen einschließlich darunter liegender Lattungen)	$U = 0{,}20\ W/(m^2 \cdot K)$ *U*-Wert anzuwenden nur für opake[1] Bauteile
	Wände, die an Erdreich oder an unbeheizte Räume (mit Ausnahme von Dachräumen) grenzen, und Decken, die beheizte Räume nach unten zum Erdreich oder zu unbeheizten Räumen abgrenzen:	
6a	• Erstmaliger Einbau oder Ersatz	$U = 0{,}30\ W/(m^2 \cdot K)$
6b	• Anbringen oder Erneuern von außenseitigen Bekleidungen oder Verschalungen, Feuchtigkeitssperren oder Drainagen oder Anbringen von Deckenbekleidungen auf der Kaltseite	$U = 0{,}30\ W/(m^2 \cdot K)$
6c	Decken, die beheizte Räume nach unten zum Erdreich, zur Außenluft oder zu unbeheizten Räumen abgrenzen (Aufbau oder Erneuerung von Fußbodenaufbauten auf der beheizten Seite)	$U = 0{,}50\ W/(m^2 \cdot K)$
	Decken, die beheizte Räume nach unten zur Außenluft abgrenzen:	
6d	• Erstmaliger Einbau oder Ersatz	$U = 0{,}24\ W/(m^2 \cdot K)$
6e	• Anbringen oder Erneuern von außenseitigen Bekleidungen oder Verschalungen, Feuchtigkeitssperren oder Drainagen oder Anbringen von Deckenbekleidungen auf der Kaltseite	$U = 0{,}24\ W/(m^2 \cdot K)$

Ausnahmen für die Anforderungen und Erläuterungen zu Bauteilen werden in der bereitgestellt.
[1] opak = lichtundurchlässig, undurchsichtig

141.1 Energieausweis GEG 2024

ENERGIEAUSWEIS für Wohngebäude

gemäß den §§ 79 ff. Gebäudeenergiegesetz (GEG) vom [1]

Gültig bis: Registriernummer: ①

Gebäude

Gebäudetyp		Gebäudefoto (freiwillig)
Adresse		
Gebäudeteil [2]		
Baujahr Gebäude [3]		
Baujahr Wärmeerzeuger [3,4]		
Anzahl der Wohnungen		
Gebäudenutzfläche (A_N)	☐ nach § 82 GEG aus der Wohnfläche ermittelt	
Wesentliche Energieträger für Heizung [3]		
Wesentliche Energieträger für Warmwasser [3]		
Erneuerbare Energien	Art:	Verwendung:
Art der Lüftung [3]	☐ Fensterlüftung ☐ Schachtlüftung	☐ Lüftungsanlage mit Wärmerückgewinnung ☐ Lüftungsanlage ohne Wärmerückgewinnung
Art der Kühlung [3]	☐ Passive Kühlung ☐ Gelieferte Kälte	☐ Kühlung aus Strom ☐ Kühlung aus Wärme
Inspektionspflichtige Klimaanlagen [5]	Anzahl:	Nächstes Fälligkeitsdatum der Inspektion:
Anlass der Ausstellung des Energieausweises	☐ Neubau ☐ Vermietung/Verkauf	☐ Modernisierung (Änderung/Erweiterung) ☐ Sonstiges (freiwillig)

Hinweise zu den Angaben über die energetische Qualität des Gebäudes

Die energetische Qualität eines Gebäudes kann durch die Berechnung des **Energiebedarfs** unter Annahme von standardisierten Randbedingungen oder durch die Auswertung des **Energieverbrauchs** ermittelt werden. Als Bezugsfläche dient die energetische Gebäudenutzfläche nach dem GEG, die sich in der Regel von den allgemeinen Wohnflächenangaben unterscheidet. Die angegebenen Vergleichswerte sollen überschlägige Vergleiche ermöglichen **(Erläuterungen – siehe Seite 5)**. Teil des Energieausweises sind die Modernisierungsempfehlungen (Seite 4).

☐ Der Energieausweis wurde auf der Grundlage von Berechnungen des **Energiebedarfs** erstellt (Energiebedarfsausweis). Die Ergebnisse sind auf **Seite 2** dargestellt. Zusätzliche Informationen zum Verbrauch sind freiwillig.

☐ Der Energieausweis wurde auf der Grundlage von Auswertungen des **Energieverbrauchs** erstellt (Energieverbrauchsausweis). Die Ergebnisse sind auf **Seite 3** dargestellt.

Datenerhebung Bedarf/Verbrauch durch ☐ Eigentümer ☐ Aussteller

☐ Dem Energieausweis sind zusätzliche Informationen zur energetischen Qualität beigefügt (freiwillige Angabe).

Hinweise zur Verwendung des Energieausweises

Energieausweise dienen ausschließlich der Information. Die Angaben im Energieausweis beziehen sich auf das gesamte Gebäude oder den oben bezeichneten Gebäudeteil. Der Energieausweis ist lediglich dafür gedacht, einen überschlägigen Vergleich von Gebäuden zu ermöglichen.

Aussteller (mit Anschrift und Berufsbezeichnung)

Unterschrift des Ausstellers

Ausstellungsdatum

[1] Datum des angewendeten GEG, gegebenenfalls des angewendeten Änderungsgesetzes zum GEG
[2] nur im Fall des § 79 Absatz 2 Satz 2 GEG einzutragen
[3] Mehrfachangaben möglich
[4] bei Wärmenetzen Baujahr der Übergabestation
[5] Klimaanlagen oder kombinierte Lüftungs- und Klimaanlagen im Sinne des § 74 GEG

ENERGIEAUSWEIS für Wohngebäude

gemäß den §§ 79 ff. Gebäudeenergiegesetz (GEG) vom [1]

Berechneter Energiebedarf des Gebäudes Registriernummer: ②

Energiebedarf

Treibhausgasemissionen kg CO_2-Äquivalent /(m^2·a)

Endenergiebedarf dieses Gebäudes kWh/(m^2·a)

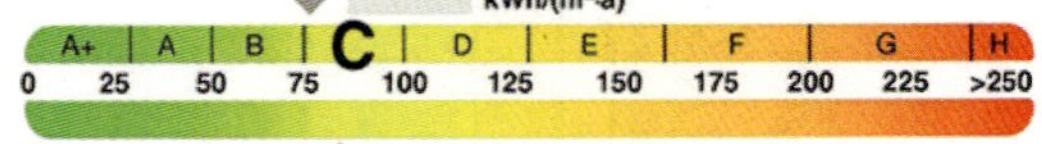

kWh/(m^2·a) Primärenergiebedarf dieses Gebäudes

Anforderungen gemäß GEG [2]

Primärenergiebedarf

Ist-Wert kWh/(m^2·a) Anforderungswert kWh/(m^2·a)

Energetische Qualität der Gebäudehülle H_T'

Ist-Wert W/(m^2·K) Anforderungswert W/(m^2·K)

Sommerlicher Wärmeschutz (bei Neubau) ☐ eingehalten

Für Energiebedarfsberechnungen verwendetes Verfahren

☐ Verfahren nach DIN V 4108-6 und DIN V 4701-10
☐ Verfahren nach DIN V 18599
☐ Regelung nach § 31 GEG („Modellgebäudeverfahren")
☐ Vereinfachungen nach § 50 Absatz 4 GEG

Endenergiebedarf dieses Gebäudes [Pflichtangabe in Immobilienanzeigen] kWh/(m^2·a)

Angaben zur Nutzung erneuerbarer Energien [3]

Nutzung erneuerbarer Energien zur Deckung des Wärme- und Kälteenergiebedarfs auf Grund des § 10 Absatz 2 Nummer 3 GEG

Art:	Deckungsanteil:	Anteil der Pflichterfüllung:
	%	%
	%	%
Summe:	%	%

Maßnahmen zur Einsparung [3]

Die Anforderungen zur Nutzung erneuerbarer Energien zur Deckung des Wärme- und Kälteenergiebedarfs werden durch eine Maßnahme nach § 45 oder als Kombination gemäß § 34 Absatz 2 GEG erfüllt.

☐ Die Anforderungen nach § 45 GEG in Verbindung mit § 16 GEG sind eingehalten.

☐ Maßnahme nach § 45 in Kombination gemäß § 34 Absatz 2 GEG: Die Anforderungen nach § 16 GEG werden um % unterschritten. Anteil der Pflichterfüllung: %

Vergleichswerte Endenergie [4]

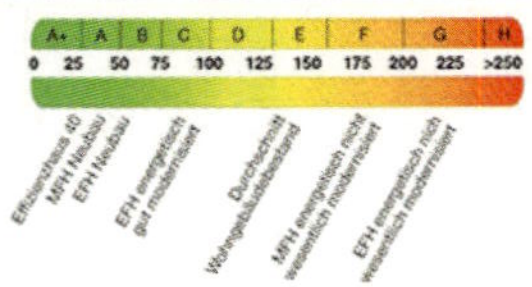

Erläuterungen zum Berechnungsverfahren

Das GEG lässt für die Berechnung des Energiebedarfs unterschiedliche Verfahren zu, die im Einzelfall zu unterschiedlichen Ergebnissen führen können. Insbesondere wegen standardisierter Randbedingungen erlauben die angegebenen Werte keine Rückschlüsse auf den tatsächlichen Energieverbrauch. Die ausgewiesenen Bedarfswerte der Skala sind spezifische Werte nach dem GEG pro Quadratmeter Gebäudenutzfläche (A_N), die im Allgemeinen größer ist als die Wohnfläche des Gebäudes.

[1] siehe Fußnote 1 auf Seite 1 des Energieausweises
[2] nur bei Neubau sowie bei Modernisierung im Fall des § 80 Absatz 2 GEG
[3] nur bei Neubau
[4] EFH: Einfamilienhaus, MFH: Mehrfamilienhaus

142.1 Heizlast – Berechnungsverfahren EN 12831-1: 2017-05

Verfahren	Anwendung	Beschränkungen
Standardverfahren Heizlast von Räumen, Gebäudeeinheiten und Gebäuden	• allgemeingültiger Ansatz für jegliche Betrachtungen zu Wärmeverlusten/Heizlast entsprechend des Anwendungsbereichs • typischerweise Bemessung der Komponenten von Heizungsanlagen im Falle von neuen Gebäuden oder umfangreichen Rekonstruktionsmaßnahmen.	keine
Vereinfachtes Verfahren[1] Berechnung der Norm-Heizlast eines beheizten Raums (Einzelräume)	Bestimmung der Raumheizlast vor Maßnahmen in Bezug auf das Wärmeabgabesystem in Einzelräumen • Austausch des Wärmeabgabesystems (z. B. Radiatoren) • hydraulischer Ausgleich	nur anwendbar auf Räume in/im [1] Wohngebäuden oder Gebäuden mit vergleichbarer Nutzung bestehenden Gebäuden/ Gebäudebestand Gebäuden mit freier Lüftung
Vereinfachtes Verfahren[1] Berechnung der Norm-Heizlast des Gebäudes	Bestimmung der Gebäudeheizlast vor Maßnahmen in Bezug auf die Wärmeerzeugung, z. B. • Austausch des Wärmeerzeugers	

[1] Bei umfangreichen Maßnahmen in Bezug auf Wärmeerzeugung UND -übergabe muss das Standardverfahren angewendet werden.

142.2 Heizlast – Ausgabegrößen – vereinfachtes Verfahren DIN EN 12831-1: 2017-05

Beschreibung	Symbol	Einheit	Bestimmungsgemäße Verwendung
Norm-Heizlast eines beheizten Raums (i)	$\Phi_{HL,i}$	W	• Bemessung der Wärmeübergabe • hydraulischer Ausgleich
Norm-Heizlast des Gebäudes	$\Phi_{HL,build}$	W	• Bemessung d. Komponenten d. Wärmerzeugungssystems (z. B. Heizkessel)

142.3 Heizlast – Eingangsgrößen – vereinfachtes Verfahren DIN EN 12831-1: 2017-05

Symbol	Beschreibung	Einheit	Quelle
A_k	Fläche des Bauteils (k)	m²	G/M[1]
$f_{int\text{-}ext}$	Verhältnis zwischen Innen- und Außenflächen	–	G/N[2]
U_k	Wärmedurchgangskoeffizient des Bauteils (k)	W/(m² · K)	G[1]
ΔU_{TB}	pauschaler Wärmebrückenzuschlag	W/(m² · K)	↑ 143.2
V_i	Innenvolumen des betrachteten beheizten Raums (i)	m³	G/M[1]
V_{build}	Innenvolumen des betrachteten beheizten Gebäudes	m³	G/M[1]
n_i	Luftwechselrate des betrachteten beheizten Raums (i)	h⁻¹	G[1] ↑ 143.3
n_{build}	Luftwechselrate des betrachteten beheizten Gebäudes	h⁻¹	G[1] ↑ 143.3
$\theta_{int,i}$	Norm-Innentemperatur des betrachteten beheizten Raums (i)	°C	G/N[1] ↑ 146.1
$\theta_{int,build}$	Norm-Innentemperatur des betrachteten beheizten Gebäudes	°C	G/N[1] ↑ 146.1
θ_e	Norm-Außentemperatur **(Für das vereinfachte Verfahren gilt: $\theta_e = \theta_{e,Ref.}$)**	°C	↑ 144.1
f_x	Temperaturanpassungsfaktor (Temperatur-Korrekturfaktor)	–	↑ 146.4

[1] G = Gebäudedaten, M = Messung, N = Norm

142.4 Genauigkeit von Eingangsgrößen DIN EN 12831-1: 2017-05

Größe	Einheit	Nachkommastellen bei Eingabe/Berechnung	Größe	Einheit	Nachkommastellen bei Eingabe/ Berechnung
Fläche	m²	2[1]	Volumenstrom	m³/h	0
Länge, Breite, Höhe	m	2[1]	Wärmedurchgangskoeffizient	W/(m² · K), W/(m · K), W/K	2
Temperatur	°C	1	Wärmestrom	W	0

Die gesamte Berechnung ist mit der vollen Genauigkeit des Berechnungsmittels durchzuführen. Zwischen- und Endergebnisse dürfen zu Darstellungszwecken gerundet werden.
In Handrechnungen dürfen die zur weiteren Berechnung verwendeten Zwischenergebnisse zweckmäßig gerundet werden.
[1] Bei Ablesungen aus Bestandsunterlagen oder Messungen im Bestand beträgt die geforderte Genauigkeit 1 Nachkommastelle.

143.1 Allgemeine Gebäudedaten – vereinfachtes Verfahren

Geometrie			Datum:		Seite:
Länge	l_{build}	______ m	Grundfläche	A_{build}	______ m^2
Breite	b_{build}	______ m	Volumen	V_{build}	______ m^2
Höhe	h_{build}	______ m	Gebäude-Außenfläche[1)]	ΣA_k	______ m^2

Transmission		
Mittlerer Transmissionswärmedurchgangskoeffizient[2)]	U_M	______ W/(m²K)
Wärmebrückenzuschlag	ΔU_{TB}	↑ 143.2 ______ W/(m²K)

Lüftung					
Luftdichtheit	n_{50}	↑ 143.3 ______ h^{-1}	Gebäude-Luftwechselrate	n_{build}	↑ 143.3 ______ h^{-1}

Temperaturen				
PLZ/Referenzort	______	Außentemperatur Referenzort	$\theta_{e,ref}$	↑ 144.1 ______ °C
Referenzhöhe			h_{ref}	↑ 144.1 ______ m
Auslegungsaußentemperatur			θ_e	______ °C
Jahresmittel Außentemperatur			$\theta_{e,m}$	↑ 144.1 ______ °C
Auslegungsinnentemperatur des Gebäudes[3)]			$\theta_{int,build}$	______ °C

[1)] Für den Norm-Transmissionswärmeverlustes des Gebäudes werden nur die Außenflächen der thermischen Hülle des Gebäudes berücksichtigt, also nur die Bauteile, die an Außenluft (e), unbeheizte Räume (u) und das Erdreich (g) angrenzen.
[2)] Für U_M kan grundsätzlich der auf die wärmeübertragende Umfassungsfläche bezogenen Transmissionswärmeverlust H'_T nach DIN V 18599-2, in W/(m²K) genutzt werden.
[3)] Die Auslegungsinnentemperatur der einzelnen Räume kann hiervon abweichen.

143.2 Wärmebrückenzuschläge ΔU_{TB}[1)] DIN/TS 12831-1: 2020-04

Fall	Auswahlkriterien		ΔU_{TB} in W/(m² · K)
A	Einhaltung der Planungsdetails nach DIN 4108 Beiblatt 2: 2019-06 oder gleichwertige Ausführung[2)]	Kategorie A	0,05
B		Kategorie B	0,03
C	Gebäude mit vorwiegend innenliegender Wärmedämmung, welche von Massivbauteilen (z. B. Stahlbetondecke) durchstoßen wird		0,15
D	Alle anderen Fälle		0,10
E	– Individuelle Ermittlung nach anerkannten Verfahren –		

[1)] Beim vereinfachten Verfahren können Wärmebrückenzuschläge vereinfachend mit $\Delta U_{TB} = 0{,}1$ W/(m² · K) festgelegt werden. Alternativ dürfen Standardwerte nach Fall A bis Fall D, verwendet werden.
[2)] Gleichwertigkeit ist nach DIN 4108 Beiblatt 2: 2019-06, 5.4 Gleichwertigkeitsnachweis nachzuweisen.

143.3 Luftwechselraten – vereinfachtes Verfahren DIN/TS 12831-1: 2020-04

Anwendungsfall	Luftdichtheit		Luftwechsel n in h^{-1}
Raumheizlast	–		0,5
Gebäudeheizlast	$n_{50} \leq 3\ h^{-1}$	dichte Fenster, üblich bei Baujahren ab 1995	0,25
	$3\ h^{-1} < n_{50} \leq 6\ h^{-1}$	mittlere Dichtheit, üblich bei Baujahren von 1977 bis 1994	0,5
	$n_{50} > 6\ h^{-1}$	offensichtliche Undichtigkeiten, häufig bei Baujahren vor 1977	1

144.1 Klimadaten (minimale Auslegungsaußentemperaturen $\Theta_{e,Ref}$ vers. Städte) **DIN/TS 12831-1: 2020-04**

Ort	$\Theta_{e,Ref}$ in °C	$\Theta_{e,m,Ref}$ in °C	h_{Ref} in m	Ort	$\Theta_{e,Ref}$ in °C	$\Theta_{e,m,Ref}$ in °C	h_{Ref} in m	Ort	$\Theta_{e,Ref}$ in °C	$\Theta_{e,m,Ref}$ in °C	h_{Ref} in m
Aachen	−8,8	10,1	270	Hagen	−9,7	9,3	310	Neumünster	−9,2	9,2	19
Augsburg	−14,3	8,8	458	Halle/ Saale	−14	9,6	106	Neuss	−8,3	10,8	37
Bamberg	−13,7	9,2	248	Hamburg	−10,5	9,5	2	Norderstedt	−10	9,1	41
Bayreuth	−13	8,7	381	Hamm	−10,3	10,9	88	Nürnberg	−13,7	9,3	334
Berg. Gladbach	−9,3	10,1	230	Hanau	−10,3	10,7	118	Oberhausen	−13,8	8,7	453
Berlin	−13	9,6	42	Hannover	−11,3	9,7	100	Offenbach a. M.	−10,3	10,6	132
Bielefeld	−10,3	9,8	135	Heidelberg	−11,8	8,8	525	Oldenburg	−8,8	10	8
Bochum	−8,4	10,5	121	Heilbronn	−10,8	10,2	231	Osnabrück	−9,8	10	74
Bonn	−9,1	10,3	194	Herne	−8,5	10,5	115	Paderborn	−10,7	9,4	221
Bottrop	−8,4	10,5	65	Hildesheim	−11,5	9,1	217	Pforzheim	−11,8	9,1	436
Braunschweig	−11,5	9,7	82	Ingolstadt	−13,3	9	378	Potsdam	−12,7	9,7	32
Bremen	−9,5	9,6	9	Iserlohn	−10,1	9	312	Ratingen	−8,4	10,8	42
Bremerhaven	−8,6	9,8	0	Jena	−13,3	9,3	258	Recklinghausen	−8,5	10,5	78
Chemnitz	−14,3	8	504	Kaiserslautern	−10,1	9,8	306	Regensburg	−13,3	8,8	379
Cottbus	−14	9,5	66	Karlsruhe	−10,7	10,1	251	Remscheid	−9,4	9,3	334
Darmstadt	−10,2	10,6	163	Kassel	−12,4	8	453	Reutlingen	−12	9	508
Delmenhorst	−9,3	9,6	5	Kiel	−8,7	9	28	Rheine	−8,8	10,2	36
Dessau-Roßlau	−13,4	9,6	63	Koblenz	−10,1	9,4	346	Rostock	−10,7	9,3	0
Detmold	−10,7	9,5	169	Köln	−8,7	10,8	54	Saarbrücken	−10,2	9,7	330
Dorsten	−8,4	10,3	65	Konstanz	−9,8	9,6	493	Salzgitter	−11,9	9,5	146
Dortmund	−9,1	9,9	194	Krefeld	−8,3	10,8	33	Schwerin	−11,4	9,3	35
Dresden	−14	9,3	253	Leipzig	−13,6	9,7	131	Siegen	−10,2	9,1	365
Duisburg	−8,4	10,8	43	Leverkusen	−8,5	10,7	108	Solingen	−8,6	10,1	255
Düren	−8,7	10,6	139	Lübeck	−11	9,1	8	Stuttgart	−11,8	9,2	469
Düsseldorf	−8,4	10,8	35	Ludwigsburg	−10,9	10,4	204	Trier	−9,5	10,1	234
Erfurt	−13,8	8,5	351	Ludwigshafen a. R.	−10,5	11	94	Troisdorf	−9,1	10,6	98
Erlangen	−13,2	9,5	302	Lüneburg	−11,1	9,4	32	Tübingen	−11,9	9	507
Essen	−8,4	10,4	164	Lünen	−9	10,6	57	Ulm	−12,7	8,4	625
Esslingen a. N.	−11,3	9,6	389	Magdeburg	−12,6	9,4	78	Velbert	−8,7	10,1	219
Flensburg	−8	9	46	Mainz	−10,1	10,2	214	Viersen	−8,1	10,8	36
Frankfurt a. M.	−10,1	10,5	154	Mannheim	−10,8	11	107	Villingen-Schw.	−13	8,1	740
Freiburg i. Br.	−11	9,5	542	Marburg	−11,5	9,5	202	Wiesbaden	−10,5	9,6	288
Fürth	−13,3	9,4	315	Marl	−8,3	10,5	49	Wilhelmshaven	−8,2	9,6	2
Gelsenkirchen	−8,3	10,7	37	Minden	−10,3	10,2	58	Witten	−8,8	10,2	189
Gera	−14,2	8,9	312	Moers	−8,2	10,8	28	Wolfsburg	−11,8	9,5	128
Gießen	−11,1	9,7	152	Mönchengladbach	−8,5	10,7	73	Worms	−10,5	10,9	93
Gladbeck	−8,1	10,8	56	Mülheim a. d. R.	−8,3	10,7	87	Wuppertal	−9,7	9,4	296
Göttingen	−12,3	8,9	238	München	−13,9	8,6	564	Würzburg	−11,4	9,8	246
Gütersloh	−10,1	10	93	Münster	−13,7	8,9	424	Zwickau	−13,8	9,1	272

145.1 Raumheizlast – vereinfachtes Verfahren

Geschoss:	Raum:	Datum	Seite:	R

Auslegungsinnentemperatur $\theta_{int,i}$ ↑146.1 ______ °C **Norm-Außentemperatur** θ_e ↑144.1 ______ °C

Abmessungen

Raumbreite	b_i	↑146.2a ______	m	Geschosshöhe	$h_{G,i}$	↑146.2b ______	m
Raumlänge	l_i	↑146.2a ______	m	Deckendicke	d_i	↑146.2b ______	m
Raumfläche	$A_{NGF,i}$	______	m²	Raumhöhe1)	h_i	↑146.2b ______	m
Raumvolumen	V_i	______	m³	Raum-Luftwechselrate1)	n_i	↑143.3 ______	h⁻¹

1	2	3	4	5	6	7	8	9	10	11	12	13	14	16
Orientierung	Bauteil2)	Anzahl	Breite	Länge/Höhe	Bruttofläche	Abzugsfläche	Bauteilfläche	grenzt an	angrenzende Temperatur2)	Temperatur-anpassung	Bauteil-*U*-Wert	Wärmebrücken-zuschlag	Korrigierter *U*-Wert	Transmissions-wärmeverlust
–	–	–	b_k	l/h_k	$A_{Brutto,k}$	$A_{Abzug,k}$	A_k	–	$\theta_{x,k}$	$f_{ix,k}$	U_k	$\Delta U_{TB,k}$	$U_{c,k}$	$\Phi_{T,k}$
			m		m²				°C	–	W/(m²·k)			W
↑146.3	↑146.3		↑146.2c	↑146.2c				↑146.5		↑146.4		↑143.2		↑148.1
										↑146.5				
										↑147.1				

Transmissionswärmeverluste $\Phi_{T,i}$ ↑148.1 ______ W

Lüftungswärmeverluste $\Phi_{V,i}$ ↑148.2 ______ W

Aufheizzuschlag $\Phi_{hu,i}$ ↑148.3 ______ W

Normheizlast $\varphi_{HL,i}$ ______ W/m^2_{ANGF} / ______ $W//m^3_{Vi}$ $\Phi_{HL,i}$ ______ W

1) In der DIN/TS 12831-1: 2020-04 wird empfohlen Standardwerte für den Mindestluftwechsel nur bis zu mittleren Raumhöhen ≤ 3 m zu verwenden und andernfalls projektspezifische Werte zu ermitteln.

2) Es sind nur diejenigen Bauteilflächen zu berücksichtigen, welche im Auslegungsfall eine Temperaturdifferenz von mehr als 4 K zwischen dem betrachteten Raum/Bereich/Gebäude und der benachbarten Umgebung aufweisen.

146.1 Empfohlene Norm-Innentemperaturen θ_{int} in °C — DIN/TS 12831-1: 2020-04

Nr.	Raumart	θ_{int}
1	Wohn- und Schlafräume	+ 20
2	Büroräume, Sitzungszimmer, Ausstellungsräume, Haupttreppenräume, Schalterhallen	+ 20
3	Hotelzimmer	+ 20
4	Verkaufsräume und Läden allgemein	+ 20
5	Unterrichtsräume allgemein	+ 20
6	Theater- und Konzerträume	+ 20
7	Bade- und Duschräume, Bäder, Umkleideräume, Untersuchungszimmer (jede Nutzung für den unbekleideten Bereich)	+ 24
8	WC-Räume	+ 20
9	Beheizte Nebenräume (Flure, Treppenhäuser)	+ 15

146.2 Bestimmung der Abmessungen — DIN EN 12831 Bbl.1 2008-07

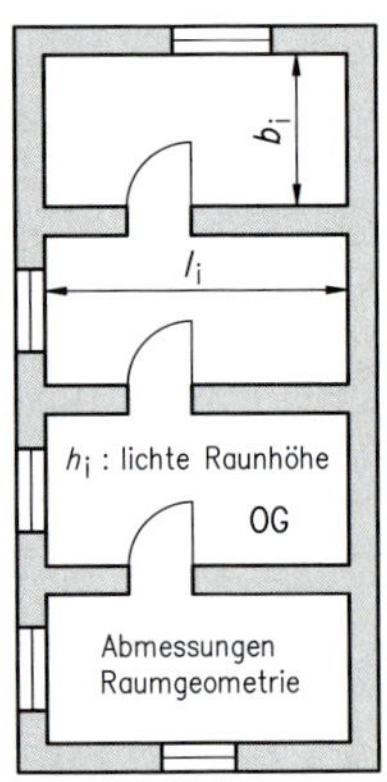

145.2a Raumgeometrie

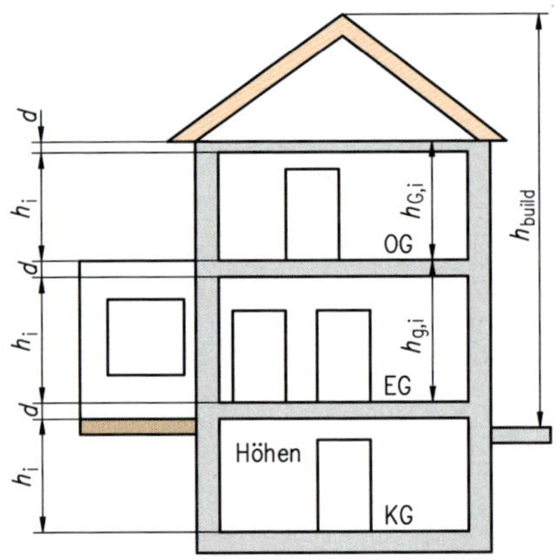

145.2b Höhen

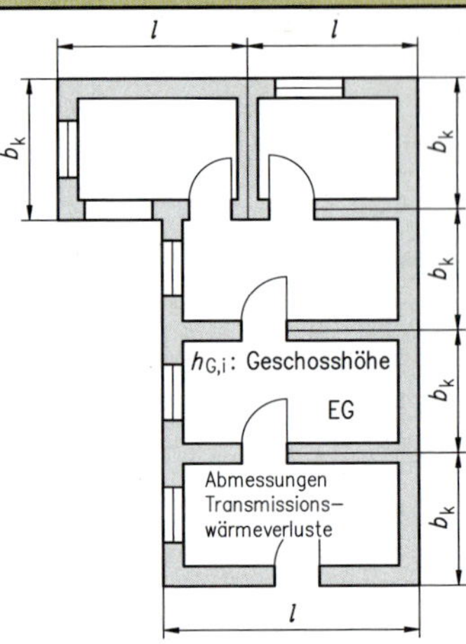

145.2c Transmissionswärmeverlust

146.3 Abkürzungen, Kurzbezeichnungen und Kennzeichnungen — DIN/TS 12831-1: 2020-04

Abkürzung der Orientierung		Kurzbezeichnung der Bauteile				Kennzeichnung der angrenzenden Fläche	
N	Norden	AF	Außenfenster	DE	Decke	e	Außenluft (external)
O	Osten	AT	Außentür	FB	Fußboden	ae	unbeheizter Nachbarraum (unheated space)
S	Süden	AW	Außenwand	IF	Innenfenster	aBE	andere Nutzungseinheit
W	Westen	DF	Dachfenster	IT	Innentür	g	Erdreich (ground)
H	Horizontal	DA	Dach	IW	Innenwand	a	beheizter Nachbarraum

146.4 Temperaturanpassungsfaktor $f_{x,k}$ (f_1) — DIN EN 12831-1 2017-05, DIN/TS 12831-1: 2020-04

allgemeine Berechnungsformel			
$$f_1 = \frac{\Theta_{int,i} - \Theta_x}{\Theta_{int,i} - \Theta_e}$$	f_1	Temperaturanpassungsfaktor für Abweichungen zwischen der Temperatur eines Raums (x) und der Norm-Außentemperatur – **für Raumhöhen h ≤ 4 m ist: $f_{x,k} = f_1$**	–
	$\Theta_{int,i}$	Auslegungsinnentemperatur des betrachteten beheizten Raums (i)	in °C
	Θ_x	Temperatur des angrenzenden Raums (x) bzw. der angrenzenden Fläche	in °C
	Θ_e	Norm-Außentemperatur	in °C

146.5 Temperaturanpassungsfaktor f_x – vereinfachtes Verfahren — DIN/TS 12831-1: 2020-04

Bauteil grenzt an		f_x	Index	Bauteil grenzt an		f_x	Index
Außenluft	e	1,0	ie	Erdreich	g	0,3	ig
unbeheizten Raum oder andere Nutzungseinheit	u	0,5	iu (iae oder iaBE)	beheizten Raum	j	0,3	ij (ia)

147.1 Temperaturanpassungsterm f_1 unbeheizter angrenzender Bereiche DIN/TS 12831-1: 2020-04

Nachbarräume	f_1
ohne Außenwände (z. B. innen liegende Flure)	0,1
mit einer Außenwand, ohne äußere Türen	0,4
mit einer Außenwand, mit äußeren Türen	0,5
mit zwei Außenwänden, ohne äußere Türen	0,5
mit zwei Außenwänden, mit äußeren Türen	0,6
mit 3 Außenwänden (auch außen liegende Treppenräume)	0,8
Heizungsaufstellraum (Heizraum)	0,2
Kellerräume ohne Fenster/äußere Türen	0,4
Kellerräume mit Fenster/äußere Türen	0,5
aufgeständerter Boden – Boden über einem Kriechraum	0,8

innen liegende Treppenräume	Gebäudehöhe	Geschoss	f_1
Annahme: $\frac{\sum H_{T,iu}}{\sum H_{T,ue}} = 3{,}0$	≤ 20 m	EG, KG	0,45
		1. OG	0,30
		über 1. OG	0,25
	> 20 m	EG, KG	0,65
		1. OG	0,45
		2. OG	0,35
		3. bis 7. OG	0,30
		über 7. OG	0,25

Geschlossene Dachräume

Wärmedurchgangskoeffizient U in W/(m² · K)	nach außen U_{ue}	zu beheizten Räumen U_{iu}	f_1
Dachaußenfläche	5,0	1,25	0,85
		0,60	0,90
undicht $n = 2{,}5\ h^{-1}$	2,5	1,25	0,80
		0,60	0,90
dicht $n = 0{,}5\ h^{-1}$	2,5	1,25	0,75
		0,60	0,85

Wärmedurchgangskoeffizient U in W/(m² · K)	nach außen U_{ue}	zu beheizten Räumen U_{iu}	f_1
Dachaußenfläche dicht $n = 0{,}5\ h^{-1}$	1,0	1,25	0,55
		0,60	0,70
	0,5	1,25	0,50
		0,60	0,65
	0,25	1,25	0,45
		0,60	0,60

147.2 Tiefe z unter Erdreich und charakteristisches Bodenplattenmaß B'

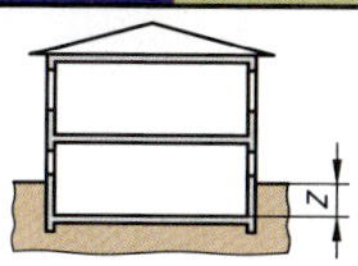

$$B' = \frac{2 \cdot A_g}{P}$$

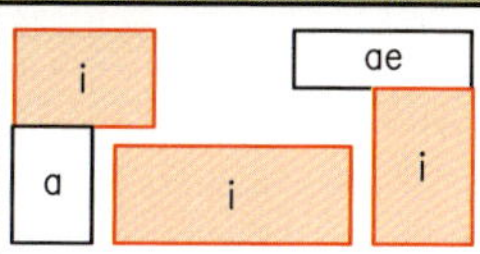

z	Tiefe unter Erdreich	[m]
B'	charakteristisches Bodenplattenmaß	[m]
A_g	Grundfläche der Bodenplatte	[m²]
P	exponierter Umfang der Bodenplatte	[m]

i	betrachteter beheizter Raum[1]
a	angrenzender beheizter Raum[1]
ae	unbeheizter Raum[1]
— (rote Linie) P	exponierter Umfang der Bodenplatte

[1] Diese Beispiele gelten sowohl für einzelne Räume als auch für das gesamte Gebäude.

147.3 Äquivalenter U-Wert erdreichberührter Bauteile $U_{equiv,k}$

$$U_{equiv,k} = \frac{a}{b + (c_1 + B')^{n_1} + (c_2 + z)^{n_2} + (c_3 + U_k + \Delta U_{TB})^{n_3}} + d$$

$U_{equiv,k}$	äquivalenter U-Wert des Gebäudeteils (k) in Kontakt mit dem Erdreich	in W/(m² · K)
a, b, c, d, n	fallspezifische Parameter von $U_{equiv,k}$	–
B'	geometrischer Parameter B' der Bodenplatte ↑ 147.2	in m
z	Tiefe der Oberkante der Bodenplatte unterhalb der Erdoberkante ↑ 147.2	in m
U_K	Wärmedurchgangskoeffizient des Bauteils (k) in Kontakt mit dem Erdreich	in W/(m² · K)
ΔU_{TB}	pauschaler zusätzlicher Wärmedurchgangskoeffizient für Wärmebrücken ↑ 143.2	in W/(m² · K)

	a	b	c_1	c_2	c_3	n_1	n_2	n_3	d
Boden	0,9671	−7,455	10,76	9,773	0,0265	0,5532	0,6027	−0,9296	−0,0203
Kellerwand	0,93328	−2,1552	0[1]	1,466	0,1006	0[1]	0,45325	−1,0068	−0,0692

[1] Bei den Wärmeverlusten durch Kellerwände ist in der Formel für $U_{equiv,k}$ der Wert 1 für den Term: $(c_1 + B')^{n_1}$ einzusetzen.

Randbedingungen für den vereinfachten Ansatz zur Bestimmung von $U_{equiv,k}$: Wärmedurchgangskoeffizient der Bodenplatte: $U_{fl} \leq 4$ W/(m² · K); Wärmedurchgangskoeffizient der Kellerwände: $U_{bw} \leq 3$ W/(m² · K); Dicke der vertikalen Wände: $w = 0{,}4$ m; Wärmeleitfähigkeit des Erdreichs: $\lambda = 2$ W/(m · K); Geometrische Parameter der Bodenplatte: 2 m ≤ B' ≤ 50 m, Tiefe der Bodenplatte unter Erdreichniveau: 0 m ≤ z ≤ 5 m, ein z-Wert von 0 m bedeutet, dass es keine Kellerwände gibt; bei Kellerwänden muss z > 0 m sein.

3 Heizungstechnik

148.1 Raumheizlast – Berechnungsgang – Transmissionswärmeverluste

Die Berechnung des Transmissionswärmeverlusts erfolgt zeilenweise.

Sp.	Abk.	Benennung	für die Berechnung verwendete Werte	Einheit
1	↑ 146.3	Orientierung	–	–
2	↑ 146.3	Bauteil	–	–
3	n	Anzahl	Anzahl der Bauteile mit gleichen Abmessungen	–
4	b_k	Breite	↑ 146.2c	in m
5	l/h_k	Länge/Höhe	↑ 146.2c	in m
6	$A_{Brutto,k}$	Bruttofläche	[Sp. 6] = [Sp. 3] · [Sp. 4] · [Sp. 5]	in m²
7	$A_{Abzug,k}$	Abzugsfläche	Bruttofläche anderer Bauteile, (z. B. Türen, Fenstern, ...) die eine Öffnung des in dieser Zeile betrachteten Bauteils bilden. Diese Werte werden in den nachfolgenden Zeilen eingetragen.	in m²
8	A_k	Bauteilfläche	[Sp. 8] = [Sp. 6] – [Sp. 7]	in m²
9	ie/iae/ig/ia	grenzt an	↑ 146.3	–
10	$\Theta_{x,k}$	angrenzende Temperatur	→ Gebäudedaten	in °C
11	$f_{ix,k}$	Korrekturfaktoren	↑ 146.4 oder ↑ 147.1	–
12	U_k	*U*-Wert	→ Wärmeschutznachweis des Gebäudes	in W/(m² · K)
13	ΔU_{TB}	Wärmebrückenzuschlag	↑ 143.2	in W/(m² · K)
14	$U_{C,k}$	Korrigierter *U*-Wert	[Sp. 14] = [Sp. 12] + [Sp. 13]	in W/(m² · K)
15	Φ_T	Transmissionswärmeverlust	[Sp. 15] = [Sp. 8] · [Sp. 11] · [Sp. 14] · ($\Theta_{int,i} - \Theta_e$)	in W
–	$\Phi_{T,i}$	Transmissionswärmeverluste (des Raumes)	Summe der Werte aus Spalte 15	in W

148.2 Raumheizlast – Berechnung – Lüftungswärmeverluste

$V_i = A_{NGF,i} \cdot h_i$	V_i	Raumvolumen	in m³
$\Phi_{V,i} = \rho \cdot c_p \cdot n_i \cdot V_i \cdot (\Theta_{int,i} - \Theta_e)$ (mit $\rho \cdot c_p = 0{,}34 \frac{Wh}{m^3 K}$)	$\Phi_{V,i}$ n_i $\theta_{int,i}$ θ_e	Lüftungswärmeverluste (des Raumes) Raum-Luftwechselrate Auslegungsinnentemperatur Norm-Außentemperatur	in W in h⁻¹ in °C in °C

148.3 Spez. Aufheizzuschlag in Abhängigkeit vom Temperaturabfall DIN/TS 12831-1: 2020-04

Temperaturabfall $\Delta\theta_{sb,i}$ in K	1				2				3				4				5			
Luftwechsel während der Temperaturabsenkung $n_{sb,i}$ 1) in h	0,1		0,5		0,1		0,5		0,1		0,5		0,1		0,5		0,1		0,5	
Wärmespeicherkapazität 2)	g	m	g	m	g	m	g	m	g	m	g	m	g	m	g	m	g	m	g	m
Aufheizzeit $t_{hu,i}$ in h	spezifischer Aufheizzuschlag $\varphi_{hu,i}$ in W/m²																			
0,5	12	12	14	18	27	28	29	35	39	44	44	53	50	60	58	69				
1	8	8	10	14	18	21	21	28	26	34	32	43	33	48	41	56				
2	5	5	7	11	10	15	13	22	15	25	21	33	20	35	28	43	43	85	47	94
3	3	3	5	10	7	12	10	19	9	20	15	27	14	29	21	37	33	75	37	84
4	2	2	4	9	5	10	8	17	7	18	13	25	10	26	17	34	28	72	31	76

1) Bei geschlossenen Fenstern und Türen kann im Rahmen dieses Näherungsverfahrens von einem Luftwechsel von $n = 0{,}1$ h⁻¹ ausgegangen werden. 2) Für das vorliegende Näherungsverfahren sind die Kategorien nach Tabelle ↑ 148.4 anzuwenden (*g* ≙ gering; *m* ≙ mittel/hoch) – liegt die Wärmespeicherkapazität als Zahlenwert vor, ist ihr eine der Kategorien nach Tabelle ↑ 148.4 zuzuordnen.

148.4 Volumenspezifische Wärmespeicherkapazität c_{eff} DIN/TS 12831-1: 2020-04

Kategorie	Indizien	c_{eff} in Wh/(m³ · K)	Kategorie	Indizien	c_{eff} in Wh/(m³ · K)
gering	Vorwiegend Leichtbauweise	15	mittel/hoch	Vorwiegend Massivbauweise	50

149.1 Ablaufdiagramm zur Planung der Wärmeerzeugung VDMA 24199: 2005-05

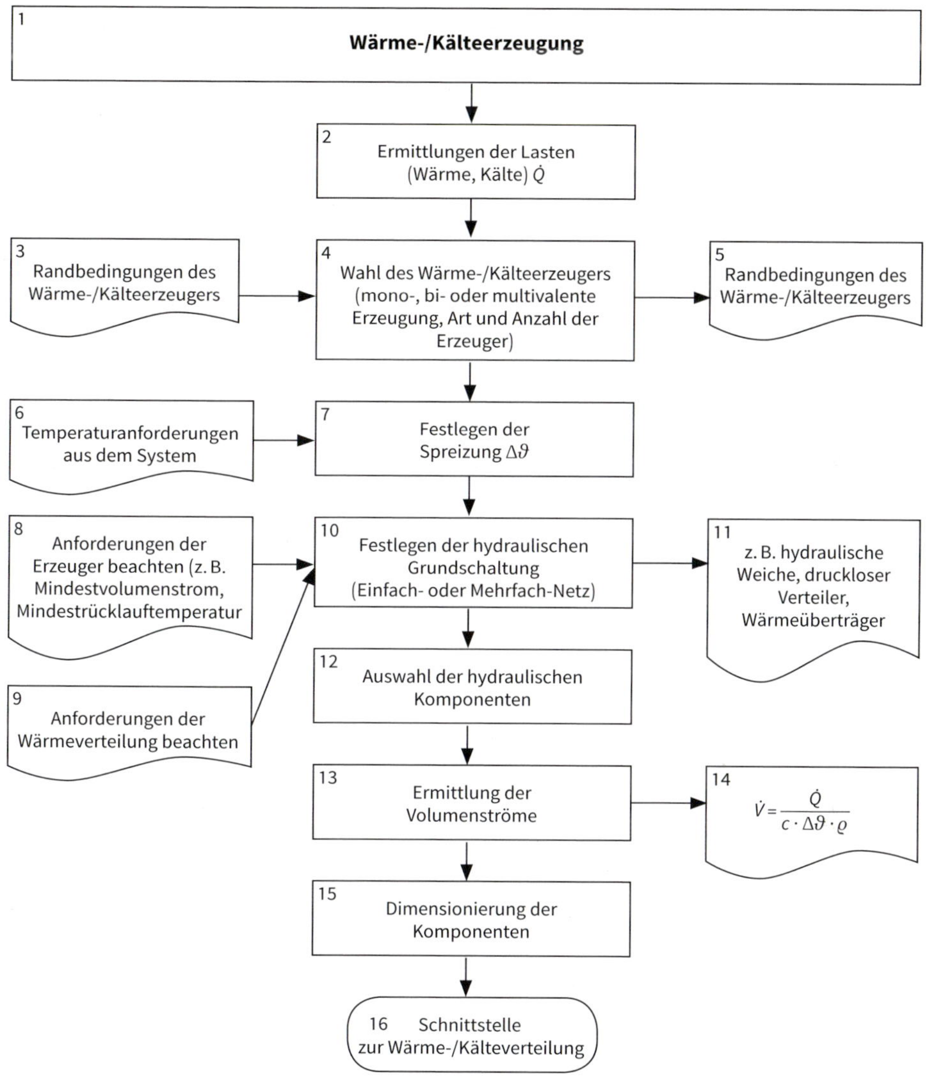

149.2 Unterteilung der Wärmeerzeuger nach dem Aufstellort

Einzelheizungen	Zentralheizungen	Nah- und Fernwärmeheizungen
Wärmeerzeuger ist im zu beheizenden Raum aufgestellt. Die benötigte Wärme wird dort erzeugt und abgegeben.	Wärmeerzeuger ist an einer zentralen Stelle im Gebäude aufgestellt. Die erzeugte Wärme wird über ein Medium (Wasser, Luft, Dampf) mittels eines Rohrsystems an die Heizflächen, bzw. in die Räume weitergeleitet.	Von einer Heizzentrale aus werden mehrere Häuser, Gebäudegruppen oder ganze Stadtteile versorgt. Die erzeugte Wärme wird mittels Heißdampf oder Warmwasser über ein Versorgungsnetz den Verbrauchern zugeführt.
• Kachel- und Kaminöfen • Gasraumheizer • Gasheizstrahler • Elektroheizkörper und -flächen • Elektrospeicheröfen	• Warmwasserheizung • Dampfheizung • Warmluftheizung • Wärmepumpenheizung • Solarheizung	• Heizkraftwerke • Blockheizkraftwerke (BHKW) • Geothermieheizwerke

150.1 Unterteilung der Wärmeerzeuger nach der Energie- bzw. Brennstoffart

Bereitstellung der Heizwärme durch Verbrennung eines Brennstoffs in einem Heizkessel		
feste Brennstoffe	flüssige Brennstoffe	gasförmige Brennstoffe
Holz (Scheitholz, Hackschnitzel, Pellets) Biomasse (z. B. Stroh, Pflanzenabfälle) Kohle	Heizöl Flüssiggas[1]	Erdgas Biogas
Bereitstellung der Heizwärme ohne Verbrennung durch Nutzung von Umweltwärme		
Thermische Energiequellen: Sonne, Erde, Wasser, Luft		

[1] Der Lagerzustand von Flüssiggas ist flüssig, allerdings verdampft das Flüssiggas vor der Verbrennung und wird gasförmig.

150.2 Auswahlkriterien für Wärmeerzeuger

DIN EN 12828: 2014-07

Verbrennung/Ökologie					
Wirkungsgrad/Nutzungsgrad	Verbrennungsrückstände		Schadstoffe	Säurebildung	
Brennstoff					
Brennstoffbedarf	Preis/Preisstabilität		Verfügbarkeit	Lagerung (Platzbedarf)	
Bedienaufwand					
Beschickung mit Brennstoff	Entsorgung von Verbrennungsrückständen			Reinigung	
Dispositionen des Wärmeerzeugers					
Leistungsbereich	Anschaffungspreis	Fördermittel	Aufstellraum	Montagekosten	(Design)
Wartung					
Wartungsaufwand	Wartungsintervall		Schornsteinfeger		
Auswirkungen auf					
Systemtemperaturen	Rohrnetz		Raumheizflächen	Schornstein/Abgasleitung	
Kombination mit					
Warmwasserbereitung	regenerativen Wärmeerzeugern				

150.3 Richtwerte für Rücklauf- und Kesselwassertemperaturen

VDMA 24199: 2005-05

Kesselbauart	Mindest-Rücklauftemperatur	Mindest-Kesselwassertemperatur
Standardkessel	60 °C	75 °C
Standard-Niedertemperaturkessel m. Abgas-/Wasser-Wärmeüberträger	35–60 °C	40–75 °C
Niedertemperaturgerät	35–40 °C	40–60 °C
Brennwertgerät	5 °C	30 °C
Festbrennstoffkessel (Kohle)	40 °C	60 °C
Festbrennstoffkessel (Stroh/Holz)	60 °C	75 °C

150.4 Heizkesselleistung $\dot{Q}_K$ in Abhängigkeit der Heizlast und Wassererwärmung

DIN 4708: 1994-04

Auslegungsbedingungen:

I) $\dot{Q}_K \geq \dot{Q}_D$

II) $\dot{Q}_K \geq \Phi_{HL} \cdot \varphi + Z_K$

$\dot{Q}_K$	Heizkesselleistung des Wärmeerzeugers	in kW
$\dot{Q}_D$	Warmwasserdauerleistung bei einer Erwärmung von 10 °C auf 45 °C	in kW
Φ_{HL}	Norm-Heizlast des Gebäudes nach DIN EN 12831	in kW
φ	Auslastungsfaktor der Gebäudebeheizung (bis 20 Wohnungen ist $\varphi = 1$)[1]	–
Z_K	Kesselzuschlag für die Warmwasserbereitung in Warmwasserspeichern[1]	in kW

Bedarfskennzahl N	1	2	3	4	5	6	7	8	9	10	12	14	16	18	20
Kesselzuschlag Z_K in kW	3,1	4,7	6,2	7,7	8,9	10,2	11,4	12,6	13,8	15,1	17,3	19,5	21,7	23,9	26,1

[1] Weitere Werte für φ und Z_K in Abhängigkeit der Bedarfskennzahl N werden digital bereitgestellt.

151.1 Auslegung des Pufferspeicherinhalts V_{SP} für Festbrennstoffkessel

I) Auslegung nach DIN EN 303-5: 2012-10
Bedingungen:

$\dot{Q}_{K,min} \geq 0{,}3 \cdot \dot{Q}_{NL}$ und $V_{SP} \geq 300$ l

$$V_{SP} = 15 \cdot \dot{Q}_{NL} \cdot T_B \cdot \left(1 - 0{,}3 \cdot \frac{\Phi_{HL}}{\dot{Q}_{K,min}}\right)$$

II) Auslegung nach Herstellerempfehlung

$$V_{SP} = \frac{\dot{Q}_{NL} \cdot T_B}{\varrho_W \cdot c \cdot (\vartheta_{SP,min} - \vartheta_{SP,max})}$$

V_{SP}	minimaler Pufferspeicherinhalt	in dm³ (l)
$\dot{Q}_{K,min}$	kleinste kontinuierliche Wärmeleistung des Kessels	in kW
$\dot{Q}_{NL}$	Nennwärmeleistung des Kessels	in kW
Φ_{HL}	Norm-Heizlast des Gebäudes nach DIN EN 12831	in kW
T_B	Abbrandperiode einer Füllung	in h
ϱ_W	mittlere Dichte des Heizungswassers	in kg/dm³
c	spezifische Wärmekapazität des Heizungswassers [c_{Wasser} = 1,163 Wh/(kg · K)]	in Wh/(kg · K)
$\vartheta_{SP,min}$	minimale Pufferspeichertemperatur ≥ 20 °C	in °C
$\vartheta_{SP,max}$	maximale Pufferspeichertemperatur ≤ 85 °C	in °C
15	Umrechnungsfaktor	in dm³/kWh

151.2 Nennwärmeleistung, Nennwärmebelastung und Wirkungsgrad

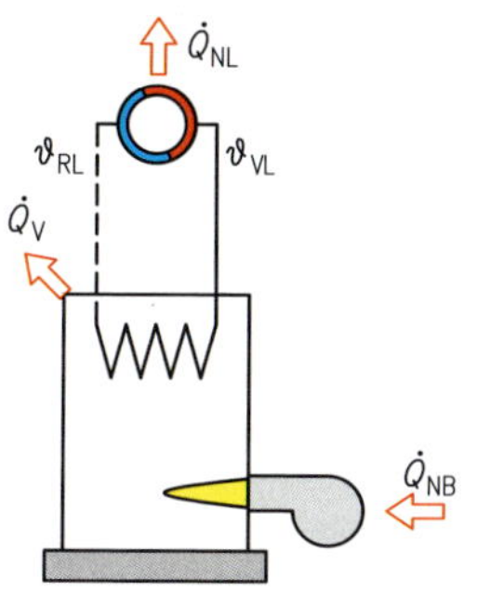

$$\dot{Q}_{NL} = \frac{\dot{m} \cdot c \cdot \Delta\vartheta}{1\,000}$$

$$\Delta\vartheta = \vartheta_{VL} - \vartheta_{RL}$$

$$\dot{Q}_{NB} = \dot{m}_B \cdot H_i$$

$$\dot{Q}_{NB} = \dot{V}_B \cdot H_i$$

$$\eta = \frac{\dot{Q}_{NL}}{\dot{Q}_{NB}}$$

$\dot{Q}_{NL}$	Nennwärmeleistung des Kessels[1]	in kW
$\dot{m}$	Heizungswassermassenstrom	in kg/h
c	spezifische Wärmekapazität des Heizungswassers [c_{Wasser} = 1,163 Wh/(kg · K)]	in Wh/(kg · K)
$\Delta\vartheta$	Temperaturdifferenz	in K
ϑ_{VL}	Kessel-Vorlauftemperatur	in °C
ϑ_{RL}	Kessel-Rücklauftemperatur	in °C
$\dot{Q}_{NB}$	Nennwärmebelastung des Kessels[2]	in kW
$\dot{m}_B$	Brennstoffmassenstrom (feste Brennstoffe)	in kg/h
$\dot{V}_B$	Brennstoffvolumenstrom (Brenngase)	in kWh/m³
	Brennstoffvolumenstrom (flüssige Brennstoffe)	in kWh/dm³
H_i	Heizwert (feste Brennstoffe) ↑ 153.1	in kWh/kg
	Heizwert (Brenngase) ↑ 153.1	in kWh/m³
	Heizwert (flüssige Brennstoffe) ↑ 153.1	in kWh/dm³
η	Wirkungsgrad	[–]
$\dot{Q}_V$	Verlustleistung	in kW

[1] Die Nennwärmeleistung $\dot{Q}_{NL}$ ist die maximale Wärmeleistung, die im Dauerbetrieb von einem Heizkessel abgeben werden kann.
[2] Die Nennwärmebelastung $\dot{Q}_{NB}$ ist die Heizleistung, die dem Heizkessel von der Feuerung zugeführt wird. Sie bezieht sich in Deutschland auf den Heizwert H_i und wird vom Hersteller auf dem Typenschild angeben.

151.3 Abgasverlust

1. BImSchV

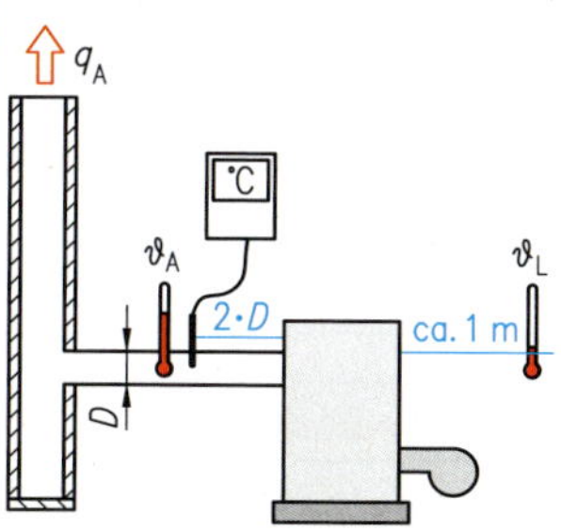

Abgasverluste q_A[1] bei Messung des CO_2 – Gehaltes

$$q_A = (\vartheta_A - \vartheta_L) \cdot \left(\frac{A_1}{CO_2} + B\right)$$

Abgasverluste q_A[1] bei Messung des O_2 – Gehaltes

$$q_A = (\vartheta_A - \vartheta_L) \cdot \left(\frac{A_2}{21 - O_2} + B\right)$$

q_A	Abgasverluste in %	in %
ϑ_A	Abgastemperatur	in °C
ϑ_L	Verbrennungslufttemperatur	in °C
CO_2	CO_2-Gehalt (gemessen)	in Vol-%
O_2	O_2-Gehalt (gemessen)	in Vol-%
A_1, A_2, B	Berechnungsbeiwerte	–

Beiwerte	Erdgas	Flüssiggas	Flüssiggas-Luftgemisch	Heizöl	maximal zulässige Abgasverluste q_A[2]		Beiwerte	Holz[2]
					Nennwärmeleistung	q_A		
A_1	0,37	0,42	0,42	0,50	> 4–25 kW	11 %	A_1	0,69
A_2	0,66	0,63	0,63	0,68	> 25–50 kW	10 %	A_2	0,70
B	0,009	0,008	0,008	0,007	> 50 kW	9 %	B	0,010

[1] Das Ergebnis der Abgasverlustberechnung ist zu runden und wird ohne Kommastelle als voller Prozentwert angegeben.
[2] Die maximal zulässigen Abgasverluste q_A gelten für Öl- und Gasfeuerungsanlagen (1. BImSchV). Für Holzfeuerungsanlagen bestehen keine Anforderungen zur Einhaltung von Mindestwirkungsgraden.

152.1 Feuerungstechnischer Wirkungsgrad und Geräte- bzw. Kesselwirkungsgrad

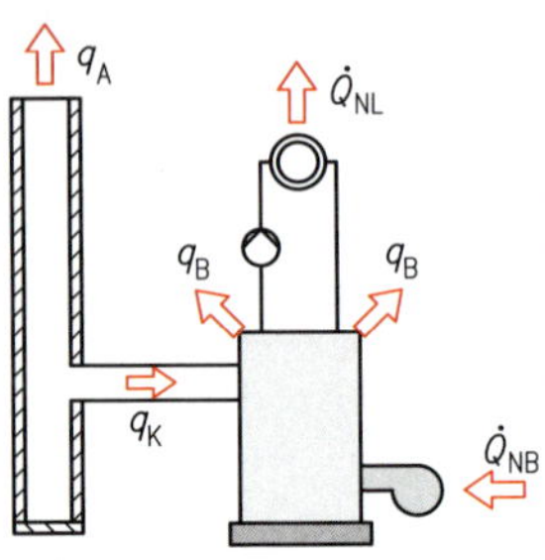

Bei Heizwertnutzung:

$$\eta_F = 100\,\% - q_A$$

$$\eta_K = 100\,\% - q_A - q_B$$

Bei Brennwertnutzung:

$$\eta_{FB} = 100\,\% - q_A + q_K$$

$$\eta_{FB} = 100\,\% - q_A - q_B + q_K$$

$$q_K = \frac{H_s - H_i}{H_i} \cdot \alpha \cdot 100\,\%$$

η_F	feuerungstechnischer Wirkungsgrad bei Heizwertnutzung	in %
q_A	Abgasverluste	in %
η_K	Geräte-/Kesselwirkungsgrad bei Heizwertnutzung	in %
q_B	Betriebsbereitschaftsverluste[1]	in %
η_{FB}	feuerungstechnischer Wirkungsgrad bei Brennwertnutzung	in %
η_{KB}	Geräte-/Kesselwirkungsgrad bei Brennwertnutzung	in %
q_K	Wärmegewinn durch Kondensation	in %
H_s	Brennwert ↑ 153.1	in kWh/m³
H_i	Heizwert ↑ 153.1	in kWh/m³
α	Kondensatzahl[2]	–
ϑ_A	Abgastemperatur	in °C

Kondensatzahl[2] α für modulierende Erdgasbrenner

ϑ_A [°C]	22	28	35	40	45	50	55
α [–]	0,95	0,9	0,8	0,7	0,6	0,5	0,4

[1] Die Betriebsbereitschaftsverluste q_B sind die Wärmeverluste durch Strahlung und Konvektion an den Aufstellraum. Richtwerte für q_B: ältere Feuerstätten bis 20 %, Neuanlagen 0,4 – 1 %

[2] Die Kondensatzahl gibt das Verhältnis der tatsächlichen Kondensatmenge im Abgas zur theoretisch möglichen Menge an.

152.2 Jahresnutzungsgrad η_a des Kessels (Kesselnutzungsgrad)

$$\eta_a = \frac{\eta_K}{\left(\frac{t}{t_v} - 1\right) \cdot q_B + 100\,\%} \cdot 100\,\%$$

$$\varphi = \frac{t_v}{t}$$

η_a	Jahresnutzungsgrad des Kessels	in %
η_K	Geräte-/Kesselwirkungsgrad	in %
q_B	Betriebsbereitschaftsverluste	in %
t	Betriebsbereitschaftszeit	in h/a
t_v	Jahresvollbenutzungsstunden	in h/a
φ	Kesselauslastung	[–]

Jahresvollbenutzungsstunden t_v	
Krankenhaus	2 300 h/a
Einfamilienhaus	2 000 h/a
Mehrfamilienhaus	1 900 h/a
Bürogebäude	1 600 h/a
Schule	1 200 h/a

152.3 Jahresbrennstoffbedarf

$$B_{Ha} = \frac{Q_a - Q_u}{H_i \cdot \eta_{a,Anl}}$$

$$B_{Ha} = t_v \cdot \frac{\Phi_{HL,Geb}}{H_i \cdot \eta_{a,Anl}}$$

$$\eta_{a,Anl} = \eta_a \cdot \eta_V$$

B_{Ha}	Jahresbrennstoffbedarf	in kg/a, (dm³/a), (m³/a)
Q_a	Jahreswärmebedarf	in kWh/a
Q_u	innere und äußere Wärmequellen	in kWh/a
H_i	Heizwert des Brennstoffs ↑ 153.1	in kWh/kg, (kWh/dm³), (kWh/m³)
$\eta_{a,Anl}$	Jahresnutzungsgrad der Anlage	[–]
t_v	Jahresvollbenutzungsstunden ↑ 152.2	in h/a
$\Phi_{HL,Geb}$	Gebäudeheizlast	in kW
η_a	Jahresnutzungsgrad des Kessel ↑ 152.2	[–]
η_V	Nutzungsgrad der Verteilung	[–]

Anhaltswerte für η_V: Etagenheizung: $\eta_V = 0{,}98$, Zentralheizung: $\eta_V = 0{,}96$, Blockheizung: $\eta_V = 0{,}93$

152.4 Luftverhältniszahl und Luftbedarf

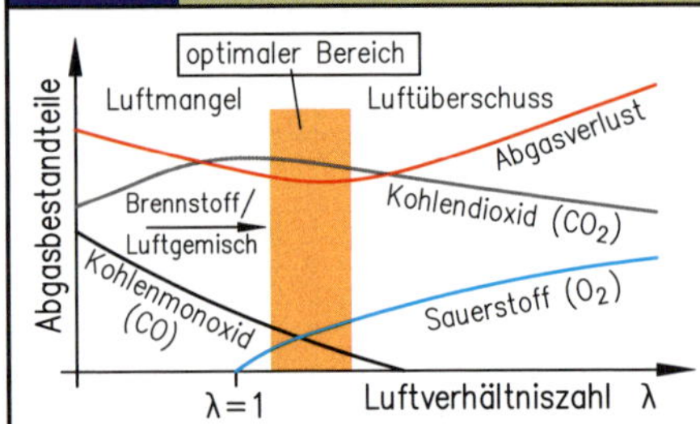

$$\lambda = \frac{CO_{2max}}{CO_2}$$

$$L_{tats} = \lambda \cdot L_{min}$$

λ	Luftverhältniszahl	[–]
CO_{2max}	max. CO_2-Gehalt ↑ 153.1	in Vol-%
CO_2	gemessener CO_2-Gehalt	in Vol-%
	tatsächl. Verbrennungsluft-volumenstrom	in m³/h
	theoret. Verbrennungsluft-volumenstrom	in m³/h
L_{tats}	tatsächlicher Luftbedarf	in m³/m³ [1]
L_{min}	theoretischer Luftbedarf ↑ 153.1	in m³/m³ [1]

[1] Je nach Brennstoff kann der Luftbedarf auch in m³/dm³ (flüssige Brennstoffe) oder m³/kg (feste Brennstoffe) angegeben werden.

153.1 Kennwerte von Brennstoffen

		Erdgas LL	Erdgas E	Propan	Butan	Heizöl EL	Holzpellets
Heizwert	H_i	9,0 kWh/m³	10,0 kWh/m³	12,9 kWh/kg	12,7 kWh/kg	10,0 kWh/dm³	4,8 kWh/kg
Brennwert	H_s	10,0 kWh/m³	11,1 kWh/m³	14,0 kWh/kg	13,7 kWh/kg	10,7 kWh/dm³	5,2 kWh/kg
theoretischer Luftbedarf	L_{min}	8,4 m³/m³	9,9 m³/m³	12,4 m³/kg	12,5 m³/kg	9,5 m³/dm³	3,7 m³/kg
max. CO_2-Gehalt, CO_{2max}		11,8 %	12,0 %	13,8 %	14,1 %	15,4 %	20,3 %
übliche Luftverhältniszahl	λ	1,05–1,3	1,05–1,3	1,05–1,3	1,05–1,3	1,1–1,3	1,4–1,9
Taupunkttemperatur	ϑ_T	56 °C	57 °C	53 °C	52 °C	47 °C	51 °C

153.2 Verbrennungseigenschaften von Brennstoffen

	Erdgas LL	Erdgas E	Propan	Butan	Heizöl EL	Holz
Hauptbestandteil	CH_4	CH_4	C_3H_8	C_4H_{10}	C_nH_m	C
Anteil in Vol.-%	81–84	84–98	≥ 95	≥ 95	vers. Verb.	35–45
Zündgrenzen bei 20 °C in Vol.-%	5–15	5 –15	1,7–10,9	1,4–9,3	–	–
Zündtemperatur in °C	664–670	635–664	510	465	340	200–400
max. Flammentemperatur in °C	1 850	1 900	1 925	1 895	1 950	1 250

153.3 Emissionsgrenzwerte von Gas- und Ölfeuerungsanlagen

1. BImSchV[1] und KÜO[2]

	Nennwärmeleistung	CO	NO_x	C_nH_m	Staub
Erdgas und Flüssiggas	≤ 120 kW	1 000 ppm[2]	60 mg/kWh[1]	1,0 mg/kWh[1),3)] 0,4 mg/kWh[1),4)]	100 mg/m³ [1),3)] 20 mg/m³ [1),4)]
	> 120 kW ≤ 400 kW		80 mg/kWh[1]		
	> 400 kW		120 mg/kWh[1]		
Heizöl EL	≤ 120 kW	1 300 mg/kWh[1] 1 000 ppm[2]	110 mg/kWh[1]	1,0 mg/kWh[1),3)] 0,4 mg/kWh[1),4)]	100 mg/m³ [1),3)] 20 mg/m³ [1),4)]
	> 120 kW ≤ 400 kW		120 mg/kWh[1]		
	> 400 kW		185 mg/kWh[1]		

[1] Grenzwert entsprechend der ersten Verordnung zur Durchführung des Bundes-Immissionsschutzgesetzes – 1. BImSchV
[2] Grenzwert entsprechend der Kehr- und Überprüfungsordnung – KÜO
[3] Gilt für Anlagen, die nach dem 22.03.2010 errichtet wurden. [4] Gilt für Anlagen, die nach dem 31.12.2014 errichtet wurden.

153.4 Rußmessung (Ölfeuerungsanlagen)

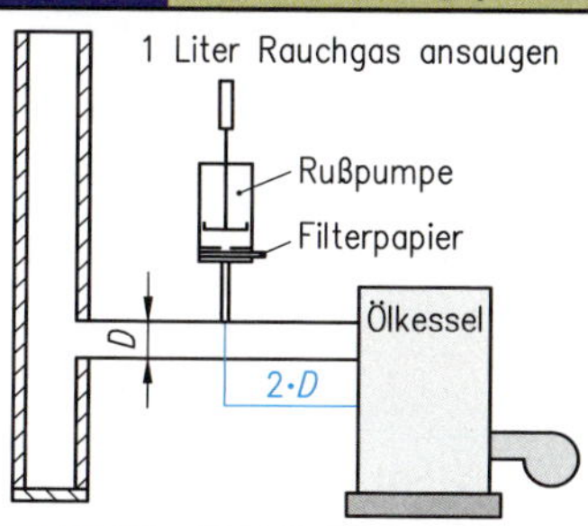

Rußzahl-Vergleichsskala

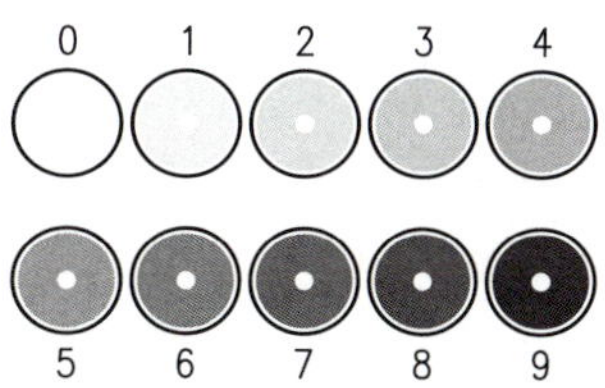

Erforderlich sind mindestens 3 Einzelmessungen. Ist das Filterpapier fühlbar feucht oder unregelmäßig verfärbt, so ist die Messung zu verwerfen. Die Einzelwerte R_1, R_2 und R_3 ergeben sich durch den Vergleich des Filterpapiers mit einer Vergleichsskala

Rußzahl $R = \frac{(R_1 + R_2 + R_3)}{3}$

Grenzwerte für R nach 1. BImSchV:
Zerstäubungsbrenner: $R \leq 1$
Verdampfungsbrenner: $R \leq 2$

153.5 Emissionsgrenzwerte von Feuerungsanlagen für feste Brennstoffe

1. BImSchV

	Geltungsbereich	CO	Staub
naturbelassenes Holz (stückig und nicht stückig)[1]	> 4 kW ≤ 500 kW	1 000 mg/m³	100 mg/m³
Presslinge aus naturbelassenen Holz (Holzpellets, Holzbriketts)[1]	> 4 kW ≤ 500 kW	800 mg/m³	60 mg/m³
naturbelassenes Holz (Presslinge, stückig und nicht stückig)[2]	> 4 kW	400 mg/m³	20 mg/m³

[1] Gilt für Anlagen, die nach dem 22.03.2010 errichtet wurden, [2] Gilt für Anlagen, die nach dem 31.12.2014 errichtet wurden.

154.1 Sicherheitsventile (SV) – Membran-Druckausdehnungsgefäße (MAG)

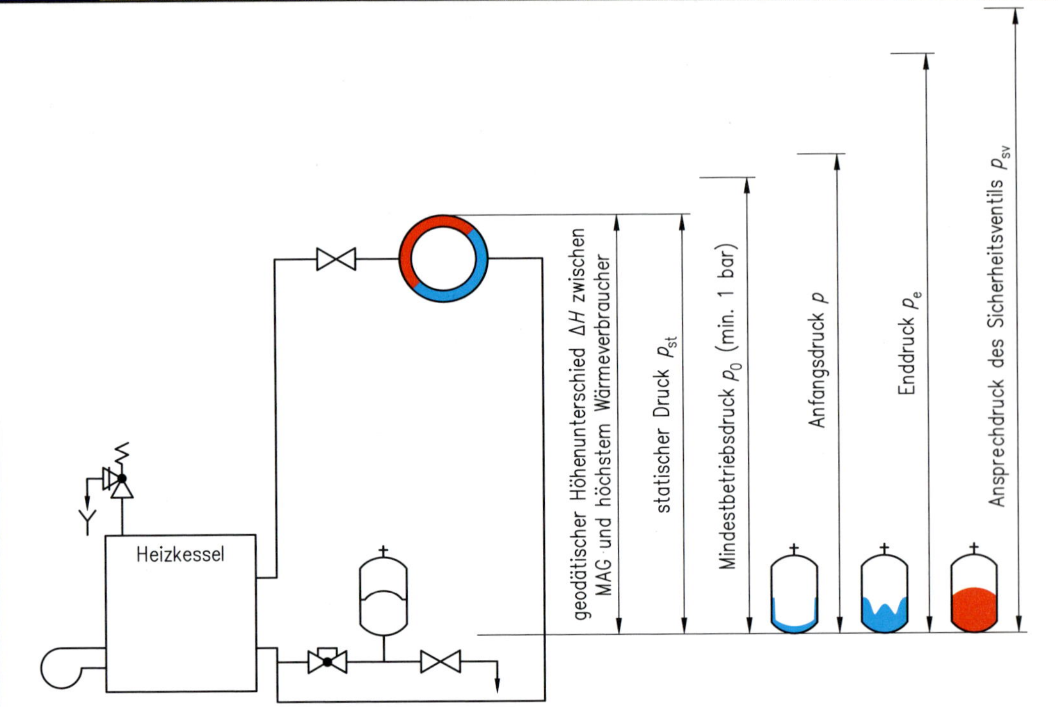

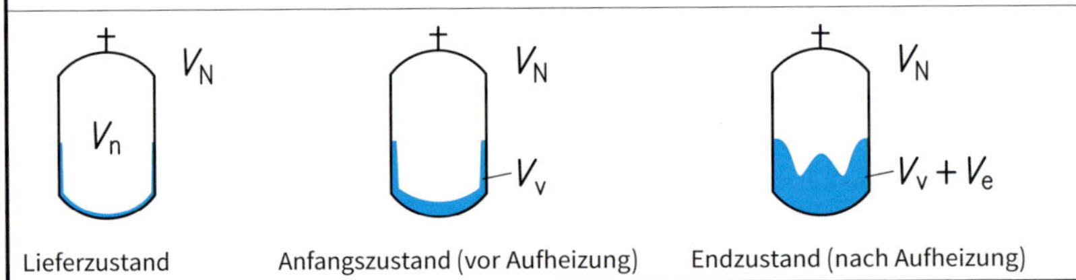

V_N Nennvolumen des MAG (Bestellgröße)

V_V Wasservorlage

V_e Ausdehnungsvolumen

V_n Nennvolumen des MAG (Mindestinhalt)

154.2 MAG-Schnellauslegung

für Heizkörperheizungsanlagen mit $\vartheta_{VL}/\vartheta_{RL}$ = 70/50 °C Herstellerangaben

$p_0 \geq \frac{\Delta H}{10\ m} \cdot$ bar + 0,2 bar

Empfehlung: $p_0 \geq$ 1,0 bar

$p_{SV} \geq p_0$ +1,5 bar

p_0	Vordruck	in bar
ΔH	Höhenunterschied zwischen MAG und höchstem Heizkörper	in m
p_{SV}	Ansprechdruck des Sicherheitsventils	in bar
V_A	Wasserinhalt der Anlage	in dm³
V_N	Nennvolumen (Bestellgröße) des MAG	in dm³

V_N in dm³	p_{SV} in bar	2,5			3,0				4,0			
	p_0 in bar	0,5	1,0	1,5	0,5	1,0	1,5	1,8	1,5	2,0	2,5	3,0
8	V_A in dm³	107	48	–	133	82	31	–	87	48	8	–
12		161	71	–	199	122	46	–	131	71	12	–
18		268	134	–	325	210	96	27	223	134	45	–
25		424	238	52	504	344	185	89	362	238	114	–
35		639	387	126	730	536	313	179	561	387	213	–
50		912	608	238	1043	782	504	313	811	608	362	114
80		1460	973	461	1668	1251	834	580	1298	973	649	263
100		1825	1217	608	2086	1564	1043	730	1622	1217	811	362
140		2555	1703	852	2920	2190	1460	1022	2271	1703	1135	561
200		3650	2433	1217	4171	3128	2086	1460	3244	2433	1622	811

155.1 Auslegung von Membran-Druckausdehnungsgefäßen (MAG) DIN EN 12828: 2014-07

$V_A = \Sigma \dot{Q}_{NL} \cdot (v_W + v_a)$	V_A	Wasserinhalt (Wasservolumen) der Anlage*)	in dm^3
*) Wenn der Wasserinhalt V_A der Heizungsanlage nicht bekannt ist, kann dieser näherungsweise mit Tabellenwerten ermittelt werden.	$\dot{Q}_{NL}$	Nennwärmeleistung des Heizkessels	in kW
	v_W	spezifisches Wasservolumen des Wärmeerzeugers ↑155.2	in dm^3/kW
	v_a	spezifisches Wasservolumen der Heizflächen und Wärmeverteilungsleitungen ↑155.2	in dm^3/kW
$V_e = \frac{n \cdot V_A}{100\ \%}$	V_e	Ausdehnungsvolumen	in dm^3
	n	Ausdehnungsfaktor ↑155.3	in %
$V_V = 0{,}005 \cdot V_A$ (für $V_V > 15\ dm^3$ mit $V_V \geq 3\ dm^3$)	V_V	Wasservorlage	in dm^3
$V_V = 0{,}2 \cdot V_n$ (für $V_n \leq 15\ dm^3$)	V_n	Nennvolumen (Mindestinhalt) des MAG	in dm^3
$p_0 \geq p_{st} + p_D$	p_0	Mindestbetriebsdruck	in bar
Empfehlung:	p_{st}	statischer Druck ↑155.4	in bar
$p_0 = p_{st} + p_D + 0{,}2\ bar \geq 1\ bar$	p_D	Dampfdruck ↑155.4	in bar
$p_{SV} \geq p_0 + 1{,}5\ bar$ (für $p_{SV} \leq 5\ bar$); $p_{SV} \geq p_0 + 2{,}0\ bar$ (für $p_{SV} > 5\ bar$)	p_{SV}	Ansprechdruck des Sicherheitsventils	in bar
$p_e \leq p_{SV} - 0{,}5\ bar$ für $p_{SV} \leq 5\ bar$; $p_e \leq 0{,}9 \cdot p_{SV}$ für $p_{SV} > 5\ bar$	p_e	Enddruck	in bar
$V_n = (V_e + V_V) \cdot \frac{1{,}0\ bar + p_e}{p_e - p_0} \leq V_N$	V_N	Nennvolumen (Bestellgröße) des MAG	in Liter
$p_a = \frac{(p_e + 1\ bar)}{1 + \frac{V_e\,(p_e + 1\ bar)}{V_N\,(p_0 + 1\ bar)}} - 1\ bar$	p_a	Anfangsdruck (Anlagenfülldruck) Bedingung: $p_a \geq p_0 + 0{,}3\ bar$ (ggf. größeres MAG wählen)	in bar

155.2 Spezifischer Wasserinhalt von Heizungsanlagen – Näherungswerte

Wärmeerzeuger	v_W in dm^3/kW
Gusskessel mit atmosphärischem Brenner	1,10
Gusskessel mit Gebläsebrenner	1,40
Stahlkessel mit Gebläsebrenner	1,80
Festbrennstoffkessel	2,00
Brennwertkessel – wandhängend	0,15
Wärmepumpe	0,60

Heizflächen v_a in dm^3/kW	$\vartheta_{VL}/\vartheta_{RL}$ in °C 90/70	70/55	70/50	55/45	45/35	35/30
Gliederheizkörper	11,5	17,6	18,1	27,0	44,6	83,3
Röhrenheizkörper	15,0	23,2	24,1	36,3	59,3	111,5
Konvektoren	4,0	5,9	5,4	9,4	13,4	27,1
Plattenheizkörper	6,5	9,6	9,4	14,9	21,9	41,0
Fußbodenheizung	–	–	–	–	21,1	35,6

155.3 Ausdehnungsfaktor *n* von Wasser – Fülltemperatur 10 °C

$\vartheta_{VL,max}$	30	40	50	60	70	80	90	100	110	120	in °C
n	0,40	0,75	1,17	1,67	2,24	2,86	3,55	4,31	5,11	5,99	in %

155.4 Statischer Druck p_{st} und Dampfdruck p_D

Statischer Druck p_{St} aufgrund der Wassersäulenhöhe h

h	≤5	≤10	≤15	≤20	in m
p_{St}	0,5	1,0	1,5	2,0	in bar

Dampfdruck p_D, für maximale Vorlauftemperaturen $\vartheta_{VL,max}$

$\vartheta_{VL,max}$	≤100	≤110	≤120	in °C
p_D	0,0	0,5	1,0	in bar

155.5 Nennvolumen V_N (Bestellgrößen) von Membran-Druckausdehnungsgefäßen (MAG)

V_N	8	12	18	25	35	50	80	100	140	200	250	300	in Liter

156.1 Sicherheitstechnische Einrichtungen von Heizungsanlagen DIN EN 12828: 2014-07

Heizungsanlagen müssen mit sicherheitstechnischen Einrichtungen ausgerüstet sein, um Folgendes zu verhindern:

- Überschreitung der maximalen Betriebstemperatur, entsprechend DIN EN 12828 beträgt diese 105 °C;
- Überschreitung des maximalen Betriebsdrucks;
- Wassermangel.

Sicherheitstechnische Einrichtungen[1] müssen geplant und ausgelegt werden in Übereinstimmung mit:

- der Bauart der Heizungsanlage, d. h., ob geschlossene oder offene Anlage, sowie ihrer Druckhaltung;
- der Art der Energiequelle;
- der Art, wie die erzeugte Wärme der Heizungsanlage zugeführt wird, d. h. automatische oder manuelle Regelung;
- der Nennleistung des Wärmeerzeugungssystems.

Um einen sicheren und wirtschaftlichen Betrieb aufrechtzuerhalten, müssen Heizungsanlagen ausgerüstet sein mit:

- Einrichtungen zur Überwachung der Betriebsbedingungen, wie Temperatur, Druck und in bestimmten Fällen des Wasserstands (offene Anlagen),
- Einrichtungen zur Regelung der Betriebstemperatur und/oder der Energiezufuhr in Auf-Zu-Stufen oder in gleitender Betriebsweise,
- wenn gefordert, Einrichtungen zur Regelung des Betriebsdrucks der Heizungsanlage.

[1] Die sicherheitstechnischen Einrichtungen müssen ein fester Bestandteil der Heizungsanlage sein, unabhängig davon, ob sie bereits vom Hersteller im Wärmeerzeuger eingebaut wurden oder nicht. Installationsanleitungen des Herstellers müssen beachtet werden.

156.2 Sicherheitstechnische Einrichtungen geschlossener Anlagen bei direkter Beheizung

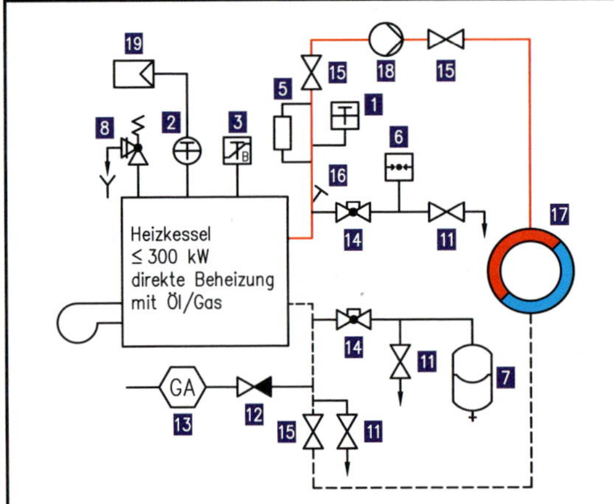

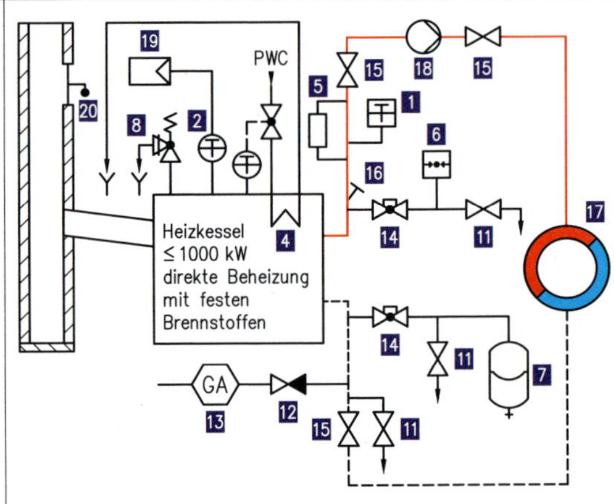

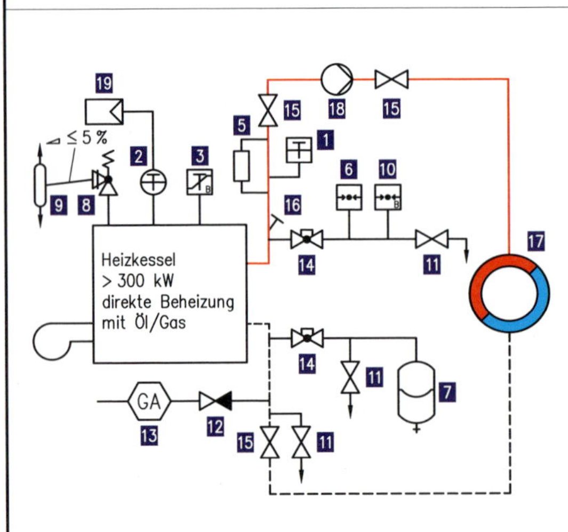

- 1 Temperaturmessgerät
- 2 Temperaturregelgerät
- 3 Sicherheitstemperaturbegrenzer
- 4 Thermische Ablaufsicherung (PWC)
- 5 Wassermangelsicherung
- 6 Druckmessgerät
- 7 Membranausdehnungsgefäß MAG
- 8 Sicherheitsventil federbelastet
- 9 Entspannungstopf (≤ 5 %)
- 10 Maximaldruckbegrenzer
- 11 Entleerung
- 12 KFR-Ventil
- 13 Rohrtrenner nicht durchflussgesteuert (GA)
- 14 Absperrarmatur gegen unbeabsichtigtes Schließen gesichert (z.B. Kappenventil)
- 15 Absperrarmatur
- 16 Tauchhülse
- 17 Wärmeverbraucher
- 18 Pumpe
- 19 Regler
- 20 Nebenlufteinrichtung

157.1 Einrichtungen geschlossener Anlagen DIN EN 12828: 2014-07

	Abk./ Symbol	Bauteil	**Aufgabe** sowie Einbauort/Einbau- und Betätigungsvorschriften	Holz/ Kohle	Öl/ Gas
Sicherheitstechnische Ausrüstung gegen Drucküberschreitung	M 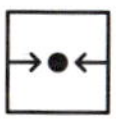	Manometer 	**Anzeigen des Betriebsdrucks** Im Wärmeerzeuger oder im Vorlauf nahe am Wärmeerzeuger. Der Anzeigebereich muss gegenüber dem maximalen Betriebsdruck um 50 % größer sein.	×	×
	MAG 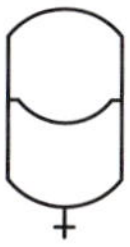	Membran-Druck-ausdehnungsgefäß 	**Aufnahme des Heizwasser-Ausdehnungsvolumens und der Wasservorlage der Heizungsanlage** Der Einbau sollte auf der Saugseite der Umwälzpumpe, vorzugsweise in der Rücklaufleitung oder am tiefsten Punkt der Anlage, z. B. an der Rücklaufleitung, erfolgen. Zwischen Druckausdehnungsgefäß und Wärmeerzeuger darf keine Absperrarmatur eingebaut werden. Berücksichtigt werden kann nur ein gegen unbeabsichtigtes Schließen abgesichertes Absperrventil zu Revisionszwecken. (z. B. Kappenventil).	×	×
	ET 	Entspannungstopf 	**Sichere Ableitung des ausgeblasenen Heizungswassers ins Freie** Die Ausblasleitung des Sicherheitsventils (bei WE > 300 kW) muss mit einem Entspannungstopf in der Nähe des Ventils und mit einer im Freien endenden Dampf-Ausblasleitung versehen sein. Entspannungstöpfe sind nicht notwendig in Fällen, in denen jeder Wärmeerzeuger mit einem zusätzlichen Temperatur- und zusätzlichen Druckbegrenzer ausgerüstet ist.	> 300 kW ×	 ×
	SV 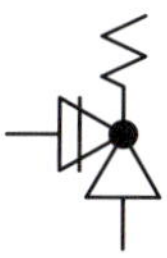	Sicherheitsventil 	**Schutz der Heizungsanlage gegen Überschreitung des maximalen Betriebsdruckes durch Ablassen von Heizungswasser** Im Wärmeerzeuger oder so nahe wie möglich am Wärmeerzeuger. Sie müssen in der Lage sein, eine Überschreitung des maximalen Betriebsdrucks um mehr als 10 % zu verhindern. Bei max. Betriebsdrücken von höchstens 3 bar ist eine Überschreitung von 0,5 bar zulässig. Bei zwei Sicherheitsventilen muss das kleinere Ventil eine Ablassleistung von mindestens 40 % der gesamten Durchflussmenge aufweisen. Zwischen Sicherheitsventil und Wärmeerzeuger darf keine Absperrung eingebaut sein.	×	×
	SDB 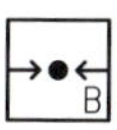	Sicherheits-druckbegrenzer 	**Abschalten und Verriegeln der Wärmezufuhr, bei Überschreiten des maximalen Betriebsdrucks** Wärmeerzeuger mit einer Nennwärmeleistung von mehr als 300 kW müssen mit einem Maximal-Druckbegrenzer ausgestattet sein. Dieser ist im oder möglichst nahe am Wärmeerzeuger einzubauen. Der Druckbegrenzer muss so eingestellt sein, dass er vor den Sicherheitsventilen anspricht. Die Entriegelung kann nur von Hand oder mithilfe eines Werkzeugs erfolgen.	> 300 kW ×	 ×
Sicherheitstechnische Ausrüstung gegen Wassermangel	WMS 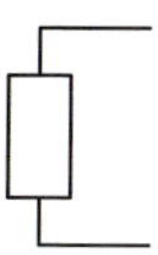	Wassermangel-sicherung  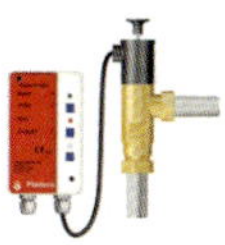 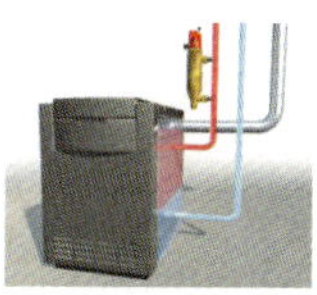 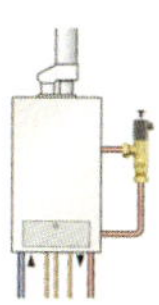	**Abschalten und Verriegeln der Wärmezufuhr bei Erreichen des niedrigsten Wasserstands in der Heizungsanlage** Im Wärmeerzeuger oder im Vorlauf nahe am Wärmeerzeuger. Wenn der Wasserstand der Anlage wieder auf das eingestellte Niveau gebracht worden ist, kann die Entriegelung nur von Hand oder mithilfe eines Werkzeugs erfolgen. Als Alternative zur Wassermangelsicherung kann die Heizungsanlage auch mit einer entsprechenden Einrichtung (z. B. Mindestdruckbegrenzer oder Durchflussbegrenzer) ausgerüstet sein, welche die Wärmezufuhr zur Heizfläche des Wärmeerzeugers zum Schutz der Anlage vor einem unzulässigen Temperaturanstieg abschaltet. Eine Wassermangelsicherung ist immer erforderlich für Anlagen, bei denen der Kessel höher angeordnet wird als die meisten Heizkörper. Eine Wassermangelsicherung ist nicht erforderlich für Anlagen: • mit Elektrodenkessel, • auf der Sekundärseite eines Wärmetauschers, • mit einer Nennwärmeleistung kleiner als 300 kW, wenn sichergestellt ist, dass eine unzulässige Aufheizung im Fall von Wassermangel nicht auftreten kann.	×	×

158.1 Einrichtungen geschlossener Anlagen (Fortsetzung) DIN EN 12828: 2014-07

	Abk./ Symbol	Bauteil	**Aufgabe** sowie Einbauort/Einbau- und Betätigungsvorschriften	Holz/ Kohle	Öl/ Gas
Sicherheitstechnische Ausrüstung gegen Temperaturüberschreitung	T 	Thermometer 	**Anzeige der Kesselwassertemperatur** Im Wärmeerzeuger oder im Vorlauf nahe am Wärmeerzeuger. Der Anzeigebereich muss 20 % größer sein als die maximale Betriebstemperatur.	×	×
	TR 	Temperaturregler 	**Anpassung der Wärmeerzeugerleistung an den Wärmebedarf** Im Wärmeerzeuger. Der höchste Einstellwert des Temperaturreglers darf die maximale Betriebstemperatur der Wärmeerzeugungsanlage nicht überschreiten.	×	×
	STB 	Sicherheitstemperaturbegrenzer 	**Abschalten und Verriegeln der Wärmezufuhr bei Überschreiten der maximalen Betriebstemperatur** Im Wärmeerzeuger oder im Vorlauf nahe am Wärmeerzeuger so, dass bei Betätigung die Temperatur des Wärmeerzeugers um nicht mehr als 10 K ansteigen darf. Die Entriegelung kann nur von Hand oder mithilfe eines Werkzeugs erfolgen.		×
	TAS PWC 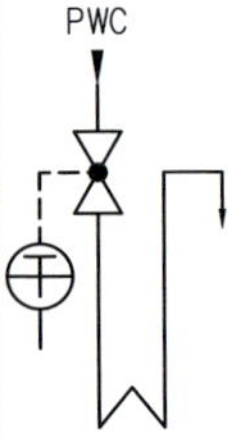	Thermische Ablaufsicherung 	**Notkühlung des Heizkessels durch nachströmendes kaltes (Trink-) Wasser mittels eines Sicherheitswärmetauschers bei Überschreiten der maximalen Betriebstemperatur** Sofern eine thermische Ablaufsicherung erforderlich ist, erfolgt der Einbau im Wärmeerzeuger. Entsprechend den Anforderungen der DIN EN 12828 werden in DIN EN 303-5 folgende Ausrüstungsvarianten unterschieden: a) Das Feuerungssystem ist schnell abschaltbar; so besteht die erforderliche Ausrüstung aus: 1) einem Temperaturregler, 2) einem Sicherheitstemperaturbegrenzer (mit manueller Rückstellung). b) Das Feuerungssystem ist teilweise abschaltbar; so besteht die erforderliche Ausrüstung aus: 1) einem Temperaturregler, 2) einem Sicherheitstemperaturbegrenzer (mit manueller Rückstellung), 3) einer zuverlässigen Einrichtung zur Abfuhr der Restwärmeleistung (thermische Ablaufsicherung). c) Das Feuerungssystem ist nicht abschaltbar und die Nennwärmeleistung beträgt weniger als 100 kW; so besteht die erforderliche Ausrüstung aus: 1) einem Temperaturregler, 2) einer thermischen Ablaufsicherung zur Abfuhr der im Störfall maximal möglichen Wärmeleistung.	× ×	
	Der Sicherheits-Wärmetauscher oder andere Einrichtungen zur Abfuhr überschüssiger Wärme müssen sicherstellen, dass eine maximale Wassertemperatur im Heizkessel von 110 °C nicht überschritten wird. Hierfür ist eine thermische Ablaufsicherung, z. B. als thermische Ablaufsicherung „STW Typ Th“ nach DIN EN 14597 in Verbindung mit einem in den Heizkessel eingebauten Wärmetauscher zu verwenden. Grundsätzlich sind alle Einrichtungen zur Abfuhr überschüssiger Wärme nur zulässig für: • Heizkessel ohne abschaltbares Feuerungssystem bis zu einer Nennwärmeleistung von maximal 100 kW, • Heizkessel mit teilweise abschaltbarem Feuerungssystem bis zu einer Restwärmeleistung von 100 kW.				
Befüll- und Entleerungseinrichtung			**Befüllung und Entleerung der Heizungsanlage mit Heizungswasser** Heizungsanlagen müssen mit Einrichtungen versehen werden, die es ermöglichen, dass sie befüllt werden können und der Wasserstand angeglichen werden kann. Dabei müssen die Verbindungen zu Trinkwassersystemen DIN EN 806-2 und DIN EN 1717 entsprechen.	×	×

159.1 Auswahl von Membransicherheitsventilen (SV) und Entspannungstöpfen

für Sicherheitsventile Typ „H“ mit einem Ansprechdruck von 2,5 oder 3 bar **DIN EN 12828: 2014-07**

Sicherheitsventil ohne Entspannungstopf

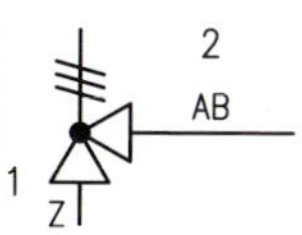

1	Einlass
2	Auslass
Z	Zuleitung
AB	Auslassleitung

Sicherheitsventil mit Entspannungstopf

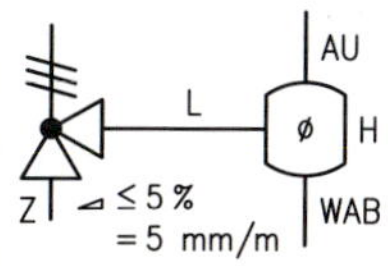

Z	Zuleitung
L	Leitung zum Entspannungstopf
Ø	Durchmesser Entspannungstopf
AU	Auslass Entspannungstopf
H	Min.-Höhe Entspannungstopf
WAB	Wasserabflussleitung

Nennwärmeleistung Φ_N	Anschlussgrößen des Sicherheitsventils						Abmessungen des Entspannungstopfs			
	1		2	Z[2)]	AB[3)]	L[4)]	AU[5)]	WAB	Ø	H
kW (l/h)[1)]	G	DN	DN	DN	DN	DN	DN	DN	in mm	in mm
≤ 50	½″	15	20	15	20	32	40	32	125	212,5
≤ 100	¾″	20	25	20	25	40	50	40	150	255
≤ 200	1″	25	32	25	32	50	65	50	200	340
≤ 300	1¼″	32	40	32	40	65	80	65	250	425
≤ 600	1½″	40	50	40	50	80	100	80	300	510
≤ 900	2″	50	65	50	65	100	125	100	400	680

1) Die Nennwärmeleistung in kW entspricht bei indirekt beheizten Wärmeerzeugern der Ablassleistung in l/h.
2) Die Zuleitung zum Sicherheitsventil darf max. 1 m lang sein und 1 Bogen enthalten.
3) Die Rohrleitung vom Auslassstutzen des Sicherheitsventils darf max. 2 m lang sein und 2 Bögen enthalten. Wird die Größe des Auslassstutzens um eine Nennweitenstufe erhöht, so darf die angeschlossene Rohrleitung max. 4 m lang sein und 3 Bögen enthalten.
4) Die Rohrleitung zwischen Sicherheitsventil und Entspannungstopf darf max. 5 m lang sein und 2 Bögen enthalten.
5) Die Rohrleitung vom Auslassstutzen des Entspannungstopfs darf max. 15 m lang sein und 3 Bögen enthalten.

159.2 Außentemperaturgeführte Regelung und Heizkurve

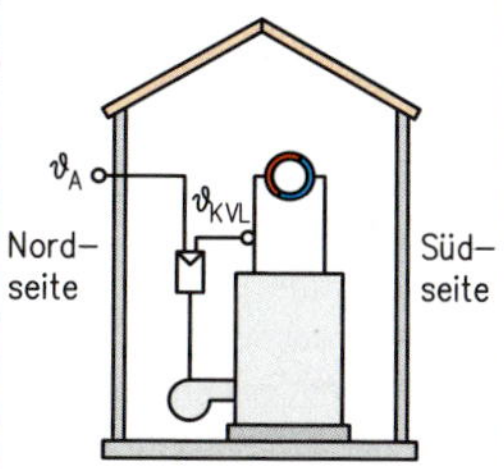

ϑ_A	Außentemperatur	in °C
ϑ_{KVL}	Kesselvorlauftemperatur	in °C
ϑ_0	Bezugstemperatur (20 °C)	in °C
S	Steilheit (Neigung)	
$\Delta\vartheta_A$	Außentemperaturänderung	in K
$\Delta\vartheta_{KVL}$	Kesselvorlauftemperaturänderung	in K

$$\Delta\vartheta_A = \vartheta_A - \vartheta_0$$

$$\Delta\vartheta_{KVL} = \vartheta_{KVL} - \vartheta_0$$

$$S = \frac{\Delta\vartheta_{KVL}}{\vartheta_A}$$

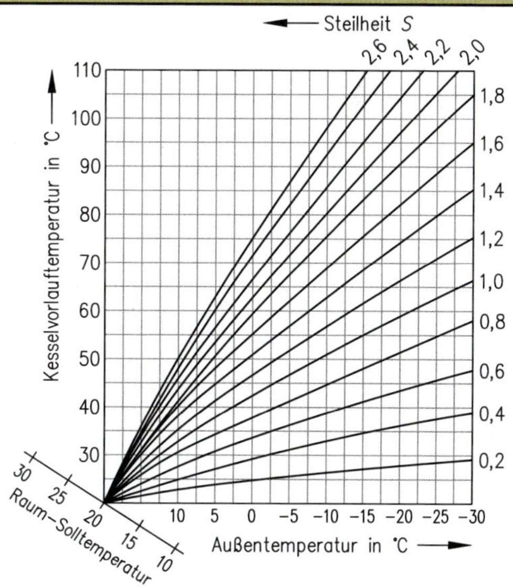

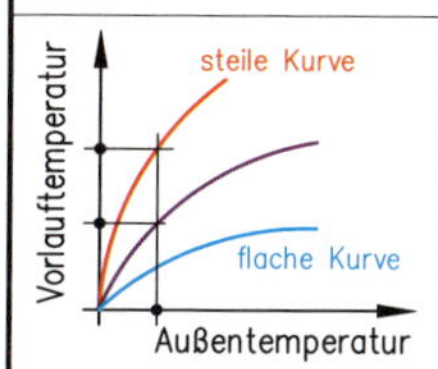

Anpassen der Steilheit (Neigung)

Hat das beheizte Gebäude:
- eine gute Wärmedämmung, so ist eine flache Kurve einzustellen;
- eine geringe Wärmedämmung, so ist eine steile Kurve einzustellen.

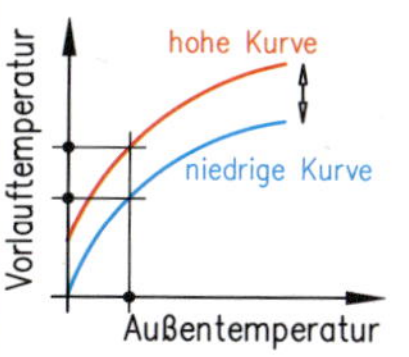

Anpassen des Niveaus

Ist es in den beheizten Räumen:
- grundsätzlich kühler als erwünscht, so ist eine höhere Kurve einzustellen;
- grundsätzlich wärmer als erwünscht, so ist eine niedrigere Kurve einzustellen.

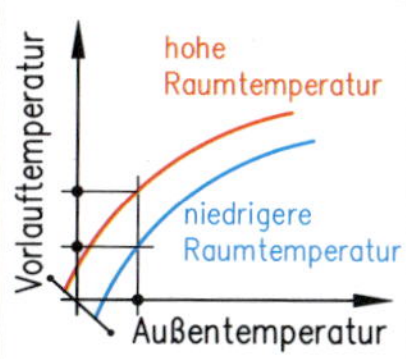

Anpassen der Soll-Temperatur

Der Fußpunkt der Heizkurve wird durch die Soll-Raumtemperatur bestimmt.
Eine gewünschte hohe Raumtemperatur erfordert einen hohen Fußpunkt und umgekehrt.

160.1 Ausrüstung eines Gasbrenners ohne Gebläse

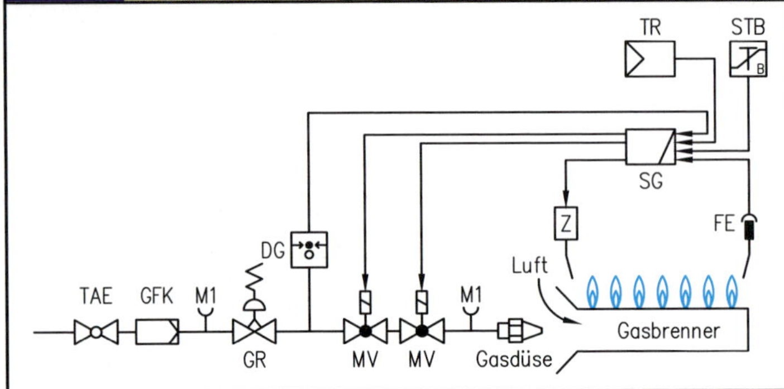

TAE	Gaskugelanschlusshahn mit TAE
GFK	Gasfilter
GR	Gasdruckregler
DG	Gasdruckwächter
MV	Magnetventil
SG	Steuergerät
TR	Temperaturregler
STB	Sicherheitstemperaturbegrenzer
Z	Zündelektrode
FE	Flammenfühler
M1, M2	Messstelle 1 und 2

160.2 Zulässige Sicherheitszeiten für Gasbrenner ohne Gebläse

Brennerwärmebelastung bzw. Startwärmeleistung in kW	mit Gasfeuerungsautomat nach DIN EN 298			mit Zündsicherung[1)] nach DIN EN 125	
	maximale Sicherheitszeit		Wiederzündung/ Wiederanlauf	max. zulässige Öffnungszeit	max. zulässige Sicherheitszeit als Schließzeit
	bei Anlauf	im Betrieb			
≤ 120	10 s/15 s[1)]	10 s/30 s[1)]	zulässig	15 s	30 s
>120 ≤ 350	10 s/15 s[1)]	5 s/30 s[1)]	zulässig	15 s	30 s
> 350	10 s/15 s[2)]	1 s/5 s[2)]	unzulässig	unzulässig	unzulässig

[1)] für Brenner mit dauernd brennender Zünd- oder Startflamme; [2)] für Brenner mit langsam öffnendem Stellglied (Hauptventil)

160.3 Ausrüstung eines Gasbrenners mit Gebläse, $\dot{Q}_n \leq 1{,}2$ MW — DIN EN 676: 2021-09

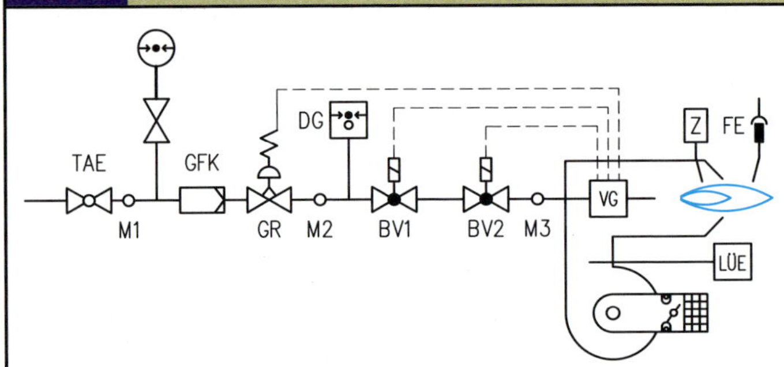

TAE	Gaskugelanschlusshahn mit TAE
GFK	Gasfilter
GR	Gasdruckregler
DG	Gasdruckwächter
BV1, BV2	Sicherheitsabsperrventile
VG	Voreinstellgerät
Z	Zündeinrichtung
FE	Flammüberwachung
LÜE	Luftüberwachungseinrichtung
M1	Messstelle Anschlussdruck
M2	Messstelle Einstelldruck
M3	Messstelle Brennerkopfdruck

160.4 Maximale Startwärmebelastung ($\dot{Q}_S$) und Sicherheitszeiten (t_{SA}) — DIN EN 303-7: 2007-05

Hauptbrenner	volle Leistung		verringerte Leistung		verringerte Leistung mit Bypass-Startgasversorgung		Zündung des Zündbrenners		Zündung des Hauptbrenners	
Brennerwärmebelastung $\dot{Q}_n$ in kW	Startwärmebelastung $\dot{Q}_S$	Sicherheitszeit t_{SA} in s	Startwärmebelastung $\dot{Q}_S$	Sicherheitszeit t_{SA} in s	Startwärmebelastung $\dot{Q}_S$	Sicherheitszeit t_{SA} in s	Startwärmebelastung $\dot{Q}_S$	erste Sicherheitszeit t_{SA} in s	Startwärmebelastung $\dot{Q}_S$	zweite Sicherheitszeit t_{SA} in s
≤ 70	100 % · $\dot{Q}_n$	5	100 % · $\dot{Q}_n$	5	100 % · $\dot{Q}_n$	5	100 % · $\dot{Q}_n$	5	100 % · $\dot{Q}_n$	5
> 70 ≤ 120	100 % · $\dot{Q}_n$	3	100 % · $\dot{Q}_n$	3	100 % · $\dot{Q}_n$	3	100 % · $\dot{Q}_n$	5	100 % · $\dot{Q}_n$	3
> 120	nicht zulässig		[1)]				100 % · $\dot{Q}_n$	3	[2)]	

[1)] nur zulässig, wenn $t_{SA} \leq 3$ s und $\dot{Q}_S \leq 120$ kW oder $t_{SA} \cdot \dot{Q}_S \leq 100$
[2)] nur zulässig, wenn $t_{SA} \leq 5$ s und $\dot{Q}_S \leq 120$ kW oder $t_{SA} \cdot \dot{Q}_S \leq 150$

$\dot{Q}_n$ max. Wärmebelastung des Brenners in kW
$\dot{Q}_S$ max. Startwärmebelastung in Prozent von $\dot{Q}_n$

161.1 Anforderungen an Sicherheitsabsperrventile — DIN EN 676: 2021-09

Feuerungswärmeleistung in kW	mit Vorlüftung			ohne Vorlüftung		
	Hauptgasflamme	Startgasflamme		Hauptgasflamme	Startgasflamme	
		≤ 10 %	> 10 %		≤ 10 %	> 10 %
≤ 70	2 × B	B[1]	2 × B	2 × A oder 2 × B + VP	A[2]	2 × A
>70 ≤ 1 200	2 × A	2 × A	2 × A	2 × A + VP	2 × A	2 × A
> 1 200	2 × A + VP	2 × A	2 × A	2 × A + VP	2 × A	2 × A

A: Sicherheitsabsperrventil Klasse A B: Sicherheitsabsperrventil Klasse B VP – Ventilüberwachungssystem

[1] Für Gase der 3. Gasfamilie sind 2 Ventile Klasse B erforderlich. [2] Für Gase der 3. Gasfamilie sind 2 Ventile Klasse A erforderlich.

161.2 Kennzeichnung und Öldurchsatz von Ölzerstäubungsdüsen — DIN EN 293: 1992-06

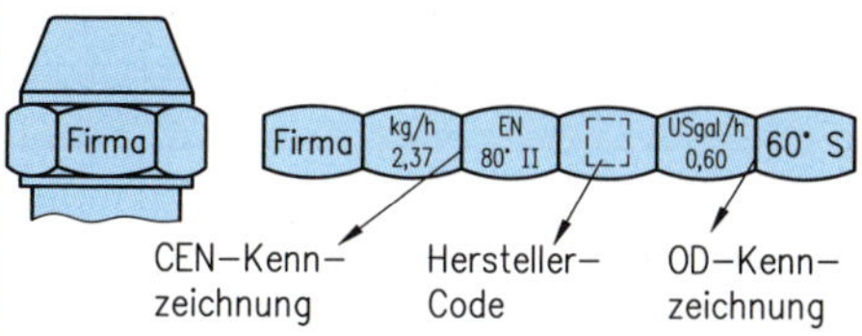

$$\dot{m}_E = \frac{\dot{Q}_{NB}}{H_i}$$

$$\dot{V}_E = \frac{\dot{m}_E}{\varrho}$$

$$p_E = p \cdot \left(\frac{\dot{m}_E}{\dot{m}}\right)^2$$

$$\dot{m}_E = \dot{m} \cdot \sqrt{\frac{p_E}{p}}$$

$$\dot{V}_E = \dot{V} \cdot \sqrt{\frac{p_E}{p}}$$

$\dot{m}_E$	Öldurchsatz (Massenstrom)	in kg/h
$\dot{Q}_{NB}$	Nennwärmebelastung	in kW
H_i	Heizwert	in kWh/kg
$\dot{V}_E$	Öldurchsatz (Volumenstrom)	in dm³/h
ϱ	Dichte (Heizöl EL ϱ = 0,84 kg/dm³)	in kg/dm³
p_E	Zerstäubungsdruck	in bar
p	Prüfdruck (10 bar oder 7 bar)	in bar
$\dot{m}$	Nenndurchsatz (Massenstrom)	in kg/h
$\dot{V}_E$	Öldurchsatz (Volumenstrom)	in USgal/h
$\dot{V}$	Nenndurchsatz (Volumenstrom)	in USgal/h

161.3 Öldurchsatz von Zerstäuberdüsen

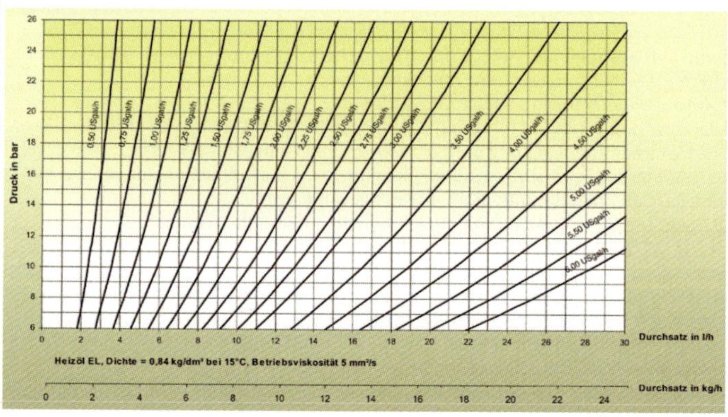

Öldurchsatz					
7 bar	10 bar	12 bar	14 bar	18 bar	20 bar
USgal/h	kg/h				
0,40	1,59	1,74	1,88	2,13	2,25
0,45	1,76	1,93	2,08	2,36	2,49
0,50	1,91	2,09	2,26	2,56	2,70
0,55	2,12	2,32	2,51	2,84	3,00
0,60	2,36	2,59	2,79	3,17	3,34
0,65	2,59	2,84	3,06	3,47	3,66
0,75	2,89	3,17	3,47	3,88	4,09
0,85	3,31	3,63	3,92	4,44	4,68
0,90	3,57	3,91	4,22	4,79	5,05
1,00	3,73	4,09	4,41	5,00	5,28

161.4 Sprühwinkel und Sprühmuster von Ölzerstäubungsdüsen — OD-Kennzeichnung

Sprühwinkel	Sprühmuster		
	voll	hohl	universal
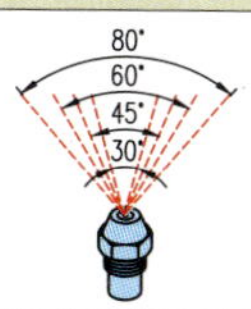	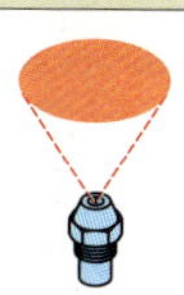		

Herstellerbezeichnung

Hersteller	voll	hohl	universal
Danfoss	S	H	B
Delavan	B	A	W
Steinen	S	h	Q

3 Heizungstechnik

162.1 Verbrennungsluftversorgung von raumluftabhängigen Feuerstätten FeuVO[1]

Brennstoffart	Gesamtnennleistung $\Sigma\dot{Q}_{NL}$	erforderlicher Mindestquerschnitt A der ins Freie führenden Öffnung	Aufstellung entsprechend	Abgasführung in
gasförmig/flüssig	≤ 50 kW	$A = 1 \times 150\ cm^2$ oder $2 \times 75\ cm^2$ [2]	I ↑ 162.2	Abgasleitungen oder Schornsteinen
	> 50 kW ≤ 100 kW	$A = 150\ cm^2 + 2\ cm^2 \cdot \left(\frac{\Sigma\dot{Q}_{NL} - 50\ kW}{kW}\right)$ [3]	I ↑ 162.2	
	> 100 kW	$A = 150\ cm^2 + 2\ cm^2 \cdot \left(\frac{\Sigma\dot{Q}_{NL} - 50\ kW}{kW}\right)$ [3]	II ↑ 163.1	
fest	≤ 50 kW	$A = 1 \times 150\ cm^2$ oder $2 \times 75\ cm^2$ [2]	I ↑ 162.2	Schornsteinen
	> 50 kW	$A = 150\ cm^2 + 2\ cm^2 \cdot \left(\frac{\Sigma\dot{Q}_{NL} - 50\ kW}{kW}\right)$ [3]	III ↑ 163.2	

[1] In einigen Punkten unterscheiden sich die Feuerungsverordnungen der einzelnen Bundesländer. Hier zugrunde gelegt ist die Feuerungsverordnung des Landes Nordrhein-Westfalen.

[2] Einige Bundesländer haben in ihrer Feuerungsverordnung noch gesonderte Vorschriften sofern die Nennleistung ≤ 35 kW beträgt. Hier reicht es aus, wenn jeder Aufstellraum:

I mindestens eine Tür oder ein zu öffnendes Fenster ins Freie und einen Rauminhalt von mindestens 4 m^3 je 1 kW Nennleistung dieser Feuerstätten hat, oder

II mit anderen Räumen mit Verbindung zum Freien nach Maßgabe von Absatz I verbunden ist (Verbrennungsluftverbund).

[3] Der erforderliche Querschnitt *A* darf auf höchstens zwei Öffnungen oder Leitungen ins Freie mit strömungstechnisch gleichwertigen Querschnitten aufgeteilt werden.

162.2 Aufstellung von Feuerstätten Auszug FeuVO[1]

I Allgemeine Anforderungen an die Aufstellung von
– Feuerstätten für flüssige und gasförmige Brennstoffe mit einer Gesamtnennleistung ≤ 100 kW und
– Feuerstätten für feste Brennstoffe mit einer Gesamtnennleistung ≤ 50 kW

(1) Feuerstätten dürfen **nicht** aufgestellt werden:
- in notwendigen Treppenräumen, in Räumen zwischen notwendigen Treppenräumen und Ausgängen ins Freie und in notwendigen Fluren,
- in Garagen, ausgenommen raumluftunabhängige Feuerstätten, deren Oberflächentemperatur bei Nennleistung nicht mehr als 300 °C beträgt.

(2) Der sichere Betrieb von raumluftabhängigen Feuerstätten darf durch den Betrieb von Raumluft absaugenden Anlagen wie Lüftungs- oder Warmluftheizungsanlagen, Dunstabzugshauben, Abluft-Wäschetrockner nicht beeinträchtigt werden. Dies gilt insbesondere als erfüllt, wenn:
- ein gleichzeitiger Betrieb von Feuerstätte und Luft absaugender Anlage durch Sicherheitseinrichtungen verhindert wird,
- die Abgasabführung durch besondere Sicherheitseinrichtungen überwacht wird,
- die Abgase der Feuerstätten über die Luft absaugenden Anlagen abgeführt werden,
- anlagentechnisch sichergestellt ist, dass während des Betriebs der Feuerstätte kein gefährlicher Unterdruck entstehen kann.

(3) Feuerstätten für gasförmige Brennstoffe ohne Flammenüberwachung dürfen nur in Räumen aufgestellt werden, wenn durch mechanische Lüftungsanlagen während des Betriebs der Feuerstätten stündlich mindestens ein fünffacher Luftwechsel sichergestellt ist. Für Gas-Haushalts-Kochgeräte genügt ein Außenluftvolumenstrom von 100 m^3/h.

(4) Feuerstätten für gasförmige Brennstoffe mit Strömungssicherung dürfen nur in Räumen aufgestellt werden:
- mit einem Rauminhalt von mindestens 1 m^3 je kW der Gesamtnennleistung dieser Feuerstätten, soweit sie gleichzeitig betrieben werden können.
- in denen durch unten und oben angeordnete Öffnungen mit einem Mindestquerschnitt von jeweils 75 cm^2 ins Freie eine Durchlüftung sichergestellt ist oder in denen durch andere Maßnahmen wie beispielsweise unten und oben in derselben Wand angeordnete Öffnungen mit einem Mindestquerschnitt von jeweils 150 cm^2 zu unmittelbaren Nachbarräumen ein zusammenhängender Rauminhalt von mindestens 1 m^3 je kW Nennleistung dieser Feuerstätten eingehalten wird.

(6) Feuerstätten für Flüssiggas (Propan, Butan und deren Gemische) dürfen in Räumen, deren Fußboden an jeder Stelle mehr als 1 m unter der Geländeoberfläche liegt, nur aufgestellt werden, wenn:
- die Feuerstätten eine Flammenüberwachung haben und
- sichergestellt ist, dass auch bei abgeschalteter Feuerungseinrichtung Flüssiggas aus den im Aufstellraum befindlichen Brennstoffleitungen in gefahrdrohender Menge nicht austreten kann oder über eine mechanische Lüftungsanlage sicher abgeführt wird.

(7) Feuerstätten müssen von Bauteilen aus brennbaren Baustoffen so weit entfernt sein, dass der vom Hersteller angegebene Mindestabstand oder, wenn diese Angaben fehlen, ein Mindestabstand von 40 cm eingehalten wird.

(8) Werden Feuerstätten für feste Brennstoffe auf Fußböden aus brennbaren Baustoffen aufgestellt, so ist der Fußbodenbereich vor den Feuerungsöffnungen durch einen Belag aus nicht brennbaren Baustoffen zu schützen. Dieser Belag muss sich nach vorne auf mindestens 50 cm und seitlich auf mindestens 30 cm über die Feuerungsöffnung hinaus erstrecken.

(9) Bauteile aus brennbaren Baustoffen müssen von den Feuerraumöffnungen offener Kamine nach oben und nach den Seiten einen Abstand von mindestens 80 cm haben. Bei Anordnung eines beiderseits belüfteten Strahlungsschutzes genügt ein Abstand von 40 cm.

[1] In einigen Punkten unterscheiden sich die Feuerungsverordnungen der einzelnen Bundesländer. Hier zugrunde gelegt ist die Feuerungsverordnung des Landes Nordrhein-Westfalen.

163.1 Aufstellräume für Feuerstätten

Auszug FeuVO[1]

II Besondere Anforderungen an die Aufstellung von Feuerstätten in eigenen Aufstellräumen

(1) In einem Raum (Aufstellraum) dürfen Feuerstätten für flüssige und gasförmige Brennstoffe mit einer Nennleistung > 100 kW nur gleichzeitig betriebenen werden, wenn:
- dieser Raum nicht anderweitig genutzt wird, ausgenommen zur Aufstellung von Wärmepumpen, Blockheizkraftwerken und ortsfesten Verbrennungsmotoren sowie für zugehörige Installationen und zur Lagerung von Brennstoffen,
- dieser Raum gegenüber anderen Räumen keine Öffnungen, ausgenommen Öffnungen für Türen, hat,
- dieser Raum dicht- und selbstschließende Türen hat und gelüftet werden kann.

(2) Feuerstätten für gasförmige Brennstoffe mit einer Nennleistung > 100 kW, die mit Überdruck betrieben werden und deren Abgase mit Überdruck abgeführt werden, müssen innerhalb von Gebäuden in Räumen aufgestellt werden, die zwei unmittelbar ins Freie führende, unten und oben angeordnete Öffnungen mit einem Mindestquerschnitt von 150 cm^2 aufweisen zuzüglich 1 cm^2 für jedes über 100 kW hinausgehende kW. Dies gilt nicht, wenn diese Feuerstätten der Bauart nach so beschaffen sind, dass Abgase in gefahrdrohender Menge nicht austreten können.

(3) Brenner und Brennstofffördereinrichtungen der Feuerstätten für flüssige und gasförmige Brennstoffe mit einer Gesamtnennleistung > 100 kW müssen durch einen außerhalb des Aufstellraums angeordneten Schalter (Notschalter) jederzeit abgeschaltet werden können. Neben dem Notschalter muss ein Schild mit der Aufschrift „NOTSCHALTER-FEUERUNG“ vorhanden sein.

(4) Wird in dem Aufstellraum Heizöl gelagert oder ist der Raum für die Heizöllagerung nur von diesem Aufstellraum zugänglich, muss die Heizölzufuhr von der Stelle des Notschalters (s. o.) aus durch eine entsprechend gekennzeichnete Absperreinrichtung unterbrochen werden können.

(5) Abweichend von Absatz 1 dürfen die Feuerstätten auch in anderen Räumen aufgestellt werden, wenn die Nutzung dieser Räume dies erfordert und die Feuerstätten sicher betrieben werden können.

[1] In einigen Punkten unterscheiden sich die Feuerungsverordnungen der einzelnen Bundesländer. Hier zugrunde gelegt ist die Feuerungsverordnung des Landes Nordrhein-Westfalen.

163.2 Heizräume für Feuerstätten

Auszug FeuVO[1]

III Besondere Anforderungen an die Aufstellung von Feuerstätten in Heizräumen

(1) Feuerstätten für feste Brennstoffe mit einer Nennleistung > 50 kW, die gleichzeitig betrieben werden sollen, dürfen nur in besonderen Räumen (Heizräumen) aufgestellt werden. Die Heizräume dürfen:
- nicht anderweitig genutzt werden, ausgenommen zur Aufstellung von Feuerstätten für flüssige und gasförmige Brennstoffe, Wärmepumpen, Blockheizkraftwerke, ortsfesten Verbrennungsmotoren und für zugehörige Installationen sowie zur Lagerung von Brennstoffen und
- mit Aufenthaltsräumen, ausgenommen solchen für das Betriebspersonal, sowie mit notwendigen Treppenräumen, Räumen zwischen notwendigen Treppenräumen und dem Ausgang ins Freie, Sicherheitsschleusen und Vorräumen von Feuerwehraufzügen nicht in unmittelbarer Verbindung stehen.

(2) Heizräume müssen:
- mindestens einen Rauminhalt von 8 m^3 und eine lichte Höhe von 2 m,
- einen Ausgang, der ins Freie oder einen Flur führt, der die Anforderungen an notwendige Flure erfüllt, und
- Türen, die in Fluchtrichtung aufschlagen, haben.

(3) Wände, ausgenommen nichttragende Außenwände, und Stützen von Heizräumen sowie Decken über und unter ihnen müssen feuerbeständig sein. Öffnungen in Decken und Wänden müssen, soweit sie nicht unmittelbar ins Freie führen, mindestens feuerhemmende und selbstschließende Abschlüsse haben. Die Sätze 1 und 2 gelten nicht für Trennwände zwischen Heizräumen und den zum Betrieb der Feuerstätten gehörenden Räumen, wenn diese Räume die Anforderungen der Sätze 1 und 2 erfüllen.

(4) Heizräume müssen zur Raumlüftung jeweils eine obere und eine untere Öffnung ins Freie mit einem Querschnitt von mindestens je 150 cm^2 oder Leitungen ins Freie mit strömungstechnisch äquivalenten Querschnitten haben.
Der Querschnitt einer Öffnung oder Leitung darf auf die Verbrennungsluftversorgung angerechnet werden.

(5) Lüftungsleitungen für Heizräume müssen eine Feuerwiderstandsdauer von mindestens 90 Minuten haben, soweit sie durch andere Räume führen. Die Lüftungsleitungen dürfen mit anderen Lüftungsanlagen nicht verbunden sein und nicht der Lüftung anderer Räume dienen.

(6) Lüftungsleitungen, die der Lüftung anderer Räume dienen, müssen, soweit sie durch Heizräume führen, eine Feuerwiderstandsdauer von mindestens 90 Minuten oder selbsttätige Absperrvorrichtungen mit einer Feuerwiderstandsdauer von mindestens 90 Minuten haben und ohne Öffnungen sein.

[1] In einigen Punkten unterscheiden sich die Feuerungsverordnungen der einzelnen Bundesländer. Hier zugrunde gelegt ist die Feuerungsverordnung des Landes Nordrhein-Westfalen.

164.1 Mündungen von Abgasanlagen

1. BImSchV, FeuVO

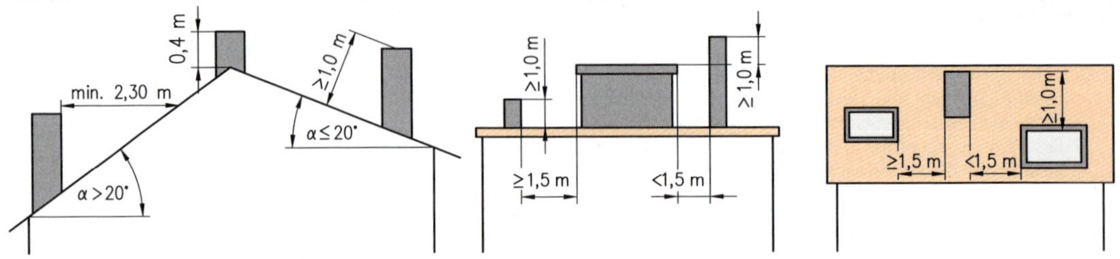

[1)] Der waagerechte Abstand von 2,30 m vom Schornstein zum Dach gilt für Feuerstätten für feste Brennstoffe.

164.2 Bemessung von Abgasanlagen

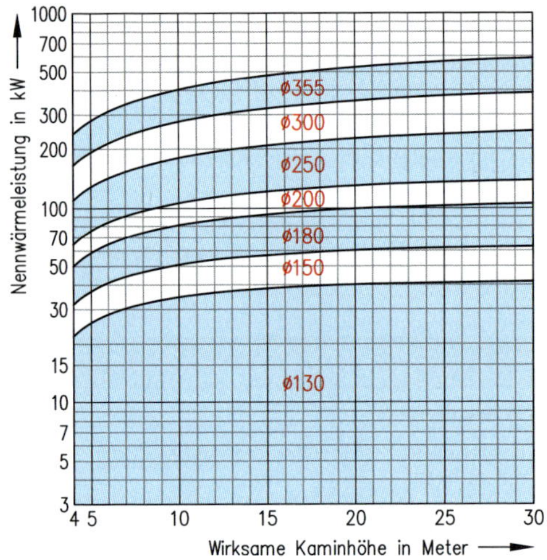

Erdgas-Feuerstätte mit Brenner ohne Gebläse, Abgastemperatur nach der Strömungssicherung $t_w \geq 120$ °C und < 140 °C

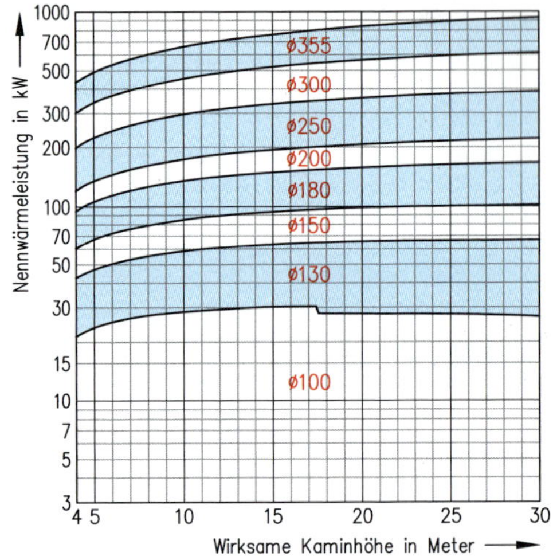

Erdgas-Feuerstätte mit Gebläsebrenner ohne Zugbedarf, Abgastemperatur im Stutzen der Feuerstätte $t_w \geq 100$ °C und < 140 °C

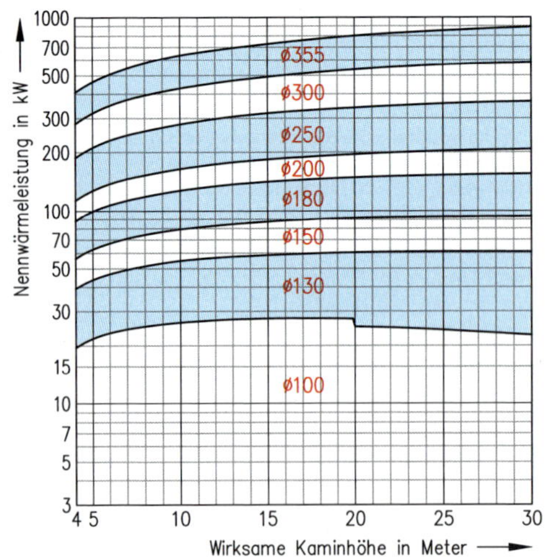

Heizöl-Feuerstätte mit Gebläsebrenner ohne Zugbedarf, Abgastemperatur im Stutzen der Feuerstätte $t_w \geq 100$ °C und < 140 °C

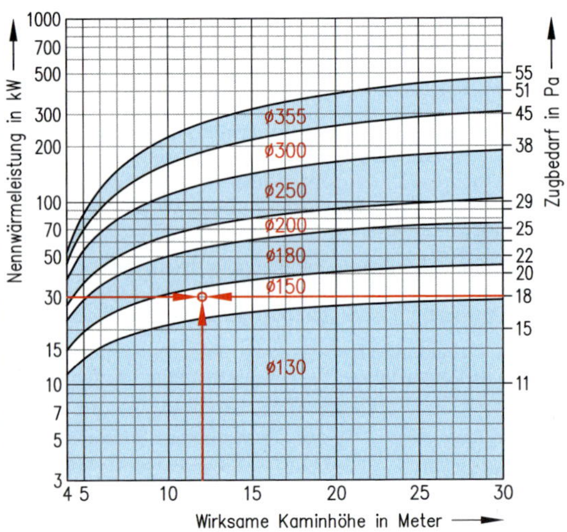

Holz-Feuerstätte mit Zugbedarf, Abgastemperatur im Stutzen der Feuerstätte $t_w \geq 240$ °C

165.1	Wartungstätigkeiten bei heiztechnischen Geräten und Anlagen – Baugruppe 1: Wärmeerzeuger – Bauelement 1.1: Wasserkessel (VDMA 24186-2: 2019-09)		
Pos.[1]	Tätigkeit	Ausführung[2]	
		perio-disch	bei Bedarf
1	**Wärmeerzeuger**		
1.1	**Wasserkessel**		
1.1.1	Wärmedämmung auf Beschädigung und Vollständigkeit prüfen	X	
1.1.2	Brennraum und Nachschaltheizflächen auf Verschmutzung, Beschädigung und Korrosion prüfen	X	
1.1.3	Funktionserhaltendes Reinigen[3]		X
1.1.4	Brennraum und Nachschaltheizflächen reinigen	X	
1.1.5	Abgasseitig auf Verschmutzung, Beschädigung und Korrosion prüfen	X	
1.1.6	Abgasseitig reinigen	X	
1.1.7	Abgasseitig und wasserseitig auf Dichtheit prüfen	X	
1.1.8	Sicherheitsventil prüfen	X	
1.1.9	Füll- und Entleereinrichtung auf Funktion prüfen	X	
1.1.10	Wasserstandsbegrenzer auf Funktion prüfen	X	
1.1.11	Wasserströmungswächter auf Funktion prüfen	X	
1.1.12	Wassermangelsicherung auf Funktion prüfen	X	
1.1.13	Druckbegrenzer (min/max) auf Funktion prüfen	X	
1.1.14	Abgastemperaturwächter auf Funktion prüfen	X	
1.1.15	Temperatur- und Druckmessgerät auf Beschädigung, Anzeige und Funktion prüfen (Plausibilitätsprüfung)	X	
1.1.16	Temperaturwächter/-begrenzer (Kessel-Thermostat) auf Funktion prüfen	X	
1.1.17	Sicherheitstemperaturbegrenzer bzw. Temperaturbegrenzer auf Funktion prüfen	X	
1.1.18	Luftdruckwächter	siehe Pos. 2.2.20	
aus Pos. 2.2.20	Gasbrenner mit Gebläse – Lufteinstellvorrichtung auf Funktion prüfen	X	
1.1.19	Thermische Ablaufsicherung auf Funktion prüfen	X	
1.1.20	Wasseranalyse durchführen oder veranlassen (soweit nach Größe oder Bauart erforderlich)	X	
1.1.21	Automatische Nachfülleinrichtung, Abschlammeinrichtung und Rohrtrenner auf Funktion prüfen	X	
1.1.22	Abschlammen		X
1.1.23	Wasser nachfüllen		X
1.1.24	Entlüften	X	

[1] Die Positionsnummern sind nach Baugruppe, Bauelement und Tätigkeit untergliedert.
[2] Bei der Ausführung der Wartung wird in periodische und bei Bedarf durchzuführende Tätigkeiten unterschieden.
[3] Der Leistungsumfang muss definiert und vereinbart werden (siehe auch VDMA 24186 Teil 0).

165.2	Wartung von heiztechnischen Geräten und Anlagen – Baugruppe 2: Feuerungseinrichtungen – Bauelement: 2.1 Ölbrenner (VDMA 24186-2: 2019-09)		
Pos.[1]	Tätigkeit	Ausführung[2]	
		perio-disch	bei Bedarf
2	**Feuerungseinrichtungen (einschließlich Brennwerttechnik)**		
2.1	**Ölbrenner**		
2.1.1	Äußerlich auf Beschädigung und Verschmutzung prüfen	X	
2.1.2	Funktionserhaltendes Reinigen[3]		X
2.1.3	Feuerungswärmeleistung prüfen	X	

[1] Die Positionsnummern sind nach Baugruppe, Bauelement und Tätigkeit untergliedert.
[2] Bei der Ausführung der Wartung wird in periodische und bei Bedarf durchzuführende Tätigkeiten unterschieden.
[3] Der Leistungsumfang muss definiert und vereinbart werden (siehe auch VDMA 24186 Teil 0).

166.1	**Wartung von heiztechnischen Geräten und Anlagen** VDMA 24186-2: 2019-09 **Baugruppe 2: Feuerungseinrichtungen – Bauelement: 2.1 Ölbrenner**		
Pos.[1)]	Tätigkeit	Ausführung[2)]	
		perio-disch	bei Bedarf
2	**Feuerungseinrichtungen (einschließlich Brennwerttechnik)** Fortführung		
2.1	**Ölbrenner** Fortführung		
2.1.4	Feuerungswärmeleistung einstellen		X
2.1.5	Brennermotor auf Funktion prüfen	X	
2.1.6	Lager auf Geräusch prüfen	X	
2.1.7	Lager mit Nachschmiereinrichtung fetten[4)]		X
2.1.8	Pumpenkupplung auf Abnutzung prüfen	X	
2.1.9	Laufrad auf Verschmutzung und Beschädigung prüfen	X	
2.1.10	Laufrad reinigen		X
2.1.11	Ölpumpe auf Funktion prüfen, Unterdruck auf Saugseite messen	X	
2.1.12	Filter der Ölpumpe auf Beschädigung und Verschmutzung prüfen	X	
2.1.13	Filter der Ölpumpe reinigen		X
2.1.14	Ölleitung und Schläuche auf Dichtheit prüfen (Sichtprüfung)	X	
2.1.15	Düse und deren Filter auf Beschädigung und Verschmutzung prüfen	X	
2.1.16	Düse und Filter auswechseln[5)]	X	
2.1.17	Mischeinrichtung auf Verschmutzung und Beschädigung prüfen	X	
2.1.18	Mischeinrichtung reinigen	X	
2.1.19	Flammenfühler reinigen	X	
2.1.20	Flammenfühler gemäß Herstellerangabe auf Funktion prüfen	X	
2.1.21	Flammenfühler auswechseln		X
2.1.22	Steuergerät auf Funktion prüfen	X	
2.1.23	Zündelektroden reinigen und einstellen	X	
2.1.24	Zündelektroden auswechseln		X
2.1.25	Zündeinrichtung auf Funktion prüfen	X	
2.1.26	Lufteinstellvorrichtung reinigen	X	
2.1.27	Lufteinstellvorrichtung auf Funktion prüfen	X	
2.1.28	Lufteinstellvorrichtung nachstellen		X
2.1.29	Luftabschlussklappe auf Funktion prüfen	X	
2.1.30	Lager der Luftabschlussklappe schmieren		X
2.1.31	Lambda-Sonde auf Funktion prüfen	X	
2.1.32	Lambda-Sonde auswechseln		X
2.1.33	Magnetventile auf Funktion prüfen	X	
2.1.34	Probelauf	X	
2.1.35	Düsendruck und Öldurchsatz ermitteln	X	
2.1.36	Äußerlich reinigen (einschließlich Schalldämpfer)	X	
2.1.37	Abgasanalyse (CO, CO_2, Ruß, Ölderivate, Abgas- und Verbrennungslufttemperatur, Unter-/Überdruck im Feuerraum oder am Kesselende) durchführen	X	
2.1.38	Abgasverlust ermitteln	X	
2.1.39	Feuerungswärmeleistung bzw. Wärmebelastung ermitteln	X	
2.1.40	Messprotokoll erstellen	X	

[1)] Die Positionsnummern sind nach Baugruppe, Bauelement und Tätigkeit untergliedert.
[2)] Bei der Ausführung der Wartung wird in periodische und bei Bedarf durchzuführende Tätigkeiten unterschieden.
[3)] Der Leistungsumfang muss definiert und vereinbart werden (siehe auch VDMA 24186 Teil 0).
[4)] Das Fetten von nicht dauergeschmierten Lagern ohne Nachschmiereinrichtungen ist gesondert zu vereinbaren.
[5)] Bei Großanlagen reinigen, ggf. auswechseln.

167.1	Kehrungen und Überprüfungen von Abgas-, Verbrennungsluft- und Abluftanlagen KÜO		
Nr.	Anlagen und deren Benutzung (soweit sie nach § 1 der Kehrung oder Überprüfung unterliegen)	Anzahl der Kehrungen im Kalenderjahr	Anzahl der Überprüfungen im Kalenderjahr
1	**Feste Brennstoffe**		
1.1	Ganzjährig regelmäßig benutzte Feuerstätte und Räucheranlage	4×	
1.2	Regelmäßig in der üblichen Heizperiode benutzte Feuerstätte	3×	
1.3	Holzpelletsfeuerstätte bei Verwendung von Holzpellets nach DIN 51731-HP	2×	
1.4	Blockheizkraftwerk	2×	
1.5	Nach § 15 1. BImSchV wiederkehrend zu überwachende Feuerstätte	2×	
1.6	Mehr als gelegentlich, aber nicht regelmäßig benutzte Feuerstätte und Räucheranlage	2×	
1.7	Gelegentlich benutzte Feuerstätte und Räucheranlage	1×	
1.9	Notwendige Verbrennungsluft- und Abluftanlagen		1×
1.10	Betriebsbereite, jedoch dauernd unbenutzte Feuerstätte		1×
2	**Flüssige Brennstoffe**		
2.1	Regelmäßig benutzte Feuerstätte	3×	
2.2	Mehr als gelegentlich, aber nicht regelmäßig benutzte Feuerstätte	2×	
2.3	Gelegentlich benutzte Feuerstätte	1×	
2.4	Verbrennungsluft- und Abluftanlagen von Anlagen nach Nummer 2.1–2.3		1×
2.5	Betriebsbereite, jedoch dauernd unbenutzte Feuerstätte		1×
2.6	Nach § 15 1. BImSchV wiederkehrend zu überwachende Feuerstätte		1×
2.7	Blockheizkraftwerk, Wärmepumpe, ortsfester Verbrennungsmotor und Brennstoffzellenheizgerät		1×
2.8	Anlagen nach Nummer 2.6, die mit schwefelarmem Heizöl nach DIN 51603 Teil 1 oder anderen leichten Heizölen mit gleichwertiger Qualität betrieben werden, sofern es sich um eine raumluftabhängige Brennwertfeuerstätte an einer Abgasanlage für Überdruck oder eine raumluftunabhängige Feuerstätte handelt		1× in jedem 2. Kalenderjahr
2.9	Anlage nach Nummer 2.7, die mit schwefelarmem Heizöl nach DIN 51603 Teil 1 oder anderen leichten Heizölen mit gleichwertiger Qualität betrieben werden		1× in jedem 2. Kalenderjahr
2.10	Anlage nach Nummer 2.8 mit selbstkalibrierender kontinuierlicher Regelung des Verbrennungsprozesses		1× in jedem 3. Kalenderjahr
2.11	Ortsfeste Netzersatzanlage (Notstromaggregat)		1× in jedem 3. Kalenderjahr
3	**Gasförmige Brennstoffe**		
3.1	Raumluftabhängige Feuerstätte		1×
3.2	Raumluftunabhängige Feuerstätte		1× in jedem 2. Kalenderjahr
3.3	Raumluftabhängige Brennwertfeuerstätte an einer Abgasanlage für Überdruck		1× in jedem 2. Kalenderjahr
3.4	Blockheizkraftwerk, Wärmepumpe, ortsfester Verbrennungsmotor und Brennstoffzellenheizgerät		1× in jedem 2. Kalenderjahr
3.5	Anlage nach 3.2 oder 3.3 mit selbstkalibrierender kontinuierlicher Regelung des Verbrennungsprozesses		1× in jedem 3. Kalenderjahr

168.1 Fernwärmeanlagen DIN 4747: 2003-11

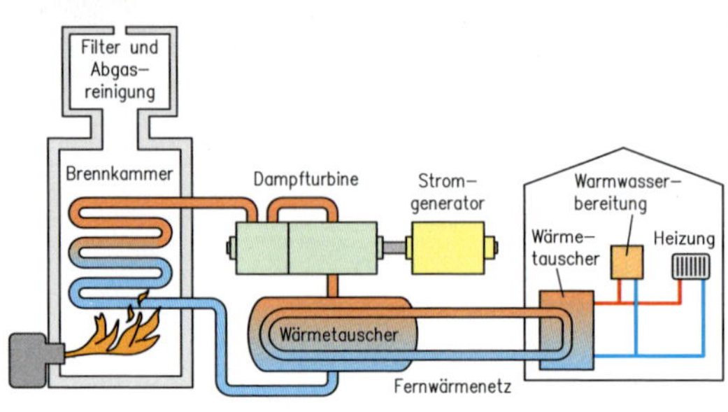

Wirkungsweise einer Fernwärmeanlage

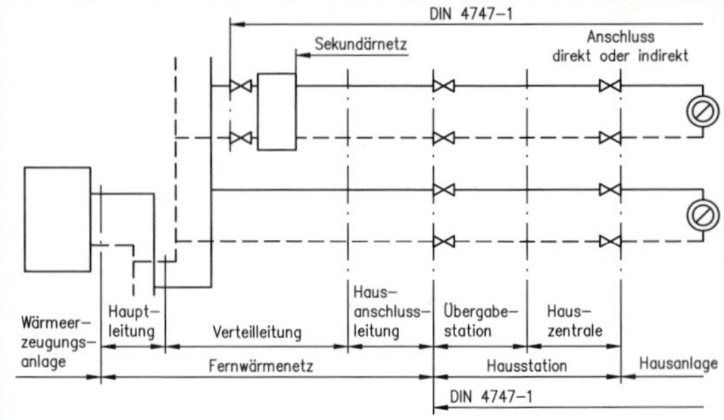

Prinzipschema einer Fernwärmeanlage

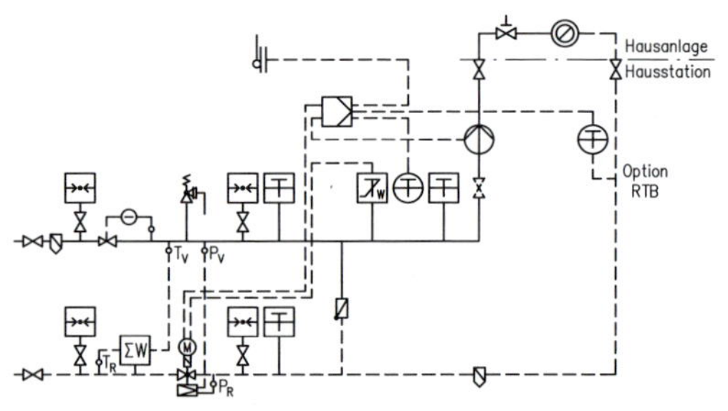

Prinzipschema für den direkten Anschluss mit Beimischregelung

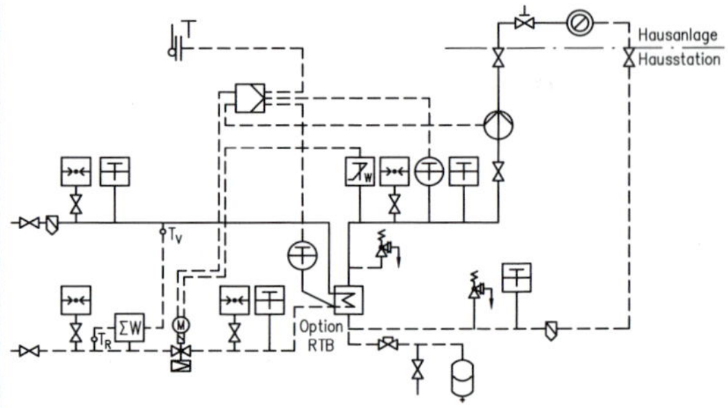

Prinzipschema für den indirekten Anschluss

168.2 Sicherheitstechnische Ausrüstung zur Temperaturabsicherung von Hausstationen für Raumheizung und Raumluftheizung DIN 4747: 2003-11

Höchste Netzvorlauftemperatur (Heizmitteltemperatur)	Höchstzulässige Temperatur in der Hausanlage	Vorlauftemperaturregelung	Sicherheitstechnische Ausrüstung		Sicherheitsfunktion nach DIN EN 14597
			Temperaturregler	Sicherheitstemperaturwächter	
			typgeprüft		
		mit und ohne Hilfsenergie			
konstante Netzfahrweise					
≤ 120 °C	≥ Netzvorlauftemperatur	erforderlich	nicht erforderlich	nicht erforderlich	nicht erforderlich
	< Netzvorlauftemperatur	erforderlich	nicht erforderlich	erforderlich max. θ_{Hzul}	erforderlich
> 120 °C	< Netzvorlauftemperatur	erforderlich	nicht erforderlich	erforderlich max. θ_{Hzul}	erforderlich
gleitende und gleitend-konstante Netzfahrweise					
≤ 120 °C	≥ Netzvorlauftemperatur	nicht erforderlich	nicht erforderlich	nicht erforderlich	nicht erforderlich
	< Netzvorlauftemperatur	erforderlich	nicht erforderlich	erforderlich max. θ_{Hzul}	erforderlich
> 120 °C ≤ 140 °C	< Netzvorlauftemperatur	erforderlich	nicht erforderlich	erforderlich max. θ_{Hzul}	erforderlich
> 140 °C	< Netzvorlauftemperatur	erforderlich	nicht erforderlich	erforderlich max. θ_{Hzul}	erforderlich

168.3 Auswahl von Membran-Sicherheitsventilen bei indirekten Anschlüssen DIN 4747: 2003-11

Ausblaseleistung für Wasser in l/h = Nennwärmeleistung in kW		≤ 100	≤ 350	≤ 900
Membran-Sicherheitsventil (MSV) Ansprechdruck ≤ 3,0 bar	Nennweite DN	15	20	25
	Anschlussgewinde für die Zuleitung[1)]	G ½	G ¾	G 1
	Anschlussgewinde für die Ausblaseleitung[1)]	G ¾	G 1	G 1¼
Art der Leitung	Mindestnennweite DN			
Zuleitung/Ausblaseleitung	d_1/d_2	15/20	20/25	25/32

[1)] nach DIN ISO 228-1

169.1 Sicherheitstechnische Ausrüstung zur Druckabsicherung von Fernwärmehausstationen DIN 4747: 2003-11

Zulässiger Betriebsdruck in der Hausanlage	direkter Anschluss		indirekter Anschluss	
	SAV mit SV[1], oder SAV mit SÜV[1], oder SV, oder SÜV	Ausdehnungsgefäß	sekundär SV	sekundär Ausdehnungsgefäß
$\geq p_{Nmax}$[2]	nicht erforderlich	nicht erforderlich	erforderlich	erforderlich
$< p_{Nmax}$[2]	erforderlich	nicht erforderlich	erforderlich	erforderlich

SAV = Sicherheitsabsperrventil, SV = Sicherheitsventil, SÜV = Sicherheitsüberströmventil – jeweils bauteilgeprüft
[1] SV- und SÜV-Auslegung mindestens für 1% des kVS-Werts des SAV [2] p_{Nmax} = höchster Netzdruck im Fernwärmenetz

169.2 Benutzerinformationen für Hausstationen und Hausanlagen DIN 4747: 2003-11

Prüfung und erstmalige Inbetriebnahme

Der Hersteller bzw. Ersteller muss in seiner Benutzerinformation darauf hinweisen, dass

- Hausstationen erst in Betrieb genommen werden dürfen, nachdem ein Sachkundiger des Erstellers der Hauszentrale oder ein Sachverständiger nach § 14 (1) des Gerätesicherheitsgesetzes den ordnungsgemäßen Zustand der Hauszentrale geprüft und dem Fernwärmeversorgungsunternehmen (FVU) bestätigt hat,
- Übergabestationen erst in Betrieb genommen werden dürfen, nachdem ein Sachkundiger des FVU oder ein Sachverständiger den ordnungsgemäßen Zustand der Übergabestation geprüft hat,
- bei indirektem Anschluss die Vorschriften der Druckbehälterverordnung zu beachten sind.

Instandhaltung

Der Hersteller bzw. Ersteller muss in seiner Benutzerinformation darauf hinweisen, dass

- der Betreiber von Hausstationen verpflichtet ist, die Instandhaltung in regelmäßigem Abstand durch einen Sachkundigen durchführen zu lassen. Die Wartung der Anlagen umfasst mindestens die Überprüfung der sicherheitstechnischen und der zentralen steuerungs- sowie regelungstechnischen Einrichtungen;
- die Instandhaltung mindestens die Aufrechterhaltung des technisch einwandfreien Zustands zu umfassen hat.

Hinweisschild für die Hausstation

Der Hersteller bzw. Ersteller muss in seiner Benutzerinformation darauf hinweisen, dass in der Nähe der Hausstation an gut sichtbarer Stelle vom FVU ein Hinweisschild mit mindestens folgenden Angaben anzubringen ist:

a) Füllung und Inbetriebnahme nur mit Genehmigung des FVU nach dessen technischen Anschlussbedingungen (TAB-HW)
b) Hinweis auf die Reihenfolge für das Schließen der Absperrarmaturen für Vor- und Rücklauf
c) Benutzerhinweise für Absperrarmaturen
d) Benutzerhinweise für Trinkwassererwärmer, insbesondere bei Unterbrechung der Kaltwasserzufuhr
e) Telefonnummer des Entstörungsdiensts

169.3 Wartung von heiztechnischen Geräten und Anlagen Baugruppe 4: Fernwärmeübergabestationen VDMA 24186-2: 2019-09

Pos.[1]	Tätigkeit	Ausführung[2] periodisch	Ausführung[2] bei Bedarf
4	**Fernwärmeübergabestationen**		
4.1	**Fernwärme-Kompaktstation für indirekten Anschluss an Fernwärmenetze Wasser – Wasser**		
4.1.1	Sichtkontrolle auf mechanische Beschädigungen und Korrosion der Station	X	
4.1.2	Überprüfung des Betriebsdrucks der Anlage	X	
4.1.3	Kontrolle der Schmutzfilter		X
4.1.4	Reinigung der Filter	X	
4.1.5	Überprüfung der Schraubverbindungen in der Station auf festen Sitz	X	
4.1.6	Kontrolle der Elektroanschlüsse und Überprüfung der Reglerarmaturen inkl. Regler	X	

[1] Die Positionsnummern sind nach Baugruppe, Bauelement und Tätigkeit untergliedert.
[2] Bei der Ausführung der Wartung wird in periodisch und bei Bedarf durchzuführende Tätigkeiten unterschieden.

3 Heizungstechnik

170.1 Jahressumme der Globalstrahlung

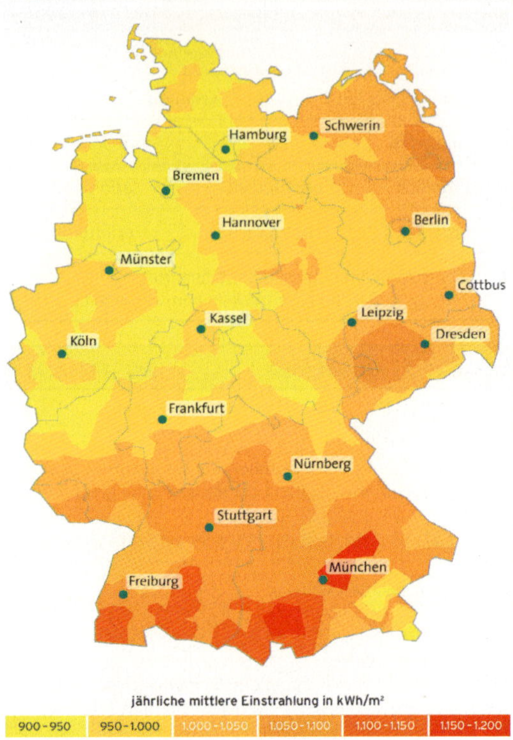

170.2 Raumheizungswärmebedarf für ein EFH

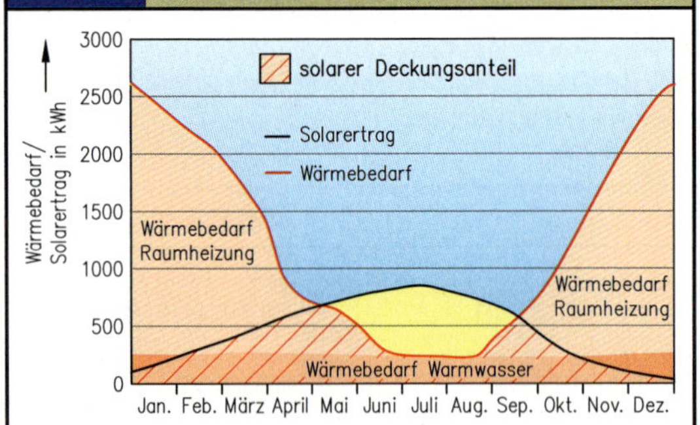

170.3 Warmwasserwärmebedarf für ein EFH

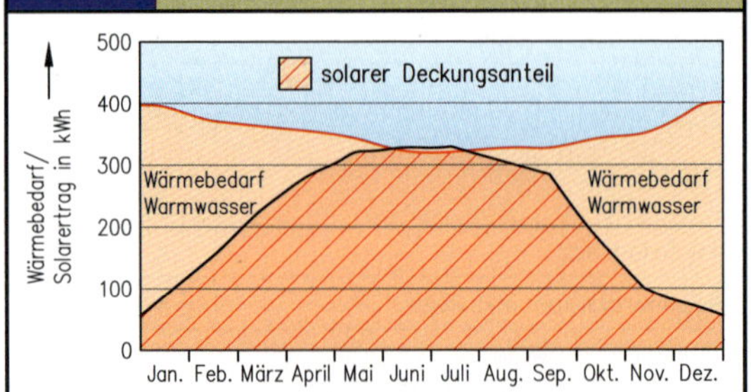

170.4 Verlauf der Globalstrahlung

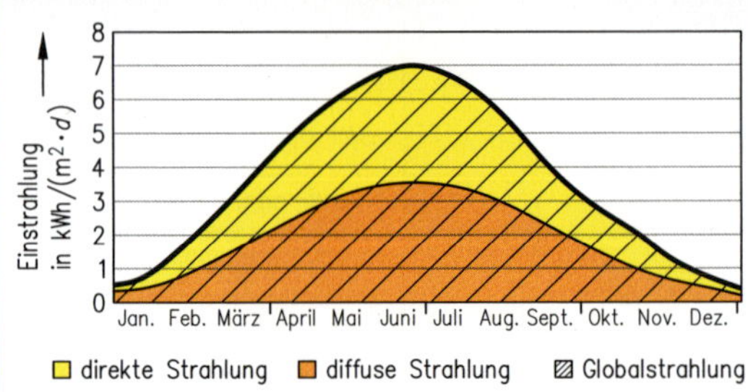

170.5 Strahlungsleistung

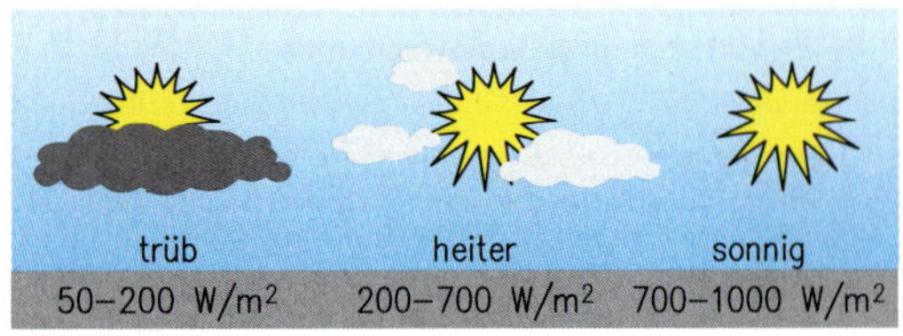

170.6 Winkelbezeichnungen

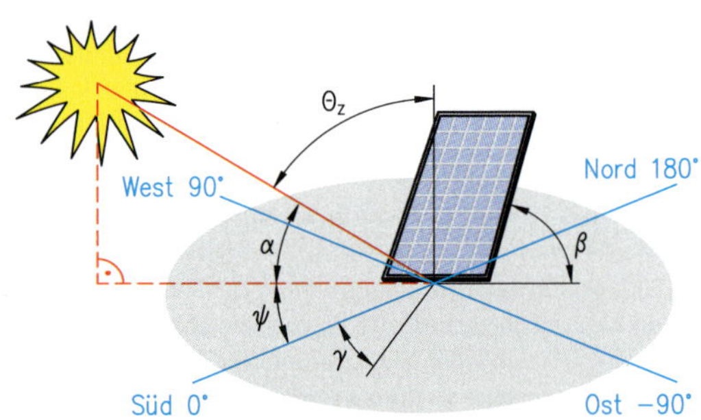

γ Ausrichtung bzw. Azimut des Kollektors
α Höhenwinkel der Sonne, Θ_z Zenitwinkel, ψ Sonnenazimut
β Neigungswinkel des Kollektors

170.7 Sonnenstand

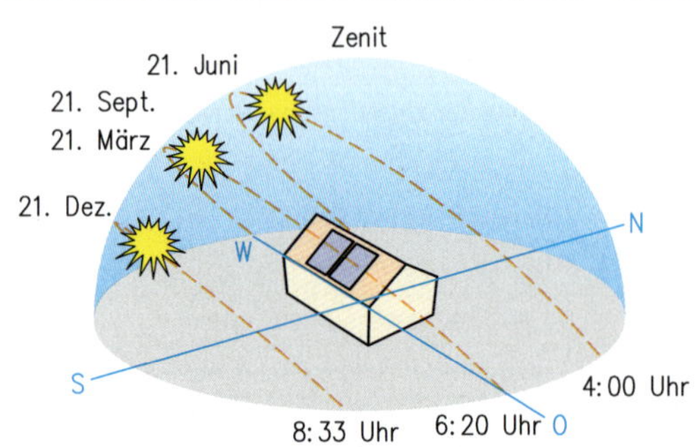

171.1 Nomogramm zur Dimensionierung

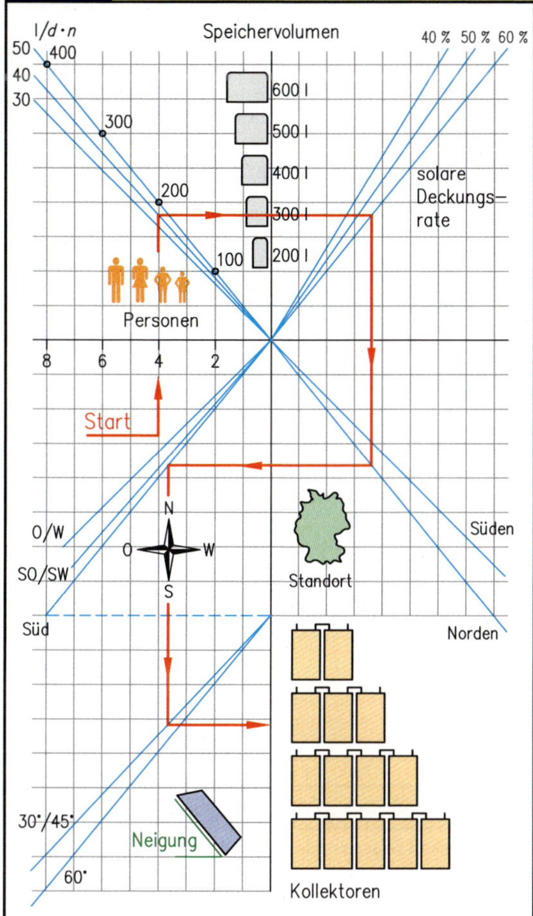

Das Nomogramm dient zur einfachen Ermittlung des Speicherbedarfs und der erforderlichen Kollektoranzahl einer thermischen Solaranlage für die Warmwasserbereitung. Als Solarkollektoren werden hier Flachkollektoren mit einer Kollektorfläche von jeweils 2 m² verwendet.

171.2 Faustformeln zur Dimensionierung einer Solaranlage mit Flachkollektoren

	Warmwasser-bereitung	Heizungs-unterstützung
Kollektorfläche	1–1,5 m² je Person	2–3,7 m² je Person
Speicherinhalt	50–70 l je m² Kollektorfläche	

171.3 Planungsablauf Solaranlagenauslegung

- täglicher Warmwasserbedarf: Personenzahl × typischer Tagesbedarf (niedrig: 30 l/(Person · Tag); normal: 50 l/(Person · Tag); hoch: 70 l/Person · Tag)
- ↓ Bestimmung Kollektorfläche für optimale Ausrichtung; Bestimmung zugehöriges Speichervolumen
- ↓ Optimale Ausrichtung nicht möglich? (z. B. wegen Dachneigung, -ausrichtung oder Verschattung)
  - → nicht möglich → Feldgröße entsprechend vergrößern, Speichervolumen beibehalten
  - ↓ möglich
- ↓ Wird Heizungsunterstützung gewünscht?
  - → Heizungsunterstützung → Kollektorfläche und Speichervolumen um einen Faktor zwischen 2 und 2,5 vergrößern
  - ↓ nur Warmwasser
- ↓ Ergebnisse mit Vorgaben des GEG und Förderbedingungen der BAFA abgleichen, ggf. entsprechende Korrekturen vornehmen
- ↓ Wahl der passenden Anzahl von Kollektoren und des Speichers bzw. eines entsprechenden Pakets
- ↓ Festlegung Massenstrom (High-, Low-Flow), anschließend Rohrdimensionierung des Primärkreises (Fließgeschwindigkeit zwischen 0,4 und 0,5 m/s)
- ↓ Summe aller Druckverluste im Primärkreis ⇒ Mindestförderleistung Pumpe
- ↓ Dimensionierung Membran-Ausdehnungsgefäß
- ↓ Sicherheitsarmaturen

171.4 Auslegung von thermischen Solaranlagen zur Warmwasserbereitung

$\dot{Q}_{PWH} = n \cdot q_{PWH}$	$\dot{Q}_{PWH}$ n q_{PWH}	täglicher Wärmebedarf für die Warmwasserbereitung Personenanzahl spezifischer Warmwasser-Wärmebedarf je Person ↑ 172.1	in kWh/d – in kWh/d
$A_{K,erf} = A_{K,spez} \cdot k \cdot \dot{Q}_{PWH}$	$A_{K,erf}$ $A_{K,spez}$ k	erforderliche Kollektorfläche spezifische Kollektorfläche ↑ 172.2 Korrekturfaktur für Ausrichtung und Neigung ↑ 172.3	in m² in m² · d/kWh –
$V_{SP} = 2 \cdot n \cdot V_{PWH}$	V_{SP} n V_{PWH}	Solar-Warmwasserspeichervolumen Personenanzahl tägl. Warmwasserbedarf je Person ($\vartheta_{PWH} = 45$ °C) ↑ 172.1 Hinweis: Für die Speicherauslegung gilt: $V_{PWH,min} = 30$ dm³.	in dm³ – in dm³/d
$\Delta p_{ges} = R \cdot l + Z + \Delta p_K + \Delta p_{SP}$ R, l, Z ↑ 193.2 Rohrnetzberechnung	Δp_{ges} Δp_K Δp_{SP}	gesamter Druckverlust des Stromkreises Druckverlust der Kollektoren Druckverlust im Solar-Warmwasserspeicher	in Pa in Pa in Pa

172.1 Warmwasserbedarf und spezifischer Warmwasser-Wärmebedarf

	Warmwasserbedarf		spezifischer Warmwasser-Wärmebedarf	
	$\vartheta_{PWH} = 45\ °C$	$\vartheta_{PWH} = 60\ °C$		
Verbrauchsstandard	in l/(Person · Tag)	in l/(Person · Tag)	in kWh/(Person · Tag)	Waschmaschine oder Geschirrspülmaschine mit Warmwasseranschluss
Niedrig	15–30	10–20	0,6–1,2	
Mittel	30–60	20–40	1,2–2,4	
Hoch	60–90	40–60	2,4–3,6	0,8 kWh/Tag

172.2 Spezifische Kollektorfläche $A_{K,spez}$

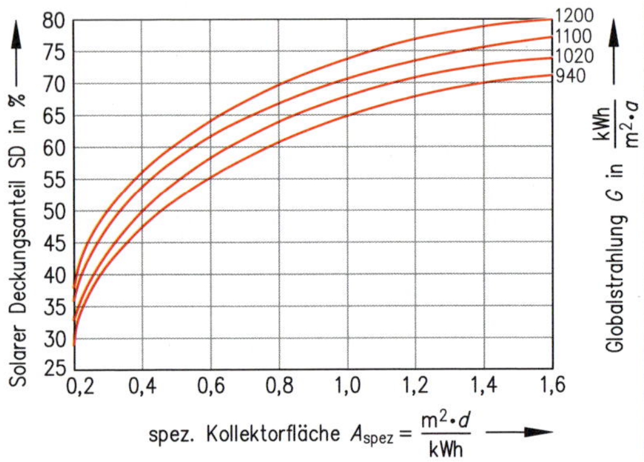

Werte gelten für Flachkollektoren, bei Verwendung von Vakuum-Röhrenkollektoren kann die Kollektorfläche 20 % kleiner sein.

172.3 Korrekturfaktor k für Ausrichtung und Neigung von Solarkollektoren

Kollektorausrichtung	Neigungswinkel des Kollektors		
nach	30°	50°	70°
Osten	1,64	1,61	1,61
Ost-Süd-Ost	1,45	1,47	1,61
Süd-Ost	1,17	1,15	1,34
Süd-Süd-Ost	1,04	0,98	1,14
Süden	1,00	0,94	1,11
Süd-Süd-West	1,03	0,97	1,13
Süd-West	1,13	1,09	1,27
West-Süd-West	1,35	1,35	1,60
Westen	1,61	1,61	1,61

172.4 Auslegung von Membran-Druckausdehnungsgefäßen (MAG) für Solaranlagen

$V_A = V_{Kges} + V_R + V_{SP} + V_Z$	V_A V_{Kges} V_R V_{SP} V_Z	Flüssigkeitsinhalt (Wasservolumen) der Solaranlage Flüssigkeitsinhalt der Kollektoren Flüssigkeitsinhalt der Rohrleitungen Flüssigkeitsinhalt des Wärmetauschers/Pufferspeichers Flüssigkeitsinhalt des Zubehörs (z. B. Vorschaltgefäß)	in dm³ in dm³ in dm³ in dm³ in dm³
$V_e = \frac{n \cdot V_A}{100\ \%}$	V_e n	Ausdehnungsvolumen Ausdehnungsfaktor ↑173.2	in dm³ in %
$V_V = 0{,}005 \cdot V_A$ für $V_n \geq 15\ dm^3$ mit $V_V \geq 3\ dm^3$ $V_V \geq 0{,}2 \cdot V_n$ für $V_n \leq 15\ dm^3$	V_V V_n	Flüssigkeitsvorlage Nennvolumen des MAG	in dm³ in dm³
$p_0 \geq p_{st} + p_D + \Delta p_P$	p_0 p_{st} p_D Δp_P	Vordruck statischer Druck ↑173.3 Dampfdruck ↑173.3 Pumpendruck	in bar in bar in bar in bar
$p_e \leq p_{SV} - 0{,}5\ bar$ für $p_{SV} \leq 5\ bar$ $p_e \leq 0{,}9 \times p_{SV}$ für $p_{SV} > 5\ bar$	p_e p_{SV}	Enddruck Ansprechdruck des Sicherheitsventils ↑173.4	in bar in bar
$V_n = (V_e + V_V + V_{Kges}) \cdot \frac{1{,}0\ bar + p_e}{p_e - p_0} \leq V_N$	V_n V_N	Nennvolumen (Mindestinhalt) des MAG Nennvolumen (Bestellgröße) des MAG	in dm³ in dm³
$p_a = \frac{(p_e + 1\ bar)}{1 + \frac{(V_e + V_{Kges}) \cdot (p_e + 1\ bar)}{V_N (p_0 + 1\ bar)}} - 1\ bar$	p_a	Anfangsdruck (Anlagenfülldruck) $p_a \geq p_0 + 0{,}25...0{,}3\ bar$, ansonsten Berechnung für größeres Nennvolumen	in bar

173.1 Spezifischer Wasserinhalt von Solarkollektoren und Rohrleitungen

Kollektortyp, spezifischer Wasserinhalt V_K in dm³/m²		Wasserinhalt V_R von Rohrleitungen in dm³/m								
Flachkollektor	2,0	DN	10	15	20	25	32	40	50	65
Vakuumröhre direkt durchströmt	1,0	dm³/m	0,13	0,21	0,38	0,58	1,01	1,34	2,10	3,90

173.2 Ausdehnungsfaktor *n* von Solarflüssigkeit (34 % Frostschutzmittel) – Fülltemperatur 10 °C

ϑ_{max}	30	50	70	80	90	100	110	120	130	140	150	160	in °C
n	1,49	2,53	3,71	4,35	5,01	5,68	6,39	7,11	7,85	8,62	9,41	10,1	in %

173.3 Statischer Druck p_{St} und Dampfdruck p_D für Solarflüssigkeit (34 % Frostschutzmittel)

Stat. Druck p_{St} durch die Wassersäulenhöhe h						Dampfdruck p_D, für maximale Temperaturen ϑ_{max}								
h	≤ 5	≤ 10	≤ 15	≤ 20	in m	ϑ_{max}	100	110	120	130	140	150	160	in °C
p_{St}	0,5	1,0	1,5	2,0	in bar	p_D	–0,10	0,23	0,70	1,33	2,13	3,15	4,41	in bar

173.4 Ansprechdrücke von Sicherheitsventilen in Solaranlagen **Herstellerempfehlung**

$p_{SV} \geq p_0 + 1{,}5$ bar für $p_{SV} \leq 5$ bar $p_{SV} \geq p_0 + 2{,}0$ bar für $p_{SV} > 5$ bar	Ansprechdruck des Sicherheitsventils	in bar

173.5 Bauteile einer Solaranlage

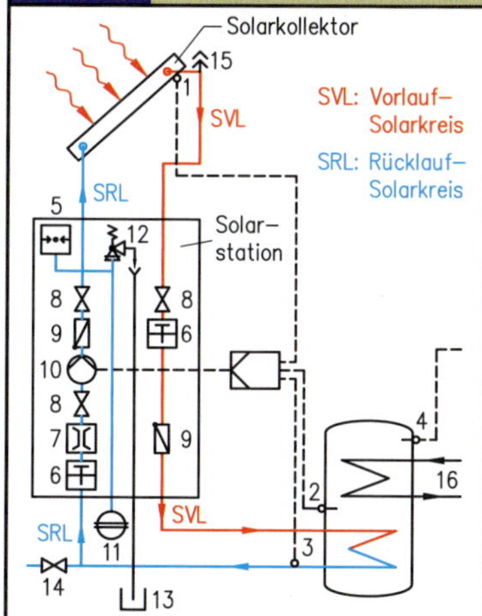

1	Temperaturfühler Kollektor
2	Temperaturfühler Solarspeicher
3	Temperaturfühler Solar-Rücklauf
4	Temperaturfühler Nachheizung
5	Druckmessgerät (Manometer)
6	Temperaturmessgerät
7	Volumenstrommessgerät
8	Absperreinrichtung
9	Rückschlagklappe
10	Solarkreis-Pumpe
11	Membran-Ausdehnungsgefäß
12	Sicherheitsventil
13	Auffangbehälter
14	Füll- und Entleerungseinrichtung
15	Entlüftung mit Absperrung
16	Nachheizung

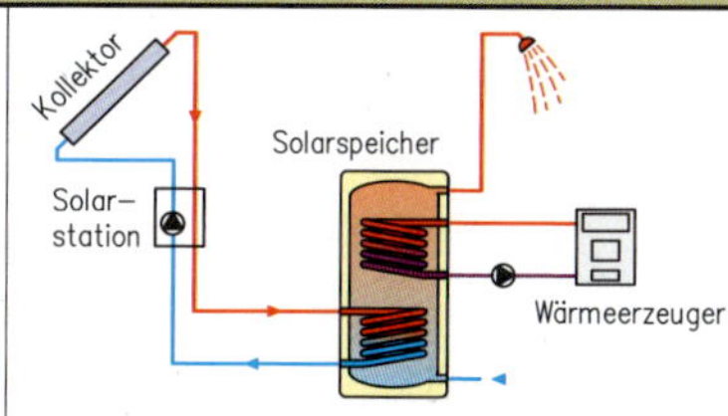

Solaranlage zur Warmwasserbereitung

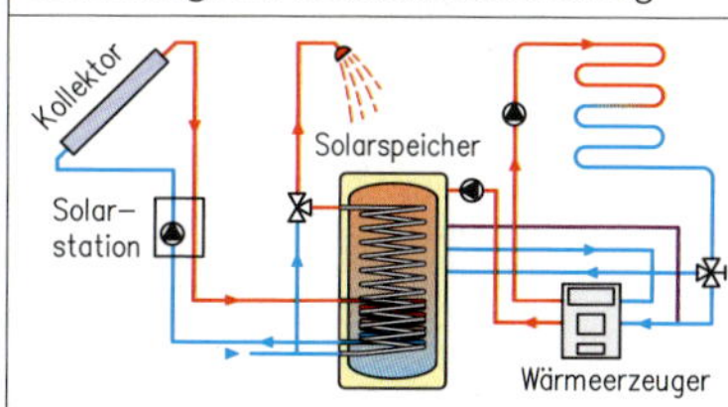

Solaranlage zur Heizungsunterstützung

173.6 Solarkollektoren

Vakuum-Röhrenkollektor

Flachkollektor

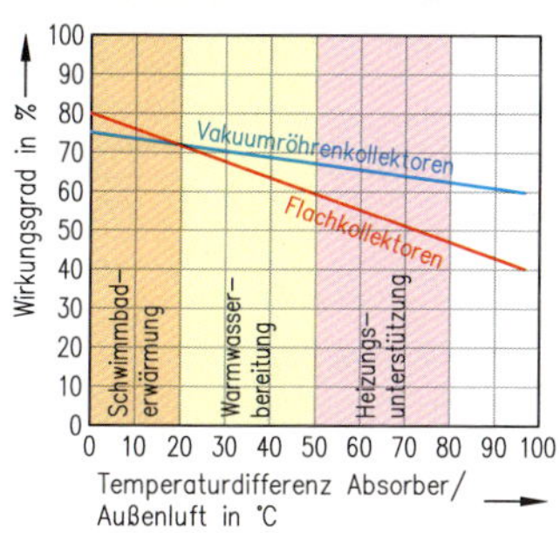

Wirkungsgradkennlinien

173.7 Solarspeicher

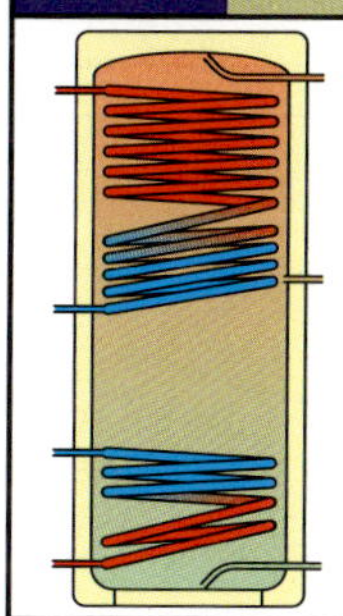
Bivalenter Trinkwasser-Speicher

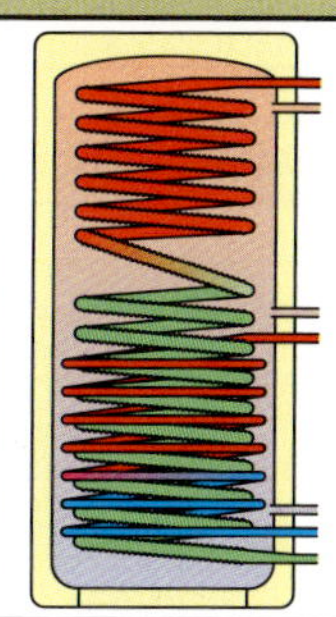
Hygienespeicher

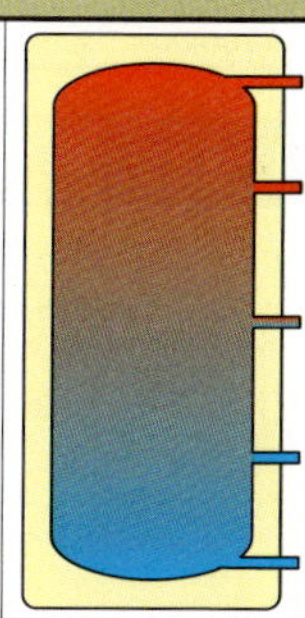
Pufferspeicher

174.1 Montage von Solarkollektoren

1 Aufdachmontage
2 Flachdachm.
3 Indachm.
4 Ganzdachm.
5 Vordachm.
6 Fassadenm.

Montagevarianten

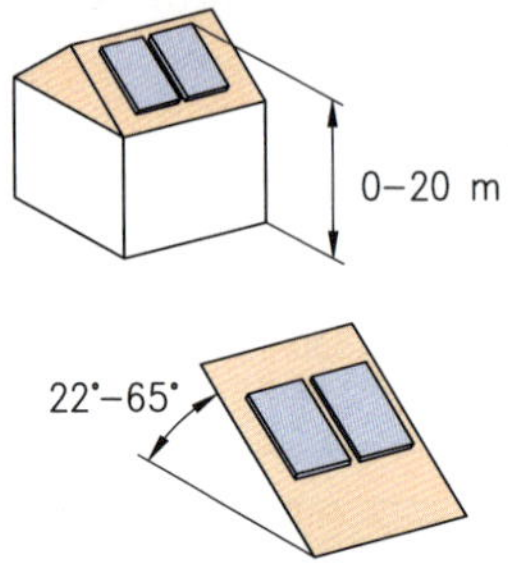

Einsatzbedingungen Aufdachmontage

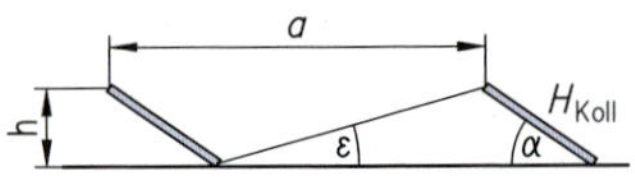

a	Abstand zwischen den Reihen
h	Höhe der Kollektorreihen
H_{Koll}	Höhe der Kollektoren
ε	niedrigster Sonnenstandswinkel (20. Dezember)
α	Anstellwinkel der Kollektoren

Verschattung bei Flachdachmontage

174.2 Befestigungs- und Beschwerungsvorgaben für Schneelast- und Windzonen **Herst.ang.**

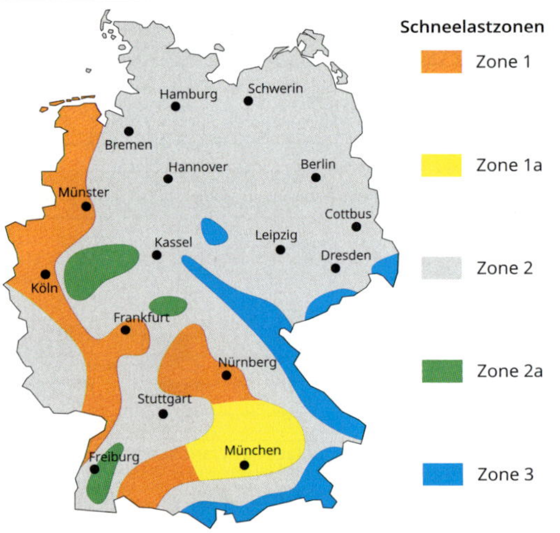

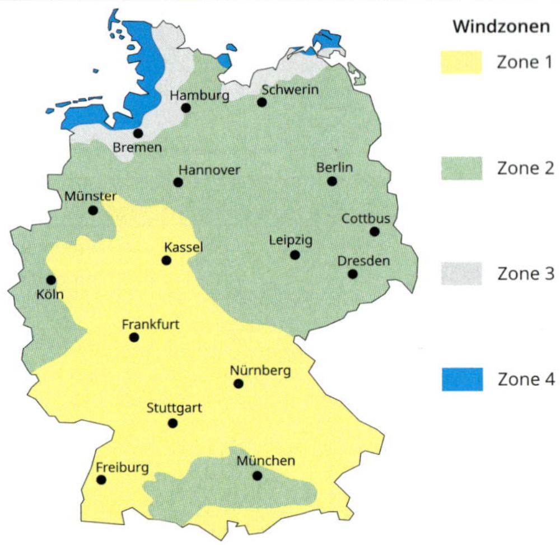

Anzahl der Befestigungsanker je Flachkollektor bei der Schrägdachmontage für die Schneelastzonen 1 bis 3

Standorthöhe über NN bis	1 und 1a		2		2a		3	
	Dachneigung ab							
	10°	40°	10°	40°	10°	40°	10°	40°
700 m	4	4	4	4	4	4	4	4
900 m	4	4	4	4	6	4	6	4
1 200 m	4	4	6	4	8	6	8	6

Erforderliche Beschwerung von Flachkollektoren bei der Flachdachmontage für die Windzonen 1 bis 3

Windzone	Windlast q in kN/m² Höhe der Montagefläche		
	h ≤ 10 m	10 m ≤ 18 m	18 m ≤ 25 m
1	0,50	0,65	0,75
2	0,65	0,80	0,90
	0,85	–	–
3	0,80	–	–

Windlast q in kN/m²	Erforderliche Beschwerung in kg pro m² Kollektorfläche bei einem Neigungswinkel der Flachkollektoren von	
	30°	45°
0,50	135	155
0,65	180	205
0,75	205	235
0,80	220	250
0,85	235	270
0,90	250	285

174.3 Montageflächen und -abstände

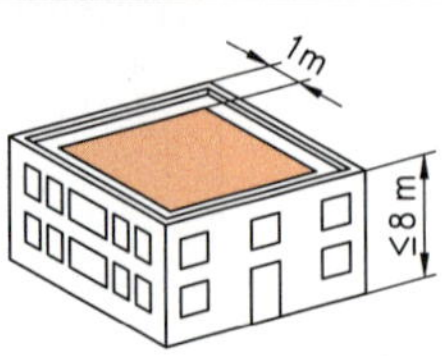

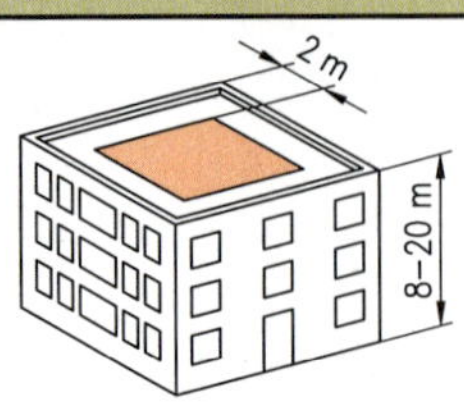

Maximale Montagefläche bzw. Mindestabstand zur Dachkante in Abhängigkeit der Montagehöhe

175.1 Montage von Solarkollektoren

Herstellerangaben

Montage	ok
Befestigungsanker vorschriftsgemäß befestigt	
Solarleitung mit Potenzialausgleich verkabelt	
Dacheindeckung nach Setzen der Befestigungsanker vorschriftsmäßig wieder angebracht, Dachhaut nicht veletzt	
Alle Leitungen mit mindestens 4 % Gefälle verlegt	
Transportabdeckung (Folie) der Kollektoren entfernt	
Abblaseleitung am Sicherheitsventil des Solarkreises installiert	
Auffanggefäß unter der Abblaseleitung aufgestellt	
Abblaseleitung am trinkwasserseitigen Sicherheitsventil installiert und am Abwasser angeschlossen	
Korrosionsschutzanode im Speicher überprüft: Kabelverbindungen o.k.	
Thermostatmischer installiert	
Regelsysteme	ok
Temperaturfühler zeigen realistische Werte an	
Solarpumpe läuft und wälzt um (Volumenstrommesser)	
Solarkreis und Speicher werden warm	
Bei voller Sonne beträgt der Temperaturunterschied zwischen Vor- und Rücklauf max. 10–14 °C	
Richtiges Hydraulikschema eingestellt	
Kesselnachheizung startet bei: ____ °C	
Zirkulationspumpenlaufzeit von ____ Uhr bis ____ Uhr eingestellt (optional)	

Inbetriebnahme	ok
Anlage mit vorgeschriebener Solarflüssigkeit gefüllt	
Solarkreis mit Solarflüssigkeit gespült	
Anlage mehrmals entlüftet	
Solarkreis abgedrückt + Leckkontrolle von Verbindungen	
Dichtigkeit von Stopfbuchsen an Absperrventil und KFE-Hahn geprüft (ggf. Überwurfmutter nachziehen)	
Mischungsverhältnis geprüft. Frostsicherheit: ____ °C	
Vordruck im Ausdehnungsgefäß (vor Befüllen prüfen)	
Anlagendruck (kalt) richtig eingestellt	
Durchfluss gemäß Montageanleitung eingestellt	
Pumpe, Speicherwärmetauscher und Kollektor entlüftet (Schwerkraftbremse zum Entlüften blockieren)	
Schwerkraftbremse entriegelt	
KFE-Ventilkappen zugeschraubt	
Trinkwarmwasserspeicher entlüftet	
Heizkreis und Heizwasserspeicher entlüftet	

Der Anlagenbetreiber wurde wie folgt eingewiesen:

- Grundfunktionen und Bedienung des Solarreglers inkl. Zirkulationspumpe
- Funktionen und Bedienung der Nachheizung
- Funktion der Speicher-Schutzanode
- Frostsicherheit der Anlage
- Wartungsintervalle
- Aushändigung der Unterlagen evtl. mit Sonderschaltschema
- Ausfüllen der Betriebsanweisung

175.2 Wartung von heiztechnischen Geräten und Anlagen – Baugruppe 1: Wärmeerzeuger – Bauelement: 1.2 Solarkollektoren

VDMA 24186-2: 2019-09

Pos.[1]	Tätigkeit	Ausführung[2]	
		perio-disch	bei Bedarf
1	**Wärmeerzeuger**		
1.2	**Solarkollektoren**		
1.2.1	Äußerlich auf Beschädigung, Korrosion und Befestigung prüfen	X	
1.2.2	Funktionserhaltendes Reinigen[3]		X
1.2.3	Auf Dichtheit prüfen (Sichtprüfung)	X	
1.2.4	Kollektortemperaturfühler auf festen Sitz prüfen	X	
1.2.5	Vakuum prüfen	X	
1.2.6	Vakuum herstellen und mit Edelgas auffüllen		X
1.2.7	Anlagendruck prüfen	X	
1.2.8	Anlagendruck nach Herstellerangaben einstellen		X
1.2.9	pH-Messung der Solarflüssigkeit	X	
1.2.10	Solarflüssigkeit ersetzen		X
1.2.11	Frostschutztemperatur (Gefrierpunkt) des Wärmeträgermediums ermitteln	X	
1.2.12	Frostschutzmittel nachfüllen		X
1.2.13	MSR-Einrichtungen siehe VDMA 24186 Teil 4		

[1] Die Positionsnummern sind nach Baugruppe, Bauelement und Tätigkeit untergliedert.
[2] Bei der Ausführung der Wartung wird in periodische und bei Bedarf durchzuführende Tätigkeiten unterschieden.
[3] Der Leistungsumfang muss definiert und vereinbart werden (siehe auch VDMA 24186 Teil 0).

176.1 Thermodynamische Grundlagen Wärmepumpe/Kältemaschine

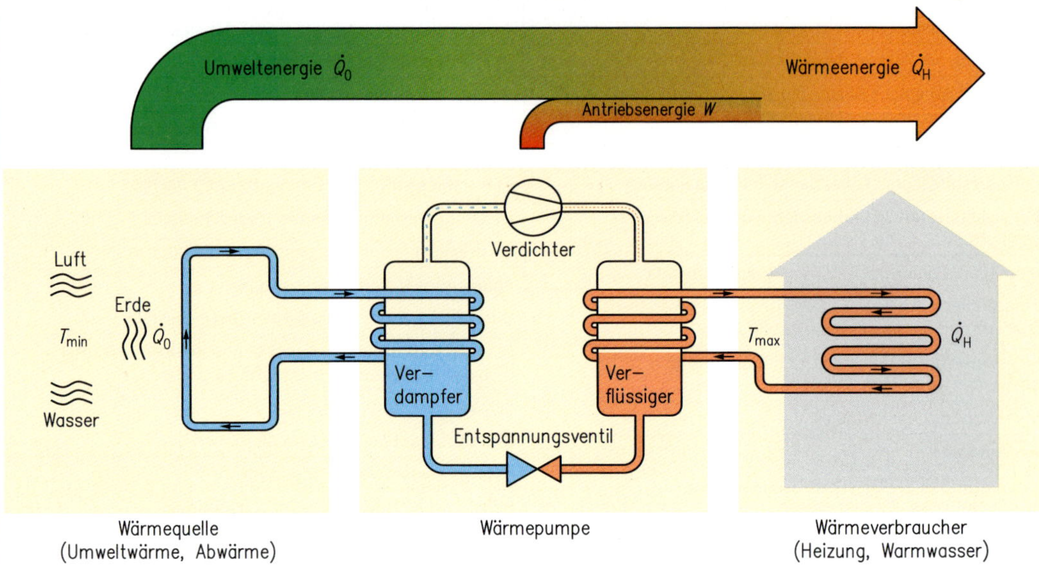

$\varepsilon_{WP} = \frac{\dot{Q}_H}{P}$	ε_{WP}	Leistungszahl Wärmepumpe	–
$\varepsilon_{WP} \approx 0{,}5 \cdot \varepsilon_C$	ε_C	Theoretische Leistungszahl (Carnot-Prozess)	–
$\varepsilon_C = \frac{T_{max}}{T_{max} - T_{min}}$	$\dot{Q}_H$	Heizwärmeleistung (vom Verflüssiger abgegebene Leistung)	in kW
	P	Antriebsleistung	in kW
	T_{max}	Heizungsvorlauftemperatur	in K
	T_{min}	Wärmequellentemperatur	in K
$\varepsilon_{KM} = \frac{\dot{Q}_0}{P}$	ε_{KM}	Leistungszahl Kältemaschine	–
	$\dot{Q}_0$	Kühlwärmeleistung (vom Verdampfer aufgenommene Leistung)	in kW

176.2 log p, h-Diagramm

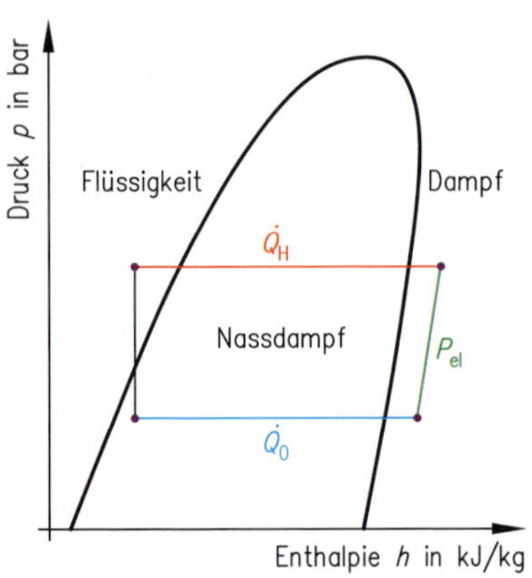

$\dot{Q}_0$	Kühlwärmeleistung	in kW
P_{el}	elektrische Antriebsleistung	in kW
$\dot{Q}_H$	Heizleistung	in kW

176.3 Leistungszahl COP-Wert DIN EN 14511-1: 2023-08

$COP = \frac{P_H}{P_E}$	COP	Coefficient of Performance (Leistungszahl im Heizbetrieb)	–
	P_H	Heizleistung abgegebene Wärmeleistung, ggf. korrigiert um eventuelle Ventilator- oder Pumpenwärmeleistungen	in kW
	P_E	effektive Leistungsaufnahme, eingesetzte elektrische Leistung für den Antrieb des Verdichters, der Hilfsantriebe und der Regelung	in kW

176.4 Arbeitszahl SCOP-Wert[1] DIN EN 14825: 2019-07

$SCOP = \frac{Q_H}{Q_{HE}}$	SCOP	berechnete Jahresarbeitszahl/saisonale Arbeitszahl im Heizbetrieb (Seasonal Coefficient of Performance)	in kWh/kWh
	Q_H	Bezugs-Jahresheizlast	in kWh
	Q_{HE}	Jahresenergieverbrauch für die Heizung	in kWh

[1] Früher wurde für die berechnete Jahresarbeitszahl/saisonale Arbeitszahl (SCOP-Wert) die Bezeichnung Jahresarbeitszahl (JAZ) verwendet.

177.1 Wärmequellen von Wärmepumpen

Art der Wärmepumpe (WP)	Sole/Wasser WP	Wasser/Wasser WP	Sole/Wasser WP	Luft/Wasser WP
Betriebsart	monovalent	monovalent	monoenergetisch/ bivalent	monoenergetisch/ bivalent
Wärmequellen	Erdreich	Wasser	Luft	Luft
Wärmeaufnahme durch:	Erdkollektor Erdsonde Grabenkollektor	Grundwasser Kühl-, Brauch-, Abwasser oberirdische Gewässer	Eisspeicher Energiezaun Absorbersysteme	Außenluft Abluft Wärmerückgewinnung

177.2 Wärmequellen – Auswahlkriterien

	Erdreich		Luft Außenluft	Wasser Grundwasser
	Kollektor	Sonde		
Verfügbarkeit	o	+	++	o
Speicherfähigkeit	+	++	-	++
Temperaturniveau	+	+	o	++
Auslegungstemperatur[1)]	0 °C	0 °C	−15 °C / +20 °C	10 °C
Regeneration	+	+	++	++
Erschließungskosten	+	++	--	+/++ [2)]
Genehmigungspflicht[1)]	anzeigen	ja	nein	ja
Passive Kühlung	nein	ja	nein	ja
Aktive Kühlung	nein	ja	ja	ja
Geräuschemissionen	--	--	+	-

++ sehr hoch + hoch o mittel - niedrig -- sehr niedrig

[1)] regional abhängig [2)] abhängig von der Grundwassertiefe (max. 15 m)

177.3 Gerätebauarten

DIN EN 14511-1: 2023-08

Außenwärmeübertrager	Innenwärmeübertrager	Klassifizierung
Luft	Wasser	Luft-Wasser-Wärmepumpe
Wasser	Wasser	Wasser-Wasser-Wärmepumpe
Sole	Wasser	Sole-Wasser-Wärmepumpe

177.4 Nennbedingungen für die Leistungsprüfung

DIN EN 14511-2: 2019-07

Wärmequelle (Verdampfer) Eintrittstemperatur des Außenwärmeübertragers					Wärmesenke (Verflüssiger) Wasser-Austrittstemperatur des Innenwärmeübertragers			
					35 °C	45 °C	55 °C	65 °C
Norm-Nennbedingungen	Außenluft	(air)	A	7 °C	A7/W35	A7/W45	A7/W55	A7/W65
	Abluft	(air)	A	20 °C	A20/W35	A20/W45	A20/W55	A20/W65
	Wasser	(water)	W	10 °C	W10/W35	W10/W45	W10/W55	W10/W65
	Sole (Erdreich)	(brine)	B	0 °C	B0/W35	B0/W45	B0/W55	B0/W65
Betriebs-Nennbedingungen	Außenluft	(air)	A	2 °C	A2/W35	A2/W45	A2/W55	A2/W65
	Außenluft	(air)	A	−7 °C	A-7/W35	A-7/W45	A-7/W55	A-7/W65
	Außenluft	(air)	A	−15 °C	A-15/W35	A-15/W45	A-15/W55	A-15/W65
	Außenluft	(air)	A	12 °C	A12/W35	A12/W45	A12/W55	A12/W65
	Wasser	(water)	W	15 °C	W15/W35	W15/W45	W15/W55	W15/W65
	Sole (Erdreich)	(brine)	B	5 °C	B5/W35	B5/W45	B5/W55	B5/W65
	Sole (Erdreich)	(brine)	B	−5 °C	B-5/W35	B-5/W45	B-5/W55	B-5/W65

178.1 Leistungszahl im Verhältnis zur Temperaturdifferenz

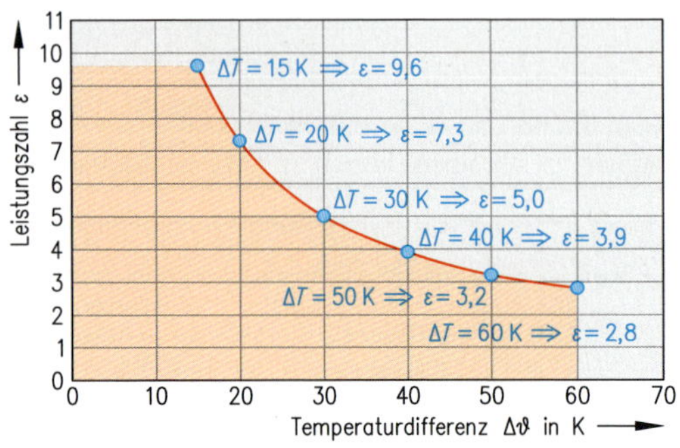

178.2 Heizleistung und elektrische Aufnahmeleistung Wärmepumpe

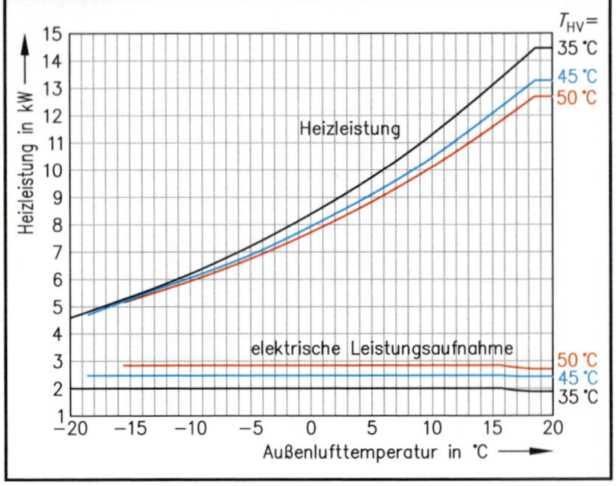

178.3 Jahresarbeitszahlen im Vergleich

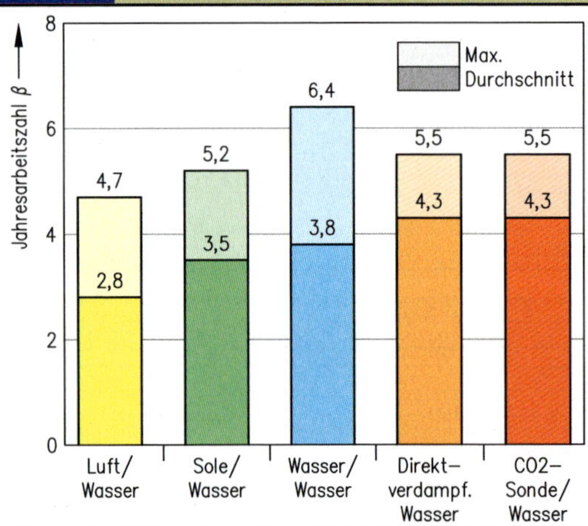

178.4 Heizkurven und Leistungszahl

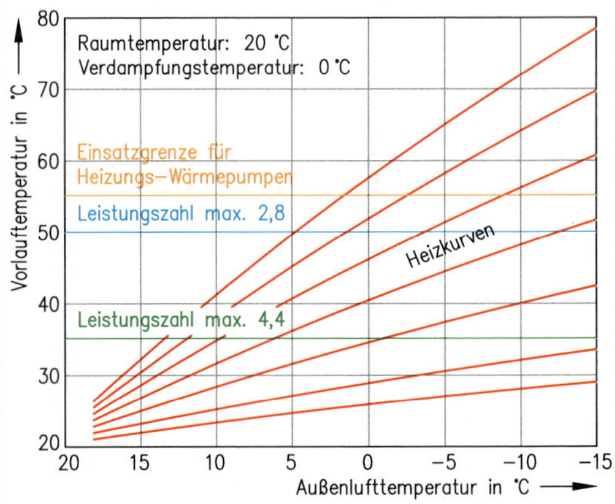

178.5 Wärmepumpenauslegung – erforderliche Leistung

$$\dot{Q}_{WP,erf} = (\Phi_{HL,Geb} + \dot{Q}_{WW} + \dot{Q}_S) \cdot f$$

$\dot{Q}_{WP,erf}$	erforderliche Wärmepumpenleistung	in kW
$\Phi_{HL,Geb}$	Gebäudeheizlast ↑ 142 ff ↑ 178.6 ↑ 179.1	in kW
$\dot{Q}_{WW}$	Leistungsbedarf für die Warmwasserbereitung ↑ 179.3	in kW
$\dot{Q}_S$	Leistungsbedarf für Sondernutzungen (z. B. Schwimmbad, Whirlpool)	in kW
f	Sperrzeitfaktor (Berücksichtigung von Sperrzeiten des EVU) ↑ 179.4	–

178.6 Gebäudeheizlast – überschlägige Ermittlung[1] **Herstellerangaben**

nach dem Jahresbrennstoffverbrauch

$$\Phi_{HL,Geb} = \frac{B_a \cdot H_i \cdot \eta_a}{t_v}$$

$\Phi_{HL,Geb}$	Gebäudeheizlast		in kW
B_a	durchschnittlicher Jahresbrennstoffverbrauch der letzten fünf Jahre[2]		in l/a oder m³/a
H_i	Heizwert	Heizöl EL $H_i = 10$ kWh/l,	in kWh/l
		Erdgas E $H_i = 10$ kWh/m³	in kWh/m³
η_a	Jahresnutzungsgrad	Heizwertkessel $\eta_a = 0{,}7$	–
t_v	Jahresvollbenutzungsstunden	Mittelwert $t_v = 1\,800$ h/a	in h/a

[1] Die überschlägige Ermittlung der Gebäudeheizlast dient zu einer Abschätzung der erforderlichen Wärmepumpenleistung. Sie ersetzt keine Heizlastberechnung nach DIN EN 12831.

[2] Bei einer zentralen Warmwasserbereitung über einen Öl- oder Gaskessel sind vom Jahresbrennstoffverbrauch 75 l Heizöl oder 75 m³ Erdgas je Person für die Warmwasserbereitung abzuziehen.

179.1 Gebäudeheizlast – überschlägige Ermittlung[1)]

Herstellerangaben

nach dem Baualter			
$\Phi_{HL,Geb} = Q \cdot A_N$	$\Phi_{HL,Geb}$	Gebäudeheizlast	in W
	q	spezifische Gebäudeheizlast ↑179.2	in W/m²
	A_N	beheizte Gebäudefläche	in m²

[1)] Die überschlägige Ermittlung der Gebäudeheizlast dient zu einer Abschätzung der erforderlichen Wärmepumpenleistung. Sie ersetzt keine Heizlastberechnung nach DIN EN 12831.

179.2 spezifische Gebäudeheizlast nach Baualter

Herstellerangaben

Gebäudeart	spezifische Heizlast q	Gebäudeart	spezifische Heizlast q
Altbau, ohne besondere Wärmedämmung	90 – 180 W/m²	Dämmung nach EnEV 2016	35 W/m²
Dämmung nach WSchVO 1982	60 – 100 W/m²	KfW-Effizienzhaus 70	30 W/m²
Dämmung nach WSchVO 1995	50 – 60 W/m²	KfW-Effizienzhaus 55	25 W/m²
Dämmung nach EnEV 2009	40 W/m²	KfW-Effizienzhaus 40	20 W/m²

179.3 Warmwasserleistungsbedarf[1)]

$\dot{Q}_{WW} = \dot{Q}_{WW,P} \cdot n$	$\dot{Q}_{WW}$	Leistungsbedarf für die Warmwasserbereitung	in kW
	$\dot{Q}_{WW,P}$	Warmwasserleistung je Person 0,2 kW	in kW
	n	Anzahl Personen	–

[1)] bei einer Warmwassertemperatur von 45 °C und einem normalen Warmwasserbedarf von 30–60 Litern je Tag und Person

179.4 Sperrzeitfaktor

Berechnungsformel

$f = \frac{24\ h}{24\ h - SPZ}$	f	Sperrzeitfaktor	–
	SPZ	Sperrzeiten EVU	in h

Praxiswerte — Herstellerangaben

Sperrzeit SPZ	1 x 2h	2 x 2h	3 x 2h
Sperrzeitfaktor f	1,05	1,10	1,15

179.5 Sole/Wasser-Wärmepumpe – Auslegung bei monovalenter Betriebsweise

$\dot{Q}_0 = \dot{Q}_{WP} - P_{el}$	$\dot{Q}_0$	Kälteleistung (Entzugsleistung)	in W
	$\dot{Q}_{WP}$	Heizleistung der Wärmepumpe unter Betriebs-Nennbedingung	in W
	P_{el}	elektrische Leistungsaufnahme der Wärmepumpe bei Betriebs-Nennbedingung	in W

Auslegung von Erd- bzw. Flächenkollektoren

$A_{min} = \frac{\dot{Q}_0}{q_{E,K}}$	A_{min}	Erforderliche Kollektorfläche	in m²
	$q_{E,K}$	spezifische Entzugsleistung Flächenkollektoren ↑179.6	in W/m²
$L_{Kmin} = \frac{A_{min}}{s}$	L_{Kmin}	Länge der Kollektorrohre	in m
	s	minimaler Verlegeabstand ↑179.7	in m

Auslegung von Erdsonden

$L_{Smin} = \frac{\dot{Q}_0}{q_{E,S}}$	L_{Smin}	erforderliche Erdsondenlänge	in m
	$q_{E,S}$	spezifische Entzugsleistung Erdsonden ↑180.2	in W/m

Die maximale Länge/Tiefe einer Erdsonde beträgt 100 m

179.6 Entzugsleistung Erdkollektoren

Untergrund	spezifische Entzugsleistung $q_{E,K}$ für t_v = 1800 h/a[1)]	t_v = 2400 h/a[2)]
	Vollbenutzungsstunden je Jahr	
Trockener, nicht bindiger Boden	10 W/m²	8 W/m²
Bindiger, feuchter Boden	25 W/m²	20 W/m²
Wassergesättigter Sand/Kies	40 W/m²	32 W/m²

[1)] Reiner Heizbetrieb
[2)] Heizbetrieb mit Warmwasserbereitung

179.7 Verlegeabstand Erdkollektorrohre

Untergrund	Verlegeabstand s in m	Verlegetiefe in m	Abstand zu Versorgungsleitungen in m	Abstand zur Grundstücksgrenze[1)] in m
Trockener, nicht bindiger Boden	1	1,2 – 1,5	> 0,7	> 1,0
Bindiger, feuchter Boden	0,8	1,2 – 1,5	> 0,7	> 1,0
Wassergesättigter Sand/Kies	0,5	1,2 – 1,5	> 0,7	> 1,0

[1)] gegebenenfalls fordern lokale Vorschriften einen größeren Abstand

180.1 Jahrestemperaturverlauf Erdreich

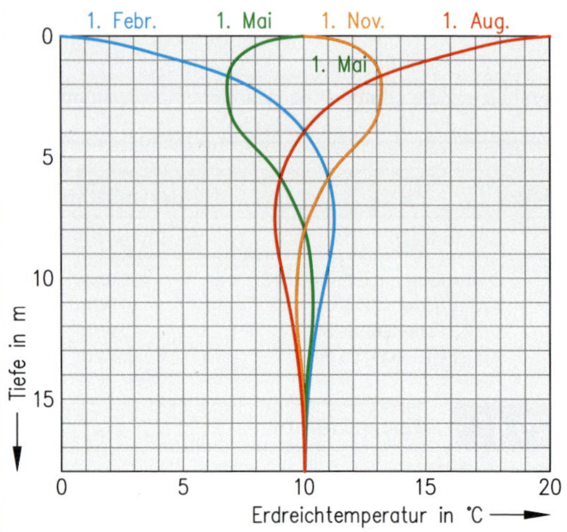

180.2 Entzugsleistung Erdsonden

Bodenqualität	Spezifische Entzugsleistung $q_{E,S}$ für t_v = 1800 h/a[1]	t_v = 2400 h/a[2]
	Vollbenutzungsstunden je Jahr	
Kies, Sand (trocken)	< 25 W/m	< 20 W/m
Kies, Sand (wasserführend)	65 – 80 W/m	55 – 65 W/m
Kies, Sand (starker Grundwasserfluss)	80 – 100 W/m	80 – 100 W/m
Ton, Lehm (feucht)	35 – 50 W/m	30 – 40 W/m
Kalkstein (massiv)	55 – 70 W/m	45 – 60 W/m
Sandstein	65 – 80 W/m	55 – 65 W/m
Saure Magmatite (z. B. Granit)	65 – 85 W/m	55 – 70 W/m
basische Magmatite (z. B. Basalt)	40 – 65 W/m	35 – 55 W/m
Gneis	70 – 85 W/m	60 – 70 W/m

[1] Reiner Heizbetrieb [2] Heizbetrieb mit Warmwasserbereitung

180.3 Wasser-Wasser-Wärmepumpe – Auslegung bei monovalenter Betriebsweise

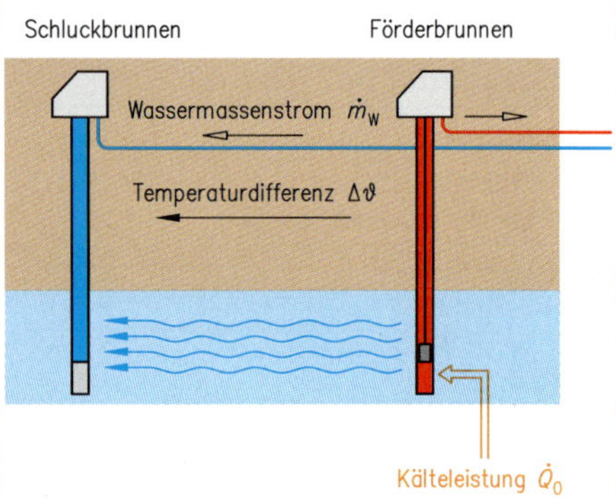

$\dot{Q}_0 = \dot{Q}_{WP} - P_{el}$	$\dot{Q}_0$	Kälteleistung (Entzugsleistung)	in W
	$\dot{Q}_{WP}$	Heizleistung der Wärmepumpe bei Betriebs-Nennbedingung	in W
	P_{el}	elektrische Leistungsaufnahme der Wärmepumpe bei Betriebs-Nennbedingung	in W
$\dot{m}_W = \dfrac{\dot{Q}_0}{c \cdot \Delta\vartheta}$	$\dot{m}_W$	Wassermassenstrom Brunnen	in m³/h
	$\Delta\vartheta$	Temperaturdifferenz zwischen Wärmequellen-Austritt (Förderbrunnen) und -Eintritt (Schluckbrunnen)	in K
	c	Spezifische Wärmekapazität des Brunnenwassers	1,163 Wh/(kg · K)

180.4 Luft/Wasser-Wärmepumpe – Auslegung bei monoenergetischer Betriebsweise

Bestimmung des Bivalenzpunktes		
1	$\dot{Q}_{WP,\,erf}$	erforderliche Wärmepumpenleistung
2	Θ_e	Normaußentemperatur
3	Θ_i	Rauminnentemperatur (z. B. 20 °C)
4	$\Theta_{Bivalenz}$	Außentemperatur im Bivalenzpunkt
Ermittlung der elektrischen Zusatzheizleistung		
5	$\dot{Q}_{WP,\,Ausl.}$	Wärmepumpenleistung bei gewählter Vorlauf- und Normaußentemperatur
	$\dot{Q}_{E\text{-}Stab}$	Erforderliche elektrische Zusatzheizleistung bei Normaußentemperatur
6	$\dot{Q}_{E\text{-}Stab} = \dot{Q}_{WP,\,erf} - \dot{Q}_{WP,\,Ausl.}$	

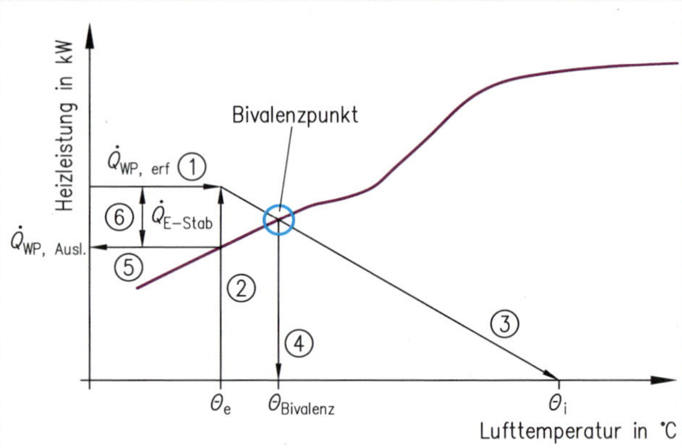

181.1 **Heizleistungskurven von Wärmepumpen** — Herstellerangaben

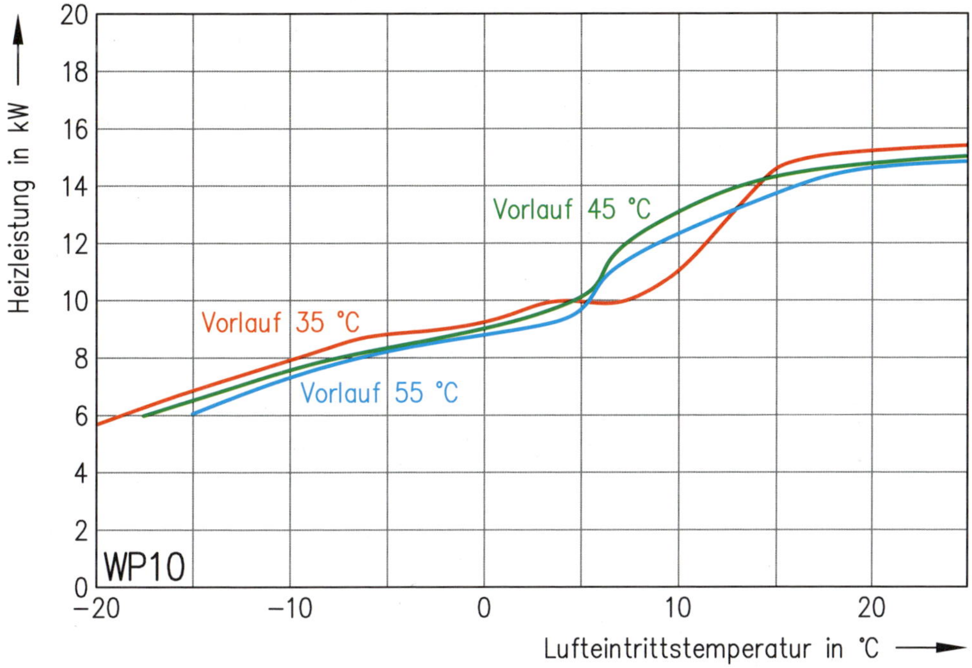

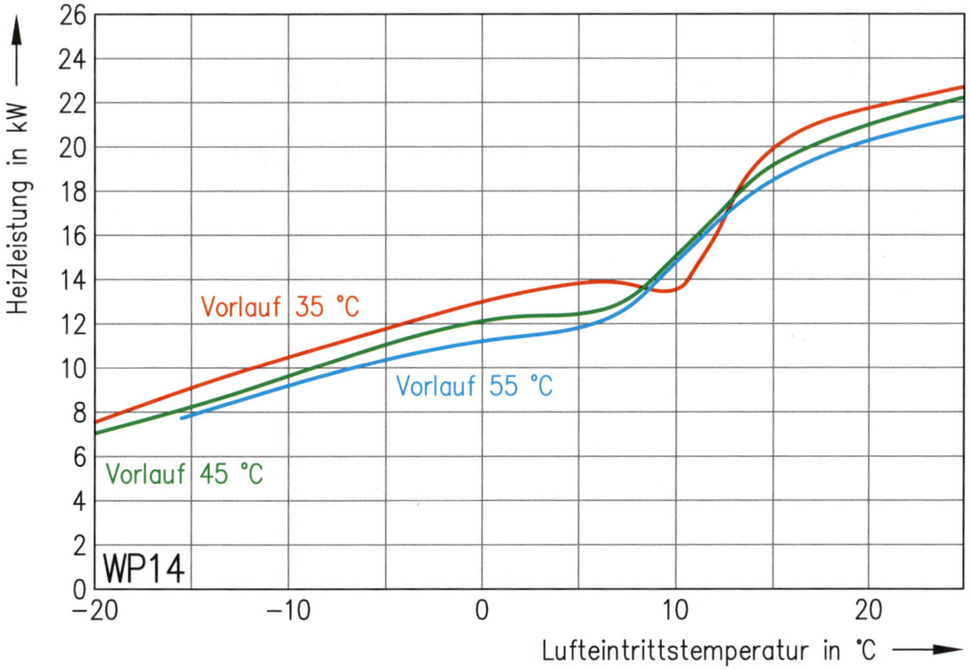

182.1 Mindestabstände von Außenluftwärmepumpen zum Nachbargrundstück — 2024

Bundesland	Abstand der WP-Außeneinheit zum Nachbargrundstück	Bundesland	Abstand der WP-Außeneinheit zum Nachbargrundstück
Baden-Württemberg	kein Mindestabstand[1)]	Niedersachsen	Rechtslage ungeklärt
Bayern	kein Mindestabstand	Nordrhein-Westfalen	kein Mindestabstand
Berlin	Mindestabstand 3,0 m	Rheinland-Pfalz	kein Mindestabstand
Brandenburg	kein Mindestabstand[2) 3)]	Saarland	kein Mindestabstand[3)]
Bremen	kein Mindestabstand	Sachsen	Rechtslage ungeklärt
Hamburg	kein Mindestabstand[2)]	Sachsen-Anhalt	Rechtslage ungeklärt
Hessen	kein Mindestabstand[4)]	Schleswig-Holstein	kein Mindestabstand[2)]
Mecklenburg-Vorpommern	kein Mindestabstand[2) 5) 6)]	Thüringen	kein Mindestabstand[2)]

[1)] Wärmepumpe (WP) ist nachts nicht lauter als 45 dB [2)] WP ist nicht als gebäudeähnlich eingestuft
[3)] WP ist nicht höher als 2,0 m [4)] WP ist nicht länger als 3,0 m [5)] WP ist nicht höher als 3,0 m [6)] WP ist nicht länger als 9,0 m.

182.2 Schall-Immissionsgrenzwerte — Richtwerte des Beurteilungspegels (L_r) — TA Lärm

Gebietstyp	Tag in dB(A)	Nacht in dB(A)	Gebietstyp	Tag in dB(A)	Nacht in dB(A)
Kurgebiete, Krankenhäuser und Pflegeheime	45	35	Urbane Gebiete	63	45
Reine Wohngebiete	50	35	Gewerbegebiete	65	50
Allgemeine Wohngebiete, Kleinsiedlungsgebiete	55	40	Industriegebiete	70	70
Kern- und Dorfgebiete	60	45			

Richtwerte des Beurteilungspegels (L_r) für Messorte außerhalb der betroffenen Wohnung in der Nachbarschaft (0,5 m vor dem geöffneten, am stärksten betroffenen Fenster).

182.3 Beurteilungspegel L_r — VDI 4645: 2023-04

$$L_r = L_{WA} + K_{T,j} + K_{R,i} + \Delta L_p$$

L_r	Beurteilungspegel nach TA Lärm	in dB(A)
L_{WA}	Schallleistungspegel nach Herstellerangabe	in dB(A)
$K_{T,j}$	Zuschlag für Tonhaltigkeit nach Herstellerangaben	in dB(A)
$K_{R,i}$	Zuschlag von 6 dB(A) für Zeiten erhöhter Empfindlichkeit (nur tagsüber in Kurgebieten, reinen und allgemeinen Wohngebieten)	in dB(A)
ΔL_p	Korrektur der Schallausbreitung ↑ 182.4	in dB(A)

182.4 Korrektur der Schallausbreitung ΔL_p — VDI 4645: 2023-04

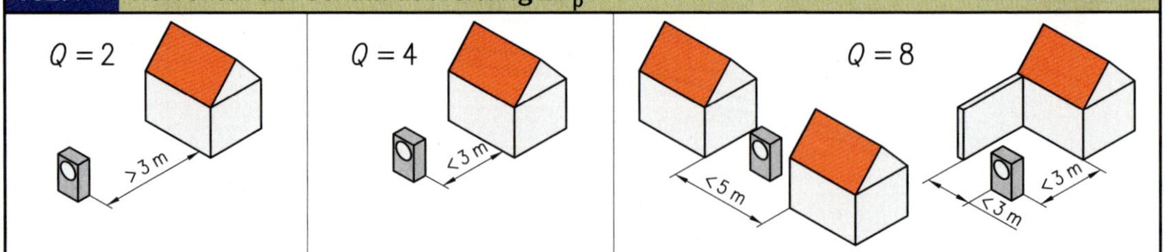

Freie Aufstellung $K_0 = 3$ dB(A) — Eine reflektierende Fläche $K_0 = 6$ dB(A) — Zwei reflektierende Flächen $K_0 = 9$ dB(A)

Abstand s der Schallquelle zum Empfänger		1,0 m	2,0 m	3,0 m	4,0 m	5,0 m	6,0 m	8,0 m	10,0 m
Korrektur des Schallleistungspegels ΔL_p entsprechend des Richtfaktors Q in dB(A)	Q=2	−8,0	−14,0	−17,5	−20,0	−22,0	−23,5	−26,0	−28,0
	Q=4	−5,0	−11,0	−14,5	−17,0	−19,0	−20,5	−23,0	−25,0
	Q=8	−2,0	−8,0	−11,5	−14,0	−15,9	−17,5	−20,0	−22,0

183.1 Betriebsweisen von Wärmepumpen

Monovalente Betriebsweise

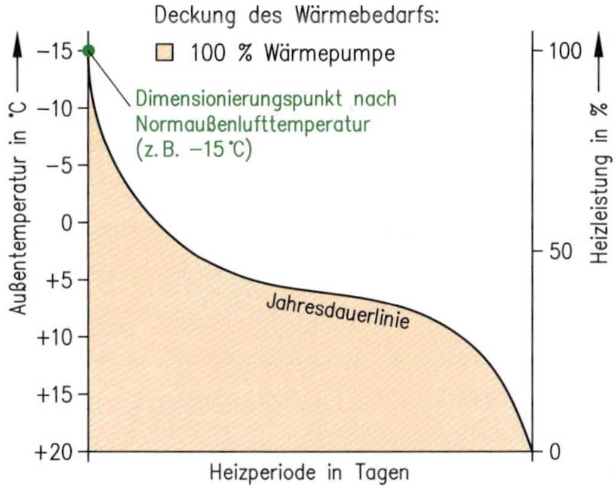

Bivalent-alternative Betriebsweise

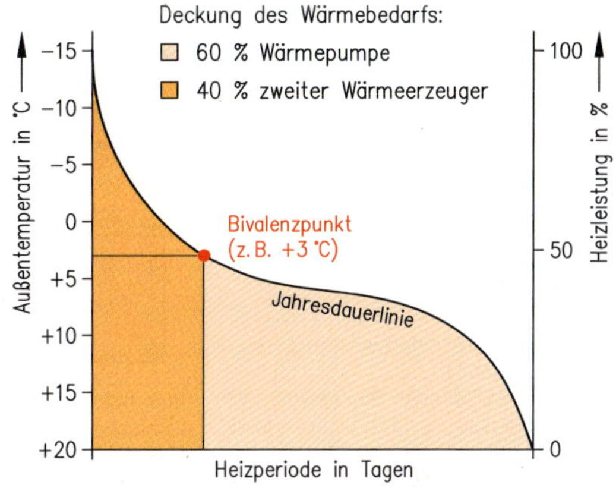

Bivalent-parallele Betriebsweise

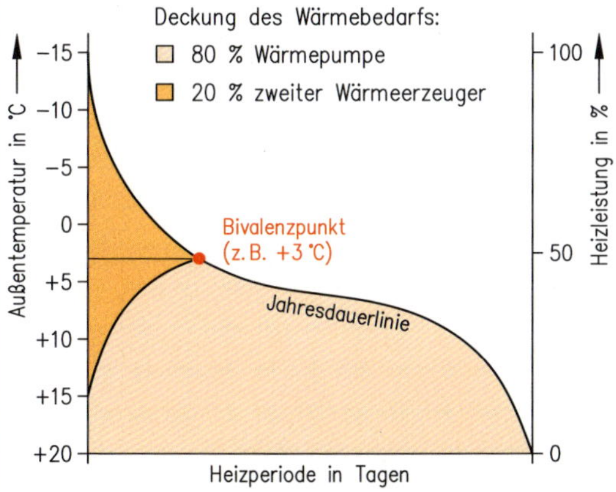

Bivalent-teilparallele Betriebsweise

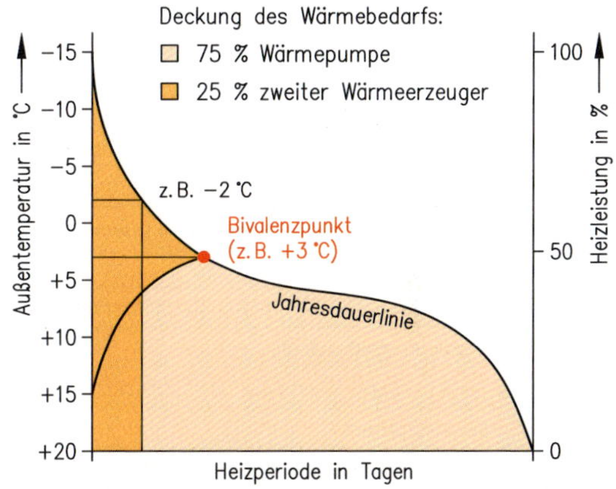

183.2 Kältemittel für Wärmepumpen

Kältemittelbezeichnung	R 134a	R 407C	R 410A	R 32	R 454C	R290 (Propan)
Sicherheitsklasse[1)]	A1	A1	A1	A2L	A2L	A3
Maximale Füllmenge für Anforderungen Aufstellraum[2)]	5,00 kg[4)]	6,20 kg[4)]	8,80 kg[4)]	1,84 kg[5)]	1,76 kg[5)]	0,15 kg[5)]
GWP-Treibhauspotenzial (Global Warming Potential)[3)]	1430	1774	2088	675	148	0,02
Max. Füllmenge für nicht hermetisch dichte Kältekreise	3,49 kg	2,81 kg	2,39 kg	7,4 kg	33,8 kg	entfällt
Max. Füllmenge für hermetisch dichte Kältekreise	6,99 kg	5,83 kg	4,79 kg	14,8 kg	67,6 kg	entfällt

1) Klassifizierung nach der Gesundheitsgefährdung/Toxizität in „A“ gering und „B“ erhöht und nach der Entflammbarkeit in „1“ nicht brennbar, „2L“ schwer, „2“ normal und „3“ leicht entflammbar

2) Nach DIN EN 378, für größere Füllmengen gelten besondere Anforderungen an den Aufstellraum, nicht relevant für Außenaufstellung

3) Als Richtgröße für das Treibhauspotenzial (GWP) dient die Klimawirksamkeit von Kohlendioxid (GWP von CO_2 ist gleich 1).

4) Begrenzung auf Grund der Gesundheitsgefahr (Sauerstoffverdrängung oder Toxizität)

5) Begrenzung auf Grund der Brennbarkeit

184.1 Schutzbereiche für Propan-Wärmepumpen — Herstellerangaben

Aufstellung nicht in Gebäudenähe

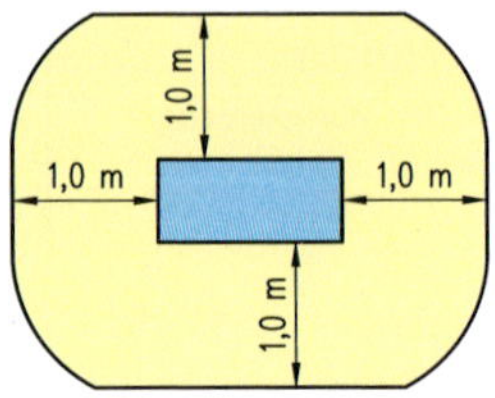

In Schutzbereichen dürfen keine Zündquellen vorhanden sein, wie beispielsweise: offene Flammen, elektrische Anlagen, Steckdosen, Lampen, Lichtschalter, elektrische Hausanschlüsse, funkenbildende Werkzeuge, Gegenstände mit hohen Oberflächentemperaturen.

Aufstellung an einer geschlossenen Wand

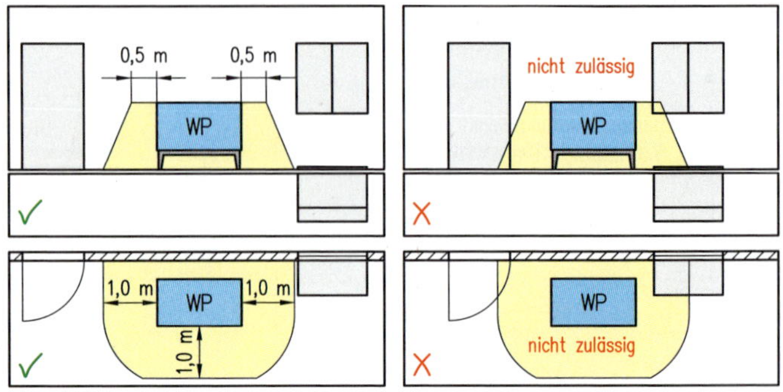

Innerhalb von Schutzbereichen dürfen keine Gebäudeöffnungen, Fenster, Türen, Lichtschächte, Flachdachfenster, Öffnungen von lüftungstechnischen Anlagen, Grundstücksgrenzen bzw. Nachbargrundstücke, Geh- und Fahrwege, Senkungen oder Bodenvertiefungen, Pumpenschächte, Einläufe in Kanalisation und Abwasserschächte liegen.

184.2 Wartung von Wärmepumpen — VDMA 24186-3: 2002-09

Pos.[1)]	Tätigkeit	Ausführung[2)]	
1	**Verdrängungs- und Strömungsmaschinen**	periodisch	bei Bedarf
1.1	**Hubkolben- und Rotationsverdichter**		
1.1.1	Äußerlich auf Verschmutzung, Beschädigung und Korrosion prüfen	X	
1.1.2	Funktionserhaltendes Reinigen		X
1.1.3	Auf Befestigung und Laufgeräusch prüfen	X	
1.1.4	Saugdruck messen[2)]	X	
1.1.5	Sauggastemperatur vor dem Verdichter messen[2)]	X	
1.1.6	Verdichtungsdruck messen[2)]	X	
1.1.7	Verdichtungsendtemperatur am Druckstutzen messen[2)]	X	
1.1.8	Ölstand prüfen	X	
1.1.9	Öl auf Säuregehalt prüfen (Säuretest)	X	
1.1.10	Öl auswechseln[1)]		X
1.1.11	Öldruck messen[2)]	X	
1.1.12	Öldruck nachstellen		X
1.1.13	Öltemperatur vor und nach dem Ölkühler messen[2)]	X	
1.1.14	Wassertemperatur vor und nach dem Ölkühler messen[2)]	X	
1.1.15	Ölabscheider auf Funktion prüfen	X	
1.1.16	Kurbelwannenheizung auf Funktion prüfen	X	
1.1.17	Anlaufentlastung auf Funktion prüfen	X	
1.1.18	Leistungsregelung auf Funktion prüfen	X	
1.1.19	Wellenabdichtung auf Dichtheit prüfen	X	
1.1.20	Arbeitsventile prüfen[2)]		X
1.1.21	Lagertemperaturen bei Verdichter prüfen	X	
1.1.22	Kältemittelseitig auf Dichtheit prüfen	X	

1) Die Positionsnummern sind nach Baugruppe, Bauelement und Tätigkeit untergliedert.
2) Bei der Ausführung der Wartung wird in periodische und bei Bedarf durchzuführende Tätigkeiten unterschieden.
3) Der Leistungsumfang muss definiert und vereinbart werden (siehe auch VDMA 24186 Teil 0).

185.1 Funktionsweise eines BHKW

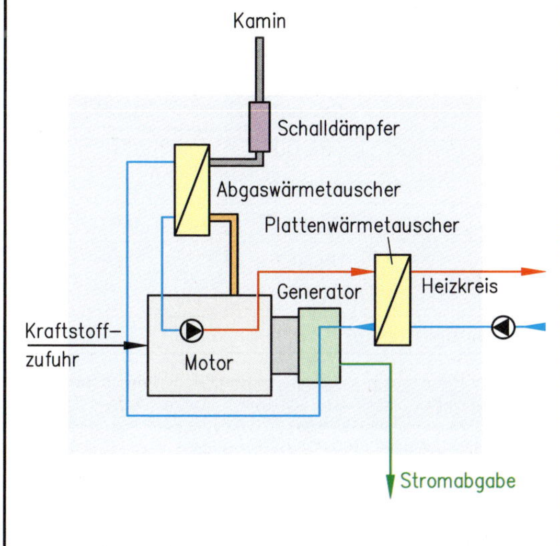

Vergleich Kraftwerk – KWK

Kraft-Wärme-Kopplung (Blockheizkraftwerk)

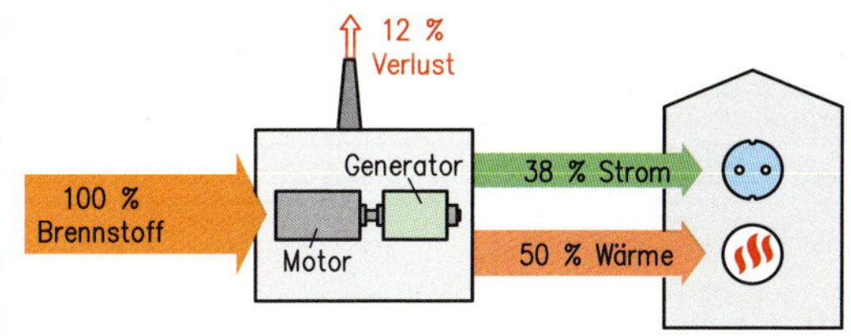

Getrennte Erzeugung (Strom im Kraftwerk/Wärme im Kessel)

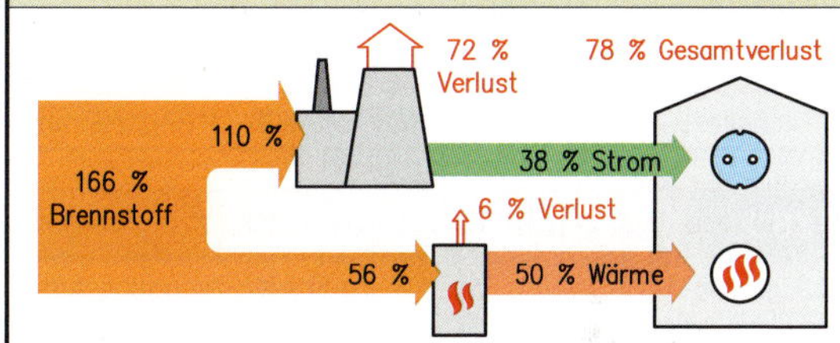

Um die gleiche Menge Strom und Wärme zu erzeugen, ist bei getrennter Erzeugung 66 % mehr Energie erforderlich.

185.2 Stoffflüsse BHKW

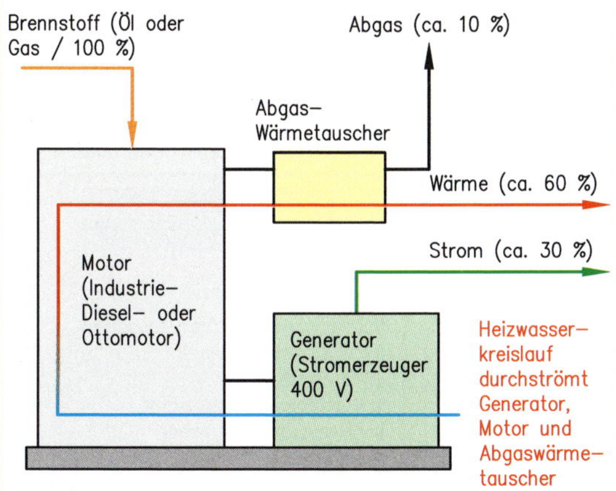

Jahresdauerlinie und Wärmeabdeckung BHKW

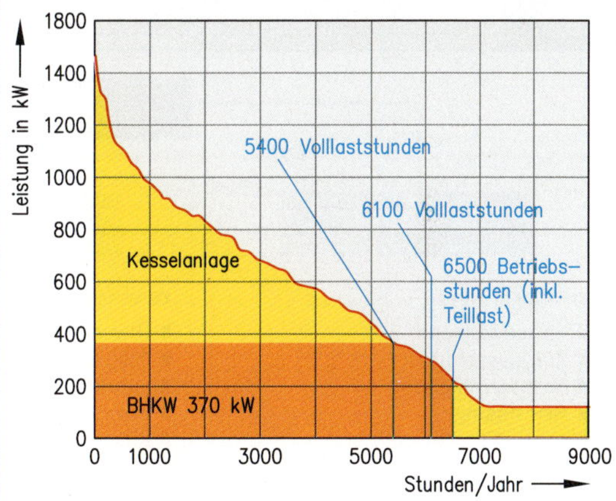

185.3 Berechnung des Wirkungsgrads BHKW

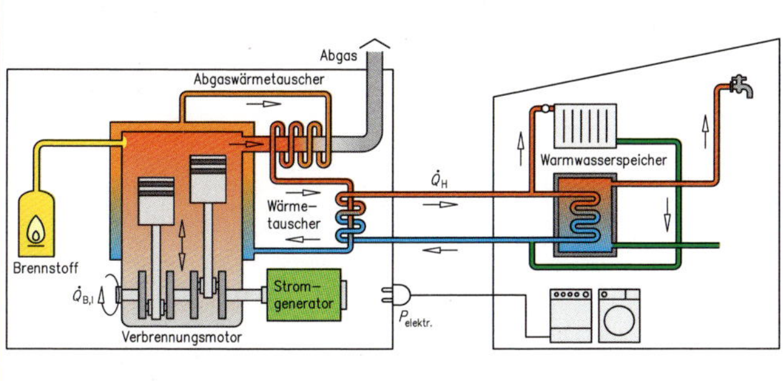

$\eta_{th} = \frac{\dot{Q}_H}{\dot{Q}_{B,l}}$	η_{th}	thermischer Wirkungsgrad	
$\eta_{el} = \frac{P_{el}}{\dot{Q}_{B,l}}$	$\dot{Q}_H$	Wärmeleistung	in kW
$\eta_{ges} = \eta_{th} + \eta_{el}$	$\dot{Q}_{B,l}$	Brennstoffleistung (Wärmebelastung) nach dem Heizwert für Gas: $\dot{Q}_{B,l} = \dot{V}_B \cdot H_{i,B}$ für Heizöl: $\dot{Q}_{B,l} = \dot{m}_B \cdot H_l$	in kW
	η_{el}	elektrischer Wirkungsgrad	
	P_{el}	elektrische Leistung	in kW
	η_{ges}	Gesamtwirkungsgrad	

186.1 Einsetzbares Öl bei einem BHKW

Ölsorte	mittlerer Heizwert in kJ/g	Jodzahl	Säurezahl in mgKOH/g		Phosphorgehalt in mg/kg
Palmöl	37,0[1]	51[2]	3	(Rohöl)[2]	5[2]
Rapsöl	37,6[1]	94–113[1]	0,15	(raff. Öl)[3]	5[3]
Sonnenblumenöl	37,1[1]	118–144[1]	4	(Rohöl)[3]	0,02[3]
Sojaöl	37,1[1]	114–138[1]	0,2	(raff. Öl)[3]	5[3]
Jatrophaöl	40,5[2]	190[2]	3,5	(Rohöl)[2]	5[2]
Cashewschalenöl	34[2]	232[2]	34	(Rohöl)[2]	48[2]
Kautschuknussöl	33	138[2]	27	(Rohöl)[2]	162[2]
Diesel	42,5[3]	–	–		–

[1] Fachagentur Nachwachsende Rohstoffe e.V. [2] Herstellerangaben [3] sonstige Literatur

186.2 VDI-Richtlinien zur KWK

VDI 2077 Bl. 3	Ermittlung der umlagefähigen Wärmeerzeugungskosten von KWK-Anlagen
VDI 4608 Bl. 1	Energiesysteme/Kraft-Wärme-Kopplung, Begriffe, Definitionen, Bsp.
VDI 4608 Bl. 2	Energiesysteme/Kraft-Wärme-Kopplung, Allokation und Bewertung
VDI 4655	Referenzprofile, Ein- und Mehrfamilienhäuer für Einsatz von KWK-Anl.
VDI 4656	Planung und Dimensionierung von Mikro-KWK-Anlagen

186.3 Instandhaltung eines BHKW

Instandhaltung

Inspizieren

zu überprüfen:
- Batteriezustand
- Kühlwasserdruck
- Abgassammelrohr
- Befestigung
- allgemeine Kontrolle etc.

Warten

zu erneuern/messen:
- Ölwechsel
- Ölfilter
- Luftfilter
- Abgasgegendruck Motor
- Kühlwasser
- Lamda-Sonde
- Gasmischer reinigen etc.

Instandsetzen

instand zu setzen:
- Zylinderkopf prüfen/tauschen
- Zündspule wechseln
- Katalysator
- Plattenwärmetauscher
- Abgaswärmetauscher
- Motor überholen etc.

[gelber Rahmen] ≙ „Regelwartung"
[gelber Rahmen] + [blauer Rahmen] ≙ „Vollwartung"

187.1 Vergleich von Systemwirkungsgraden verschiedener KWK-Anlagen

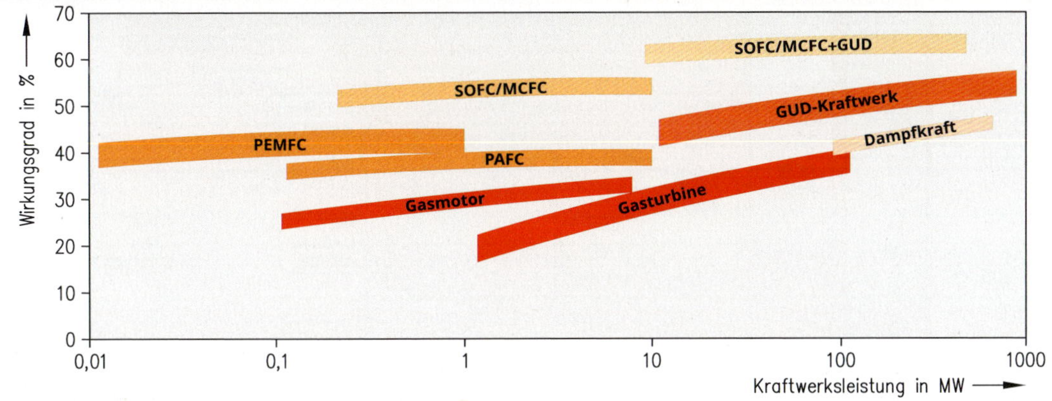

187.2 Verschiedenheiten Brennstoffzellen-Heizgeräte

Brennstoffzelle	Elektrolyt	Arbeitstemperatur	elektrischer Wirkungsgrad	Brenngas (Oxydant)
AFC (alkalische Brennstoffzelle)	Kalilauge	Raumtemperatur bis 90 °C	60–70 %	H_2 (O_2)
PEMFC (Membranbrennstoffzelle)	protonenleitende Membran	Raumtemperatur bis 80 °C	50–70 %	H_2 (O_2, Luft)
DMFC (Direkt-Methanolbrennstoffzelle)	protonenleitende Membran	Raumtemperatur bis 130 °C	20–30 %	CH_3OH* (O_2, Luft)
PAFC (Phosphorsäurebrennstoffzelle)	Phosphorsäure	180–220 °C	55 %	Erdgas, Biogas, H_2 (O_2, Luft)
MCFC (Karbonatschmelzenbrennstoffzelle)	Alkalicarbonat-schmelzen	620–660 °C	65 %	Erdgas, Kohlegas, Biogas, H_2 (O_2, Luft)
SOFC (oxidkeramische Brennstoffzelle)	Yttriumstabilisiertes Zirkonoxid	800–1 000 °C	60–65 %	Erdgas, Kohlegas, Biogas, H_2 (O_2, Luft)

* CH_3OH – Methanol

187.3 Elektrolyte bei Brennstoffzellen

Typ	verwendeter Elektrolyt	Temperatur
SOFC	Yttriumstabilisiertes Zirkonoxid	750–1 000 °C
MCFC	Alkalikarbonat-schmelzen	650 °C
PAFC	konzentrierte Phosphorsäure	200 °C
DMFC	protonenleitende Membran	80–110 °C
PEFC	protonenleitende Membran	20–80 °C
AFC	Kalilauge	20–90 °C

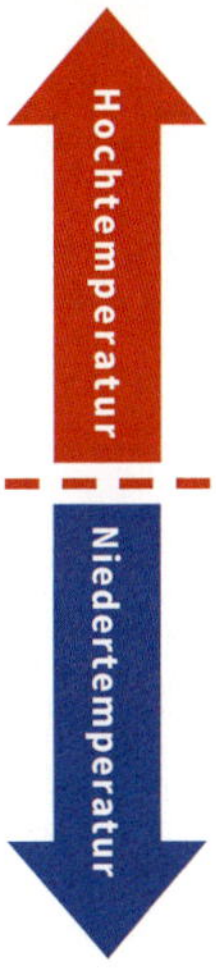

Umwandlungsprozess Brennstoffzelle

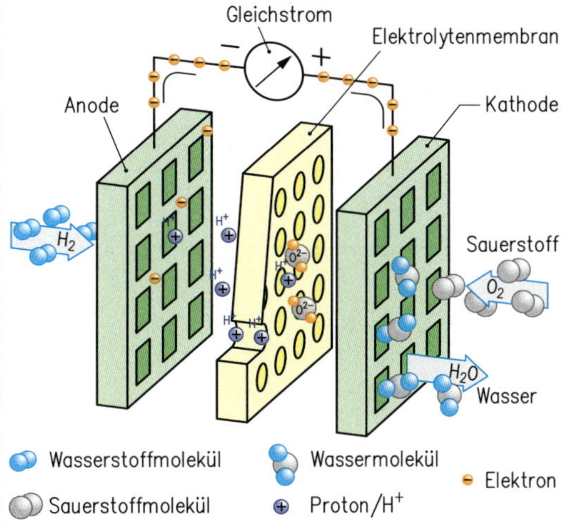

188.1 Anwendungsfelder verschiedener Brennstoffzellentypen

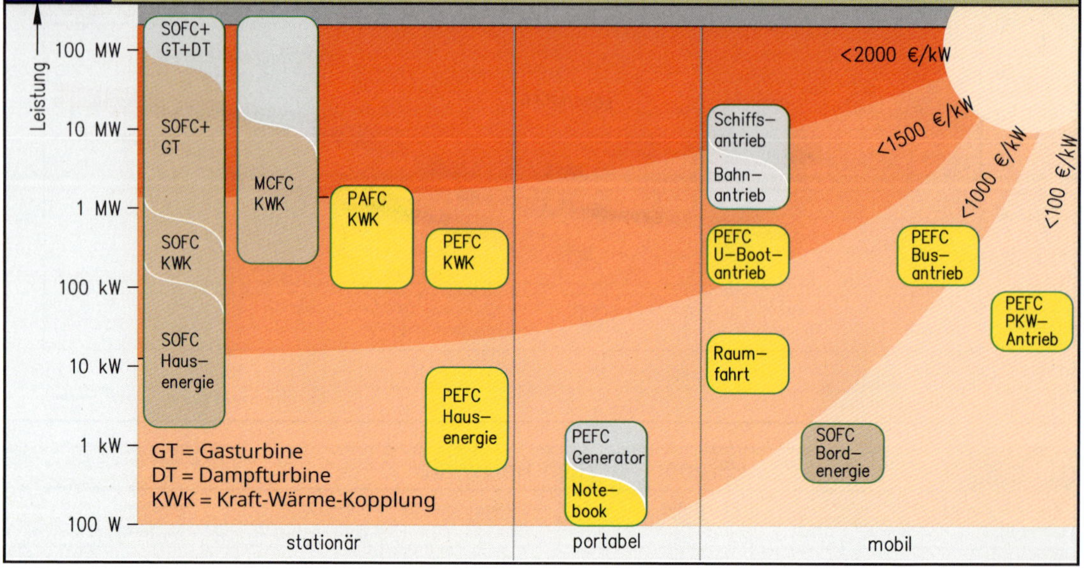

188.2 Beispiele für Wirkungsgrade einer Wasserstoff-Brennstoffzelle als Funktion der Last

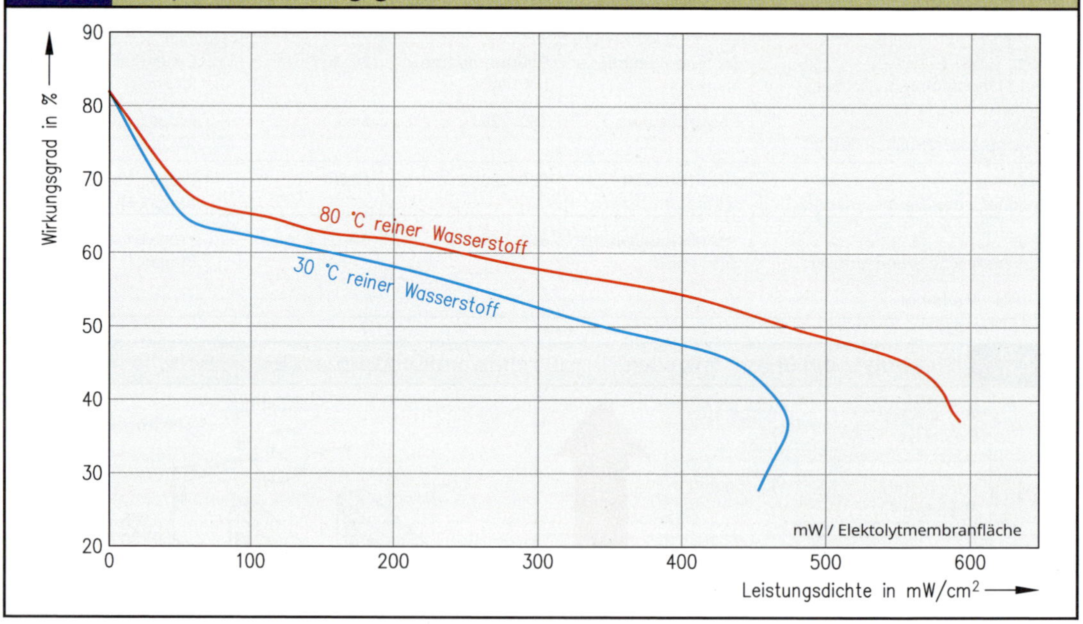

189.1 Ablaufdiagramm zur Planung der Wärmeverteilung VDMA 24199: 2005-05

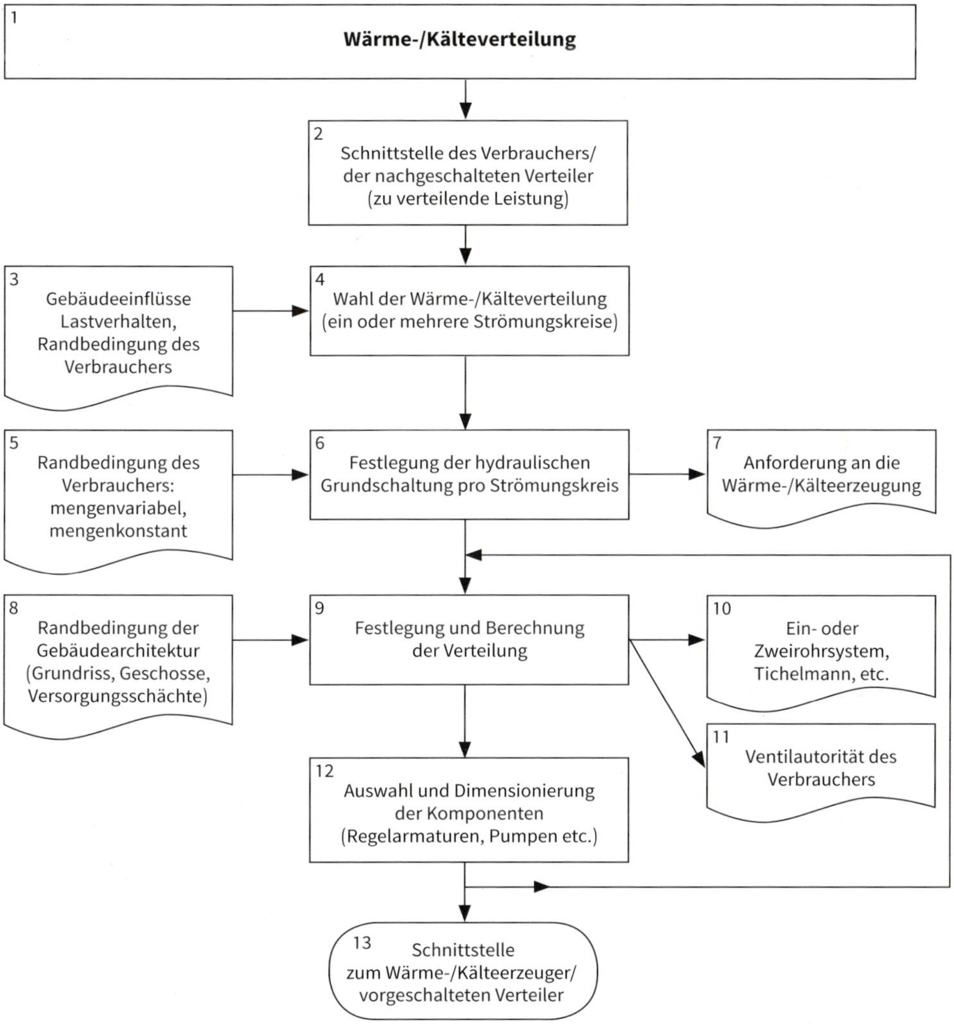

189.2 Hydraulische Netze VDMA 24199: 2005-05

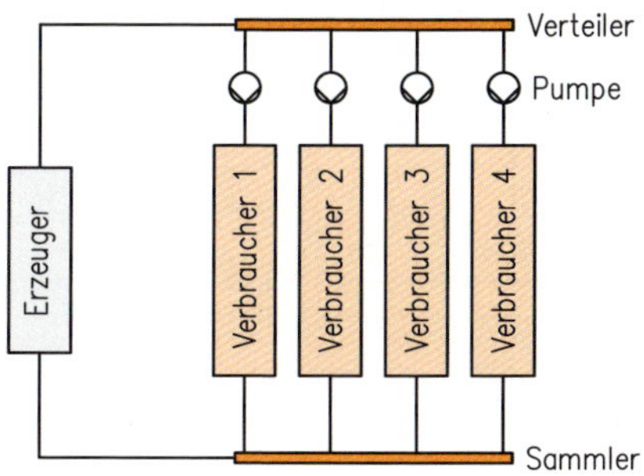

Einfachnetz

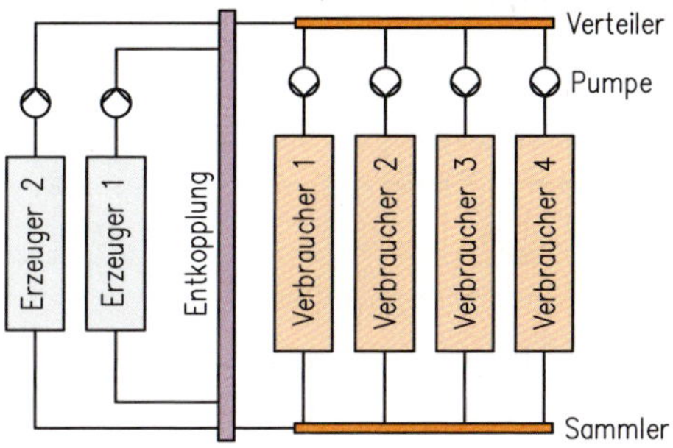

Mehrfachnetz

190.1 Verteilung von Heizwasser

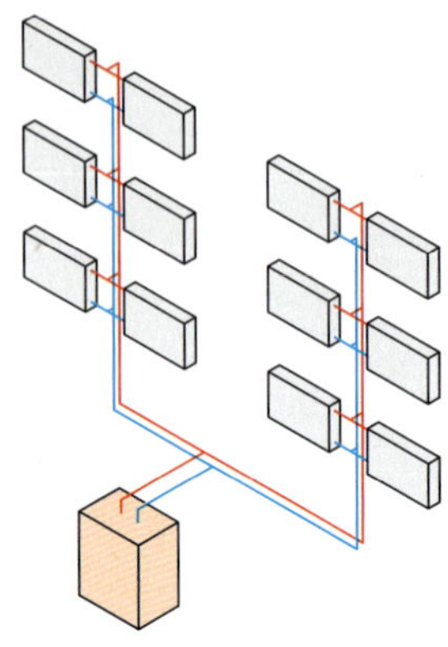

untere Verteilung

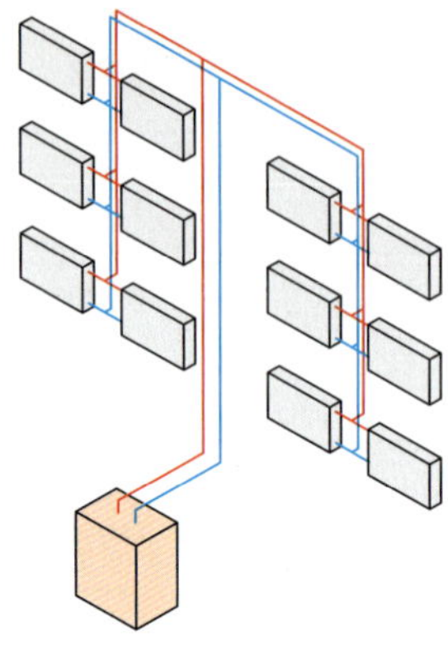

obere Verteilung

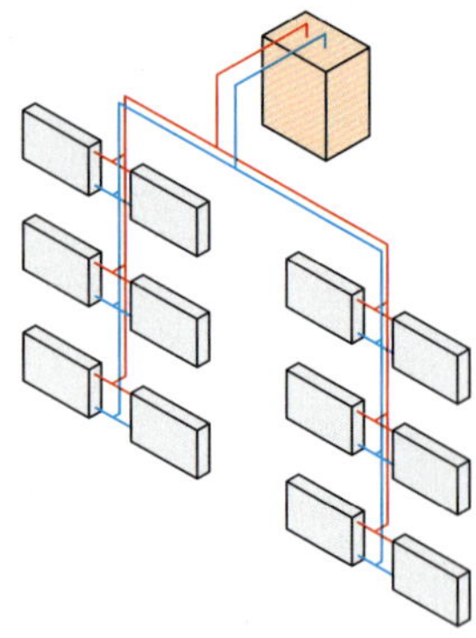

obere Verteilung mit Dachheizzentrale

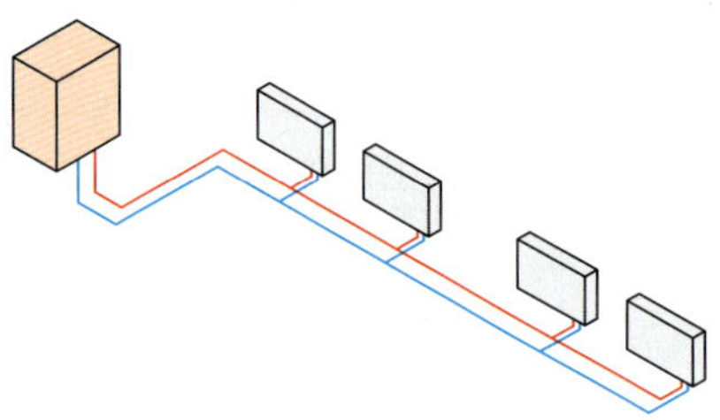

Etagenverteilung

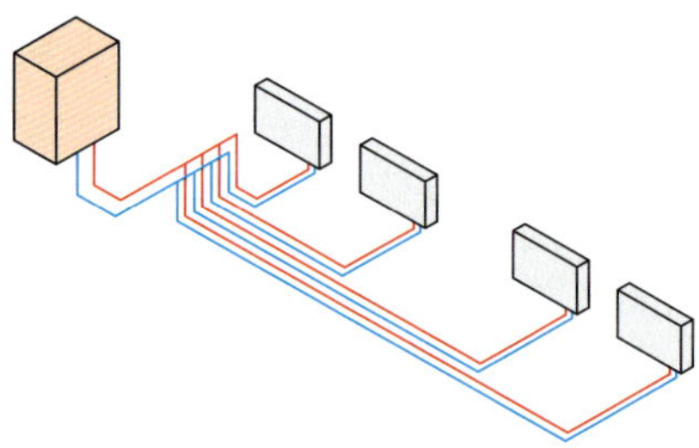

Etagenverteilung mit Einzelanbindung über Verteiler

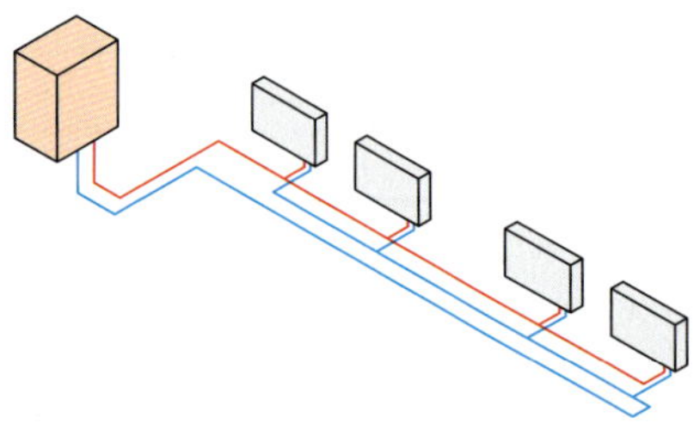

Tichelmann-System

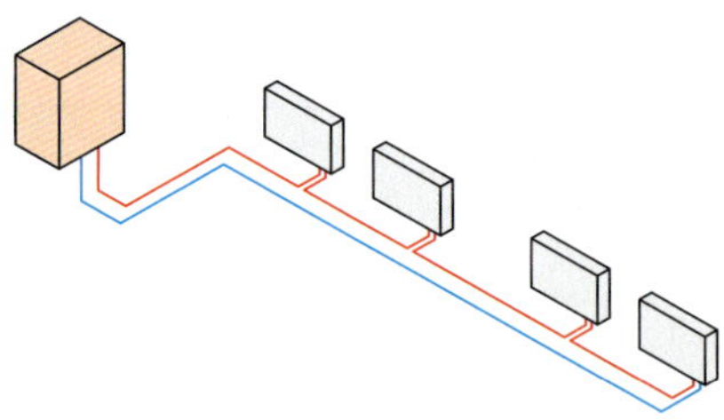

Einrohrheizung

190.2 Verteilerarten

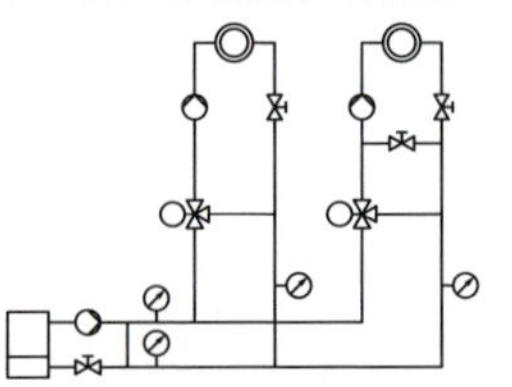

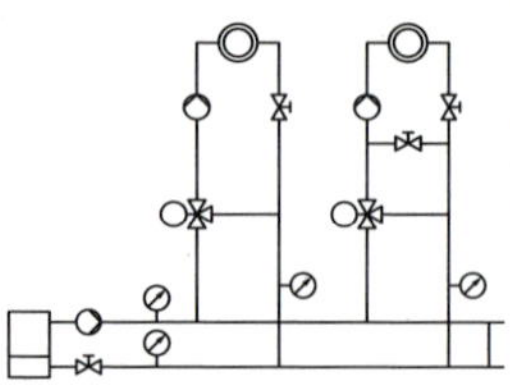

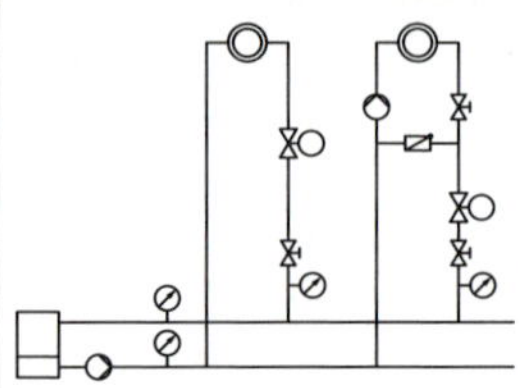

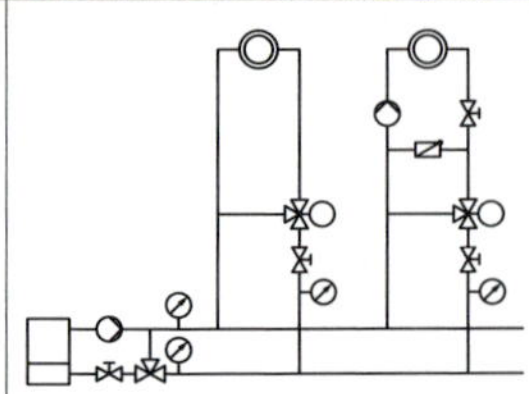

	druckloser Verteiler	druckarmer Verteiler	druckbehafteter Verteiler mit variablem Volumenstrom	druckbehafteter Verteiler mit konstantem Volumenstrom
erforderliche Pumpenregelung		ungeregelt	drehzahlgeregelt	ungeregelt
Massenstrom über Erzeuger		konstant	variabel	konstant

191.1 Hydraulische Schaltungen

Geeignete Verteilerarten		Druckloser bzw. druckarmer Verteiler		Druckbehafteter Verteiler mit variablem Volumenstrom		Druckbehafteter Verteiler mit konstantem Volumenstrom	
E	Wärmeerzeuger	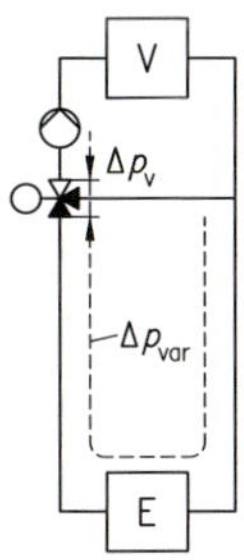 	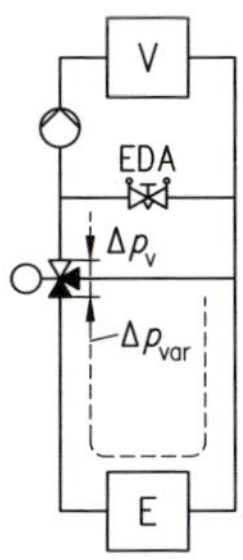 	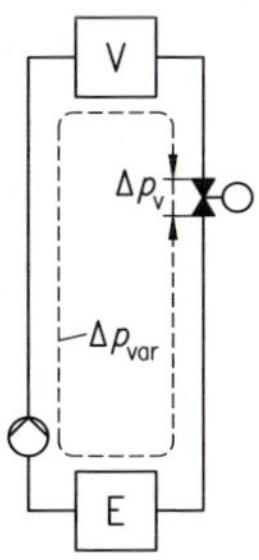 	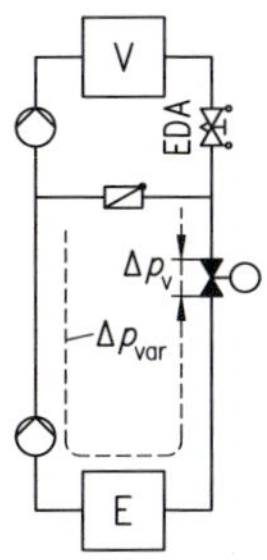 	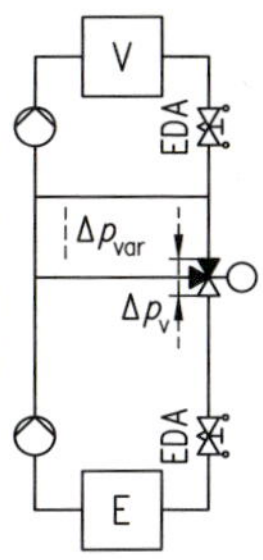 	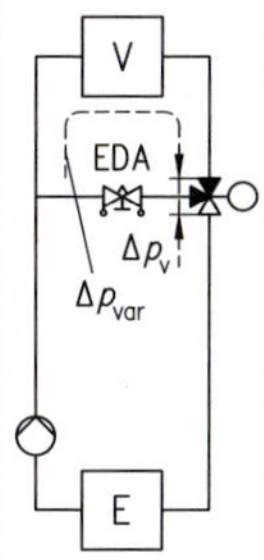
V	Wärmeverbraucher						
EDA	Einstell- bzw. Drosselarmatur						
Δp_{var}	Druckverlust der durchflussvariablen Strecke						
Δp_v	Druckverlust des Regelventils	Beimischschaltung	Beimischschaltung mit fester Vormischung	Drosselschaltung[1)]	Einspritzschaltung mit 2-Wege-Ventil	Einspritzschaltung mit 3-Wege-Ventil	Umlenkschaltung
Art der Wärmeleistungsregulierung		Temperaturregelung	Temperaturregelung	Durchflussregelung	Temperaturregelung	Temperaturregelung	Durchflussregelung
Primär- bzw. Erzeugerkreis	Rücklauftemperatur	niedrig bei kleiner Last	niedrig	niedrig im Teillastbetrieb	relativ niedrig	relativ hoch	mittel bis hoch
	Rücklauftemperaturanhebung	nein	nein	nein	nein	ja	ja
	Heizwassermassenstrom	variabel	variabel	variabel	variabel	konstant	konstant
Verbraucherkreis	Vorlauftemperatur[2)]	variabel	variabel	konstant	variabel	variabel	konstant
	Heizwassermassenstrom	konstant	konstant	variabel	konstant	konstant	variabel
Energieeffizienz		mäßig		gut		unbefriedigend	
Anwendungsfälle/Einsatzgebiete							
Brennwertgeräte				X	X		
Niedertemperaturkessel		X			X		
Wärmepumpen		X			X		
Warmwasserspeicherladung				X		X	
Heizkörpersysteme		X			X	X	
Fußbodenheizung			X		X	X	
Kombination Heizkörper/Fußbodenheizung			X[3)]		X		
Heizwasserpufferspeicher				X	X		
Wärmerückgewinnungssysteme							X
Lufterhitzer mit/ohne Einfriergefahr		X – mit Einfriergefahr		X – ohne Einfriergefahr		X – mit Einfriergefahr	X – ohne Einfriergefahr
Brauchwassererwärmung							X

[1)] Bei der Drosselschaltung ist der Primär- bzw. Erzeugerkreis gleichzeitig der Verbraucherkreis.
[2)] Die Vorlauftemperatur im Verbraucherkreis wird grundsätzlich vom Wärmeerzeuger im Primär- bzw. Erzeugerkreis bestimmt.
[3)] Geeignet auch für Hochtemperatur-Wärmeerzeuger, z. B. Holz-Heizungskessel, bei denen die Vorlauftemperatur im Verbraucherkreis niedriger sein muss als im Primär- bzw. Erzeugerkreis.

192.1 Druckverluste im Heizungsrohrnetz

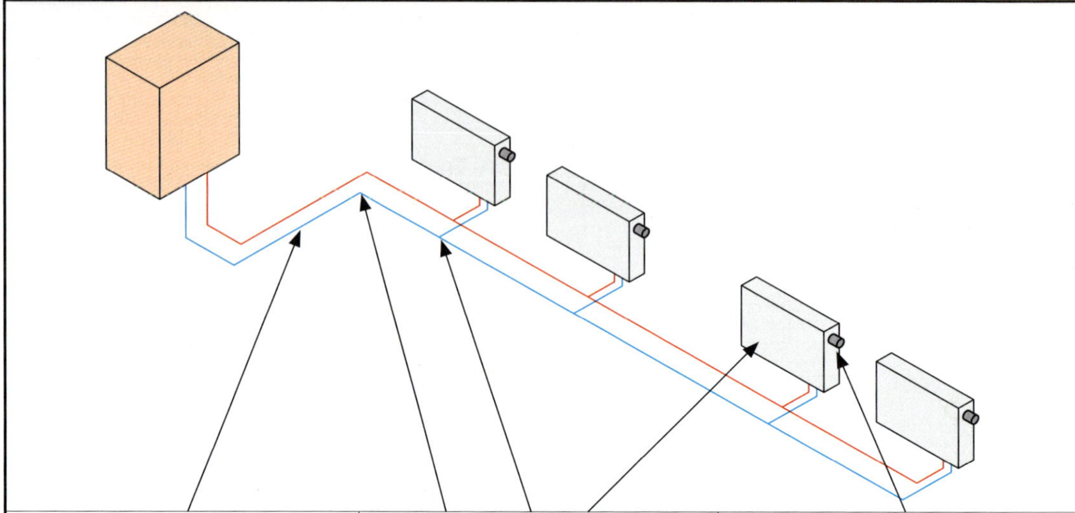

gerade Rohrstrecken	Formstücke in Rohrleitungen und Einbauteile (z. B. Heizkessel, Heizkörper)	Armaturen, Bauteile, Apparate

Druckgefälle (*R*-Wert)	Einzelwiderstände ζ	Δp aus Herstellerunterlagen

Ermittlung der Druckverluste durch eine Rohrnetzberechnung z. B. mit dem Formblatt Druckverlustberechnung

192.2 Druckverlustberechnung von Heizungsrohrnetzen – Formblatt

Berechnungsgang ↑ 189 ff	Vorlauftemperatur		°C		Rücklauftemperatur		°C
	Dichte		kg/m³		Temperaturspreizung		K

Rohrnetzberechnung										
aus dem Strangschema				Nachrechnung der Rohrweiten						Unterschied
1	2	3	4	5	6	7	8	9	10	11
Teilstrecke	Wärmeleistung	Wassermenge bei … K Temp.-Absenk.	Rohr-Ø DN	l	R	$l \cdot R$	v	$\sum\zeta$	Z	$\Delta p_{TS} = \sum l \cdot R + Z$
Nr.	Watt	kg/h		m	Pa/m	Pa	m/s	–	Pa	Pa

193.1 Dimensionierung und Druckverlustberechnung des Rohrnetzes – Berechnungsgang

Die Berechnung des Druckverlusts einer Teilstrecke erfolgt zeilenweise. Anschließend werden die Druckverluste der Teilstrecken sowie die Druckverluste der Regelarmaturen der Wärmeverbraucher eines Stromkreises addiert.

Sp.	Abk.	Benennung	Bemerkung/für die Berechnung verwendete Tabellenwerte	Einheit
1	TS	Teilstrecke	Eine Rohrstrecke von einem Abzweig bis zum nächsten Abzweig.[1]	–
2	$\dot{Q}$	Wärmeleistung	Wärmeleistung, die durch den Heizungswassermassenstrom innerhalb der Teilstrecke transportiert wird.[2]	in W
3	$\dot{m}$	Wassermenge	Massenstrom des Heizungswassers in dieser Teilstrecke ↑ 193.2	in kg/h
4	Rohr ⌀ DN	Rohrdurchmesser	Durchmesser × Wandstärke bzw. Nennweite des Rohrs ↑ 194–196	in mm
5	l	Länge	Länge der geraden Rohrstrecke bzw. Teilstrecke	in m
6	R	Druckgefälle (*R*-Wert)	Druckverlust einer ein Meter langen geraden Rohrleitung ↑ 194–196	in Pa/m
7	$l \cdot R$	Rohrreibungsdruckverlust	Druckverluste durch die Rohrreibung in den geraden Rohrleitungsstrecken bzw. Teilstrecken ↑ 193.2	in Pa
8	v	Geschwindigkeit	Geschwindigkeit des Heizungswassers in der Rohrstrecke ↑ 194–196	in m/s
9	$\Sigma\zeta$	Widerstandbeiwerte	Summe der Widerstandsbeiwerte durch Einzelwiderstände ↑ 197.1	–
10	Z	Druckverluste durch Einzelwiderstände	Summe der Druckverluste durch Einzelwiderstände ↑ 193.2	in Pa
11	$\Sigma l \cdot R + Z$	Teilstreckendruckverlust	Gesamtdruckverlust innerhalb der Teilstrecke ↑ 193.2	in Pa
–	Δp_{ges}	gesamter Druckverlust	gesamter Druckverlust des Stromkreises ↑ 193.2	in Pa

[1] Innerhalb einer Teilstrecke ändert sich der Massenstrom nicht. Die Teilstreckennummern sind dem Strangschema zu entnehmen.
[2] Die Wärmeleistung innerhalb einer Teilstrecke wird aus der Summe der erforderlichen Wärmeleistungen der nachfolgenden Heizkörper, Heizflächen oder Heizregister berechnet.

193.2 Rohrnetzberechnung – Berechnungsformeln

Formel	Zeichen	Benennung	Einheit
$\Delta\vartheta = \vartheta_{VL} - \vartheta_{RL}$	$\Delta\vartheta$	Temperaturspreizung	in K
	ϑ_{VL}	Vorlauftemperatur	in °C
	ϑ_{RL}	Rücklauftemperatur	in °C
$\dot{Q} = \dot{m} \cdot c \cdot \Delta\vartheta$	$\dot{Q}$	Wärmeleistung	in W
$\dot{m} = \frac{\dot{Q}}{c \cdot \Delta\vartheta}$	$\dot{m}$	Massenstrom	in kg/h
	c	spezifische Wärmekapazität	in Wh/(kg · K)
$\Delta p_R = R \cdot l$	Δp_R	Druckverlust in geraden Rohrstrecken	in Pa
	R	Rohrreibungsdruckgefälle (*R*-Wert)	in Pa/m
	l	Länge der Rohrstrecke	in m
$Z = \Sigma\zeta \cdot \frac{\varrho}{2} v^2$	Z	Druckverlust durch Einzelwiderstände	in Pa
	$\Sigma\zeta$	Summe der Widerstandsbeiwerte	–
	ϱ	Dichte	in kg/m³
	v	Strömungsgeschwindigkeit	in m/s
$\Delta p_{TS} = R \cdot l + Z$	Δp_{TS}	Gesamtdruckverlust innerhalb der Teilstrecke	in Pa
$\Delta p_{ges} = R \cdot l + Z + \Delta p_V$	Δp_{ges}	gesamter Druckverlust des Stromkreises	in Pa
	Δp_V	Druckverlust durch die Regelarmatur (z. B. Thermostatventil)	in Pa

193.3 Richtwerte für Rohrreibungsdruckgefälle und Strömungsgeschwindigkeit

Den Rohrdurchmesser so wählen, dass der *R*-Wert zwischen 30 und 100 Pa/m liegt.	Wohngebäude		Gewerbeanlagen	
	Druckgefälle *R*	Geschwindigkeit *v*	Druckgefälle *R*	Geschwindigkeit *v*
Anschluss- und Steigleitungen	30–150 Pa/m	0,5–0,7 m/s	30–150 Pa/m	0,7–1,0 m/s
Hauptverteilungsleitungen im Keller	100–200 Pa/m	0,8–1,0 m/s	100–200 Pa/m	1,0–1,2 m/s

3 Heizungstechnik

194.1 Bestimmung der Rohrdurchmesser für Stahlrohre

	Mittelschwere Gewinderohre DIN EN 10255-M					Nahtlose Stahlrohre DIN EN 10220					
DN	10	15	20	25	32	40	50	65	80	100	125
d_a in mm	17,2	21,3	26,9	33,1	42,4	48,3	60,3	76,1	88,9	114,3	139,7
s in mm	2,3	2,6	2,6	3,2	3,2	2,6	2,9	2,9	3,2	3,6	4,0
R-Wert in Pa/m	oberer Teil des Zelleninhalts: Massenstrom $\dot{m}$ in kg/h; unterer Teil des Zelleninhalts: Geschwindigkeit v in m/s										
22	47	91	210	399	850	1 090	2 230	5 140	7 850	13 500	23 800
	0,11	0,13	0,17	0,20	0,24	0,26	0,30	0,38	0,42	0,48	0,55
24	49	95	224	419	890	1 150	2 330	5 380	8 250	14 100	25 000
	0,12	0,14	0,18	0,20	0,26	0,28	0,32	0,40	0,44	0,50	0,60
26	51	102	233	439	930	1 200	2 440	5 600	8,610	14 800	26 100
	0,12	0,15	0,18	0,22	0,26	0,28	0,34	0,42	0,46	0,55	0,60
28	54	107	244	458	960	1 240	2 540	5 840	8 960	15 400	27 300
	0,13	0,15	0,19	0,22	0,28	0,30	0,36	0,44	0,48	0,55	0,65
30	57	111	252	476	1 000	1 300	2 630	6 070	9 320	15 900	28 200
	0,13	0,16	0,20	0,24	0,28	0,30	0,36	0,44	0,50	0,55	0,65
33	58	118	269	502	1 060	1 370	2 780	6 370	9 770	16 700	29 700
	0,14	0,17	0,22	0,24	0,30	0,32	0,38	0,46	0,50	0,60	0,70
36	61	124	282	527	1 110	1 440	2 910	6 670	10 300	17 500	31 200
	0,15	0,18	0,22	0,26	0,32	0,34	0,40	0,50	0,55	0,65	0,70
40	65	131	298	553	1 170	1 520	3 070	7 060	10 800	18 500	33 000
	0,16	0,19	0,24	0,28	0,34	0,36	0,42	0,50	0,60	0,65	0,75
45	70	140	319	592	1,250	1 610	3 260	7 500	11 500	19 600	35 100
	0,17	0,20	0,24	0,30	0,36	0,38	0,46	0,55	0,60	0,70	0,80
50	75	149	335	624	1 320	1 700	3 450	7 940	12 200	20 700	37 000
	0,18	0,22	0,26	0,30	0,38	0,40	0,48	0,60	0,65	0,75	0,85
60	83	164	372	689	1 460	1 880	3 790	8 770	13 500	22 800	40 500
	0,20	0,24	0,30	0,34	0,42	0,44	0,55	0,65	0,70	0,80	0,95
70	91	179	404	749	1 590	2 040	4 100	9 520	14 600	24 800	43 800
	0,22	0,26	0,32	0,36	0,44	0,48	0,55	0,70	0,80	0,90	1,0
80	99	192	432	810	1 700	2 200	4 420	10 200	15 700	26 600	47 000
	0,24	0,28	0,34	0,40	0,48	0,50	0,60	0,75	0,85	0,95	1,1
90	106	205	461	863	1 820	2 330	4 720	10 900	16 600	28 300	49 900
	0,24	0,30	0,36	0,42	0,50	0,55	0,65	0,80	0,90	1,0	1,2
100	112	218	489	913	1 920	2 460	4 990	11 500	17 600	29 900	52 700
	0,26	0,32	0,38	0,44	0,55	0,60	0,70	0,85	0,95	1,1	1,2
120	118	240	541	1 007	2 110	2 710	5 490	12 600	19 300	32 900	57 900
	0,28	0,34	0,42	0,50	0,60	0,65	0,75	0,95	1,0	1,2	1,3
140	128	260	588	1 086	2 290	2 940	5 950	13 600	20 900	35 600	62 900
	0,32	0,38	0,46	0,55	0,65	0,70	0,85	1,0	1,1	1,3	1,5
160	137	280	631	1 167	2 450	3 160	6 380	14 600	22 400	38 100	67 400
	0,34	0,40	0,50	0,60	0,70	0,75	0,90	1,1	1,2	1,4	1,6
180	146	298	669	1 238	2 620	3 360	6 770	15 500	23 800	40 400	71 500
	0,36	0,42	0,50	0,60	0,75	0,80	0,95	1,1	1,3	1,4	1,7
200	155	317	709	1 309	2 770	3 550	7 160	16 400	25 100	42 700	75 300
	0,38	0,46	0,55	0,65	0,80	0,85	1,0	1,2	1,3	1,5	1,7
220	163	332	746	1 380	2 910	3 730	7 550	17 200	26 500	44 900	79 200
	0,40	0,48	0,60	0,70	0,80	0,85	1,0	1,3	1,4	1,6	1,8
240	171	348	781	1 451	3 060	3 900	7 880	18 100	27 700	46 900	82 800
	0,42	0,50	0,60	0,70	0,85	0,90	1,1	1,3	1,5	1,7	1,9
260	179	363	815	1 512	3 190	4 070	8 210	18 900	28 800	48 900	86 200
	0,44	0,50	0,65	0,75	0,90	0,95	1,1	1,4	1,5	1,7	2,0
280	186	379	848	1 573	3 320	4 240	8 540	19 600	29 900	50 700	89 600
	0,46	0,55	0,65	0,80	0,95	1,0	1,2	1,4	1,6	1,8	2,0
300	193	393	879	1 634	3 440	4 390	8 870	20 300	31 000	52 500	92 900
	0,46	0,55	0,70	0,80	1,0	1,0	1,2	1,5	1,7	1,9	2,2

195.1 Bestimmung der Rohrdurchmesser für Kupferrohre

d_a in mm	8	10	12	15	18	22	28	35	42	54
s in mm	1	1	1	1	1	1	1,5	1,5	1,5	2
R-Wert in Pa/m	oberer Teil des Zelleninhalts: Massenstrom $\dot{m}$ in kg/h unterer Teil des Zelleninhalts: Geschwindigkeit v in m/s									
22			28	57	100	184	138	660	1130	2210
			0,10	0,12	0,14	0,17	0,20	0,24	0,27	0,32
24			29	60	105	194	355	700	1190	2310
			0,11	0,13	0,15	0,18	0,21	0,25	0,28	0,34
26			30	63	110	203	371	730	1240	2420
			0,11	0,13	0,16	0,18	0,22	0,26	0,30	0,35
28			31	66	115	212	190	760	1290	2520
			0,11	0,14	0,16	0,19	0,23	0,27	0,31	0,37
30			33	68	120	220	404	790	1350	2630
			0,12	0,15	0,17	0,20	0,24	0,28	0,32	0,38
33		19	35	72	127	233	427	830	1420	2760
		0,11	0,13	0,15	0,18	0,21	0,25	0,30	0,34	0,40
36		20	37	76	133	244	450	870	1490	2900
		0,11	0,13	0,16	0,18	0,22	0,26	0,31	0,36	0,42
40		21	39	80	141	259	476	930	1580	3050
		0,12	0,14	0,17	0,20	0,24	0,27	0,33	0,38	0,45
45		23	42	86	151	277	508	990	1690	3280
		0,13	0,15	0,18	0,21	0,25	0,30	0,35	0,40	0,48
50		24	44	92	161	294	540	1050	1800	3490
		0,14	0,16	0,20	0,23	0,27	0,31	0,37	0,43	0,51
60		27	49	102	179	328	600	1170	1980	3860
		0,15	0,18	0,22	0,25	0,30	0,35	0,41	0,47	0,56
70		29	54	111	195	357	652	1270	2160	4210
		0,17	0,20	0,24	0,28	0,33	0,38	0,45	0,52	0,61
80		31	58	120	211	315	703	1370	2330	4530
		0,18	0,21	0,26	0,30	0,35	0,41	0,49	0,56	0,66
90	15	34	62	129	225	412	753	1460	2490	4840
	0,15	0,19	0,23	0,27	0,32	0,38	0,44	0,52	0,60	0,71
100	16	16	66	137	239	437	800	1550	2640	5100
	0,16	0,20	0,24	0,29	0,34	0,40	0,47	0,55	0,63	0,75
120	18	40	74	151	266	485	885	1710	2930	5700
	0,18	0,23	0,27	0,32	0,38	0,44	0,52	0,61	0,70	0,83
140	20	44	80	166	290	529	966	1880	3190	6200
	0,20	0,25	0,29	0,35	0,41	0,48	0,56	0,67	0,76	0,90
160	21	47	87	179	312	571	1040	2020	3430	6650
	0,22	0,27	0,32	0,38	0,44	0,52	0,61	0,72	0,82	0,97
180	23	50	93	191	334	610	1110	2160	3670	7100
	0,23	0,29	0,34	0,41	0,48	0,56	0,65	0,77	0,88	1,04
200	24	54	99	203	355	647	1180	2290	3890	7550
	0,25	0,31	0,36	0,43	0,50	0,59	0,69	0,81	0,93	1,10
220	26	57	104	214	374	683	1250	2410	4100	8000
	0,27	0,32	0,38	0,46	0,53	0,62	0,72	0,86	0,98	1,16
240	27	60	109	225	393	717	1310	2540	4290	8350
	0,28	0,34	0,39	0,48	0,56	0,65	0,76	0,90	1,03	1,21
260	28	63	114	235	411	750	1370	2650	4500	8950
	0,29	0,35	0,42	0,50	0,58	0,68	0,80	0,94	1,08	1,27
280	30	65	120	245	428	782	1420	2760	4680	9100
	0,30	0,37	0,44	0,53	0,61	0,71	0,83	0,98	1,12	1,32
300	31	68	125	255	445	813	1480	2870	4870	9430
	0,31	0,39	0,45	0,55	0,63	0,74	0,86	1,02	1,17	1,37

3 Heizungstechnik

196.1 Rohrreibungsdruckgefälle PE-X Rohr (Wasser 60 °C)

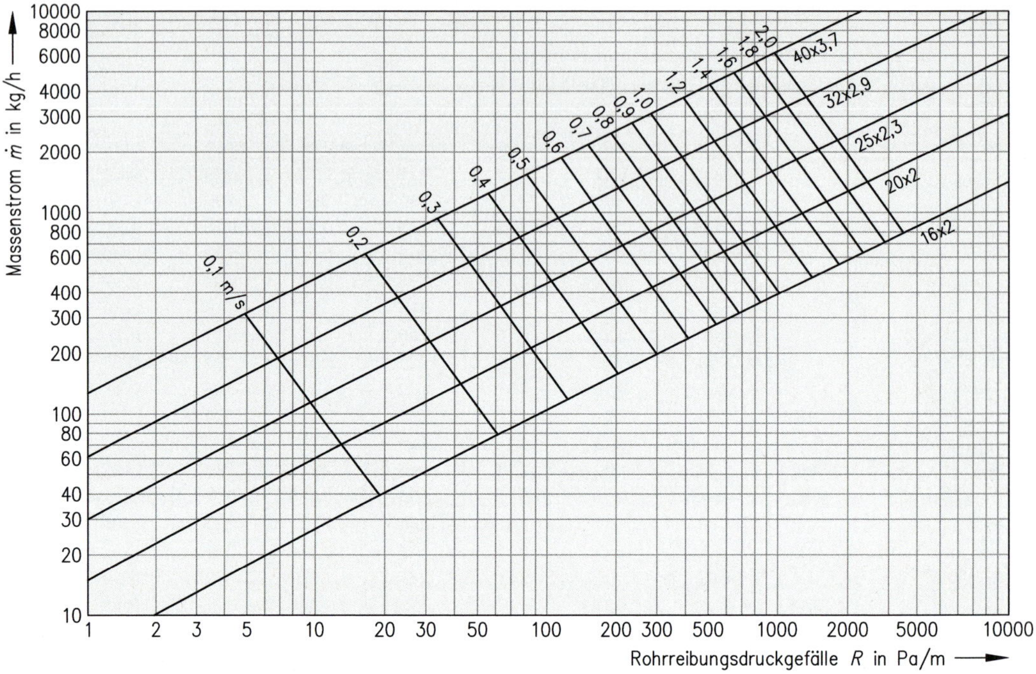

196.2 Rohrreibungsdruckgefälle C-Stahlrohr (Wasser 80 °C)

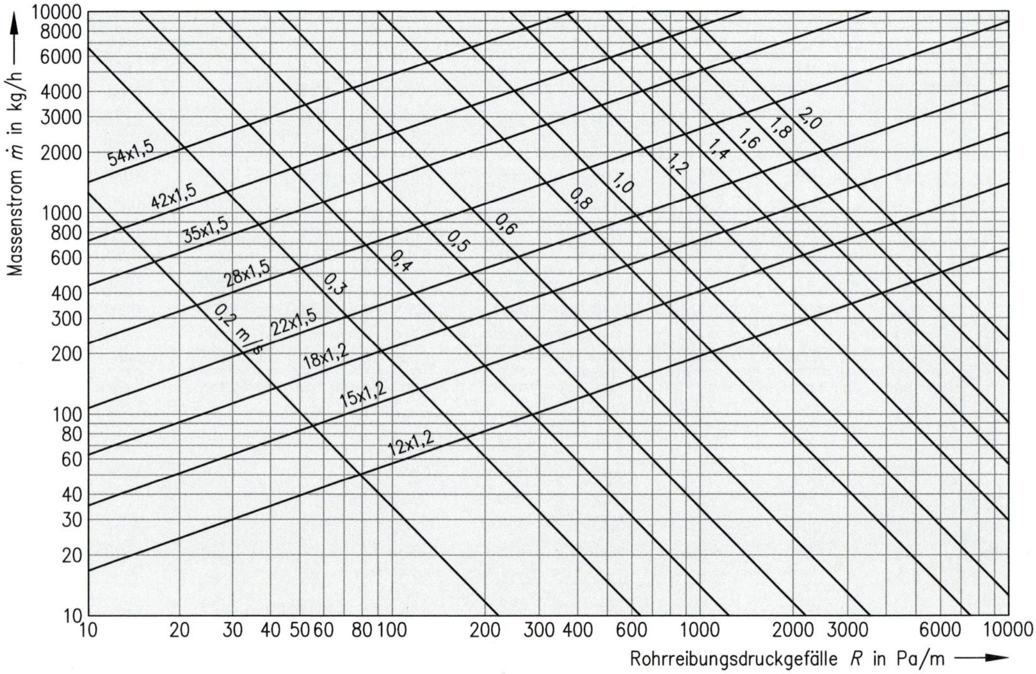

197.1 Widerstandsbeiwerte (Zeta-Werte) für Armaturen, Form- und Anlagenteile

Bezeichnung		Nennweite DN 10 u. 15	20 u. 25	32 u. 40	50 u. >
		ζ	ζ	ζ	ζ
Winkelverschraubungen	WV	2,0	1,5	1,0	1,0
Schieber	S	1,0	0,5	0,3	0,3
Schrägsitzventile	SV	3,5	3,0	2,5	2,0
Geradsitzventile	GV	10,0	7,0	5,0	4,0
Durchgangsventile	DV	8,5	6,0	5,0	4,0
Eckventile	EV	4,0	2,0	2,0	1,0
Schmutzfänger	SF	2,0	3,5	4,5	5,5
Rückschlagventile	RV	6,0	6,5	7,0	7,5

Bezeichnung		ζ
Ausbiegestück, Bogen, Überbogen	Bo	0,5
Heizkessel (Speicher)	K	2,5
Heizkörper	HK	2,5

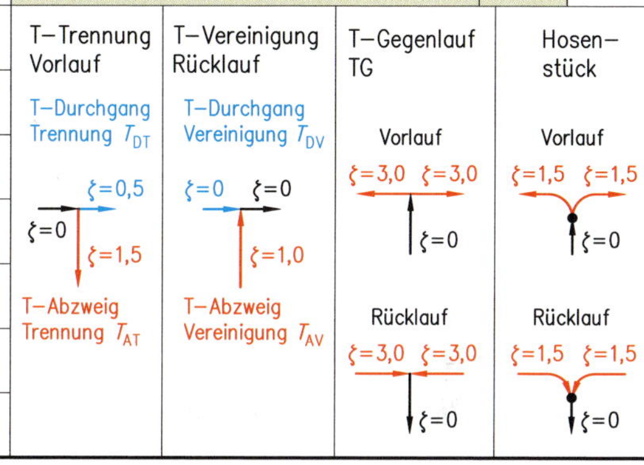

197.2 Durchfluss-Kennwert k_v und Ventildruckverlust Δp_v

$$k_v = \frac{\dot V}{\sqrt{\Delta p_v}}$$

1 m³/h = 1 000 dm³/h

$$\Delta p_v = \left(\frac{\dot V}{k_v}\right)^2 \cdot 1\ \text{bar}$$

1 bar = 100 000 Pa

k_v	Volumenstrom bei $\Delta p_v = 1$ bar	in m³/h
$\dot V$	Volumenstrom	in m³/h
Δp_v	Druckverlust des Ventils	in bar
k_{VS}	Volumenstrom (voll geöffnetes Ventil) bei $\Delta p_v = 1$ bar	in m³/h

197.3 Heizkörper-Rücklaufverschraubung DN10 bis DN20 – Eck- und Durchgangsform

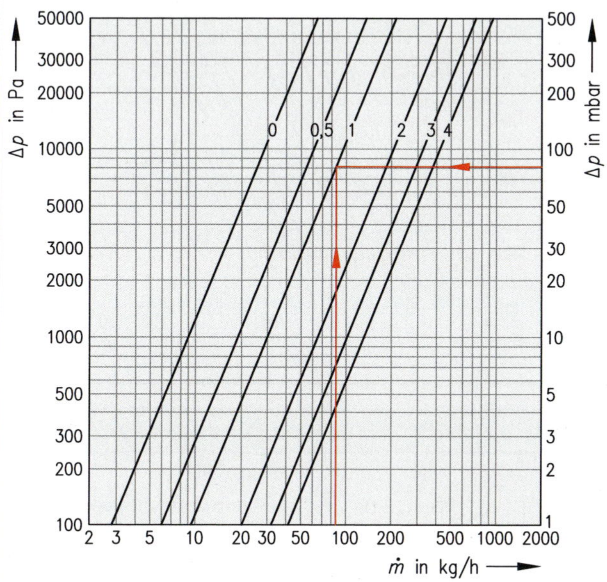

Einstell-wert	k_v-Wert in m³/h
0	0,090
0,5	0,190
1	0,300
2	0,650
3	1,010
4	1,310

k_{VS}-Wert: 1,310 m³/h

3 Heizungstechnik

198.1 Thermostatventile DN 10 bis DN 20

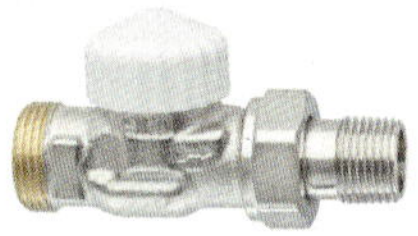

Durchgangsform

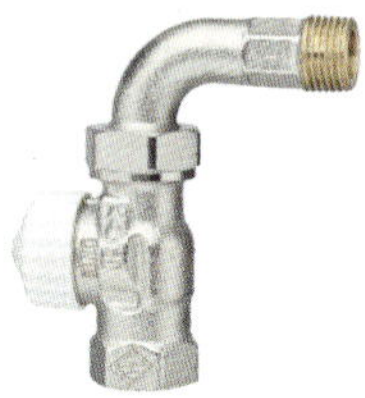

Durchgangsform mit Bogenverschraubung

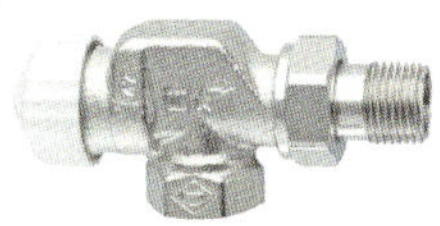

Axialform

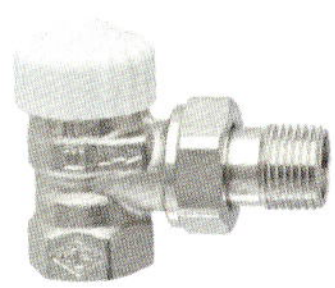

Eckform

Winkeleckform Anschluss am Heizkörper links

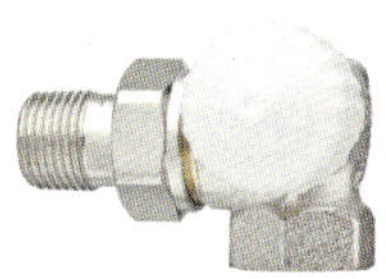

Winkeleckform Anschluss am Heizkörper rechts

Regeldifferenz [xp] 1,0 K

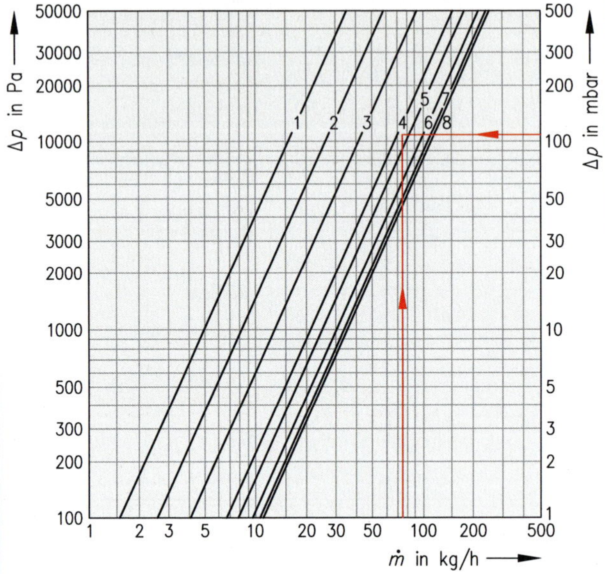

Einstellwert	k_V-Wert in m^3/h
1	0,049
2	0,082
3	0,13
4	0,215
5	0,246
6	0,303
7	0,335
8	0,343

k_{VS}-Wert: 0,860 m^3/h

Hinweis: $\Delta p_V \leq 200$ mbar

Regeldifferenz [xp] 2,0 K

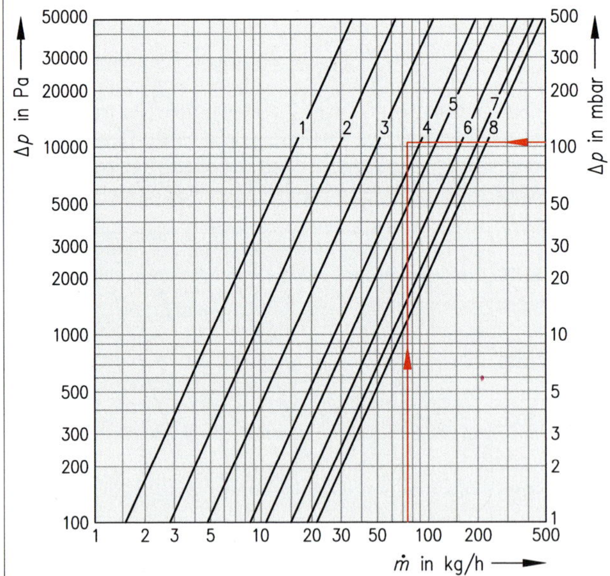

Einstellwert	k_V-Wert in m^3/h
1	0,049
2	0,090
3	0,150
4	0,265
5	0,330
6	0,470
7	0,590
8	0,670

k_{VS}-Wert: 0,860 m^3/h

Hinweis: $\Delta p_V \leq 200$ mbar

198.2 Ventilautorität

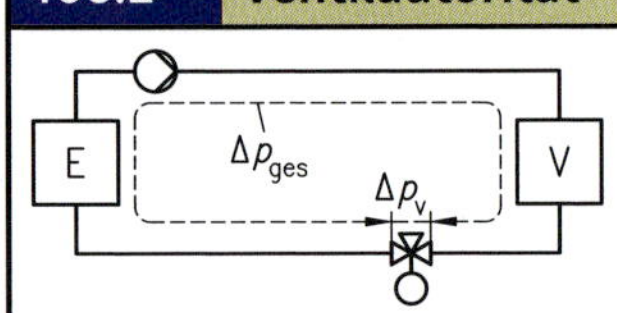

$$a = \frac{\Delta p_V}{\Delta p_{ges}}$$

a	Ventilautorität	–
Δp_V	Druckverlust durch die Regelarmatur (z. B. Thermostatventil)	in Pa
Δp_{ges}	gesamter Druckverlust des Strömungskreises	in Pa

Hinweis: Die Ventilautorität a soll zwischen 0,3 und 0,7 liegen.

199.1 Hydraulischer Abgleich – Wärmeverteilung in Heizungssystemen

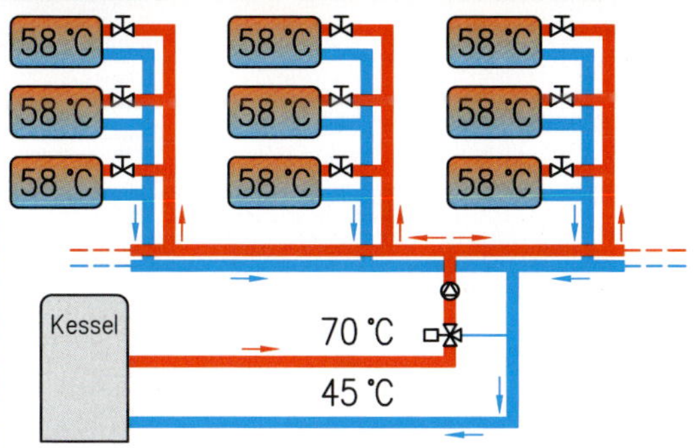

Wärmeverteilung bei einem hydraulisch abgeglichenen System

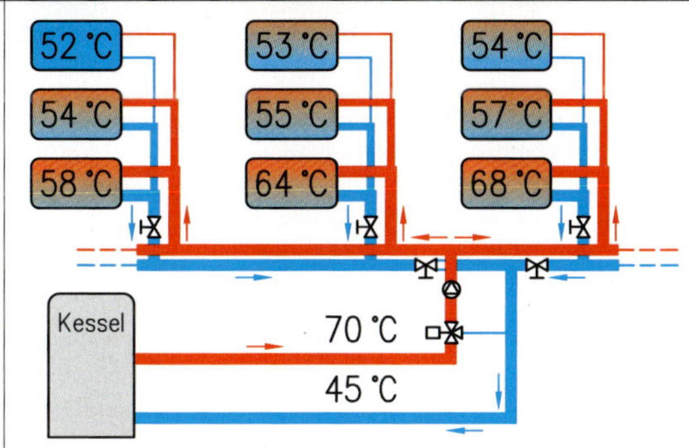

Wärmeverteilung ohne hydraulischen Abgleich des Systems

199.2 Hydraulischer Abgleich – Armaturen

Für den hydraulischen Abgleich können folgende Armaturen eingesetzt werden:

- voreinstellbare Thermostatventile,
- voreinstellbare Rücklaufverschraubungen in Kombination mit nicht voreinstellbaren Thermostatventilen,
- Strangregulierventile (geeignet für durchflusskonstante Strömungskreise),
- Differenzdruckregler (geeignet für durchflussvariable Strömungskreise),
- Durchflussregler (geeignet für durchflusskonstante und durchflussvariable Strömungskreise).

Strangregulierventil

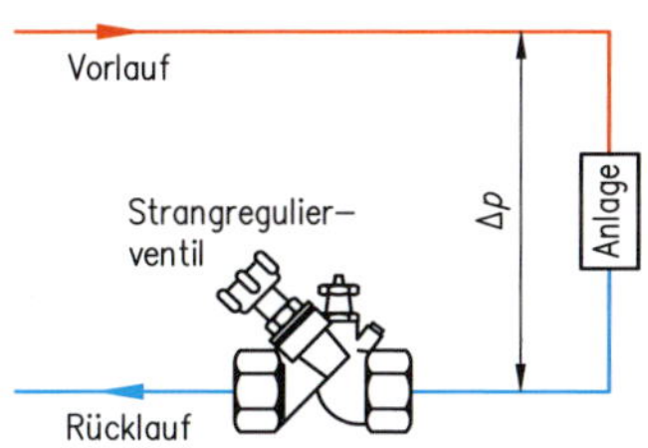

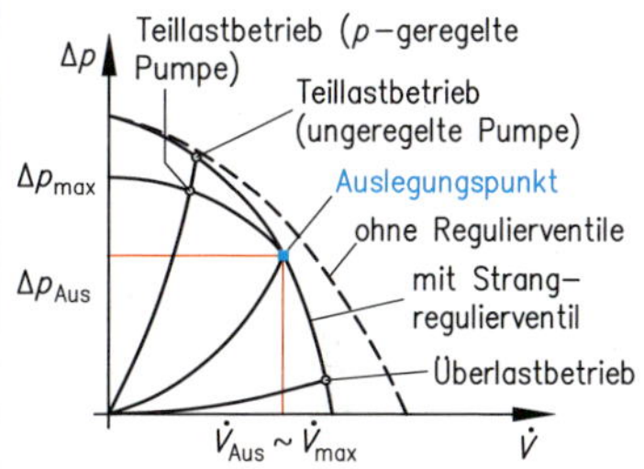

Differenzdruckregler

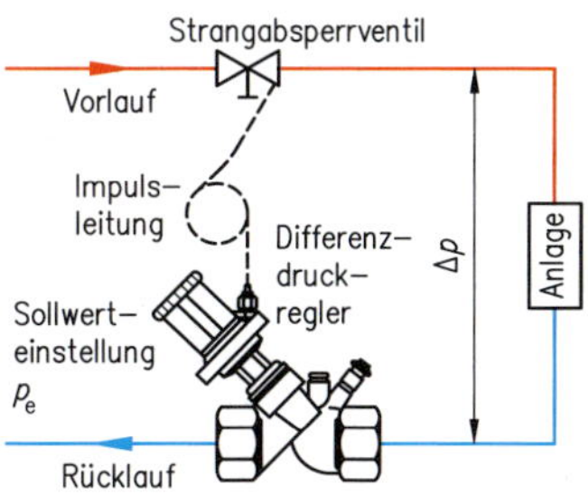

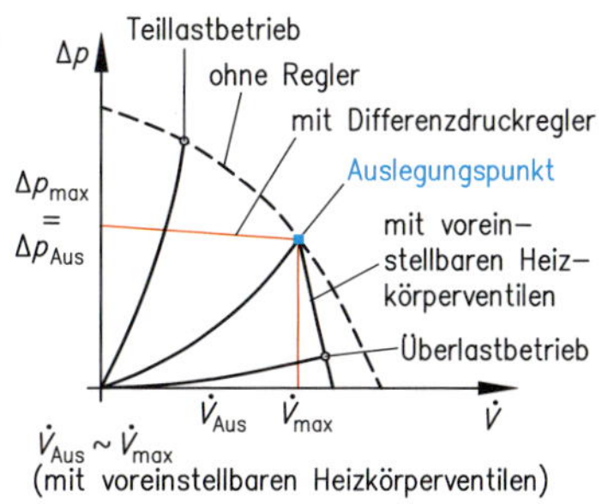

Durchflussregler

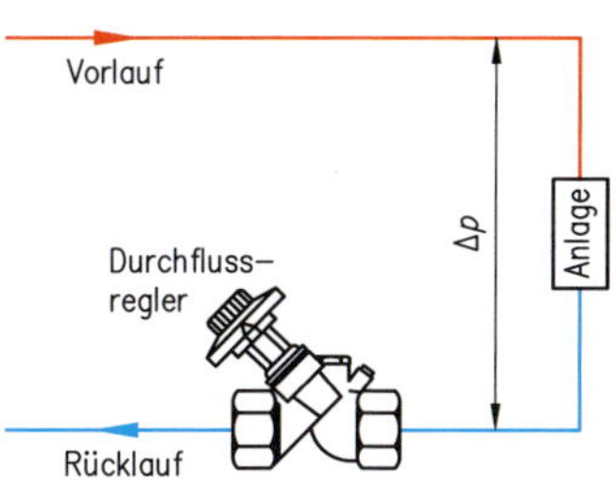

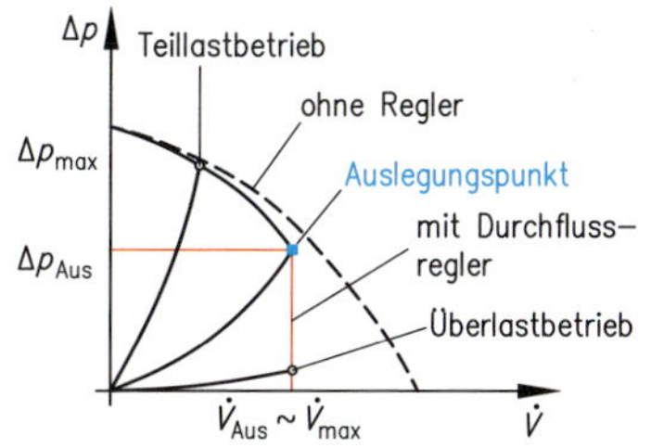

200.1 Hydraulischer Abgleich – Vorgehensweise bei Neu- und Altanlagen

Vorausetzung für die Durchführung des hydraulischen Abgleichs ist, dass:

- die Anlage gespült und frei von Verunreinigungen ist
- die Anlagenteile gefüllt und entlüftet sind
- alle Strömungskreise wie im Betrieb vorgesehen durchströmt werden oder zugeschaltet sind
- die Schmutzfänger/-filter gereinigt sind.

Vorgehensweise bei Neuanlagen

1. Berechnung der Heizlast nach DIN EN 12831
2. Festlegung der Temperaturspreizung
3. Auslegung der Heizflächen und des Volumenstroms nach dem errrechneten Wärmebedarf
4. Dimensionierung des Rohrnetzes mit Δp = 20 – 100 Pa/m
5. Voreinstellungen mittels $\dot{V}$ und Δp festlegen. Planungswerte sollten zwischen 30 und 100 mbar liegen.
6. Rohrnetz optimieren, um den Pumpendruck möglichst unter dem maximalen Differenzdruck für Thermostatventile (100–200 mbar) zu halten
7. Anordnung von dezentralen Differenzdruckreglern, sofern der Pumpen-Differenzdruck über dem max. Differenzdruck der Thermostatventile liegt
8. Auswahl von drehzahlregelbaren Pumpen mit flachen Kennlinien für den Normalgebäudewärmebedarf, die bei Volumenstromänderung die Förderhöhen nur geringfügig ändern
9. Voreinstellung der Thermostatventile bzw. Rücklaufverschraubungen (RLV)

Vorgehensweise bei Altanlagen

1. Ermittlung der Heizlast, z. B. nach DIN EN 12831
2. Ermittlung der Temperaturspreizung
3. Überprüfung der Heizflächen
4. Ermittlung des Heizmittelvolumenstroms über:
   - vorhandene Wärmemengenzähler,
   - Umwälzpumpen mit entsprechender Anzeige

   oder

   - Berechnungen
5. Überprüfung des Rohrnetzes zur Ermittlung der Rohrreibungsverluste
6. Berücksichtigung der Druckverluste von z. B.
   - Ventilen,
   - Regelarmaturen,
   - Wärmemengenzählern,
   - Mischern
7. Überprüfung und ggf. Anpassung der installierten Pumpenleistung hinsichtlich
   - des Volumenstroms,
   - des Pumpendrucks
8. Voreinstellung der Thermostatventile bzw. Rücklaufverschraubungen (RLV)

201.1 Druckverhältnisse in Heizungsanlagen

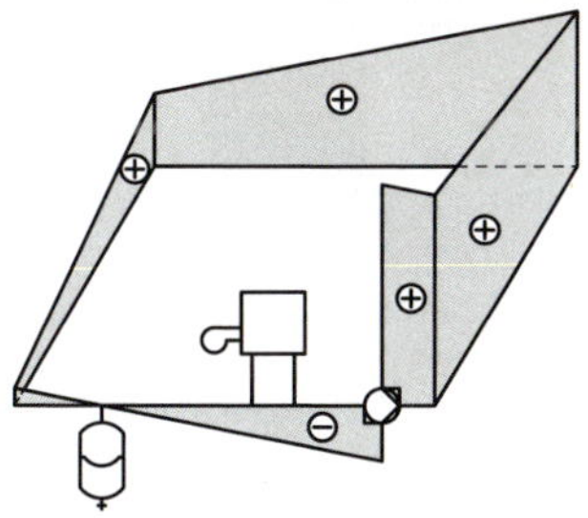

Pumpe im Vorlauf

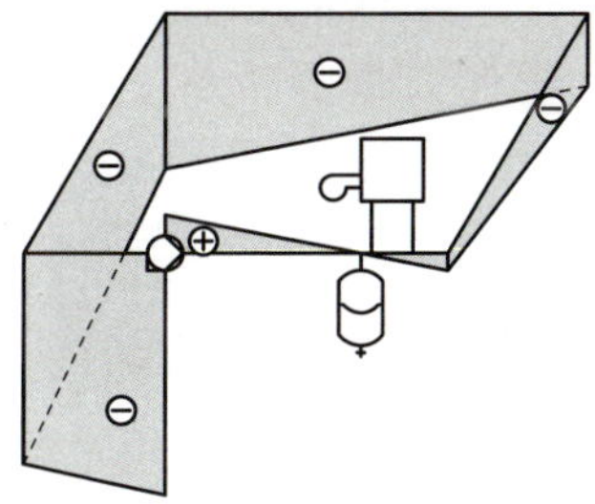

Pumpe im Rücklauf

201.2 Einbaulagen von Nassläuferpumpen

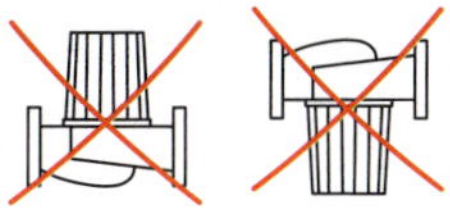

nicht erlaubte Einbaulagen

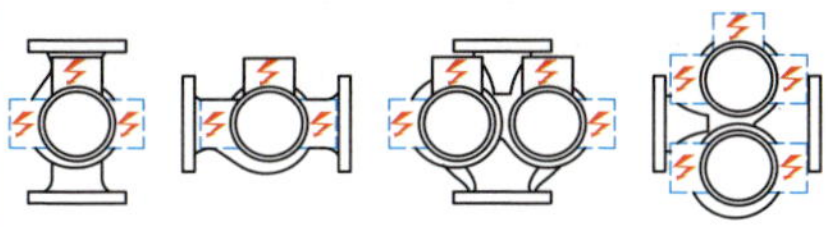

ohne Einschränkung zulässig für Pumpen mit 1, 3 bzw. 4 Drehzahlstufen

ohne Einschränkung zulässig für Pumpen mit stufenloser Regelung

201.3 Anlagendruck und Druckaufbau

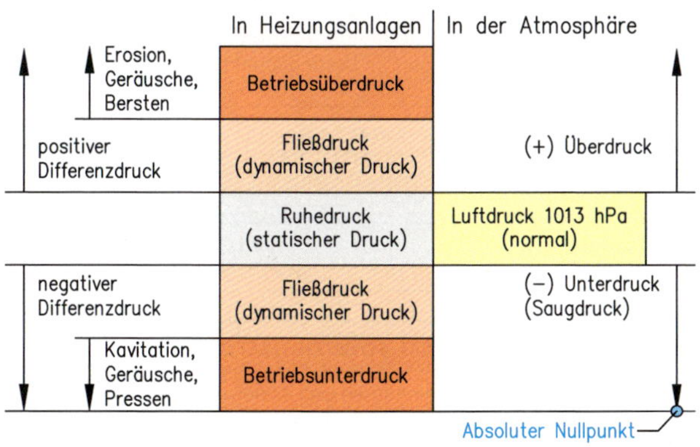

Ruhedruck: statischer Druck, wenn kein Medium fließt

Fließdruck: dynamischer Druck, wenn ein Medium fließt

Differenzdruck: erzeugter Druck durch die Pumpe zur Überwindung der Summe aller Widerstände in einer Anlage

Betriebsdruck: Druck, der beim Betrieb einer Anlage oder einzelner Teilabschnitte herrscht bzw. entstehen kann

Zulässiger Betriebsdruck: aus Gründen der Sicherheit festgelegter Höchstwert des Betriebsdrucks

201.4 Pumpenleistung

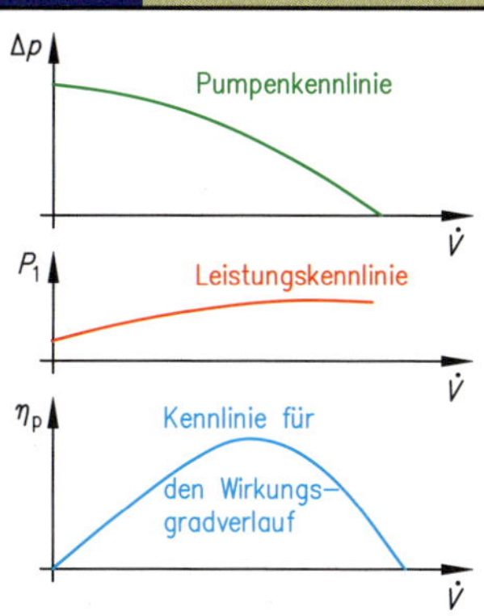

$$P_{zu} = \frac{\dot{V} \cdot \Delta p_{ges}}{\eta_{ges}} \cdot \frac{1\,h}{3600\,s}$$

$$\eta_{ges} = \eta_M \cdot \eta_P$$

$$H = \frac{\Delta p_{ges}}{\varrho \cdot g}$$

$$P_{zu} = \frac{\dot{m} \cdot g \cdot H}{\eta_{ges}} \cdot \frac{1\,h}{3600\,s}$$

P_{zu}	zugeführte Leistung	in W
$\dot{V}$	Volumenstrom	in m^3/h
Δp_{ges}	gesamter Druckverlust der Anlage	in Pa
η_{ges}	Gesamtwirkungsgrad	–
η_M	Motorwirkungsgrad	–
η_P	Pumpenwirkungsgrad	–
H	Förderhöhe	in mWS
ϱ	Dichte des Heizungswassers	in kg/m^3
g	Fallbeschleunigung ($g = 9{,}81\ m/s^2$)	in m/s^2
$\dot{m}$	Massenstrom	in kg/h

202.1 Nass- und Trockenläuferpumpen – Aufbau und Wirkungsgrade (Richtwerte)

Nassläuferpumpen		Trockenläuferpumpen	
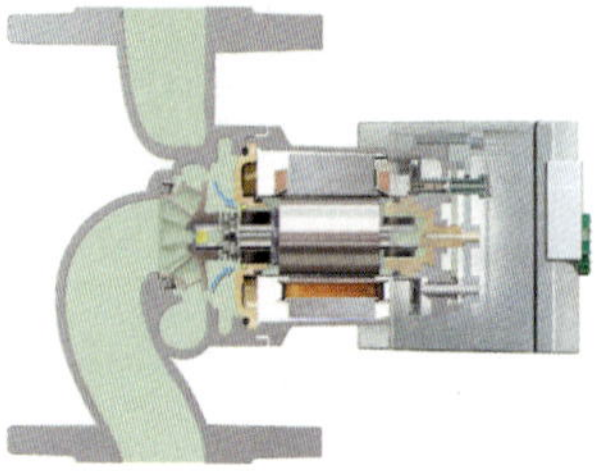			
Motorleistung P	Pumpenwirkungsgrad η_P	Motorleistung P	Pumpenwirkungsgrad η_P
bis 100 W	ca. 5–30 %	bis 1,5 kW	ca. 30–65 %
100–500 W	ca. 20–50 %	1,5–7,5 kW	ca. 35–75 %
500–2 500 W	ca. 30–60 %	7,5–45,0 kW	ca. 40–80 %

202.2 Proportionalitätsgesetze bei Drehzahländerung

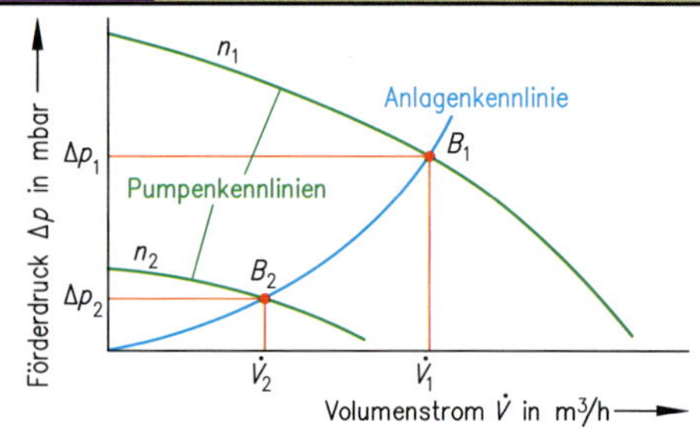

$\dot{V}_1$	Volumenstrom im Betriebspunkt 1 (B_1)	in m³/h
$\dot{V}_2$	Volumenstrom im Betriebspunkt 2 (B_2)	in m³/h
n_1	Drehfrequenz (Drehzahl) im Betriebspunkt 1	in 1/min
n_2	Drehfrequenz (Drehzahl) im Betriebspunkt 2	in 1/min
Δp_1	Förderdruck im Betriebspunkt 1	in Pa
Δp_2	Förderdruck im Betriebspunkt 2	in Pa
P_1	Leistungsbedarf im Betriebspunkt 1	in W
P_2	Leistungsbedarf im Betriebspunkt 2	in W

$\frac{\dot{V}_2}{\dot{V}_1} = \frac{n_2}{n_1}$ $\quad$ $\dot{V}_2 = \frac{n_2}{n_1} \cdot \dot{V}_1$	$\frac{\Delta p_2}{\Delta p_1} = \left(\frac{n_2}{n_1}\right)^2$ $\quad$ $\Delta p_2 = \left(\frac{n_2}{n_1}\right)^2 \cdot \Delta p_1$	$\frac{P_2}{P_1} = \left(\frac{n_2}{n_1}\right)^3$ $\quad$ $P_2 = \left(\frac{n_2}{n_1}\right)^3 \cdot P_1$
Wird die **Drehzahl verdoppelt**, so steigt der **Volumenstrom** auf den **zweifachen** Wert.	Wird die **Drehzahl verdoppelt**, so steigt der **Förderdruck** auf den **vierfachen** Wert.	Wird die **Drehzahl verdoppelt**, so steigt der **Leistungsbedarf** auf den **achtfachen** Wert.

202.3 Einfluss der Pumpenkennlinie auf Förderdruck und Volumenstrom

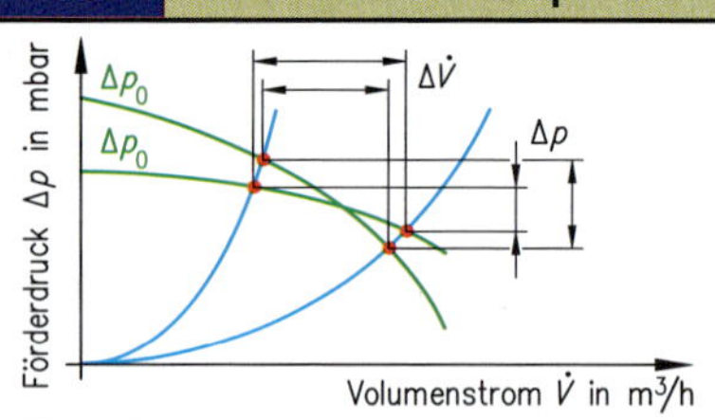

Je nach Steilheit der Pumpenkennlinien und Änderungen des Betriebspunkts ergeben sich unterschiedliche Volumenstrom- und Druckänderungen:

- flach verlaufende Kennlinie
  – größere Förderstromänderung, aber kleine Druckänderung;
- steil verlaufende Kennlinie
  – kleinere Förderstromänderung, aber große Druckänderung.

202.4 Parallel- und Reihenschaltung von Pumpen

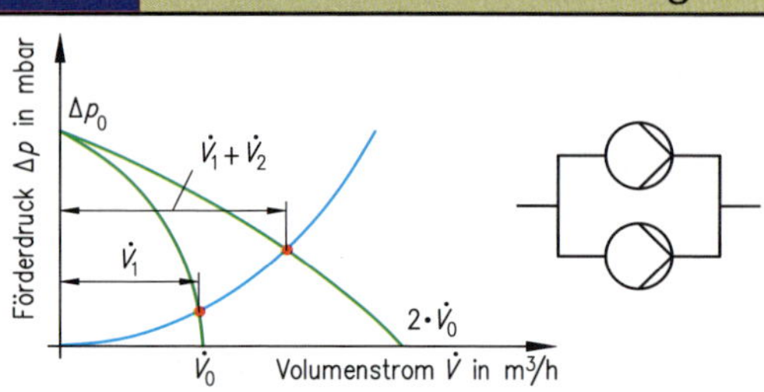

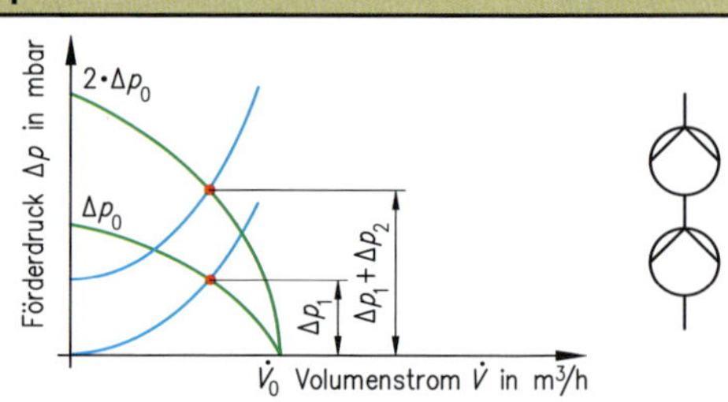

203.1 Regelungsarten von Heizungsumwälzpumpen – Zweirohrsysteme

Temperaturgeführte Differenzdruckregelung Δ*p*-T

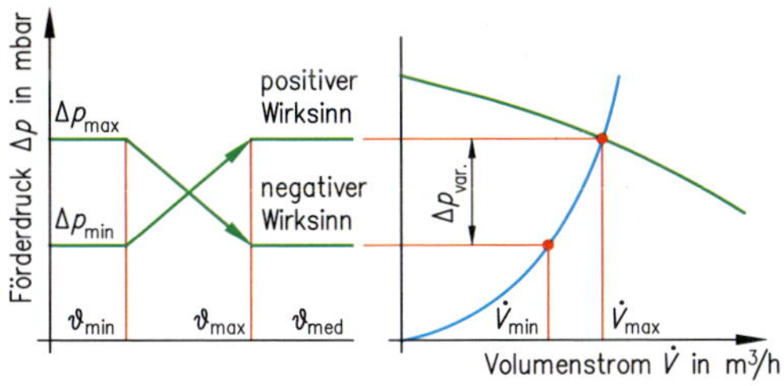

Empfohlen für Heizungsanlagen

Zweirohrsysteme, bei denen:

- die Pumpe im Vorlauf eingebaut ist
- die Vorlauftemperatur witterungsgeführt ist
- mit zunehmender Vorlauftemperatur der Volumenstrom erhöht wird

Primärkreise mit Brennwertkessel, bei denen:

- die Pumpe im Rücklauf eingebaut ist
- mit zunehmender Rücklauftemperatur der Volumenstrom gesenkt wird

Differenzdruck variabel: Δ*p*-v

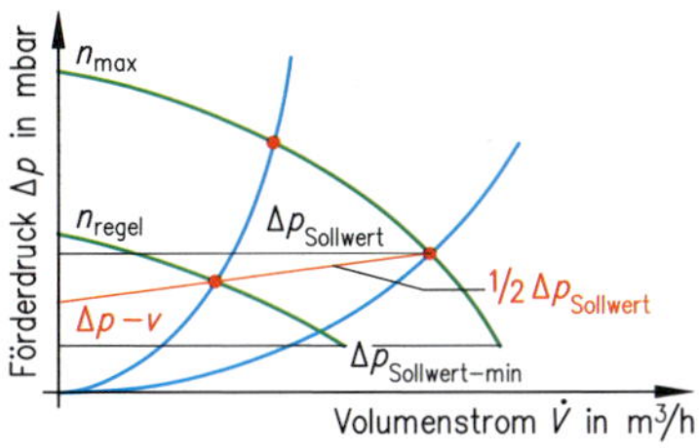

Empfohlen für Heizungsanlagen bei denen der Rohrleitungswiderstand größer ist als der Widerstand der Thermostatventile bzw. Regelarmaturen ($\Delta p_{Verbraucherkreis}$ Ø 25 % von Δp_{ges}), z. B.:

- Zweirohrsysteme mit Thermostat-/Zonenventilen und kleiner Verbraucherautorität (Δp_N > 400 mbar)
- sehr lange Verteilleitungen
- stark eingedrosselte Strangabsperrventile oder Strangdifferenzdruckregler
- hohe Druckverluste in den Anlagenteilen, die vom Gesamtvolumenstrom durchflossen werden
- Primärkreise mit hohen Druckverlusten

Differenzdruck konstant: Δ*p*-c

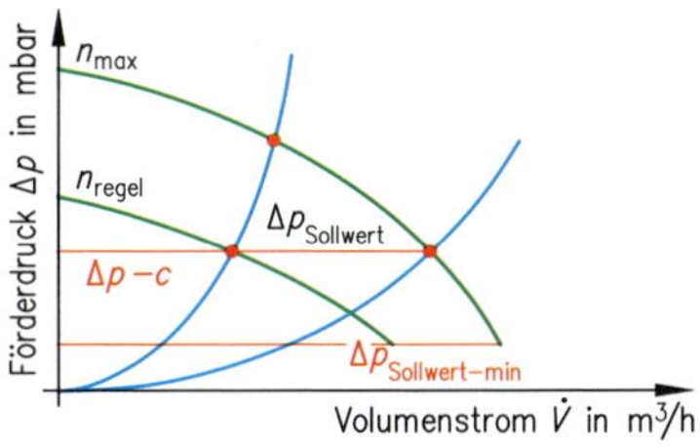

Empfohlen für Heizungs-, Lüftungs- und Klimaanlagen, bei denen der Rohrleitungswiderstand klein ist im Vergleich zum Widerstand der Thermostatventile bzw. Regelarmaturen ($\Delta p_{Verbraucherkreis}$ Ø 80 % von Δp_{ges}), z. B.:

- Zweirohrsysteme mit Thermostat-/Zonenventilen und hoher Verbraucherautorität (Δp_N Ø 200 mbar)
- umgebaute Schwerkraftanlagen
- Umrüstung auf große Temperaturspreizung (z. B. Fernwärme)
- geringe Druckverluste in den Anlagenteilen, die vom Gesamtvolumenstrom durchflossen werden
- Primärkreise mit kleinen Druckverlusten
- Fußbodenheizungen mit Thermostat- oder Zonenventilen

Betriebsart Absenkautomatik (Autopilot)

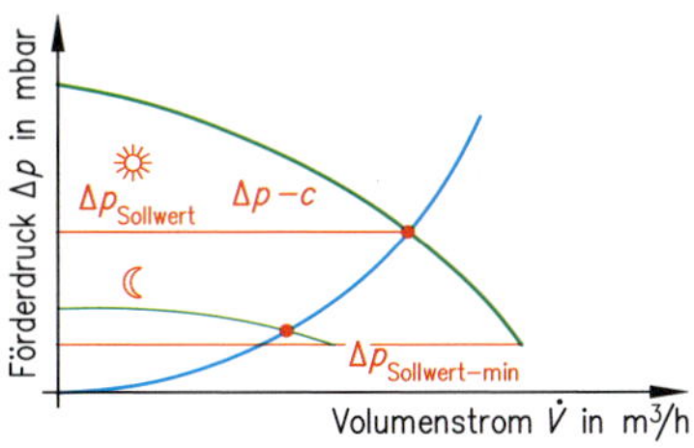

Empfohlen für Heizungsanlagen, bei denen die Vorlauftemperatur reduziert werden kann, z. B.:

- Pumpe ist im Vorlauf eingebaut
- Vorlauftemperatur wird in Schwachlastperioden (z. B. Nacht) abgesenkt
- Pumpe läuft ohne externe Steuerung 24 h am Netz.

Betriebsart Handsteller

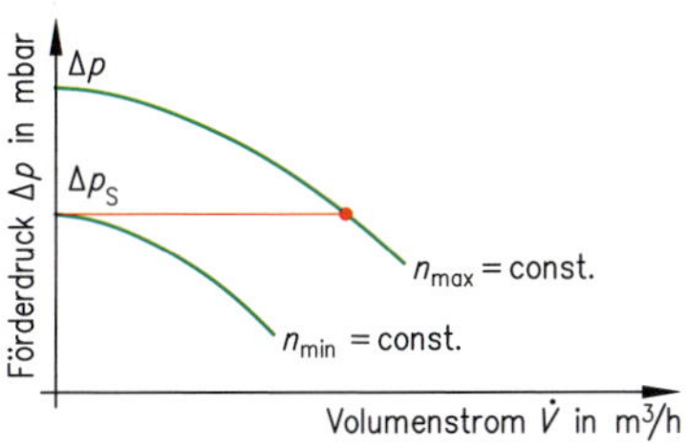

Empfohlen für Heizungsanlagen mit konstantem Volumenstrom

Betriebsart DDC – analoge Steuerung

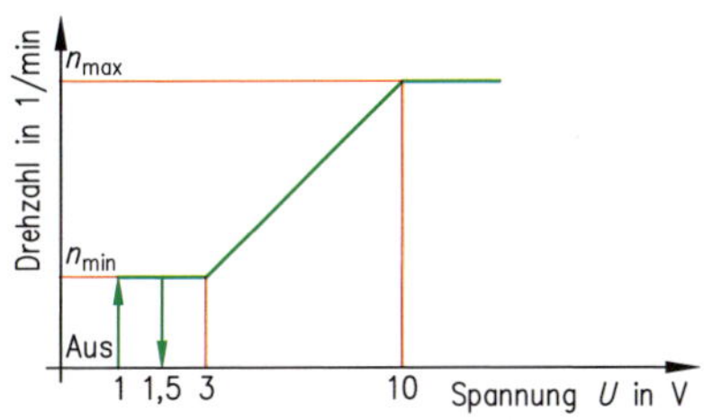

Einsatz bei Heizungsanlagen mit einer DDC (Direct Digital Control) und GA-Anbindung (Anbindung an die Gebäudeautomatisierung) – Die Elektronik der Pumpe bekommt ihren Sollwert über die entsprechende Gebäudeleittechnik übermittelt.

3 Heizungstechnik

204.1	Wartung von heiztechnischen Geräten und Anlagen Baugruppe 8: Rohrnetze	VDMA 24186-2: 2019-09	
Pos.[1]	Tätigkeit	Ausführung[2]	
		perio-disch	bei Bedarf
8	**Rohrnetze**		
8.1	**Pumpen**		
8.1.1	Äußerlich auf Verschmutzung, Beschädigung, Korrosion und Geräusche prüfen	X	
8.1.2	Auf Befestigung und Geräusch prüfen	X	
8.1.3	Funktionserhaltendes Reinigen (äußerlich)[3]		X
8.1.4	Auf Funktion prüfen	X	
8.1.5	Wellendurchführung auf Dichtheit prüfen	X	
8.1.6	Stopfbuchse nachstellen		X
8.1.7	Lager mit Nachschmiereinrichtung fetten[4]	X	
8.1.8	Antriebselemente siehe		
8.1.9	MSR-Technik siehe VDMA 24186 Teil 4		
8.2	**Absperr-, Abgleich-, Sicherheits- und Regelarmaturen**		
8.2.1	Äußerlich auf Beschädigung und Korrosion prüfen	X	
8.2.2	Auf Funktion prüfen	X	
8.2.3	Auf Dichtheit prüfen (Sichtprüfung)	X	
8.2.4	Stopfbuchse nachstellen	X	
8.2.5	Spindel schmieren	X	
8.2.6	Stellantriebe siehe VDMA 24186 Teil 4		
8.3	**Schmutzfänger**		
8.3.1	Auf Verschmutzung prüfen	X	
8.3.2	Sieb reinigen		X
8.3.3	Sieb auf Beschädigung prüfen	X	
8.4	**Rohrleitungen**		
8.4.1	Zugängliche Rohrleitungen[5] äußerlich auf Beschädigung, Dichtheit und Befestigung prüfen	X	
8.4.2	Wärmedämmung[5] auf Beschädigung und Vollständigkeit prüfen	X	
8.4.3	Kompensatoren auf Beschädigung und Befestigung prüfen	X	
8.4.4	Temperatur- und Druckmessgeräte auf Beschädigung und Anzeigegenauigkeit prüfen (Plausibilitätsprüfung)	X	
8.4.5	Rohrbegleitheizung auf Funktion prüfen	X	
8.4.6	Entlüftungsventile auf Funktion prüfen	X	
8.4.7	Flüssigkeitsstand prüfen	X	
8.4.8	Flüssigkeit nachfüllen		X
8.4.9	Entlüften		X

[1] Die Positionsnummern sind nach Baugruppe, Bauelement und Tätigkeit untergliedert.
[2] Bei der Ausführung der Wartung wird in periodische und bei Bedarf durchzuführende Tätigkeiten unterschieden.
[3] Der Leistungsumfang muss definiert und vereinbart werden (siehe auch VDMA 24186 Teil 0).
[4] Das Fetten von nicht dauergeschmierten Lagern ohne Nachschmiereinrichtungen ist gesondert zu vereinbaren.
[5] Geräte und Anlagenteile müssen ohne Montagearbeiten frei zugänglich sein.

205.1 Ablaufdiagramm zur Planung der Wärmeverbraucher — VDMA 24199: 2005-05

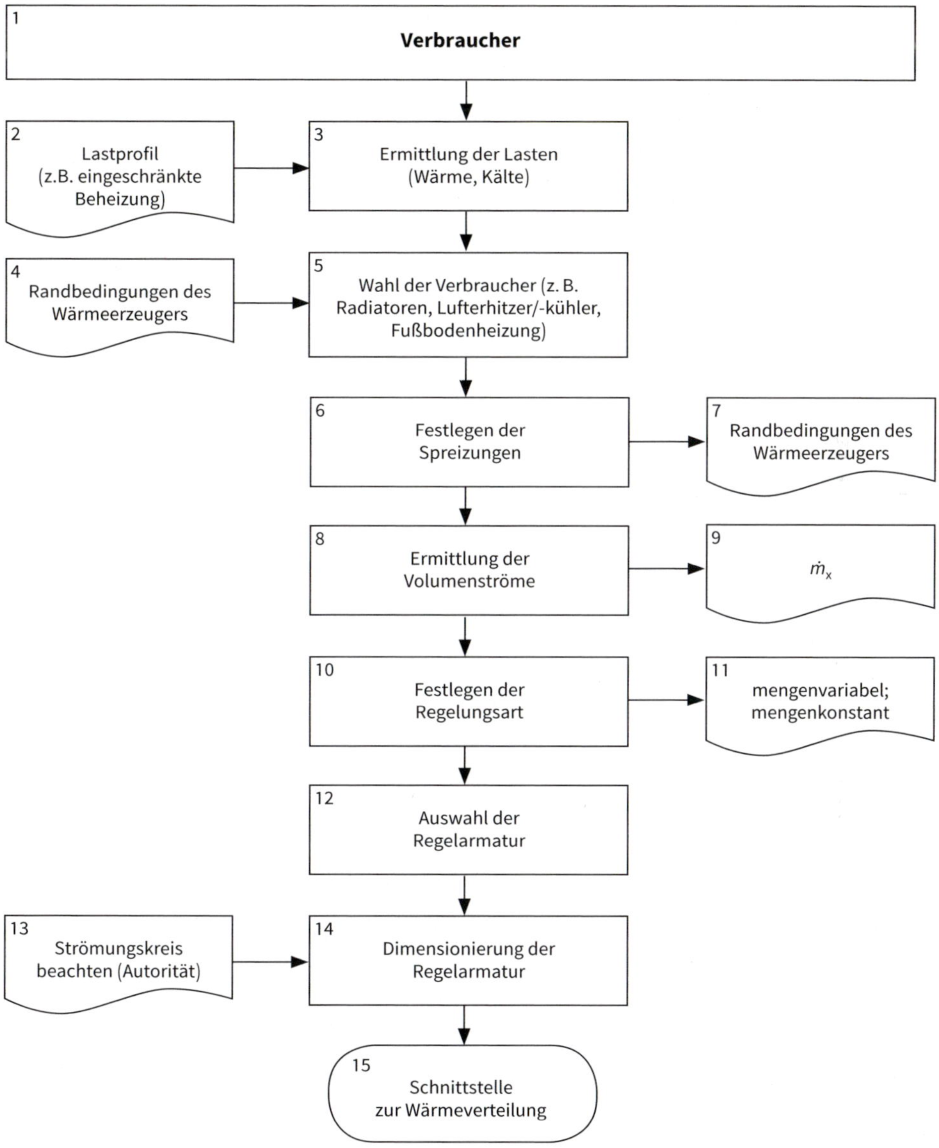

205.2 Arten von Wärmeverbrauchern

Heizkörper	Flachheizkörper, Stahlröhrenradiatoren, Gussgliederradiatoren, Stahlgliederradiatoren, Badheizkörper, Konvektoren
Flächenheizung	Fußbodenheizung, Wandheizung, Deckenheizung, Deckenstrahlplatten
Luft/Wasser-Wärmetauscher	Luftheizregister, Luftschleieranlagen
Wasser/Wasser-Wärmetauscher	Warmwasser-Wärmetauscher, Speicher-Ladesystem mit Plattenwärmetauscher

206.1 Anforderungen an Heizkörper und Flächenheizungen

- Deckung der Auslegungsheizlast → ausreichende Wärmeleistung der Heizflächen erforderlich (Temperatur des Heizmediums, verfügbare Größen bei Heizkörpern, Rohrverlegeabstände bei Flächenheizungen)
- Korrosionsbeständigkeit
- thermische Behaglichkeit und Geräuschpegel
- Sicherheit der Bewohner, z. B. Oberflächentemperatur der Heizflächen
- Kosten
- einfache Unterhaltung (Reinigung und Instandsetzung)
- Abstimmung zwischen Wärmeerzeugung, Wärmeverteilung und Regelung
- Aufstellbedingungen (architektonische Vorgaben, Aufstellort, Sichtbarkeit, Design, Montage)
- Schutz vor oder Vorkehrungen gegen Beschädigungen von Gebäudeteilen

206.2 Behaglichkeit in beheizten Räumen

Einflussfaktoren auf die Behaglichkeit

- körperliche Aktivität des Menschen
- Bekleidung des Menschen
- Raumluftfeuchtigkeit
- Temperatur der Raumumschließungsflächen ϑ_W
- Raumlufttemperatur ϑ_L
- Luftgeschwindigkeit. v_L

Behaglichkeitszonen in Abhängigkeit der Luftgeschwindigkeit, Luft- und Wandtemperatur

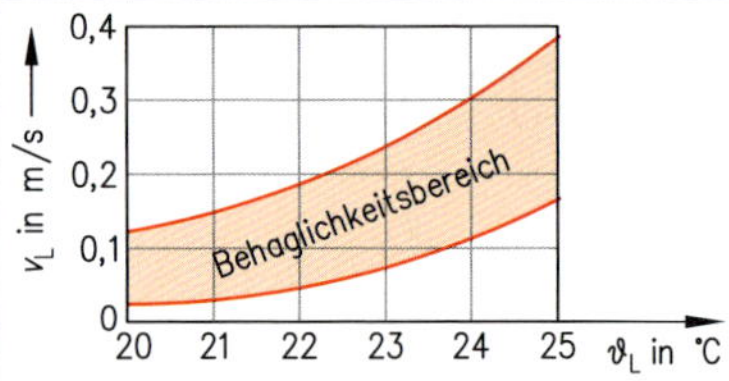

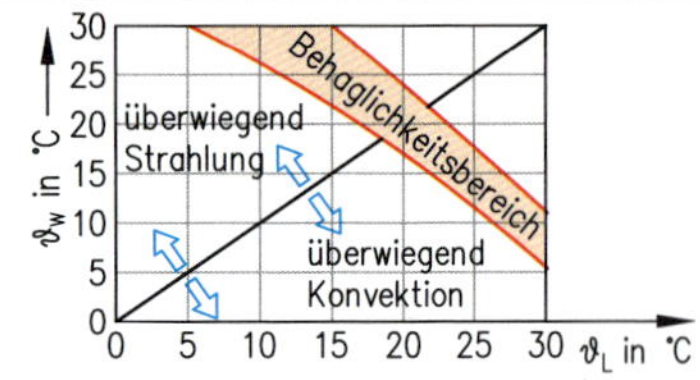

206.3 Temperaturverteilung

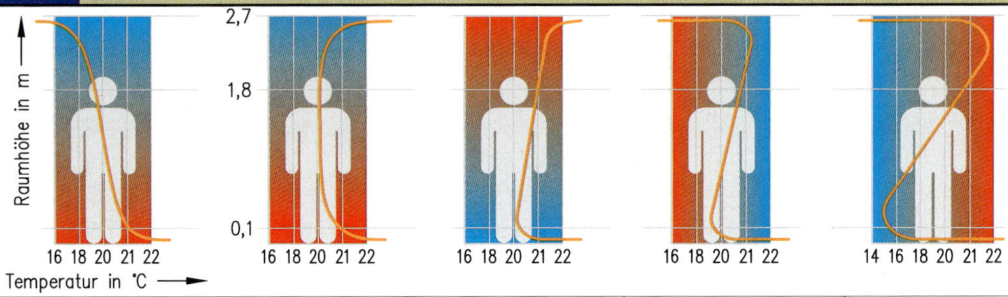

ideale Heizung	Fußbodenheizung	Deckenheizung	Heizkörper an Außenwand aufgestellt	Heizkörper an Innenwand aufgestellt

206.4 Einfluss des Exponenten *n* auf die Wärmeübertragungsarten

Heizkörperexponent *n*	1,1	1,22 – 1,30	1,3	1,4
Art der Heizfläche	Wandheizungen, Fußbodenheizungen	Flachheizkörper	Norm-Radiatoren	Konvektoren

⇨ Strahlungsanteil nimmt ab ⇨ Konvektionsanteil nimmt zu ⇨

206.5 Wärmeübertragung und Strahlungsanteil bei Heizkörpern

DIN EN 442-2: 2015-03

Wärmeübertragungsarten bei Heizkörpern

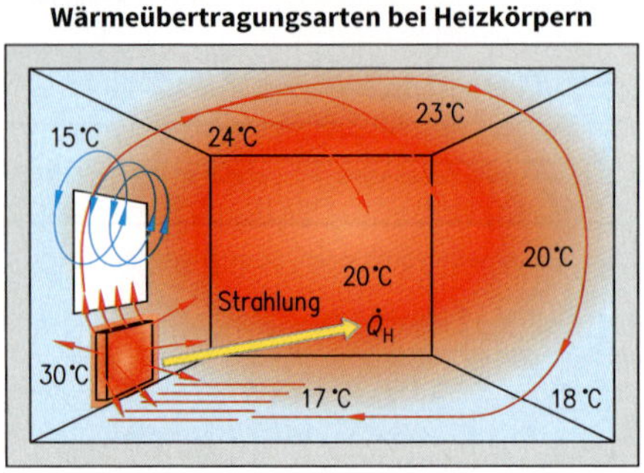

Strahlungsanteil S_k der Wärmeleistung von Heizkörpern

Heizkörperbauart	Typ/Bautiefe	S_k in %
Flachheizkörper	10	50
	11	35
	21	20
	22	20
	33	10
Stahl-Gliederheizkörper	T ≤ 110 mm	30
Stahl-Röhrenheizkörper	T > 110 mm	25
Handtuchheizkörper	T > 30 mm	25
Konvektoren	ohne Verkleidung	5
	mit Verkleidung	0

Grundsätzlich sind Heizkörper ausreichend groß zu dimensionieren und an den Außenwänden unterhalb von Fenstern anzubringen.

207.1 Übertemperatur

DIN EN 442-2: 2015-03

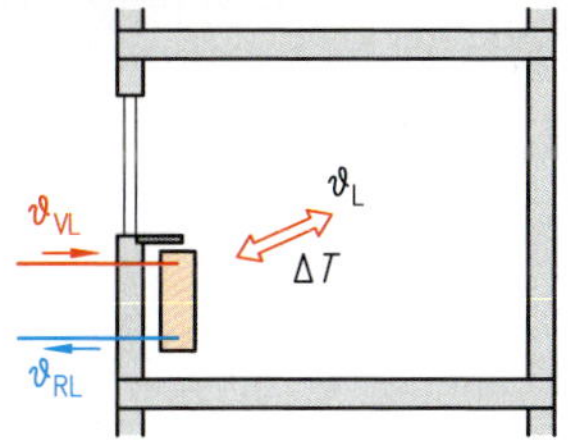

$$\Delta T = \frac{\vartheta_{VL} + \vartheta_{RL}}{2} - \vartheta_L$$

ΔT	Übertemperatur	in K
ϑ_{VL}	Vorlauftemperatur	in °C
ϑ_{RL}	Rücklauftemperatur	in °C
ϑ_L	mittlere Raumlufttemperatur	in °C

Die unter Norm-Bedingungen ermittelte Norm-Übertemperatur ΔT_N beträgt 50 K.

$$\Delta T_N = \frac{75\ °C + 65\ °C}{2} - 20\ °C = 50\ K$$

Vorlauftemperatur $\vartheta_{VL} = 75\ °C$
Rücklauftemperatur $\vartheta_{RL} = 65\ °C$
Bezugs-Raumlufttemperatur $\vartheta_L = 20\ °C$

Mit den Temperaturen bei Norm-Bedingungen ergibt sich eine logarithmisch gemittelte Übertemperatur $\Delta T_{ln,N}$ von 49,83 K.

207.2 Heizkörperauslegung

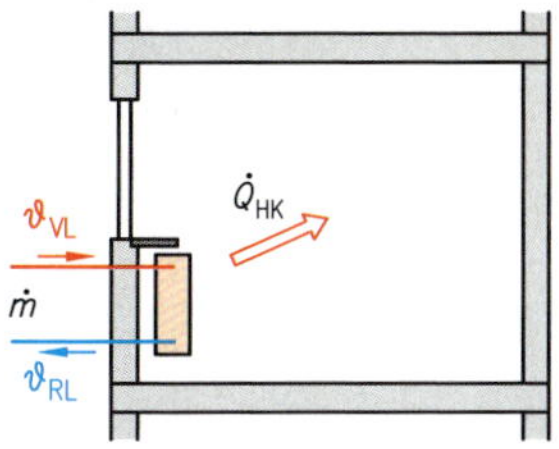

$$\Phi_{HL,Ausl.} = \dot{Q}_{HK}$$

$$\dot{Q}_{HK} = \dot{m} \cdot c \cdot \Delta\vartheta$$

$$\Delta\vartheta = \vartheta_{VL} - \vartheta_{RL}$$

$\Phi_{HL,Ausl.}$	Auslegungsheizlast des Raums	in W
$\dot{Q}_{HK}$	Wärmeleistung des Heizkörpers	in W
$\dot{m}$	Massenstrom	in kg/h
c	spezifische Wärmekapazität	in Wh/(kg · K)
$\Delta\vartheta$	Temperaturspreizung	in K
ϑ_{VL}	Vorlauftemperatur	in °C
ϑ_{RL}	Rücklauftemperatur	in °C

Norm-Bedingungen nach DIN EN 442-2:

- Auslegungstemperaturen: Vorlauftemperatur $\vartheta_{VL} = 75\ °C$, Rücklauftemperatur $\vartheta_{RL} = 65\ °C$, Raumlufttemperatur $\vartheta_L = 20\ °C$
  Bei *abweichenden Temperaturen muss der Umrechnungsfaktor* f *berücksichtigt werden.*
- Aufstellung: freie Aufstellung des Heizkörpers
  Bei Nischenaufstellung oder Verkleidung muss der Leistungsminderungsfaktor f_{Auf} *berücksichtigt werden.*
- Anschluss: gleichseitiger Anschluss von oberem Vor- und unterem Rücklauf am Heizkörper oder Heizkörper mit eingebauter Ventilgarnitur, der diese Art des Anschlusses integriert hat
  Bei reitendem Heizkörperanschluss muss der Leistungsminderungsfaktor f_{An} berücksichtigt werden.

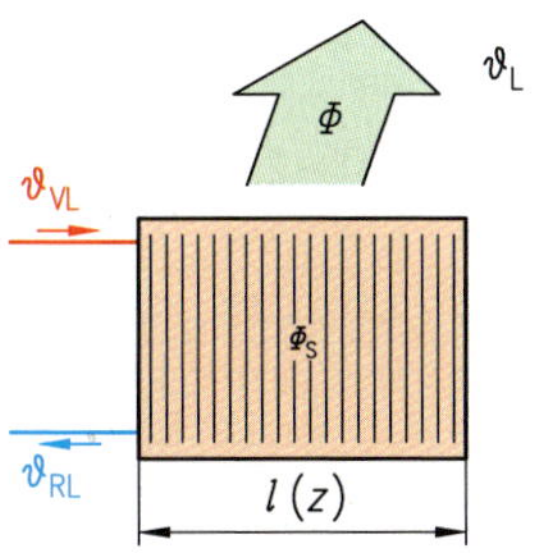

$$\Phi_S = \Phi \cdot f \cdot f_{Auf} \cdot f_{An}$$

Flachheizkörper

$$\Phi = \frac{\dot{q}_n \cdot l}{f \cdot f_{Auf} \cdot f_{An}}$$

Gliederheizkörper (Radiatoren)

$$\Phi = \frac{\dot{q}_n \cdot z}{f \cdot f_{Auf} \cdot f_{An}}$$

Φ_S	Norm-Wärmeleistung des Heizkörpers	in W
Φ	Auslegungswärmeleistung	in W
f	Umrechnungsfaktor bei abweichenden Temperaturen ↑ 208.1	–
f_{Auf}, f_{An}	Leistungsminderungsfaktoren Aufstellung, Anschlussart ↑ 207.3	–
$\dot{q}_n$	spezifische Norm-Wärmeleistung	in W/m in W/Glied
l	Länge des Flachheizkörpers	in m
z	Anzahl der Glieder des Radiators	–

207.3 Leistungsminderungsfaktoren f_{Auf}, f_{An}

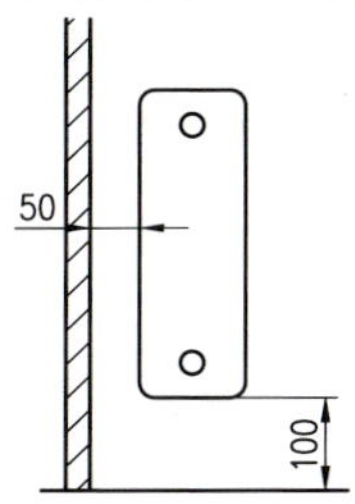

Heizkörper frei aufgestellt
$f_{Auf} = 1$

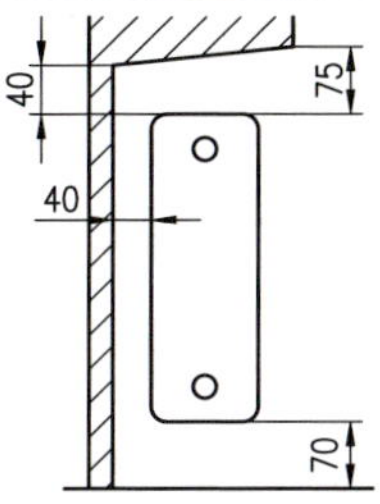

Heizkörper eingebaut
$f_{Auf} = 1{,}02–1{,}15$

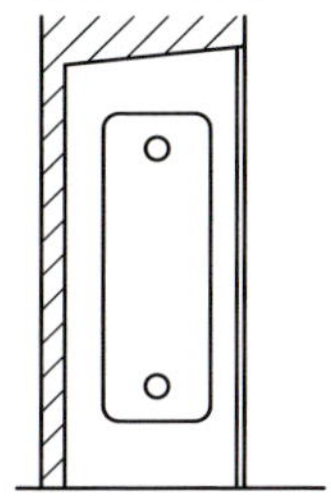

Heizkörper verkleidet
f_{Auf} lt. Herstellerunterlagen

gleichseitiger Anschluss (Vorlauf oben, Rücklauf unten)

wechselseitiger Anschluss (Vorlauf oben, Rücklauf unten)

Ventilflachheizkörper mit unteren Anschlüssen

$f_{An} = 1$

reitender Anschluss

$f_{An} = 1{,}01–1{,}06$

3 Heizungstechnik

208.1 Umrechnungsfaktor *f* bei abweichenden Auslegungstemperaturen, $n = 1{,}3$

DIN EN 442-2: 2015-03

Vorlauftemperatur ϑ_{VL} in °C	Rücklauftemperatur ϑ_{RL} in °C	Raumlufttemperatur ϑ_L in °C						
ϑ_{VL} in °C	ϑ_{RL} in °C	10	12	15	18	20	22	24
90	85	0,56	0,58	0,61	0,65	0,67	0,70	0,73
	80	0,59	0,61	0,64	0,68	0,71	0,74	0,77
	75	0,62	0,64	0,68	0,72	0,75	0,78	0,82
	70	0,65	0,67	0,72	0,76	**0,80**	0,83	0,87
	65	0,68	0,71	0,76	0,81	0,85	0,89	0,93
	60	0,72	0,76	0,81	0,87	0,91	0,96	1,01
85	80	0,61	0,64	0,67	0,72	0,75	0,78	0,81
	75	0,64	0,67	0,71	0,75	0,79	0,82	0,86
	70	0,68	0,70	0,75	0,80	0,84	0,88	0,92
	65	0,72	0,75	0,80	0,85	0,89	0,94	0,99
	60	0,76	0,79	0,85	0,91	0,96	1,01	1,07
	55	0,81	0,85	0,91	0,98	1,04	1,10	1,16
80	75	0,67	0,70	0,75	0,79	0,83	0,87	0,91
	70	0,71	0,74	0,79	0,84	0,88	0,93	0,97
	65	0,75	0,78	0,84	0,90	0,94	0,99	1,05
	60	0,80	0,83	0,89	0,96	1,01	1,07	1,13
	55	0,85	0,89	0,96	1,04	1,10	1,16	1,24
	50	0,91	0,96	1,04	1,13	1,20	1,28	1,37
75	70	0,75	0,78	0,83	0,89	0,94	0,98	1,04
	65	0,79	0,82	0,88	0,95	**1,00**	1,05	1,12
	60	0,84	0,88	0,94	1,02	1,08	1,14	1,21
	55	0,89	0,94	1,01	1,10	1,17	1,24	1,32
	50	0,96	1,01	1,10	1,20	1,28	1,37	1,47
	45	1,04	1,10	1,20	1,32	1,42	1,53	1,66
70	65	0,83	0,87	0,94	1,01	1,07	1,13	1,19
	60	0,88	0,93	1,00	1,08	1,15	1,22	1,30
	55	0,94	0,99	1,08	1,17	**1,25**	1,33	1,42
	50	1,01	1,07	1,17	1,28	1,37	1,47	1,58
	45	1,10	1,16	1,28	1,42	1,52	1,64	1,79
	40	1,20	1,28	1,42	1,59	1,73	1,89	2,08
65	60	0,94	0,98	1,07	1,16	1,23	1,31	1,40
	55	1,00	1,05	1,15	1,26	1,34	1,43	1,54
	50	1,08	1,14	1,25	1,37	1,47	1,59	1,71
	45	1,17	1,24	1,37	1,52	1,64	1,78	1,94
	40	1,28	1,37	1,52	1,71	1,87	2,05	2,27
	35	1,42	1,53	1,73	1,98	2,19	2,44	2,76

Vorlauftemperatur ϑ_{VL} in °C	Rücklauftemperatur ϑ_{RL} in °C	Raumlufttemperatur ϑ_L in °C						
ϑ_{VL} in °C	ϑ_{RL} in °C	10	12	15	18	20	22	24
60	55	1,07	1,13	1,23	1,36	1,45	1,56	1,68
	50	1,15	1,22	1,34	1,48	1,60	1,73	1,87
	45	1,25	1,33	1,47	1,65	1,78	1,94	2,13
	40	1,37	1,47	1,64	1,86	2,03	2,24	2,50
	35	1,52	1,64	1,87	2,15	2,39	2,69	3,06
	30	1,73	1,89	2,19	2,59	2,96	3,44	4,13
55	50	1,23	1,31	1,45	1,62	1,75	1,90	2,07
	45	1,34	1,43	1,60	1,80	**1,96**	2,15	2,37
	40	1,47	1,59	1,78	2,03	2,24	2,48	2,78
	35	1,64	1,78	2,03	2,36	2,64	2,99	3,43
	30	1,87	2,05	2,39	2,86	3,29	3,86	4,67
	25	2,19	2,44	2,96	3,75	4,60	6,03	9,62
50	45	1,45	1,56	1,75	1,98	2,17	2,40	2,67
	40	1,60	1,73	1,96	2,25	2,50	2,79	3,15
	35	1,78	1,94	2,24	2,63	2,96	3,38	3,92
	30	2,03	2,24	2,64	3,20	3,70	4,39	5,39
	25	2,39	2,69	3,29	4,22	5,23	6,97	11,4
45	40	1,75	1,90	2,17	2,53	2,83	3,19	3,66
	35	1,96	2,15	2,50	2,96	3,37	3,89	4,58
	30	2,24	2,48	2,96	3,63	4,25	5,11	6,38
	25	2,64	2,99	3,70	4,84	6,08	8,26	13,9
40	35	2,17	2,40	2,83	3,41	3,93	4,62	5,54
	30	2,50	2,79	3,37	4,21	5,01	6,14	7,87
	25	2,96	3,38	4,25	5,68	7,28	10,2	17,9
35	30	2,83	3,19	3,93	5,04	6,14	7,77	10,4
	25	3,37	3,89	5,01	6,91	9,12	13,3	25,2

Berechnung des Umrechnungsfaktors *f*

$$f = \left(\frac{\Delta T_{ln,N}}{\Delta T_{ln}}\right)^n$$

$$\Delta T_{ln,N} = 49{,}83\ \text{K}$$

$$\Delta T_{ln} = \frac{\vartheta_{VL} - \vartheta_{RL}}{\ln\left(\dfrac{\vartheta_{VL} - \vartheta_L}{\vartheta_{RL} - \vartheta_L}\right)}$$

f	Umrechnungsfaktor	
$\Delta T_{ln,N}$	Norm-Übertemperatur (logarithmisch)	in K
ΔT_{ln}	Übertemperatur (logarithmisch)	in K
n	Exponent	
ϑ_{VL}	Vorlauftemperatur	in °C
ϑ_{RL}	Rücklauftemperatur	in °C
ϑ_L	Raumlufttemperatur	in °C

Die Berechnung des Umrechnungsfaktors *f* erfolgt mit den logarithmisch gemittelten Übertemperaturen.

209.1 Flachheizkörper

Herstellerangaben

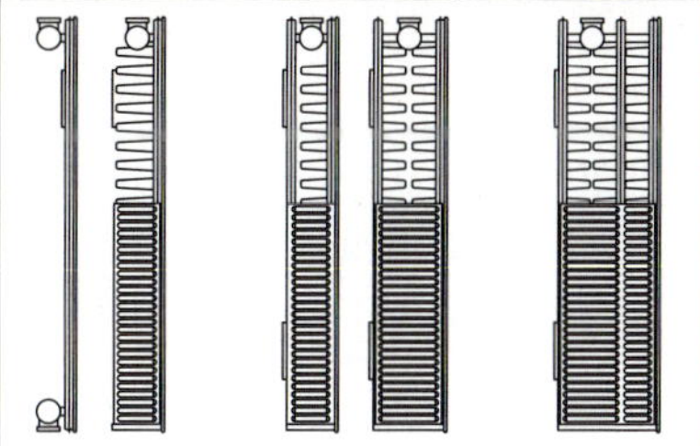

Bauhöhe (BH): 300 mm, 400 mm, 500 mm, 600 mm und 900 mm
Bautiefe (BT): Typ 10 u. 11 = 62 mm, Typ 21 = 66 mm, Typ 22 = 102 mm, Typ 33 = 157 mm
Baulänge (BL): 400 bis 3 000 mm in 100-mm-Schritten

Typ 10 11 21 22 33
1. Zahl: Anzahl der wasserführenden Platten
2. Zahl: Anzahl der Konvektionsbleche

Wärmeleistungsangaben bei einer Raumlufttemperatur ϑ_L = 20 °C

Flachheizkörper in profilierter Bauweise						**Flachheizkörper mit glatter Vorderwand**					
Typ	Wärmeleistung $\dot{q}$ bei $\vartheta_{VL}/\vartheta_{RL}$			Wasser-inhalt	Gewicht	Typ	Wärmeleistung $\dot{q}$ bei $\vartheta_{VL}/\vartheta_{RL}$			Wasser-inhalt	Gewicht
	75/65 °C	70/55 °C	55/45 °C				75/65 °C	70/55 °C	55/45 °C		
	W/m	W/m	W/m	l/m	kg/m		W/m	W/m	W/m	l/m	kg/m
Bauhöhe BH = 300 mm						Bauhöhe BH = 300 mm					
10	340	274	172	2,1	6,7	10	280	225	142	2,1	9,1
11	554	450	289	2,1	10,1	11	538	439	285	2,1	13,3
21	766	623	401	4,2	14,8	21	724	588	379	4,2	17,4
22	980	792	504	4,2	17	22	956	775	495	4,2	19,6
33	1 422	1 152	736	6,1	25,5	33	1 414	1 144	731	6,1	28,1
Bauhöhe BH = 400 mm						Bauhöhe BH = 400 mm					
10	442	357	226	2,57	8,8	10	344	277	175	2,57	12
11	706	573	368	2,57	12,8	11	670	546	353	2,57	17
21	950	769	491	5,17	19,5	21	908	738	475	5,17	23
22	1 222	985	625	5,17	22,5	22	1 194	968	618	5,17	26
33	1 766	1 428	909	7,87	33,9	33	1 740	1 406	896	7,87	37,4
Bauhöhe BH = 500 mm						Bauhöhe BH = 500 mm					
10	540	438	279	3,03	10,8	10	414	344	212	3,03	14,7
11	854	693	444	3,03	16,1	11	800	652	421	3,03	21,2
21	1 128	911	580	6,13	23,2	21	1 082	880	566	6,13	27,5
22	1 456	1 175	746	6,13	28,6	22	1 422	1 150	732	6,13	32,9
33	2 094	1 689	1 072	9,63	42,5	33	2 058	1 665	1 060	9,63	46,8
Bauhöhe BH = 600 mm						Bauhöhe BH = 600 mm					
10	636	516	331	3,5	12,5	10	488	394	250	3,5	17,2
11	998	807	516	3,5	19,2	11	928	754	485	3,5	25,2
21	1 302	1 050	666	7,1	28	21	1 250	1 014	650	7,1	33,1
22	1 688	1 362	864	7,1	34	22	1 646	1 331	848	7,1	39,1
33	2 410	1 941	1 228	11,4	50,2	33	2 372	1 913	1214	11,4	55,3
Bauhöhe BH = 900 mm						Bauhöhe BH = 900 mm					
10	902	729	464	5,1	18,2	10	768	621	397	5,1	15,2
11	1 418	1 146	730	5,1	29,2	11	1 316	1 063	677	5,1	38,4
21	1 820	1 461	918	10,1	42,4	21	1 728	1 398	890	10,1	50
22	2 378	1 914	1 206	10,1	51,4	22	2 306	1 855	1 169	10,1	59
33	3 222	2 672	1 684	15,4	76,8	33	3 318	2 671	1 683	15,4	84,4

210.1 Stahlröhrenradiatoren (Herstellerangaben)

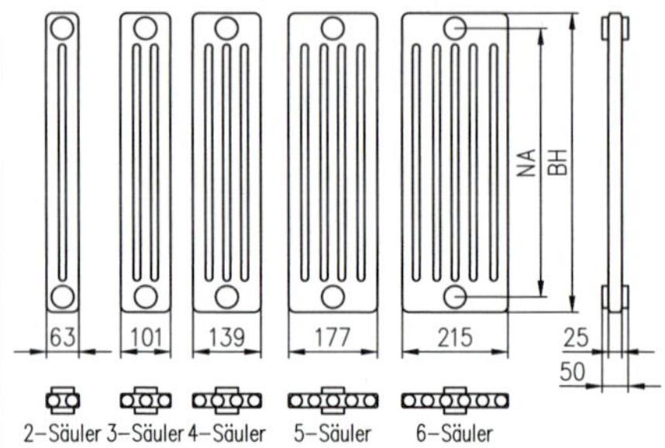

Bauhöhen (BH): Angaben in mm				
155	415	600	1 000	1 800
300	450	665	1 065	2 000
350	500	750	1 100	2 200
365	550	900	1 200	2 500
400	565	965	1 500	2 800
Nabenstand NA = BH – 65 mm Baulänge eines Glieds = 50 mm				3 000

Bautiefen (BT): 63 bis 215 mm
Baulängen (BL): 200 bis 2 100 mm (BH 2 000 mm)

Wärmeleistungsangaben bei einer Raumlufttemperatur ϑ_L = 20 °C

BT	Wärmeleistung $\dot{q}$ bei $\vartheta_{VL}/\vartheta_{RL}$			Wasserinhalt	Gewicht	BT	Wärmeleistung $\dot{q}$ bei $\vartheta_{VL}/\vartheta_{RL}$			Wasserinhalt	Gewicht
	75/65 °C	70/55 °C	55/45 °C				75/65 °C	70/55 °C	55/45 °C		
mm	W/Glied	W/Glied	W/Glied	l/Glied	kg/Glied	mm	W/Glied	W/Glied	W/Glied	l/Glied	kg/Glied
Bauhöhe BH = 300 mm						Bauhöhe BH = 900 mm					
63	25	21	13	0,40	0,52	63	68	55	36	0,93	1,44
101	35	29	19	0,57	0,78	101	94	75	48	1,34	2,13
139	46	37	24	0,75	1,05	139	119	95	60	1,76	2,84
177	56	45	30	0,93	1,30	177	147	118	75	2,17	3,53
215	66	54	35	1,11	1,57	215	175	140	89	2,59	4,24
Bauhöhe BH = 400 mm						Bauhöhe BH = 1000 mm					
63	33	27	17	0,49	0,68	63	75	61	39	1,02	1,59
101	46	37	24	0,70	1,00	101	103	83	53	1,47	2,36
139	58	47	31	0,92	1,35	139	131	105	66	1,93	3,14
177	72	58	38	1,14	1,67	177	161	129	82	2,38	3,91
215	85	69	45	1,35	2,02	215	192	154	97	2,84	4,69
Bauhöhe BH = 500 mm						Bauhöhe BH = 1200 mm					
63	40	32	21	0,57	0,83	63	89	72	46	1,19	1,90
101	55	45	29	0,83	1,23	101	122	97	62	1,73	2,81
139	71	57	37	1,09	1,64	139	154	123	77	2,27	3,74
177	87	70	45	1,34	2,04	177	190	152	95	2,80	4,65
215	104	84	54	1,60	2,46	215	226	181	114	3,33	5,58
Bauhöhe BH = 600 mm						Bauhöhe BH = 1500 mm					
63	47	38	25	0,66	0,98	63	111	89	57	1,46	2,36
101	65	53	34	0,96	1,46	101	150	120	75	2,11	3,49
139	83	67	43	1,26	1,94	139	189	150	94	2,77	4,64
177	103	83	53	1,55	2,42	177	233	186	116	3,42	5,77
215	122	98	63	1,85	2,91	215	277	221	139	4,08	6,92
Bauhöhe BH = 750 mm						Bauhöhe BH = 2000 mm					
63	58	47	30	0,80	1,21	63	147	117	74	1,90	3,12
101	79	64	41	1,15	1,79	101	197	157	99	2,75	4,62
139	101	81	52	1,51	2,39	139	247	197	123	3,61	6,13
177	125	100	64	1,86	2,97	177	305	243	152	4,46	7,63
215	149	119	76	2,22	3,58	215	362	289	181	5,31	9,15

211.1 Stahlgliederradiatoren

DIN 4703-1: 1999-12, DIN EN 442-2: 2005-03

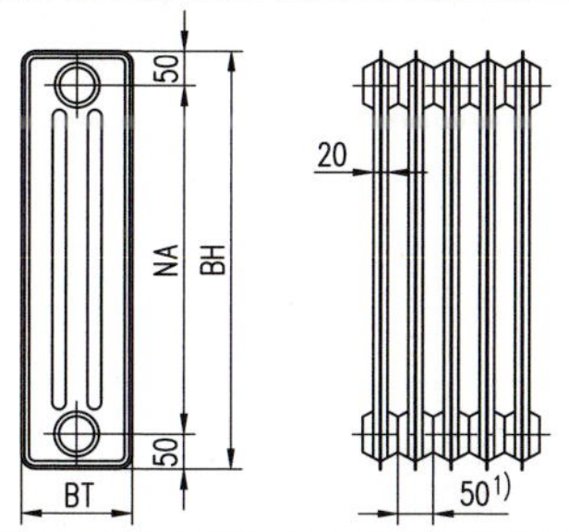

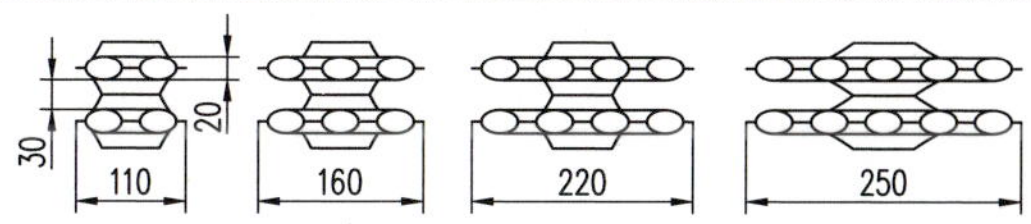

Bauhöhen (BH): 300 mm (nur BT 250 mm), 450 mm, 600 mm, 1 000 mm
Bautiefen (BT): 110 mm, 160 mm, 220 mm, 250 mm (nur BH 300 mm)
Baulängen (BL): max. 1 500 mm für BH 1 000 mm – alle BT, max. 2 250 mm für BT 220 mm und max. 3 000 mm für BT 110 mm, 160 mm, 250 mm

Nabenstand NA = BH – 100 mm
[1)] Baulänge eines Glieds = 50 mm

Wärmeleistungsangaben bei einer Raumlufttemperatur ϑ_L = 20 °C

BT	Wärmeleistung $\dot{q}$ bei $\vartheta_{VL}/\vartheta_{RL}$			Wasserinhalt	Gewicht	BT	Wärmeleistung $\dot{q}$ bei $\vartheta_{VL}/\vartheta_{RL}$			Wasserinhalt	Gewicht
	75/65 °C	70/55 °C	55/45 °C				75/65 °C	70/55 °C	55/45 °C		
mm	W/Glied	W/Glied	W/Glied	l/Glied	kg/Glied	mm	W/Glied	W/Glied	W/Glied	l/Glied	kg/Glied
Bauhöhe BH = 300 mm						Bauhöhe BH = 600 mm					
250	62	50	32	0,99	1,54	160	73	59	38	1,16	2,05
Bauhöhe BH = 450 mm						220	94	76	49	1,49	2,88
160	58	47	30	0,95	1,51	Bauhöhe BH = 1000 mm					
220	75	61	39	1,23	2,05	110	84	68	44	1,14	2,22
Bauhöhe BH = 600 mm						160	111	90	58	1,65	3,27
110	55	44	29	0,84	1,41	220	145	117	76	2,43	4,58

211.2 Gussgliederradiatoren

DIN 4703-1: 1999-12, DIN EN 442-2: 2015-03

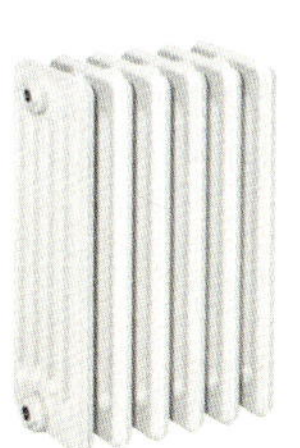

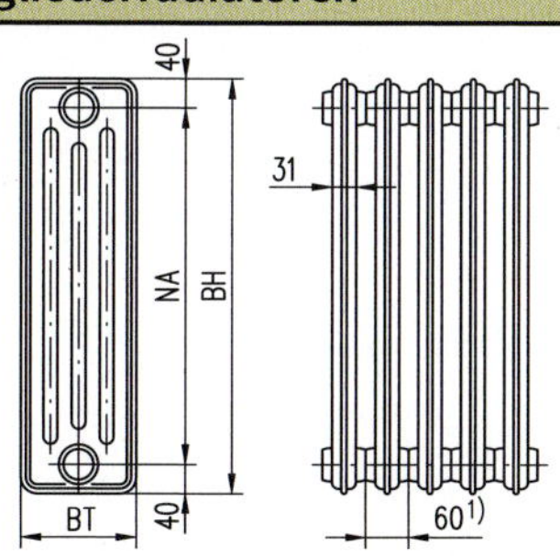

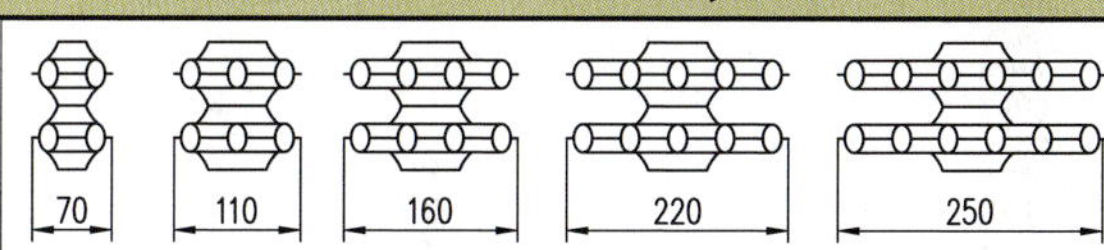

Bauhöhen (BH): 280 mm, 430 mm, 580 mm, 680 mm, 980 mm
Bautiefen (BT): 70 mm, 110 mm ,160 mm, 220 mm, 250 mm (nur BH 280 mm)
Baulängen (BL) – Blockgrößen: max. 1 200 mm für BH 280 bis 680 mm
max. 900 mm für BH 980 mm

Nabenstand NA = BH – 80 mm
[1)] Baulänge eines Glieds = 60 mm

Wärmeleistungsangaben bei einer Raumlufttemperatur ϑ_L = 20 °C

BT	Wärmeleistung $\dot{q}$ bei $\vartheta_{VL}/\vartheta_{RL}$			Wasserinhalt	Gewicht	BT	Wärmeleistung $\dot{q}$ bei $\vartheta_{VL}/\vartheta_{RL}$			Wasserinhalt	Gewicht
	75/65 °C	70/55 °C	55/45 °C				75/65 °C	70/55 °C	55/45 °C		
mm	W/Glied	W/Glied	W/Glied	l/Glied	kg/Glied	mm	W/Glied	W/Glied	W/Glied	l/Glied	kg/Glied
Bauhöhe BH = 280 mm						Bauhöhe BH = 580 mm					
250	75	60	38	0,99	4,90	160	96	77	49	1,02	5,62
Bauhöhe BH = 430 mm						220	122	98	62	1,30	7,50
70	43	34	22	0,42	2,70	Bauhöhe BH = 680 mm					
110	55	44	28	0,65	3,60	110	81	65	41	0,86	5,57
160	75	60	38	0,84	4,72	160	111	89	57	1,13	6,86
220	97	78	50	1,11	5,91	Bauhöhe BH = 980 mm					
Bauhöhe BH = 580 mm						70	88	71	45	0,72	5,50
70	52	42	27	0,50	3,10	160	163	131	83	1,52	9,90
110	72	58	37	0,78	4,46	220	205	164	105	1,87	14,00

212.1 Konvektoren

Herstellerangaben

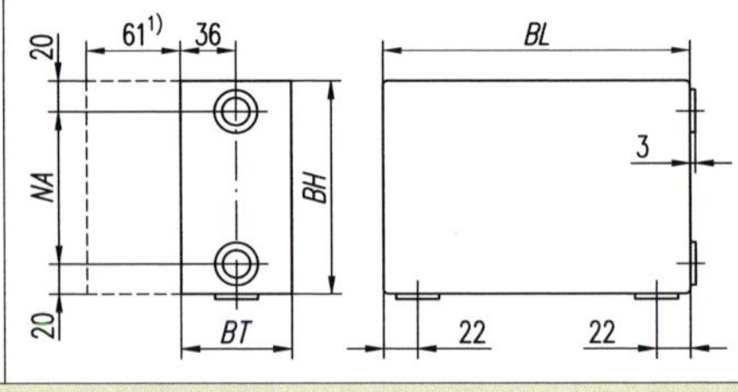

Bauhöhen (BH):
140 mm, 210 mm
Bautiefen (BT):
72 mm (nur BH 140 mm), 133 mm ,194 mm
Baulängen (BL):
500 bis 1 200 mm und 1 400 bis 1 600 mm
in 100-mm-Schritten,
1 800 bis 3 000 mm in 200-mm-Schritten

Nabenstand NA = BH – 40 mm

Wärmeleistungsangaben bei einer Raumlufttemperatur ϑ_L = 20 °C

BT	Wärmeleistung $\dot{q}$ bei $\vartheta_{VL}/\vartheta_{RL}$			Wasserinhalt	Gewicht	BT	Wärmeleistung $\dot{q}$ bei $\vartheta_{VL}/\vartheta_{RL}$			Wasserinhalt	Gewicht
	75/65 °C	70/55 °C	55/45 °C				75/65 °C	70/55 °C	55/45 °C		
mm	W/m	W/m	W/m	l/m	kg/m	mm	W/m	W/m	W/m	l/m	kg/m
Bauhöhe BH = 140 mm						Bauhöhe BH = 210 mm					
72	543	436	277	2,6	12,2	133	1 127	893	555	6,1	31,5
133	876	704	450	4,1	20,5	194	1 640	1 304	816	8,3	43,9
194	1 185	952	609	5,6	28,6						

1) Mindestabstand zu Fenstern 61 mm.

212.2 Badheizkörper

Herstellerangaben

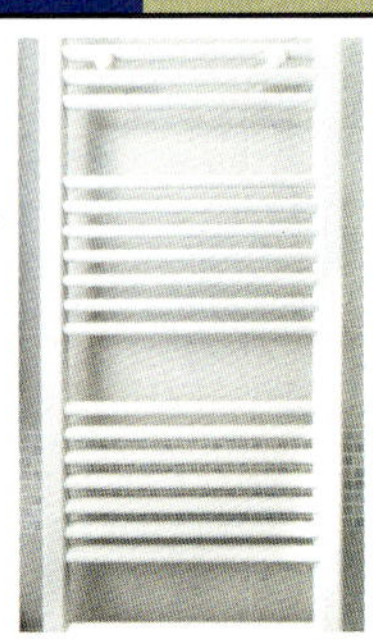

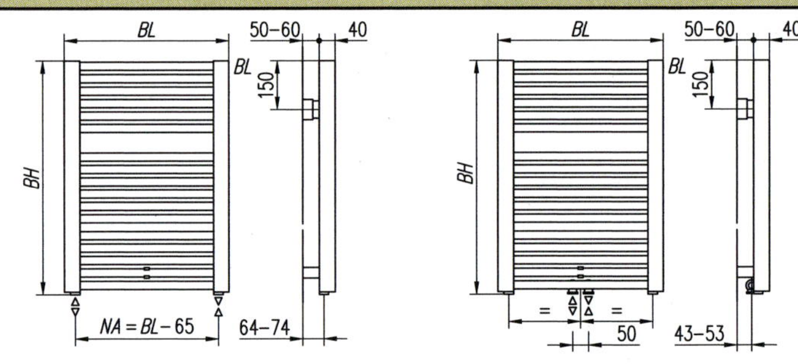

Wärmeleistungsangaben bei einer Raumlufttemperatur ϑ_L = 20 °C

BL	Wärmeleistung $\dot{q}$ bei $\vartheta_{VL}/\vartheta_{RL}$			Wasserinhalt	Gewicht	BL	Wärmeleistung $\dot{q}$ bei $\vartheta_{VL}/\vartheta_{RL}$			Wasserinhalt	Gewicht
	75/65 °C	70/55 °C	55/45 °C				75/65 °C	70/55 °C	55/45 °C		
mm	W	W	W	l	kg	mm	W	W	W	l	kg
Bauhöhe BH = 726 mm						Bauhöhe BH = 1 486 mm					
450	343	277	180	3,5	7,5	450	670	541	349	7,1	15,5
500	385	312	203	3,8	8,2	500	752	608	394	7,8	16,9
550	428	347	225	4,2	8,9	550	836	677	440	8,5	18,2
600	471	382	249	4,5	9,5	600	920	747	487	9,1	19,6
750	602	491	324	5,5	11,6	750	1 175	959	632	11,2	23,7
900	735	602	399	6,5	13,6	900	1 436	1 180	789	13,2	27,8
Bauhöhe BH = 1 144 mm						Bauhöhe BH = 1 790 mm					
450	523	423	274	5,4	11,5	450	839	676	436	8,0	18,4
500	582	475	307	5,9	12,5	500	926	749	486	8,8	20
550	653	531	348	6,4	13,5	550	1 013	821	534	9,7	21,6
600	718	585	384	7,0	14,6	600	1 100	893	583	10,5	23,2
750	918	751	499	8,5	17,8	750	1 360	1 111	736	13,1	27,9
900	1122	925	622	10,1	20,7	900	1 620	1 333	894	15,6	32,7

213.1 Anforderungsklassen bei der Befestigung von Heizkörpern — VDI 6036

Kriterien	Anforderungsklasse		
	1	2	3
Anonymität (persönliche Betroffenheit, privat oder öffentlich) Umgang mit fremdem Eigentum	gering	mittel	hoch
Häufigkeit des Auftretens von Zusatzbelastungen	selten	normal	häufig
Höhe der Zusatzbelastung	gering	mittel	hoch
Nutzerverhalten	vorsichtig	fahrlässig	grob fahrlässig
Lastrichtung	eingeschränkt	uneingeschränkt	uneingeschränkt

In der Anforderungsklasse 4 gelten zusätzlich zu den Anforderungen gemäß Anforderungsklasse 3 gesonderte Anforderungen, die zwischen Auftragnehmer und Auftraggeber zu vereinbaren sind.

213.2 Anwendungsfälle und empfohlene Zuordnung zu den Anforderungsklassen — VDI 6036

	Anforderungsklasse		
	1	2	3
Eigenheime	X	–	–
Eigentumswohnungen, Mietwohnungen	Wohnbereich	öffentlich zugängliche Flure, Treppenhäuser, Gemeinschaftsräume	Fluchtwege o. Ä.
Kindergärten	nur Personalbereich	X	nur Fluchtwege o. Ä.
Krankenhäuser, Senioren-/Pflegeheime	nur Personalbereich	X	
Arzt-/Anwaltspraxen	nur Personalbereich	X	
Bürogebäude	Büros	Flure, Treppenhäuser usw.	Fluchtwege o. Ä.
Behörden	Büros	öffentlich zugängliche Bereiche, Treppenhäuser usw.	Fluchtwege o. Ä.
Bewirtungsbetriebe	Personalbereich		Fluchtwege o. Ä.
Verkaufsstätten	Personalbereich	Verkaufsräume, Treppenhäuser, Flure	Fluchtwege o. Ä.
Beherbergungsbetriebe, Hotels	Personalbereich	Zimmer, Treppenhäuser, Flure	Fluchtwege o. Ä.
Wohnheime	Personalbereich	Zimmer, Treppenhäuser, Flure	Fluchtwege o. Ä.
Schulen, Sportstätten	Personalbereich	–	Klassenräume, Flure, Treppenhäuser usw.
Jugendzentren	nur Personalbereich	–	X
Versammlungsstätten, Bahnhöfe	nur Personalbereich	–	X
Kasernen	Zivilbereich	–	X

Für Justizvollzugsanstalten und Psychiatrieeinrichtungen wird Anforderungsklasse 4 empfohlen, mit Ausnahme der Personalbereiche.

213.3 Wartung von heiztechnischen Geräten und Anlagen — VDMA 24186-2: 2019-09
Baugruppe 11: Heizflächen – Bauelement: 11.1 Heizkörper

Pos.[1]	Tätigkeit	Ausführung[2]	
11	**Heizflächen**	perio-disch	bei Bedarf
11.1	**Heizkörper (Radiatoren, Plattenheizkörper, Konvektoren)**		
11.1.1	Auf Beschädigung, Korrosion, Dichtheit und Befestigung prüfen	X	
11.1.2	Entlüften		X
11.1.3	Heizkörperventil auf Funktion prüfen[3]	X	
11.1.4	Heizkörperventil nachstellen		X

[1] Die Positionsnummern sind nach Baugruppe, Bauelement und Tätigkeit untergliedert.
[2] Bei der Ausführung der Wartung wird in periodische und bei Bedarf durchzuführende Tätigkeiten unterschieden.
[3] siehe auch VDMA 24186 Teil 4

214.1 Wärmeleistung von Fußbodenheizungen — DIN EN 1264-1: 2021-08

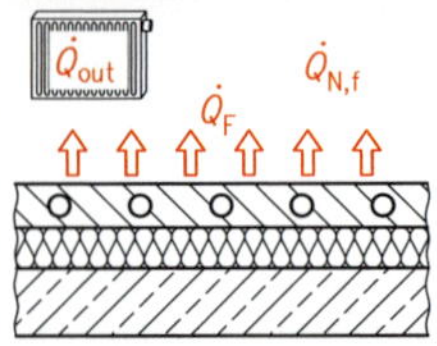

$$\dot{Q}_{N,f} = \Phi_{HL} - \Phi_V$$

$$q_{des} = \frac{\dot{Q}_{N,f}}{A_F}$$

$\dot{Q}_{N,f}$	Norm-Heizlast des fußbodenbeheizten Raums	in W
Φ_{HL}	Auslegungswärmeleistung	in W
Φ_V	Zusatzwärmeleistung	in W
q_{des}	spezifische Auslegungs-Wärmeleistung der Fußbodenheizung (Auslegungs-Wärmestromdichte)	in W/m²
A_F	wirksame Fußbodenheizfläche	m²

214.2 Spezifische Wärmeleistung von Fußbodenheizungen — DIN EN 1264-3: 2021-08

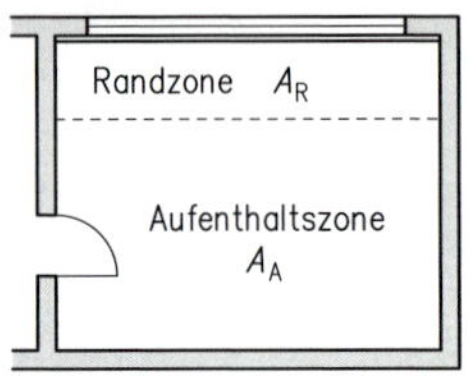

$$A_F = A_A + A_R$$

$$\dot{Q}_F = q \cdot A_F$$

$$q = \frac{A_A}{A_F} \cdot q_A + \frac{A_R}{A_F} \cdot q_R$$

A_F	Heizfläche der Fußbodenheizung	in m²
A_A	Fläche der Aufenthaltszone	in m²
A_R	Fläche der Randzone	in m²
$\dot{Q}_F$	Auslegungswärmeleistung	in W
q	spezifische Auslegungswärmeleistung	in W/m²
q_A	spezifische Wärmeleistung der Aufenthaltszone	in W/m²
q_R	spezifische Wärmeleistung der Randzone	in W/m²

214.3 Fußbodenoberflächentemperaturen und Grenzwärmestromdichten — DIN EN 1264-3: 2021-08

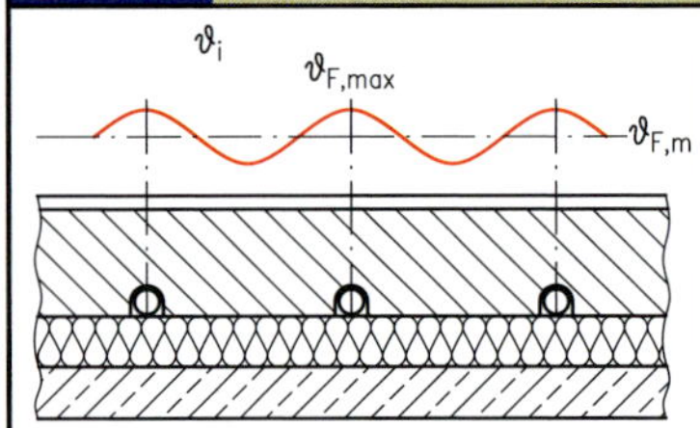

Fußbodenoberflächentemperaturen

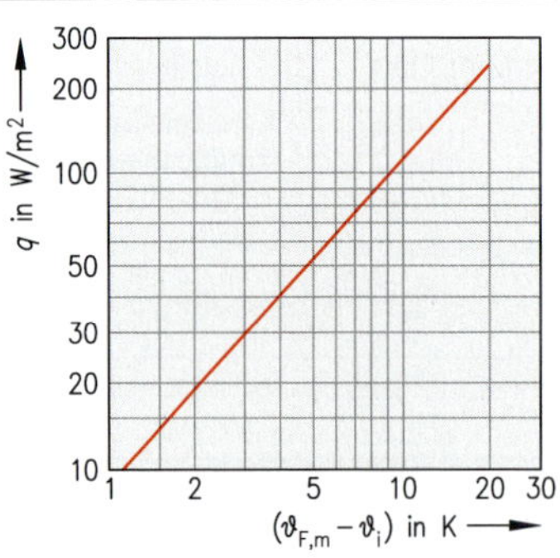

Wärmestromdichte – Basiskennlinie

$$q_{max} = 8{,}92 \cdot (\vartheta_{F,max} - \vartheta_i)^{1,1}$$

$$W = \vartheta_{F,max} - \vartheta_{F,min}$$

$$\vartheta_{F,m} = \frac{\vartheta_{F,max} + \vartheta_{F,min}}{2}$$

$$\vartheta_H = \frac{\vartheta_{VL} + \vartheta_{RL}}{2}$$

$$\Delta\vartheta_H = \frac{\vartheta_{VL} - \vartheta_{RL}}{\ln\left(\frac{\vartheta_{VL} - \vartheta_i}{\vartheta_{RL} - \vartheta_i}\right)}$$

$$q = 8{,}92 \cdot (\vartheta_{F,m} - \vartheta_i)^{1,1}$$

W	Welligkeit	in K
$\vartheta_{F,max}$	maximale Fußbodenoberflächentemperatur	in °C
$\vartheta_{F,min}$	minimale Fußbodenoberflächentemperatur	in °C
$\vartheta_{F,m}$	mittlere Fußbodenoberflächentemperatur	in °C
ϑ_H	mittlere Heizmitteltemperatur	in °C
ϑ_{VL}	Vorlauftemperatur des Heizmittels	in °C
ϑ_{RL}	Rücklauftemperatur des Heizmittels	in °C
$\Delta\vartheta_H$	Heizmittelübertemperatur (logarithmisch)	in K
ϑ_i	Norminnentemperatur	in °C
q	spezifische Wärmeleistung (Wärmestromdichte)	in W/m²
q_{max}	max. spezifische Wärmeleistung (Grenzwärmestromdichte)	in W/m²

Räume	$\vartheta_{F,max}$ 1)	ϑ_i	$\Delta\vartheta = \vartheta_{F,max} - \vartheta_i$	q_{max}
Aufenthaltsräume	29 °C	20 °C	9 K	100 W/m²
Bäder	33 °C	24 °C	9 K	100 W/m²
Randzonen	35 °C	20 °C	15 K	175 W/m²

1) Temperatur soll aus physiologischen Gründen nicht überschritten werden.

214.4 Mindest-Wärmeleitwiderstände der Fußbodendämmschichten — DIN EN 1264-4: 2021-08

Wärmeleitwiderstand	darunter befindlicher oder benachbarter beheizter Raum	darunter befindlicher o. benachbarter unbeheizter o. in Abständen beheizter Raum oder direkt auf dem Erdreich befindlicher Raum 1)	Außenlufttemperatur im darunter befindlichen Bereich		
			Auslegungsaußentemperatur ϑ_d	Auslegungsaußentemperatur ϑ_d	Auslegungsaußentemperatur ϑ_d
			$\vartheta_d \geq 0$ °C	0 °C > $\vartheta_d \geq -5$ °C	−5 °C > $\vartheta_d \geq -15$ °C
$R_{\lambda,ins}$	0,75 m² · K/W	1,25 m² · K/W	1,25 m² · K/W	1,50 m² · K/W	2,00 m² · K/W

1) Bei einem Grundwasserspiegel ≤ 5 m unterhalb des tragenden Untergrunds sollte dieser Wert erhöht werden.

215.1 Auslegungsdiagramm für Fußbodenheizungen **Herstellerangaben**

Vorgaben:	q	spezifische Wärmeleistung des Heizkreises (q_{des} für die Auslegungs-Vorlauftemperatur)	in W/m²
	ϑ_i	Norm-Innentemperatur	in °C
	$R_{\lambda,B}$	Wärmeleitwiderstand des Bodenbelags	in m² · K/W
	VA	Verlegeabstand	in cm
Abzulesen:	$\Delta\vartheta_H$	Heizmittelübertemperatur	in K

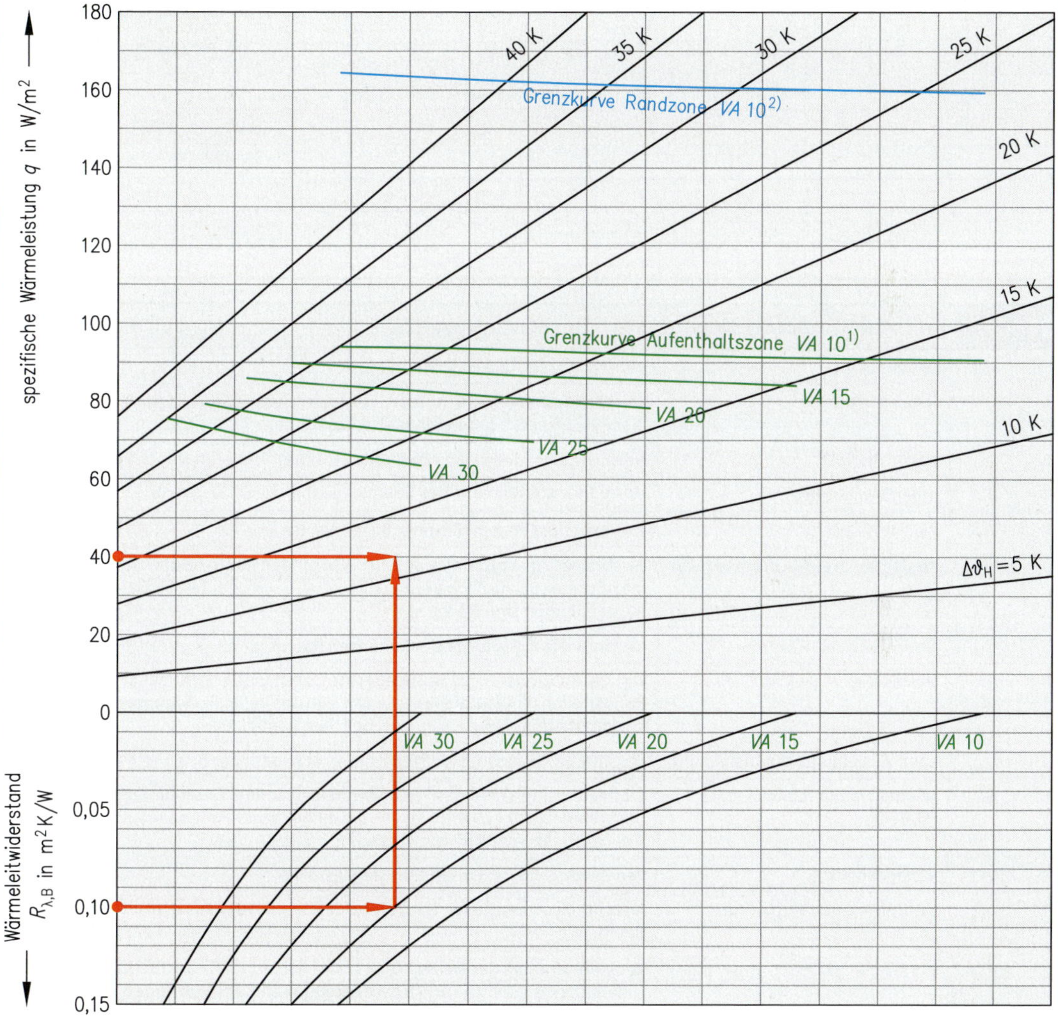

$$\vartheta_{V,Ausl.} = \vartheta_i + \Delta\vartheta_H + \frac{(\vartheta_{VL} - \vartheta_{RL})}{2}$$

$$\sigma = (\vartheta_{VL} - \vartheta_{RL})$$ [1]

$\vartheta_{V,Ausl.}$	Auslegungsvorlauftemperatur	in °C
ϑ_i	Norm-Innentemperatur	in °C
$\Delta\vartheta_H$	Heizmittelübertemperatur	in K
ϑ_{VL}	Vorlauftemperatur des Heizmittels	in °C
ϑ_{RL}	Rücklauftemperatur des Heizmittels	in °C
σ	Temperaturabfall des Heizwassers (Spreizung)	in K

[1] Nach DIN EN 1264-3 wird der Temperaturabfall des Heizwassers für den zur Auslegung herangezogenen Raum mit $\sigma \leq 5$ K festgelegt.

216.1 Fußbodenheizungsauslegung – Formblatt

Auslegungs-Vorlauftemperatur: ______ °C

1	2	3	4	5	6	7	8	9	10	11	12	13	14	15	16
Raum/Heizkreisnr.	Norm-Heizlast	Innentemperatur	Wärmeverlust	Norm-Heizlast – FBH	Heizfläche	spezifische Auslegungs-Wärmeleistung	Wärmeleitwiderstand Fußboden-Belag	Temperaturdifferenz	Verlegeabstand	Heizkreisfläche	Spreizung	spez. Wärmeleistung – Heizkreis	spez. Wärmeleistung – Raum	Auslegungs-Wärmeleistung	erforderliche Zusatzheizung
	Φ_{HL}	ϑ_i	Φ_V	$\dot{Q}_{N,f}$	A_F	q_{des}	$R_{\lambda,B}$	$\Delta\vartheta_H$	VA	$A_{A/R}$	σ	$q_{A/R}$	q	$\dot{Q}_F$	$\dot{Q}_{out}$
–	W	°C	W	W	m²	W/m²	m² · K/W	K	cm	m²	K	W/m²	W/m²	W	W

216.2 Fußbodenheizungsauslegung – Berechnungsgang

Sp.	Abk	Benennung	Bemerkung / für die Berechnung verwendete Tabellenwerte	Einheit
1	–	Raum/Heizkreis	Werden in einem Raum mehrere Fußbodenheizkreise verlegt, sind diese zeilenweise, untereinander aufzuführen.	–
2	Φ_{HL}	Norm-Heizlast	Norm-Heizlast des Raums nach DIN EN 12831 ↑ 145.1	W
3	ϑ_i	Innentemperatur	Norm-Innentemperatur des Raums	°C
4	Φ_V	Wärmeverlust	Wärmeverlust an den darunter liegenden Raum ↑ 214.1	W
	$\vartheta_{V,des}$	**Auslegungs-Vorlauftemperatur**	Die Auslegungs-Vorlauftemperatur wird für den Raum bestimmt, der die höchste spezifischen Wärmeleistung $q_{max} = q_{des}$ aufweist. Davon ausgenommen sind Bäder. ↑ 215.1	°C
5	$\dot{Q}_{N,f}$	Norm-Heizlast - FBH	Norm-Heizlast des fußbodenbeheizten Raums ↑ 214.1	W
6	A_F	Heizfläche	Von der Fußbodenheizung abgedeckte Oberfläche einschließlich eines Randstreifens[1]. Die Heizfläche ergibt sich aus der Fußbodenoberfläche des Raums abzüglich einer möglichen Stellfläche[2].	m²
7	q_{des}	spez. Auslegungs-Wärmeleistung	spezifische Auslegungs-Wärmeleistung der Fußbodenheizung ↑ 214.1	W/m²
8	$R_{\lambda,B}$	Wärmeleitwiderstand FB-Belag	Wärmeleitwiderstand des Fußbodenbelags, sofern dieser für Aufenthaltsräume nicht bekannt ist, wie ein einheitlicher Fußbodenbelag mit $R_{\lambda,B} = 0{,}10\ (m^2 \cdot K)/W$ für die Auslegung angenommen.	
9	VA	Verlegeabstand	Verlegeabstand der Fußbodenheizungsrohre	
10	$\Delta\vartheta_H$	Heizmittelübertemperatur	logarithmisch ermittelte Temperaturdifferenz zwischen Heizmittel und Raum ↑ 214.3	K
11	σ	Spreizung	Temperaturabfall des Heizmittels ↑ 215.1 Differenz zwischen Vor- und Rücklauftemperatur des Heizmittels	K
12	$A_{A/R}$	Heizkreisfläche	Fußbodenfläche der Aufenthaltszone (A_A) oder der Randzone (A_R) eines Heizkreises. ↑ 214.2	m²
13	$q_{A/R}$	spez. Wärmeleistung – Heizkreis	spezifische Wärmeleistung der Aufenthaltszone (q_A) oder der Randzone (q_R) ↑ 214.2	W/m²
14	q	spez. Wärmeleistung – Raum	spezifische Wärmeleistung der Fußbodenheizung des Raums	W/m²
15	$\dot{Q}_F$	Auslegungs-Wärmeleistung	Auslegungs-Wärmeleistung von Fußbodenheizungen ↑ 214.2	W
16	$\dot{Q}_{out}$	erf. Zusatzheizung	zusätzlich erforderliche Wärmeleistung $\dot{Q}_{out} = \dot{Q}_{N,f} - \dot{Q}_F$	W

[1] Die Breite des Randstreifens ist allgemein halb so groß wie der Rohrabstand, beträgt jedoch höchstens 0,15 m.
[2] Die Stellfläche ist der nicht von der Fußbodenheizung abgedeckte Bereich der Fußbodenoberfläche, der für die dauerhafte Aufstellung von fest mit dem Gebäude verbundenen Einrichtungsgegenständen vorgesehen ist.

217.1 spezifische Wärmeleistung q und max. Oberflächentemperaturen $\vartheta_{F,max}$ **Herstellerangaben**

Verlegeabstand VA in mm				250		200		150		100		50	
mittlere Heizmitteltemperatur		Norm-Innentemperatur		spezifische Wärmeleistung q in W/m² und max. Oberflächentemperaturen $\vartheta_{(F,max)}$ in °C									
				keramischer Bodenbelag (Fliesen) Wärmeleitfähigkeit des Bodenbelags $R_{\lambda,B}$ = 0,05 m² · K/W									
ϑ_H	°C	ϑ_i	°C	W/m²	°C	W/m²	°C	W/m²	°C	W/m²	°C	W/m²	°C
35			18	56	24,3	63	24,5	72	25,0	81	25,6	91	26,3
			20	50	25,6	56	25,8	63	26,2	71	26,8	81	27,4
			22	43	26,9	48	27,1	55	27,5	62	27,9	70	28,5
			24	36	28,2	41	28,4	46	28,7	52	29,1	59	29,6
40			18	73	25,9	82	26,2	93	26,8	105	27,6	118	28,5
			20	66	27,3	74	27,5	84	28,1	95	28,8	108	29,6
			22	60	28,6	67	28,9	76	29,4	86	30,0	97	30,7
			24	53	29,9	60	30,2	67	30,6	76	31,2	86	31,9
45			18	89	27,6	100	27,9	114	28,6	128	29,5	145	30,6
			20	83	28,9	93	29,2	105	29,9	119	30,7	135	31,8
			22	76	30,3	86	30,6	97	31,2	109	32,0	124	32,9
			24	70	31,6	78	31,9	88	32,5	100	33,2	113	34,1
				Bodenbelag aus Teppich Wärmeleitfähigkeit des Bodenbelags $R_{\lambda,B}$ = 0,10 m² · K/W									
ϑ_H	°C	ϑ_i	°C	W/m²	°C	W/m²	°C	W/m²	°C	W/m²	°C	W/m²	°C
35			18	47	23,3	52	23,5	58	23,7	64	24,1	71	24,6
			20	42	24,8	46	24,9	51	25,1	56	25,4	63	25,9
			22	36	26,2	40	26,3	44	26,5	49	26,8	54	27,2
			24	30	27,6	34	27,7	37	27,9	41	28,1	46	28,4
40			18	61	24,7	68	24,9	75	25,3	83	25,7	92	26,3
			20	55	26,2	61	26,3	68	26,6	75	27,1	83	27,6
			22	50	27,6	55	27,8	61	28,0	68	28,4	75	28,9
			24	44	29,0	49	29,2	54	29,4	60	29,8	67	30,2
45			18	75	26,1	83	26,3	92	26,7	101	27,3	113	28,0
			20	69	27,6	77	27,8	85	28,1	94	28,7	104	29,3
			22	64	29,0	71	29,2	78	29,5	86	30,0	96	30,7
			24	58	30,5	64	30,6	71	31,0	79	31,4	88	32,0
				Bodenbelag aus Parkett/dicker Teppich Wärmeleitfähigkeit des Bodenbelags $R_{\lambda,B}$ = 0,15 m² · K/W									
ϑ_H	°C	ϑ_i	°C	W/m²	°C	W/m²	°C	W/m²	°C	W/m²	°C	W/m²	°C
35			18	41	22,7	44	22,7	48	22,9	53	23,1	58	23,5
			20	36	24,2	39	24,2	43	24,4	47	24,6	51	24,9
			22	31	25,7	34	25,7	37	25,8	40	26,0	44	26,3
			24	26	27,1	29	27,2	31	27,3	34	27,5	37	27,7
40			18	53	23,9	57	24,0	63	24,2	68	24,5	75	24,9
			20	48	25,4	52	25,5	57	25,7	62	26,0	68	26,3
			22	43	26,9	47	27,0	51	27,2	56	27,4	61	27,8
			24	38	28,4	42	28,5	46	28,6	50	28,9	54	29,2
45			18	65	25,1	70	25,2	77	25,5	84	25,8	92	26,3
			20	60	26,6	65	26,7	71	27,0	78	27,3	85	27,8
			22	55	28,1	60	28,2	66	28,4	72	28,8	78	29,2
			24	50	29,7	55	29,7	60	29,9	65	30,2	71	30,6

218.1 Druckverlustdiagramm für PE-X-Rohre

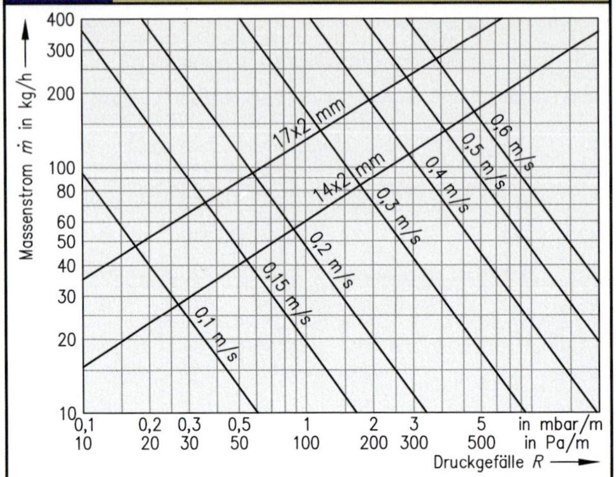

218.2 Heizkreisverteilereinstellung

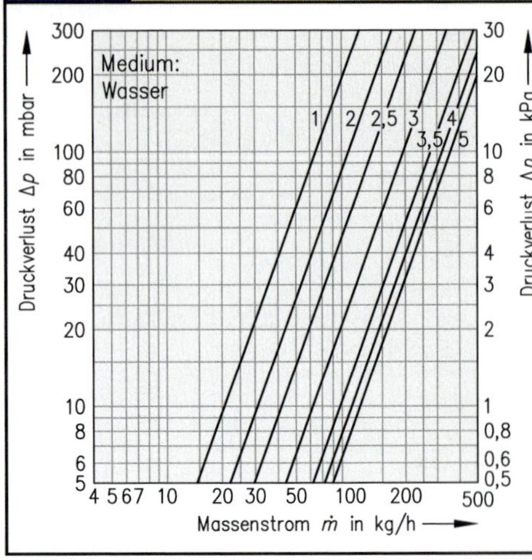

218.3 Verlegearten – Heizkreislänge

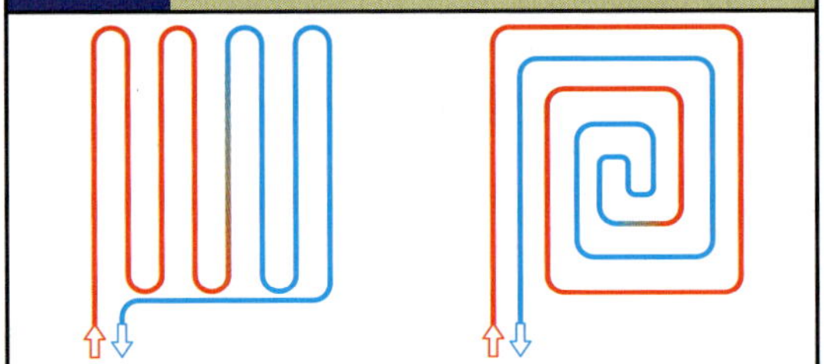

mäanderförmig (schlangenförmig)	bifilar (spiral- oder schneckenförmig)
maximale Länge eines Heizkreises: 100–120 m	

218.4 Trocknungszeiten von Zementestrichen

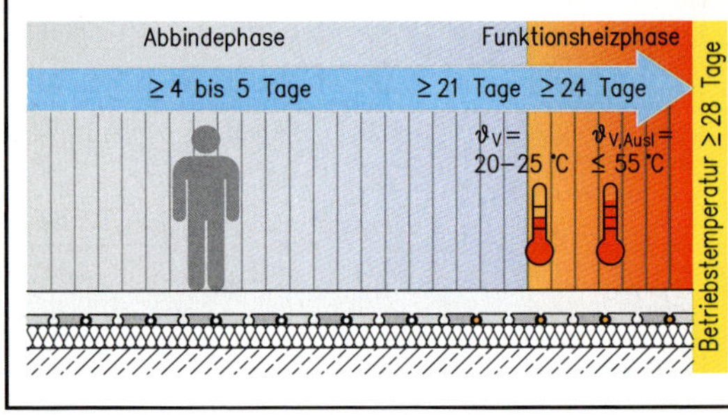

218.5 Verlegesysteme von Fußbodenheizungen

DIN EN 1264-1: 2021-08

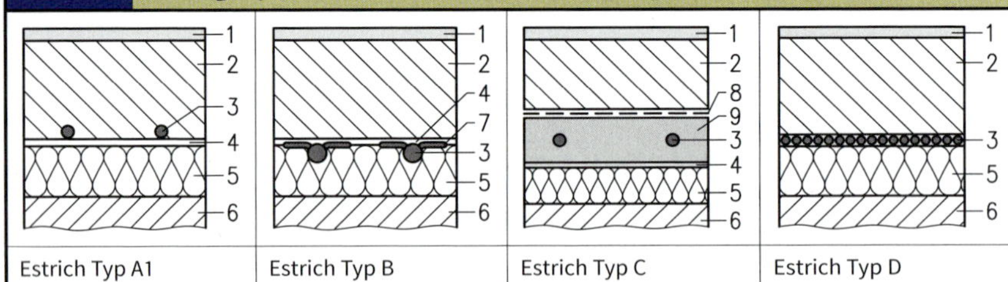

1 Bodenbelag
2 Last- und Wärmeverteilschicht (Estrich)
3 Heiz-/Kühlrohr
4 Abdeckung
5 Dämmschicht
6 tragender Untergrund
7 Wärmeleiteinrichtung
8 doppelte Trennschicht
9 Ausgleichestrich

218.6 Befestigungsarten von Fußbodenheizungsrohren

Herstellerangaben

Noppen	Klett	Clips	Tackernadeln	Verlegeplatte
Nassverlegungssysteme				Trockenbausystem

219.1 Kenndaten von Brennstoffen

		Erdgas LL	Erdgas E	Propan[1)]	Butan[1)]	Heizöl EL	Holzpellets
Hauptbestandteil		CH_4	CH_4	C_3H_8	C_4H_{10}	C_nH_m	C
	Anteil in Vol.-%	81–84	84–98	≥ 95	≥ 95	vers. Verb.	35–45
Heizwert	H_i in kWh/m³	9,0	10,0	–	–	–	–
Brennwert	H_s in kWh/m³	10,0	11,1	–	–	–	–
Heizwert	H_i in kWh/kg	–	–	12,9	12,7	11,8	4,8
Brennwert	H_s in kWh/kg	–	–	14,0	13,7	12,6	5,2
Heizwert	H_i in kWh/dm³	–	–	–	–	10,0	–
Brennwert	H_s in kWh/dm³	–	–	–	–	10,7	–
Norm-Dichte (gasförmig) bei 0 °C, 1 013 hPa	in kg/m³	0,71–0,85	0,82–0,91	2,01	2,71	–	–
Dichte (flüssig) bei 0 °C	in kg/dm³	–	–	0,53	0,59	–	–
Dichte (flüssig) bei 15 °C	in kg/dm³	–	–	0,51	0,58	820–860	–
Schüttdichte	in kg/m³	–	–	–	–	–	600–750
Taupunkttemperatur	ϑ_T in °C	56	57	53	52	47	51
übliche Luftverhältniszahl	λ	1,05–1,3	1,05–1,3	1,05–1,3	1,05–1,3	1,1–1,3	1,4 –1,9
max. CO_2-Gehalt	CO_{2max}	11,8 %	12,0 %	13,8 %	14,1 %	15,4 %	20,3 %
CO_2-Emission	in g CO_2/kWh	202[2)]	202[2)]	234[3)]	234[3)]	266	10

[1)] In der Heizungstechnik wird in der Regel kein reines Propan oder Butan, sondern „Flüssiggas" entsprechend DIN 51622 verwendet. Handelsübliches Flüssiggas zum Heizen besteht zu mehr als 95 % aus Propan und Propen.
[2)] Hier ist der Durchschnittswert für unterschiedliche Erdgase aus verschiedenen Fördergebieten angegeben.
[3)] Hier ist die CO_2-Emission für Flüssiggas zum Heizen angegeben.

219.2 Relative Dichte d, Wobbe-Index W

$$d = \frac{\varrho_{G,n}}{\varrho_{L,n}}$$

d	relative Dichte	–
$\varrho_{G,n}$	Gasdichte (Normzustand)	in kg/m³
$\varrho_{L,n}$	Luftdichte (Normzustand)	in kg/m³

Normzustand: $\vartheta_N = 0$ °C, $p_N = 1\,013$ hPa $\varrho_{L,n} = 1{,}293$ kg/m³

$$W_{s,n} = \frac{H_{S,n}}{\sqrt{d}}$$

$$W_{i,n} = \frac{H_{I,n}}{\sqrt{d}}$$

d	relative Dichte	–
$W_{s,n}$	oberer Wobbe-Index	in kWh/m³
$H_{s,n}$	Brennwert (Normzust.)	in kWh/m³
$W_{i,n}$	unterer Wobbe-Index	in kWh/m³
$H_{i,n}$	Heizwert (Normzustand)	in kWh/m³

219.3 Gasfamilien

DVGW G260 2021-09

Die Gase der 1. und 4. Gasfamilie werden nicht mehr in der öffentlichen Gasversorgung verteilt oder kommen nicht mehr zur Anwendung.		2. Gasfamilie Methanreiche Gase		3. Gasfamilie Flüssiggase		5. Gasfamilie Wasserstoff	
		Erdgas L	Erdgas E	Propan	Butan	Gruppe A[1)]	Gruppe D[1)]
Brennwert $H_{s,n}$	in kWh/m³	8,4 – 13,1		26,26	37,2	3,47	3,54
Relative Dichte		0,55 – 0,75		1,55	2,09	0,087	0,07
Wobbe Index $W_{S,n}$	in kWh/m³	11,0 – 13,0	13,6 – 15,4	22,6	25,7	11,74	13,40
Anschlussdruck p_{an}	in mbar	18 – 25; Nennwert: 20		42,5 – 57,5; Nennwert: 50		–	

[1)] Beispiele der brenntechnischen Kenndaten bei einem Stickstoffanteil von 2 mol-% (Gruppe A) bzw. 0,03 mol-% (Gruppe D).

219.4 Anschlusswert $\dot{V}_A$, Einstellwert $\dot{V}_E$

$$\dot{V}_A = \frac{\dot{Q}_{NB}}{H_{i,B}}$$

$\dot{V}_A$	Anschlusswert	in m³/h
$\dot{Q}_{NB}$	Nennbelastung	in kW
$H_{i,B}$	Betriebsheizwert	in kWh/m³

$$\dot{V}_E = \frac{\dot{Q}_{NB}}{H_{i,B}} \cdot \frac{1\,000}{60} \cdot \frac{h \cdot l}{m^3 \cdot min}$$

$\dot{V}_E$	Einstellwert	in l/min
$\dot{Q}_{NB}$	Nennbelastung	in kW
$H_{i,B}$	Betriebsheizwert	in kWh/m³

4 Brennstoffe

220.1 Leitungsabschnitte Erdgasanlage

DVGW G600-TRGI 2018

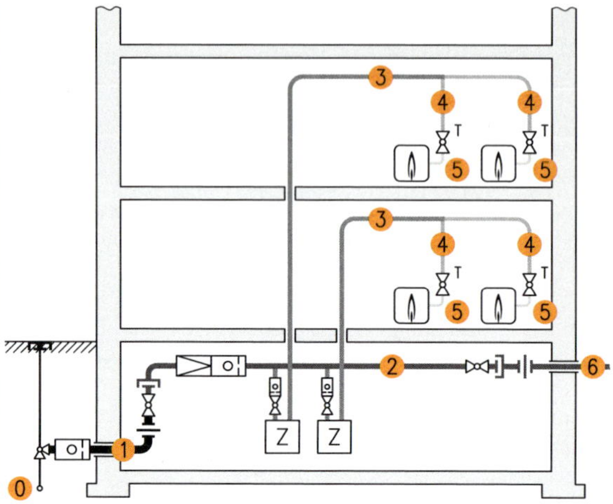

Leitungsanlage:

0 Versorgungsleitung
1 Hausanschlussleitung (HAL, DVGW-Arbeitsblatt G 459-1)
2 Verteilungsleitung (gegebenenfalls Steigleitung)
3 Verbrauchsleitung (gegebenenfalls Steigleitung)
4 Abzweigleitung
5 Geräteanschlussleitung (gegebenenfalls Sicherheits-Gasschlauchleitung)
6 erdverlegte Außenleitung

Bauteile:

- Anbohrarmatur
- Isolierstück
- Hauptabsperreinrichtung (HAE)
- Gasströmungswächter (GS)
- lösbare Verbindung
- Gas-Druckregelgerät
- Gaszähler
- Absperreinrichtung (AE)
- T Thermisch auslösende Absperreinrichtung (TAE)
- Gasgerät

220.2 Bauteile des Gasanschlusses

	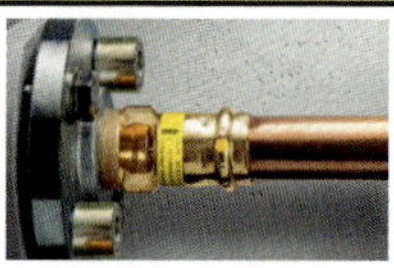			
Anbohrarmatur	Gasströmungswächter	Hauseinführung mit HAE	Gasdruckregler	Gaszähler

220.3 Schutzmaßnahmen gegen unbefugte Eingriffe

Druckbereich	Ein- und Mehrfamilienhäuser mit zentraler Gasanwendung		Mehrfamilienhäuser mit Etagengasanwendung
Niederdruck ≤ 25 mbar erf. aktive Maßnahmen: **Gasströmungswächter**	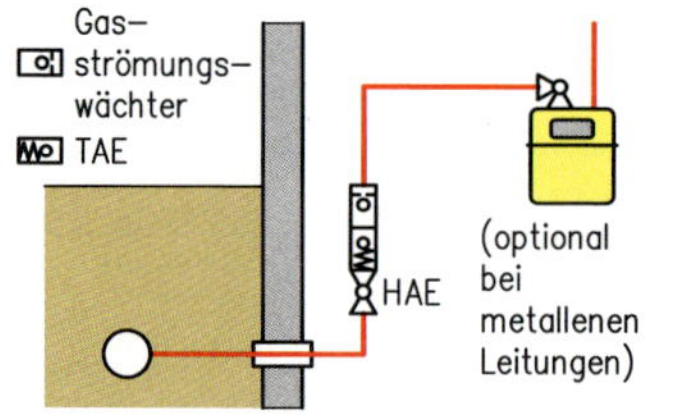		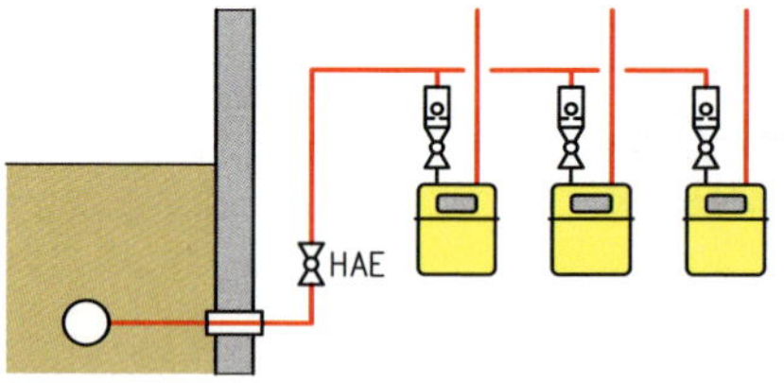
erf. passive Maßnahmen:	EFH: keine MFH: 1. oder 2. oder 3. Maßnahme		MFH: 2. oder 3. Maßnahme
erhöhter Niederdruck > 25 mbar ≤ 100 mbar Mittel- und Hochdruck > 100 mbar ≤ 5 bar erf. aktive Maßnahmen: **Gasströmungswächter**	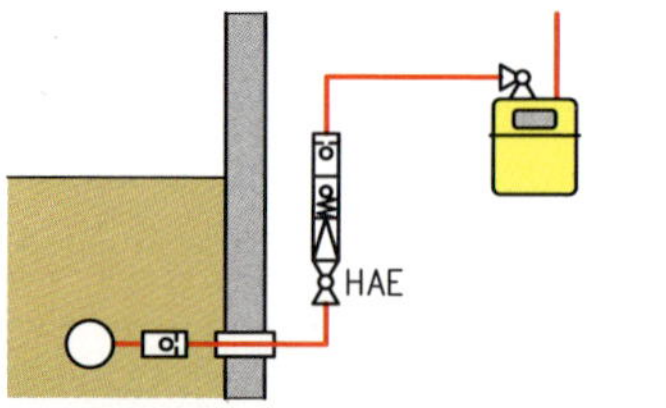		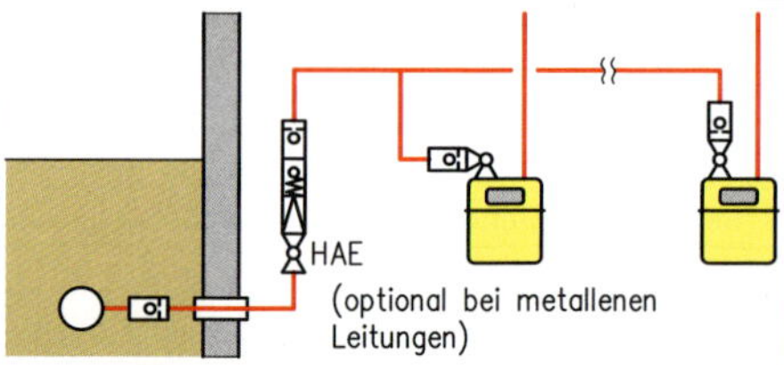
erf. passive Maßnahmen:	EFH: keine MFH: Maßnahme: Nr. 1, o. Nr. 2 o. Nr. 3		MFH: Maßnahme: Nr. 1, o. Nr. 2 o. Nr. 3
Passive Maßnahmen:	Nr. 1 – Einsatz nicht lösbarer Verbindung(en)	Nr. 2 – Einsatz gesicherter lösbarer Verbindung(en)	Nr. 3 – Aufstellung in einem nicht allgemein zugänglichen Raum“

221.1 Bemessung der Erdgas-Leitungsanlage – Tabellenverfahren TRGI 2018

Der Leitungsverlauf wird mit einem Leitungsschema dargestellt.

Nr.	Übersicht der Arbeitsschritte	Bemerkung/Beispiele	Einheit
Am Ende jedes Fließwegs wird eingetragen:			
1	Benennung des Gasgeräts (Kurzzeichen)	Kurzzeichen ↑ 67.2	
2	Nennbelastung $\dot{Q}_{NB}$ des Gasgeräts	lt. Typenschild	kW
3	Bezeichnung der Geräteanschlussarmatur mit Nennweite und Art	15 E: Eckform DN 15, 20 D: Durchgangsform DN 20, GSD: Gassteckdose	
4	Höhe *H* des Gasgeräteanschlusses über dem Leitungsanfang		m
An allen Teilstrecken wird eingetragen:			
5	Spitzenbelastung $\dot{Q}$	↑ 221.2	kW
6	Erstauswahl des Rohrdurchmessers	↑ 221.3	DN/mm
7	Rohrdruckgefälle *R* dieses Rohrs	↑ 222.1 oder ↑ 223.1	Pa/m
8	Berechnungslänge l_R der Teilstrecke (l_R = Rohrlänge (l) + Längenzuschläge für Formteile ($l_{TA} + \Sigma l_W$)	Längenzuschläge: ↑ 223.2 $l_R = l + l_{TA} + \Sigma l_W$	m
9	ggf. Gasströmungswächter (GS), Gaszähler (G) und andere Bauteile		
Aus diesen, den Rohren und Bauteilen zugeordneten Angaben wird der Druckverlust Δp [in Pa] der einzelnen Bauteile und Teilstrecken ermittelt:			
10	Druckverlust der Geräteanschlussarmaturen Δp_{GA}	↑ 223.4	Pa
11	Druckgewinn bzw. Druckverlust durch Höhe Δp_H	↑ 223.5	Pa
12	Druckverlust des Gasströmungswächters Δp_{GS}	↑ 224.1	Pa
13	Druckverlust der Zählergruppe Δp_{ZG} (Gaszähler mit Anschlussbauteilen und Absperreinrichtung)	↑ 224.2	Pa
14	Druckverlust der Teilstrecken Δp_R	$\Delta p_R = R \cdot l_R$	Pa
15	Druckverlust zusätzlicher Absperreinrichtungen	↑ 224.3	Pa

Die Druckverluste werden entlang der Fließwege vom Gas-Druckregelgeräteausgang bis zu den Gasgeräten summiert.
Ist kein Gas-Druckregelgerät vorhanden, wird der Druckverlust ab HAE berechnet.
Die Summe des Druckverlusts darf 300 Pa nicht überschreiten.

Nach der Bemessung der Teilstrecken ist die Wirksamkeit der GS zu überprüfen.

221.2 Erdgas-Leitungsanlage – Nennbelastung und Spitzenbelastung TRGI 2018

Abk.	Bezeichnung	Bemerkung/Berechnungsformel/Ausnahmen	
$\dot{Q}_{NB}$	Nennbelastung i. d. R. laut Typschild des Gasgeräts Werte sind ganzzahlig zu runden	Gasherd: $\dot{Q}_{NB} = 0{,}9 \cdot \dot{Q}_{NB,\,Gasherd}$ Gassteckdose, falls anzuschließendes Gasgerät unbekannt: $\dot{Q}_{NB}$ = 9 kW für Gasherd, Wokbrenner, Wäschetrockner $\dot{Q}_{NB}$ = 13 KW für Gaskaminofen, Gasgrill, Terrassenstrahler	in kW
$\dot{Q}$ $\dot{Q}_{NB\,max}$ $\dot{Q}_{SB}$	Spitzenbelastung max. angeschlossene Nennbelastung Summe der angeschlossenen Nennbelastungen	Für Teilstrecken, an denen nur ein Gasgerät angeschlossen ist, gilt: $\dot{Q} = \dot{Q}_{NB}$ Für Teilstrecken, an denen mehrere Gasgeräte angeschlossen sind, gilt: $\dot{Q} = 0{,}5 \cdot (\dot{Q}_{SB} + \dot{Q}_{NB\,max})$ Werte sind ganzzahlig zu runden	in kW

221.3 Erdgas-Leitungsanlage – Erstauswahl der Rohrdurchmesser TRGI 2018

Leitungsabschnitte	maximales Rohrdruckgefälle
Einzelzuleitung, Abzweigleitung, Verbrauchsleitung und Verteilungsleitung ohne Steigleitungen	$R \leq 10$ Pa/m
Verteilungsleitungen mit Steigleitungen und Steigleitungen in Verteilungsleitungen	$R \leq 5$ Pa/m

4 Brennstoffe

4 Brennstoffe

222.1 Rohrdruckgefälle *R* — TRGI 2018

Kupfer- und Edelstahlrohr

R	Rohraußendurchmesser d_a in mm						
	15	18	22	28	35	42	54
Pa/m	$\dot{Q}$ in kW						
2,0	4	–	13	29	53	92	193
2,5	5	8	15	33	61	105	215
3,0	–	9	17	36	67	116	240
3,5	6	10	18	39	73	126	260
4,0	–	11	20	43	80	138	285
5	7	13	23	49	91	157	325
6	8	14	26	54	100	173	355
7	9	16	28	59	109	188	385
8	–	17	30	64	117	200	415
9	10	18	32	68	125	215	445
10	11	20	35	74	136	230	480
12	12	22	39	81	150	255	530
14	13	24	42	88	163	275	575
16	14	26	46	95	175	300	615
18	15	28	49	101	186	315	655
20	16	29	52	107	197	335	695

PE-Rohr SDR 11

R	Rohraußendurchmesser d_a in mm				
	25	32	40	50	63
Pa/m	$\dot{Q}$ in kW				
0,4	4	11	21	40	77
0,6	7	15	27	51	98
0,8	8	17	33	61	116
1,0	10	20	37	69	132
1,2	11	22	41	77	145
1,4	12	24	45	83	158
1,6	13	26	48	90	169
1,8	14	28	51	96	181
2,0	15	30	56	104	197
2,5	17	35	64	119	220
3,0	19	38	71	131	245
3,5	21	42	77	142	265
4,0	23	46	84	156	290
5,0	26	52	96	177	330

Stahlrohr mittlere Reihe

R	Nennweite DN					
	15	20	25	32	40	50
Pa/m	$\dot{Q}$ in kW					
2,0	7	16	31	68	103	197
2,5	8	18	35	77	116	220
3,0	9	20	39	84	128	240
3,5	–	22	42	91	138	260
4,0	10	24	46	100	151	285
5	12	28	52	112	170	325
6	13	30	57	123	187	355
7	14	33	62	133	200	380
8	15	35	67	143	215	410
9	16	37	71	152	225	435
10	17	41	77	164	245	470
12	19	45	84	180	270	515
14	21	48	91	194	290	555
16	22	52	97	205	310	590
18	24	55	104	220	330	630
20	25	58	109	230	350	660

Stahlrohr schwere Reihe

R	Nennweite DN					
	15	20	25	32	40	50
Pa/m	$\dot{Q}$ in kW					
2,0	–	14	26	60	92	179
2,5	6	16	30	67	105	200
3,0	–	17	33	74	115	220
3,5	7	19	36	80	124	240
4,0	8	21	39	88	136	260
5	9	23	44	99	153	295
6	10	26	49	109	169	320
7	11	28	53	118	181	350
8	12	30	56	126	194	370
9	13	32	60	134	205	395
10	14	35	65	145	220	425
12	15	38	71	159	240	465
14	17	41	77	171	260	505
16	18	44	83	183	280	540
18	19	47	88	195	295	570
20	20	50	93	205	315	605

223.1 Rohrdruckgefälle R TRGI 2018

Wellrohr							Wellrohr						
	Nennweite DN							Nennweite DN					
R	15	20	25	32	40	50	R	15	20	25	32	40	50
Pa/m	$\dot{Q}$ in kW						Pa/m	$\dot{Q}$ in kW					
2,0	5	11	19	38	68	124	8	10	22	40	77	138	245
2,5	–	12	22	42	77	139	9	11	23	42	81	146	260
3,0	6	13	24	46	84	151	10	12	25	45	87	157	280
3,5	–	14	26	50	90	163	12	13	26	50	95	171	305
4,0	7	15	28	54	96	177	14	14	30	53	103	184	330
5	8	17	32	61	110	199	16	15	32	57	109	197	360
6	9	19	34	67	120	215	18	16	34	60	116	205	370
7	–	21	37	72	129	230	20	17	36	64	122	215	390

223.2 Längenzuschlag für Formteile TRGI 2018

	d_a in mm	bis	28	35	42	54	64	76,1–88,9
	DN	bis	25	32	40	50	65	80
90°-Winkel	l_W	in m	0,3	0,5	0,7	1	1,2	1,5
T-Abgang	l_{TA}	in m	0,7	1	1,5	2	2,5	3

Bei PE-Rohr auch für 90°-Winkel die l_{TA}-Werte für T-Abgang verwenden

223.3 Gasströmungswächter Auswahl TRGI 2018

Auswahl GS	Ein Gasgerät $\dot{Q}_{NB}$ in kW	Mehrere Gasgeräte $\Sigma\dot{Q}_{NB}$ in kW	Mindestnennweiten* bei GS K (*maximal 10 m)				$\dot{V}_N$ in m³/h (Gas)
			Cu, Edelstahl d_a	Stahlrohr DN	Wellrohr DN	Gerätearmatur DN	
GS 2,5	≤ 17	≤ 21	–	–	–	–	2,0
GS 4	18–27	22–34	–	–	–	–	3,2
GS 6	28–41	35–51	18	20	20	15	4,8
GS 10	42–68	52–86	22	20	25	20	8,0
GS 16	69–110	87–138	28	25	32	25	12,8

223.4 Druckverlust der Geräteanschlussarmatur mit TAE TRGI 2018

Eckform (E)	Nennweite DN							Druchgangsform (D)**	Nennweite DN						
Δp_{GA}	GSD*	15	20	25	32	40	50	Δp_{GA}	15	20	25	32	40	50	65
Pa	$\dot{Q}_{NB}$ in kW							Pa	$\dot{Q}_{NB}$ in kW						
5	3	7	12	20	37	58	75	5	10	21	33	56	83	135	237
10	4	9	15	26	48	75	96	10	13	27	43	73	108	175	306
15	5	11	18	31	57	89	114	15	16	32	51	86	127	207	362
20	–	12	21	36	64	100	130	20	18	36	58	97	144	235	410
25	6	14	23	40	71	111	143	25	20	40	64	108	160	259	454
30	–	15	25	43	77	121	156	30	21	44	69	117	173	282	493
35	7	16	27	46	83	130	167	35	23	47	74	126	186	303	530
40	–	17	29	49	89	138	178	40	25	50	79	134	198	322	564
45	8	18	31	52	94	146	188	45	26	53	84	141	210	341	596
50	–	19	32	55	98	154	198	50	27	55	88	149	220	358	627
55	9	20	34	57	103	161	207	55	29	58	92	156	231	375	656
60	–	21	35	60	107	168	216	60	30	60	96	162	240	391	684
65	–	22	37	62	112	174	225	65	31	63	100	169	250	406	711
70	10	–	38	64	116	181	233	70	32	65	103	175	259	421	737
75	–	23	39	67	120	187	241	75	33	67	107	181	268	435	762
80	11	24	41	69	124	193	248	80	34	69	110	186	276	449	786

* GSD mit ½"-Anschluss (entspricht DN 12 nach DIN EN 15069)

** gilt auch für separate TAE

223.5 Druckdifferenz durch Höhenunterschied TRGI 2018

$\Delta p_H = -4\,\frac{Pa}{m} \cdot H$	Δp_H H	Druckdifferenz durch Höhenunterschied (Druckgewinn oder Druckverlust) geodätischer Höhenunterschied vom Anfang der zum Gaszähler führenden Leitung bis zum Gasgerät (Die Gesamthöhe ist ganzzahlig zu runden.)	in Pa in m

224.1 Druckverlust Gasströmungswächter TRGI 2018

Δp_{GS}	GS 2,5	GS 4	GS 6	GS 10	GS 16
Pa	$\dot{Q}_{NB}$ in kW				
10	10	17	25	43	68
15	12	20	30	50	81
20	14	23	34	57	92
25	15	25	38	63	102
30	17	27	41	69	110
35	18	29	44	74	119
40	19	31	47	79	126
45	20	33	50	83	134
50	21	34	51	88	138

224.2 Druckverlust Zählergruppe (Balgengaszähler) TRGI 2018

Δp_{ZG}	G 2,5	G 4	G 6	G 10	G 15	G 25	G 40	G 65
Pa	$\dot{Q}$ in kW							
30	5	8	10	17	25	39	63	103
35	10	14	18	30	44	69	111	180
40	13	18	23	39	57	89	143	233
45	15	21	28	47	68	106	170	276
50	17	24	32	53	77	120	193	314
55	19	27	35	59	85	133	213	347
60	21	29	38	64	92	145	232	377
65	22	31	41	69	99	156	249	405
70	24	33	44	73	106	166	265	431
75	25	35	46	77	112	175	281	456
80	26	37	49	81	118	184	295	480
85	28	39	51	85	123	193	309	502
90	29	40	53	89	128	201	322	523
95	30	42	55	92	134	209	335	544
100	31	43	57	96	138	217	347	564

224.3 Druckverlust Absperreinrichtungen ohne TAE TRGI 2018

Eckform (E)	Nennweite DN						Druchgangsform (D)*	Nennweite DN							
Δp_{AE}	15	20	25	32	40	50	Δp_{AE}	15	20	25	32	40	50	65	80
Pa	$\dot{Q}$ in kW						Pa	$\dot{Q}$ in kW							
5	10	18	29	53	82	106	5	15	29	47	79	118	191	332	471
10	13	23	38	68	106	137	10	19	36	61	103	152	247	429	608
15	16	27	45	81	126	162	15	22	45	72	121	180	292	508	719
20	18	31	51	92	143	184	20	25	51	82	138	204	331	576	816
25	20	34	56	101	158	203	25	28	56	90	152	225	366	637	902
30	21	37	61	110	172	221	30	31	61	98	165	245	398	692	980
35	23	39	66	118	184	237	35	33	66	105	178	263	428	744	1053
40	25	42	70	126	196	252	40	35	70	112	189	280	455	792	1121
45	26	44	74	133	207	267	45	37	74	119	200	296	482	837	1185
50	27	47	78	140	218	280	50	39	78	125	210	312	506	880	1246

* für Magnetventile siehe Produktunterlagen der Hersteller

224.4 Gasströmungswächter Einbaubeispiele, Abmessungen und Abgleich

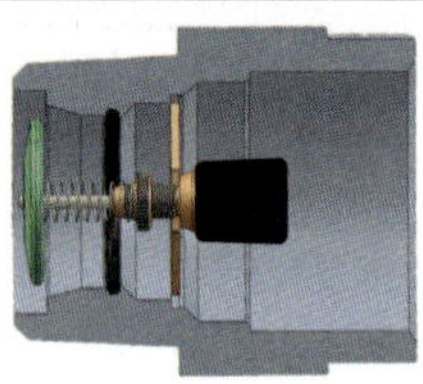

Gasströmungswächter

Einbaubeispiele Gasströmungswächter

Installationsorte des Gasströmungswächters (GS):

- vor dem Gas-Druckregelgerät, wenn der Druck dort 100 mbar überschreitet;
- im Gas-Druckregelgerät integriert oder
- unmittelbar hinter dem Gas-Druckregelgerät;
- ggf. vor Gaszählern;
- ggf. an Abzweigen der Leitungsanlage

DN	Gewinde nach DIN EN 10226-1 (ISO 7-1)		Bauform GS...H...AI			Bauform GS...H...IA			Bauform GS...HT...AI		
	außen	innen	SW	L1 [mm]	L2 [mm]	SW	L1 [mm]	L2 [mm]	L1 [mm]	L2 [mm]	L3 [mm]
15	R½	Rp½	27	58	43	–	–	–	–	–	–
20	R¼	Rp¼	32	43	27	32	50	34	ca. 72,5	16,3	16,5
25	R1	Rp1	36	46,5	27,5	36	52,5	33,5	ca. 89,5	19,1	19,3
32	R1¼	Rp1¼	46	70	46	46	70	46	–	–	–
40	R1½	Rp1½	50	78	54	50	78	54	–	–	–
50	R2	Rp2	65	82	54	65	82	54	–	–	–

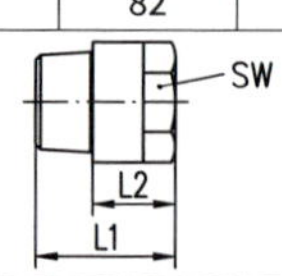

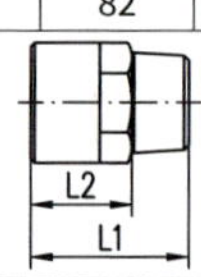

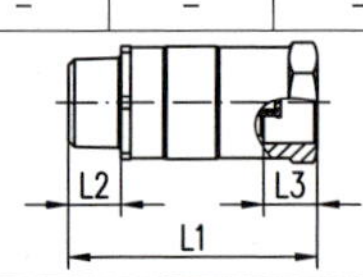

Abgleich des Gasströmungswächters (GS): Prüfung, ob die Wirksamkeit des GS gegeben ist.

- Bei einem GS K vor einer Einzelzuleitung oder Abzweigleitung ist ein Abgleich nicht erforderlich. Durch die Auslegung auf einen Gesamtdruckverlust < 300 Pa und die Auswahl des GS K nach Tabelle ↑ 223.3 ist dessen Wirksamkeit gegeben.
- Bei Leitungen, für die ein GS2,5 K oder GS 4 K nach Tabelle ↑ 223.3 ausgewählt wurde, ist ebenfalls kein Abgleich erforderlich.
- Ab GS 6 K ist zu beachten, dass die in Tabelle ↑ 223.3 angegebenen Mindestnennweiten eingehalten werden.

225.1 Hauseinführungen — DIN 18012: 2018-04

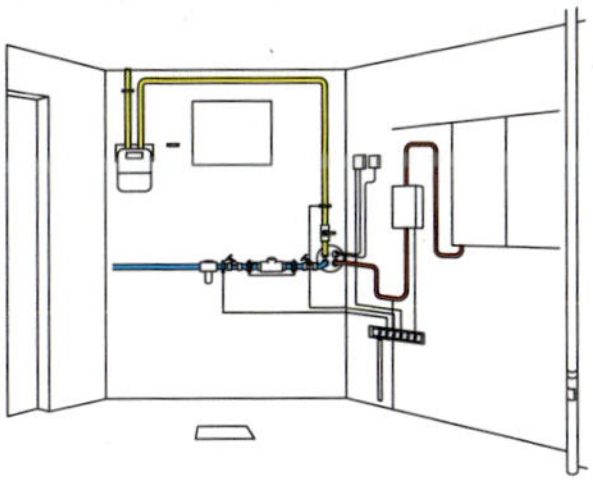
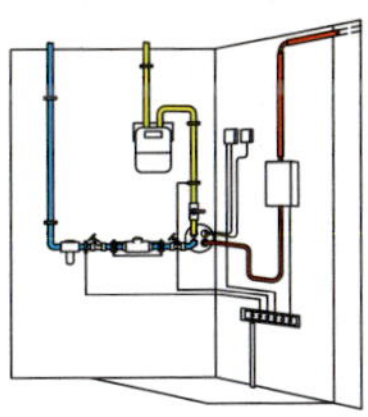

Mehrsparten-Hauseinführung im Keller von Gebäuden

Hausanschlussraum (≥ 4 WE) Hausanschlusswand (≤ 3 WE)

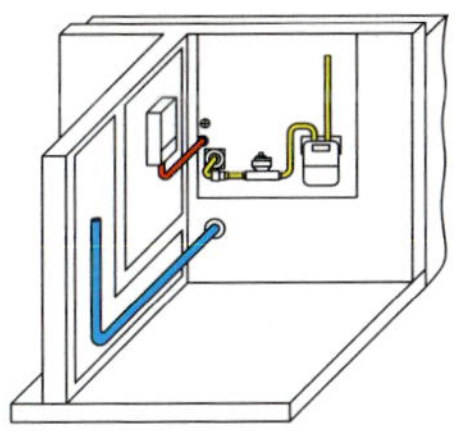
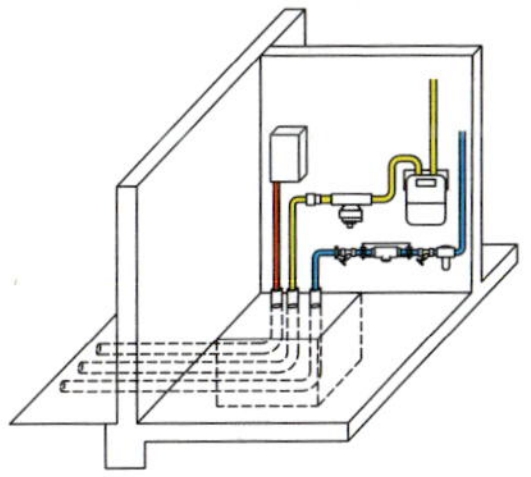

Einsparten-Hauseinführung

für Gebäude mit Keller für Gebäude ohne Keller

225.2 Verlegerichtlinien für metallene Innenleitungen — TRGI 2018

- Gasleitungen dürfen nicht in Aufzugsschächten, Lüftungsleitungen und Müllabwurfanlagen verlegt, durch Schornsteine geführt oder in Schornsteinwangen eingelassen werden. Dies gilt nicht, wenn solche Anlagen auf Dauer stillgelegt sind und erkennbar als Leitungsschacht genutzt werden.
- Gasleitungen dürfen nicht an anderen Leitungen befestigt werden und dürfen nicht als Träger für andere Leitungen und Lasten dienen. Sie sind so anzuordnen, dass Tropf- und Schwitzwasser von anderen Leitungen nicht auf sie einwirken können.
- Gasleitungen können freiliegend, unter Putz ohne Hohlraum oder in Schächten bzw. in Kanälen verlegt werden. Leitungen mit Betriebsdrücken über 100 mbar dürfen nicht unter Putz verlegt werden.
- Werden Leitungen in Hohlräumen, z. B. in Schächten oder Kanälen verlegt, so sind diese entweder geschoss- bzw. abschnittweise oder im Ganzen zu be- und entlüften. Die Be- und Entlüftungsöffnungen müssen mindestens 10 cm² groß sein. Die Be- und Entlüftung entfällt, wenn die Schächte oder Kanäle mit geeigneten Füllmaterialien formbeständig und dicht verfüllt werden, sodass es zu keiner Gasansammlung kommen kann.
- Leitungen, die durch unbelüftete Hohlräume führen, sind in Mantelrohren zu verlegen. Die Mantelrohre müssen aus korrosionsbeständigem Material bestehen oder gegen Korrosion geschützt sein. Das Mantelrohr muss zumindest an einem Ende offen sein.
- Die Leitungen sind so zu verlegen und zu befestigen, dass auch im Brandfall bei Temperaturen bis zu 650 °C keine freien Rohrquerschnitte entstehen können, aus denen Gas ausströmen kann.
- Sie sind in Abhängigkeit der mechanischen Festigkeit (Zugfestheit) ihrer Rohrverbindungen mittels Rohrhalterungen an Bauteilen mit ausreichender baulicher Festigkeit zu befestigen.
- Kunststoffdübel können dann eingesetzt werden, wenn im Brandfall bei Temperaturen bis zu 650 °C die mechanische Festigkeit der Rohrleitung nicht eingeschränkt wird.

225.3 Befestigung der Leitungsanlage — TRGI 2018

Ausführungsbeispiele zur Befestigung von Gasleitungen

a

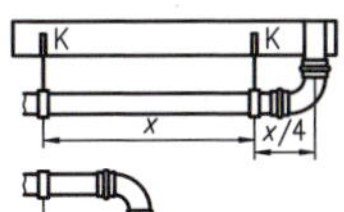

- Befestigung mit Kunststoffdübel (K) zulässig bei zug- und schubfester Rohrverbindung (bis 650 °C) je nach baulicher Situation und räumlicher Zuordnung
- Beispiel: gepresste Kupferleitung

b

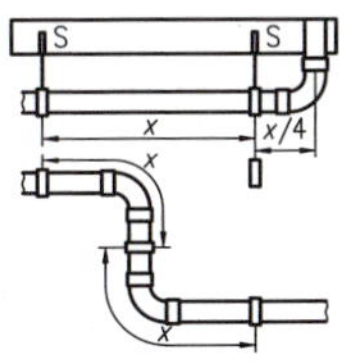

- Befestigung mit Stahldübel (S) (S) bei nicht zug- und schubfester Rohrverbindung (bis 650 °C)
- Beispiel: hartgelötete Kupferleitung

Befestigung vertikal verlegter Leitungen – Beispiele

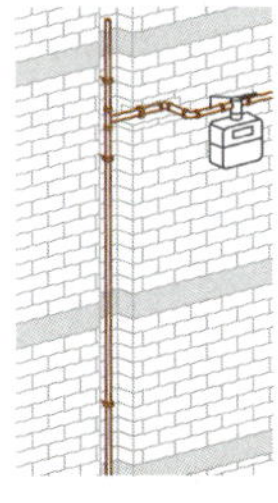

vertikal verlegte Leitung

nicht zugänglicher Schacht

Richtwerte für Befestigungsabstände horizontal verlegter metallener Leitungen

Nennweite DN	Außendurchmesser d_a	Befestigungsabstand x
–	15 mm	1,25 m
15	18 mm	1,50 m
20	22 mm	2,00 m
25	28 mm	2,25 m
32	35 mm	2,75 m
40	42 mm	3,00 m
50	54 mm	3,50 m

Richtwerte für Befestigungsabstände horizontal verlegter Mehrschichtverbundrohre

Außendurchmesser d_a	Befestigungsabstand x
16 mm	1,00 m
20 mm	1,25 m
25 mm	1,50 m
32 mm	1,75 m
40 mm	2,00 m
50 mm	2,00 m

226.1 Einsatzbereiche für Rohre sowie Form- und Verbindungsstücke — TRGI 2018

Werkstoffe (TRGI Abschnitt)	technische Regeln	Betriebsdruck bis 100 hPa	Betriebsdruck über 100 hPa bis 0,1 MPa	Außenleitung frei verlegt	Außenleitung erdverlegt	Innenleitung	Gasgeräteanschlussleitung	Bemerkungen
Stahlrohre (5.2.1.1)	DIN EN 10255 DIN EN ISO 3183 DIN EN 10216-1 DIN EN 10217-1	X	X	X	X	X	X	
Verbindungsstücke (5.2.1.1)	DIN EN 1092-1 DIN EN 1092-2 DIN EN 10242 DIN EN 10242/A1/A2 DIN EN 10253-1 DIN EN 10241	X	X	X	X	X	X	
	DIN 3387-1 (*)	X	X	X	X	X[1]	X[1]	
	G 5814 B1[2]	X	X	X		X	X	Stahlrohre nach DIN EN 10216-1 oder DIN EN 10217-1
Rohre aus nicht rostendem Stahl (5.2.1.2)	DVGW GW 541 (A)	X	X	X	X	X	X	
Verbindungsstücke (5.2.1.2)	DVGW G 5614 (P)	X	X	X	X[3]	X	X	
Kupferrohre, innenverzinnte Kupferrohre (5.2.1.3)	DIN EN 1057 DVGW GW 392 (A)	X	X	X	X	X	X	
Verbindungsstücke (5.2.1.3)	DVGW GW 2 (A)	X	X	X	X	X	X	
	DVGW G 5614 (P)	X	X	X	X[3]	X	X	
	DIN 3387-1 (*)	X		X	X	X[1]	X[1]	
	DIN EN 1092-3	X	X	X	X	X	X	
Rohre aus Kunststoffen (5.2.2)								
PE 80 und PE 100	DVGW GW 335-A2 (A)	X	X		X			
PE-Xa	DVGW GW 335-A3 (A)	X	X		X			
PE-Xb, PE-Xc	DVGW VP 640 (P)	X	X		X			
Verbindungsstücke (5.2.2)	DVGW GW 335-B2 (A)	X	X		X			
	DVGW G 5600-1 (P)	X	X		X			
	DVGW G 5600-2 (P)	X	X		X			
Präzisionsstahlrohre (5.2.3.1)	DIN EN 10305-1	X	X			X	X	Mindestwanddicken
	DIN EN 10305-2	X	X			X	X	AD bis 20 mm: 1,5 mm
	DIN EN 10305-3	X	X			X	X	über 20 mm: 2,0 mm
Verbindungsstücke (5.2.3.1)	DIN3387-1 (*)	X	X			X[1]	X[1]	AD =
	DIn 3387-2[4] (*)	X	X			X	X	Außendurchmesser
Wellrohrleitungen aus nicht rostendem Stahl einschließlich zugehörigem Verbinder (5.2.3.2)	DIN EN 15266	X			X[3]	X	X	
	DVGW G 5616 (P)	X			X[3]	X	X	
Installationssysteme aus Mehrschichtverbundrohr und deren Verbinder (5.2.3.3)	DCGW G 5628 (P)	X			X[3]	X	X	
Gasschlauchleitungen (5.2.4)	DIN 16517 (*)	X	X			X[5]	X	
	DIN 3384 (*)	X					X	
	DIN EN 14800 (*)	X					X	
	DIN 3383-1 (*)	X					X	
	DUB 3383-2 (*)	X					X	

Die mit (*) gekennzeichneten Normen sind in die TRGI als Produktanforderungen aufgenommen worden.
[1] zugfest und thermisch erhöht belastbar, [2] nur für Gewinderohre nach DIN EN 10256, [3] nur zum Anschluss von Gasgeräten zur Verwendung im Freien, [4] Bördelverbindungen nur in Verbindung mit Rohren nach DIN EN 10305-1, [5] Einsatz zum Axialausgleich

227.1 Einsatzbereiche von Rohrverbindungen — TRGI 2018

Verbindungsart (TRGI-Abschnitt)	technische Regeln	Betriebsdruck bis 100 hPa	Betriebsdruck über 100 hPa bis 0,1 MPa	Außenleitung: frei verlegt	Außenleitung: erdverlegt	Innenleitung	Gasgeräteanschlussleitung
unlösbare Verbindungen Geöffnete Verbindungen sind an unveränderter Position nicht wieder verwendbar.							
Gewindeverbindung für Gewinderohre (Stahl) (5.2.6.1)	DIN EN 10226-1 – bis DN 50	X	X	X	X	X	X
Gewindedichtmittel (5.2.6.4)	DIN EN 751-2 (*), -3 (*) Die flächenbezogene Masse gemäß 5.2.6.4 ist zu beachten.	X	X[1]	X	X	X	X
Hartlötverbindung für Kupferrohre (5.2.6.1)	DVGW GW 2 (A)	X	X	X	X	X	X
Pressverbindung für metallene Rohre (5.2.6.1)	DVGW G 5614 (P) DVGW G 5614 B1 (P)	X X	X X	X X	X[2] X[2]	X X	X X
Installationssysteme aus Mehrschichtverbundrohr und deren Verbinder (5.2.6.1)	DVGW G 5628 (P)	X			X[2]	X	X
Übergangsverbindung für PE 80, PE 100 und PE-X (5.2.6.1)	DVGW G 5600-1 (P) DVGW G 5600-2 (P)	X	X		X		
Metallener Press-/Schiebehülsenverbinder als Werkstoffübergangsverbinder (5.2.6.1)	DVGW G 5600-1 (P)	X	X		X		
PE-Schweißverbindungen (5.2.6.1)	DVGW G 472 (A) DVGW GW 335 B2 (A)	X X	X X		X X		
lösbare Verbindungen Diese Verbindung kann mit Werkzeug zerstörungsfrei geöffnet und mit denselben Teilen an unveränderter Position wieder verbunden werden. Ein Austausch der Dichtung ist dabei ggf. notwendig.							
Glattrohrverbinder und Bördelrohrverbindungen (5.2.6.2)	DIN 3387-1 und 2 (*)	X	X	X	X	X[3]	X[3]
Verschraubung (5.2.6.2)	DIN EN 10242 Design Symbol A DIN EN 10241	X	X	X	X	X	X
Zählerverschraubung	DIN 3376-1 DIN 3376-2	X	X	X[4]		X	
	DIN 3535-5 (*) Typ C und -6 (*) Typ FA und DIN EN 682 (*) sowie DIN EN 549 (*)	X	X	X		X[5]	X[5]
	DIN 3535-6 (*) und DIN EN 682 (*)	X	X		X		
Flanschverbindung (5.2.6.2)	DIN EN 1092-1 DIN EN 1092-2 DIN EN 1092-3	X	X	X	X	X	X
	DIN 16963-4 DIN 16963-11	X	X		X		
Dichtungen	DIN 3536-6 (*)	X	X			X[5]	X[5]
	DIN 3535-5 (*) Typ C und -6 (*) und DIN EN 682 (*) sowie nach DIN EN 549 (*)	X	X	X		X[6]	X[6]
Klemmverbindung für PE 80, PE 100 und PE-X (5.2.6.2)	DVGW G 5600-1 (P) DVGW G 5600-2 (P)	X X	X X		X X		

Die mit (*) gekennzeichneten Normen sind in die TRGI als Produktanforderungen aufgenommen worden.
[1] bis max. 0,5 MPa, [2] nur zum Anschluss von Gasgeräten zur Verwendung im Freien, [3] zugfest und thermisch erhöht belastbar
[4] z. B. Außen-Anschlusskasten, [5] HTB-geprüft nach DIN 30653, [6] für Flansche mit Vor- und Rücksprung

228.1 Gasgerätearten — TRGI 2018

Gasgerät ohne Abgasanlage – Art A: Verbrennungsluft wird dem Aufstellraum entnommen (z. B. Gasherd, Einbaubackofen)			
A1[1] – ohne Gebläse; A2[1] – mit Gebläse hinter dem Brenner/Wärmetauscher; A3[1] – mit Gebläse vor dem Brenner			
Gasgerät mit Abgasanlage – I. Indexziffer: Ausführungsvariante der Abgasführung, II. Indexziffer: ohne/mit Gebläse			
I. Indexziffer: (1) bis (13)[7]; II. Indexziffer: (1) bis (3)[3),6)]; (1) – ohne Gebläse, (2) – mit Gebläse hinter dem Wärmetauscher, (3) – mit Gebläse vor dem Brenner	(1)	(2)	(3)
Art B: Gasgerät mit Abgasführung. Verbrennungsluft wird dem Aufstellraum entnommen **(raumluftabhängig)**.			
(1) mit Strömungssicherung[1),2),3)]	B_{11}	B_{12}	B_{13}
(2) ohne Strömungssicherung	B_{21}	B_{22}[4),5)]	B_{23}[4),5)]
(3) Ohne Strömungssicherung einschließlich Luft-Abgas-Verbindungsstück. Alle unter Überdruck stehenden Teile des Abgaswegs sind verbrennungsluftumspült. Zum Anschluss an eine eigene oder an eine gemeinsame Abgasanlage (Unterdruckbetrieb)	B_{31}[10]	B_{32}	B_{33}
(4) Strömungssicherung und mit zugehöriger Abgasleitung und Windschutzeinrichtung[1),2),6)]	B_{41}	B_{42}	B_{43}
(5) Ohne Strömungssicherung und mit zugehöriger Abgasleitung und Windschutzeinrichtung	B_{51}	B_{52}[4]	B_{53}[4]
Art C: Gasgerät mit Abgasabführung. Verbrennungsluft über ein geschlossenes System aus dem Freien **(raumluftunabhängig)**.[7]			
(1) Zugehörige horizontale Verbrennungsluftzu- und Abgasführung durch die Außenwand oder über Dach. Die Mündungen befinden sich nahe beieinander im gleichen Druckbereich.	C_{11}	C_{12}[8]	C_{13}[8]
(3) Zugehörige Verbrennungsluftzu- und Abgasführung senkrecht über das Dach. Die Mündungen befinden sich nahe beieinander im gleichen Druckbereich.	C_{31}	C_{32}[8]	C_{33}[8]
(4) Verbrennungsluftzu- und Abgasführung zum Anschluss an ein vorhandenes ein- oder mehrfach belegtes Luft-Abgas-System (LAS). Die Mündungen befinden sich nahe beieinander im gleichen Druckbereich. Die Abgasführung im Schacht erfolgt im Unterdruck.	C_{41}[9]	C_{42}[8]	C_{43}[8]
(5) Zugehörige getrennte Verbrennungsluftzuführung und Abgasabführung. Die Mündungen befinden sich in unterschiedlichen Druckbereichen.	C_{51}[9]	C_{52}[8]	C_{53}[8]
(6) Vorgesehen für den Anschluss an eine nicht mit dem Gasgerät geprüfte Verbrennungsluftzuführung und Abgasführung.	C_{61}	C_{62}[8]	C_{63}[8]
(8) Zugehörige Verbrennungsluftzuführung aus dem Freien und zugehörigem Abgasanschluss an eine einfach oder mehrfach belegte bauseits vorhandene Abgasanlage. Die Abgasführung im Schacht erfolgt im Überdruck.	C_{81}[10]	C_{82}[8]	C_{83}[8]
(9) Verbrennungsluftzu- u. Abgasführung bis über Dach. Die Verbrennungsluftzuführung erfolgt über eine zugehörige Leitung im Aufstellraum u. einen bestehenden Schacht als Gebäudebestandteil. Die Mündungen befinden sich nahe beieinander im gleichen Druckbereich.	C_{91}	C_{92}[8]	C_{93}[8]
(10) Zugehörige Verbrennungsluftzu- u. Abgasführung zum Anschluss an bauseits vorhandenes ein- o. mehrfach belegtes Luft-Abgassystem (LAS). Mündungen befinden sich nahe beieinander im gleichen Druckbereich. Abgasführung ist bis ins Freie für Überdruck ausgelegt.	–	$C_{(10)2}$	$C_{(10)3}$
(11) Zugehörige Verbrennungsluftzu- und Abgasführung sowie zugehörige ein- oder mehrfach belegte senkrechte Luft-Abgas-Leitung. Die Mündungen befinden sich nahe beieinander im gleichen Druckbereich. Die Abgasführung ist bis ins Freie für Überdruck ausgelegt.	–	$C_{(11)2}$	$C_{(11)3}$
(12) Zugehöriger Abgasanschluss an ein- oder mehrfach belegte bauseits vorhandene Abgasanlage u. zugehörige Verbrennungsluftzuführung aus d. Freien. Mündungen befinden sich in unterschiedlichen Druckbereichen. Abgasführung ist bis ins Freie für Überdruck ausgelegt.	–	$C_{(12)2}$	$C_{(13)3}$
(13) Zugehöriger Abgasanschluss an ein- oder mehrfach belegte zugehörige Abgasanlage und zugehörige Verbrennungsluftzuführung aus d. Freien. Die Mündungen befinden sich in unterschiedlichen Druckbereichen. Die Abgasführung ist bis ins Freie für Überdruck ausgelegt.	–	$C_{(13)2}$	$C_{(13)3}$

1) Zusatzkennzeichnung „AS“ – Raumluftüberwachungsreinrichtung (atmosphere sensity) 2) Zusatzkennzeichnung „BS“ – thermische Abgasüberwachungseinrichtung (AÜE) (blocked safety) 3) In der TRGI ist neben B_{11}, B_{12}, B_{13}, noch das Gasgerät B_{14} mit dem Gebläse hinter der Strömungssicherung aufgeführt. 4) Zusatzkennzeichnung „P“ – bestimmungsgemäße Abgasführung unter Überdruck 5) Zusatzkennzeichnung „D“ – die feuchte Trocknungsluft wird gemeinsam mit Abgasanteilen über eine Leitung direkt ins Freie geführt 6) In der TRGI werden neben B_{41}, B_{42}, B_{43}, noch die Gasgeräte B_{44} und B_{44P} mit einem Gebläse hinter der Strömungssicherung aufgeführt. 7) Gasgeräte der Art C mit den folgenden I. Indexziffern sind in dieser Auswahl nicht aufgeführt: C_2-Gasgeräte sind nach deutschem Baurecht außer im Bestand nicht mehr zulässig, C_7-Gasgeräte werden in deutschen Aufstellregeln nicht erfasst, für $C_{(14)}$- und $C_{(15)}$-Gasgeräte sind bisher noch keine Prüfanforderungen definiert worden. 8) Zusatzkennzeichnung „x“ – alle unter Überdruck stehenden Teile des Abgasweges sind entweder verbrennungsluftumspült oder sie erfüllen erhöhte Dichtheitsanforderungen, so dass Abgase in gefahrdrohender Menge nicht austreten können. 9) Keine praktische Umsetzung bekannt. 10) Diese Geräteart ist nicht belegt.

229.1 Aufstellbedingungen für Gasgeräte Art A — TRGI 2018

Für die Gasgeräte Art A (Gas-Haushalts-Kochgeräte, Gas-Durchlaufwasserheizer und Gas-Raumheizungen) muss sichergestellt sein, dass während des Betriebs im Aufstellraum:
1. durch maschinelle Lüftungsanlagen ein Luftvolumenstrom ≥ 30 m^3/h je kW Gesamtnennleistung ins Freie abgeführt wird oder
2. durch besondere Sicherheitseinrichtungen verhindert wird, dass der CO-Gehalt einen Wert von 30 ppm überschreitet.

Zusätzliche Einzelregelung für Gas-Haushalts-Kochgeräte mit einer Nennleistung: $\dot{Q}_{NL}$ **≤ 11 kW** bzw. Nennbelastung: $\dot{Q}_{NB}$ **≤ 12 kW**:
→ Raumvolumen ≥ 15 m^3 (bzw. 20 m^3 in einigen Bundesländern) und mindestens eine Tür ins Freie oder ein Fenster, das geöffnet werden kann

Zusätzliche Einzelregelung für Gas-Haushalts-Kochgeräte mit einer Nennbelastung: **12 kW >** $\dot{Q}_{NB}$ **≤ 18 kW**:
→ Raumvolumen > 2 m^3/kW und mindestens eine Tür ins Freie oder ein Fenster, das geöffnet werden kann;
→ Abluft-Dunstabzugshaube (kein Umluftbetrieb) oder kontrollierte Wohnungslüftungseinrichtung mit einem Fördervolumen ≥ 15 m^3/h je kW Gesamtnennbelastung. Zuluftöffnungen müssen vorhanden und bei Betrieb der Dunstabzugshaube offen sein. Als derartige Zuluftöffnung eignen sich z. B. gekippte Fenster oder Zuluft-/Abluft-Mauerkästen.

229.2 Aufstellbedingungen für Gasgeräte Art B $\dot{Q}_{NL} \leq 50$ kW — TRGI 2018

Abgasverdünnung (Schutzziel 1)

Sicheres Betriebsverhalten im Anfahrzustand für raumluftabhängige Gasgeräte (Art B_1 und B_4) mit Strömungssicherung

In einer Außenwand jeweils eine obere und untere Öffnung von mindestens 75 cm^2, die unmittelbar ins Freie führen,
oder

$$RLV = \frac{V_R}{\sum \dot{Q}_{NL}} \geq 1 \frac{m^3}{kW}$$

RLV	Raum-Leistungs-Verhältnis	in m^3/kW
V_R	Rauminhalt (Raumvolumen)	in m^3/
$\sum \dot{Q}_{NL}$	Gesamtnennwärmeleistung	in kW

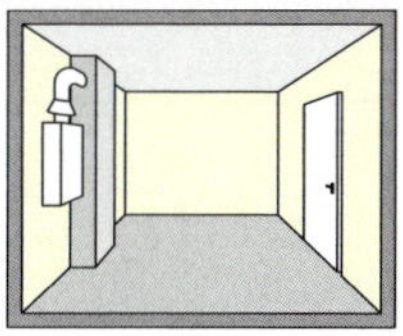

Rauminhalt Aufstellraum ≥ 1 m^3/kW

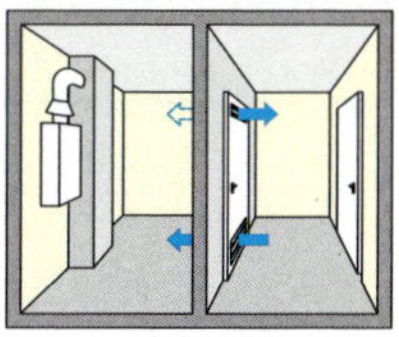

in den Türen jeweils eine obere und untere Öffnung von mindestens je 150 cm^2

Rauminhalt Aufstellraum < 1 m^3/kW; Rauminhalt beide Räume zusammen ≥ 1 m^3/kW

Verbrennungsluftversorgung (Schutzziel 2)

Sicherung der Verbrennungsluftversorgung für raumluftabhängige Gasgeräte (Art B) mit und ohne Strömungssicherung

$q_{VL,anr} \geq q_{Bed}$

$$q_{Bed} \geq 1{,}6 \frac{m^3}{h \cdot kW} \cdot \sum \dot{Q}_{NL}$$

[R] Volumenstrom durch Infiltration in Raum 1, 2, oder 3
[R] Volumenstrom aus Raum 1, 2, o. 3 – voll anrechenbar
[R] Volumenstrom aus Raum 1, 2, o. 3 – vermindert anr.

$q_{VL,anr}$	anrechenbarer Verbrennungsluftvolumenstrom	in m^3/h
q_{Bed}	Verbrennungsluftbedarf	in m^3/h
$\sum \dot{Q}_{NL}$	Gesamtnennwärmeleistung	in kW

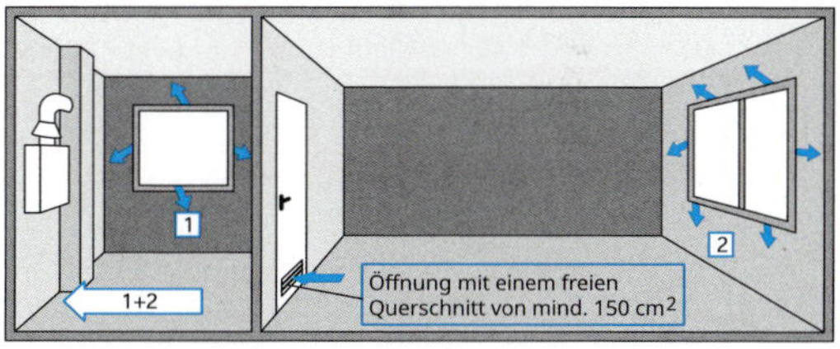

unmittelbarer Verbrennungsluftverbund

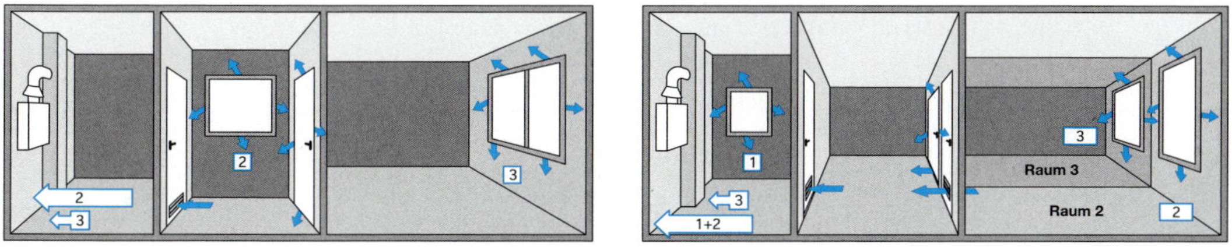

mittelbarer Verbrennungsluftverbund

$q_{V,inf} \geq q_{VL,anr} \geq q_{Bed}$

$q_{V,inf} = V_R \cdot f_{wirk.komp.} \cdot n_{50} \cdot 0{,}1857$

$q_{V,inf} = V_R \cdot n$

$q_{V,inf}$	Infiltrationsvolumenstrom für einen Raum mit Fenster oder Tür ins Freie	in m^3/h
V_R	Raumvolumen des Raums mit Fenster oder Tür ins Freie	in m^3
$f_{wirk.komp.}$	Korrekturfaktor für den wirksamen Infiltrationsluftanteil	–
n_{50}	Messwert des Luftwechsels bei 50 Pa Druckdifferenz	in 1/h
n	errechnete Luftwechselrate	in 1/h

Der Infiltrationsvolumenstrom für einen Raum mit Fenster oder Tür ins Freie ist auf den Verbrennungsluftvolumenstrom voll anrechenbar, wenn in den Innentüren eine Verbrennungsluftöffnung von mind. 150 cm^2 freien Querschnitts vorhanden ist.

230.1 Haustypen, Luftwechselrate n_{50} und errechnete Luftwechselrate n TRGI 2018

Lüftungsart: mechanische oder freie Lüftung	mechanisch		freie Lüftung							
Baujahr	ab 2002		ab 2002		bis 2002		bis 2002		bis 2002	
wesentliche Änderungen der Luftdurchlässigkeit[1)]	nicht erfasst		nicht erfasst		ja		ja		nein	
Mehrfamilienhaus/Einfamilienhaus	MFH/EFH		MFH/EFH		MFH		EFH		MFH/EFH	
Luftwechselrate bei 50 Pa n_{50} in 1/h	1,0		1,5		1,5		2,0		3,0	
Geschosszahl der Wohnung/Nutzungseinheit	1	> 1	1	> 1	1	> 1	1	> 1	1	> 1
Korrekturfaktor $f_{\text{wirk.komp.}}$	0,7	0,8	0,7	0,8	0,7	0,8	0,7	0,8	0,7	0,8
Haustyp	1	2	3	4	3	4	5	6	7	7
Errechnete Luftwechselrate n in 1/h	0,13	0,15	0,19	0,22	0,19	0,22	0,26	0,30	0,40	0,40

[1)] Gilt nur für vor 2002 errichtete Gebäude. Eine wesentliche Änderung der Luftdurchlässigkeit der Gebäudehülle liegt z. B. vor, wenn:
- in einer Nutzungseinheit (NE) mehr als ⅓ der vorhandenen Fenster ausgetauscht wurde oder
- in einem Einfamilienhaus mehr als ⅓ der vorhandenen Fenster ausgetauscht oder mehr als ⅓ der Dachfläche abgedichtet wurde

230.2 Raumvolumen V_R und anrechenbarer Verbrennungsluftvolumenstrom $q_{VL,anr}$ TRGI 2018

Gesamt-Nennwärmeleistung der Gasgeräte	Haustyp							anrechenbarer Verbrennungsluftvolumenstrom durch Infiltration für einen Aufstellraum mit Tür ins Freie oder Fenster, das geöffnet werden kann sowie Innentür mit Verbrennungsluftöffnung von mind. 150 cm² freien Querschnitts (Kurve 4)
	1	2	3	4	5	6	7[1)]	
	errechnete Luftwechselrate n in 1/h							
	0,13	0,15	0,19	0,22	0,26	0,30	0,40[1)]	
	Raum-Leistungs-Verhältnis RLV in m³/kW							
	12,31	10,67	8,42	7,27	6,15	5,33	4,00[1)]	
$\sum\dot{Q}_{NL}$ in kW	Raumvolumen V_R in m³							$q_{VL,anr}$ in m³/h
5	62	53	42	36	31	27	20	8,0
6	74	64	51	44	37	32	24	9,6
7	86	75	59	51	43	37	28	11,2
8	98	85	67	58	49	43	32	12,8
9	111	96	76	65	55	48	36	14,4
10	123	107	84	73	62	53	40	16,0
11	135	117	93	80	68	59	44	17,6
12	148	128	101	87	74	64	48	19,2
13	160	139	109	95	80	69	52	20,8
14	172	149	118	102	86	75	56	22,4
15	185	160	126	109	92	80	60	24,0
16	197	171	135	116	98	85	64	25,6
17	209	181	143	124	105	91	68	27,2
18	222	192	152	131	111	96	72	28,8
19	234	203	160	138	117	101	76	30,4
20	246	213	168	145	123	107	80	32,0
21	258	224	177	153	129	112	84	33,6
22	271	235	185	160	135	117	88	35,2
24	295	256	202	175	148	128	96	38,4
26	320	277	219	189	160	139	104	41,6
28	345	299	236	204	172	149	112	44,8
30	369	320	253	218	185	160	120	48,0
35	431	373	295	255	215	187	140	56,0
40	492	427	337	291	246	213	160	64,0
45	554	480	379	327	277	240	180	72,0
50	615	533	421	364	308	267	200	80,0

[1)] Das Raum-Leistungs-Verhältnis (RLV) von Haustyp 7 für Schutzziel 2 entspricht dem RLV der TRGI 2008 ($RLV_{TRGI2008}$ = 4 m³/kW).

231.1 Anrechenbarer Verbrennungsluftvolumenstrom $q_{VL,anr}$ — TRGI 2018

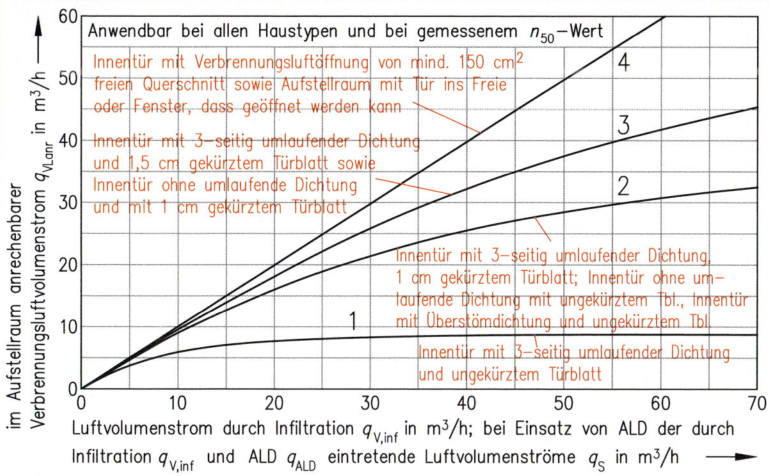

$q_{V,inf}$	$q_{VL,anr}$ in m³/h			
in m³/h	Kurve 1	Kurve 2	Kurve 3	Kurve 4
9,6	5,8	8,6	9,1	9,6
12,8	6,7	11,2	12,0	12,8
16,0	7,2	13,6	14,9	16,0
19,2	7,7	15,7	17,6	19,2
22,4	8,0	17,6	20,0	22,4
25,6	8,2	19,4	22,7	25,6
28,8	8,3	21,1	25,1	28,8
32,0	8,5	22,6	27,4	32,0
35,2	8,6	23,8	29,4	35,2
38,4	8,6	25,1	31,5	38,4
41,6	8,8	26,2	33,3	41,6
44,8	8,8	27,4	35,2	44,8
48,0	9,0	28,3	36,8	48,0

ALD: Außenluft-Durchlass

231.2 Mindestabstände von Abgasmündungen zu Fenstern — Gasgeräte C_{12}, C_{13} TRGI 2018

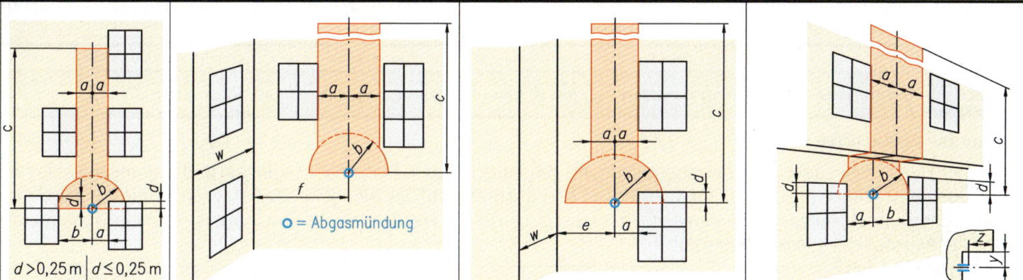

	glatte Fassade	Querfassade mit Fenster			Querfassade ohne Fenster			Fassade mit Vorsprung		
w in m	–	*w* < 0,50 oder *f* > 5,00	≥ 0,50	≥ 1,00	*w* < 0,50 oder *e* > 5,00	≥ 0,50	≥ 1,00	*z* ≤ 0,10 m oder *y* > 5,00 m	*z* > 0,10 m oder *y* ≤ 5,00 m	Wenn *z* ≥ 0,50 m oder *y* ≤ 0,40 m, ist keine Abgasmündung zulässig.
f in m			≥ 2,50	≥ 2,50		–				
e in m			–			≥ 0,50	≥ 1,00			
d in m	Wenn *d* > 0,25m gilt der seitliche Abstand *b*. Ist *d* ≤ 0,25 m gilt der seitliche Abstand *a*.									
c in m	≥ 5,00	≥ 5,00	≥ 5,00	≥ 5,00	≥ 5,00	≥ 5,00	≥ 5,00	≥ 5,00	≥ 5,00	
b in m	≥ 1,00	≥ 1,00	≥ 1,00	≥ 1,00	≥ 1,00	≥ 1,00	≥ 1,00	≥ 1,00	≥ 1,00	
a in m	≥ 0,50	≥ 0,50	≥ 0,50	≥ 0,75	≥ 0,50	≥ 0,50	≥ 0,75	≥ 0,50	≥ 0,75	

231.3 Verbrennungsluftzuführung und Abgasabführung — Gasgeräte C_{12}, C_{13} und C_{32}, C_{33} TRGI 2018

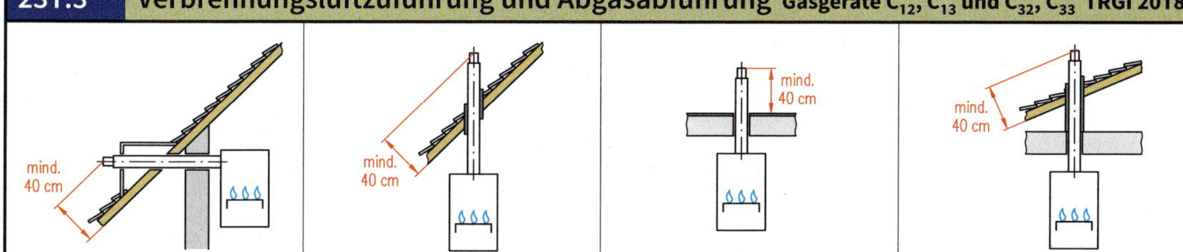

Ausführungsbeispiele für die waagerechte (C_{12}, C_{13}) und senkrechte (C_{32}, C_{33}) Führung der Leitung für die Verbrennungsluftzuführung und die Abgasabführung über Dach für raumluftunabhängige Gasfeuerstätten mit Gebläse und einer Nennleistung ≤ 50 kW

232.1 Prüfung von Leitungsanlagen vor der Inbetriebnahme — TRGI 2018

Art der Prüfung	Prüfdruck	Leitungsvolumen	Mindestprüfdauer	Anpassungszeit	zu prüfende Teile der Erdgasleitungsanlage	Druckabfall zulässig?
Belastungsprüfung[1)]	1 bar (0,1 MPa)	unbegrenzt	10 min	keine	nur Leitungen ohne Armaturen, Gasgeräte etc.	nein
Dichtheitsprüfung	150 mbar (150 hPa)	< 100 l	10 min	10 min	Leitungsanlage mit Armaturen, ohne Gasgeräte und zugehörige Regel- und Sicherheitsarmaturen	nein
		≥ 100 l < 200 l	20 min	30 min		
		≥ 200 l	30 min	60 min		

[1)] Die Belastungsprüfung ist vor der Dichtheitsprüfung durchzuführen und erstreckt sich alleine auf Leitungen, d. h. Leitungsanlagen ohne Armaturen, Gas-Druckregelgeräte, Gaszähler sowie Gasgeräte und zugehörige Regel- und Sicherheitseinrichtungen. Armaturen können in die Prüfung mit einbezogen werden, soweit deren maximal zulässiger Betriebsdruck (MOP) mindestens dem Prüfdruck entspricht.

232.2 Gebrauchsfähigkeitsprüfung bei in Betrieb befindlichen Anlagen — TRGI 2018

Gasleckmenge bei Betriebsdruck	Gebrauchsfähigkeit	Maßnahme
< 1,0 l/h	unbeschränkt	keine
≥ 1,0 l/h bis < 5,0 l/h	vermindert	Instandsetzung der Leitungsanlage innerhalb von 4 Wochen
≥ 5,0 l/h	keine	Die Leitungsanlage ist unverzüglich außer Betrieb zu nehmen.

Die Gasleckmenge ist mit einem Leckmengenmessgerät (vorzugsweise zertifiziert nach DVGW-Prüfgrundlage G 5952) oder nach dem grafischem Verfahren entsprechend TRGI 2018 – Anhang B1 festzustellen.

232.3 Verhalten bei Störungen, Brand sowie Gasgeruch — TRGI 2018

Allgemeine Grundsätze

Gasgeruch muss unverzüglich dem Netzbetreiber (NB) gemeldet werden. Bei anderen Mängeln und Störungen ist das Vertragsinstallationsunternehmen (VIU), unter Umständen der NB einzuschalten. Der NB hat für die Entgegennahme von Meldungen und zur Behebung von Störungen einen Bereitschaftsdienst eingerichtet. Werden Mängel und Störungen einem VIU gemeldet, leitet dieses die erforderlichen Maßnahmen ein.

Inhalt einer Störungsmeldung

- genauer Ort der Störung
- Art und Umfang der Störung
- vermutete Ursache der Störung
- Name, Anschrift und Telefonnummer der meldenden Person

Verhalten bei Brand

- Feuerwehr alarmieren und – wenn ohne Gefahr möglich – Hauptabsperreinrichtung (HAE) schließen!
- Brennendes Gas nicht löschen, da sonst Explosionsgefahr!

Verhalten bei Gasgeruch in Gebäuden

- Türen und Fenster weit öffnen, für Durchzug sorgen, Räume mit Gasgeruch meiden!
- Offenes Feuer vermeiden, ggf. löschen, nicht rauchen, kein Feuerzeug benutzen!
- Keine elektrischen Schalter, keine Stecker, keine Klingeln, keine Telefone und andere Sprechanlagen im Haus benutzen!
- Gaszähler-Absperreinrichtung oder auch Hauptabsperreinrichtung (HAE, „Feuerhahn") schließen!
- Andere Hausbewohner warnen, aber nicht klingeln und Gebäude verlassen!
- Den Bereitschaftsdienst des NB von einem Telefonanschluss außerhalb des Hauses benachrichtigen!
- Bei hörbarem Ausströmen unverzüglich das Gebäude verlassen, Betreten durch Dritte verhindern, Feuerwehr und Polizei von außerhalb des Gebäudes alarmieren!
- Bei Gasgeruch aus nicht zugänglichen Räumen Feuerwehr bzw. Polizei alarmieren!

Verhalten bei Gasgeruch im Freien

- Ist der Gasgeruch auf eine Leckstelle in einer Außenleitung (z. B. Hofleitung zum Rückgebäude) zurückzuführen, so ist diese Leitung mit der vorgesehenen Absperreinrichtung abzusperren.
- Fenster und Türen umliegender Gebäude schließen!
- Offenes Feuer vermeiden, ggf. löschen, nicht rauchen, kein Feuerzeug benutzen!
- Keine elektrischen Schalter, keine Stecker, keine Klingeln benutzen!
- Den Bereitschaftsdienst des NB benachrichtigen!
- Hausbewohner warnen, aber nicht klingeln und den Geruchsbereich sowie anliegende Gebäude verlassen!

233.1 Verhalten bei Abgasaustritt aus raumluftabhängigen Gasgeräten — TRGI 2018

Bei fortwährendem Abgasaustritt ist das Gasgerät durch Schließen der Geräteabsperreinrichtung außer Betrieb zu nehmen und ein Vertragsinstallationsunternehmen (VIU) oder ein bevollmächtigter Bezirksschornsteinfeger (bBSF) zu benachrichtigen.

233.2 Betrieb und Instandhaltung von Leitungsanlagen — Betriebsdruck ≤ 100 mbar — TRGI 2018

0 Netzanschluss, Hauptabsperreinrichtung, Gas-Druckregelgerät und Gaszähler gehören zum Verantwortungsbereich des Netzbetreibers (NB)

1 Innenleitungen hinter der Hauptabsperreinrichtung gehören zum Verantwortungsbereich des Betreibers.

- Die Leitungen sind gegen Beschädigungen aufgrund mechanischer, chemischer und thermischer Belastungen zu schützen.
- Die einwandfreie, stabile Rohrhalterung ist auf Dauer zu erhalten.
- Bei nachträglicher Verkleidung frei verlegter Innenleitungen ist für ausreichende Be- und Entlüftung der dadurch entstandenen Hohlräume zu sorgen.
- Verbleibende Leitungsöffnungen (Leitungsenden und -auslässe) sind vorschriftsmäßig zu verwahren – eine geschlossene Absperreinrichtung reicht nicht aus.
- Bei der Nutzungsänderung von Räumen sind eventuelle Auswirkungen auf vorhandene Leitungsanlagen von einem Vertragsinstallationsunternehmen (VIU) oder dem NB prüfen zu lassen.
- Der Verlauf verdeckt verlegter Leitungen muss bekannt sein.
- Gasschlauchleitungen müssen spannungs-, knick- und verdrehfrei benutzt werden und dürfen wie die Geräteanschlussarmaturen nicht übermäßiger Erwärmung ausgesetzt sein.
- Absperreinrichtungen müssen funktionsfähig und jederzeit bedienbar sein.

2 Erdverlegte Außenleitungen hinter der Hauptabsperreinrichtung gehören zum Verantwortungsbereich des Betreibers.

- Der Betreiber darf keine Einwirkungen auf die erdverlegte Außenleitung vornehmen oder vornehmen lassen.
- Das Errichten von Gebäuden (z. B. auch von Garagen oder Gartenhäusern) oder jede andersgeartete Überbauung der erdverlegten Außenleitung ist nicht gestattet, sofern keine weiteren Schutzmaßnahmen (z. B. Mantelrohr) ergriffen werden.
- Das Lagern von Materialien auf der Leitungstrasse sowie das Überpflanzen mit Bäumen und Sträuchern ist nicht gestattet, wenn hierdurch die Zugänglichkeit und die Betriebssicherheit der Leitung beeinträchtigt wird.
- Bestandspläne über den Leitungsverlauf sind vor der Inbetriebnahme der Leitungsanlage durch den Ersteller an den Betreiber zu übergeben und von diesem aufzubewahren.
- Absperreinrichtungen müssen funktionsfähig, leicht auffindbar und bedienbar sein.
- Hinweisschilder für Absperreinrichtungen müssen erkennbar und ablesbar gehalten werden.
- Feuchtigkeit an der Mauerdurchführung muss zu einer Kontrolle des Korrosionsschutzes der Gasleitung führen.

3 Frei verlegte Außenleitungen hinter der Hauptabsperreinrichtung gehören zum Verantwortungsbereich des Betreibers.

- Die Leitungen sind gegen Beschädigungen aufgrund mechanischer, chemischer und thermischer Belastungen zu schützen, insbesondere gegen Witterungseinflüsse und Korrosionsschäden – auch an Mauerdurchführungen.
- Absperreinrichtungen müssen funktionsfähig und jederzeit bedienbar sein.
- Die einwandfreie, stabile Rohrhalterung ist auf Dauer zu erhalten.

Kontroll- bzw. Überprüfungszeiträume

1	Innenleitungen	
	gezielter Sichtkontrolle unterziehen oder unterziehen lassen, dabei ist gleichzeitig auf Gasgeruch zu achten	jährlich
	Gebrauchsfähigkeitsprüfung oder Dichtheitsprüfung bzw. bei frei zugänglichen Leitungen auch Sichtprüfung auf Dichtheit mit schaumbildenden Mitteln oder Gasspürgerät durch ein Vertragsinstallationsunternehmen (VIU)	alle 12 Jahre
2	Erdverlegte Außenleitungen	
	Gebrauchsfähigkeitsprüfung durch ein VIU oder ein Gasrohrnetz-Überprüfungsunternehmen nach DVGW-Arbeitsblatt G 468-1 entsprechend DVGW-Arbeitsblatt G 465-1	alle 4 Jahre
	Gebrauchsfähigkeitsprüfung durch ein VIU von erdverlegte Außenleitungen zum Anschluss von Gasgeräten zur Verwendung im Freien	alle 12 Jahre
3	Frei verlegte Außenleitungen	
	gezielter Sichtkontrolle unterziehen oder unterziehen lassen	jährlich
	Gebrauchsfähigkeitsprüfung oder Dichtheitsprüfung durch ein VIU oder Dichtheitsprüfung durch ein Gasrohrnetz-Überprüfungsunternehmen nach DVGW-Arbeitsblatt G 468	alle 12 Jahre

234.1 Mindestabstände Flüssiggasbehälter zu Wärmequellen

Wärmestrahlungsquellen	Mindestabstände in m	
	ohne Strahlungsschutz	mit wirksamem Strahlungsschutz
Heizgeräte, Feuerstätten und ähnliche Wärmequellen	0,70	0,30
Heizkörper	0,50	0,10
Gasherde und ähnliche Wärmequellen	0,30	0,10
Wärmequellen, die größere Hitze erzeugen, z. B. Bautrocknungs- und Schmelzgeräten	1,00	0,50

234.2 Explosions- und Brandschutzbereiche von Flüssiggasanlagen im Freien

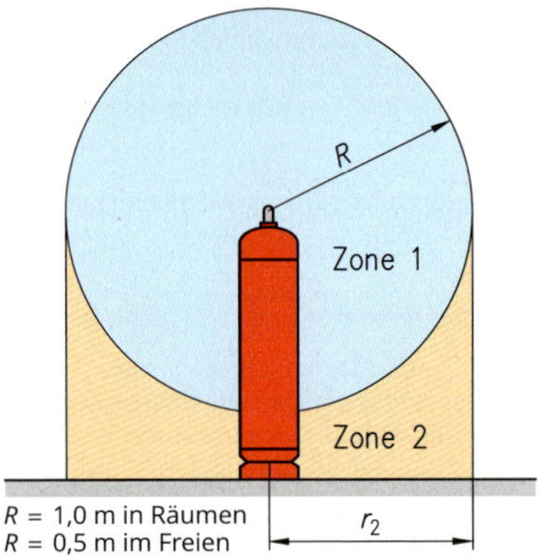

R = 1,0 m in Räumen
R = 0,5 m im Freien

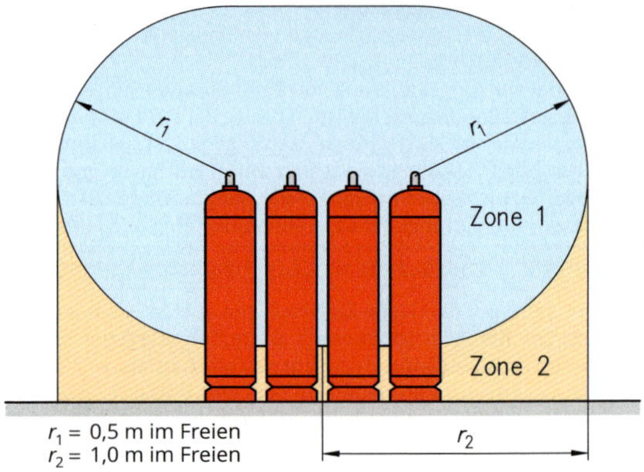

r_1 = 0,5 m im Freien
r_2 = 1,0 m im Freien

234.3 Explosions- und Brandschutzbereiche von Flüssiggasanlagen in Gebäuden

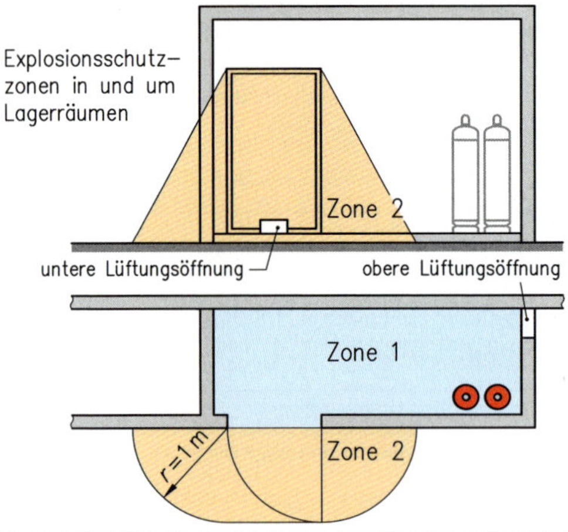

Zone 1: Bereiche, in denen damit zu rechnen ist, dass eine gefährliche, explosionsfähige Atmosphäre durch ein Gemsich aus Gasen, Nebeln oder Dämpfen gelegentlich auftritt. Sie muss jederzeit von Zündquellen (nicht geschützte elektrische Anschlüsse oder Geräte) freigehalten werden.
Zone 2: Bereiche, in denen damit zu rechnen ist, dass eine gefährliche, explosionsfähige Atmosphäre durch ein Gemsich aus Gasen, Nebeln oder Dämpfen selten und/oder kurzzeitig auftritt. Sie muss während des Befüllvorgangs von Zündquellen freigehalten werden.

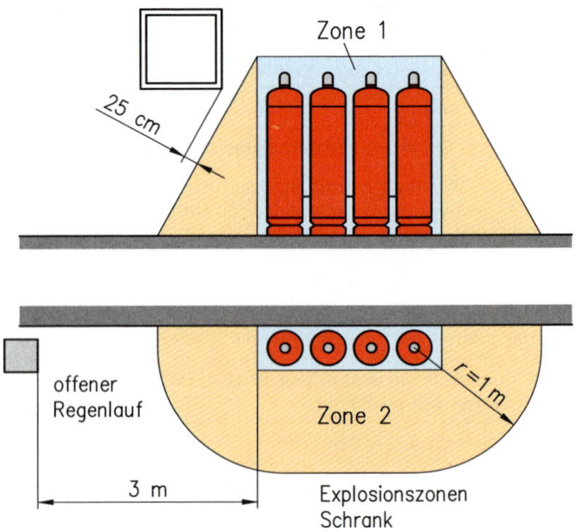

235.1 Verhältnis Flüssiggasverbrauch zu Wärmebedarf

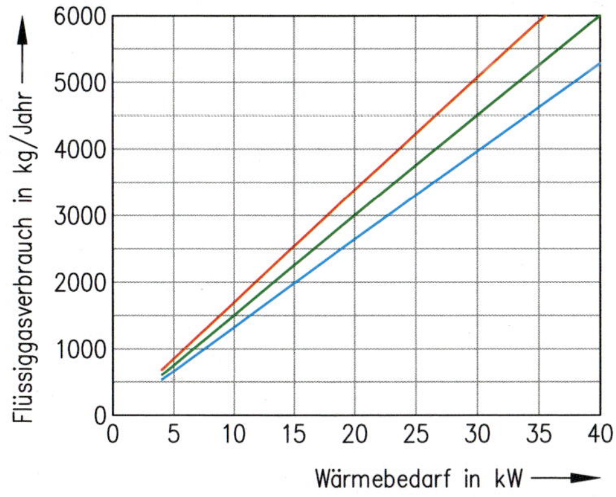

Rot Jahresenergiebedarf unter Berücksichtigung kalter Sommertage und Nutzung des Heizgeräts zur Warmwassererzeugung

Grün Jahresenergiebedarf bei Nutzung des Heizgeräts in der Heizperiode und zur Warmwasserversorgung

Blau ausschließliche Nutzung des Heizgeräts in der Heizperiode

235.2 Anforderungen an Schläuche in Abhängigkeit von der Verwendungsart

Schlauchleitungen zwischen Behälterventil und Druckregelgerät	a) Hochdruckschlauch nach DIN EN 16436-1
	b) Edelstahlschlauch nach DIN 3384
	c) Rohrspiralen aus nahtlos gezogenem Kupfer- und Stahlrohr
Schlauchleitungen zwischen Druckregelgerät und Verbrauchseinrichtung	Mittel- oder Hochdruckschlauch nach DIN EN 16436-1 (Schläuche für Treibgasanlagen von Fahrzeugen siehe DIN 4815 Teil 4)
Schlauchleitungen für besondere mechanische Beanspruchungen (z. B. Baustellen, Schiffbau, Stahlbau)	Hochdruckschlauch mit mindestens 5 mm Wanddicke (6,3 × 5)

235.3 Entnahmemengen bei Flüssiggastanks

Herstellerangaben

Auswahl	Tankgröße in t	Tankvolumen in l	Länge in m	Durchmesser in m	Höhe in m	Gewicht in kg	Füllmenge 85% in in l
oberirdisch	1,2	2750	2,5	1,25	1,6	560	2337,5
	2,1	1850	4,3	1,25	1,6	900	4122,5
	2,9	6400	5,5	1,25	1,6	1170	5440,0
unterirdisch	1,2	2750	2,5	1,25	1,97	730	2337,5
	2,1	450	4,3	1,25	1,97	1100	1422,5
	2,9	6400	5,5	1,25	1,97	1175	5440,0

236.1 Aufstellung und übliche Abmessungen bei Flüssiggastanks — Herstellerangaben

Aufstellung	freistehend			unterirdisch
Entnahmeart	Tank in t	Sommer in kg/h	Winter in kg/h	Sommer/Winter in kg/h
zeitweise Entnahme	1,2	35	7,0	43
periodische Entnahme	1,2	14	3,0	8
Dauerentnahme	1,2	11	2,0	6
zeitweise Entnahme	2,1	65	13,0	75
periodische Entnahme	2,1	25	5,0	15
Dauerentnahme	2,1	18	4,0	12
zeitweise Entnahme	2,9	86	17,0	100
periodische Entnahme	2,9	35	7,0	20
Dauerentnahme	2,9	24	5,0	16

236.2 Tabellen zur Rohrweiten-Bestimmung von Flüssiggasanlagen

Kupfer- und Edelstahlrohr $f_G = 1$[1)]

		Rohraußendurchmesser d_a in mm							
R	l_F	8	10	12	15	18	22	28	35
Pa/m	m	$\dot{Q}_{NB}$ in kW							
0,6	–		0,7	1,8	4,6	8,3	16	29	57
0,8	–		1,0	2,4	5,5	9,9	18	34	67
1,0	350	0,4	1,2	3,0	6,3	11	21	39	76
1,2	290		1,4	3,5	6,9	12	23	43	84
1,4	250	0,5	1,7	3,6	7,6	14	25	46	91
1,6	220		1,9	3,9	8,2	15	27	50	98
1,8	195	0,6	2,1	4,2	9,0	16	29	53	105
2,0	175	0,7	2,5	4,6	9,5	17	32	58	114
2,5	140	0,9	2,8	5,2	11	19	36	66	129
3,0	116	1,1	3,1	5,8	12	21	39	73	142
3,5	100	1,3	3,3	6,3	13	23	43	79	155
4,0	87	1,5	3,6	6,8	14	25	46	85	166
4,5	77	1,7	3,9	7,2	15	27	49	90	177
5,0	70	1,9	4,2	7,9	16	29	53	98	192
6,0	58	2,1	4,7	9,0	18	32	59	108	210
7,0	50	2,2	5,1	9,5	20	35	64	117	230
8,0	43	2,4	5,5	10	21	37	69	126	245
9,0	38	2,6	5,9	11	23	40	73	134	260
10	35	2,8	6,4	12	25	43	80	146	285
12	29	3,1	7,1	13	27	48	88	161	310
14	25	3,4	7,7	14	29	52	95	174	340
16	21	3,7	8,3	15	32	56	102	187	360
18	19	4,0	9,0	16	34	59	109	199	385
20	17	4,3	9,6	18	37	65	118	215	420
25	14	4,9	11	20	42	73	134	245	475
30	11	5,5	12	22	46	81	148	270	
35	10	5,9	13	24	50	88	160	290	
40	8	6,5	15	27	55	96	176		
50	7	7,4	17	30	62	109	199		

Stahlrohr — DIN EN 10255 mittlere Reihe

		Rohraußendurchmesser d_a in mm					
R	l_F	8	10	15	20	25	32
Pa/m	m	$\dot{Q}_{NB}$ in kW					
0,6	–	1,0	4,3	7,5	18	33	71
0,8	–	1,4	4,4	9,0	21	39	83
1,0	350	1,7	5,0	10	23	44	94
1,2	290	2,0	5,5	11	26	48	103
1,4	250	2,3	6,0	12	28	52	111
1,6	220	2,7	6,5	13	30	56	119
1,8	195	3,0	6,9	14	32	59	127
2,0	175	3,0	7,5	15	34	64	137
2,5	140	3,1	8,5	17	39	73	154
3,0	116	3,4	9,0	19	42	79	169
3,5	100	3,7	10	20	46	86	182
4,0	87	4,0	11	22	49	92	195
4,5	77	4,3	12	23	52	97	205
5,0	70	4,6	13	25	56	105	220
6,0	58	5,1	14	27	62	115	240
7,0	50	5,5	15	29	66	124	260
8,0	43	5,9	16	31	71	133	280
9,0	38	6,3	17	33	75	141	295
10	35	6,8	18	36	81	152	320
12	29	7,5	20	39	89	166	350
14	25	8,1	22	42	96	179	375
16	21	8,7	23	45	103	192	400
18	19	9,0	24	48	109	200	425
20	17	10	26	52	118	215	460
25	14	11	30	58	132	245	515
30	11	12	33	64	144	265	565
35	10	13	35	69	155	285	605
40	8	15	38	75	169	310	660
50	7	16	43	84	189	350	

1) f_g (Gleichzeitigkeitsfaktor) = 1

237.1 Wiederkehrende Prüfungen bei Flüssiggasanlagen

nach TRF

Flüssiggasanteil	Art der Prüfung	Verantwortlicher	Zeitraum
Flüssiggasbehälter < 3 t oberirdisch und erdgedeckt mit besonderem Korrosionsschutz	Äußere Prüfung	Befähigte Person ZÜS	2 Jahre 10 Jahre
KKS Anlage mit Fremdstrom KKS Anlage mit galv. Anoden	Äußere Prüfung Äußere Prüfung Äußere Prüfung	Befähigte Person ZÜS Befähigte Person	2 Jahre 4 Jahre 2 Jahre
Erdverlegte Tanks ohne Korrosionsschutz mit besonderer Wirkung	Abspüren des Erdreichs mit Gasspürgerät im Abstand von 2 m	Befähigte Person	2 Jahre
Flüssiggasflaschen (Aufstellung) Wechsel der Schläuche (orange)	Äußere Prüfung Austausch	TRF Fachbetrieb/ TRF Sachkundiger TRF Fachbetrieb/ TRF Sachkundiger	10 Jahre 10 Jahre
Rohrleitungen PS ≤ 0,5 bar	Äußere Prüfung Dichtheitsprüfung	TRF Fachbetrieb/ TRF Sachkundiger	10 Jahre 10 Jahre
Rohrleitungen PS* DN ≤ 2 000 bar PS > 0,5 bar DN > 25 und Flüssigphase (i. d. R. Füllleitungen)	Äußere Prüfung Festigkeitsprüfung Dichtheitsprüfung	Befähigte Person Befähigte Person	2 Jahre 10 Jahre
Rohrleitungen PS* DN ≤ 2 000 bar PS > 0,5 bar	Äußere Prüfung Festigkeitsprüfung Dichtheitsprüfung	Befähigte Person Befähigte Person	10 Jahre 10 Jahre
Rohrleitungen PS* DN > 2 000 bar PS > 0,5 bar und DN > 25	Äußere Prüfung	ZÜS	5 Jahre
Rohrleitungen im gewerblichen Bereich nach BGV D 34	Nach BGV D 34	Nach BGV D 34	2 Jahre 4 Jahre

Fertigkeitsprüfung 1,1-Fache des SAV-Druckers, mindestens 1 bar.

238.1 Anforderungen an Heizöl EL

DIN 51603-1: 2011-09

Eigenschaft	Einheit	Anforderung		Prüfung nach
		Min.	Max.	
Dichte bei 15 °C	kg/m^3		860	DIN 51757
Brennwert	MJ/kg	45,4		DIN 51900-1, -2 o. -3 oder Berechnung
Flammpunkt	°C	55		DIN EN 22719
Kinematische Viskosität bei 20 °C	mm^2/s		6,00	DIN 51562-1
Cloud Point	°C		3	DIN EN 23015
Cold Filter Plugging Point (Temperaturgrenzwert der Filtrierbarkeit) – bei Cloud Point = 3 °C – bei Cloud Point = 2 °C – bei Cloud Point ≤ 1 °C	°C		 –12 –11 –10	DIN EN 116
Koksrückstand von 10 % Destillation-Rückstand	% m/m		0,3	DIN 51551 DIN EN ISO 10370
Schwefelgehalt für Heizöl EL-1 schwefelarm	mg/kg		50	DIN EN ISO 14596
– Sicherstellung der Schmierfähigkeit bei Heizöl EL-1 schwefelarm	µm		460	DIN EN ISO 12156-1
Wassergehalt	mg/kg		200	DIN 51777 o. ISO/DIN 12937
Gesamtverschmutzung	mg/kg		24	DIN EN 12662
Asche	% m/m		0,01	DIN EN ISO 6245
Thermische Stabilität (Sediment)	mg/kg	140		DIN 51371

238.2 Prüffristen für Heizöltanks

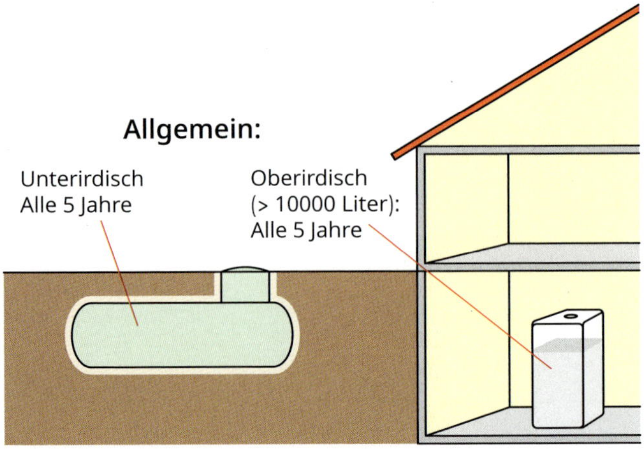

In Wasserschutzgebieten:

Oberirdisch
(> 1000 Liter):
Alle 5 Jahre

Unterirdisch
Alle 2,5 Jahre

239.1 Ausführungsbeispiel mit automatischer Entlüftung, unterirdischer Lagerung und selbstüberwachender Saugleitung

Beispiel eines Herstellers

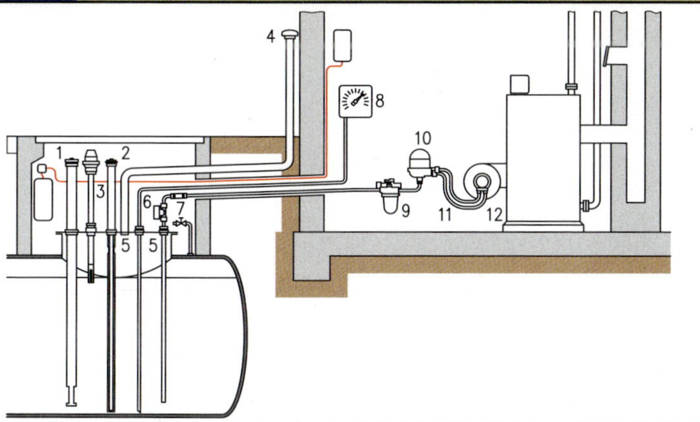

1 Füllrohrverschluss
2 Peilrohrverschluss
3 Grenzwertgeber
4 Entlüftungshaube
5 Stopfbuchsverschraubung
6 Schnellschlussventil
7 Isolierverschraubung
8 pneumatischer Inhaltsanzeiger
9 Heizölfilter
10 Heizölentlüfter
11 Schlauchleitung
12 Brenneranschluss

239.2 Ausführungsbeispiel mit manueller Entlüftung und oberirdischer Lagerung

Beispiel eines Herstellers

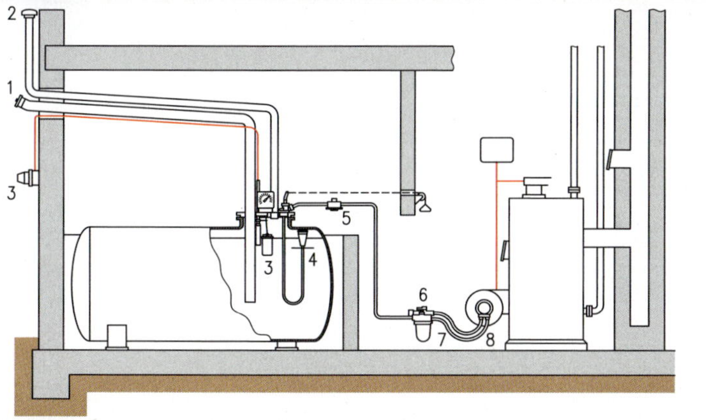

1 Füllrohrverschluss
2 Entlüftungshaube
3 Grenzwertgeber (mit mechanischem Inhaltsanzeiger)
4 „Flexo-Bloc" mit schwimmender Absaugung
5 Membran-Antiheberventil
6 Heizölfilter
7 Schlauchleitung
8 Brenneranschluss

239.3 Ausführungsbeispiel mit automatischer Entlüftung, oberirdischer Lagerung und Kombination Heizölfilter/Heizölentlüfter

Beispiel eines Herstellers

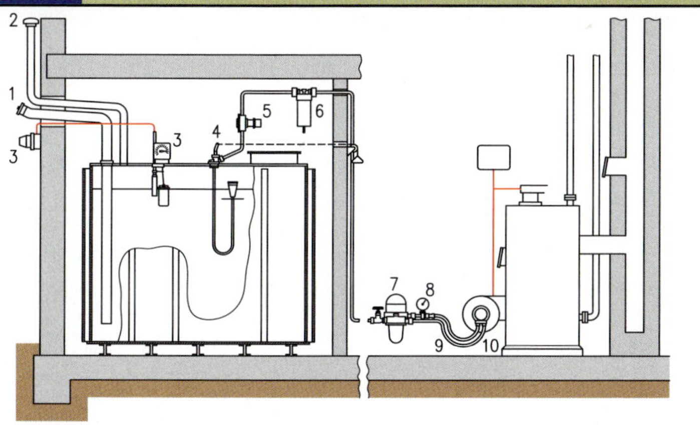

1 Füllrohrverschluss
2 Entlüftungshaube
3 Grenzwertgeber (mit mechanischem Inhaltsanzeiger)
4 „Flexo-Bloc" noch dazu „mit Schnellverschluss"
5 Membran-Antiheberventil
6 Druckausgleichsarmatur
7 Heizölentlüfter
8 Manometer
9 Schlauchleitung
10 Brenneranschluss

240.1 Dimensionierung der Saugleitung nach der Fließgeschwindigkeit und dem Strömungswiderstand (Viskosität 6 mm²/s)

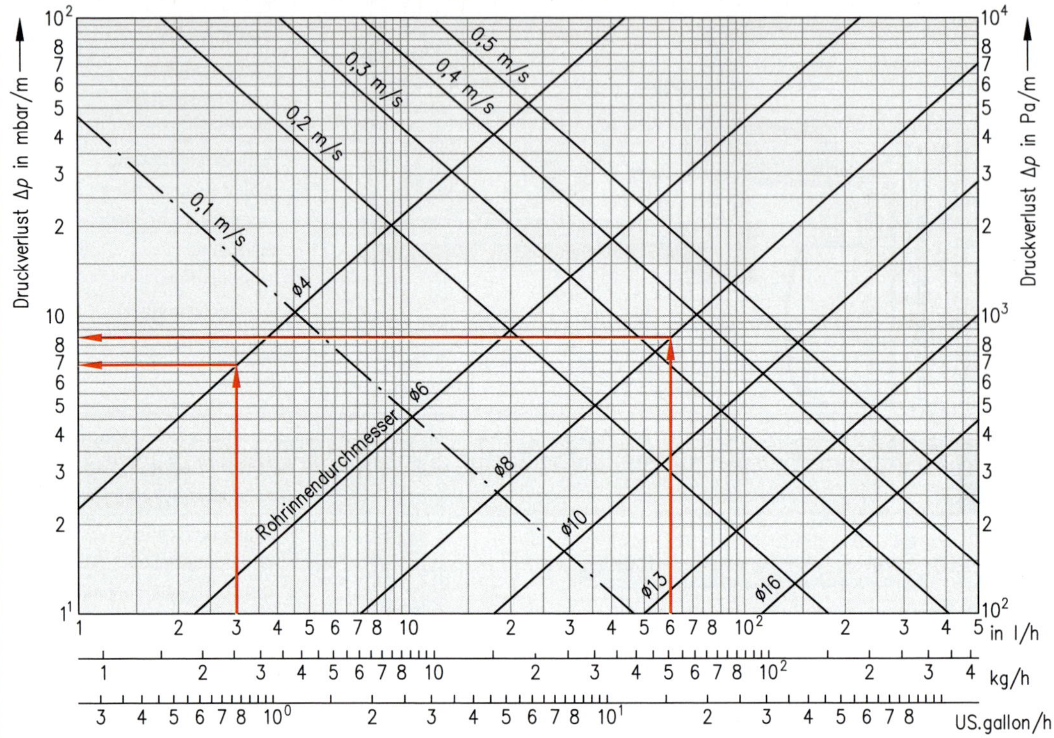

Diagramm bei laminarer Strömung, Re < 2300 (Re = Reynoldszahl)

Beispiel		
Öldurchsatz	3,0 l/h	60 l/h
Rohrinnendurchmesser	4 mm	8 mm
Widerstand	7 mbar/m	8,5 mbar/m

(1 US gallon = 3,785 l)

240.2 Beispiele zur Bestimmung der maximalen Saughöhe für Einstrangsysteme

	Öldurchsatz in l/h														
H	3			6			12			24			36		
	Innendurchmesser der Rohrleitung in mm														
	4	5	6	4	5	6	5	6	8	6	8	10	6	8	10
in m	Saugleitungslänge in m														
4,0	100	100	100	51	100	100	62	100	100	64	100	100	43	10	100
3,5	95	100	100	47	100	100	58	100	100	60	100	100	40	100	100
3,0	89	100	100	44	100	100	54	100	100	56	100	100	38	100	100
2,5	83	100	100	41	100	100	51	100	100	52	100	100	35	100	100
2,0	77	100	100	38	94	100	47	97	100	49	100	100	33	100	100
1,5	71	100	100	35	86	100	43	90	100	45	100	100	30	94	100
1,0	64	100	100	32	79	100	39	82	100	41	100	100	27	86	100
0,5	58	100	100	29	71	100	35	74	100	37	100	100	24	78	100
0,0	52	100	100	26	63	100	32	66	100	33	100	100	22	70	100

	Öldurchsatz in l/h														
H	3			6			12			24			36		
	Innendurchmesser der Rohrleitung in mm														
	4	5	6	4	5	6	5	6	8	6	8	10	6	8	10
in m	Saugleitungslänge in m														
−0,5	46	100	100	23	56	100	28	58	100	29	93	100	19	61	100
−1,0	40	97	100	20	48	100	24	50	100	25	80	100	16	53	100
−1,5	33	81	100	17	41	84	20	42	100	22	68	100	14	45	100
−2,0	27	66	100	14	33	69	17	34	100	18	56	100	11	36	88
−2,5	21	51	100	10	26	53	13	27	84	14	43	100	8	28	67
−3,0	15	36	75	7	18	37	9	19	59	10	31	75	6	19	47
−3,5	9	21	44	4	11	22	5	11	35	6	19	45	3	11	26
−4,0	–	6	12			6			10		6	15		2	8

241.1 Pelletbedarf – überschlägig

Haustyp		jährlicher Pelletbedarf	Bedarf für EFH mit 150 m²
		in kg/(m² · a)	in kg/a
Passivhaus	(dunkelgrün)	3	450
3-Liter-Haus	(hellgrün)	6	900
KfW-40-Haus	(gelb)	8	1 200
KfW-60-Haus	(orange)	12	1 800
Bestandshaus	(rot)	44	6 600

241.2 Pelletlagergröße – Faustformeln

Formel			
$V_{PL} = \frac{B_a \cdot 1{,}2 \cdot a}{\rho_{Sch}}$	V_{PL}	Lagervolumen Holzpellets	in m³
	B_a	Jahresbrennstoffbedarf	in kg/a
oder	ρ_{Sch}	Schüttdichte, hier $\rho_{Sch} = 650\ kg/m^3$	
$V_{PL} = \Phi_{HL} \cdot \frac{0{,}9\ m^3}{kW}$	Φ_{HL}	Heizlast	in kW

Pelletmenge = nutzbarer Lagerraum · Schüttdichte Pellets

Rauminhalt für Pelletlager mit Schrägboden

- nutzbarer Rauminhalt = 2/3 Raum (inkl. Leerraum)

Rauminhalt für Pelletlager ohne Schrägboden (Flachlager)

- nutzbarer Rauminhalt = Raumvolumen $(L \times B \times H) \times 0{,}9$

241.3 Pelletanlieferung

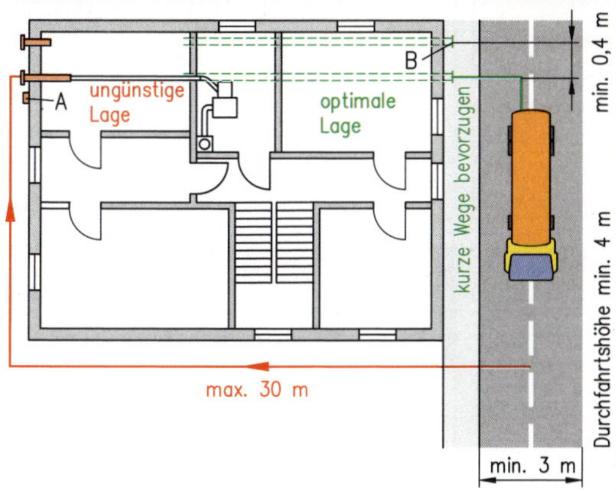

A Stromanschluss 230 Volt 16 A für das Absauggebläse des Pelletlieferanten und/oder Sonderausstattung: Abschaltmöglichkeit für den Pelletkessel

B Evtl. kann eine Verlegung der Befüllleitung im Gebäude die notwendige Schlauchlänge zur Befüllung des Pelletlagers erheblich reduzieren.

241.4 Pelletlager — Auswahl von Fertiglagern

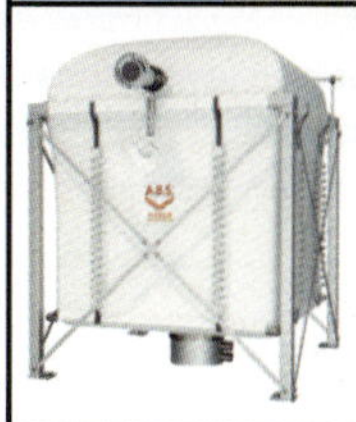		
Hubsilo	Konussilo	Trogsilo
Entnahme von unten		
		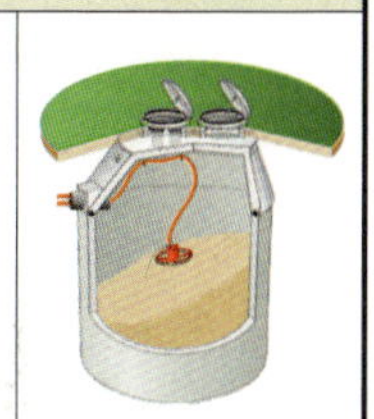
Kunststoff-Erdlager	Silo (Flachlager)	Erdlager aus Beton
Entnahme von unten	Entnahme von oben	

241.5 Anforderungen an die Lagerräume von Pellets — Auszug-FeuVO[1)]

Anforderungen bei einer **Lagermenge ≤ 500 kg**	Brennstofflagerung **außerhalb von Brennstofflagerräumen** zulässig

- Lagerung nicht zulässig in notwendigen Treppenräumen und Fluren sowie Räumen zwischen diesen und dem Ausgang ins Freie

Zusätzliche Anforderungen bei einer **Lagermenge > 500 kg ≤ 6 500 kg** (~10 m³)

- keine besonderen Brandschutzanforderungen an Wände, Decken, Türen, Nutzung, elektrische Anlage
- Lagerräume müssen ausreichend gelüftet werden können (10-facher Luftwechsel für min. 60 Minuten vor dem Betreten)
- Hinweisschild am Zugang: „HOLZPELLETLAGERRAUM – Lebensgefahr durch giftige Gase – Vor Betreten ausreichend lüften!“

Anforderungen bei einer **Lagermenge > 6 500 kg**	Brennstofflagerung **nur in Brennstofflagerräumen** zulässig

- keine andere Nutzung zulässig
- Wände und Decken feuerbeständig (F90), außer es sind Trennwände, die an den Heizraum grenzen
- Öffnungen in Decken und Wänden (z. B. Türen) selbstschließend und feuerhemmend (T30), soweit sie nicht unmittelbar ins Freie führen
- keine Durchführung von Leitungen durch Decken und Wände, ausgenommen Leitungen, die zum Betrieb dieser Räume erforderlich sind sowie Heizungs-, Wasser- und Abwasserleitungen
- Ausstattung nur mit Geräten und Schutzsystemen zur bestimmungsgemäßen Verwendung in explosionsgefährdeten Bereichen, die der Explosionsschutzprodukteverordnung entsprechen
- Lagerräume müssen ausreichend gelüftet werden können (10-facher Luftwechsel für min. 60 Minuten vor dem Betreten)
- Hinweisschild am Zugang: „HOLZPELLETLAGERRAUM – Lebensgefahr durch giftige Gase – Vor Betreten ausreichend lüften!“

[1)] In einigen Punkten unterscheiden sich die Feuerungsverordnungen der Bundesländer. Hier zugrunde gelegt ist die Feuerungsverordnung des Landes Nordrhein-Westfalen.

242.1 Öffentliche Wasserversorgung in Deutschland (2016)

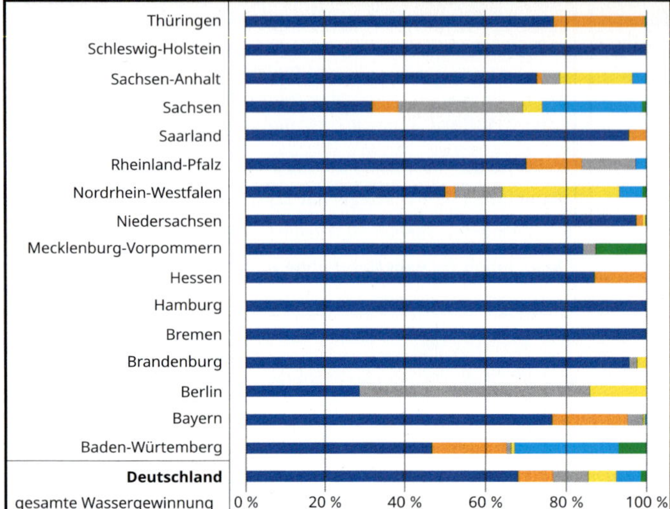

gesamte Wassergewinnung (2016)
ca. 4.153,8 Mio. m³

242.2 Täglicher durchschnittlicher Wasserverbrauch (2016)

Thüringen	92	l/(E·d)
Schleswig-Holstein	130	l/(E·d)
Sachsen-Anhalt	97	l/(E·d)
Sachsen	90	l/(E·d)
Saarland	115	l/(E·d)
Rheinland-Pfalz	119	l/(E·d)
Nordrhein-Westfalen	133	l/(E·d)
Niedersachsen	127	l/(E·d)
Mecklenburg-Vorpommern	108	l/(E·d)
Hessen	127	l/(E·d)
Hamburg	140	l/(E·d)
Bremen	121	l/(E·d)
Brandenburg	111	l/(E·d)
Berlin	117	l/(E·d)
Bayern	131	l/(E·d)
Baden-Württemberg	119	l/(E·d)
Deutschland	123	l/(E·d)

242.3 Aufteilung

Wassernutzung in Haushalten: 123 Liter/Einwohner pro Tag

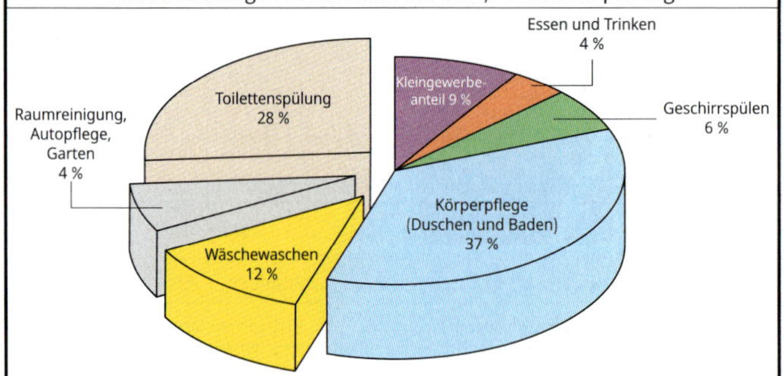

Die herausgezogen gezeichneten Bereiche kommen für eine Regenwassernutzung unter bestimmten Voraussetzungen infrage. Die zusammenhängend gezeichneten Bereiche müssen mit Trinkwasser abgedeckt werden.

242.4 Wasserverbrauch im internationalen Vergleich (2014)

USA	295	l/(E·d)
Spanien	270	l/(E·d)
Schweden	197	l/(E·d)
Russland	270	l/(E·d)
Österreich	162	l/(E·d)
Niederlande	130	l/(E·d)
Italien	213	l/(E·d)
Griechenland	140	l/(E·d)
Frankreich	156	l/(E·d)
Dubai	500	l/(E·d)
Belgien	120	l/(E·d)
Deutschland	122	l/(E·d)

242.5 Trinkwasserbezugsquellen

Statistisches Bundesamt

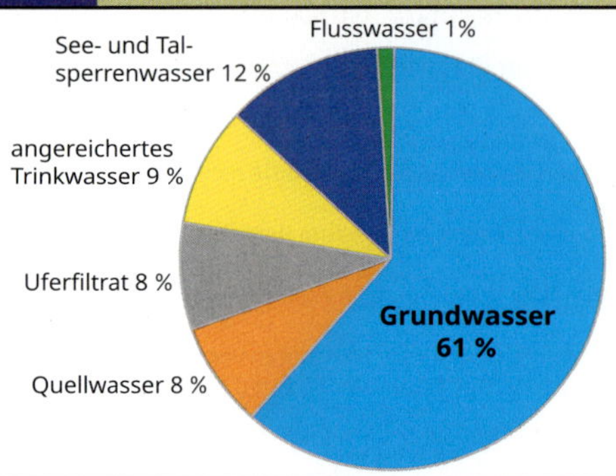

242.6 Grundwasservorkommen

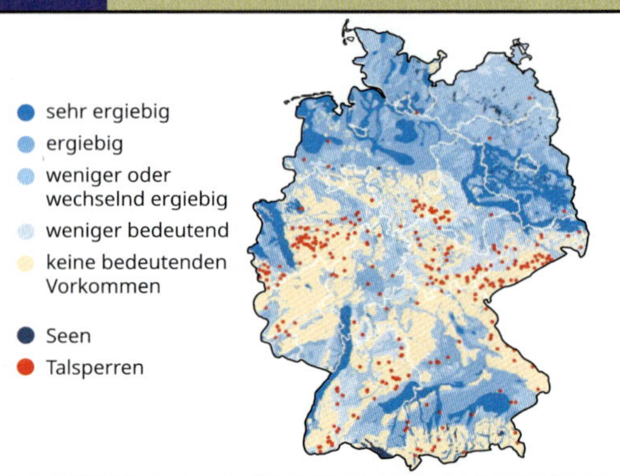

243.1 Trinkwasseraufkommen (in km³ pro Jahr)

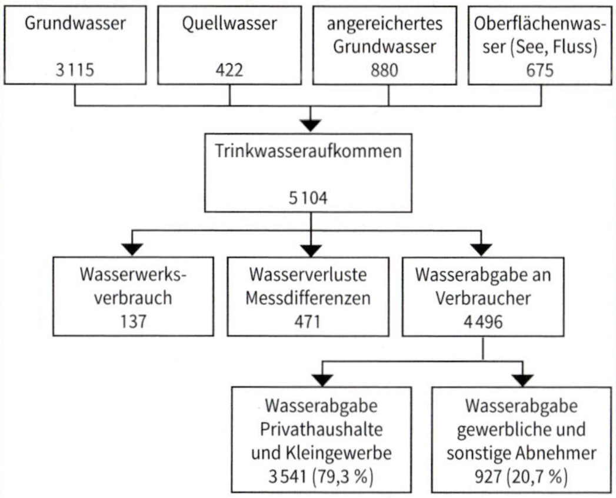

243.2 pH-Wert – Beispiele

↑ 31.1

	pH	Beispiel	
Säure	0		sauer
	1	Salzsäure 3,5 %	
	2	Magensäure	
	3	Essig	
	4	Fruchtsäure	
	5	saurer Regen	
	6	Mineralwasser	
Wasser	7	reines Wasser	neutral
Lauge	8	Heizungswasser (Aluminium)	alkalisch/basisch
	9	Heizungswasser (Stahl)	
	10	Waschmittellösung	
	11		
	12		
	13		
	14	Natronlauge	

243.3 Kalk-Kohlensäure-Gleichgewichtskurven

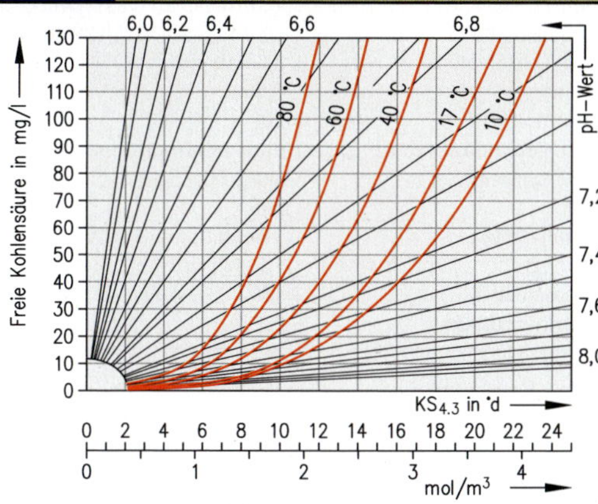

243.4 Anforderungen Trinkwasser – Mineralwasser

Parameter	**Trinkwasser** nach TrinkwV[1] Grenzwerte in mg/l	**Wasser** mit dem Prädikat **„geeignet für die Zubereitung von Säuglingsnahrung"** nach MinTafelV[2] Grenzwerte in mg/l	**Mineralwasser Analyseergebnisse** Stand: Januar 2018 Mittelwerte in mg/l
Sulfat	250	240	17,2
Natrium	200	20	4,9
Nitrat	50	10	6,7
Fluorid	1,5	0,7	0,1
Mangan	0,05	0,05	< 0,005
Nitrit	0,5	0,02	< 0,005
Arsen	0,01	0,005	< 0,001
Uran	0,01	0,002	< 0,001

[1] Trinkwasserverordnung, [2] Mineral- und Tafelwasserverordnung

243.5 Wasserhärtebereiche in Deutschland

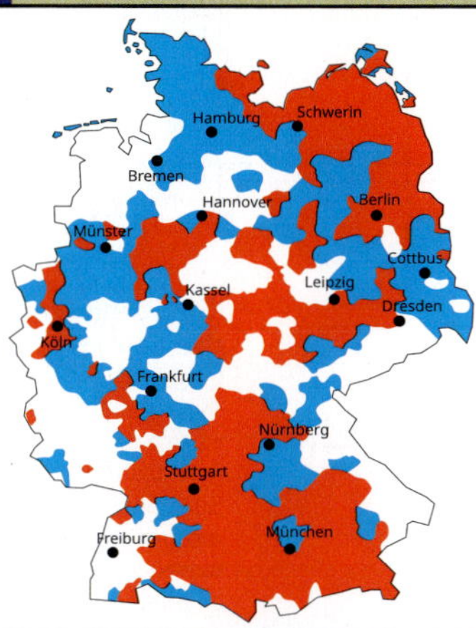

Härtebereich	weich	mittel	hart

Härtebereich	mmol/l	°dH
1 weich	0 –1,49	bis 8,4
2 mittel	1,5–2,5	8,4–14
3 hart	> 2,5	> 14
(früher 4 sehr hart)	(> 3,8)	(> 21 ,3)

1 mol/m³ ≙ 5,6 °dH (Grad deutscher Härte)

1 °dH ≙ 0,357 val/m³

1 val/m³ ≙ 2,8 °dH

1 °dH ≙ 0,179 mol/m³
≙ 10 mg CaO/l
≙ 7,14 mg Ca/l
≙ 7,14 mg MgO/l
≙ 4,30 mg Mg/l

244.1 Anforderungen an Trinkwasser nach Trinkwasserverordnung TrinkwV

Inhaltsstoffe in mg/l

Chemische Parameter		Chemische Parameter	
Acrylamid	0,0001	Antimon	0,005
Benzol	0,001	Arsen	0,01
Bor	1	Benzo(a)pyren	0,00001
Bromat	0,01	Blei	0,01
Chrom	0,05	Cadmium	0,003
Cyanid	0,05	Epichlorhydrin	0,0001
1,2 Dichlorethan	0,003	Kupfer	2
Fluorid	1,5	Nickel	0,02
Nitrat	50	Nitrit	0,5
Pflanzenschutzmittel, Biozidprodukte	0,0001	PAK[1]	0,0001
Summe aller Biozide	0,0005	Trihalogenmethane	0,05 (0,01 ab Wasserwerk)
Quecksilber	0,001	Vinylchlorid	0,0005
Selen	0,01		
Tetra-/Trichlorethen	0,01		
Uran	0,01		

[1] polyzyklische aromatische Kohlenwasserstoffe

Mikrobiologische Parameter, allgemeine Anforderungen	
Escherichia Coli	0/100 ml
Enterokokken	0/100 ml

Anforderungen bei Abgabe in verschlossene Behälter	
Escherichia Coli	0/250 ml
Enterokokken	0/250 ml
Pseudomonas aeroginosa	0/250 ml

Spezielle Anforderungen	
Legionella spec.	< 100 KBE/100 ml [3]

Indikatorparameter	
Aluminium	0,2
Ammonium	0,5
Chlorid	250
Clostridium perfringens	0/100 ml einschl. Sporen
coliforme Bakterien	0
Eisen	0,2

Indikatorparameter	
Färbung in m^{-1}	0,5 (Hg 436 nm)
Geruch TON	3 (23 °C)
Geschmack	annehmbar ohne Veränderg.
Koloniezahl 22 °C	100/ml (20 ab Wasserwerk)
Koloniezahl 36 °C	100/ml ohne Verändenung
elektr. Leitfähigkeit	2790 µS/cm, bei 25 °C
Mangan	0,05
Natrium	200
organ. gebundener C	ohne anormale Veränderung
Oxidierbarkeit	5 mg/l O_2
Sulfat	240
Trübung NTU	1 nephelometr. Trüb.-einheit
Wasserstoffionenkonzentration	6,5–9,5[2] pH-Einheiten
Tritium in Bg/l	100
Gesamtrichtdosis	0,1

[2] pH-Wert am Wasserwerksausgang ≥ 7,7
[3] KBE = Koloniebildende Einheit

244.2 Anforderungen an Untersuchungen von Trinkwasser DVGW W551: 2004-04 TrinkwV

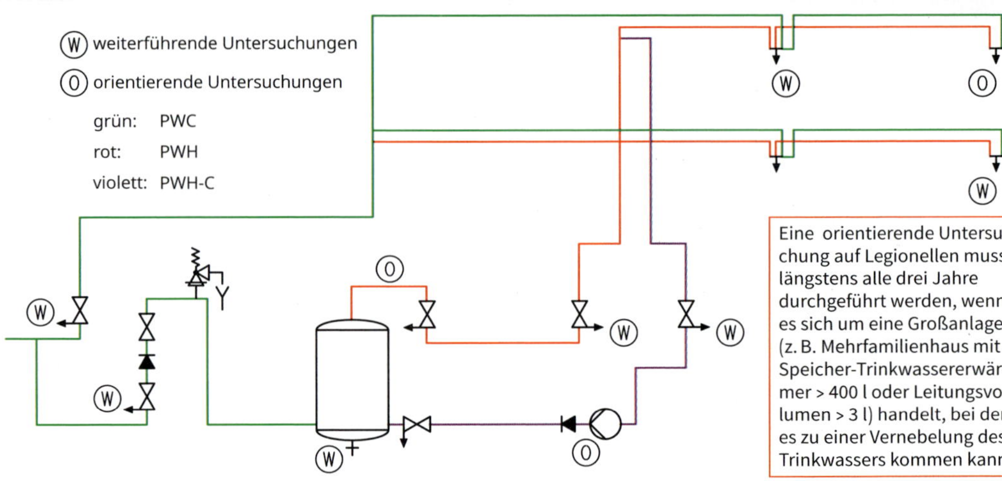

Eine orientierende Untersuchung auf Legionellen muss längstens alle drei Jahre durchgeführt werden, wenn es sich um eine Großanlage (z. B. Mehrfamilienhaus mit Speicher-Trinkwassererwärmer > 400 l oder Leitungsvolumen > 3 l) handelt, bei der es zu einer Vernebelung des Trinkwassers kommen kann.

245.1 Wasserbehandlungsmaßnahmen zur Vermeidung von Steinbildung in Abhängigkeit von Calciumcarbonat-Massenkonzentrationen und Temperatur (δ Reglertemperatur)

Calciumcarbonat-Massenkonzentration mmol/l	Maßnahmen bei $\delta \leq 60$ °C	Maßnahmen bei $\delta \geq 60$ °C
< 1,5 (entspricht < 8,4 °dH)	keine	keine
≥ 1,5 bis < 2,5 (entspricht ≥ 8,4 °dH bis < 14 °dH)	keine Stabilisierung oder Enthärtung	Stabilisierung oder Enthärtung empfohlen
≥ 2,5 (entspricht ≥ 14 °dH)	Stabilisierung oder Enthärtung empfohlen	Stabilisierung oder Enthärtung

245.2 Möglichkeiten und deren Wirksamkeit zur Abtötung, Inaktivierung oder Eliminierung von Mikroorganismen

Mikroorganismen	Verfahren				
	Chlorung	(Ozonung)	UV-Bestrahlung	Thermische Desinfektion	Filtration
Einzeln vorliegend:					
Viren	+/–	+	+	+	+
Bakterien	+	+	+	+	+
Bakteriensporen	–	–	–	–	+
Parasiten	–	–	+/–	+	+
Würmer	–	–	–	+	+
In Aggregaton, Biofilmen oder in Partikeln vorliogend:					
Viren	–	–	–	+	+
Bakterien	–	–	–	+	+
Bakteriensporen	–	–	–	–	+
Parasilen	–	–	–	+	+
Würmer	–	–	–	+	+

Bei üblicher Anwendung: + wirksam +/– fraglich wirksam – in der Regel unwirksam

245.3 Wasseraufbereitung

Verfahren	Typen, Wirkung: Schutz vor …	Norm
mechanisch wirkende Filter	Wechselfilter (Kartuschen), Klarfilter, Kalkschutzfilter, Rückspülfilter, Enteisenungsfilter, Aktivkohlefilter; Fremdpartikel, Korrosion, Kalk, Chlor	DIN 19628 DIN EN 13443
elektrophysikalisches Enthärten Kationenaustausch	Nanokristallbildung, Schutz vor Kalkablagerungen in Rohren und TWE mittels Kochsalz NaCl, Aufsalzung, Chloriderhöhung; Kalkablagerung	DIN EN 14743 DIN 19636
Mineralstoffdosieranlage	nicht einstellbar nach DIN 19812, Elektrolytische Schutzschicht nach DIN EN 14095	DIN 19635
Umkehrosmose Teilentsalzung	Entkeimung, Entfernung von Feststoffen, Pyrogenen durch semipermeable Membran.	DIN EN 806-2
Chlordioxidbehandlung	Entkeimung von Trinkwasseranlagen, Entfernung von Biofilm, Mikroorganismen	
Ozondesinfektion	Vermischung von O_3 mit H_2O, Keim-/Bakterientötung	
UV-Desinfektion	Bestrahlung mit Quecksilber-Niederdruckstrahler, UVC-Strahlung	DIN EN 4897
Entkarbonisierung	Nichtkarbonhärte bleibt erhalten, Vorbehandlung erforderlich	
Rieselentgasung	Entfernung von Kohlensäure, Schwefelwasserstoff, Kohlenstoffdioxid	

246.1 Technische Daten Wasserfilter für die Hausinstallation

Herstellerangaben

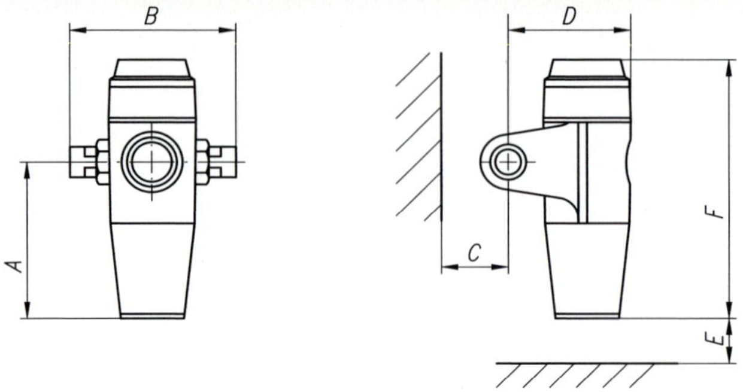

Anschlussdaten							
Anschlussnennweite		DN 20	DN 25	DN 32	DN 20	DN 25	DN 32
Anschlussgröße		¾"	1"	1¼"	¾"	1"	1¼"
Leistungsdaten							
Nenndurchfluss bei Δp 0,2 (0,5) bar	in m³/h	2,8 (4,5)	3,7 (6,0)	4,0 (6,3)	–	–	–
Durchfluss nach DIN EN 1587	in m³/h	–	–	–	2,3	3,6	5,8
k_v-Wert	in m³/h	6,5	8,5	9,1	–	–	–
Filterfeinheit	in µm	100					
obere/untere Durchlassweite	in µm	120/80					
Nenndruck		PN 16					
Allgemeines							
Wassertemperatur	in °C	5–30					
Umgebungstemperatur	in °C	5–40					
Maße und Gewichte							
A Bauhöhe bis Mitte Anschluss	in mm	235					
B Einbaulänge mit/ohne Verschraubung	in mm	185/100	182/100	191/100	185/100	182/100	191/100
C Wandabstand	in mm	≥ 50					
D Bautiefe bis Mitte Anschluss	in mm	135	135	145	135	135	145
E Ausbaumaß Filterkerze	in mm	150					
F Gesamthöhe	in mm	335	335	335	355	355	355
Leergewicht	in kg	1,4	1,6	1,8	1,6	1,8	2,0
Betriebsgewicht ca.	in kg	1,9	2,1	2,3	2,1	2,3	2,5

246.2 Hauswasserzähleranlage

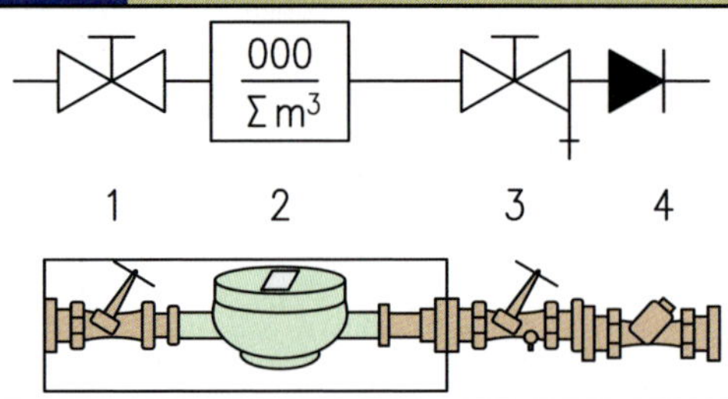

1 (Haupt-) Absperrarmatur
2 Anschlussbügel mit Verschraubung und Wasserzähler
3 Absperrventil mit Entleerung
4 Rückflussverhinderer

246.3 Haus- und Großwasserzähler

Herstellerangaben

Nennweite	Q_n	Q_{max}	Q_3	$\Delta P_{WZmax.}$
	in m³/h			in hPa
DN 20[1]	2,5	5	4	1 000
DN 25[1]	6,0	12	10	1 000
DN 40[1]	10	20	16	1 000
DN 80[2]	40	80	63	1 000
DN 100[2]	60	120	100	1 000

[1] Hauswasserzähler, [2] Großwasserzähler

247.1 Unterteilung Trinkwasserversorgung — DIN EN 806-2: 2005-06

Prinzipdarstellung für die Installation Typ A

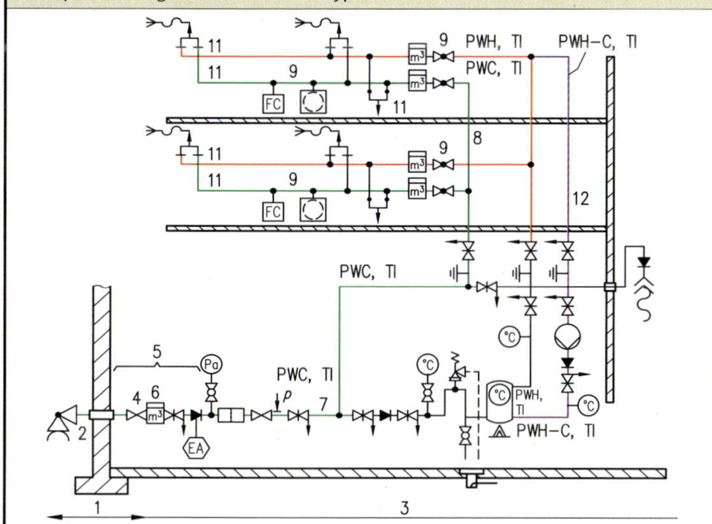

Legende

1 Anschlussleitung
2 Einrittsstelle
3 Verbrauchsleitung
4 Hauptabsperrarmatur
5 Wasserzähleranlage
6 Wasserzähler
7 Sammelzuleitung
8 Steigleitung
8 kaltes Wasser
9 warmes Wasser
9 Stockwerksleitung
11 Einzelzuleitung
12 Zirkulationsleitung
PWC Trinkwasser kalt, grün
PWH Trinkwasser warm, rot
PWH-C Zirkulation violett
NPW Nichttrinkwasser grün/blau

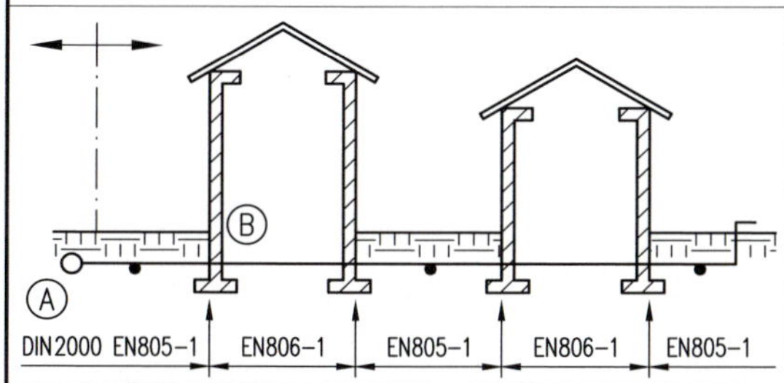

Die Übergabestelle ist variabel zwischen der Versorgungsleitung (A) und dem ersten Gebäude (B).
Die Technischen Regeln für Trinkwasser-Installationen bestehen aus den europäischen Normen DIN EN 806 und DIN EN 1717 und der nationalen Ergänzungsnormen so z. B. die DIN 1988 für Planung, Ausführung und Betrieb. Ausserhalb der Grundstückgrenze gilt für die Versorger die DIN 2000.

247.2 Kennzeichnung für Rohrleitungen und Behälter — DIN 2403: 2018-10, DIN EN 806-1: 2001-12

Kennzeichnung	Benennung	Kennzeichnung	Benennung	Kennzeichnung	Benennung
PW	Trinkwasser Kurzz.: PW Farbe: grün	PWH	Trinkw.: warm Kurzz.: PWH Farbe: rot	NPW	Nichttrinkw. Kurzz.: NPW Farbe: weiß
PWC	Trinkwasser kalt Kurzz.: PWC Farbe: grün	PWH-C	Trinkw.: warm Zirkulation Zirkul.: PWHC Farbe: violett	NPW Eigenwasserversorgung	Nichttrinkw. Eigenwasser-versorgung
Trink-wasser (mit Pfeilen) Trinkwasser	Kennzeichnung der Rohrleitung mit Fließrich-tungspfeilen Farbe: grün	Kein Trinkwasser	Kennzeichnung der Rohrleitung	Regenwasser Kein Trinkwasser	Kennzeich-nung der Ent-nahmestelle
		Achtung! In diesem Gebäude ist eine Regenwasser-nutzungsanlage installiert. Querverbindungen sind auszuschließen	Kennzeichnung an der Hausein-führung/Wz	Dieser Spülkasten wird mit Regenwasser betrieben	Kennzeich-nung am Spülkasten
NPW Betriebswasser	Nichttrinkw. Betriebswasser	Betriebswasser kein Trinkwasser	Kennzeichnung der Entnahme-stelle Betriebswasser	Desinfektionsmittel	Kennzeich-nung der Ent-nahmestelle für Desinfek-tionsmittel

248.1 Verlegungsvorschriften von Trinkwasserleitungen DIN 1988-100: 2011-08

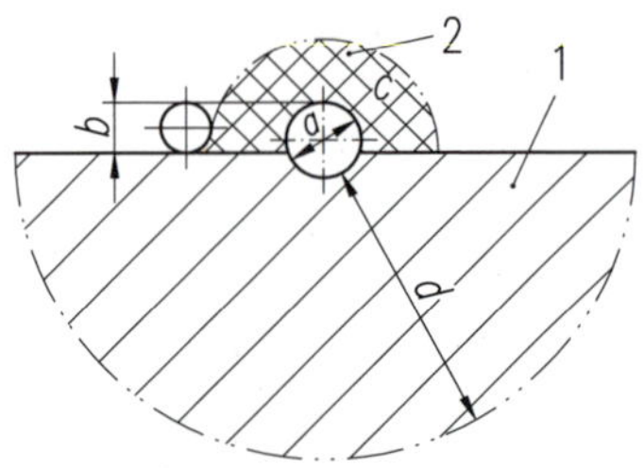

1 + 2	Bereich, in dem Trinkwasserleitungen nicht zulässig sind
a	Rohrdurchmesser der Grundstücksentwässerungsleitung/Abwasserleitung
b	Rohraußendurchmesser der Trinkwasserleitung
c	Mindestabstand 0,2 m
d	Mindestabstand bei tiefer liegender Trinkwasserleitung 1 m

248.2 Flüssigkeitskategorien DIN EN 1717: 2011-08

Kat.	Flüssigkeit, Gefährdung für Menschen
1	Wasser für den menschlichen Gebrauch, das direkt aus der Trinkwasserinstallation entnommen wird
2	Flüssigkeiten, die die Gesundheit nicht gefährden, die für den menschlichen Gebrauch geeignet sind, z. B. Wasser aus TW/TWW, das in Geschmack, Geruch, Farbe oder Temperatur verändert ist
3	Flüssigkeit, die die Gesundheit durch giftige Stoffe gefährdet. LD50 ≤ 200 mg/kg Körpergewicht
4	Flüssigkeit, die die Gesundheit durch giftige oder besonders giftige Stoffe oder radioaktive, mutagene oder kanzerogene Substanzen gefährdet, LD50 > 200 mg/kg Körpergewicht
5	Flüssigkeit, die die Gesundheit durch mikrobielle oder virale Erreger übertragbarer Krankheiten gefährdet

Der LD50-Wert gibt die Menge eines Stoffes an, bei der 50 % der Betroffenen innerhalb einer bestimmten Zeit sterben.

248.3 Beispiele von Flüssigkeitskategorien DIN EN 1717: 2011-08

Kat.	Wasser für den menschlichen Gebrauch	Kat.	Trinkwasser für anderen Gebrauch
1	Trinkwasser	2	Kochen von Lebensmitteln
1	Wasser unter hohem Druck	3	Lebensmittelbetrieb: Früchte, Gemüse waschen
2	Stagnationswasser[1)]	5	Früchte, Gemüse-, Vorwasch- und Waschwasser
2	gekühltes Wasser	5	Waschen/Vorwaschen von Geschirr/Küchengerät
2	heißes Wasser im Sanitärbereich	3	Spülwasser von Geschirr/Küchengerät
2	Dampf (in Kontakt mit Lebensmitteln, frei von Additiven)	3	Heizungswasser ohne Additive, Spülkastenwasser
2	behandeltes Trinkwasser innerhalb des Gebäudes	5	Abwasser, Wasser von Körperreinigung
		5	Schwimmbecken-, Waschmaschinenwasser
		5	WC-Wasser, Wasser für Tiertränken
		3	steriles oder demineralisiertes Wasser

[1)] Manche Stoffe erhöhen das Risiko (z. B. Temperatur).

248.4 Zuordnung der Ausführungsart des Trinkwassererwärmers zur Fluidkategorie des Wärmeträgers DIN 1988-500: 2011-02

Nr.	Ausführungsart	Fluidkategorie der Wärmeträger nach DIN EN 1717		
		1 und 2 (ohne Gefährdung)	**3** (wenig giftige Stoffe)	**4 und 5** (giftige, sehr giftige, krebserzeugende und radioaktive Stoffe sowie Erreger übertragbarer Krankheiten)
1	Zwischenmedium	•	•	•
2	korrosionsbeständig, gesichert	•	•	–
3	korrosionsbeständig	•	• Nur zulässig, wenn $p_{e,\,zul} \leq 0{,}3$ MPa ist	–

Zeichenerklärung: • zugelassen – nicht zugelassen

249.1 Symbole der Sicherungseinrichtungen in Verbindung mit der Flüssigkeitskategorie

DIN EN 1717: 2011-08

Symbol		Sicherungseinrichtung Flüssigkeitskategorie	1	2	3	4	5
AA	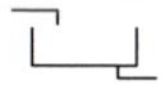	ungehinderter freier Auslauf	*	×	×	×	×
AB	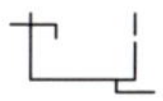	freier Auslauf mit nicht kreisförmigem Überlauf (uneingeschränkt)	*	×	×	×	×
AC	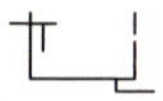	freier Auslauf mit belüftetem Tauchrohr und Überlauf, Mitlauf	*	×	×	–	–
AD		freier Auslauf mit Injektor	*	×	×	×	×
AF	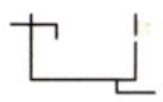	freier Auslauf mit kreisförmigem Überlauf (eingeschränkt)	*	×	×	×	–
AG	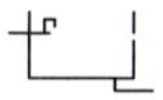	freier Auslauf mit Überlauf durch Versuch mit Unterdruckprüfung bestätigt	*	×	×	–	–
BA		Rohrnetztrenner mit kontrollierbarer Mitteldruckzone	×	×	×	×	–
CA	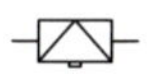	Rohrtrenner mit unterschiedlichen, nicht kontrollierbaren Druckzonen	×	×	×	–	–
DA		Rohrbelüfter in Durchflussform	o	o	o	–	–
DB		Rohrunterbrecher mit beweglichen Teilen	o	o	o	o	–
DC		Rohrunterbrecher mit ständiger Verbindung zur Atmosphäre	o	o	o	o	o
EA	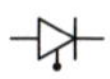	kontrollierbarer Rückflussverhinderer	×	×	–	–	–
EB	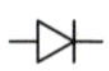	nicht kontrollierbarer Rückflussverhinderer	1)				
EC		kontrollierbarer Doppelrückflussverhinderer	×	×	–	–	–
ED		nicht kontrollierbarer Doppelrückflussverhinderer	1)				
GA	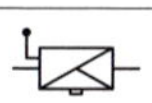	Rohrtrenner, nicht durchflussgesteuert	×	×	×	–	–
GB	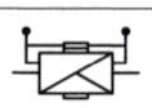	Rohrtrenner, durchflussgesteuert	×	×	×	×	–
HA		Schlauchanschluss mit Rückflussverhinderer RV	×	×	o	–	–
HB		Rohrbelüfter für Schlauchanschluss	o	o	–	–	–
HC	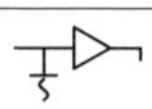	automatischer Umsteller, z. B. für Handbrause	1)				
HD		Rohrbelüfter für Schlauchanschluss kombiniert mit RV (Sicherungskombination)	×	×	o	–	–
LA		druckbeaufschlagter Belüfter	o	o	–	–	–
LB	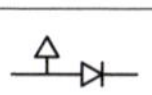	druckbeaufschlagter Belüfter kombiniert mit nachgeschaltetem RV	×	×	o	–	–

1) Nur für bestimmten häuslichen Gebrauch. × erlaubt; o nur erlaubt, wenn p = atm; – nicht erlaubt; * trifft nicht zu

Allgemeine Bemerkungen:
Einrichtungen mit atmosphärischer Belüftung (z. B. AA, BA, CA, GA, GB …) dürfen nicht eingebaut werden, wenn die Gefahr einer Überflutung besteht.
Darstellung im Fließschema siehe ↑ 65.1.

250.1 Sicherungseinrichtungen für den häuslichen Gebrauch — DIN EN 1717: 2011-08

Entnahmestelle, Apparat	Kategorie	erlaubte Sicherung
Brause an Waschbecken, Spülbecken, Dusche, Badewanne; ausgenommen WC und Bidet	5	Kategorie 2 und EB, ED, HC
Badewanne mit Einlauf unterhalb der Oberkante	5[1)]	Kategorie 3
Entnahmearmaturen mit Schlauchverschraubung im häuslichen Bereich	5[1), 2)]	Kategorie 3
Beregnungsanlagen für Grünflächen – Unterfluranlage	5[1)]	Kategorie 4

[1)] Der Einbauort der Sicherungseinrichtung muss über dem maximalen Betriebswasserspiegel sein (p = atm).
[2)] Vorgesehen für Waschen, Reinigen oder Gartenbewässerung

Die Sicherungseinrichtungen müssen im häuslichen Bereich Bestandteil der Entnahmearmaturen und Apparate sein. Sonst müssen diese an der Anschlussstelle eingebaut werden.

250.2 Prüfverfahren für die hydrostatische Druckprüfung — DIN EN 806-4: 2010-06

Art des Werkstoffs	Verfahren der hydrostatischen Druckprüfung
Linear elastische Werkstoffe (d. h. Metalle)	Prüfverfahren A
Elastische Werkstoffe (PVC-U, PVC-C usw.) sowie Mehrschichtverbundwerkstoffe	
Viskoelastische Werkstoffe (d. h. PP, PE, PE-X, PA, PB usw.) mit DN/OD ≤ 63	
Viskoelastische Werkstoffe mit DN/OD > 63 (d. h. PP, PE, PE-X, PA, PB usw.)	Prüfverfahren B oder C
Kombiniertes System mit DN/OD ≤ 63 (Metalle und Kunststoffe)	Prüfverfahren A
Kombiniertes System mit DN/OD > 63 (Metalle und Kunststoffe)	Prüfverfahren B oder C

OD: Rohr-Außendurchmesser (Outside-Diameter)

250.3 Dichtheitsprüfung von Trinkwasserinstallationen mit Wasser (Prüfverfahren A)

DIN EN 806-4: 2010-06, VDI 6023, ZVSHK Merkblatt

	Pressverbindungen (unverpresst undicht)	Metall-, Mehrschichtverbund-, und PVC-Leitungen	Kunststoffrohre aus PP, PE, PE-X, PB-Rohrleitungen – kombiniert mit Metall- und Mehrschichtverbundrohr
Zweck	Pressverbindungen	Vor Inbetriebnahme der Anlage	
Leistungsstelle	Rohre und Formstücke	Komplette Rohrleitungen; Leitungsteile sind vollständig zu entlüften	
Zeitpunkt	Vor der Dichtheitsprüfung	Nach unverpresst dicht: $\Delta\vartheta \leq 10$ K Umgebungstemperatur zur Fülltemperatur, Inbetriebnahme der Anlage. Lange Stillstandzeiten vermeiden, nach maximal 72 Stunden die Anlage in Betrieb nehmen!	
Prüfdruck	Maximal 6 bar (0,6 MPa) Herstellerangaben	1,1-fache des zulässigen Betriebsdruck; 11 bar (1,1 MPa) DIN EN 806-4	
Prüfmedium	Wasser gefiltert		
Prüfzeit	15 Minuten	30 Minuten	Prüfdruck 30 Minuten aufrecht halten, durch Entnahme von Wasser aus dem System auf 5,5 bar (0,55 MPa) absenken. Währenddessen ist eine weitere Prüfzeit von 120 Minuten einzuhalten.
Messgerät	Manometer, vorzugsweise elektronisches Manometer mit einer Messunsicherheit 0,1 bar (100 hPa)		
Dichtstatus	Während der Prüfzeit darf keine Undichtigkeit festgestellt werden	Der Prüfdruck muss konstant bleiben: $\Delta p = 0$	

Die Dichtheitsprüfung mit Wasser kann durchgeführt werden, wenn vom Zeitpunkt der Dichtheitsprüfung bis zur Inbetriebnahme der Trinkwasserinstallation
• in regelmäßigen Abständen, • spätestens nach 72 Stunden,
ein Wasseraustausch sichergestellt wird.

251.1 Prüfverfahren Trinkwasserinstallationen mit Luft (ölfrei) oder Inertgas

DIN EN 806-4: 2010-06, VDI 6023, ZVSHK Merkblatt

	Dichtprüfung	Belastungsprüfung
Zweck	Sichtbarmachen feinster Undichtigkeiten	Belastungsprobe der Rohr- und Formstücke
Leistungsstelle	Komplette Rohrinstallation (ohne Speicher); es wird empfohlen, die Anlage in Teilabschnitte zu unterteilen	Komplette Rohrleitung mit Sichtprüfung; es wird empfohlen, die Anlage in Teilabschnitte zu unterteilen
Zeitpunkt	Vor der Belastungsprüfung im Rohbauzustand, wenn die Leitung noch frei zugänglich ist.	Nach der bestandenen Dichtprüfung im Rohbauzustand
Prüfdruck	150 mbar (150 hPa)	Bis DN 50 – maximal 3 bar (0,3 MPa) DN 50 bis DN 100 maximal 1 bar (0,1 MPa)
Prüfmedium	Luft (ölfrei) oder Inertgas	
Prüfzeit	Anpasszeit ca. 15 Minuten; Prüfzeit min. 120 Minuten bis 100 l Leitungsvolumen, je weitere 100 L leitungsvolumen wird die Prüfzeit um 20 Minuten erhöht.	Anpasszeit ca. 15 Minuten; 10 Minuten mit Sichtprüfung
Messgerät	Manometer, Messunsicherheit 1 mbar (1 hPa)	Manometer, Messunsicherheit 100 mbar (100 hPa)
Dichtstatus	Während der Prüfung darf kein Druckabfall auftreten. Bei einer Undichtigkeit soll der Druck aufrechterhalten und die undichte(n) Stelle(n) festgestellt werden.	Kein Druckabfall am Messgerät feststellbar.

Die Dichtheitsprüfung ist mit Luft/Inertgas durchzuführen:
- wenn eine längere Stillstandzeit von der Dichtheitsprüfung bis zur Inbetriebnahme – insbesondere bei durchschnittlichen Umgebungstemperaturen > 25 °C – zu erwarten ist,
- um mögliches Bakterienwachstum auszuschließen,
- bei Frostgefahr,
- Inertgas (bei z. B. Krankenhaus), z. B. CO_2, N_2.
- Die VdS Schadenverhütung GmbH rät dazu, bei Druckprüfungen mit Gas immer vor der Inbetriebnahme eine weitere Druckprüfung mit Wasser durchzuführen.

251.2 Spülen und Reinigen von Rohrleitungen mit Luft/Wasser-Gemisch

ZVSHK/DIN EN 806-4: 2010-06

Mindestvolumenstrom und Mindestanzahl der zu öffnenden Entnahmestellen für die Spülung bei einer Mindestgeschwindigkeit von 0,5 m/s

Größte Nennweite der Rohrleitung im gespülten Abschnitt, DN	25	32	40	50	65	80	100
Mindestvolumenstrom bei vollständig gefülltem Rohrleitungsabschnitt, in l/min	15	25	38	59	100	151	236
Mindestanzahl der vollständig zu öffnenden Entnahmestellen mit DN 15 oder einer entsprechenden Querschnittsfläche	1	2	3	4	6	9	14

Die Druckluft, z. B. aus Flaschen oder von Verdichtern, muss in ausreichender Menge und hygienisch einwandfreier Qualität (ölfrei) zur Verfügung stehen. Der Luftdruck muss mindestens dem Ruhedruck des Wassers entsprechen. Je nach Anlagengröße, Leitungsführung und Anzahl der Abzweigungen und Entnahmestellen ist abschnittweise zu spülen.
Die Leitungslänge je Spülabschnitt soll 100 Meter nicht überschreiten und nicht mehr als zwei Reduzierungen enthalten. Dabei sollte die Spülrichtung von unten nach oben und die Spülfolge strangweise vom nächstgelegenen zum entferntesten Strang eingehalten werden.
Jeder Strang wird stockwerksweise von unten nach oben gespült. Innerhalb der Stockwerksleitung eines Geschosses werden nacheinander mindestens so viel Entnahmestellen wie in Tabelle 2, im Notfall alle Entnahmestellen, geöffnet, beginnend mit der vom Steigstrang entlegendsten Entnahmestelle. Die Spüldauer richtet sich nach der Leitungslänge und soll je laufenden Meter 15 Sekunden nicht unterschreiten. Je Entnahmestelle muss die Spüldauer mindestens zwei Minuten betragen.

Spülvorgang

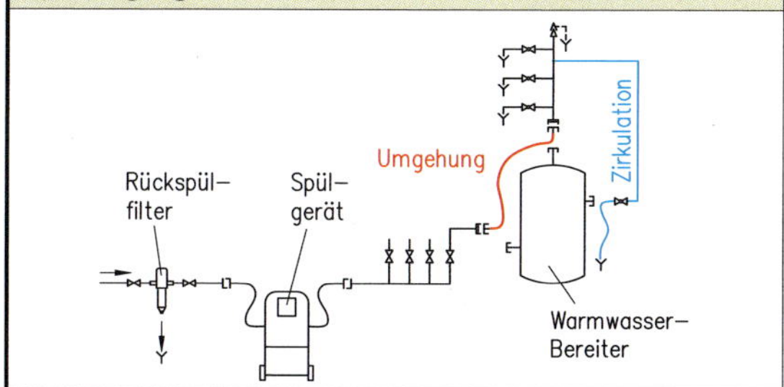

Spülfolge

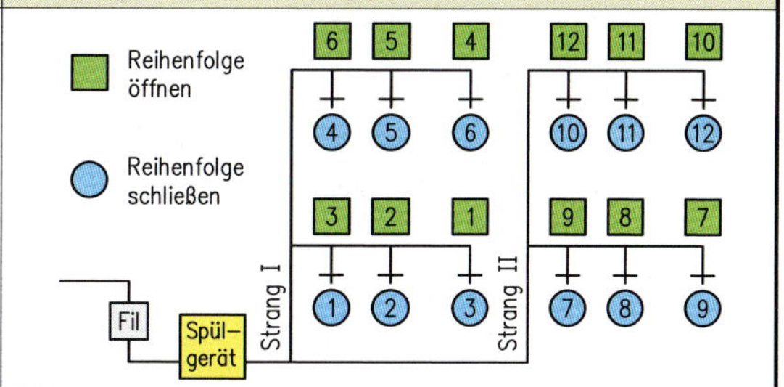

252.1 Spülen von Rohrleitungen mit Wasser — ZVSHK/DIN EN 806-4: 2010-06

Richtwert für die Mindestanzahl der zu öffnenden Entnahmestellen, bezogen auf die größte Nennweite der Verteilungsleitung (Einzelzapfleistung mindestens 10 l/20 Sek)

Größte Nennweite der Verteilungsleitung DN im aktuellen Spülabschnitt	25	32	40	50	65	80	100
Mindestanzahl der zu öffnenden Entnahmestellen DN 15 (DN 10)	2	4	6	8	12 (14)	18 (22)	28 (32)

Innerhalb der Stockwerks- und Einzelzuleitungen werden geschossweise nacheinander mindestens so viele Entnahmestellen wie in nachfolgender Tabelle als Richtwert für einen Spülabschnitt aufgeführt, für mindestens fünf Minuten voll geöffnet. Innerhalb eines Geschosses werden die Entnahmestellen voll geöffnet, beginnend mit der vom Steigstrang entferntesten Entnahmestelle. Nach einer Spüldauer von fünf Minuten an der zuletzt geöffneten Spülstelle werden die Entnahmestellen nacheinander in umgekehrter Reihenfolge geschlossen.

252.2 Maßnahmen bei Betriebsunterbrechungen — ZVSHK-Merkblatt

Dauer der Betriebsunterbrechung	Maßnahme bei Ausserbetriebnahme	Maßnahme zur Wiederinbetriebnahme
über 4 Stunden[1]	keine	vollständiger Wasseraustausch, bevor das Wasser als Lebensmittel genutzt wird
bis 3 Tage[2]	keine	keine, wenn es nicht als Lebensmittel genutzt wird
bis 7 Tage[3), 4]	keine	vollständiger Wasseraustausch
> 7 Tage[4), 5]	absperren	vollständiger Wasseraustausch
mehr als 6 Monate[6]	absperren	Spülen der Installation z. B. nach EN 806-4 Empfohlen: mikrobiologische Untersuchungen
mehr als 12 Monate[7]	Anschlussleitung an der Versorgungsleitung abtrennen	Füllen und Spülen der Installation z. B. nach EN 806-4.[7] Empfohlen: Probenahme je nach Nutzungsart

1) Information „Trink Was – Trinkwasser aus dem Hahn“ des Umweltbundesamtes 2) VDI 6023
3) VDI 6023: nur zulässig bei einwandfreier Wasserbeschaffenheit, DIN EN 806-5: immer zulässig
4) DIN EN 806-5: Ein Zeitraum von mehr als 7 Tagen gilt als Betriebsunterbrechung
5) DIN 1988-100: Selten genutzte Leistungen (z. B. Stichleitungen zu Gästezimmer, Nebengebäude, Außenzapfstellen) mindestens alle vier Wochen einen Wasserwechsel. EN 806-5: vorzugsweise einmal die Woche Wasserwechsel
6) DIN 1988-100: in befülltem Zustand belassen und am Hausanschluss absperren
7) DIN EN 806-5: „Entleeren“. Aber: Entleerung erhöht die Korrosionswahrscheinlichkeit gemäß DIN EN 12502

252.3 Chemikalien zur Anlagendesinfektion bei mikrobiologischer Kontamination — ZVSHK-Merkblatt

Bezeichnung	Handelsform	Lagerung	Sicherheitshinweise	Anwendungskonzentration[1]	
				Rohrleitung	Behälter und Anlagenteile wie z. B. Trinkwassererwärmer
Wasserstoffperoxid H_2O_2	wässrige Lösungen 50 % als Verwendung zur Anlagendesinfektion und 3 % zur direkten Anwendung zur Sprühdesinfektion	lichtgeschützt, kühl, Verschmutzungen unbedingt vermeiden	bei Lösungen > 5 % Schutzausrüstung erforderlich	150 mg/l H_2O_2/24 h	max. 15 g/l H_2O_2
Chlorbleichlauge Natriumhypochlorit NaOCl	wässrige Lösungen mit maximal 150 mg/l Chlor	lichtgeschützt und kühl	alkalisch, ätzend, Schutzausrüstung erforderlich	50 mg/l Chlor/ 12 h	5 g/l Chlor
Chlordioxid ClO_2	zwei Komponenten. A: Natriumchlorit B: Persulfate und/ oder Säure	lichtgeschützt, kühl, verschlossen	wirkt oxidierend; Chlordioxidgas nicht einatmen; Schutzausrüstung erforderlich	6 mg/l ClO_2/12 h Als Dosierlösung max. 3 g/l ClO_2	0,5 g/l ClO_2

1) Die angegebenen Konzentrationen gelten für die Sanierung bakteriell verunreinigter Installationen.

253.1 Berechnungsschritte zur Bestimmung der Rohrdurchmesser

nach DIN 1988-300: 2012-05 (differenziertes Berechnungsverfahren)

1	Berechnungsdurchflüsse der Entnahmearmaturen ermitteln
2	Summendurchfluss für jede Teilstrecke ermitteln
3	Spitzenvolumen $\dot{V}_s = f(\Sigma\dot{V}_R)$ für jede Teilstrecke ermitteln
4	Verfügbare Druckdifferenz $\Delta p_{ges,v}$ für Rohrreibung und Einzelwiderstände ermitteln
5	Geschätzten Anteil der verfügbaren Druckdifferenz für die Einzelwiderstände abziehen
6	Verfügbares Rohrreibungsdruckgefälle R_v berechnen
7	Bemessung mit dem hydraulisch ungünstigsten Strömungsweg beginnen
8	Rohrdurchmesser, Fließgeschwindigkeit, Druckgefälle für jede TS ermitteln
9	Druckverlust aus Einzelwiderständen über Widerstandsbeiwerte ζ berechnen
10	Gesamtdruckverlust aus Rohrreibung und Einzelwiderständen Δp_{ges} ermitteln
11	Druckdifferenzen vergleichen $\Delta p_{ges} \leq \Delta p_{ges,v}$ Durchmesser korrigieren
12	Neues R_v für günstiger gelegene Fließwege ermitteln
13	Für günstiger gelegene Fließwege Schritt 7 bis 11 wiederholen

253.2 Spitzendurchfluss $\dot{V}_S$

DIN 1988-300: 2012-05

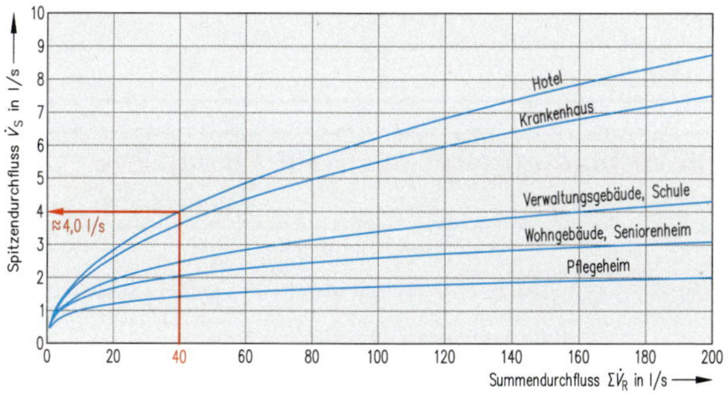

$$\dot{V}_S = a(\Sigma\dot{V}_R)^b - c$$

$\dot{V}_S$	Spitzendurchfluss	in l/s
$\dot{V}_R$	Berechnungsdurchfluss	in l/s

Nutzungart	a	b	c
Wohngebäude, Einrichtung für betreutes Wohnen, Seniorenheim	1,48	0,19	0,94
Bettenhaus im Krankenhaus	0,75	0,44	0,18
Hotel	0,70	0,48	0,13
Schule, Verwaltungsgebäude	0,91	0,31	0,38
Pflegeheim	1,40	0,14	0,92

253.3 Spitzendurchfluss $\dot{V}_S$ für Wohngebäude nach dem Summendurchfluss $\Sigma\dot{V}_R$

$\Sigma\dot{V}_R$ in l/s	$\dot{V}_S$ in l/s	$\Sigma\dot{V}_R$ in l/s	$\dot{V}_S$ in l/s	$\Sigma\dot{V}_R$ in l/s	$\dot{V}_S$ in l/s	$\Sigma\dot{V}_R$ in l/s	$\dot{V}_S$ in l/s	$\Sigma\dot{V}_R$ in l/s	$\dot{V}_S$ in l/s	$\Sigma\dot{V}_R$ in l/s	$\dot{V}_S$ in l/s	$\Sigma\dot{V}_R$ in l/s	$\dot{V}_S$ in l/s
0,14	0,08	0,20	0,15	0,35	0,27	0,80	0,48	1,40	0,64	2,00	0,75	3,50	0,94
0,15	0,09	0,22	0,17	0,40	0,30	0,90	0,51	1,50	0,66	2,20	0,78	4,00	0,99
0,16	0,10	0,24	0,19	0,45	0,33	1,00	0,54	1,60	0,68	2,40	0,81	4,50	1,03
0,17	0,12	0,26	0,21	0,50	0,36	1,10	0,57	1,70	0,70	2,60	0,83	5,00	1,07
0,18	0,13	0,28	0,22	0,60	0,40	1,20	0,59	1,80	0,71	2,80	0,86	6,00	1,14
0,19	0,14	0,30	0,24	0,70	0,44	1,30	0,62	1,90	0,73	3,00	0,88	8,00	1,26

254.1 Richtwerte für Mindestfließdruck und Berechnungsdurchfluss DIN 1988-300: 2012-05

Art der Trinkwasser-Entnahmestelle		Mindestfließdruck $P_{min\,Fl}$ in bar	Berechnungsdurchfluss bei der Entnahme von kaltem oder erwärmtem Trinkwasser $\dot{V}_R$ in l/s
Auslaufventile			
ohne Luftsprudler	DN 15	0,5	0,30
	DN 20	0,5	0,50
	DN 25	0,5	1,00
mit Luftsprudler	DN 10	1,0	0,15
	DN 15	1,0	0,15
Brauseköpfe für Reinigungsbrausen	DN 15	1,0	0,20
Druckspüler nach DIN 3265 Teil 1	DN 15	1,2	0,70
	DN 20	1,2	1,00
	DN 25	0,4	1,00
Druckspüler für Urinalbecken	DN 15	1,0	0,30
Haushaltsgeschirrspülmaschine	DN 15	1,0	0,15
Haushaltswaschmaschine	DN 15	1,0	0,25
Mischbatterie für			
Duschen	DN15	1,0	0,30
Badewannen	DN 15	1,0	0,30
Küchenspülen	DN 15	1,0	0,14
Waschtische	DN 15	1,0	0,14
Bidets	DN 15	1,0	0,14
Mischbatterie	DN 20	1,0	0,60
Spülkasten nach DIN 19 542	DN 15	0,5	0,13
Elektro-Kochendwassergerät	DN 15	1,0	0,10

254.2 Widerstandsbeiwerte für Form- und Verbindungsstücke aus PP, PB und PVC DIN 1988-300: 2012-05

Nr.	Einzelwiderstand	Kurzzeichen nach DVGW W 575	grafisches Symbol[1)], vereinfachte Darstellung	Widerstandsbeiwert ζ									
				DN 12	DN 15	DN 20	DN 25	DN 32	DN 40	DN 50	DN 65	DN 80	DN 100
				Rohraußendurchmesser d_a in mm									
				16	20	25	32	40	50	63	75	90	100
1	T-Stück Abzweig Stromtrennung	TA	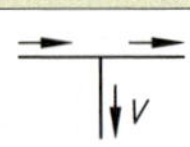	2,4	2,6	1,4	2,3	1,8	1,2	1,1	1,2	1,3	1,3
2	T-Stück Durchgang Stromtrennung	TD	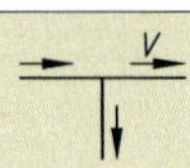	1,1	0,9	0,9	0,9	0,6	0,2	0,2	0,2	0,2	0,2
3	T-Stück Gegenlauf Stromtrennung	TG	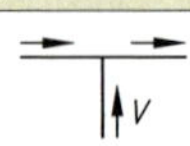	0,0	0,3	0,3	0,4	0,7	0,7	1,1	1,3	1,3	1,3
4	T-Stück Abzweig Stromvereinigung	TVA	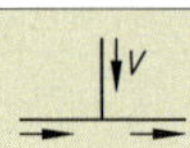	2,0	1,9	1,8	1,8	1,6	1,6	1,6	2,0	2,0	2,0
5	T-Stück Durchgang Stromvereinigung	TVD	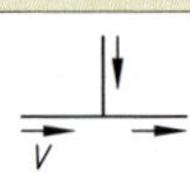	3,8	3,5	3,2	3,2	3,0	3,2	3,2	4,0	4,0	4,0

1) Das Formelzeichen *v* für Fließgeschwindigkeit gibt den Ort der maßgebenden Bezugsgeschwindigkeit im Form- und Verbindungsstück an.

255.1 **Widerstandsbeiwerte für Form- und Verbindungsstücke aus Kupfer, Rotguss und nicht rostendem Stahl** **DIN 1988-300: 2012-05**

Nr.	Einzelwiderstand	Kurzzeichen nach DVGW W 575	grafisches Symbol[1], vereinfachte Darstellung	Widerstandsbeiwert ζ										
				DN 12	DN 15	DN 20	DN 25	DN 32	DN 40	DN 50	DN 60	DN 65	DN 80	DN 100
				Rohraußendurchmesser d_a in mm										
				15	18	22	28	35	42	54	64	76,1	88,9	108
1	T-Stück Abzweig Stromtrennung	TA	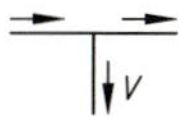	2,1	2,3	1,2	2,0	1,6	1,0	0,9	1,0	1,1	1,1	1,1
2	T-Stück Durchgang Stromtrennung	TD	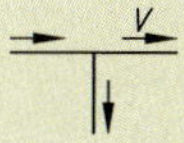	0,9	0,7	0,7	0,7	0,5	0,1	0,1	0,1	0,1	0,1	0,1
3	T-Stück Gegenlauf Stromtrennung	TG	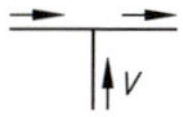	−0,1	0,0	0,1	0,3	06	–	0,9	1,0	1,1	1,1	1,1
4	T-Stück Abzweig Stromvereinigung	TVA	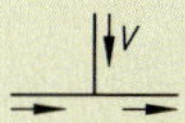	1,7	1,6	1,5	1,5	1,4	1,4	1,4	1,9	1,8	1,8	1,8
5	T-Stück Durchgang Stromvereinigung	TVD	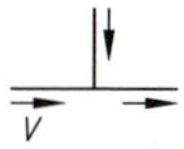	3,3	3,0	2,8	2,8	2,6	2,8	2,8	3,8	3,5	3,5	3,5
6	T-Stück Gegenlauf Stromvereinigung	TVG	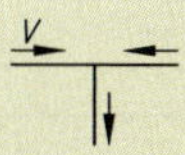	1,9	2,0	2,0	1,8	1,3	1,7	1,7	1,8	2,4	2,4	2,4
7	Winkel/Bogen 90°	W90	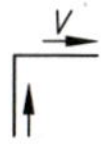	1,7	1,1	1,0	1,7	1,6	0,4	0,4	0,3	0,6	0,6	0,6
8	Winkel/Bogen 45°	W45		1,7	1,6	1,6	0,4	0,4	0,3	0,3	0,2	0,3	0,3	0,3
9	Reduktion	RED	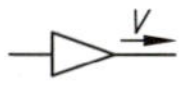	–	2,1	1,6	1,6	1,6	0,1	0,1	0,1	0,1	0,1	0,1
10	Wandscheibe	WS	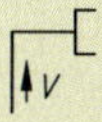	1,4	3,2	5,7	–	–	–	–	–	–	–	–
11	Doppelwand-scheibe Durchgang	WSD	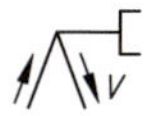	3,4	–	2,4	–	–	–	–	–	–	–	–
12	Doppelwand-scheibe Abzweig	WSA	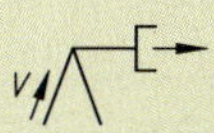	1,0	–	5,5	–	–	–	–	–	–	–	–
13	Verteiler	STV		2,0	2,3	1,2	2,0	1,6	1,0	0,9	1,0	1,1	1,1	1,1
14	Kupplung/Muffe	K	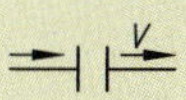	0,7	0,4	0,4	0,6	0,8	0,1	0,1	0,1	0,1	0,1	0,1

[1] Das Formelzeichen v für Fließgeschwindigkeit gibt den Ort der maßgebenden Bezugsgeschwindigkeit im Form- und Verbindungsstück an.

5 Sanitärtechnik

256.1 Rohrreibungsgefälle und rechnerische Fließgeschwindigkeit in Abhängigkeit vom Spitzendurchfluss (Kupfer, ϑ = 10 °C) Herstellerangaben

Nennmaß										
$d_a \times s$ in mm	**15 × 1,0**		**18 × 1,0**		**22 × 1,0**		**28 × 1,0**		**35 × 1,2**	
d_i in mm	13		16		20		25		32	
Nennweite	DN 12		DN 15		DN 20		DN 25		DN 32	
Spitzendurchfluss $\dot{V}$ in l/s	R in hPa/m	v in m/s	R in hPa/m	v in m/s	R in hPa/m	v in m/s	R in hPa/m	v in m/s	R in hPa/m	v in m/s
0,05	2,2	0,38	0,8	0,25	0,3	0,16	0,1	0,10		
0,07	4,0	0,53	1,5	0,35	0,5	0,22	0,2	0,14		
0,10	7,3	0,75	2,7	0,50	1,0	0,32	0,3	0,20		
0,15	14,8	1,13	5,5	0,75	1,9	0,48	0,7	0,31		
0,20	24,5	1,51	9,1	0,99	3,2	0,64	1,1	0,41		
0,25	36,2	1,88	13,5	1,24	4,7	0,80	1,6	0,51		
0,30	50,0	2,26	18,6	1,49	6,4	0,95	2,2	0,61		
0,35	65,6	2,64	24,3	1,74	8,4	1,11	2,9	0,71		
0,40	83,1	3,01	30,8	1,99	10,6	1,27	3,7	0,81		
0,45	102,5	3,39	37,9	2,24	13,1	1,43	4,5	0,92	0,9	0,51
0,50	123,6	3,77	45,7	2,49	15,7	1,59	5,4	1,02	1,6	0,63
0,60	171,2	4,52	63,2	2,98	21,7	1,91	7,5	1,22	2,3	0,75
0,70	225,6	5,27	83,2	3,48	28,6	2,23	9,8	1,43	3,0	0,87
0,80			105,6	3,98	36,2	2,55	12,5	1,63	3,8	0,99
0,90			130,4	4,48	44,7	2,86	15,3	1,83	4,7	1,12
1,00			157,5	4,97	53,9	3,18	18,5	2,04	5,7	1,24

256.2 Rohrreibungsgefälle und rechnerische Fließgeschwindigkeit in Abhängigkeit vom Spitzendurchfluss (Kupfer, ϑ = 60 °C) Herstellerangaben

Nennmaß										
$d_a \times s$ in mm	**15 × 1,0**		**18 × 1,0**		**22 × 1,0**		**28 × 1,0**		**35 × 1,2**	
d_i in mm	13		16		20		25		32	
Nennweite	DN 12		DN 15		DN 20		DN 25		DN 32	
Spitzendurchfluss $\dot{V}$ in l/s	R in hPa/m	v in m/s	R in hPa/m	v in m/s	R in hPa/m	v in m/s	R in hPa/m	v in m/s	R in hPa/m	v in m/s
0,05	1,7	0,38	0,6	0,25	0,2	0,16	0,1	0,10		
0,07	3,0	0,53	1,1	0,35	0,4	0,22	0,1	0,14		
0,10	5,6	0,75	2,1	0,50	0,7	0,32	0,2	0,20		
0,15	11,4	1,13	4,2	0,75	1,5	0,48	0,5	0,31		
0,20	19,0	1,51	7,0	0,99	2,4	0,64	0,8	0,41		
0,25	28,4	1,88	10,5	1,24	3,6	0,80	1,7	0,51		
0,30	39,3	2,26	14,5	1,49	5,0	0,95	1,7	0,61		
0,35	51,9	2,64	19,1	1,74	6,5	1,11	2,2	0,71		
0,40	66,1	3,01	24,3	1,99	8,3	1,27	2,8	0,81		
0,45	81,8	3,39	30,0	2,24	10,2	1,43	3,5	0,92	0,8	0,51
0,50	99,1	3,77	36,3	2,49	12,4	1,59	4,2	1,02	1,3	0,63
0,60	138,1	4,52	50,5	2,98	17,2	1,91	5,9	1,22	1,8	0,75
0,70	183,1	5,27	66,7	3,48	22,7	2,23	7,7	1,43	2,4	0,87
0,80			85,1	3,98	28,9	2,55	9,8	1,63	3,0	0,99
0,90			105,5	4,48	35,8	2,86	12,2	1,83	3,7	1,12
1,00			127,9	4,97	43,3	3,18	14,7	2,04	4,5	1,24

257.1 Rohrreibungsgefälle und rechnerische Fließgeschwindigkeit in Abhängigkeit vom Spitzendurchfluss (Edelstahl, ϑ = 10 °C)

Herstellerangaben

Nennmaß										
$d_a \times s$ in mm	**15 × 1,0**		**18 × 1,0**		**22 × 1,2**		**28 × 1,2**		**35 × 1,5**	
d_i in mm	13		16		20		25		32	
Nennweite	DN 12		DN 15		DN 20		DN 25		DN 32	
Spitzendurchfluss $\dot{V}$ in l/s	R in hPa/m	v in m/s	R in hPa/m	v in m/s	R in hPa/m	v in m/s	R in hPa/m	v in m/s	R in hPa/m	v in m/s
0,05	2,2	0,38	0,8	0,25	0,3	0,17	0,1	0,10		
0,07	4,0	0,53	1,5	0,35	0,6	0,23	0,2	0,14		
0,10	7,3	0,75	2,7	0,50	1,1	0,33	0,3	0,19	0,3	0,15
0,15	14,8	1,13	5,5	0,75	2,1	0,50	0,6	0,29	0,4	0,21
0,20	24,5	1,51	9,1	0,99	3,5	0,66	1,0	0,39	0,5	0,27
0,25	36,2	1,88	13,5	1,24	5,1	0,83	1,4	0,49	0,7	0,33
0,30	50,0	2,26	18,6	1,49	7,1	0,99	2,0	0,52	0,8	0,39
0,35	65,6	2,64	24,3	1,74	9,3	1,16	2,6	0,68	1,0	0,45
0,40	83,1	3,01	30,8	1,99	11,7	1,33	3,3	0,78	1,2	0,51
0,45	102,5	3,39	37,9	2,24	14,4	1,49	4,0	0,87	1,5	0,57
0,50	123,6	3,77	45,7	2,49	17,3	1,66	4,9	0,97	1,7	0,63
0,60	171,2	4,52	63,2	2,98	23,9	1,99	6,7	1,17	2,3	0,75
0,70	226,2	5,28	83,2	3,48	31,5	2,32	8,8	1,36	3,0	0,87
0,80			105,6	3,98	39,9	2,65	11,1	1,55	3,8	0,99
0,90			130,4	4,48	49,2	2,98	13,7	1,75	4,7	1,12
1,00			157,5	4,97	59,4	3,31	16,5	1,94	5,7	1,24

257.2 Rohrreibungsgefälle und rechnerische Fließgeschwindigkeit in Abhängigkeit vom Spitzendurchfluss (Edelstahl, ϑ = 60 °C)

Herstellerangaben

Nennmaß										
$d_a \times s$ in mm	**15 × 1,0**		**18 × 1,0**		**22 × 1,2**		**28 × 1,2**		**35 × 1,5**	
d_i in mm	13		16		20		25		32	
Nennweite	DN 12		DN 15		DN 20		DN 25		DN 32	
Spitzendurchfluss $\dot{V}$ in l/s	R in hPa/m	v in m/s	R in hPa/m	v in m/s	R in hPa/m	v in m/s	R in hPa/m	v in m/s	R in hPa/m	v in m/s
0,05	1,7	0,38	0,6	0,25	0,2	0,17	0,1	0,10		
0,07	3,0	0,53	1,1	0,35	0,4	0,23	0,1	0,14		
0,10	5,6	0,75	2,1	0,50	0,8	0,33	0,2	0,19	0,2	0,15
0,15	11,4	1,13	4,2	0,75	1,6	0,50	0,4	0,29	0,2	0,21
0,20	19,0	1,51	7,0	0,99	2,7	0,66	0,7	0,39	0,3	0,27
0,25	28,4	1,88	10,5	1,24	4,0	0,83	1,1	0,49	0,4	0,33
0,30	39,3	2,26	14,5	1,49	5,5	0,99	1,5	0,52	0,6	0,39
0,35	51,9	2,64	19,1	1,74	7,2	1,16	2,0	0,68	0,7	0,45
0,40	66,1	3,01	24,3	1,99	9,1	1,33	2,5	0,78	0,8	0,51
0,45	81,8	3,39	30,0	2,24	11,3	1,49	3,1	0,87	1,1	0,57
0,50	99,1	3,77	36,3	2,49	13,6	1,66	3,8	0,97	1,3	0,63
0,60	139,0	4,52	50,5	2,98	18,9	1,99	5,2	1,17	1,8	0,75
0,70	187,5	5,28	66,7	3,48	25,0	2,32	6,9	1,36	2,4	0,87
0,80			85,1	3,98	31,8	2,65	8,8	1,55	3,0	0,99
0,90			105,5	4,48	39,4	2,98	10,9	1,75	3,7	1,12
1,00			127,9	4,97	47,7	3,31	13,1	1,94	4,5	1,24

258.1 Entnahmearmaturendurchflüsse Q_A, Mindest-Entnahmearmaturendurchflüsse Q_{min} und Belastungswerte für Entnahmestellen

DIN EN 806-3: 2006-07

Entnahmestelle	Q_A [l/s]	Q_{min} [l/s]	Belastungswerte LU
Waschtisch, Handwaschbecken, Bidet, Spülkasten	0,1	0,1	1
Haushalt-Küchenspüle, Waschmaschine[1)], Geschirrspülmaschine, Ausgussbecken, Duschbrausekopf	0,2	0,15	2
Urinalbspüler	0,3	0,15	3
Badewannenauslauf	0,4	0,3	4
Entnahmearmatur für Garten und Garage	0,5	0,4	5
Gewerbeküchenspüle DN 20	0,8	0,8	8
Druckspüler DN 20	1,5	1,0	15

[1)] Für Gewerbe-Waschmaschinen nach Angabe des Herstellers.

258.2 Verhältnis von Spitzendurchfluss zu Summendurchfluss

DIN EN 806-3: 2006-07

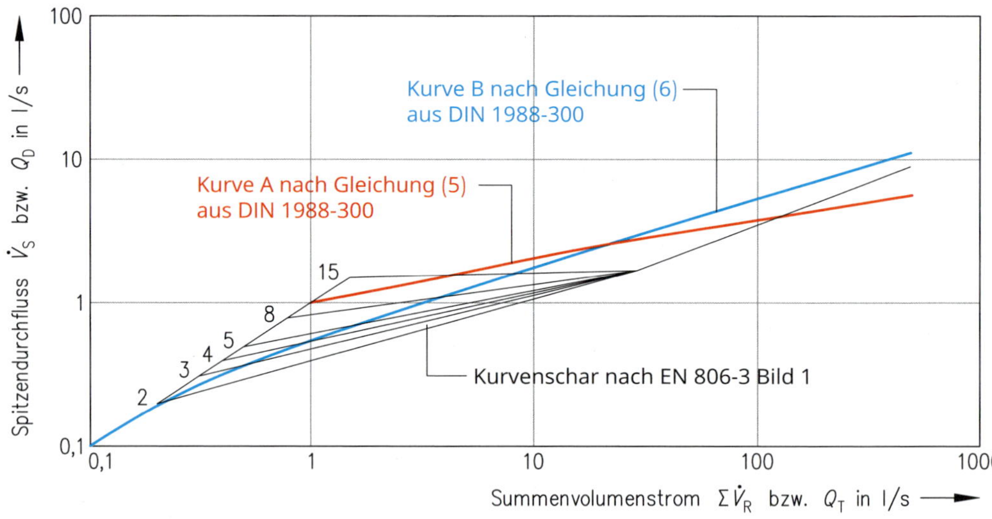

258.3 Kombinationen von Rohren und Fittingen

DIN EN 806-4: 2010-06

Fitting (oder Armatur)	Rohr		
	Nichtrostender Stahl	Schmelztauchverzinkter Stahl	Kupfer
Nichtrostender Stahl	+	o	+
Schmelztauchverzinkter Stahl	–	+	–
Kupfer	+	o	+
Kupferlegierungen	+	+	+

\+ möglich – nicht möglich o siehe Empfehlungen des Herstellers

258.4 Fließregel

↑ 101.3

DIN EN 806-4:2010-06

Wenn in derselben Installation verzinkter Stahl und Kupfer verwendet wird, müssen die Produkte aus verzinktem Stahl in Durchflussrichtung vor dem Kupfer installiert werden.
Das Wasser muss von den Produkten aus verzinktem Stahl zu den Bauteilen aus Kupfer fließen und der direkte Kontakt zwischen Produkten aus verzinktem Stahl und Kupfer muss verhindert werden, z. B. durch Fittings aus Messing oder aus Rotguss.

259.1 Warmwasserentnahmemenge, Zapfenstellenbedarf und Belegungszahl

DIN 4708-2: 1994-04

lfd. Nr.	Benennung der Zapfstelle bzw. der sanitären Ausstattung	Kurzzeichen	Entnahmemenge V_E je Benutzung[2] l	Zapfstellenbedarf w_v Entnahme Wh
1	Badewanne	NB1	140	5 820
2	Badewanne	NB2	160	6 510
3	Kleinraumwanne und Stufenwanne	KB	120	4 890
4	Großraumwanne (1800 mm × 750 mm)	GB	200	8 720
5	Brausekabine[3] mit Mischbatterie und Sparbrause	BRS	40[1]	1 630
6	Brausekabine[3] mit Mischbatterie und Normalbrause	BRN	90[1]	3 660
7	Brausekabine mit Mischbatterie und Luxusbrause	BRL	180[1]	7 320
8	Waschtisch	WT	17	700
9	Bidet	BD	20	810
10	Handwaschbecken	HT	9	350
11	Spüle für Küchen	SP	30	1 160

[1] entspricht einer Benutzungszeit von 6 Minuten
[2] bei Badewannen gleichzeitig Nutzinhalt
[3] nur zu berücksichtigen, wenn Badewanne u. Brausekabine räumlich getrennt sind

Die Summe des Wärmebedarfs für erwärmtes Wasser aller zu versorgenden Wohnungen wird in Einheitswohnungen umgerechnet. Für die Einheitswohnung sind als Merkmale vereinbart:

Raumzahl r = 4
Belegungszahl p = 3,5 (3–4) Personen
Zapfstellenbedarf w_v = 5 820 Wh/Entnahme für ein Wannenbad

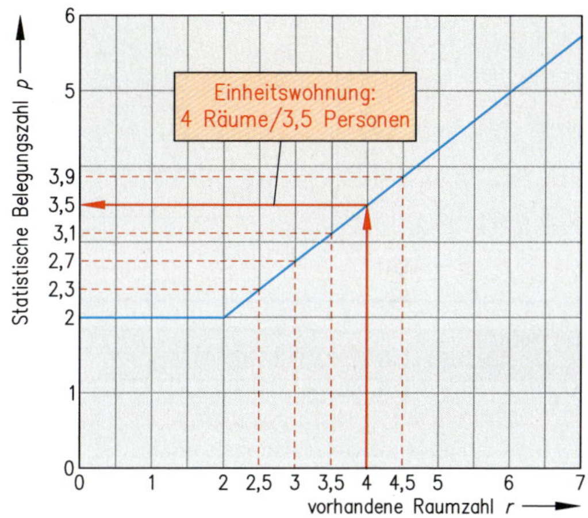

259.2 Sanitäre Ausstattung von Wohnungen

DIN 4708-2: 1994-04

Normalausstattung		Zapfstellenbedarf w_V nach	Komfortausstattung		Zapfstellenbedarf w_V nach
Bad:	Waschtisch	0	Bad:	Waschtisch	0
	Bidet	0		Bidet	0
	Badewanne oder Brausekabine	1		Badewanne	2
				Brausekabine	3
Küche:	Küchenspüle	0	Küche:	Küchenspüle	0
			Gästezimmer:	Waschtisch	4
				Bidet	4
				Badewanne	5
			oder	Brausekabine	2

Zu berücksichtigender Zapfstellenbedarf w_V entsprechend den Sanitärgegenständen nach Tabelle ↑ 258.1

0	bleibt unberücksichtigt
1	Badewanne NB1
2	wie vorhanden
3	wie vorhanden, wenn eine gleichzeitige Benutzung möglich ist, min. NB1
4	wie vorhanden, wenn im Gästezimmer keine Badewanne oder Brausekabine vorhanden ist
5	wie vorhanden mit 50 % des Zapfstellenbedarfs w_V

259.3 Bestimmung der Leistung von Wassererwärmern

DIN 4708-2: 1994-04

Ermittlung der Bedarfskennzahl N

$$N = \frac{\text{Wärmebedarf aller anrechenbaren Zapfstellen}}{\text{Wärmebedarf einer Einheitswohnung}}$$

$$N = \frac{\Sigma(n \cdot p \cdot v \cdot w_V)}{3{,}5 \cdot 5820}$$

$$N_L \geq N$$

N	Bedarfskennzahl	
N_L	Leistungskennzahl (Herstellerangaben)	
n	Anzahl gleicher Wohneinheiten	
v	Anzahl der Zapfstellen je Wohnung (Normal- oder Komfortausstattung)	
w_V	Zapfstellenbedarf (Entnahme)	in Wh
p	tatsächliche Belegungszahl, jedoch die Mindestwerte nach Diagramm	
r	Raumzahl (ohne Küche, Bad, Flur)	

260.1 Wärmebedarf für die Trinkwassererwärmung von Einheitswohnungen (EW)

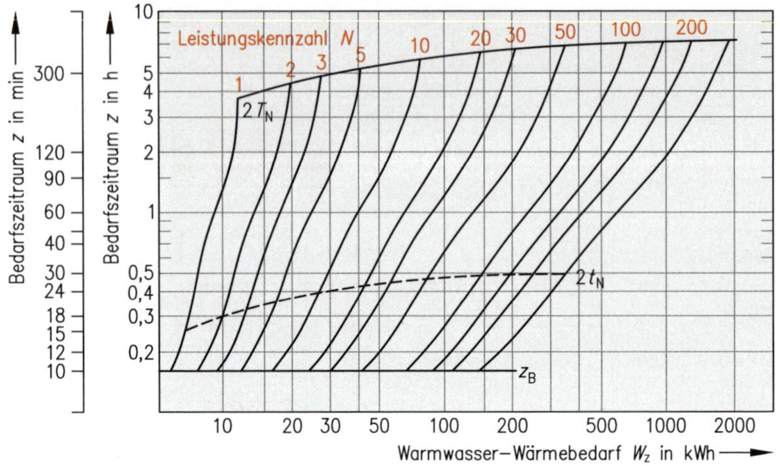

260.2 Leistungskennzahlen N_L

Herstellerangaben

Speichergröße in l	Heizungsvorlauf-temperatur in °C	Leistungskennzahl N_L bei WW 60 °C	Warmwasserdauerleistung bei verschiedenen Warmwassertemperaturen, ϑ_{PWC} = 10 °C: 45 °C l/h	45 °C kW	60 °C l/h	60 °C kW	Heizwasserbedarf in m³/h	Druckverlust	Speichergröße in l	Heizungsvorlauf-temperatur in °C	Leistungskennzahl N_L bei WW 60 °C	Warmwasserdauerleistung bei verschiedenen Warmwassertemperaturen, ϑ_{PWC} = 10 °C: 45 °C l/h	45 °C kW	60 °C l/h	60 °C kW	Heizwasserbedarf in m³/h	Druckverlust
	50	–	215	8,7	–	–				50	–	270	11,0	–	–		
	60	–	400	16,2	–	–				60	–	540	22,0	–	–		
150	70	2,1	540	22,0	275	16,0	3,5	90 mbar	200	70	4,1	770	31,4	425	24,8	4,0	130 mbar
	80	2,6	740	30,0	425	24,8				80	5,0	1030	41,9	610	35,5		
	90	3,2	920	37,5	560	32,5				90	5,6	1240	50,5	755	43,8		
	50	–	345	14,0	–	–				50	–	455	18,5	–	–		
	60	–	715	29,1	–	–				60	–	865	35,2	–	–		
300	70	8,7	990	40,2	520	30,1	5,0	250 mbar	401	70	14,0	1260	51,2	645	37,4	6,0	340 mbar
	80	9,8	1355	55,2	810	47,3				80	15,0	1680	68,3	950	55,3		
	90	11,5	1700	69,1	1100	63,8				90	16,5	2105	85,6	1275	74,1		
	50	–	505	20,5	–	–				50	–	625	25,5	–	–		
	60	–	1030	41,9	–	–				60	–	1485	52,2	–	–		
551	70	19	1485	60,4	790	45,8	5,5	340 mbar	751	70	26	1975	80,4	1035	60,1	5,0	340 mbar
	80	20	2060	83,8	1220	71,0				80	31	2620	106,5	1565	90,8		
	90	22	2610	106,2	1665	96,6				90	35,5	3085	125,4	1935	112,5		

260.3 Vereinfachte Ermittlung des Warmwasserbedarfs **EN 12831 Beiblatt 2: 2012-05 (zurückgezogen)**

Gebäudeart	**Nutzenergiebedarf** Trinkwasser nutzungsbezogen kW/d	flächenbezogen Wh/m²·d	**Trinkwasserbedarf** nutzungsbezogen l/d	flächenbezogen l/m²	auf eine Person bezogene Fläche in m²	Gebäudeart	**Nutzenergiebedarf** Trinkwasser nutzungsbezogen kW/d	flächenbezogen Wh/m²·d	**Trinkwasserbedarf** nutzungsbezogen l/d	flächenbezogen l/m²	auf eine Person bezogene Fläche in m²
Wohngebäude	1,1/P	34,3	27,6/P	0,9	32,1/P	Hotels, Luxus-	5,5/Bett	460	138,1/Bett	14,5	12,0/Bett
Bürogebäude	0,4/P	30	10,0/P	0,8	13,3/P	Gaststätte	1,1/SP	9200	27,6/P	31,4	1,2/SP
Krankenhäuser	8/Bett	400	150,7/P	13,3	15,0/Bett	Heime	2,3/P	150	57,8/P	5,8	15,3/P
Schulen ohne Duschen	0,4/P	130	10,0/P	4,3	3,1/P	Kasernen	1,8/P	180	45,2/P	3,8	10,0/P
Schulen mit Duschen	1,5/P	500	37,7/P	12,6	3,0/P	Sportanlagen	1,8/P	–	45,2/P	–	–
Kaufhäuser	1 B	10	25,1/P	0,3	100,0/P	Bäckereien	5/3	–	125,5/P	–	–
Werkstätten	1,8/B	90	45,2/P	1,9	20,0/P	Friseure	6/3	–	150,7/P	–	–
Hotels, einfach	1,9/Bett	240	47,4/Bett	4,8	7,9/Bett	Fleischerei	18/B	–	452/P	–	–
Hotels, mittel	3,5/Bett	350	87,9/Bett	11,3	10,0/Bett	d Tag; P Person; B Beschäftigte; SP Sitzplatz					

261.1 Anforderungen an Trinkwassererwärmer — DVGW-W551: 2004-04

dezentrale Durchfluss-TWE	keine besonderen Anforderungen, nachgeschaltetes Leitungsvolumen ≤ 3 l
dezentrale Speicher-TWE	bei Gruppenversorgung $\vartheta_{\text{PWH-Austritt}} \geq 50$ °C
zentrale Speicher- und Durchfl. TWE, Speicher-Ladesystem	$\vartheta_{\text{PWH-Austritt}} \geq 60$ °C, wenn $V_L > 3$ l, dann Zirkulation; Umwälzung, gleichmäßige Beaufschlagung einzelner Speicher
Vorwärmstufe, Solaranlage	V_{ges} 1 × tägl. ≥ 60 °C (auch bivalente Speicher)
Fernwärmeversorgung	$\vartheta_{\text{PWH-Austritt TWE}} \geq 60$ °C, Zirkulation ≥ 55 °C
Großanlagen	$\vartheta_{\text{TWE}} \geq 60$ °C, $V_{\text{ges Vorwärmstufen}}$ 1 × tägl. ≥ 60 °C
Kleinanlagen	$\vartheta_{\text{Betrieb}} < 50$ °C soll vermieden werden
Zirkulationssysteme, selbstregelnde Begleitheizungen	$\Delta\vartheta_{\text{Systemwasser}} \leq 5$ K, d. h. $\vartheta_{\text{PWH-Austritt TWE}} \geq 60$ °C und $\vartheta_{\text{Zirkulationseintritt}} \geq 55$ °C

261.2 Sicherheitsventile für geschlossene Trinkwassererwärmer

Nennvolumen V in l	Mindest-Ventilgröße[1] DN	Heizleistung $\dot{Q}_{max}$ in kW
≤ 200	15 (R/Rp ½)	75
> 200 ≤ 1 000	20 (R/Rp ¾)	150
> 1 000	25 (R/Rp 1)	250

	maximaler Druck in der Kaltwasserleitung bar	zulässiger Betriebsüberdruck des Trinkwassererwärmers bar	Ansprechdruck des Sicherheitsventils bar
[1] Als Ventilgröße gilt die Größe des Eintrittsanschlusses.	4,8	6	6
Die Ausblaseleitung des Sicherheitsventils darf nicht verschlossen werden, sie muss frei über einer Entwässerungseinrichtung münden.	8	10	10

261.3 Auslegung von Druckausdehnungsgefäßen — DIN 4807-5: 1997-03

Trinkwasserwärmeeinheit	V_{Sp}	in l
Nennvolumen des MAG-W	V_n	in l
Ansprechdruck Sicherheitsventil	p_{SV}	6,0 oder 10,0 bar
Arbeitsdruckdifferenz	d_{pA}	20 % von p_{SV} in bar
Anlagenenddruck ($p_e = p_{SV} - d_{pA}$)	p_e	4,8 oder 8,0 bar
Vordruck im MAG-W	p_o	p_a – 0,2 in bar
Anfangsdruck p_a (Ruhedruck hinter dem Druckminderer)	p_a	in bar
Kaltwassertemperatur	t_{PWC}	10 °C konstant
Warmwassertemperatur	t_{PWH}	60 °C konstant
Ausdehnung des Wassers	n	1,67 %

MAG-W Nennvolumen in l			8		12		18		25	
Druckwerte in bar		p_{SV}	6,0	10,0	6,0	10,0	6,0	10,0	6,0	10,0
		p_e	4,8	8,0	4,8	8,0	4,8	8,0	4,8	8,0
p_a	p_e		Trinkwasserwärmevolumen V_{sp} in l							
3,0	2,8		141	253	212	379	318	569	441	790
3,5	3,3		103	229	154	343	231	515	362	715
4,0	3,8		63	204	95	307	143	460	198	639
4,5	4,3		24	180	35	269	54	404	75	561
5,0	4,8		–	154	–	232	–	347	–	479
5,5	5,3		–	129	–	193	–	290	–	403
6,0	5,8		–	103	–	155	–	233	–	323

261.4 Ermittlung des maximalen Wasserbedarfs verschiedener Gebäudetypen

max. Wasserbedarf für Wohn-, Büro- und Kaufhäuser

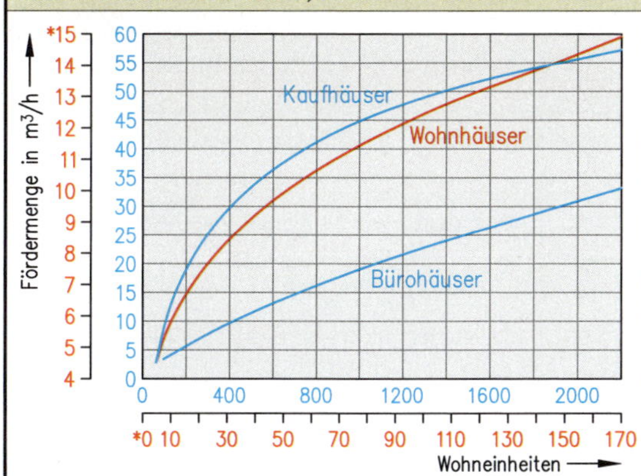

max. Wasserbedarf für Hotels und Krankenhäuser

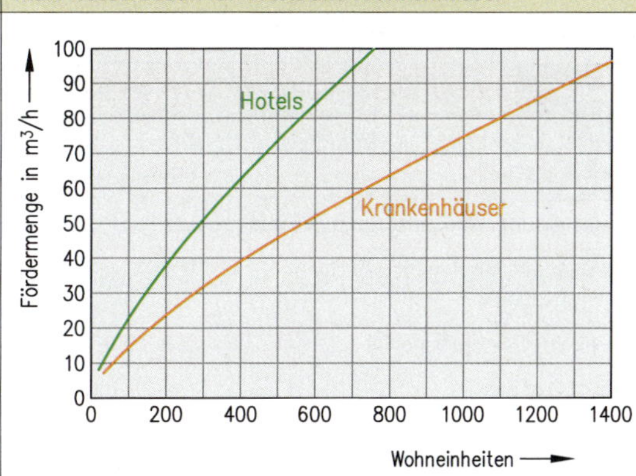

5 Sanitärtechnik

262.1 Beispielhafter Kaltwasseranschluss von Trinkwassererwärmern DIN 1988-200:2012-05

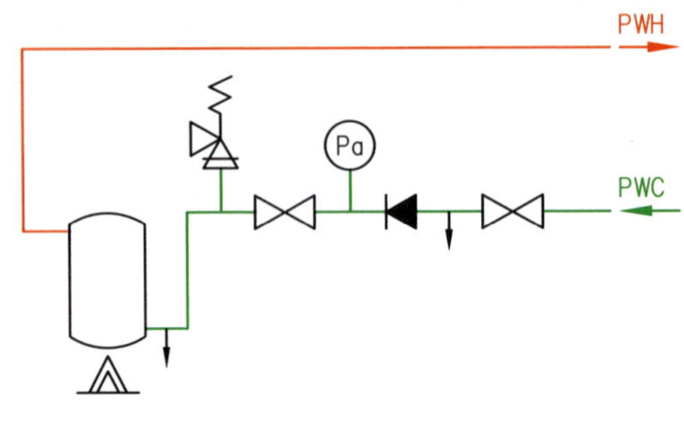

Geschlossener Trinkwassererwärmer, unmittelbar (direkt) beheizt, über 10 l Inhalt

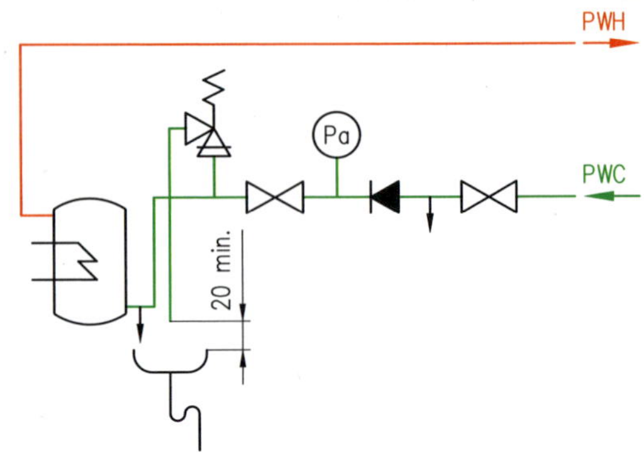

Anordnung von Sicherheitsventil und mittelbar (indirekt) beheiztem Trinkwassererwärmer in einem Raum (Maße in mm)

262.2 Beispielhafte Anbindung eines Schichtenspeichers mit Frischwasserstation

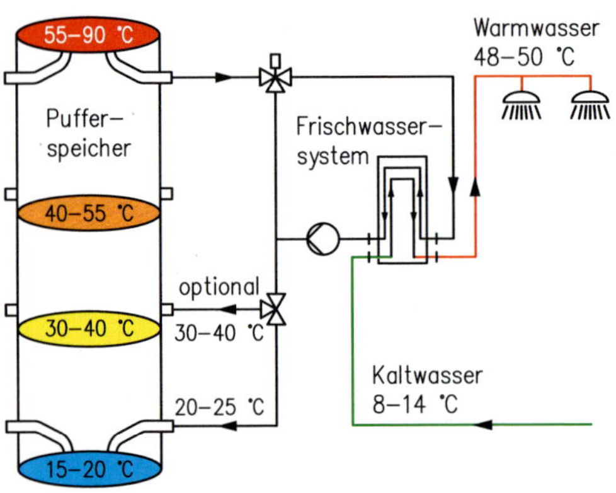

262.3 Zusammenstellung möglicher Trinkwassererwärmungsarten

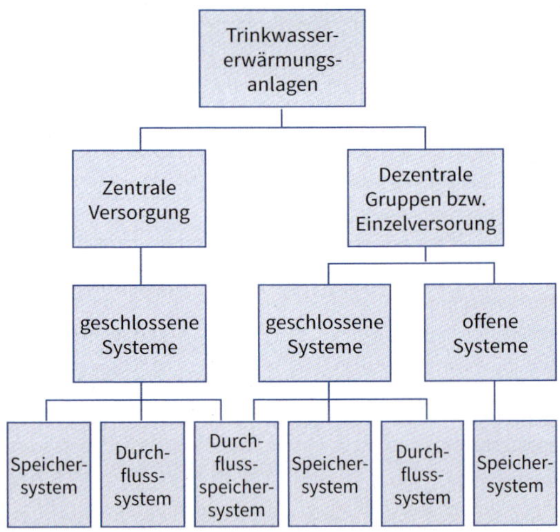

262.4 Löschwasserbedarf in m^3/h für 2 Stunden

Siedlung/Geschosse/GFZ/Brandausbreitungsgefahr	Geschosse	GFZ	klein	mittel	groß	Gefahr	Bausubstanz, Umfassung, Dach
Kleinsiedlung, Wochenendhausgebiet	≤ 2	≤ 4	24	48	96	klein	feuerbeständig, feuerhemmend
Wohngebiet, Mischgebiet, Dorfgebiet, Gewerbegebiet	bel.	0,3–1,2	48	96	96		harte Bedachung
Kerngebiet, Gewerbegebiet	≥ 1	0,7–2,4	96	96	192	mittel	nicht feuerbeständig/-hemmend, hart
Industriegebiet		BMZ ≤ 9	96	192	192		feuerbest./-hemmend, weiche Bedachg.
Netzdruck > 150 kPa (1,5 bar). Für kleine ländl. Orte gelten 48 m^3/h. Einzelanwesen werden mit Tankfahrzeugen versorgt (Empfehlung: Löschwasservorrat 50 m^3/Haus)						groß	nicht feuerbeständ./-hemmend, weich Holzfachwerk, behind. Zugang

263.1 Auslegung von Sprinkleranlagen

DIN EN 12845: 2020-11

Brandgefahr	Wasserbeaufschlagung mm/min	Wirkfläche m^2	
		Nass- oder vorgesteuerte Anlage	Trocken- oder Nass-Trocken-Anlage
LH	2,25	84	nicht zulässig – Auslegung nach OH1
OH1	5,0	72	90
OH2	5,0	144	180
OH3	5,0	216	270
OH4	5,0	360	nicht zulässig – Auslegung nach HHP1
HHP1	7,5	260	325
HHP2	10,0	260	325
HHP3	12,5	260	325
HHP4	Sprühwasser-Löschanlagen[1)]		

[1)] Muss besonders berücksichtigt werden. Sprühwasser-Löschanlagen werden in der vorliegenden Norm nicht behandelt.

263.2 Wasserausflussrate Sprinkleranlage

Brandgefahr	minimal zulässiger K-Faktor	Mindestdruck bar
LH	57	0,7
OH	80	0,35
HHP/HHS Dach- oder Deckenschutz	80	0,5
HHP/HHS Dach- oder Deckenschutz	115	0,5
HHP/HHS Dach- oder Deckenschutz	160	0,5
Regalsprinkler	80	2[1)]
Regalsprinkler	115	1[1)]

$$Q = K \cdot \sqrt{p}$$

Q	Ausflussrate	in l/min
K	Konstante (K-Faktor) aus Tabelle	
p	Druck	in bar

[1)] Bei der Auslegung des Regalschutzes nach VdS CEA 4001 Abschnitt 11.6 beträgt der Mindestdruck für Regalsprinkler 0,5 bar.

263.3 Reaktionstemperaturen verschiedener Sprinklerarten

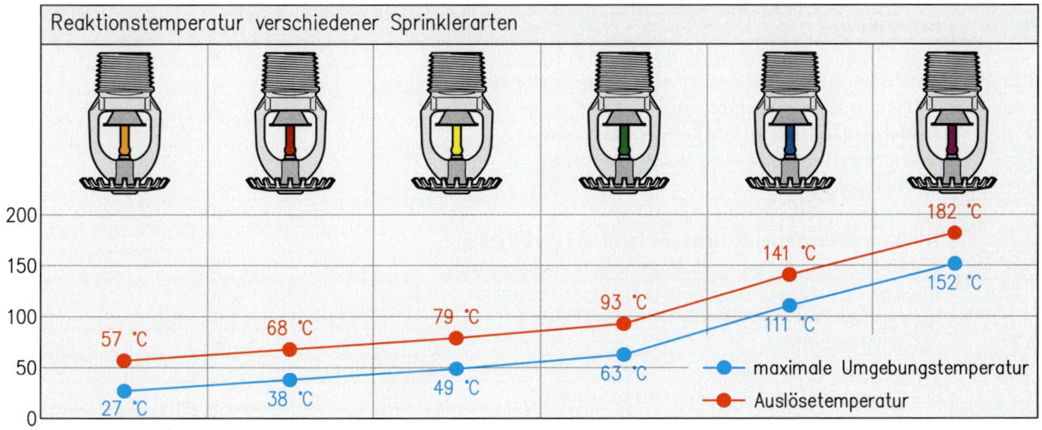

264.1 Zuordnungstabelle für zulässige Anschlussarten an der Löschwasserübergabestelle

Anlagentyp / Übergabestelle	Anlagen mit zusätzlicher Einspeisung von Nichttrinkwasser	Löschwasseranlagen „nass" mit Wandhydrant Typ F, Typ S nach DIN 14462	Löschwasseranlagen „nass-trocken" mit Wandhydrant Typ F, Fyp S nach DIN 14462	Trinkwasserinstallation mit Wandhydrant Typ S nach DIN 14462	Feuerlösch- und Brandschutzanlage mit offenen Düsen, z. B. nach DIN 14495, DIN CEN/TS 14816, VdS 2109	Sprinkleranlage, z. B. nach DIN EN 12845, VdS CEA 4001	Anlagen mit Unter- und Überflurhydranten
Freier Auslauf Typ AA, AB nach DIN EN 1717	X	X	X[2)]	–	X	X	X
Füll- und Entleerungsstation nach DIN 14463-1	–	–	X[2)]	–	–	–	X[2)]
Füll- und Entleerungsstation nach DIN 14463-2	–	–	–	–	X[2)]	–	–
Direktanschlussstation nach DIN 14464	–	–	–	–	X[1)]	X[1)]	–
Schlauchanschlussventil 1" mit Sicherungseinrichtung nach DIN 14461-3	–	–	–	X[3)]	–	–	–
Über- und Unterflurhydranten nach DIN EN 14339 und DIN EN 14384	–	–	–	–	–	–	X[3)]

[1)] Einschränkungen beachten. [2)] Spitzenvolumenstrom in der Füllphase beachten.
[3)] bei ausreichend durchflossenen Trinkwasserinstallationen geeignet

264.2 Inspektion und Wartung Trinkwasseranlagen (Auszug) VDMA 24186-6: 2019-09

Pos.[1)]	Tätigkeit	Ausführung[2)] periodisch	Ausführung[2)] bei Bedarf
1	**Entwässerung**		
1.1	**Rohrleitungen und Zubehör**		
1.1.1	Äußerlich auf Beschädigung, Korrosion und Befestigung prüfen	X	
1.1.3	Auf Dichtheit prüfen (Sichtprüfung)	X	
1.2	**Abläufe**		
1.2.1	Äußerlich auf Beschädigung und Korrosion prüfen	X	
1.2.2	Auf Verschmutzung prüfen	X	
1.2.3	Funktionserhaltendes Reinigen		X
1.2.4	Auf Dichtheit prüfen (Sichtprüfung)	X	
1.2.5	Wasserstand prüfen	X	
2	**Trinkwasserversorgung**		
2.1	**Rohrleitungen**		
2.1.1	Äußerlich auf Beschädigung, Korrosion und Befestigung prüfen	X	
2.1.2	Wärmedämmung auf Beschädigung und Vollständigkeit prüfen	X	
2.1.3	Auf Dichtheit prüfen (Sichtprüfung)	X	
2.2	**Absperr-, Wandeinbau- und Entleerarmaturen**		
2.2.1	Äußerlich auf Beschädigung und Korrosion prüfen	X	
2.2.2	Auf Funktion prüfen	X	
2.2.3	Auf Dichtheit prüfen (Sichtprüfung)	X	
2.4	**Trinkwasser-Erwärmungsanlagen (zentrale Versorgung)**		
2.4.1	Wärmedämmung auf Beschädigung und Vollständigkeit prüfen	X	
2.4.2	Wasserseitig auf Ablagerung, Beschädigung und Korrosion prüfen, hygienischen Zustand prüfen, Schlamm entfernen	X	
2.4.3	Opferanoden prüfen	X	
2.4.4	Opferanoden auswechseln		X
2.4.5	Wasserseitig auf Dichtheit prüfen (Sichtprüfung)		
2.4.6	Manometer und Thermometer auf Beschädigung, Anzeige und Funktion prüfen (Plausibilitätsprüfung)	X	

Pos.[1]	Tätigkeit	periodisch	bei Bedarf
2.4.9	Sicherheitsgruppe auf Funktion prüfen	X	
2.4.12	Pumpe (gemäß 1.4)		
2.6	**Mess- und Zähleinrichtungen**		
2.6.1	Äußerlich auf Beschädigung und Korrosion prüfen	X	
2.6.2	Auf Funktion prüfen	X	
2.6.3	Auf Dichtheit prüfen (Sichtprüfung)	X	
2.7	**Filter**		
2.7.1	Äußerlich auf Beschädigung und Korrosion prüfen	X	
2.7.2	Auf Verschmutzung prüfen	X	
2.7.3	Filtereinsatz wechseln oder rückspülen		X
2.7.4	Auf Dichtheit prüfen (Sichtprüfung)	X	
3	**Einrichtungsgegenstände**		
3.1	**Wasch-, Dusch-, Badeanlagen und Bidet**		
3.1.1	Auf Ablagerung und Beschädigung prüfen, hygienischen Zustand prüfen	X	
3.1.2	Auf Befestigung und Dichtheit prüfen	X	
3.1.3	Ab- und Überlauf äußerlich auf Korrosion und Funktion prüfen	X	
3.1.4	Ab- und Überlauf funktionserhaltend reinigen		X
3.2	**Entnahmearmaturen**		
3.2.1	Äußerlich auf Ablagerung, Beschädigung und Korrosion prüfen	X	
3.2.2	Auf Befestigung prüfen	X	
3.2.3	Funktionserhaltendes Reinigen		X
3.2.4	Auf Funktion prüfen	X	
3.2.5	Auf Dichtheit prüfen (Sichtprüfung)	X	
3.2.6	Thermostat auf Funktion prüfen	X	
3.2.7	Elektronik einschließlich Steuerventil bzw. elektromechanische Steuereinrichtungen auf Funktion prüfen	s. Kap. 10.1 u. 10.2 VDMA 24186-6	
3.2.8	Luftsprudler und Brauseköpfe auf Ablagerung und Beschädigung prüfen	X	
3.3	**WCs und Urinale**		
3.3.1	Auf Ablagerung und Beschädigung prüfen, hygienischen Zustand prüfen	X	
3.3.2	Auf Befestigung prüfen	X	
3.3.3	Auf Funktion prüfen	X	
3.3.4	Auf Dichtheit prüfen (Sichtprüfung)	X	
3.3.5	Ablauf äußerlich auf Korrosion und Funktion prüfen	X	
3.3.6	WC-Sitz auf Beschädigung und Befestigung prüfen	X	
3.3.7	Scharniere auf Korrosion und Funktion prüfen, funktionserhaltend reinigen	X	
3.4	**Spülkästen**		
3.4.1	Auf Verschmutzung, Ablagerung und Beschädigung prüfen	X	
3.4.2	Funktionserhaltendes Reinigen		X
3.4.4	Auf Dichtheit prüfen (Sichtprüfung)	X	
3.4.5	Auf Funktion prüfen	X	
3.4.6	Absperrventil auf Funktion und Dichtheit prüfen	X	
3.6	**Sanitärbeschläge (z. B. Papierrollenhalter, Stützgriffe, Haken, Seifenspender)**		
3.6.1	Auf Vollständigkeit, Zustand und Befestigung prüfen	X	
4	**Wasseraufbereitung und Behandlung**		
4.2	**Enthärtungsanlagen**		
4.2.1	Äußerlich auf Verschmutzung, Beschädigung, Korrosion und Befestigung prüfen	X	
4.2.2	Funktionserhaltendes Reinigen		X
4.2.3	Auf Funktion prüfen	X	
4.2.4	Auf Dichtheit prüfen (Sichtprüfung)	X	
4.2.5	Wasserhärte prüfen		X
4.2.9	Salzfüllung prüfen	X	
4.2.10	Salz nachfüllen		X
13	**Dokumentation und Kennzeichnung**		
13.1	**Wartungsrelevante Unterlagen (z. B. Schemata, Herstellervorschriften)**		
13.1.1	Auf Vorhandensein prüfen	X	

[1] Die Positionsnummern sind nach Baugruppe, Bauelement und Tätigkeit untergliedert.
[2] Bei der Ausführung der Wartung wird in periodische und bei Bedarf durchzuführende Tätigkeiten unterschieden.

266.1 Häufigkeit für die Inspektion und Wartung von Bauteilen für Trinkwasser-Installationen (Auszug) DIN EN 806-5: 2012-04

Abkürz.	Anlagenbauteil, Apparat	DIN EN	Inspekt./ Wartung
AA	ungehinderter freier Auslauf	13076	halbjährlich
AB	freier Auslauf nicht kreisförmiger Überlauf	13077	halbjährlich
AC	freier Auslauf belüftetes Tauchrohr, Überlauf	13078	jährlich
AD	freier Auslauf mit Injektor	13079	halbjährlich
AF	freier Auslauf kreisförmiger Überlauf (eingesch.)	14622	jährlich
AG	Freier Auslauf kreisförmiger Überlauf mit Mindest-Ø (Nachweis d. Prüfung/Messung)	14623	jährlich
BA	Systemtrenner kontrollierbare druckred. Zone	12729	halbj./jährlich
CA	Systemtrenner mit unterschiedlichen nicht kontrollierbaren Druckzonen	14367	halbj./jährlich
DA	Rohrbelüfter in Durchgangsform	14451	jährlich
DB	Rohrunterbrecher Luftöff.+bewegliches Teil	14452	jährlich
DC	Rohrunterbrecher Luftöff. ständig geöffnet	14453	halbjährlich
EA	kontrollierbarer Rückflussverhinderer	13959	jährlich
EB	nicht kontrollierb. Rückflussverhinderer	13959	jährl./Tausch[1)]
EC	kontrollierb. Doppelrückflussverhinderer	13959	jährlich
ED	nicht kontrollierb. Doppelrückflussverhind.	13959	jährl./Tausch[1)]
GA	Rohrtrenner nicht durchflussgesteuert	13433	halbj./jährlich
GB	Rohrtrenner durchflussgesteuert	13434	halbj./jährlich
HA	Schlauchanschluss m. Rückflussverhinderer	14454	jährlich
HB	Brauseanschluss mit Rohrbelüfter	15096	jährlich
HC	automatischer Umsteller	14506	jährlich
HD	Rohrbelüfter für Schlauchanschlüsse kombiniert mit Rückflussverhinderer	15096	jährlich
LA	druckbeaufschlagter Belüfter	14455	jährlich
LB	druckbeaufschlagter Belüfter, kombiniert m. nachgeschaltetem Rückflussverhinderer		jährlich
	hydraulische Sicherheitsgruppe	1487	halbj./jährlich
	Sicherheitsgruppe für Expansionswasser	1488	halbj./jährlich
	Sicherheitsventil	1489	halbjährlich
	kombiniertes Druck-Temperaturventil	1490	halbjährlich
	Sicherheitsventil für Expansionswasser	1491	halbjährlich
	Druckminderventil	1567	jährlich
	thermostatische Mischer f. Warmwasserber.	15092	halbj./jährlich
	Druckerhöhungspumpe (auch DIN EN 806-4)	806-2	jährlich
	Filter rückspülbar (80–150 µm)	13443	halbjährlich
	Filter nicht rückspülbar (80–150 µm)	13443	halbjährlich
	Filter (< 80 µm)	13443	halbjährlich
	Dosiersystem (auch DIN EN 15848)	14812	2 Mon./halbj.
	Enthärter	14743	2 Mon./halbj.
	elektrolyt. Dosieranlage Aluanoden	14095	2 Mon./halbj.
	Filter mit aktiven Substanzen	14898	2 Mon./halbj.
	Membranfilteranlage	14652	2 Mon./halbj.
	UV-Gerät Quecksilberdampf-Niederdruckstr.	14897	2 Mon./halbj.
	Nitratentfernungsanlage	15219	2 Mon./halbj.
	Wasserwärmer	12897	2 Mon./halbj.
	Leitungsanlage (auch DIN EN 806-2)	806-4	jährlich
	Wasserzähler, kalt	MID[1]	jährl./6 Jahre
	Wasserzähler, warm	MID[1]	jährl./5 Jahre

1) Austausch alle 10 Jahre

266.2 Inspektion und Wartung von Druckerhöhungsanlagen DIN 1988-500: 2021-05

Maßnahme	Durchzuführende Aufgaben	Zeitspanne
Inspektion	– visuelle Kontrolle auf Zustand, Dichtheit und Manometerstände – Zustand der Kompensatoren – Kontrolle der Steuer- und Regelgüte der Pumpen und der Laufruhe – Kontrolle der Wassertemperatur vor und hinter der Druckerhöhungsanlage – Kontrolle des Zustands des Aufstellraums	6 Monate
Wartung	– Prüfen der Funktion der Druckwächter-, -regler, Wassermangelsicherung und der elektrischen Schalteinrichtungen – Kontrolle des Motorschutzschalters und des thermischen Motorschutzes – Prüfen und Reinigung der Vorbehälter von innen – Funktionsprüfung bei Teil- und Spitzenentnahmen – Prüfen des Vordrucks des Druckbehälters – Funktionsprüfung der Absperreinrichtungen und Rückflussverhinderer	1 Jahr

267.1 Misch- und Trennsystem DIN 1986-100: 2016-12

Entscheidend für die Detailplanung ist die genaue Kenntnis des Kanalsystems, an dem die Entwässerungsanlage angeschlossen werden soll und der örtlichen Vorgaben (Entwässerungssatzung ...). ↑ 279.2

Vor allem entscheidend ist, wie konkret mit dem anfallenden Niederschlagswasser verfahren wird. Zum Beispiel, ob für das anzuschließende Gebäude Schmutz- und Niederschlagswasser in einen gemeinsamen Kanal eingeleitet werden oder ob für Schmutz- und Regenwasser getrennte Kanäle vorgesehen sind. ↑ 279.3

Das auf Dächern anfallende Regenwasser muss, soweit im Einzelfall nicht anders festgelegt, aufgefangen und über die Entwässerungsanlage abgeleitet werden. Im Einzelfall darf Regenwasser auch auf andere Art abgeführt werden, wenn Vorsorge getroffen wird, dass Gebäude gegen Durchfeuchtung geschützt sind und das Niederschlagswasser ungehindert und ohne Beeinträchtigung Dritter ablaufen oder versickern kann. Eine Entwässerung direkt auf öffentliche Verkehrs- oder Wegeflächen ist nicht erlaubt.

Auch das Regenwasser von Balkonen und Loggien muss über das Entwässerungssystem für Niederschlagswasser abgeleitet werden. Die genaue Ausführung hängt dann davon ab, ob eine offene oder eine geschlossene Brüstung vorhanden ist.

267.2 Regenwasserabfluss von Dachflächen DIN 1986-100: 2016-12

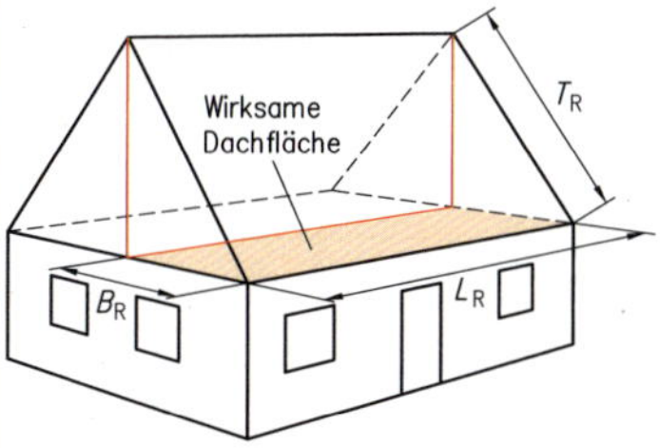

$$\dot{V}_R = \frac{r_{D,T} \cdot C_S \cdot A}{10\,000}$$

$$A = B_R \cdot L_R$$

In besonderen Lagen, zum Beispiel bei massiv vorherrschender Windrichtung, kann die windzugewandte, gedeckte Dachfläche als A in die Rechnung aufgenommen werden:

$$A = T_R \cdot L_R$$

$\dot{V}_R$	Regenwasserabfluss	in l/s
$r_{D,T}$	Berechnungsregenspende ↑ 268.1	in l/(s · ha)
C_S	Spitzenabflussbeiwert ↑ 267.3	
10 000	Umrechnungszahl	in m²/ha
A	wirksame Dachfläche	in m²
L_R	Trauflänge	in m
B_R	Projektion der jeweiligen Dachfläche in eine waagrechte Ebene (Grundriss)	in m
T_R	Ortganglänge	in m

Entwässerungsanlagen von Dachflächen müssen grundsätzlich mindestens mit $r_{5,5}$ dimensioniert werden. In genehmigten Ausnahmefällen, wenn beispielsweise Gebäudeschäden drohen, kann mit $r_{5,100}$ ausgelegt werden.

267.3 Spitzenabflussbeiwerte DIN 1986-100: 2016-12

Art der Fläche	Belag	Spitzenabflussbeiwert C_s
Schrägdach	Metall, Glas, Schiefer, Faserzement, Ziegel, Abdichtungsbahnen	1,0
Flachdach (Neigung bis etwa 3–5 %)	Metall, Glas, Faserzement, Abdichtungsbahnen	1,0
	Kiesschüttung	0,8
begrünte Dachflächen	Extensivbegrünung (> 5°)	0,7
	Extensivbegrünung unter 10 cm Aufbaudicke (< 5°)	0,5
	Intensivbegrünung ab 10 cm Aufbaudicke (< 5°)	0,4
	Intensivbegrünung ab 30 cm Aufbaudicke (< 5°)	0,2
Sonderbauformen	z. B. Retentionsdächer	Herstellerangaben

268.1 Berechnungsregenspende — KOSTRA-DWD-2020

Ort	Dachflächen und Flächen unter RStE: Bemessung $r_{(5,5)}$ in l/(s · ha)	Dachflächen und Flächen unter RStE: Notentwässerung $r_{(5,100)}$ in l/(s · ha)	Ort	Dachflächen und Flächen unter RStE: Bemessung $r_{(5,5)}$ in l/(s · ha)	Dachflächen und Flächen unter RStE: Notentwässerung $r_{(5,100)}$ in l/(s · ha)	Ort	Dachflächen und Flächen unter RStE: Bemessung $r_{(5,5)}$ in l/(s · ha)	Dachflächen und Flächen unter RStE: Notentwässerung $r_{(5,100)}$ in l/(s · ha)
Aachen	313	567	Gera	387	737	Minden	400	743
Aschaffenburg	343	630	Göppingen	390	703	Mönchengladbach	320	570
Aurich	357	657	Görlitz	347	663	München	357	637
Bad Kissingen	360	667	Göttingen	373	697	Münster	370	697
Bad Salzuflen	380	700	Halle/Saale	413	790	Neubrandenburg	327	620
Bad Tölz	397	710	Hamburg	280	507	Neustadt/Weinstraße	427	800
Bamberg	370	683	Hanau	320	570	Nürnberg	343	627
Bayreuth	397	733	Hannover	370	677	Oberstdorf	347	590
Berlin	353	690	Heidelberg	330	603	Osnabrück	393	747
Bielefeld	377	697	Heilbronn	407	750	Paderborn	277	503
Bocholt	277	503	Helmstedt	310	570	Passau	430	793
Bonn	287	517	Hildesheim	347	650	Pforzheim	323	603
Borkum	343	640	Hamm	360	677	Pirmasens	397	733
Braunschweig	370	700	Ingolstadt	387	707	Regensburg	397	730
Bremen	350	617	Kaiserslautem	393	723	Rosenheim	427	777
Bremerhaven	343	613	Karlsruhe	397	740	Rostock	323	597
Chemnitz	417	793	Kassel	370	687	Rüsselsheim	407	750
Cottbus	387	747	Kiel	320	580	Saarbrücken	357	650
Cuxhaven	353	640	Koblenz	300	537	Schweinfurt	380	707
Dessau	413	797	Köln	333	600	Schwerin	320	603
Dortmund	313	573	Konstanz	373	673	Siegen	347	623
Dresden	383	750	Leipzig	443	847	Speyer	437	813
Duisburg	320	577	Lindau	323	567	Stuttgart	337	623
Düsseldorf	337	593	Lingen (Ems)	397	753	Trier	363	643
Eisenach	367	690	Lübeck	320	593	Ulm	400	710
Emden	357	653	Lüdenscheid	317	573	Villingen-Schwenningen	390	697
Erfurt	407	770	Magdeburg	347	667	Wittenberg	400	777
Erlangen	347	640	Mainz	407	747	Würzburg	347	640
Essen	330	593	Mannheim	433	797	Zwickau	387	737
Frankfurt/Main	377	693	Mannheim	328	586	Zwickau	331	582

268.2 Abflussvermögen von Rinnen

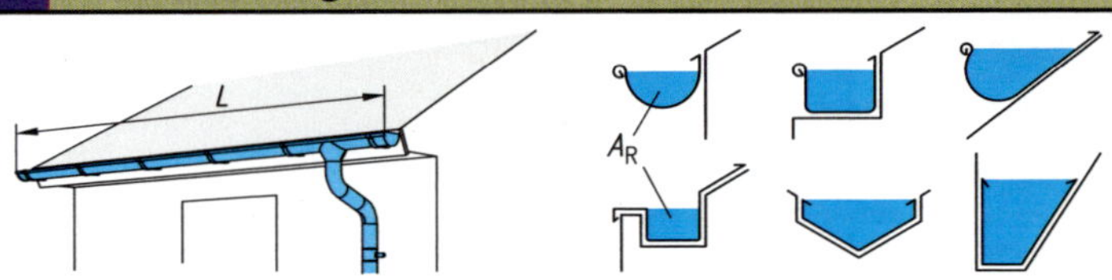

L Rinnenlänge
A_W Rinnenquerschnitt

Das Abflussvermögen von Dachrinnen nimmt mit zunehmender Länge ab. Treibende Kraft ist der geodätische Druck, der sich aus der Anstauhöhe ergibt. Unabhängig von der Form der Rinne haben Rinnen mit gleicher Rinnenquerschnittsfläche das gleiche Abflussverhalten. Rinnen werden gefällefrei bzw. mit bis max. 3 mm/m Gefälle verlegt.

269.1 Abmesssungen von halbrunden Rinnen

DIN 1986-100: 2016-12

Nennmaß [mm] Teiligkeit	*d* [mm]	*e* [mm]	*A* [mm²]	*c–a* Wasserfalz [mm]	*a* bzw. *W* [mm]
200 / 10-teilig	16,0	80,0	3 069	8,0	48,0
250 / 8-teilig	18,0	105,0	5 256	10,0	62,0
280 / 7-teilig	18,0	127,0	7 347	11,0	72,5
333 / 6-teilig	20,0	153,0	10 567	11,0	86,5
400 / 5-teilig	22,0	192,0	16 363	11,0	107,0
500 / 4-teilig	22,0	250,0	27 004	21,0	136,0

A: durchströmte Querschnittsfläche der gefüllten Rinne, *W*: Sollwassertiefe

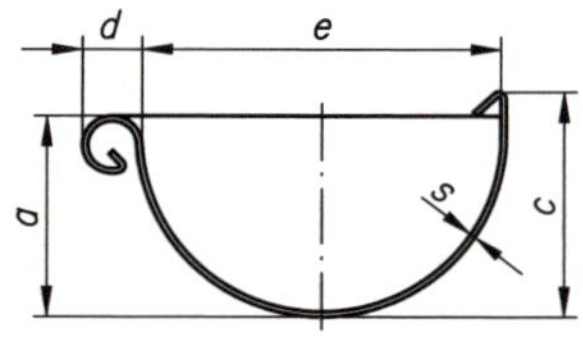

Das Nennmaß gibt die Zuschnittbreite an. Die „Teiligkeit" einer Rinne gibt an, wie viele Zuschnitte aus einer Blechtafel der Länge 2 m geschnitten werden können. Das Maß *c–a* gibt die Überhöhung des Wasserfalzes an.

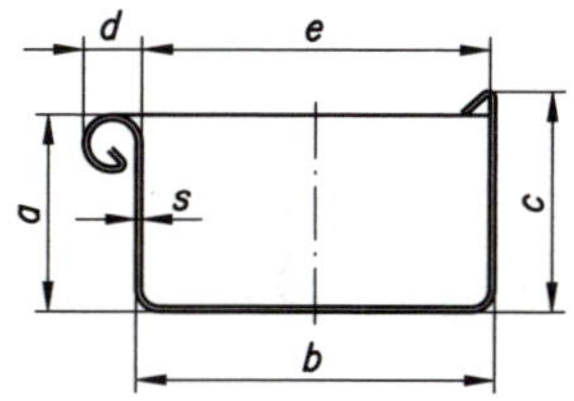

269.2 Abmessungen von kastenförmigen Rinnen

DIN 1986-100: 2016-12

Nennmaß [mm] Teiligkeit	*a* [mm]	*b* [mm]	*d* [mm]	*c–a* Wasserfalz [mm]	*A* [mm²]	*a* bzw. *W* [mm]
200 / 10-teilig	42,0	70,0	16,0	8,0	2 940	42,0
250 / 8-teilig	55,0	85,0	18,0	10,0	4 675	55,0
333 / 6-teilig	75,0	120,0	20,0	10,0	9 000	75,0
400 / 5-teilig	90,0	150,0	22,0	10,0	13 500	90,0
500 / 4-teilig	110,0	200,0	22,0	20,0	22 000	110,0

A: durchströmte Querschnittsfläche der gefüllten Rinne, *W*: Sollwassertiefe

269.3 Abflussvermögen vorgehängter Rinnen

DIN 1986-100: 2016-12

Abflussvermögen halbrunder Rinnen

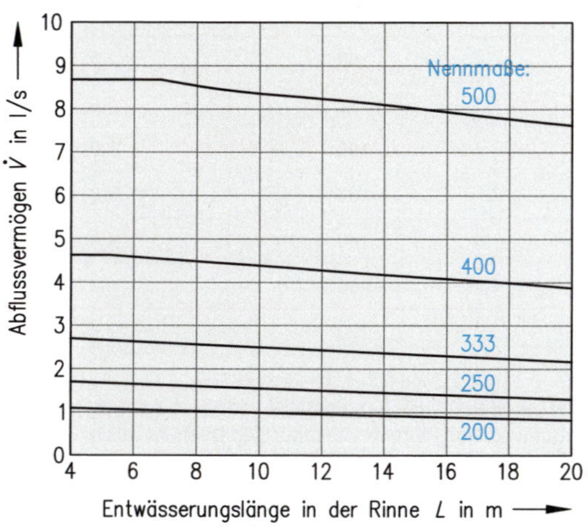

Abflussvermögen von Kastenrinnen

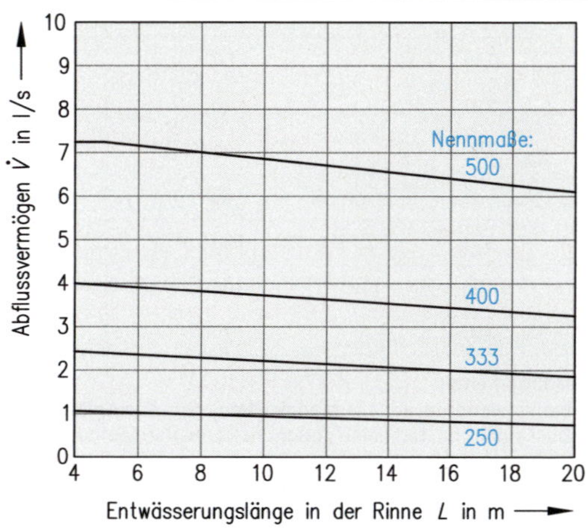

270.1 Abflussvermögen $\dot{V}$ vorgehängter Rinnen in l/s

Fachinformation ZVSHK

	Zulauflänge [m]	5	6	7	8	9	10	12	14	16	18	20
Halbrunde Rinne	250 / 8-teilig	1,07	1,05	1,03	1,01	0,99	0,97	0,93	0,89	0,86	0,83	0,80
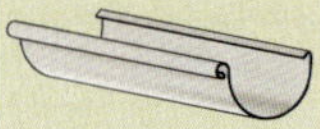	280 / 7-teilig	1,65	1,62	1,59	1,57	1,54	1,51	1,46	1,41	1,36	1,32	1,28
	333 / 6-teilig	2,64	2,60	2,56	2,52	2,49	2,45	2,45	2,38	2,24	2,18	2,12
	400 / 5-teilig	4,63	4,58	4,51	4,46	4,41	4,35	4,25	4,15	4,05	3,96	3,87
Kastenrinne	250 / 8-teilig	1,02	1,00	0,98	0,96	0,93	0,91	0,87	0,84	0,80	0,77	0,74
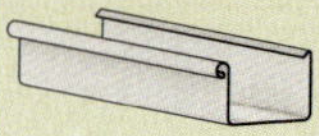	280 / 7-teilig	2,38	2,33	2,30	2,26	2,22	2,18	2,11	2,04	1,97	1,91	1,85
	333 / 6-teilig	3,96	3,90	3,85	3,79	3,74	3,69	3,58	3,48	3,39	3,30	3,21
	400 / 5-teilig	7,23	7,15	7,06	6,98	6,90	6,82	6,66	6,50	6,36	6,21	6,07

Bei anderen Rinnenformen ist die Querschnittsfläche entscheidend ↑ 268.2
Bei jeder Richtungsänderung der Rinne um > 10° muss das Abflussvermögen um 15 % reduziert werden.

270.2 Ausführung des Anschlusses

DIN 1986-100: 2016-12

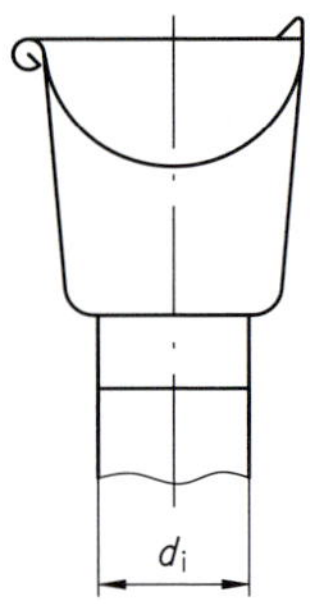

Anschluss an Fallleitung mit Rinneneinhangstutzen

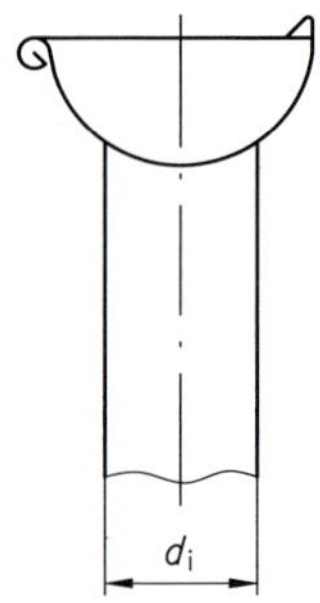

Anschluss an Fallleitung ohne Einlauftrichter

270.3 Abflussvermögen von Ablaufkombinationen

DIN 1986-100: 2016-12

Nennmaß der Rinne	Fallleitung mit Rinneneinhangstutzen		Fallleitung ohne Einlauftrichter	
	d_i [mm]	Q [l/s]	d_i [mm]	Q [l/s]
250	60	1,8	60	1,5
250	80	2,2	80	2,0
280	80	3,0	80	2,6
280	100	3,3	100	3,0
333	80	5,0	80	4,0
333	100	5,3	100	4,5
400	100	9,0	100	6,8
400	120	9,3	120	7,4

Besonderheiten:
- Bei Verwendung von Laubfangkörben muss das Abflussvermögen des Rinnenablaufs um die Hälfte reduziert werden
- Die Fallleitung darf keine geringere Nennweite aufweisen als die Anschlussnennweite des zugehörigen Dachablaufs bzw. der Sammelanschlussleitung
- Fallleitungsverzüge ≥ 10° bleiben bei der Ermittlung des Abflussvermögens der Fallleitungen unberücksichtigt.
- Bei Verzügen < 10° müssen die Fallleitungen mit dem Gefälle des Verzugs bei einem Füllungsgrad von $h/d = 0{,}7$ bemessen werden

271.1 Innen liegende Rinnen

Bei Verwendung innen liegender oder eingebauter Rinnen ist ein Notüberlauf auf schadlos überflutbare Flächen einzuplanen.

Eine innen liegende Rinne muss für die Bemessung in „funktionale Schichten“ eingeteilt werden.

In der untersten Schicht der Rinne werden die Regenereignisse bis zur Berechnungsregenspende $r_{(5,5)}$ entwässert. Diese Schicht wird in der Höhe durch die Anordnung der Notentwässerung bzw. durch die Rinnenkopfstücke begrenzt.

In der mittleren Schicht findet die Strömung zur Notentwässerung statt.

In der oberen Schicht ist der Rinnenfreibord angeordnet.

Der Freibord muss die durch das einschießende Wasser von der Dachfläche und durch Windeinfluss zu erwartende Wellenbildung in der Rinne ausgleichen. Der mindestens zu berücksichtigende Freibord ist abhängig von der Rinnentiefe.

Gesamtwassertiefe Z [mm]	Freibord (mindestens) [mm]	Querschnitt einer innenliegenden Rinne
< 85	25	
85–250	$0{,}3 \cdot Z$	
> 250	75	

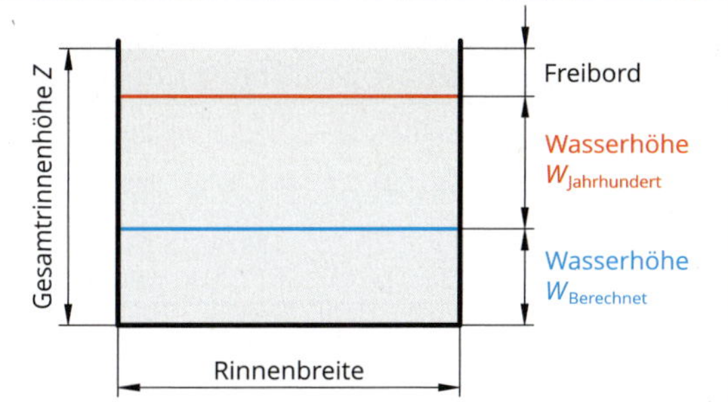

271.2 Entwässerung von Flachdächern

Flachdächer werden über speziell aufgebaute Flachdachabläufe entwässert. Jedem Ablauf ist nach Möglichkeit ein Notablauf mit Anstauring zuzuordnen, damit eine statische Überlastung des Dachs durch gesammeltes Niederschlagswasser vermieden wird.

Die Ablaufvolumenströme hängen stark vom Aufbau des Ablaufs und der Abdeckung (Flachrost, Kugelrost …) ab. Werte können den technischen Unterlagen der jeweiligen Hersteller entnommen werden.

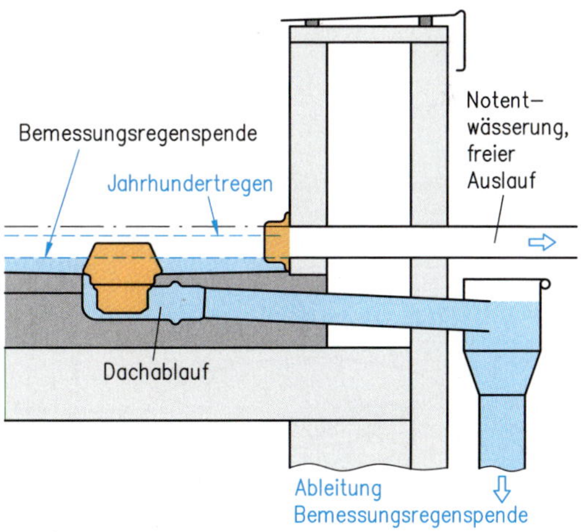

271.3 Regenwassernutzung

Durch das sich ändernde Niederschlagsverhalten in Hinblick auf Häufigkeit, Regelmäßigkeit und Heftigkeit wird die dezentrale Bewirtschaftung von Regenwasser neben kommunalen und städteplanerischen Maßnahmen immer wichtiger. Dezentrale Maßnahmen sind Maßnahmen, die vom Grundstückseigentümer selbst zu ergreifen sind.

Häufig wird hierbei Regenwassernutzung eingeplant. ↑ 272.3

272.1 Einfluss des Dachbelags auf das Ablaufwasser

Dachmaterial	Einfluss auf das Ablaufwasser	Oberfläche
Betondachsteine, Ziegel	Moos- und Flechtenbewuchs, erhöhter organischer Schmutzanteil	rau, verwittert
Bitumen	häufig gelblich verfärbtes Wasser, kann Sanitärkeramik verfärben	rau
Metall	weist erhöhten Metallgehalt auf, eventuell nicht zur Bewässerung von Nutzpflanzen geeignet	glatt
Kunststoff	besonders geeignet, glatte und chemisch stabile Oberfläche	
Tonschiefer Schiefer		

Dachabläufe und Rinnen müssen unabhängig von Dachbelag und Ausführung mindestens jährlich kontrolliert und bei Bedarf gereinigt werden. Bei lokaler stärkerer Verschmutzung zum Beispiel durch Laub sind die Reinigungen öfter vorzusehen.

272.2 Mögliche Kombinationen von Metallen in der Dachentwässerung

Herstellerangaben

Metall	Titanzink	Kupfer	Stahl, verzinkt	Edelstahl	Aluminium
Titanzink	ja	nein	ja	ja	ja
Kupfer	nein	ja	nein	ja	nein
Stahl, verzinkt	ja	nein	ja	ja	ja
Edelstahl	ja	ja	ja	ja	ja
Aluminium	ja	nein	ja	ja	ja

ja = zulässig; nein = nicht zulässig

272.3 Aufbau einer Regenwassernutzungsanlage mit automatischer Nachspeisung

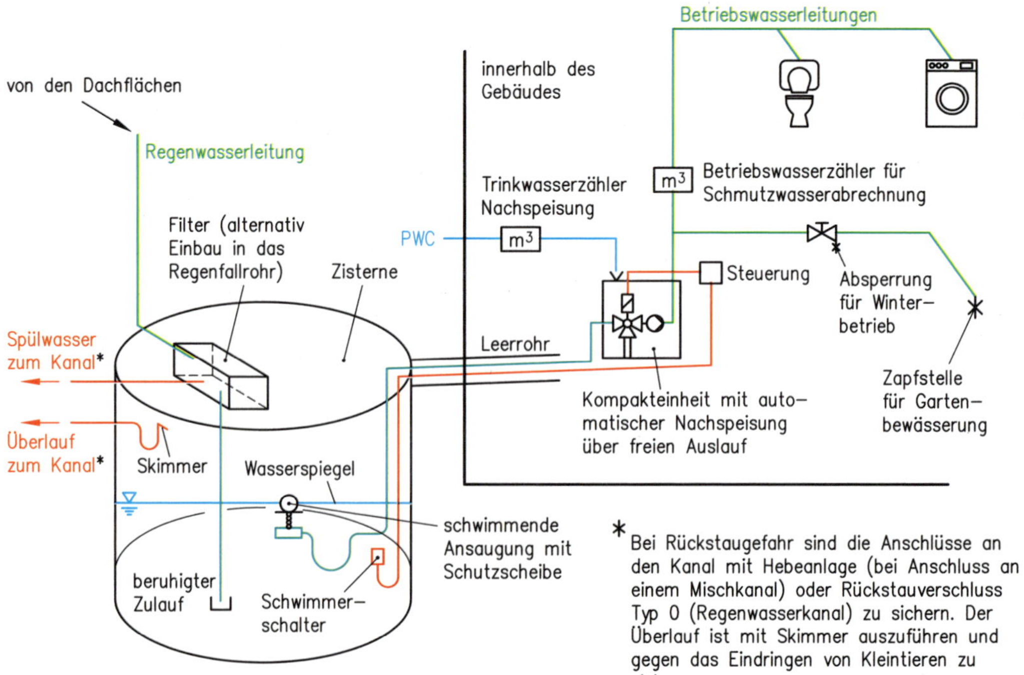

* Bei Rückstaugefahr sind die Anschlüsse an den Kanal mit Hebeanlage (bei Anschluss an einem Mischkanal) oder Rückstauverschluss Typ 0 (Regenwasserkanal) zu sichern. Der Überlauf ist mit Skimmer auszuführen und gegen das Eindringen von Kleintieren zu sichern.

273.1 Nutzbare Niederschlagsmenge

Niederschlagsmenge pro Jahr
vieljähriger Mittelwert 1961–1990

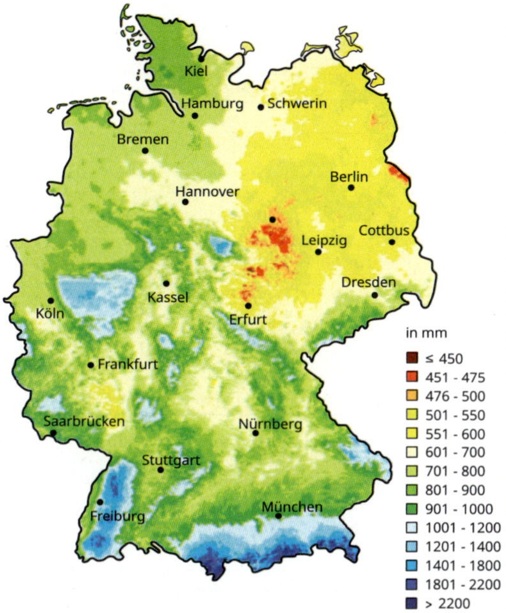

Diese Karte wurde am 23.05.2018 mit den Daten aller Stationen aus den Messnetzen des DWD erstellt.

273.2 Ertragsbeiwert DIN 1989-1: 2002-04

geneigtes Hartdach (abhängig von Oberflächenbeschaffenheit)	0,8
Flachdach, bekiest	0,6
Flachdach, unbekiest	0,8
Gründach, intensiv	0,3
Gründach, extensiv	0,5

273.3 Anforderungen an die Regenwasserzisterne

- kühl (unter ca. 16 °C kaum Keimwachstum)
- frostsicher (günstig: im Erdreich)
- Schutz vor Licht- und UV-Einfall (Algenwachstum)
- Schutz vor Rückstau, Faulgasen, eindringenden Tieren, Druckaufbau
- idealerweise Materialien mit günstiger Öko-Bilanz
- ausreichender Platz für den geplanten Behälter
- auftriebssicherer Verbau
- bei Erdeinbau ausreichende Gründung und Verfüllung beachten
- Erdüberdeckung möglichst 80 cm
- Einstiegsöffnung für Wartung und Reparatur
- Belastbarkeit gegen Erddruck, Überdeckung und Verkehrslast beachten
- bei Tankbatterien kommunizierende Verbindung ca. 15 cm über Tankboden
- Aufstellung unter dem Dach wegen Statik, Störungssicherheit und Temperatur nicht empfohlen

273.4 Anforderungen an das Leitungssystem

Saugleitung

- mit leichter Steigung zur Pumpe verlegen (kein Luftpolster in Saugleitung)
- möglichst geringer Strömungswiderstand: Leitungsführung möglichst kurz und gerade
  kein Feinfilter in der Saugleitung
  DN der Saugleitung zur Pumpe ≥ DN Anschlussstutzen der Pumpe
- Fußventil (RV) gegen Rückströmen einbauen
- Wasserentnahme ca. 10 cm unter Wasseroberkante als Schutz vor dem Ansaugen von schwimmenden Verunreinigungen
- Werkstoff: nicht korroionsfest, nicht transparent, möglichst lichtgeschützt verlegen

Bei zu langen Saugleitungen (Vergleich mit Herstellerangaben) kann auch eine (zusätzliche) Speisepumpe in die Zisterne eingebaut werden:

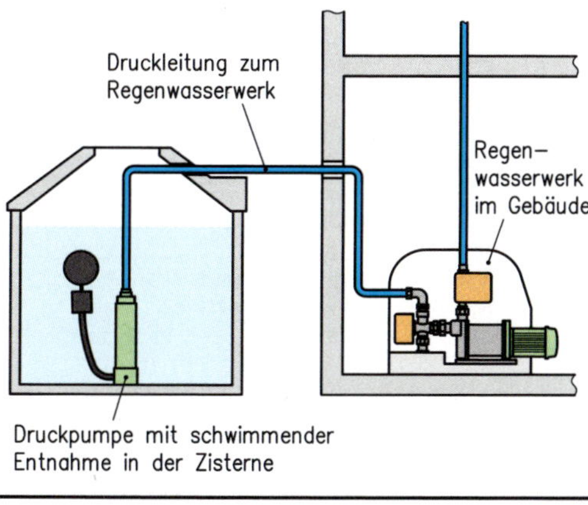

Betriebswasserdruckleitung

- Korrosionsfeste Werkstoffe verwenden.
- Verbindung von Trink und Betriebswasser ist nicht zulässig.
- Dimensionierung und Druckprüfung nach DIN 1988
- Schutz gegen Temperatureinfluss
- Statt Druckausgleichsgefäß druckgeregelte Pumpe verwenden
- Unverwechselbare Kennzeichnung von Leitungen und Zapfstellen verwenden ↑247.2
- Um Verwechslungsgefahr sicher zu vermeiden, eventuell durchgängig anderes Rohrmaterial als bei der TW-Installation verwenden

NPW

Leitungskennzeichnung

Kennzeichen Zapfstelle

274.1 Vorgehen bei der Zisternenauslegung — DIN 1989-1: 2002-04

Eine Zisterne gilt als ausgelegt, wenn eine dreiwöchige niederschlagsfreie Zeit abgedeckt werden kann.
Durch planmäßigen Überlauf wird sichergestellt, dass schwimmende Verunreinigungen des Zisternenwassers über den Skimmer in den Ablauf abgezogen werden.

274.2 Bedarfswerte im Haushalt (Betriebswasser) — DIN 1989-1: 2002-04

Nutzung	personenbezogener Tagesbedarf	spezifischer Jahresbedarf
Toilette im Haushalt[1]	24 l	
Toilette im Bürobereich	12 l	
Toilette in Schulen	6 l	
Waschmaschine	10 l	
Gartenbewässerung pro m² (Nutz- und Ziergarten)[2]		60 l während der Vegetationszeit (Apr.–Sept.)
Sportanlagen		200 l
Grünland, schwerer Boden		80–150 l
Grünland, leichter Boden		100–200 l

[1] Toiletten in Sparausführung (max. 6 l Spülmenge) und mit Zweimengenspülung
[2] Bei Planung der Bewässerung eines begrünten Dachs ist der Wasserbedarf stark vom Aufbau und der geplanten Bepflanzung abhängig.

274.3 Ertragswerte des Niederschlagswassers — DIN 1989-1: 2002-04

Der zu erwartende Ertrag errechnet sich aus genutzter Fläche, zu erwartender Niederschlagsmenge in l/m² ↑ 268.1 sowie Filterwirkungsgrad. Dieser hängt von der Bauform des Filters und dem Volumenstrom ab (Herstellerangaben).

274.4 Berechnungsformular zur Ermittlung von Regenwasserertrag, Betriebswasserbedarf und Nutzvolumen von Regenwasserspeichern — DIN 1989-1: 2002-04

Regenwasserertrag — Vorgegeben oder „nach Auskunft des Wetteramtes“, bzw. Tab. ↑ 268.1

Auffangfläche A in m²[1]	Ertragsbeiwert e[2]	A_{eff} in $m^2 \cdot a$	Niederschlagsmenge h in l/m²	hydraul. Filterwirkungsgrad η
	x		(nach Auskunft des Wetteramts)	
	x			
	x			
	x			
		Σ =	x	x
			jährlicher Regenwasserertrag [l]	=

Betriebswasserbedarf

Entwässerungsgegenstand	Betriebswasserbedarf in l/d · Pers.[3]	Anzahl der Personen	Zeitraum Tage pro Jahr	Betriebswasserbedarf in l/a
	Σ =	x	x	= (1)
	Gartengröße [m²]	Wasserbedarf [l/m²]		
		x		= (2)
		x		= (3)
			Betriebswasserjahresbedarf Σ (1) + (2) + (3)	

Nutzvolumen des Regenwasserspeichers

* **Anmerkung:** Der jeweils kleinere Wert des Betriebswasserjahresbedarfs oder jährlichen Regenwasserertrags ist als Nutzvolumen in die Rechnung aufzunehmen.

6 % des Betriebswasserjahresbedarfs oder jährlichen Regenwasserertrags[1]

Nutzvolumen* in Liter/Jahr = [ ] [l/a] × 0,06 = [ ] [l]

gewähltes Nutzvolumen in Liter[2]

[1] Über den Faktor 0,06 wird auf die gewünschte dreiwöchige Abdeckung umgerechnet.
[2] Die gewählte Zisterngröße hängt dann vom Lieferprogramm des gewählten Herstellers und den Einbaubedingungen ab.

275.1 Kommunale Vorgaben

Abhängig von den Gegebenheiten kann es sinnvoll sein, das anfallende Niederschlagswasser direkt auf dem Grundstück der Versickerung zuzuführen. Für die Auslegung ist genaue Kenntnis des vorhandenen Untergrunds nötig, um zu wissen, wie schnell das Niederschlagswasser in den Untergrund versickern kann.
Eine wasserrechtliche Genehmigung ist erforderlich, um eine Verschmutzung von Grundwasser auszuschließen.

275.2 Offene Versickerung/Muldenversickerung

Die Versickerung findet über eine geplant angelegte Mulde statt, in die das Niederschlagswasser eingeleitet wird.
Wenn Teile der Mulde mit Folie abgedichtet sind, entsteht ein Sickerteich, die Versickerung erfolgt dann nicht über die gesamte Fläche, sondern über den Rand oberhalb der Folie.

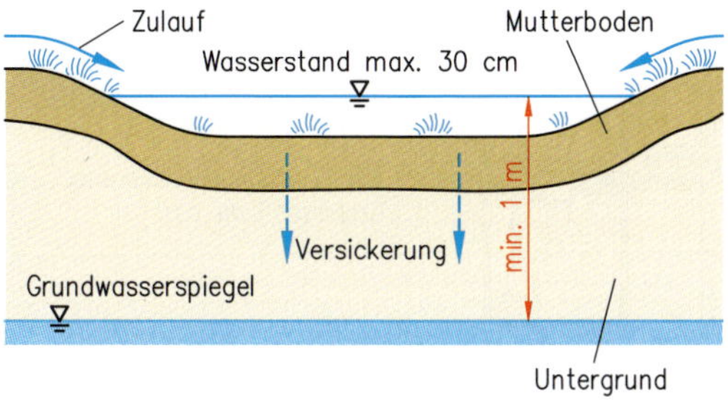

Versickerung

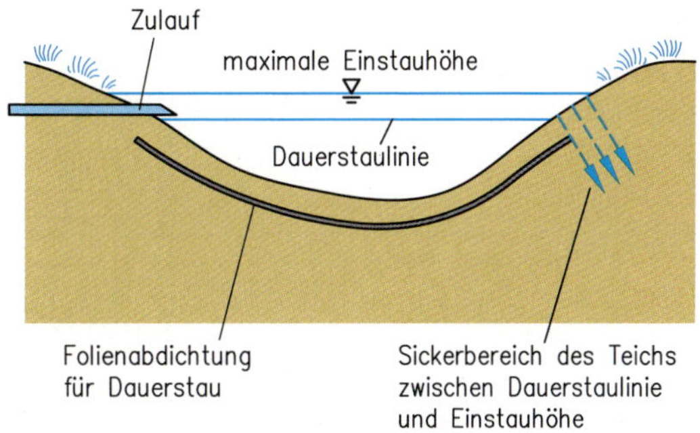

Sickerteich

275.3 Geschlossene Versickerung/Rigolenversickerung

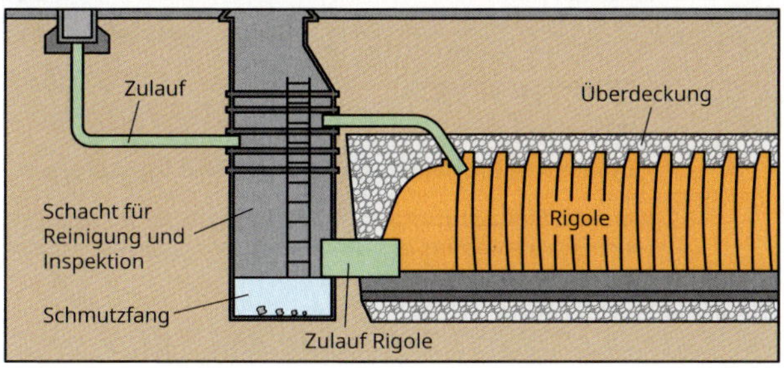

Der Versickerungsraum ist komplett überdeckt, je nach Ausführung auch mit einem LKW befahrbar.
Ausführung kann als Kiespackung erfolgen, als Kunstofftank, über Röhren mit Sickeröffnungen, als modulare Kunststoffbauteile etc.
Auch hier ist für die Dimensionierung die genaue Kenntnis der Durchlässigkeit des Untergrunds nötig.

Wenn der Untergrund nicht ausreichend durchlässig ist, können Kombinationen aus Mulde und Rigole verwendet werden.

Muldenversickerung

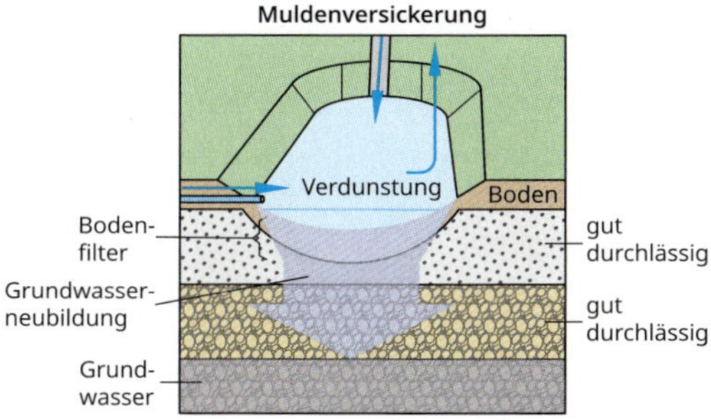

Mulden-Rigolen-Versickerung

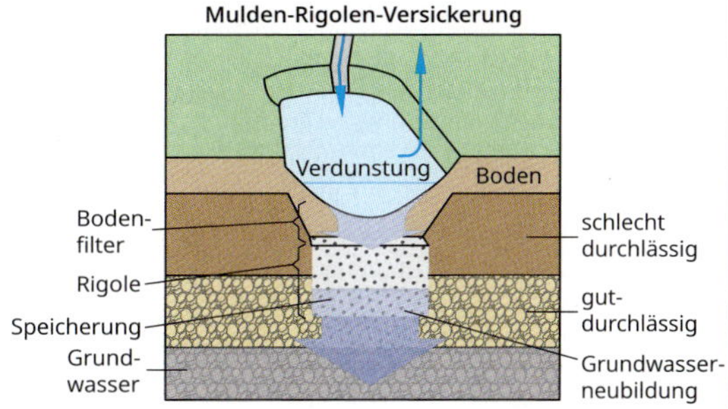

	Muldenversickerung	Mulden-Rigolen-Versickerung
Abfluss:	0 %	0 %
Verdunstung:	ca. 14 - 22 %	ca. 8 - 11 %
Grundwasserneubildung:	ca. 78 - 86 %	ca. 89 - 92 %

Möglich sind auch Kombinationen aus Regenwassernutzung und Regenwasserversickerung wie z. B.

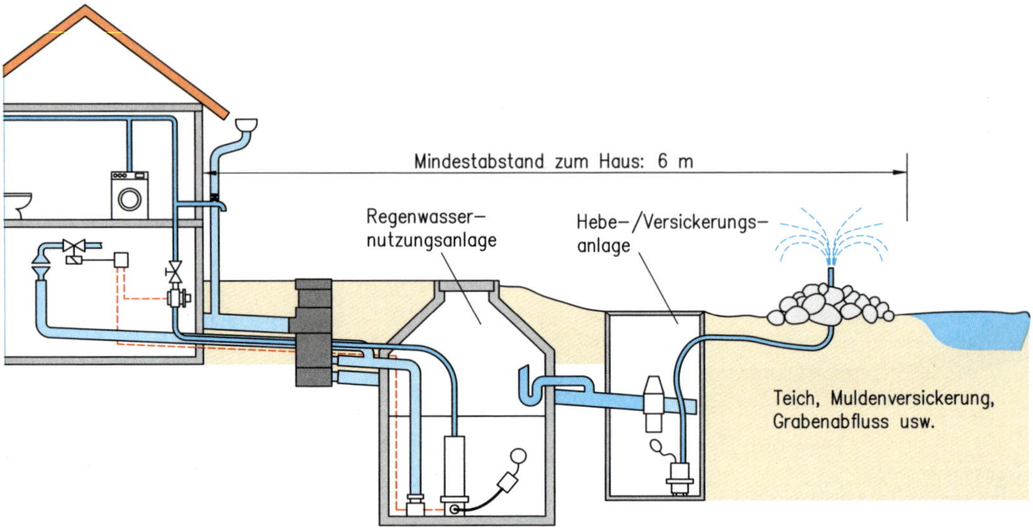

276.1 Rückhaltung/Reduktion des abfließenden Volumenstroms

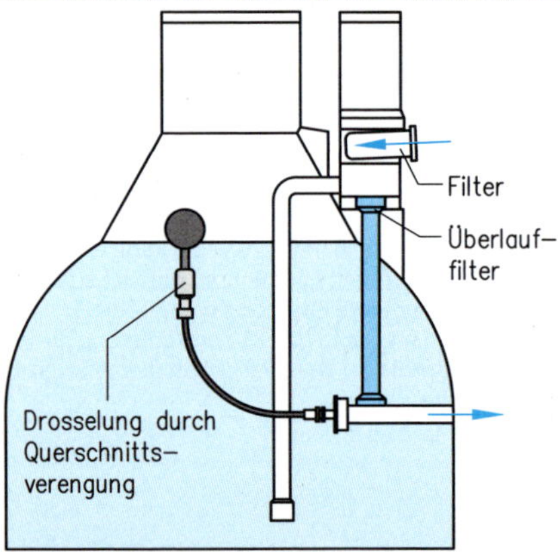

Bei Einleitebeschränkungen zur Entlastung des Kanalsystems ist das abfließende Niederschlagswasser zu drosseln. Dazu verwendet man Behälter zur Zwischenspeicherung mit gedrosseltem Ablauf. Eine Kombination mit Regenwassernutzung ist möglich.

Die Drosselung kann erfolgen durch

- Querschnittsverengung,
- Drosselblenden,
- dynamische Drosselung durch Ablaufwirbel (Venturidrossel).

Wenn der Einbau rückstaugefährdet ist, kann die Ableitung des Niederschlagswassers aus dem Zwischenbehälter auch gedrosselt über Hebepumpen erfolgen.

276.2 Befestigungen vorgehängter Rinnen

Für Befestigungen und Abstände sind die einschlägigen Fachregeln des ZVSHK (Zentralverband Sanitär, Heizung, Klima) und des ZVDH (Zentralverband des deutschen Dachdeckerhandwerks) einzuhalten. Regionale Besonderheiten (Materialstärken, Befestigungen …) können berücksichtigt werden.

Nennmaß	*a*	*b*	*c*	*d*	*e*
400	30	5	–	192	–
333[1]	30	5	375	153	300
333	30	5	295	153	230
280[1]	30	5	350	127	290
280	30	5	290	127	225
250[1]	25	4	330	105	280
250	25	4	285	105	230
200	25	4	245	80	200

[1] Ausführung lang (Maßangaben in Millimetern)

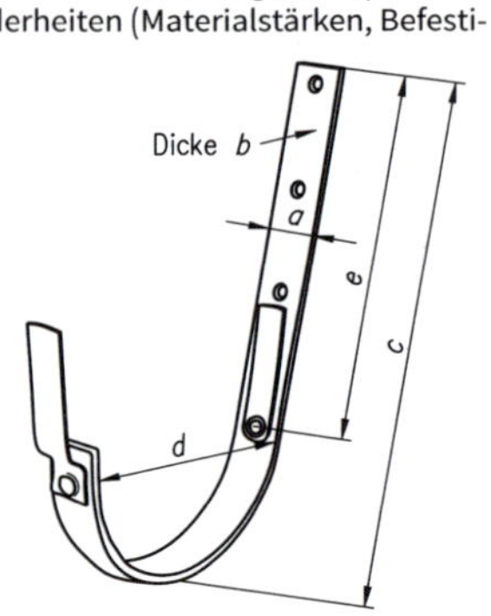

277.1 Montage von Fallleitungen

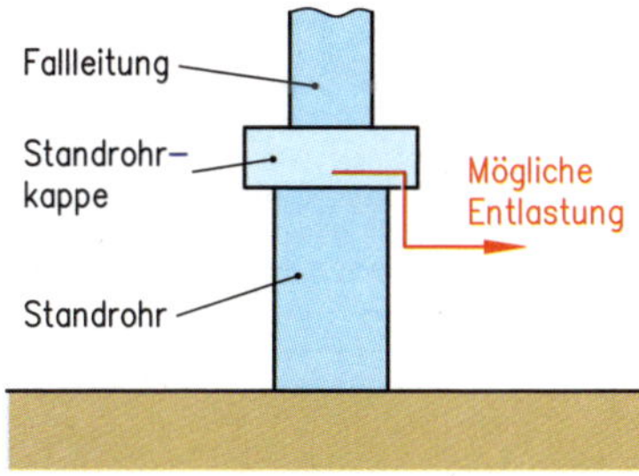

Als mechanischer Schutz der Fallleitung ist ein belastbares Standrohr als Übergang in die Grundleitung vorzusehen. Die Länge des Standrohrs hängt von der zu erwartenden Beanspruchung ab. Der Übergang ist als Entlastungsöffnung zum Schutz vor Überlastung bei Verstopfungen vorzusehen.

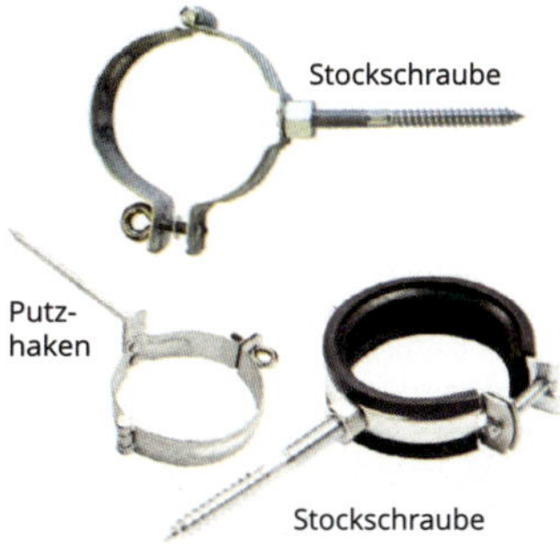

Die Fallleitung selbst wird abhängig vom Untergrund und von regionalen Besonderheiten mit Rohrschellen befestigt. Diese halten mit Putzhaken oder über Stockschrauben in der Fassade.

277.2 Ausgleich von Längendehnung

Thermische Längendehnung der Rinnen für eine Temperaturdifferenz von 100 K (–20 °C bis + 80 °C) ist vorzusehen ↑ 277.3 und ↑ 277.4.

Vergl. Tab. ↑ 26.1 zur Berechnung

277.3 Ausführung von Dehnungselementen bei Dachrinnen

Ausführung am Rinnenhochpunkt

Schiebenaht, Rinnenenden werden mit Endstück abgeschlossen, das übergelegte Schiebeelement überlappt die Rinnenenden um 60–80 mm.

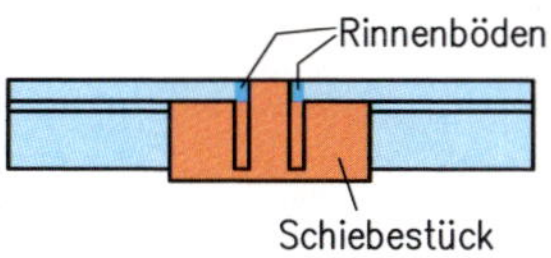

Dilatationselement

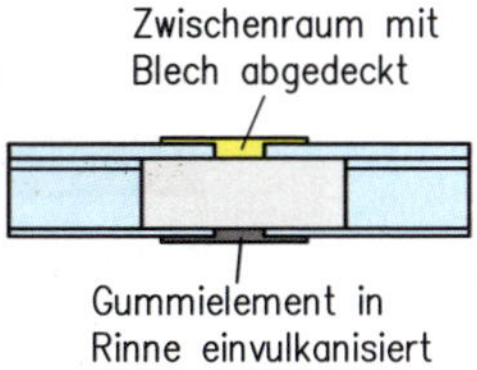

Ausführung am Rinnentiefpunkt

Aufnahme der Längendehnung im Einlaufkasten

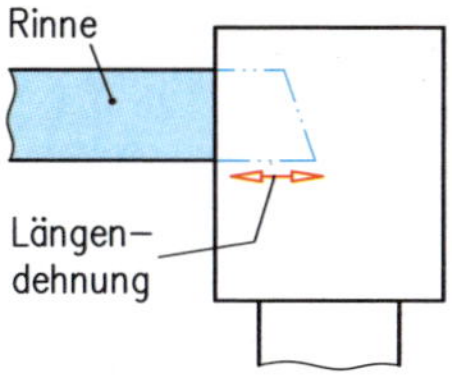

Aufnahme der Längendehnung im Rinnenstutzen

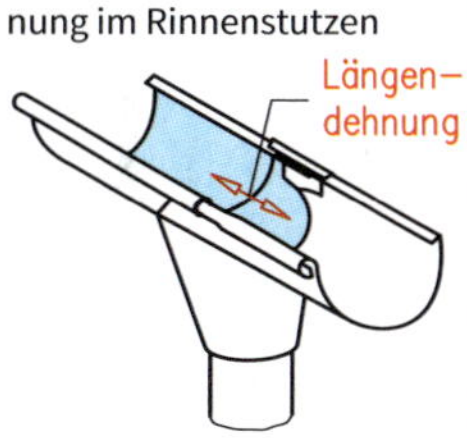

Abstände und Details in Abhängigkeit der Gegebenheiten können aus der DIN 18339: 2019-09 in Tabelle 1 – Maximale Abstände von Bewegungsausgleichern sowie in den Klempnerfachregeln des ZVSHK 03/2016 unter Punkt 4.10.2, Richtwerte für die maximalen Abstände von Bewegungsausgleichern, entnommen werden. Die Angaben darin decken nicht nur den Bereich der Dachrinnen ab. In der Praxis bewährt haben sich für vorgehängte Rinnen folgende Abstände aus Tab. ↑ 277.4.

277.4 Abstände von Dehnungselementen für Metallrinnen bis zur Zuschnittsgröße 500

Verlegungsart	maximaler Abstand
gerade	15 m
Außenbogen	7,5 m
Innenbogen	3,75 m

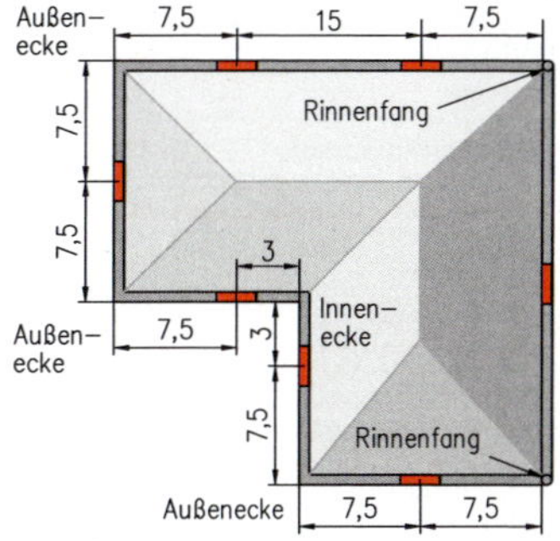

278.1 Verlegung von Regenwasserleitungen im Gebäude

Nach Möglichkeit sind Anlagen zur Niederschlagsentwässerung (einschließlich Mischwasser) vollständig außerhalb des Gebäudes vorzusehen.

Wenn Regenwasserleitungen innerhalb des Gebäudes zu verlegen sind, müssen folgende Punkte besonders beachtet werden:
- Schutz vor Schwitzwasser an der Rohraußenseite (Wärmedämmung)
- Schallschutz

Leitungen müssen so befestigt und verbunden sein, dass sie der Belastung und dem Druck bei Vollfüllung (Störungsfall Verstopfung) standhalten können. Regenwasserleitungen und Schmutzwasserleitungen dürfen erst außerhalb des Gebäudes in einem Schacht mit offenem Durchfluss zusammengeleitet werden. Voraussetzung: das Gebäude steht in einem Gebiet mit Mischkanalisation. Nur dadurch kann eine hydraulische Entkopplung sichergestellt werden.

278.2 Wartung/Instandhaltung

Dachentwässerungsanlagen müssen störungsfrei funktionieren. Um dies sicherzustellen, sind abhängig vom Dach und dessen Aufbau Wartungsarbeiten durchzuführen. Details werden in den Flachdachrichtlinien, der DIN 18531 Dachabdichtungen sowie der Dachbegrünungsrichtlinie geregelt. Dabei ist besonderer Wert auf Arbeitssicherheit und Absturzsicherung zu legen.

Bei vorgehängten Rinnen gehört die regelmäßige Reinigung von Rinne und evtl. vorhandenem Laubfangkorb zu den durchzuführenden Wartungsarbeiten.

278.3 Wartungsrelevante Anlagenbauteile

Neben den Ablaufstellen (Rinnen, Abläufe) der Dachentwässerung sind besonders in Anlagen zur Speicherung, Nutzung oder Versickerung wartungsrelevante Bauteile enthalten.

Dies sind zum Beispiel Filter, Pumpen, Sicherungsarmaturen etc.

Wartung ist gemäß den Angaben der Hersteller durchzuführen. Der Abschluss von Wartungsverträgen zur Sicherstellung der dauerhaften Funktionsfähigkeit ist zu empfehlen.

278.4 Leitungsbezeichnungen und Geltungsbereiche der Normen — DIN 1986-100: 2016-12

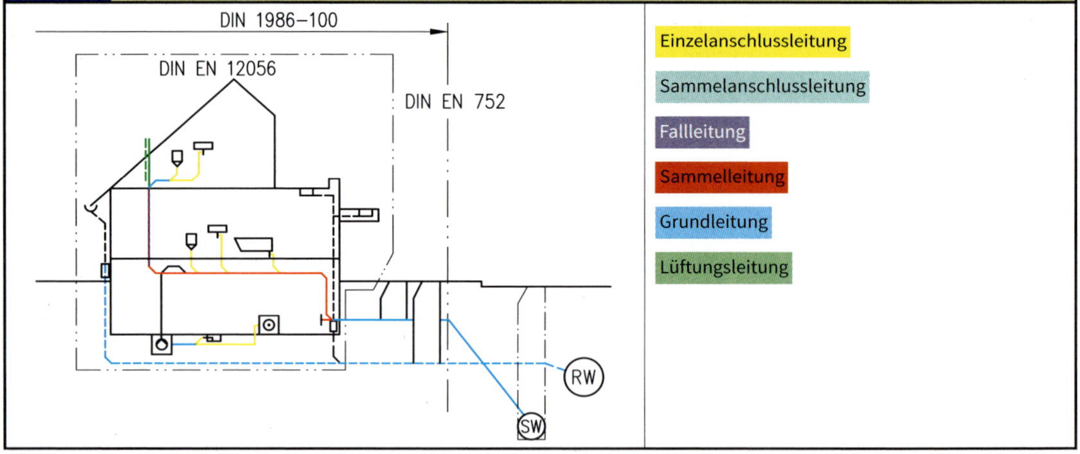

278.5 Genormte Begriffe — DIN EN 12056-2: 2001-01; DIN 1986-100: 2016-12

Abwasser	Wasser, das durch Gebrauch verändert ist und jedes in die Entwässerungsanlage fließende Wasser
Häusliches Abwasser	Abwasser aus Wohnungen: Küchen, Waschküchen, Badezimmer, Toiletten u. ä.
Gewerbliches Abwasser	Abwasser aus Industrie/Gewerbe, Kühlwasser
Grauwasser	fäkalienfreies Schmutzwasser
Schwarzwasser	fäkalienhaltiges Schmutzwasser
Regenwasser	Wasser aus natürlichem Niederschlag, nicht durch Gebrauch verunreinigt
In diesem Zusammenhang verwendet (nicht genormt):	
Betriebswasser (auch Brauchwasser)	Wasser unterschiedlicher Güteeigenschaften einschließlich Trinkwasser zur gewerblichen Nutzung. Diese Bezeichnungen sind nicht genormt und werden regional unterschiedlich benutzt.

279.1 Nicht genormte Begriffe

Gelbwasser	reiner Urin, z. B. aus wasserfreien Urinalen
Braunwasser	Urinfreies Toilettenabwasser, zum Beispiel für Komposttoiletten

279.2 Einleitebegrenzungen

Welche Stoffe in das kommunale Entwässerungssystem eingeleitet werden dürfen, wird in den kommunalen Abwassersatzungen geregelt.

Besonders für gewerbliches Abwasser werden die Abwassergebühren in Abhängigkeit von der Menge und den Inhaltsstoffen berechnet. Um Grenzwerte einhalten zu können, werden bei Bedarf dezentrale Behandlungsverfahren eingesetzt: Fettabscheider, Leichtflüssigkeitsabscheider etc. ↑ 288.3 ff

279.3 Kanalsysteme

Mischsystem	Trennsystem
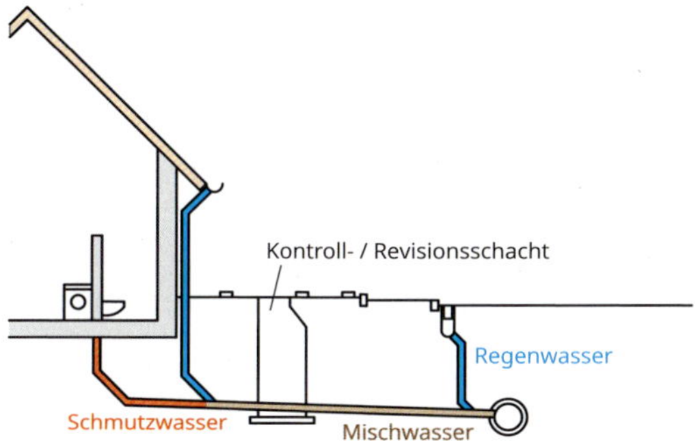	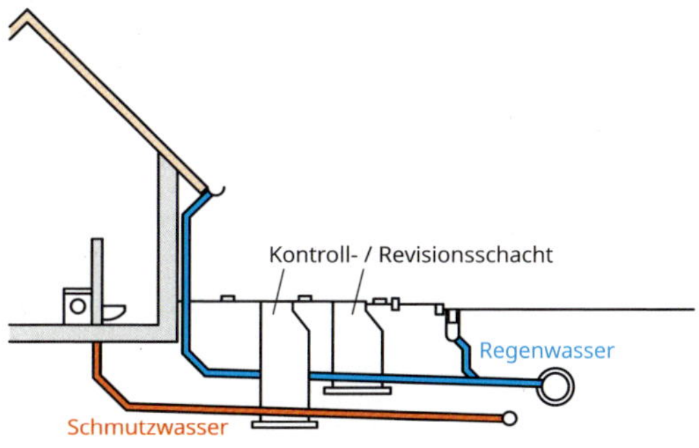
Schmutzwasser und Regenwasser werden in einem gemeinsamen Kanal zum Klärwerk geleitet	Getrennte Kanäle für Schmutz- und Regenwasser. Regenwasser kann eventuell direkt oder nach vorheriger Behandlung in den Vorfluter eingeleitet werden.

279.4 Geruchsverschlüsse

Alle Entwässerungsgegenstände sind über einen passenden Geruchsverschluss anzuschließen.

Funktionen des Geruchsverschlusses sind:

- Zurückhalten der Kanalgase
- Begrenzung des abfließenden Volumenstroms
- Schallschutz

279.5 Sperrwasserhöhe

DIN 1986-100: 2016-12

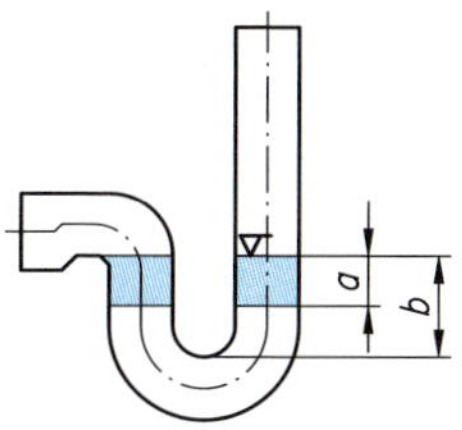

a zulässiger Sperrwasserverlust
b Sperrwasserhöhe

Anwendung	Mindest-Sperrwasserhöhe *b* in mm
Schmutzwasser	50
Regenwasser	100

In Räumen mit Über- oder Unterdruck ist die Sperrwasserhöhe unter Umständen höher.

Zulässiger Sperrwasserverlust durch Abflussvorgang: 25 mm

Sperrwassererneuerung bei Austrocknungsgefahr durch indirekten Anschluss eines Entwässerungsgegenstands sicherstellen.

Von den Sperrwasserhöhen kann bei vorliegender Baumusterprüfung abgewichen werden (z. B. bei flachen Duschen).

280.1 Einflussgrößen auf die Dimensionierung

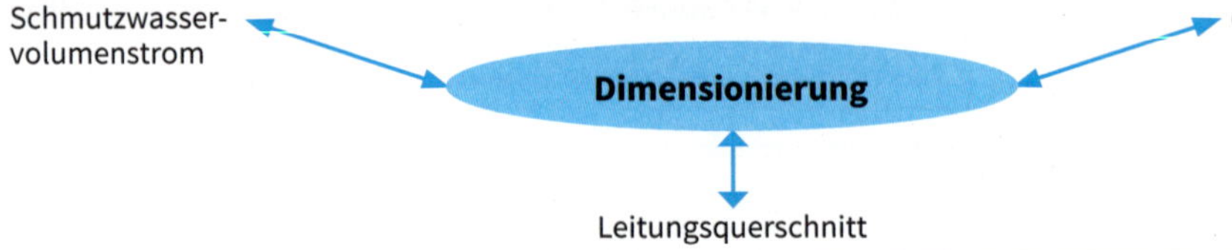

Schmutzwasservolumenstrom	Gefälle	Leitungsquerschnitt
Der Schmutzwasserabfluss wird durch die jeweiligen Sanitärgegenstände vorgegeben. Maß dafür ist • bei Einzelanschlussleitungen: DU • bei Anschluss mehrerer Entwässerungsgegenstände: Summe DU, bzw. $\dot{V}_{WW}$	Bei Einzel- und Sammelanschlussleitung: • Idealgefälle 2 % • Maximalgefälle 5 % • Minimalgefälle 1 % (belüftete Leitungen: 0,5 %) Bei Sammelleitungen und Grundleitungen: ↑ 285.1	Ergebnis der Dimensionierung, angegeben als DN Durchmesser der entsprechenden Leitungen abhängig vom Hersteller und vom Werkstoff • für Einzelanschlussleitung: ↑ 280.2 • für Sammelanschlussleitung: ↑ 281.3 f • für Sammel- und Grundleitungen: ↑ 285.1

Als Ergebnis der normgerechten Dimensionierung ergibt sich aus vorgegebenen Entwässerungsgegenständen und Gefälle die DN der zu verwendenden Entwässerungsleitung mit dem Ziel einer teilgefüllten Leitung mit dem Füllungsgrad $h/d_i = 0{,}5$.

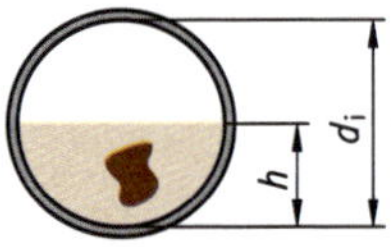

d_i	Innendurchmesser
h	Füllhöhe
h/d_i	Füllungsgrad

Bei zu kleinem Gefälle bzw. zu kleiner Dimension ist der Füllungsgrad größer, bei zu großem Gefälle bzw. zu großer Dimension ist der Füllungsgrad kleiner.
Zu großer Füllungsgrad: Behinderung von Belüftung
Zu kleiner Füllungsgrad: Schwierigkeiten beim Abtransport fester Bestandteile

280.2 Dimensionierung von Einzelanschlussleitungen — DIN 1986-100: 2016-12

Entwässerungsgegenstand	DU (design unit)	Nennweite Einzelanschlussleitung DN
Waschbecken	0,5	40
Bidet (Sitzwaschbecken)	0,5	40
Einzelurinal mit Druckspüler	0,5	50
Dusche ohne Stöpsel	0,6	50
Dusche mit Stöpsel	0,8	50
Ausgussbecken	0,8	50
Badewanne	0,8	50
Küchenspüle	0,8	50
Geschirrspüler	0,8	50
Küchenspüle und Geschirrspüler mit gemeinsamem Geruchsverschluss	0,8	50
Waschmaschine bis 8 kg	0,8	50
Einzelurinal mit Spülkasten	0,8	50
Urinal ohne Wasserspülung	0,1	50
Standurinal	0,2	50
Waschmaschine bis 12 kg	1,5	56/60
WC mit 4,0/4,5 l Spülkasten	1,8	80/90
WC mit 6,0 l Spülkasten/Druckspüler	2,0	80–100
WC mit 9,0 l Spülkasten/Druckspüler	2,5	100
Bodenablauf DN 50	0,8	50
Bodenablauf DN 70	1,5	70
Bodenablauf DN 100	2,0	100

Der DU-Wert entspricht dem durchschnittlichen Schmutzwasserabfluss in l/s.

281.1 Anwendungsgrenzen von Einzelanschlussleitungen DIN 1986-100: 2016-12

unbelüftet, Mindestgefälle 1 %			belüftet, Mindestgefälle 0,5 %		
maximale Länge	Anzahl der 90°-Umlenkungen (ohne Anschlussbogen)	Sturzhöhe	maximale Länge	Anzahl der 90°-Umlenkungen (ohne Anschlussbogen)	Sturzhöhe
4 m	3	1 m	10 m	keine Begrenzung	3 m

281.2 Abflusskennzahl *K* DIN 1986-100: 2016-12

unregelmäßige Benutzung	Wohnhaus, Pension, Büro etc.	$K = 0{,}5$
regelmäßige Benutzung	Krankenhaus, Schule, Hotel etc.	$K = 0{,}7$
häufige Benutzung	Öffentliche Toiletten/Duschen	$K = 1{,}0$
spezielle Benutzung	Labor etc.	$K = 1{,}2$

281.3 Dimensionierung von unbelüfteten Sammelanschlussleitungen DIN 1986-100: 2016-12

DN	$K = 0{,}5$	$K = 0{,}7$	$K = 1{,}0$	Maximale Rohrlänge
	ΣDU in l/s	ΣDU in l/s	ΣDU in l/s	
50	1,0	1,0	0,8	4 m
56/60	2,0	2,0	1,0	4 m
70[1)]	9,0	4,6	2,2	4 m
80	13,0[2)]	8,0[2)]	4,0	10 m
90	13,0[2)]	10,0[2)]	5,0	10 m
100	16,0	12,0	6,4	10 m

[1)] kein WC [2)] maximal 2 WCs

281.4 Anwendungsgrenzen von Sammelanschlussleitungen DIN 1986-100: 2016-12

unbelüftet, Mindestgefälle 1 %			belüftet, Mindestgefälle 0,5 %
maximale Länge	Anzahl der 90°-Umlenkungen (ohne Anschlussbogen)	Sturzhöhe	Bemessung wie Sammelleitungen ↑ 285.1
4 m, ab DN 80: 10 m	3	1 m	

281.5 Schmutzwasservolumenstrom DIN 1986-100: 2018-12

$$\dot{V}_{WW} = K \cdot \sqrt{\Sigma DU}$$

$\dot{V}_{WW}$	Schmutzwasservolumenstrom	in l/s
K	Abflusskennzahl ↑ 281.2	
ΣDU	aufsummierte Anschlusswerte ↑ 280.2	

Ist der ermittelte Schmutzwasservolumenstrom kleiner als der höchste Volumenstrom eines angeschlossenen Einzelgegenstands, so ist dieser als Volumenstrom anzusetzen.

281.6 Dimensionierung von Fallleitungen DIN 1986-100: 2018-12

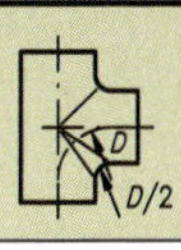

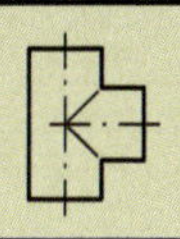

DN	Q_{max} in l/s Abzweige mit Innenradius	$\dot{V}_{WW}$ in l/s Abzweige ohne Innenradius
70[1)]	2,0	1,5
80	2,6	2,0
90	3,5	2,7
100	5,2	4,0

[1)] An eine Fallleitung DN 70 dürfen maximal 4 Küchenablaufstellen angeschlossen werden.
Bei Anschluss von WC: Fallleitung mindestens in DN 80

282.1 Verlegen von Fallleitungen

- Fallleitungen sind ohne Nennweitenänderung und möglichst geradlinig durch die Geschosse zu führen.
- Je Gebäude ist mindestens eine Fallleitung über Dach zu be- und entlüften. Weitere Fallleitungen können über eine Sammellüftung oder im Ein- und Zweifamilienhaus über Belüftungsventile belüftet werden.
- Sollen nebeneinanderliegende Wohnungen an eine gemeinsame Schmutzwasserfallleitung angeschlossen werden, sind Schall- und Brandschutzmaßnahmen besonders zu berücksichtigen.
- Die Druckleitung einer Hebeanlage darf grundsätzlich nicht an die Fallleitung angeschlossen werden.
- Bis zu einer Gebäudehöhe von 3 Geschossen kann die Umlenkung in eine liegende Leitung (Sammelleitung oder Grundleitung) über einen Bogen mit 88° erfolgen. Empfohlen wird die Verwendung von aufgelösten Bögen (2 x 45°), idealerweise mit einem Zwischenstück von 250 mm. Bei größeren Gebäudehöhen gelten besondere Ausführungsregeln.
- Fallleitungsverziehungen < 1 m können über zwei Bögen 45° ausgeführt werden.
- Bei der Ausführung größerer Verziehungen sind bei Gebäuden über 3 Geschosse besondere Vorgaben zu beachten.

282.2 Anschlüsse an Fallleitungen

Einzelanschlüsse

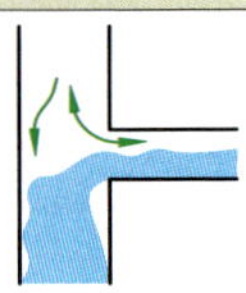

Anschluss mit 88° ± 2°

optimale Luftzirkulation in Fallleitung und Anschlussleitung

Anschluss mit 45°

Nicht zulässig:
In der Anschlussleitung wird die Belüftung behindert.

Ausnahmen:
80 × 80–45
100 × 80–45
100 × 100–45
sind zugelassen (WC-Abwässer).

Mehrfachanschlüsse

Spreizwinkel bis 90°

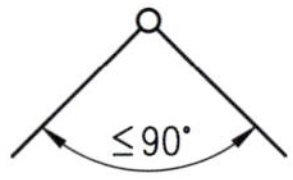

Es sind keine Einbaubeschränkungen zu beachten. Es können sowohl Standard- als auch Sonderformstücke verwendet werden.

Spreizwinkel bis 180°

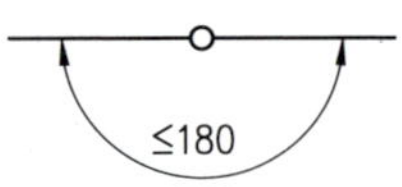

Bei der Verwendung von Formstücken ohne gerundete[1] Einlaufkante muss ein Sohlenabstand von 200 mm eingehalten werden.

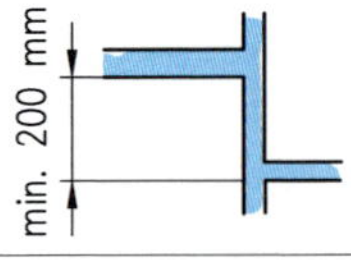

Ausnahme: Bei gegenüberliegenden WCs, die gleichmäßig benutzt werden, kann auf den Sohlenabstand verzichtet werden.

[1] Bei der Verwendung von Formstücken mit gerundeten Einlaufkanten kann etweder der Sohlenabstand von mindestens 200 mm eingehalten oder sohlengleich angeschlossen werden.

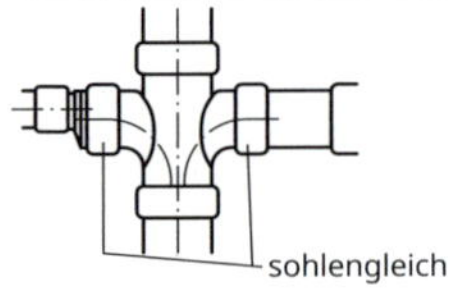

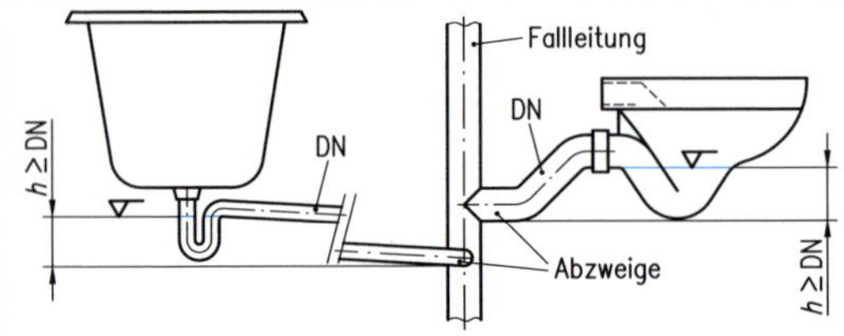

Anschlussleitungen für Klosettbecken, Bade- und Duschwannen sowie für Badabläufe sind so in die Fallleitung einzuführen, dass der Sohlenabstand $h \geq$ DN der Anschlussleitung ist (h: Höhenunterschied zwischen Wasserspiegel im Geruchverschluss und Sohle der Anschlussleitung; h bezeichnet hier den Sohlenabstand der Anschlussleitungen)

283.1 Belüftung von Fallleitungen

Fallleitungen sind über Dach zu be- und entlüften.
In Ein- und Zweifamilienhäusern muss eine Fallleitung über Dach geführt werden, die anderen können über Belüftungsventile mit Luft versorgt werden.

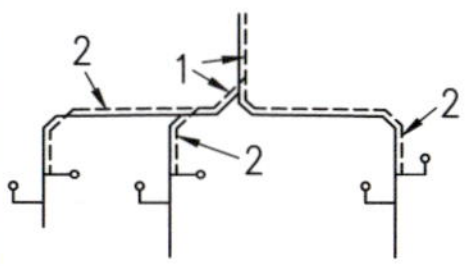

Soll die Anzahl der Dachdurchdringungen klein gehalten werden, können Lüftungsleitungen von Fallleitungen auch zu Sammelhauptlüftungen zusammengeführt werden.
1: Sammelhauptlüftung
2: Einzelhauptlüftungen

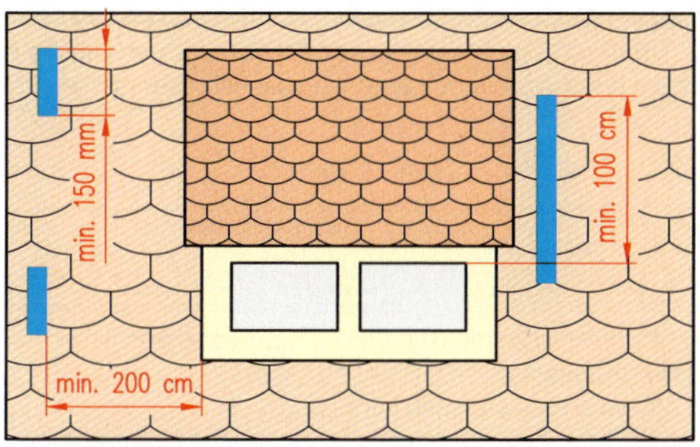

- Lüftungsleitungen über Dach müssen mindestens 150 mm überstehen
- Abdeckungen dürfen nicht verbaut werden
- Zu Dachfenstern und Gauben sind folgende Abstände einzuhalten: seitlich 2 m, oberhalb mindestens 1 m
- Flexible Leitungen zum Ausgleich von Versatzen im Dachbereich dürfen maximal eine Länge von 1 m aufweisen
- Lüftungsleitungen sind entweder lotrecht oder mit einem Idealgefälle von 2 % zu verlegen. Kondenswasser im Rohrinnern muss über das Entwässerungssystem ablaufen können
- Bögen sollten in 45°-Bögen aufgelöst werden
- Zusammenführung von Lüftungsleitungen unter spitzem Winkel

283.2 Gefälle liegender Leitungen

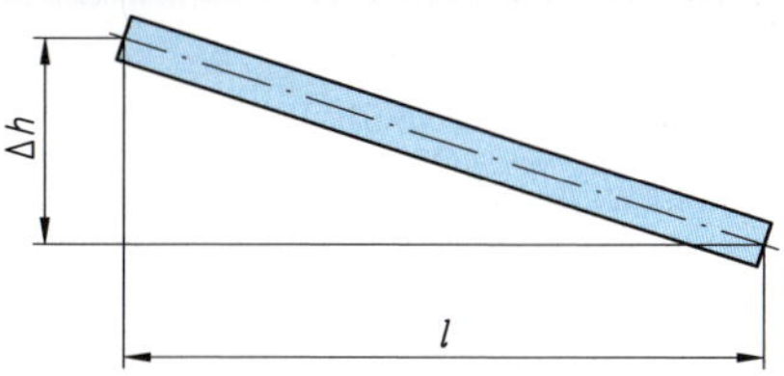

l	horizontal als Länge	in m
Δh	Höhenunterschied	in m

$I_r = \frac{\Delta h}{l}$	Relativgefälle: Angabe in cm/m oder in %
$I_{\%} = \frac{\Delta h}{l} \cdot 100\ \%$	Prozentgefälle
$I_N = 1 : \frac{l}{\Delta h}$	Verhältniszahl oder Neigungsgefälle, wird als Verhältniszahl angegeben, z. B. 2 % entspricht einem Neigungsgefälle von 1 : 0,5

Idealgefälle: 2 %; Maximalgefälle 5 %; größere Höhenunterschiede sind mit Sturzstrecken auszuführen ↑ 281.1.

283.3 Formstücke in liegenden Leitungen

Allgemein: Formstücke sind so einzubauen, dass Rückspülungen und Einspülungen in Leitungsteile verhindert werden.

Anschluss von oben

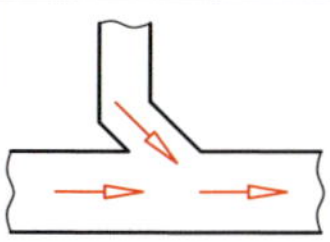

✓ Einleitung unter 45° in Fließrichtung

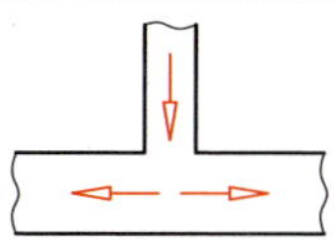

✗ Ungünstig: starke Rückspülung

Querschnittsvergrößerung

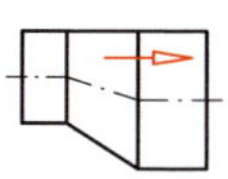

✓ Scheitelgleiche Ausführung verhindert Rückspülung.

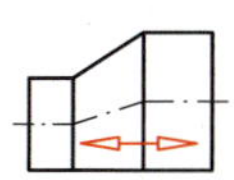

✗ Sohlengleicher Einbau ermöglicht Rückspülung.

Ausnahme: Bei erdverlegten Leitungen darf auch sohlengleich aufgeweitet werden.

Seitlicher Anschluss
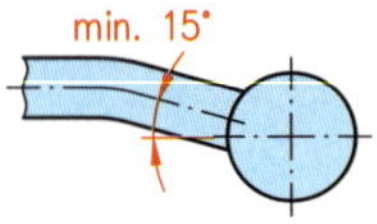 Anschluss in Fließrichtung 45° nach oben um mindestens 15° verdreht
Bei Einspülungen und Rückspülungen besteht die Gefahr des Absetzens von Feststoffen, was im Laufe der Zeit zu Querschnittsverengungen und Abflussstörungen führt.

284.1 Belüftung liegender Leitungen

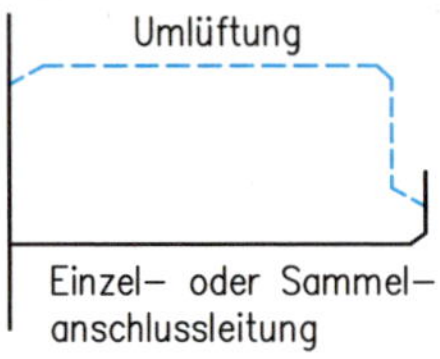	Umlüftung	Die Umlüftung ist in der gleichen DN auszuführen wie die Anschlussleitung an der Einleitung in die Fallleitung, max. DN 70.
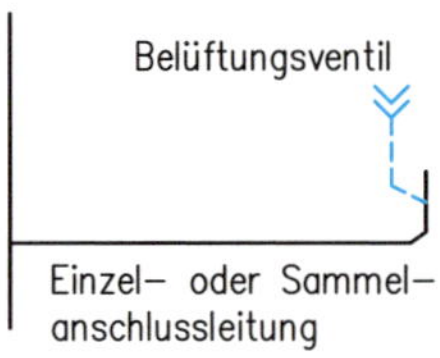	Belüftungsventil	Belüftungsventile müssen DIN EN 12380 entsprechen. Voraussetzungen: • Luft muss nachströmen können • Im Störungsfall müssen sie ohne bauliche Maßnahmen austauschbar sein • Einbau oberhalb des höchstmöglichen Schmutzwasserspiegels an der belüfteten Anschlussleitung • Auswahl so, dass die Mindestluftmenge mindestens den abfließenden Volumenstrom beträgt
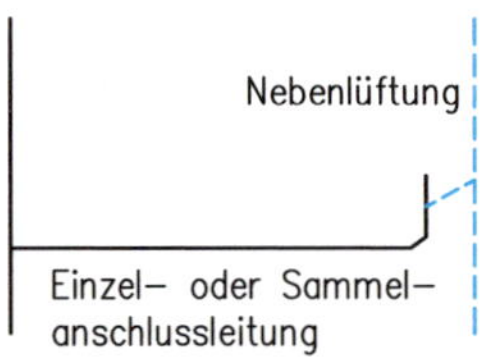	Nebenlüftung	• Dimensionierung vergleiche Umlüftung • Die Lüftungsleitung wird an eine parallel zur Fallleitung verlegte Lüftungsleitung angeschlossen • Die Nebenlüftungsleitung ist in jedem Geschoss mit der Fallleitung verbunden

Durch Belüftung von Einzel- oder Sammelanschlussleitungen können die Anwendungsgrenzen erweitert werden. Belüftete Anschlussleitungen können mit einem Gefälle von 0,5 % verlegt werden ↑ 280.1.

284.2 Belüftungsventile

DIN 1986-100: 2016-12

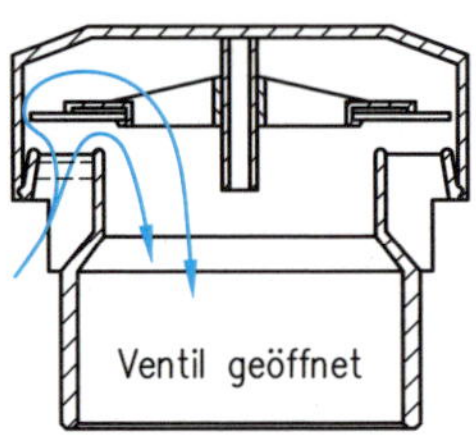

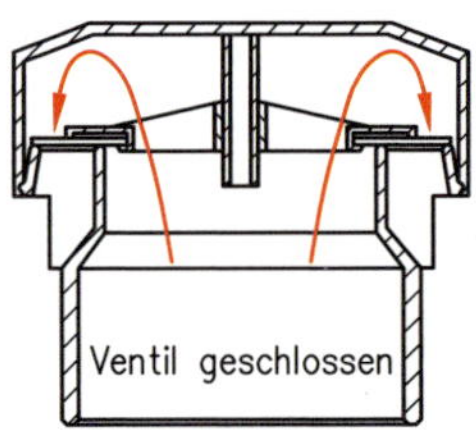

Klasse A:
Einbau unter Rückstauebene möglich

Klasse B:
Einbau nicht unter der Rückstauebene

I: Temperaturbereich –20 bis +60 °C

II: Temperaturbereich 0 bis +60 °C

III: Temperaturbereich 0 bis +20 °C
z. B. „Typ A I“

Dimensionierung:

$\dot{V}_a \geq \dot{V}_{tot}$	bei Anschlussleitungen
$\dot{V}_a \geq 8\,\dot{V}_{tot}$	bei Fallleitungen
$\dot{V}_a$	minimale Luftmenge mit Herstellerangaben vergleichen ergibt die passende Baugröße
$\dot{V}_{tot}$	Gesamtschmutzwasserabfluss

285.1 Dimensionierung von Sammel- und Grundleitungen DIN 1986-100: 2016-12

Im Unterschied zu Einzel- und Sammelanschlussleitungen kommt das Gefälle als zusätzlicher Freiheitsgrad hinzu.
Das Mindestgefälle von 0,5 cm/m muss eingehalten werden. Bei Grundleitungen für Misch- und Schmutzwasser gilt als Mindestgefälle 1/DN.
Die Mindest-Strömungsgeschwindigkeit muss 0,5 m/s betragen.
Abhängig von der Art der Leitung und dem Verlegeort (innerhalb oder außerhalb des Gebäudes) wird von unterschiedlichen Füllungsgraden ausgegangen.

Füllungsgrad $h/d_i = 0{,}5$

Üblicher Füllungsgrad für Schmutzwasser innerhalb des Gebäudes

Füllungsgrad $h/d_i = 0{,}7$

Füllungsgrad für
- Schmutzwasser innerhalb des Gebäudes nach der Einleitung einer Hebeanlage
- Regenwasser innerhalb und außerhalb des Gebäudes (Sammelleitung und Grundleitung)

Füllungsgrad $h/d_i = 1{,}0$

- Füllungsgrad für Schmutzwasser und Mischwasser nach Schacht mit offenem Durchfluss (hydraulische Entkopplung)
- Regenwasser ab DN150 nach Schacht mit offenem Durchfluss

Füllungsgrad $h/d_i = 0{,}5$:

	DN 80		DN 90		DN 100		DN 125		DN 150	
Gefälle cm/m	$\dot{V}$ l/s	v m/s	$\dot{V}$ l/s	v m/s	$\dot{V}$ l/s	v m/s	$\dot{V}$ l/s	v m/s	$\dot{V}$ l/s	v m/s
0,3									4,2	0,5
0,4							2,4	0,5	4,8	0,6
0,5					1,8	0,5	2,7	0,5	5,4	0,6
0,6			1,1	0,5	1,9	0,5	3,0	0,6	5,9	0,7
0,7	1,1	0,5	1,2	0,5	2,1	0,6	3,2	0,6	6,4	0,8
0,8	1,1	0,5	1,3	0,5	2,2	0,6	3,5	0,7	6,8	0,8
0,9	1,2	0,6	1,4	0,6	2,4	0,7	3,7	0,7	7,3	0,9
1,0	1,3	0,6	1,5	0,6	2,5	0,7	3,9	0,8	7,7	0,9
1,1	1,4	0,6	1,6	0,6	2,6	0,7	4,1	0,8	8,0	1,0
1,2	1,4	0,6	1,6	0,7	2,7	0,8	4,2	0,8	8,4	1,0
1,3	1,5	0,7	1,7	0,7	2,9	0,8	4,4	0,9	8,7	1,0
1,4	1,5	0,7	1,8	0,7	3,0	0,8	4,6	0,9	9,1	1,1
1,5	1,6	0,7	1,8	0,7	3,1	0,8	4,7	0,9	9,4	1,1
2,0	1,8	0,8	2,1	0,9	3,5	1,0	5,5	1,1	10,9	1,3
2,5	2,0	0,9	2,4	1,0	4,0	1,1	6,1	1,2	12,2	1,5
3,0	2,2	1,0	2,6	1,1	4,4	1,2	6,7	1,3	13,3	1,6
3,5	2,4	1,1	2,8	1,1	4,7	1,3	7,3	1,5	14,4	1,7
4,0	2,6	1,2	3,0	1,2	5,0	1,4	7,8	1,6	15,4	1,8
4,5	2,8	1,2	3,2	1,3	5,3	1,5	8,3	1,6	16,3	2,0
5,0	2,9	1,3	3,3	1,4	5,6	1,6	8,7	1,7	17,2	2,1

Füllungsgrad $h/d_i = 0{,}7$:

	DN 80		DN 90		DN 100		DN 125		DN 150	
Gefälle cm/m	$\dot{V}$ l/s	v m/s	$\dot{V}$ l/s	v m/s	$\dot{V}$ l/s	v m/s	$\dot{V}$ l/s	v m/s	$\dot{V}$ l/s	v m/s
0,3							3,5	0,5	7,0	0,6
0,4					2,6	0,5	4,1	0,5	8,1	0,6
0,5	1,5	0,5	1,7	0,5	2,9	0,5	4,6	0,6	9,0	0,7
0,6	1,7	0,5	1,9	0,5	3,2	0,6	5,0	0,7	9,9	0,8
0,7	1,8	0,5	2,1	0,6	3,5	0,6	5,4	0,7	10,7	0,9
0,8	1,9	0,6	2,2	0,6	3,7	0,7	5,8	0,8	11,5	0,9
0,9	2,1	0,6	2,4	0,6	4,0	0,7	6,1	0,8	12,2	1,0
1,0	2,2	0,7	2,5	0,7	4,2	0,8	6,5	0,9	12,8	1,0
1,1	2,3	0,7	2,5	0,7	4,4	0,8	6,8	0,9	13,5	1,1
1,2	2,4	0,7	2,7	0,7	4,6	0,8	7,1	0,9	14,1	1,1
1,3	2,5	0,7	2,8	0,8	4,8	0,9	7,4	1,0	14,6	1,2
1,4	2,6	0,8	2,9	0,8	5,0	0,9	7,7	1,0	15,2	1,2
1,5	2,7	0,8	3,1	0,8	5,1	1,0	7,9	1,1	15,7	1,3
2,0	3,1	0,9	3,5	1,0	5,9	1,1	9,2	1,2	18,2	1,5
2,5	3,4	1,0	4,0	1,1	6,7	1,2	10,3	1,4	20,3	1,6
3,0	3,8	1,1	4,3	1,2	7,3	1,3	11,3	1,5	22,3	1,8
3,5	4,1	1,2	4,7	1,3	7,9	1,5	12,2	1,6	24,1	1,9
4,0	4,4	1,3	5,0	1,4	8,4	1,6	13,0	1,7	25,8	2,1
4,5	4,6	1,4	5,3	1,5	8,9	1,7	13,8	1,8	27,3	2,2
5,0	4,9	1,5	5,6	1,5	9,4	1,7	14,6	1,9	28,8	2,3

Füllungsgrad $h/d_i = 1{,}0$:

	DN 80		DN 90		DN 100		DN 125		DN 150	
Gefälle cm/m	$\dot{V}$ l/s	v m/s	$\dot{V}$ l/s	v m/s	$\dot{V}$ l/s	v m/s	$\dot{V}$ l/s	v m/s	$\dot{V}$ l/s	v m/s
0,3									8,3	0,5
0,4							4,9	0,5	9,6	0,6
0,5					3,5	0,5	5,4	0,5	10,8	0,6
0,6			2,3	0,5	3,9	0,5	6,0	0,6	11,8	0,7
0,7	2,1	0,5	2,5	0,5	4,2	0,6	6,5	0,6	12,8	0,8
0,8	2,3	0,5	2,6	0,5	4,5	0,6	6,9	0,7	13,7	0,8
0,9	2,4	0,6	2,8	0,6	4,7	0,7	7,3	0,7	14,5	0,9
1,0	2,6	0,6	3,0	0,6	5,0	0,7	7,7	0,8	15,3	0,9
1,1	2,7	0,6	3,1	0,6	5,2	0,7	8,1	0,8	16,1	1,0
1,2	2,8	0,6	3,2	0,7	5,5	0,8	8,5	0,8	16,8	1,0
1,3	2,9	0,7	3,4	0,7	5,7	0,8	8,8	0,9	17,5	1,0
1,4	3,1	0,7	3,5	0,7	5,9	0,8	9,2	0,9	18,2	1,1
1,5	3,2	0,7	3,6	0,7	6,1	0,8	9,5	0,9	18,8	1,1
2,0	3,7	0,8	4,2	0,9	7,1	1,0	11,0	1,1	21,7	1,3
2,5	4,1	0,9	4,7	1,0	7,9	1,1	12,3	1,2	24,3	1,5
3,0	4,5	1,0	5,2	1,1	8,7	1,2	13,5	1,3	26,7	1,6
3,5	4,9	1,1	5,6	1,1	9,4	1,3	14,5	1,5	28,8	1,7
4,0	5,2	1,2	6,0	1,2	10,1	1,4	15,6	1,6	30,8	1,8
4,5	5,5	1,2	6,3	1,3	10,7	1,5	16,5	1,6	32,7	2,0
5,0	5,8	1,3	6,7	1,4	11,3	1,6	17,4	1,7	34,5	2,1

285.2 Rückstau

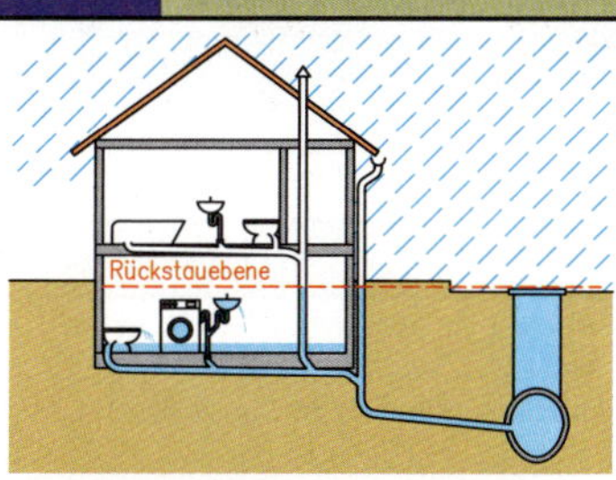

Rückstau bezeichnet eine Abflussstörung im Kanal. Als Folge staut sich das Abwasser an. Der dabei höchste mögliche Wasserspiegel ist die Rückstauebene. In ebenem Gelände entspricht sie dem Straßenniveau.
Mögliche Ursachen für Rückstau können sein:

- Starkregen
- Abflussstörungen durch sonstige Überlastung des Kanals
- Verstopfungen oder Querschnittsverengungen im Kanal
- Ausfall von Pumpstationen

Entwässerungsleitungen unterhalb der Rückstauebene sind längskraftschlüssig auszuführen. Rückstausicherungen sollen das Eindringen von Abwasser aus der Kanalisation verhindern.

285.3 Achtungspunkte

Entwässerungsgegenstände oberhalb der Rückstauebene sind per Schwerkraft zu entwässern.
Entwässerungsgegenstände oberhalb der Rückstauebene dürfen NICHT über Rückstauverschlüsse entwässert werden.
Nur in Ausnahmefällen (z. B. Sanierung) dürfen Entwässerungsgegenstände oberhalb der Rückstauebene über Hebeanlagen entwässert werden.

286.1 Hebeanlagen

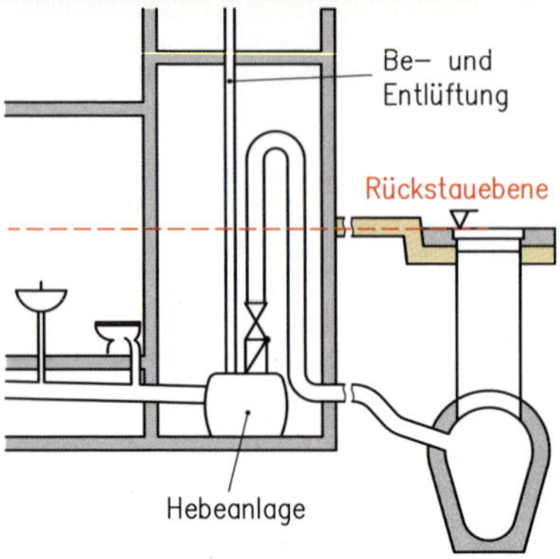

Den zuverlässigsten Schutz gegen Rückstau bietet eine Hebeanlage. Sie sammelt und fördert das Abwasser mithilfe einer Pumpe über die Rückstauebene.
Die angeschlossenen Entwässerungsgegenstände können auch im Rückstaufall weiter benutzt werden.

Je nach Anwendung sind verschiedene Ausführungen gebräuchlich:

- Hebeanlagen für Regenwasser
- Hebeanlagen für fäkalienfreies Schmutzwasser
- Hebeanlagen für fäkalienhaltiges Schmutzwasser
- Hebeanlagen für fäkalienhaltiges Schmutzwasser mit Schneidwerk
- Hebeanlagen zur begrenzten Verwendung mit oder ohne Schneidwerk
  Diese dürfen nur eingebaut werden, wenn maximal ein Waschbecken, eine Duschwanne und (in Ausführung mit Schneidwerk) ein WC angeschlossen sind und die Entwässerungsgegenstände und die Hebeanlage z.b.V. im gleichen Raum aufgestellt sind.

Je nach benötigter Entsorgungssicherheit werden Hebeanlagen mit einer oder zwei Pumpen verwendet.

286.2 Hebeanlagen – Ausführungen

Hebeanlage für fäkalienfreies Schmutzwasser

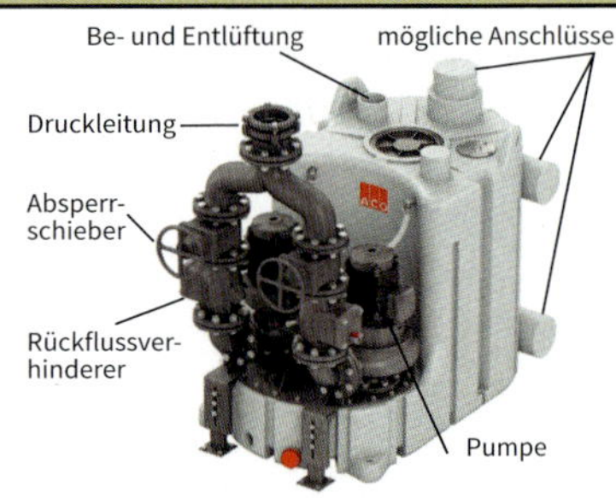

Hebeanlage für fäkalienhaltiges Schmutzwasser mit Doppelpumpe

Je nach Größe und Anforderungen sind folgende Einbauvarianten möglich:

Unterfluraufstellung

Freiaufstellung

Schachtaufstellung

Montage in der Vorwand

286.3 Anforderungen an die Aufstellung von Hebeanlagen — EN 12056-4: 2001-01

- Abwasserhebeanlagen sind verdrehsicher zu installieren.
- Auftriebsgefährdete Abwasserhebeanlagen sind auftriebssicher zu befestigen.
- Räume für Abwasserhebeanlagen müssen so groß sein, dass neben und über allen zu bedienenden und zu wartenden Teilen ein Arbeitsraum von mindestens 60 cm Breite bzw. Höhe zur Verfügung steht.
- Der Aufstellungsraum muss ausreichend beleuchtet und gut be- und entlüftet sein.
- Für die Raumentwässerung bei Fäkalienhebeanlagen ist ein Pumpensumpf anzuordnen.
- Alle Leitungsanschlüsse an Abwasserhebeanlagen müssen schalldämmend und flexibel ausgeführt sein.
- Sammelbehälter für fäkalienhaltiges Abwasser dürfen nicht baulich mit dem Gebäude verbunden sein.
- Innerhalb des Gebäudes sind für fäkalienhaltiges Abwasser nur Fäkalienhebeanlagen mit frei aufgestellten Sammelbehältern zulässig.
- Bei Anlagen, bei denen der Abwasserzufluss nicht unterbrochen werden darf, ist eine Doppelanlage einzubauen.

287.1 Typen von Rückstauverschlüssen

DIN EN 13564-1: 2002-10

Art des Abwassers

Regenwasser

- Typ 0: 1 selbsttätiger Verschluss
- Typ 1: 1 selbsttätiger Verschluss und ein Notverschluss (darf mit dem selbsttätigen Verschluss kombiniert werden)
- Typ 2: 2 selbsttätige Verschlüsse und ein Notverschluss (darf mit dem selbsttätigen Verschluss kombiniert werden)

Alle drei Bauarten sind in Deutschland nur zugelassen für den Überlauf von Regenwasserzisternen, die an einen Regenwasserkanal angeschlossen sind. Bei metallischer Verschlussklappe funktioniert der Verschluss gleichzeitig als Kleintierschutz.

Fäkalienhaltiges Schmutzwasser

- Typ 3 (F): 1 selbsttätiger Verschluss mit Fremdenergie und ein Notverschluss

  mit Kennzeichnung „F" für fäkalienhaltiges Abwasser zugelassen

Fäkalienfreies Schmutzwasser

- Typ 2: Einbau in horizontalen Leitungen

  2 selbsttätige Verschlüsse und ein Notverschluss (darf mit dem selbsttätigen Verschluss kombiniert werden)

  zugelassen auch für Überläufe bei Regenwassernutzungsanlagen, wenn sie an den Regenwasserkanal angeschlossen sind
- Typ 5: Einbau in Ablaufgarnituren oder Bodenablauf

  2 selbsttätige Verschlüsse und ein Notverschluss (darf mit dem selbsttätigen Verschluss kombiniert werden)

Beispiele für Ausführungen

Typ 0

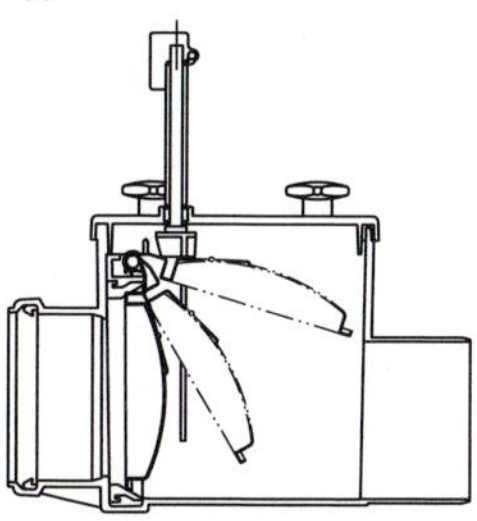

Typ 5

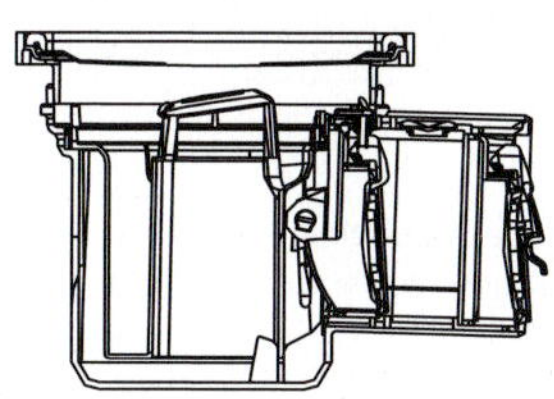

Typ 3 (F)

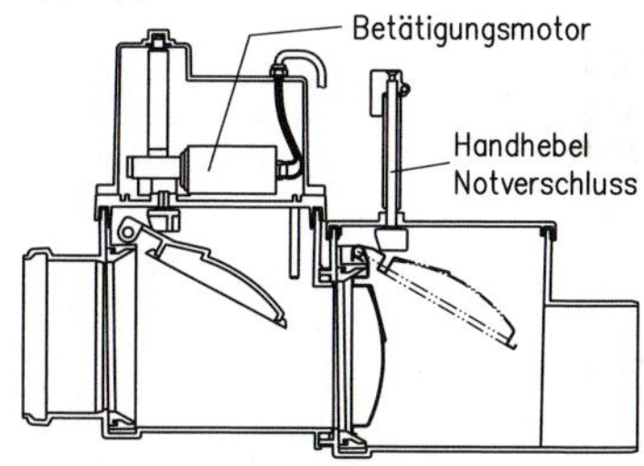

287.2 Auslegungsdiagramm einer Hebeanlage zur begrenzten Verwendung

Herstellerangaben

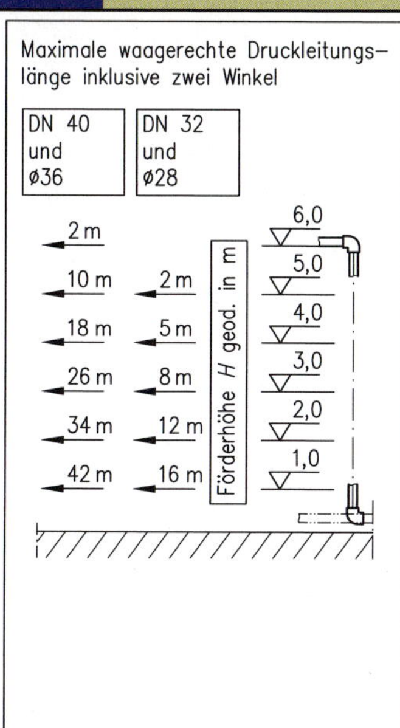

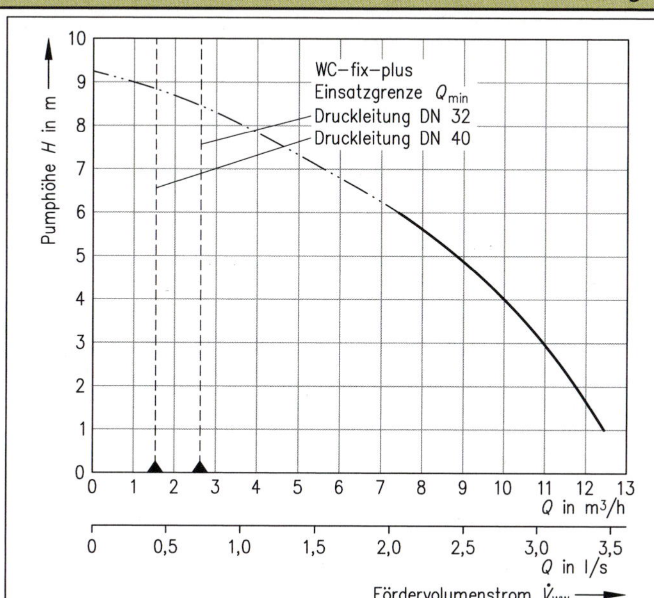

288.1 Inspektion und Wartung von Hebeanlagen — DIN EN 12056-4: 2001-01

Inspektion	Abwasserhebeanlagen sollten durch Beobachtung von mindestens zwei Schaltzyklen auf Betriebsfähigkeit geprüft werden.	monatlich durch den Betreiber
Wartung	a) Prüfen der Verbindungsstellen auf Dichtheit durch Absuchen des Umfelds von Anlagen und Armaturen; b) Betätigen der Schieber, Prüfen auf leichten Gang und Dichtheit, gegebenenfalls nachstellen und einfetten; c) Öffnen und reinigen des Rückflussverhinderers; Kontrolle von Sitz und Kugel/Klappe; Funktionsprüfung; d) Reinigen der Fördereinrichtung und des unmittelbar angeschlossenen Leitungsbereichs; Prüfen des Laufrads und der Lagerung; e) Ölstandsprüfung, erforderlichenfalls Nachfüllen oder Ölwechsel (wenn Ölkammer vorhanden); f) Innenreinigung des Behälters (bei Bedarf bzw. nach speziellen Erfordernissen); g) visuelle Kontrolle des elektrischen Teils der Anlage; h) visuelle Kontrolle des Zustands des Sammelbehälters; i) Alle 2 Jahre Anlage mit Wasser durchspülen j) Nach Erledigung der Wartungsarbeiten ist die Anlage nach Durchführung eines Probelaufs wieder in Betrieb zu nehmen. Über die Wartung ist ein Protokoll anzufertigen mit Angabe aller durchgeführten Arbeiten und der wesentlichen Daten. Soweit Mängel festgestellt werden, die nicht behoben werden können, sind diese dem Anlagenbetreiber von dem die Wartung durchführenden Fachkundigen sofort schriftlich gegen Quittung zu melden.	Die Zeitabstände zwischen zwei Wartungen betragen • ¼ Jahr bei Anlagen in gewerblichen Betrieben • ½ Jahr bei Anlagen in Mehrfamilienhäusern • 1 Jahr bei Anlagen in Einfamilienhäusern Durchführung: Fachkundige Person, idealerweise im Rahmen eines Wartungsvertrags

288.2 Inspektion und Wartung von Rückstauverschlüssen — DIN 1986-3: 2004-11

Inspektion	Inaugenscheinnahme und Betätigung des Notverschlusses	monatlich durch den Betreiber
Wartung	• Funktionsprüfung mit Rückstausimulation • Kontrolle der Absperrorgane und Dichtungen durch sachkundige Personen (bei Typ 3 durch fachkundige Personen) • Entfernen von Schmutz und Ablagerungen • Prüfung von Dichtungen und Dichtflächen (ggf. austauschen!) • Kontrolle beweglicher Absperrorgane, ggf. nachfetten • Funktionsprüfung • handbetätigten Notverschluss schließen • Standrohr für Rückstausimulation aufsetzen • Klarwasser einfüllen Prüfdruck: Typ 2: 10 mbar (= 10 cm über Prüfanschluss) Typ 3: 100 mbar (= 100 cm über Prüfanschluss) • Prüfdauer: 10 Minuten • zulässiges Leckwasservolumen: 500 cm^3	½-jährlich durch sachkundige bzw. fachkundige Person

288.3 Dezentrale Abwasserbehandlung Abscheider

Um unerwünschte Stoffe aus der Kanalisation fernzuhalten, besteht die Verpflichtung, entsprechende Behandlungs- oder Abscheideanlagen vor der Einleitung in das Kanalsystem zu installieren.
Unerwünschte Stoffe sind Stoffe, die schädliche oder belästigende Ausdünstungen oder Gerüche verbreiten, Baustoffe oder Einrichtungen angreifen oder im Betrieb stören.
Um die Wirksamkeit der Abwasserbehandlung überprüfen zu können, ist jede dieser Anlagen mit einer Probenahmeeinrichtung zu versehen.

288.4 Schädliche Stoffe im Abwasser — DIN 1986-3: 2004-11

- Küchenabfälle, erhärtende Stoffe, z. B.: Zement, Kalk, Kalkmilch, Katzenstreu … Kartoffelstärke, Kaffeepulver
- feuergefährliche, explosionsfähige Gemische bildende Stoffe, z. B.: Benzin, Heizöl …
- Öle, Fette pflanzlichen oder tierischen Ursprungs
- Reinigungs-, Desinfektions-, Spül- und Waschmittel in überdosierten Mengen
- Rohrreinigungsmittel, die Entwässerungsgegenstände und Rohrwerkstoffe beschädigen, hierzu zählt auch Kondensat aus Brennwertfeuerungen

Welche Inhaltsstoffe in welchen Mengen eingeleitet werden dürfen, wird im Einzelfall über die örtliche Entwässerungssatzung geregelt.

289.1 Neutralisation bei Brennwertgeräten

ATV-Arbeitsblatt A 251: 2011-11

Nennwärmeleistung	Neutralisation für Feuerungsanlagen und Motoren ohne Katalysator ist erforderlich bei		
	Heizöl	schwefelarmes Heizöl	Gas
< 25 kW	ja	nein[1), 2)]	nein[1), 2)]
25–200 kW	ja	nein[1), 2), 3)]	nein[1), 2), 3)]
> 200 kW	ja	ja	ja

Eine Neutralisation ist dennoch erforderlich bei [1)] Ableitung des häuslichen Abwassers in Kleinkläranlagen;
[2)] bei Gebäuden und Grundstücken, deren Entwässerungsleitungen die Materialanforderungen nach DIN 19864 nicht erfüllen;
[3)] Gebäuden, die die Bedingungen der ausreichenden Vermischung mit häuslichem Abwasser nicht erfüllen.

289.2 Beispiele gängiger Sperren und Abscheider

Leichtflüssigkeit: mineralische Öle und Fette, insbesondere Benzin und Heizöl mit $\varrho < 0{,}95$ kg/dm^3

Typ	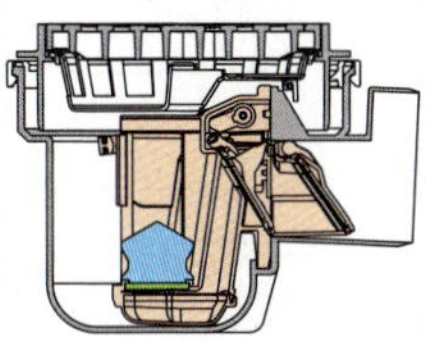 Leichtflüssigkeitssperre DIN EN 1253-5: 2017-05	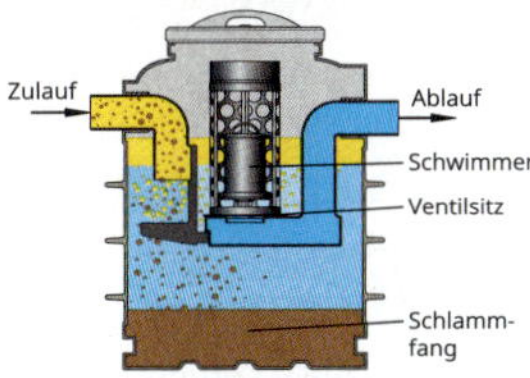 Leichtflüssigkeitsabscheider DIN 1999-100: 2016-12	 Fettabscheider DIN EN 1825-2: 2002-05
Einsatz	Einbau dort, wo im Störungsfall Leichtflüssigkeit (Öl, Benzin …) ausfließen kann, z. B. Ölheizungsraum	Einbau überall dort, wo gewaschen, gewartet, getankt wird (Tankstellen, Kfz-Waschanlagen, Werkstätten) und im Betrieb Abwasser mit Leichtflüssigkeitsanteilen anfällt	• Nur für das Abscheiden organischer (pflanzlicher und tierischer) Fette, z. B. Talg, Butter, Schmalz, Tran, pflanzliche Öle • Nicht geeignet für fäkalienhaltiges Schmutzwasser, Regenwasser sowie Öle und Fette mineralischen Ursprungs • Einsatz in gewerblichen oder industriellen Betrieben, z. B. Küchenbetrieb, Hotel, Gaststätte, Kantine, Essenausgabestellen (Rücklaufgeschirr), Metzgerei, Schlachthof, fleisch- und fischverarbeitender Betrieb
Einbau und Funktion	• Einbau nur für Leichtflüssigkeiten mit $\varrho \leq 0{,}95$ kg/dm^3 (bei Bedarf mit Rückstauverschluss) • Zulauf erfolgt von oben über einen Rost • Leichtflüssigkeitsvolumen bis zum selbsttätigen Abschluss min. 3 Liter • Wenn das Speichervolumen gefüllt ist, schließt der Schwimmer durch Absenken den Abfluss, die Leichtflüssigkeit gelangt nicht in das weitere Abflusssystem • Sicherung des Schwimmers gegen Herausnehmen durch einen Plombverschluss	• Einbau nahe an der Ablaufstelle • Einbau möglichst nicht in geschlossenen Räumen (Explosionsgefahr) und innerhalb befahrbarer Flächen (Entsorgung) • Leichte Entsorgbarkeit der Leichtflüssigkeit beachten • Anschlussleitungen zum Abscheider müssen leerlaufen können, deshalb keine Geruchverschlüsse einbauen • lange Leitungen unter Umständen vollgefüllt betreiben • Anschluss des Ablaufs an Schmutz- oder Mischkanalisation, auf keinen Fall an einen Regenwasserkanal • Wenn eine Hebeanlage nötig ist, diese hinter dem Abscheider einbauen	• Einbau möglichst nahe an den Ablaufstellen • Aufgrund der Geruchsbelästigung beim Öffnen (Wartung) möglichst im Freien, entfernt von Fenstern und Lüftungsschächten aufstellen • Wie beim Leichtflüssigkeitsabscheider möglichst außerhalb von befahrenen Flächen einplanen • Leichte Entsorgbarkeit und Zugänglichkeit sicherstellen • Anschluss an Schmutz- oder Mischkanalisation, auf keinen Fall an einen Regenwasserkanal • Hebeanlage bei Rückstaugefährdung hinter dem Abscheider einbauen • Zu- und Ablaufleitungen mit Mindestgefälle 2 % verlegen • Durch Einbau von Reinigungsöffnungen an geeigneten Stellen eine einfache Reinigung längerer Leitungen einplanen • Damit die Fettanteile nicht die Zuleitung in den Fettabscheider verstopfen, können je nah Bedarf Wärmedämmung, automatische Heißwassernachspülung oder Leitungsbegleitheizung verwendet werden
Betrieb	Leerung und Entsorgung der aufgefangenen Leichtflüssigkeit nach einer Störung, Neubefüllung mit sauberem Sperrwasser (Trinkwasser oder Betriebswasser).	• Leerung und Entsorgung durch Fachbetrieb, maßgeblich ist die örtliche Entwässerungssatzung • Leerung bei Füllstand von 80 % im Sammelraum, spätestens halbjährlich • Danach Befüllung mit sauberem Sperrwasser (Trinkwasser oder Betriebswasser)	• Leerung und Inspektion spätestens monatlich, besser 14-tägig durch Fachbetrieb • Danach Füllung mit sauberem Sperrwasser (Trinkwasser oder Betriebswasser)

290.1	Inspektion und Wartung von Leichtflüssigkeitssperren	DIN EN1253-5: 2017-05
Inspektion	Dichtflächen und Leichtgängigkeit des Schwimmers prüfen, reinigen, Wasserfüllung ergänzen	halbjährlich
Wartung	Konkrete Wartungen sind nicht vorgesehen, Herstellerangaben beachten	nach Herstellerangaben

290.2	Inspektion und Wartung von Leichtflüssigkeitsabscheidern	DIN 1999-100: 2016-12
Inspektion	Dichtflächen und Leichtgängigkeit des Schwimmers prüfen, reinigen, Wasserfüllung ergänzen	halbjährlich
Wartung	Konkrete Wartungen sind nicht vorgesehen, Herstellerangaben beachten	nach Herstellerangaben

290.3	Inspektion und Wartung von Fettabscheidern	DIN 1999-100: 2016-12
Inspektion	Verbunden mit der Entsorgung und Wiederbefüllung nach Herstellerangaben	monatlich, besser 14-tägig
Wartung	Wartungsarbeiten sind nach Herstellerangaben abhängig von der konkreten technischen Ausführung des Fettabscheiders und der jeweiligen Ausbaustufe durchzuführen	nach Herstellerangaben

290.4 Dichtheitsprüfung von Grundleitungen

Grundwasser darf durch unkontrolliert versickerndes Grundwasser nicht verunreinigt werden. Außerdem sind Kanalisation und Kläranlage vor unkontrolliert eintretendem Grundwasser zu schützen. Deshalb können Dichtheitsprüfungen von erdverlegten Abwasserleitungen und Kanälen vorgeschrieben sein.
Die Pflichten dazu sind im Landesrecht verankert und von Bundeland zu Bundesland unterschiedlich geregelt.
Das prinzipielle Vorgehen bei Dichtheitsprüfungen ist jedoch gleich.
Vor allem bei drückendem Grundwasser kann auch eine Kamerabefahrung als Dichtheitsnachweis zählen.

290.5	Durchführung der Dichtheitsprüfung von Grundleitungen	DIN EN 1610: 2015-12
Zeitpunkt	Nach dem ordnungsgemäßen Verschließen des Rohrgrabens, im Zweifelsfall ist eine Vorprüfung im offenen Graben zu empfehlen, Abzweige und Umlenkungen sind dabei vor Verrutschen zu sichern. Abhängig vom Landesrecht als Vorleistung zur Abnahme des Gebäudes vor der Inbetriebnahme	
Dokumentation	Ein Prüfprotokoll ist anzufertigen. Bei verzweigten Grundleitungen kann eine abschnittsweise Prüfung vorgenommen werden.	
Prüfverfahren	mit Wasser	mit Luft
	Die Art des Prüfverfahrens kann vom Auftraggeber bestimmt werden. Im Zweifelsfall ist die Prüfung mit Wasser aussagekräftiger.	
Vorbereitung	Sämtliche Öffnungen, Abzweige, Einmündungen wasserdicht und drucksicher verschließen. Bei Prüfung im offenen Graben: Formstücke zur Lagesicherung verankern. Wasserdicht und drucksicher verschließen.	
	• Möglichst vom Leitungstiefpunkt aus mit Wasser befüllen, um Luftfreiheit zu erreichen • Eventuell Standrohre zur Druckhaltung anbringen • Leitung vollgefüllt halten. Üblich: 1 Stunde, bei Rohren mit großer Saugfähigkeit länger	• Gasdicht verschließen. • Anfangsdruck 10 % über Prüfdruck p_0 für mindestens 5 Minuten halten. • Prüfdruck abhängig von Werkstoff und Nennweite
Durchführung abhängig vom Messverfahren und den Rahmenbedingungen	Druck muss auf 10 mbar (10 cm WS) durch Nachfüllen gehalten werden. Dokumentation ist erforderlich.	Druckabfall während der Prüfdauer messen.
Auswertung	Abhängig vom Rohrleitungsplan (Länge und Nennweiten der Grundleitungen, Schächte, Werkstoff etc.) sind bestimmte Flüssigkeits- oder Druckverluste zulässig. Diese sind mit den gemessenen Werten zu vergleichen.	

291.1 Ausstattung von Sanitärräumen in Wohnungen — DIN 18022: 1989-11

Raumbezeichnung	Ausstattung	Anmerkungen
Abortraum	1 Klosettbecken 1 Handwaschbecken oder 1 Waschtisch Eventuelle Ergänzung: 1 Sitzwaschbecken 1 Wandurinal	Generell wird die räumliche Trennung von Bad und Abortraum mit eigenen Zugängen empfohlen. Gefordert wird dies für Wohnungen, die für mehr als 5 Personen bestimmt sind. Eigenheime und Wohnungen über 60 m^2 oder mit mehr als 3 Zimmern sollen 2 Klosettbecken erhalten.
Badezimmer	1 Badewanne 1 Waschtisch 1 Klosettbecken 1 Waschmaschine (falls nicht in anderem Raum vorgesehen) Eventuelle Ergänzung: 1 Brausewanne 1 Sitzwaschbecken 1 zusätzl. Waschtisch bei mehr als 3 Pers. oder 1 Doppelwaschtisch	Ein zweites Bad ist für Eigenheime und große Wohnungen zur Benutzung durch Kinder und Gäste zweckmäßig. Anstelle einer Badewanne wird aus Platzgründen oft auch eine Brausewanne eingeplant.
Küche Arbeits-, Ess- oder Wohnküche	1 Doppelspülbecken mit Abstellfläche 1 Geschirrspülmaschine Eventuelle Ergänzung: 1 Waschmaschine (falls nicht in anderem Raum vorgesehen) 1 Ausgussbecken	
Kochnische	1 Spülbecken 1 Geschirrspülmaschine	
Hauswirtschaftsraum	1 Ausgussbecken 1 Waschmaschine (falls nicht in anderem Raum vorgesehen)	

291.2 Ausstattung von Waschräumen auf Baustellen — Arbeitsstättenrichtlinie ASR 47/1-3,5: 1977

Waschraum	1 Waschstelle für höchstens 5 Arbeitnehmende und 1 Dusche für höchstens 20 Arbeitnehmende

291.3 Ausstattung von Sanitärräumen in Büros — Arbeitsstättenrichtlinie ASR 37/1: 1976

Raumbezeichnung	Ausstattung	Anmerkungen
Abortraum Frauen	1 Ausgussbecken 1 Klosettbecken für 8–10 Frauen oder 100 m^2 Nutzfläche 1 bis 3 Waschtische je Abortraum oder 1 Waschtisch für höchstens 5 Klosettbecken	Zur vereinfachten Reinigung sind nach Möglichkeit Bodenabläufe vorzusehen.
Abortraum Männer	1 Ausgussbecken 1 Klosettbecken für 10–15 Männer oder 100 m^2 Nutzfläche 1 Urinal für 10–15 Männer oder 150 m^2 Nutzfläche 1 bis 3 Waschtische je Abortraum oder 1 Waschtisch für höchstens 5 Klosettbecken	Zur vereinfachten Reinigung sind nach Möglichkeit Bodenabläufe vorzusehen. Anordnung in der Nähe der Urinale empfohlen.
Büroräume	1 Waschtisch für 8–10 Pers. oder 100 m^2 Nutzfläche oder mindestens 1 Waschtisch je Büroraum	
Teeküche	1 Kochendwasserbereiter 1 Einfach-Spülbecken mit Abtropffläche Eventuell Geschirrspülmaschine	Verbrauch an kochendem Wasser 0,75 l/Person und Tag. 1 l Wasser ergibt 5–6 Tassen Kaffee.
Putzraum	1 Ausgussbecken	Nach Möglichkeit ist auch ein Bodenablauf vorzusehen.

292.1 Sanitärgegenstände: Abstände, Maße und Bewegungsflächen VDI 6000 Blatt 1: 2008-02

Alle Maße in cm

Sanitäre Ausstattungsgegenstände	Einzelwaschbecken	Doppelwaschbecken	Einbauwaschtisch mit einem Becken	Einbauwaschtisch mit zwei Becken	Handwaschbecken	Sitzwaschbecken	Klosettbecken, Spülung vor der Wand	Klosettbecken, Spülung für Wandeinbau	Urinalbecken	Duschwanne	Badewanne	Waschmaschine, Trockner	Ausgussbecken	Spüle (Einfach-/Doppel-)
Kurzbezeichnung	WB	DWB	EWT	EDWT	HWB	SWB	WCa	WCu	UB	DU	BW	WM TR	AB	SP
Maße von sanitären Ausstattungsgegenständen														
Breite (*b*)	60	120	70	140	45	40	40	40	40	80	170	60	50	90 120
Tiefe (*t*)	55	55	60	60	35	60	75	60	40	80	75	60	40	60
Min. Bewegungsflächen														
Breite (*B*)	90	150	90	150	70	80	80	80	60	80 70[a]	90	90	80	90 120
Tiefe (*T*)	55	55	55	55	45	60	60	60	60	75	75	90	55	120
Bei gegenüberliegender Anordnung von sanitären Ausstattungsgegenständen ist ein Abstand von 75 cm vorzusehen.														
Montagehöhe[b] über Fertigfußboden	85 90	85 90	85 90	85 90	85 90	42[c]	42[c]	42[c]	65				65	85 92
Min. seitliche Abstände *a* zu anderen sanitären Ausstattungsgegenständen, Wänden und Stellflächen														
WB						25	20	20	20	20	20	20		
DWB						25	20	20	20	20	20	20		
EWT						25	20	20	20	15	15	20		
HWB						25	20	20	20	20	20	20		
SW	25	25	25	25	25		25	25	25	25	25	25		
WCa/WCu	20	20	20	20	20	25			20	20	20	20		
UR	20	20	20	20	20	25	20	20		20	20	20		
DU	20	20	15	15	20	25	20	20	20			3		
BW	20	20	15	15	20	25	20	20	20			3		
WMITR	20	20	15	15	20	25	20	20	20	3	3			
Wand	20	20			20	25	20 25[d]	20 25[d]	20 25[d]			20		
Türbereich	Abstand zu Türöffnungen/Türlaibungen mind. 10 cm													

a) Bei Eckeinstieg

b) Empfohlene Montagehöhen für Kinder bis ca. 12 Jahren: Waschbecken 65–70 cm, Klosettbecken 35 cm, Urinalbecken 50–55 cm, Duschkopf 150 cm

c) Oberkante Keramik bei wandhängender Ausführung

d) Bei Wänden auf beiden Seiten

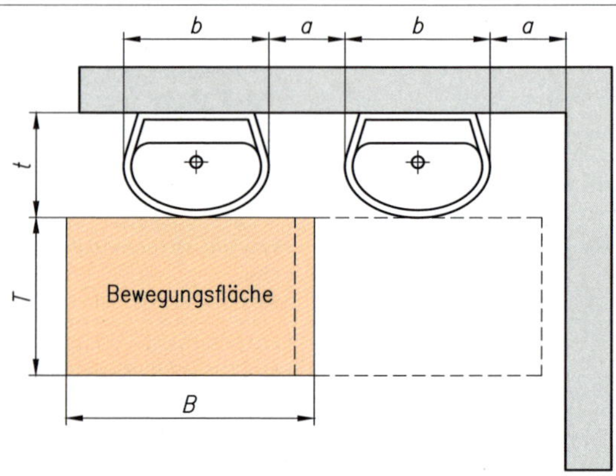

293.1 Installation im Fliesenraster

Um vor allem in hochwertigen Badezimmern einen sauberen optischen Eindruck zu erzielen, sind alle Installationen an die verwendeten Fliesen und den geplanten Fliesenrasterplan anzupassen. Dies gilt für alle an der Ausführung der Installationen Beteiligten. Einrichtungsgegenstände und Armaturen sind auf Fugenkreuz oder Fliesenmitte zu setzen.
Die Fugenbreite (Standard 2 mm) ist mit einzurechnen.

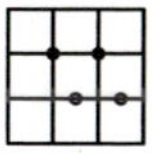

Standardformate	Fliese: 108 × 108 mm Raster: 110 × 110 mm	Fliese: 150 × 150 mm Raster: 152 × 152 mm	Fliese: 198 × 198 mm Raster: 200 × 200 mm	Fliese: 300 × 300 mm Raster: 302 × 302 mm

Bei abweichenden Maßen bzw. anderen Wandverkleidungen wie z. B. aus Holz oder Glas sind die jeweiligen Maße zugrunde zu legen. Die Bezugslinien (z. B. Meterriss) sind nach Absprache vor Ort schon vor der Rohmontage für alle Gewerke verbindlich festzulegen.

293.2 Empfohlene Montagemaße

Herstellerangaben

Sanitärobjekte/Accessoires	Einbauhöhe ab Fertigfußboden (OK = Oberkante; UK = Unterkante)	Position
Waschbecken im Badezimmer		
Waschbecken	OK: 850 mm	–
Spiegel	UK: 1 150–1 200 mm	–
Seifenschale	UK: 950–1 000 mm	–
Handtuchstange	Mitte: 800 mm	–
WC		
WC	OK: 420 mm	–
Papierhalter	OK: 750–950 mm	–
Reservepapierhalter	UK: 300 mm	–
Bürstenhalter	Befestigung: 200 mm	–
Bidet		
Bidet	OK: 400 mm	–
Handtuchring	Mitte: 800 mm	–
Seifenschale	Mitte: 700 mm	–
Haltegriff	Mitte (waagerecht) bzw. UK (senkrecht montiert): 1 000 mm	seitlicher Abstand 200–450 mm
Badewanne Unterputzmontage		
Badewanne	OK: 600 mm	–
UP-Armatur	Mitte: 250–300 mm ab OK Wanne	Mitte Badewanne
UP-Ventil (2 × DN 15)	Mitte: 100/500 mm ab OK Wanne	Mitte Badewanne
Handbrause	UK: 500 mm ab OK Wanne	200 mm ab Mitte Armatur Einbauhöhe an Schlauchlänge 1,25 m orientiert Schlauch darf nicht in Badewanne hängen!
Schlauchanschluss	Mitte: 700 mm ab OK Wanne	200 mm ab Mitte Armatur Einbauhöhe an Schlauchlänge 1,25 m orientiert Schlauch darf nicht in Badewanne hängen!
Seifenschale	Befestigung: 100 mm ab OK Wanne	–

Badewanne Aufputzmontage		
AP-Armatur	Mitte: 150 mm ab OK Wanne	500 mm
Handbrause mit Wandstange	OK: 1 500 mm ab OK Wanne	Mitte Badewanne
Seifenschale	Mitte: 100 mm ab OK Wanne	200 mm ab Mitte Wandstange Handbrause
AP-Armatur	Mitte: 150 mm ab OK Wanne	500 mm
Dusche Unterputzmontage		
Kopfbrause	OK: 2 095–2 200 mm Standfläche Duschwanne, Maß mit Kunden abstimmen.	450 mm
Handbrause mit Wandstange	OK: 2 095 mm ab Standfläche Duschwanne	450–675 mm Außermittige Anordnung oder Eckmontage der Wandstange gibt mehr Bewegungsfreiheit und vermeidet Spritzwasser.
Seitenbrausen (3 Höhen)	Mitte: 600/1 000/1 400 mm ab Standfläche Duschwanne	–
Seitenbrausen (2 Höhen)	Mitte: 700/1 300 mm ab Standfläche Duschwanne	–
UP-Armatur mit UP-Ventil 1 x DN 20	Mitte: 1 000 mm Mitte: 1 200 mm (jeweils ab Standfläche Duschwanne)	225–450 mm Außermittige Anordnung oder Eckmontage gibt mehr Bewegungsfreiheit und vermeidet Spritzwasser.
UP-Armatur mit UP-Ventil 2 x DN 15	Mitte: 1 200 mm Mitte: 1 000/1 400 mm (jeweils ab Standfläche Duschwanne)	225–450 mm Außermittige Anordnung oder Eckmontage der Wandstange gibt mehr Bewegungsfreiheit und vermeidet Spritzwasser.
Vierwegeumstellung	Mitte: 1 300–1 400 mm ab Standfläche Duschwanne	450 mm
Schlauchanschluss	Mitte: 1 400 mm ab Standfläche Duschwanne	675–700 mm (Außeneck) 100 mm (Inneneck)
Haltestange	UK: 1 000 mm ab Standfläche Duschwanne	200 mm senkrechte); mittig (waagerechte Montage)

Bei der Installation sind die Anschlusspunkte der Ver- und Entsorgungsleitungen vom Modell des Sanitärobjekts (Größe, Hersteller, Bauform) abhängig. Empfohlen wird die Einhaltung folgender Richtwerte:

- Abstand Fußboden bis Mitte Abflussrohr 50–56 cm,
- Abstand Fußboden bis Mitte Warm- bzw. Kaltwasserzuleitung 56–64 cm,
- Abstand Mitte Warmwasser- bis Mitte Kaltwasserleitung mind. 8 cm, höchstens 20 cm.

294.1 Bauformen von WCs

Flachspüler	Kaskade	Tiefspüler
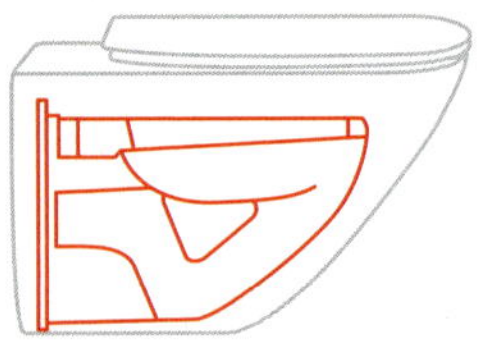	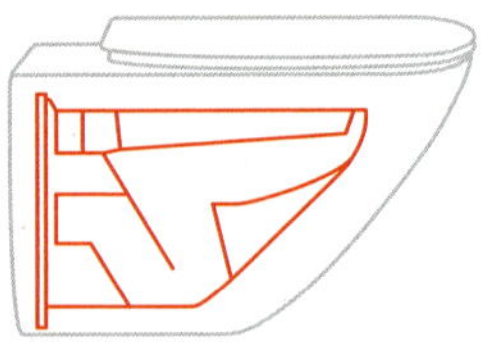	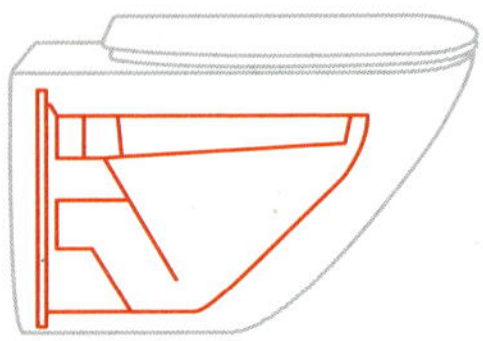
• Möglichkeit der Stuhlkontrolle • keine Spritzer beim Benutzen • Geruchsbildung und Reinigungsaufwand im Vergleich zu anderen Spültechniken höher	• Durch Ändern der Sitzposition ist die Stuhlkontrolle möglich • Die keramische Zunge verhindert unangenehmes Zurückspritzen • minimierte Geruchsbelästigung	• Der Stuhl kann nicht kontrolliert werden • Es können Spritzer beim Benutzen entstehen • Spültechnik mit der geringsten Geruchsbildung

295.1 Behindertengerechte Installation – Begriffe

behindertengerecht barrierefrei	seniorengerecht
Einrichtungen, die für behinderte Menschen genauso und ohne Einschränkungen nutzbar sind wie für Menschen ohne Behinderungen • Öffentlicher Bereich: Orientierung an Personen mit starken körperlichen Einschränkungen wie Rollstuhlfahrer und Blinde • Wohnungsbereich: Unterscheidung zwischen „barrierefrei nutzbaren Wohnungen“ und „barrierefrei und uneingeschränkt mit dem Rollstuhl nutzbaren Wohnungen“ mit höheren Anforderungen an Bewegungsflächen, Benutz- und Bedienbarkeit • In jedem Raum muss mindestens eine Bewegungsfläche von 150 × 150 cm vorhanden sein • Das Achsmaß von Bedienelementen sollte grundsätzlich eine Höhe von 85 cm über dem Fußbodenbelag betragen. Tür- und Fenstergriffe müssen auf einer Höhe zwischen 85 und 105 cm angeordnet werden, um aus dem Rollstuhl heraus erreichbar zu sein • Die einzelnen Bewegungsflächen dürfen sich überlagern. Das Waschbecken muss unterfahrbar sein • Beidseitig des WCs sind Stützklappgriffe erforderlich und müssen auch im Duschbereich nachgerüstet werden können • Bodenablauf ist vorzusehen (oft als Dusche ausgeführt)	Begriff ist nicht klar definiert, Anforderungen z. B.: • bodengleiche Dusche • Möglichkeit, Stütz- und Haltegriffe zu montieren • bedienfreundliche Armaturen mit Verbrühschutz (Thermostat) • gut greifbare Hebel • rutschfester Bodenbelag • praktische Anordnungen von Accesoires wie Handtuchhalter und Toilettenpapierhalter • Montagehöhe WC 4–6 cm höher vorsehen Die Bewegungsflächen und Freiräume müssen nicht den behindertengerechten Anforderungen genügen.

295.2 Behindertengerechte Installation

DIN 18040-1: 2010-10

Planungsempfehlungen im öffentlichen Bereich
alle Maße in cm

Waschbecken	Unterfahrhöhe	Händetrockner	Spiegel	Toilette	Spülbetätigung	Duschklappsitz	Brausegriff	Einhebelarmatur mit Brause
80 (Oberkante)	mindestens 67	Greifbereich am Waschbecken	Unterkante mindestens 100, einstellbar aus sitzender und stehender Position	46–48 (Oberkante)	im Griffbereich leicht mit Hand oder Arm erreichbar	48–60 (Oberkante)	waagerecht 85 und senkrechter Haltestangenteil	85–105

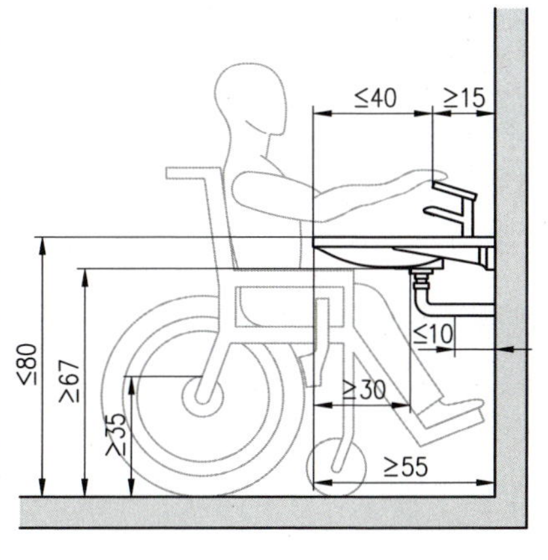

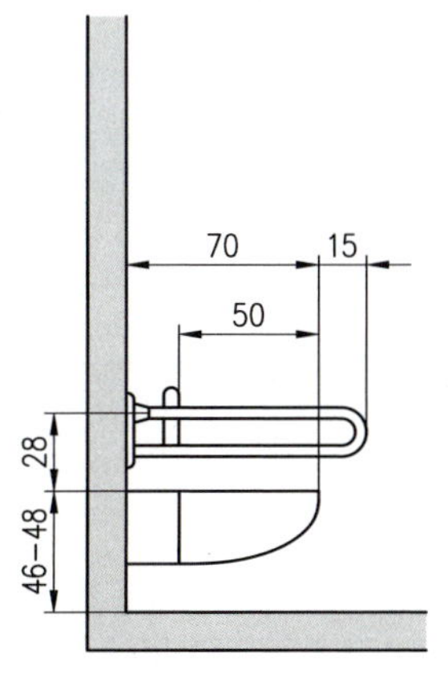

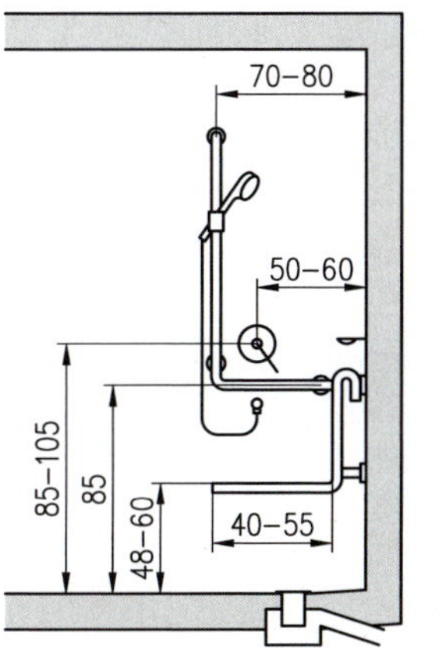

296.1 Einteilung der Lufttechnik

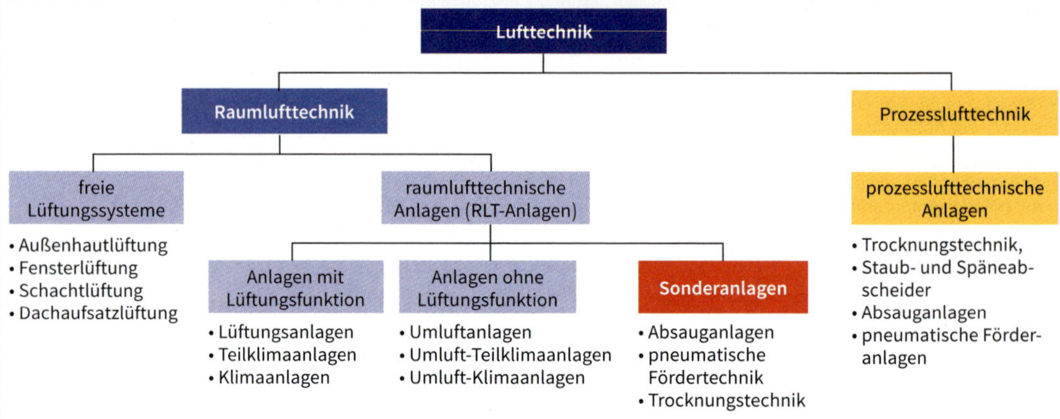

296.2 Behaglichkeit im Raum

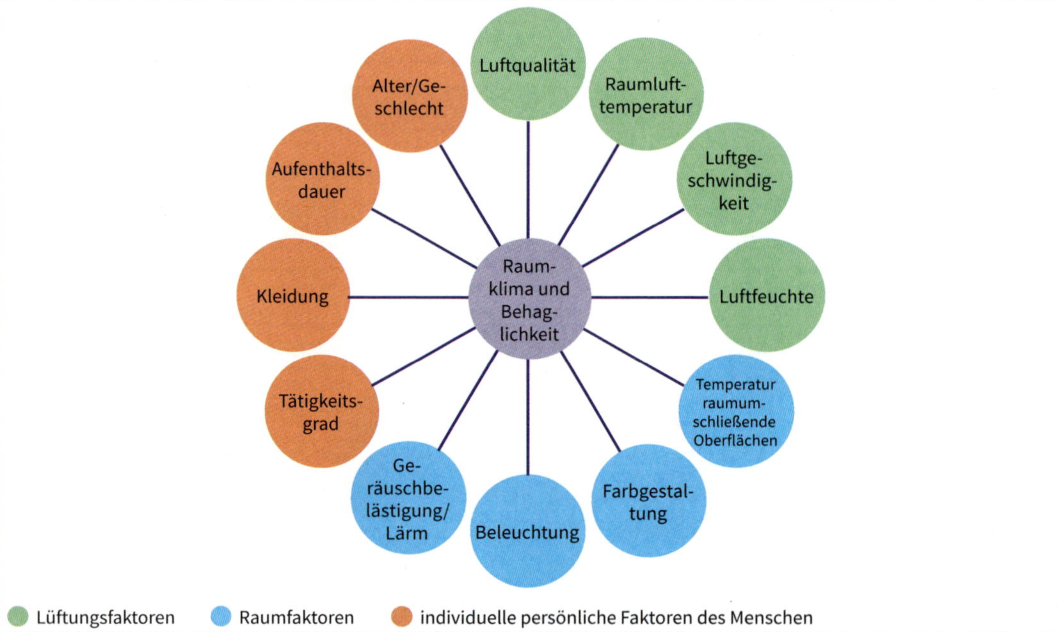

296.3 Zusammensetzung der Luft

Hauptbestandteil	chem. Formel	Volumenanteil in %	Hauptbestandteil	chem. Formel	Volumenanteil in %
Stickstoff	N_2	78,08	Methan	CH_4	0,00017
Sauerstoff	O_2	20,95	Krypton	Kr	0,0001
Argon	Ar	0,934	Wasserstoff	H_2	0,00005
Kohlenstoffdioxid	CO_2	0,035	Distickstoffmonoxid	N_2O	0,00003
Neon	Ne	0,0018	Kohlenstoffmonoxid	CO	0,00002
Helium	He	0,0005	Xenon	Xe	0,000009

297.1 Empfundene Raumlufttemperatur

DIN 1946-2: 1994-01 zurückgezogen

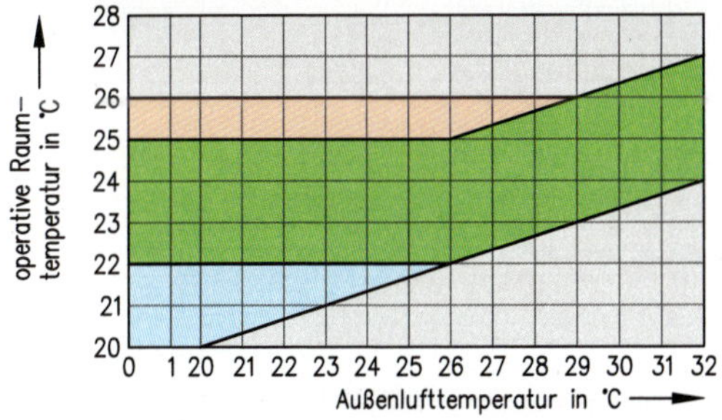

Voraussetzungen:

- Aktivitätsstufe I und II,
- leichte bis mittlere Kleidung,
- Raumluftgeschwindigkeit und Turbulenzgrad im zulässigen Bereich

- empfohlene Raumtemperatur
- nur bei kurzfristig auftretenden thermischen Innenlasten zulässig
- nur bei impulsarmen Strömungsarten zulässig

297.2 Werte von mittleren Luftgeschwindigkeiten im Behaglichkeitsbereich

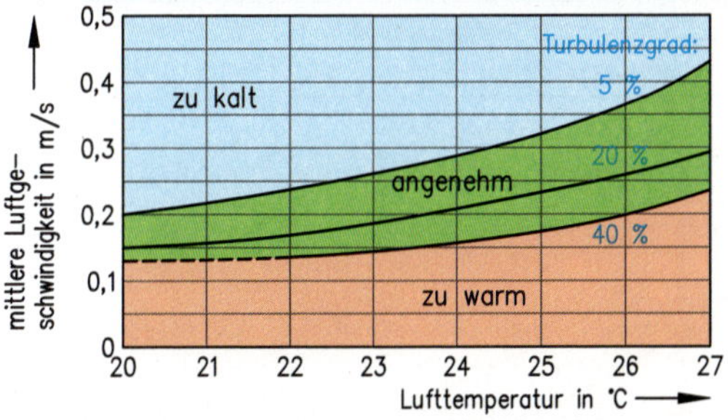

Voraussetzungen:

- Die Werte gelten für Aktivitätsstufe I und einen Wärmedurchlasswiderstand der Kleidung von etwa 0,12 m² · K/W.
- Die Kurve für 40 % gilt auch für Turbulenzgrade > 40 %.
- Die Luftgeschwindigkeit ist in Höhe 0,1 m; 1,1 m und 1,7 m über dem Fußboden zu messen.
- Ohne Messung wird der Turbulenzgrad mit 40 % angesetzt.
- Eine minimale Luftbewegung ist für den notwendigen konvektiven Wärme- und Stofftransport erforderlich.
- Die Zuluft soll Außenluftqualität aufweisen, sofern die Außenluft nicht durch außergewöhnliche Belastungen verunreinigt ist.

297.3 CO_2-Konzentration in Abhängigkeit von der Zeit

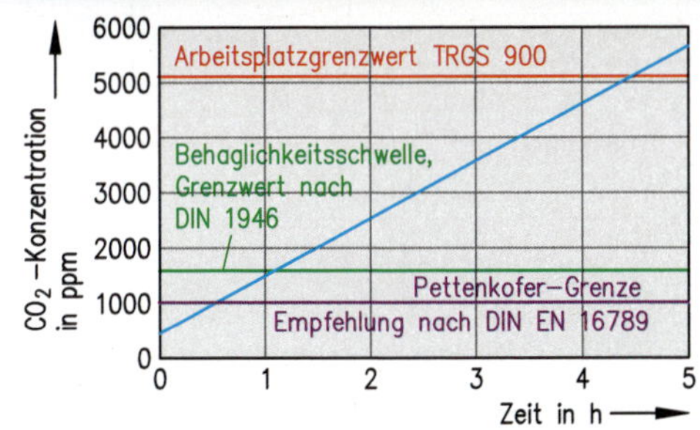

Fugendichter Raum 30 m³ mit zwei Personen

297.4 Verunreinigungsquelle/Gerüche

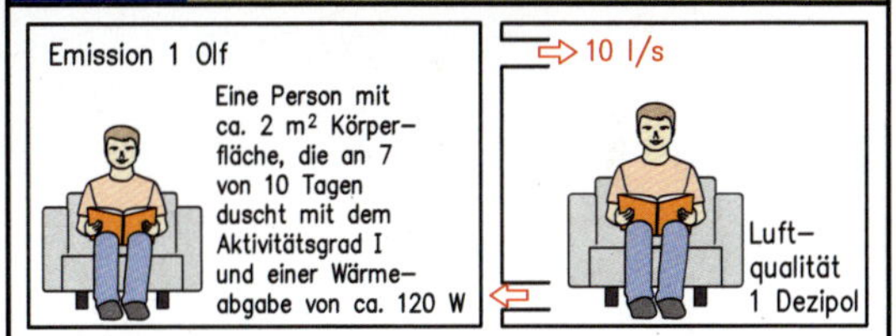

Geruchsquelle:
1 Olf = Maßeinheit für die Stärke einer Geruchsquelle

(**Olf**action = Geruchsabgabe)

Geruchsempfänger:
1 Dezipol = Maßeinheit für den empfangenen Geruch = 1 Olf bei 10 l/s Luftrate
(**Pol**lution = Luftverunreinigung)

297.5 Temperaturen raumumschließender Oberflächen

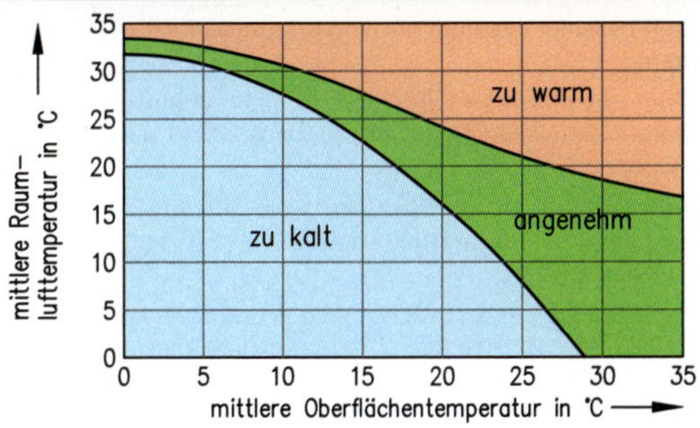

Im Allgemeinen wird ein Raum als behaglich empfunden, wenn die Differenz zwischen:

- Wandoberflächentemperatur und Raumluft weniger als 4 °C,
- Fuß- bis Kopfhöhe weniger als 3 °C,
- Temperaturen verschiedener Raumflächen (Strahlungsasymmetrie) weniger als 5 °C betragen.

298.1 Wärmeabgabe je Person in Abhängigkeit von der Tätigkeit DIN EN 13779 zurückgezogen

Tätigkeit/Aktivität	sensible Wärme	Gesamtwärme	
	in W/Person	in W/Person	in met
zurückgelehnt sitzend	55	80	0,8
entspannt sitzend	70	100	1,0
sitzende Tätigkeit (Büro,Schule, Labor)	75	125	1,2
stehend, leichte Tätigkeit (Einkaufen, Labor, Leichtindustrie)	85	170	1,6
stehend, mittelschwere Tätigkeit (Laborgehilfe, Maschinenarbeit)	105	210	2,0
gehend bei etwa 5 km/h	120	360	3,4

Die Körperfläche des Menschen wurde mit 1,8 m² zugrunde gelegt, Umgebungstemperatur 20 °C, Metabolic Rate = Ruheenergieumsatz einer Person 1 met = 58 W/m² Körperoberfläche

298.2 Bekleidung DIN EN ISO 7730: 2006-05

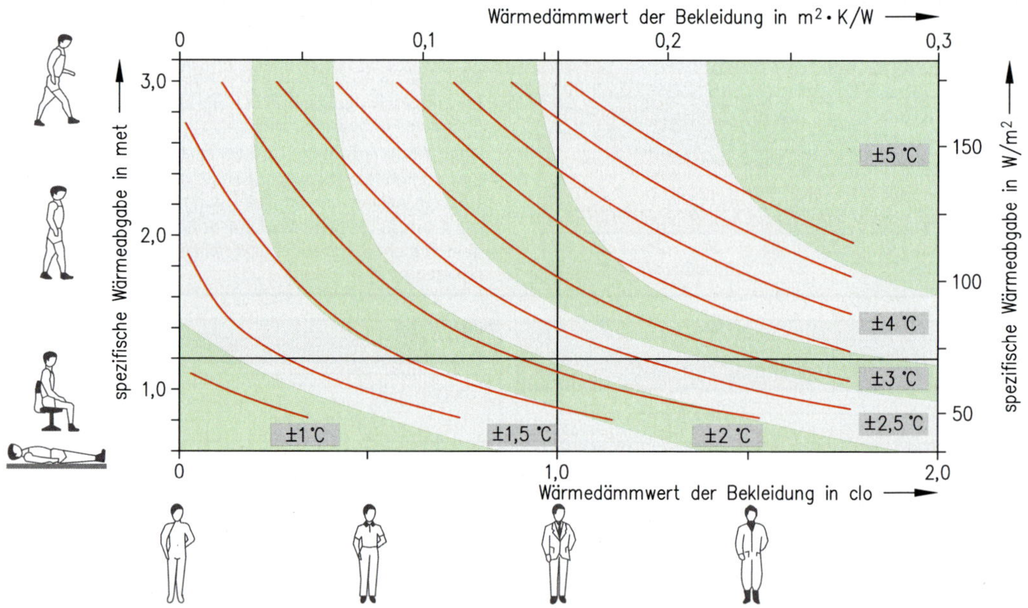

Optimale Raumtemperatur in Abhängigkeit von Aktivität und Bekleidung. Die rot schraffierten Bereiche geben die zulässige Abweichung von der optimalen Raumtemperatur an.

298.3 Absolute Feuchte von Luft in Abhängigkeit von der Temperatur

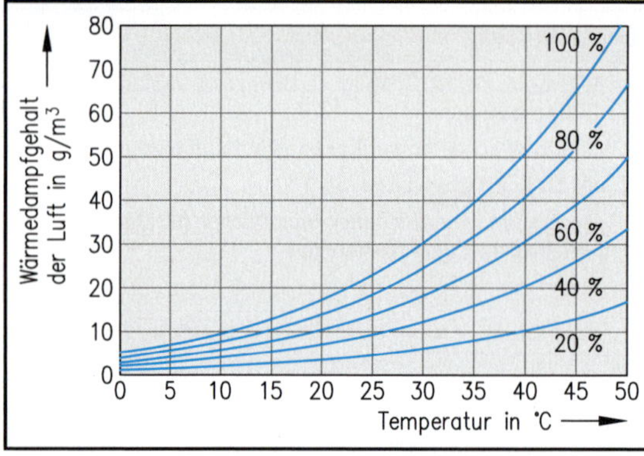

- Die absolute Luftfeuchtigkeit ist der Gehalt an Wasserdampf.
- Die oberste Kurve (100 %) zeigt, wie viel Wasserdampf die Luft bei einer bestimmten Temperatur maximal enthalten kann.
- Wenn die maximale Luftfeuchte erreicht ist und weiterer Wasserdampf zugeführt wird, kondensiert ein Teil des Wassers.
- Kondensation tritt auch auf, wenn die Luft abgekühlt wird und hierdurch die maximale Feuchte unter die tatsächliche Luftfeuchte fällt.
- Die absolute Luftfeuchtigkeit wird in Gramm Wasserdampf je Kubikmeter oder Kilogramm trockene Luft angegeben.

299.1 Relative Feuchte von Luft in Abhängigkeit von der Temperatur

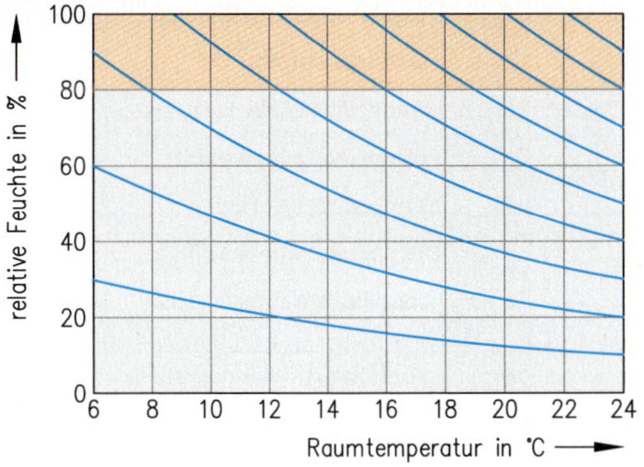

- Sobald 100 % Luftfeuchtigkeit erreicht werden, tritt Kondensation ein.
- Der rötlich gefärbte obere Bereich zeigt die (grob abgeschätzte) Gefahr von Schimmelbildung an Außenwänden durch Kondensation.
- Raumluft mit 24 °C und 60 % Luftfeuchtigkeit kann ab einer Wandoberflächentemperatur von weniger als 19 °C kondensieren.
- Für das menschliche Wohlbefinden ist in erster Linie die relative Luftfeuchtigkeit relevant.

299.2 Relative Feuchte von Luft in Wohnräumen

Raum	optimale Temperatur	optimale Luftfeuchtigkeit
Wohnzimmer	20–23 °C	40–60 %
Schlafzimmer	17–20 °C	40–60 %
Kinderzimmer	20–23 °C	40–60 %
Küche	18–20 °C	50–60 %
Badezimmer	20–23 °C	40–70 %
Flur	15–18 °C	40–60 %
Keller	10–15 °C	50–65 %

- Das gesündeste Raumklima herrscht bei 50 % relativer Luftfeuchte und 20 °C Raumtemperatur.
- Die relative Raumluftfeuchte sollte nicht unter 30 % fallen.
- Bei mehr als 80 % Luftfeuchtigkeit im Raum über einen längeren Zeitraum führt das unvermeidlich zur Entstehung von Schimmel.
- Sowohl eine dauerhaft zu hohe als auch zu niedrige Raumluftfeuchtigkeit wirken sich schädlich auf die Gesundheit aus.

299.3 Taupunkt in Abhängigkeit von der relativen Luftfeuchte

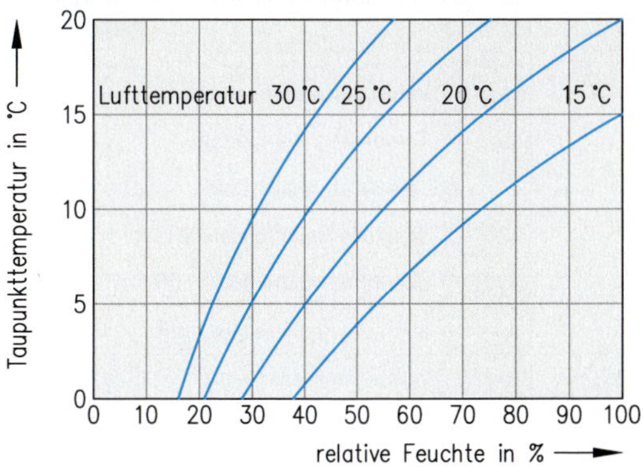

- Für höhere Lufttemperaturen ergibt sich ein höherer Taupunkt, da die absolute Luftfeuchte höher ist.
- Von schwülem Wetter spricht man, wenn der Taupunkt oberhalb von 16 °C liegt. Dies entspricht zum Beispiel bei 20 °C einer relativen Luftfeuchtigkeit von mehr als 79 % oder bei 25 °C von mehr als 59 %.
- Wenn in Innenräumen zusätzlich Feuchtigkeit an die Luft abgegeben wird, empfindet man natürlich entsprechend früher eine Schwüle.

299.4 Luftfeuchte

$$\varphi = \frac{x}{x_S} \cdot 100\,\%$$

φ	relative Feuchte	in %
x	absolute Feuchte	in g/kg
x_S	maximale Feuchte	in g/kg

300.1 Zustandsänderung feuchter Luft mit dem Mollier-*h*-*x*-Diagramm

Lufterwärmung 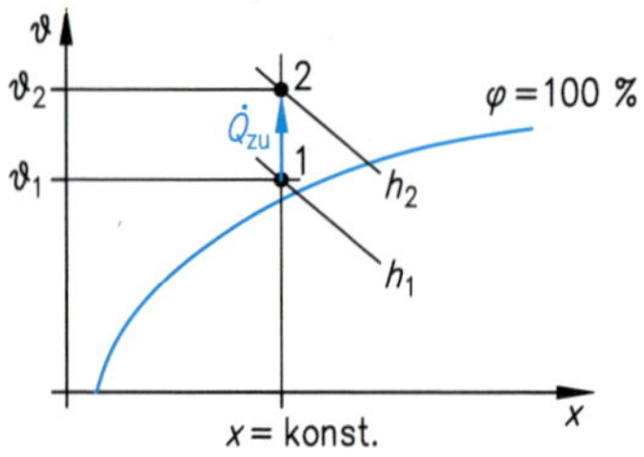	$\dot Q_{zu} = \dot m_L \cdot (h_2 - h_1)$	$\dot Q_{zu}$	zugeführte Wärmeleistung	in W; kW
		$\dot m_L$	Luftmassenstrom	in kg/s
	$\dot m_L = \frac{\dot Q_{zu}}{(h_2 - h_1)}$	h_1	Wärmeinhalt kalte Luft	in kJ/kg
		h_2	Wärmeinhalt warme Luft	in kJ/kg
		ϑ_1	Temperatur kalte Luft	in °C
	$\dot Q_{zu} = \dot m_L \cdot c_L \cdot (\vartheta_2 - \vartheta_1)$	ϑ_2	Temperatur warme Luft	in °C
		c_L	spezifische Wärmekapazität	= 1,0 kJ/(kg · K)
Luftkühlung ohne Entfeuchtung ($\vartheta_K > \vartheta_{TP}$) 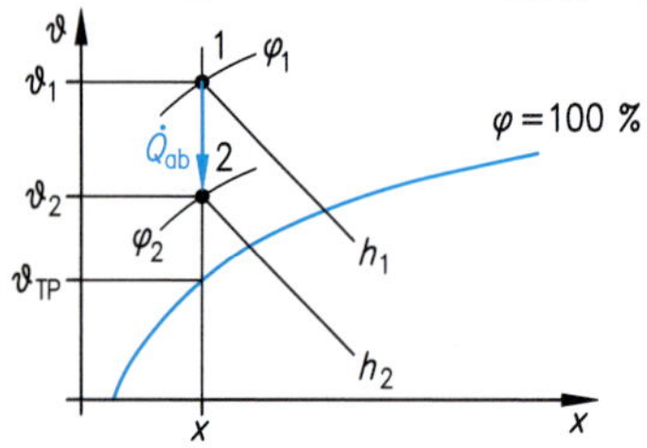	$\dot Q_{ab} = \dot m_L \cdot (h_1 - h_2)$	$\dot Q_{ab}$	abzuführende Wärmeleistung	in W; kW
	$\dot m_L = \frac{\dot Q_{ab}}{(h_1 - h_2)}$	$\dot m_L$	Luftmassenstrom	in kg/s
		h_1	Wärmeinhalt warme Luft	in kJ/kg
		h_2	Wärmeinhalt kalte Luft	in kJ/kg
Luftkühlung mit Entfeuchtung($\vartheta_K < \vartheta_{TP}$) 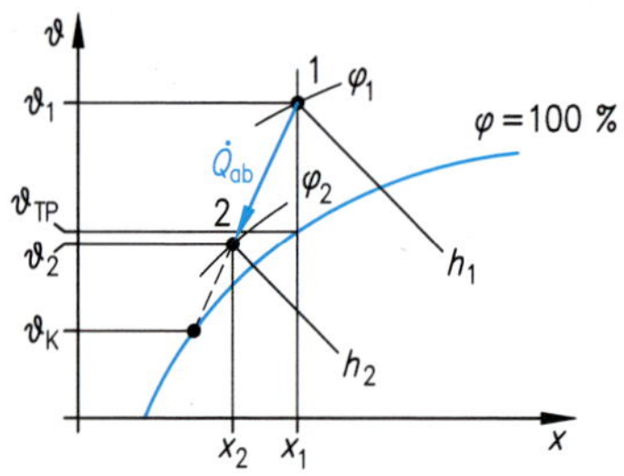	$\dot Q_{ab} = \dot m_L \cdot (h_1 - h_2)$	$\dot Q_{ab}$	abzuführende Wärmeleistung	in W; kW
	$\dot m_L = \frac{\dot Q_{ab}}{(h_1 - h_2)}$	$\dot m_L$	Luftmassenstrom	in kg/s
		h_1	Wärmeinhalt warme Luft	in kJ/kg
		h_2	Wärmeinhalt kalte Luft	in kJ/kg
	$\dot m_W = \dot m_L \cdot (x_1 - x_2)$	$\dot m_W$	ausgeschiedener Wassermassenstrom	in g/h
	Wasserausscheidung am Kühler, wenn sich die Luft an der Kühleroberfläche bis zur Taupunkttemperatur abkühlt.	$\dot m_L$	Luftmassenstrom	in kg/s
		x_1	absolute Feuchte warme Luft	in g/kg
		x_2	absolute Feuchte kalte Luft	in g/kg
Luftmischung 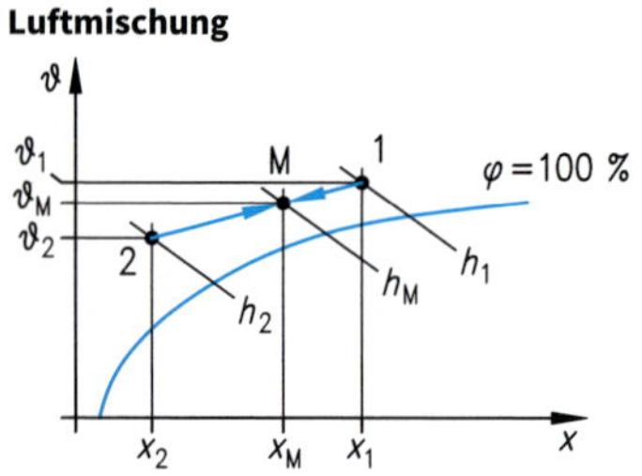	Temperatur Mischluft	ϑ_M	Mischungstemperatur	in °C
	$\vartheta_M = \frac{\dot m_{L1} \cdot \vartheta_1 + \dot m_{L2} \cdot \vartheta_2}{\dot m_{L1} + \dot m_{L2}}$	$\dot m_{L1}$	warmer Luftmassenstrom	in kg/s
		$\dot m_{L2}$	kalter Luftmassenstrom	in kg/s
	Feuchte Mischluft	ϑ_1	Temperatur warme Luft	in °C
	$x_m = \frac{\dot m_{L1} \cdot x_1 + \dot m_{L2} \cdot x_2}{\dot m_{L1} + \dot m_{L2}}$	ϑ_2	Temperatur kalte Luft	in °C
		x_1	absolute Feuchte warme Luft	in g/kg
		x_2	absolute Feuchte kalte Luft	in g/kg
		x_m	absolute Feuchte Mischluft	in g/kg
Luftbefeuchtung 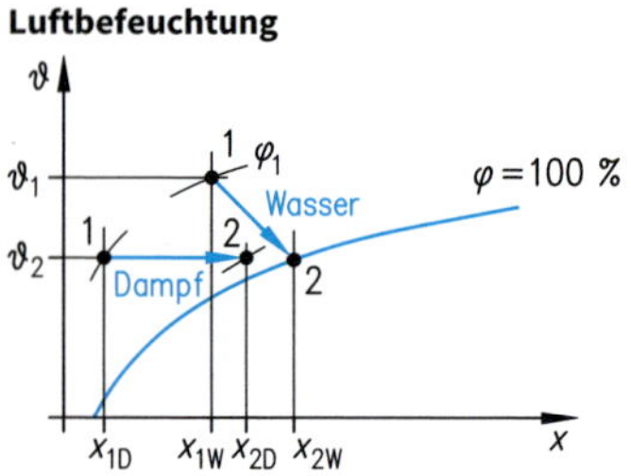	A: Befeuchtung mit Wasser	$\dot m_W$	Wassermassenstrom	in g/h
	$\dot m_W = \dot m_L \cdot (x_{2W} - x_{1W})$	$\dot m_L$	Luftmassenstrom	in kg/s
		x_{1W}	absolute Feuchte warme Luft	in g/kg
	h = konstant	x_{2W}	absolute Feuchte kalte Luft	in g/kg
	B: Befeuchtung mit Dampf	$\dot m_D$	Wasserdampfmassenstrom	in g/h
	$\dot m_D = \dot m_L \cdot (x_{2D} - x_{1D})$	$\dot m_L$	Luftmassenstrom	in kg/s
		x_{1D}	absolute Feuchte Punkt 1	in g/kg
	ϑ = konstant	x_{2D}	absolute Feuchte Punkt 2	in g/kg

301.1 Mollier-*h*-*x*-Diagramm – für feuchte Luft bei Normalluftdruck 1 013 mbar

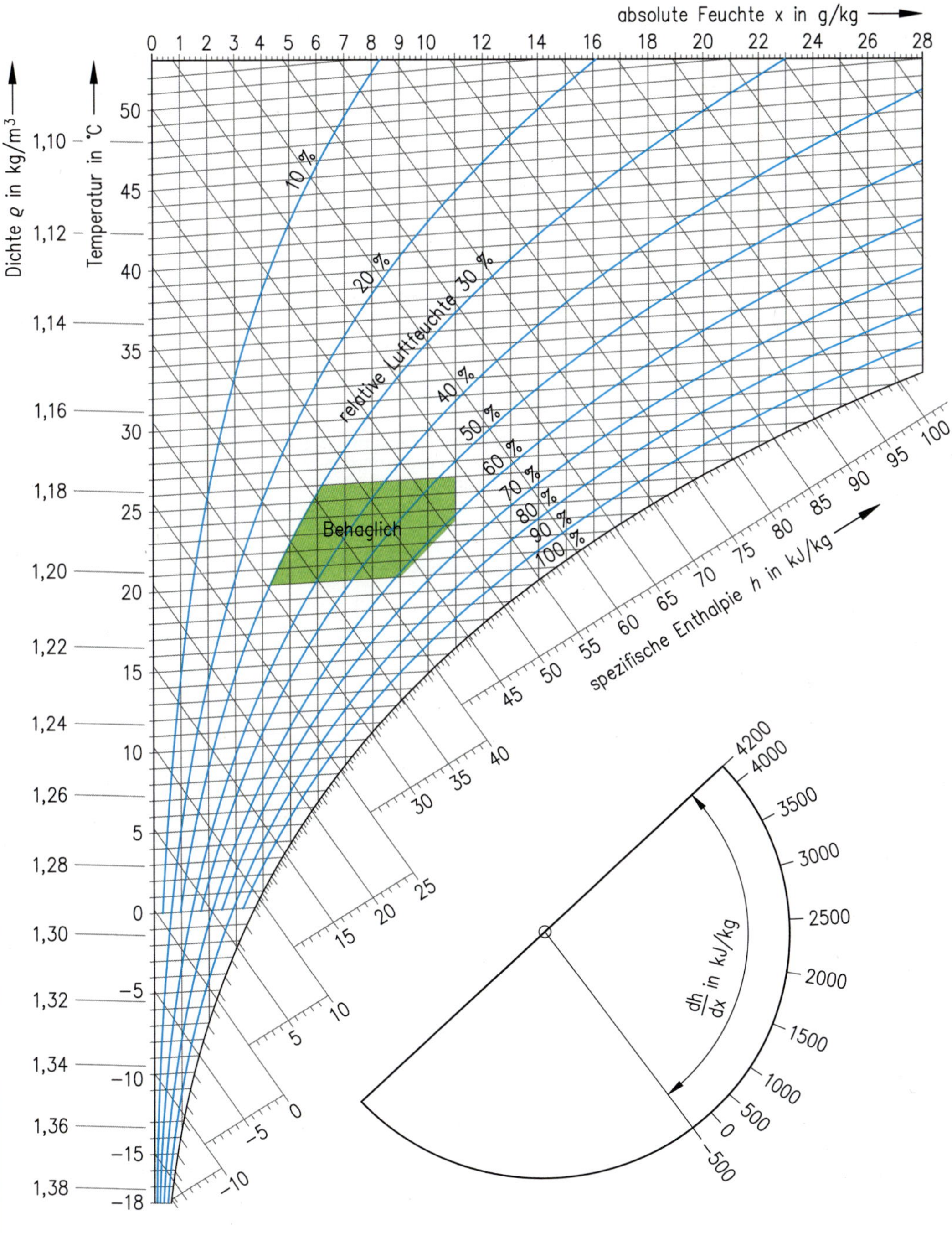

302.1 Ablaufschema Lüftungskonzept von Wohnungen **DIN 1946-6: 2019-12**

- Für die Nutzung von Wohnungen ist eine ausreichende Lüftung notwendig.
- Für zu modernisierende Gebäude mit lüftungstechnisch relevanten Änderungen oder für neu zu errichtende Gebäude ist ein Lüftungskonzept zu erstellen.
- Das Lüftungskonzept umfasst die Feststellung der Notwendigkeit von lüftungstechnischen Maßnahmen, einen Vorschlag für ein nutzerunabhängig wirksames Lüftungssystem sowie die Festlegung der ggf. notwendigen weiteren nutzerabhängigen Lüftungsmaßnahmen.
- Bauphysikalische, lüftungs- und gebäudetechnische Erfordernisse sowie auch Anforderungen der Hygiene sind zu beachten.
- Das Lüftungskonzept ist unter Beachtung der lüftungstechnischen Situation der gesamten Nutzungseinheit (NE) zu erstellen. Jede lüftungstechnische Maßnahme in einer Nutzungseinheit kann immer Auswirkungen auf alle anderen Räume der Nutzungseinheit haben.
- Die Luftdichtheit bzw. Luftdurchlässigkeit der Hüllkonstruktion der gesamten Nutzungseinheit ist zu beachten.
- Lüftungstechnisch relevante Veränderungen eines bestehenden Gebäudes sind beispielsweise eine Instandsetzung/Modernisierung eines bestehenden Gebäudes, wenn
  - in einer Nutzungseinheit im MFH oder EFH mehr als $\frac{1}{3}$ der vorhandenen Fenster ausgetauscht bzw.
  - bei einer Dachgeschosswohnung im MFH oder bei einem EFH mehr als $\frac{1}{3}$ der Dachfläche abgedichtet werden bzw.
  - Lüftungssysteme in Teilbereichen oder einzelnen Räumen nachgerüstet werden.

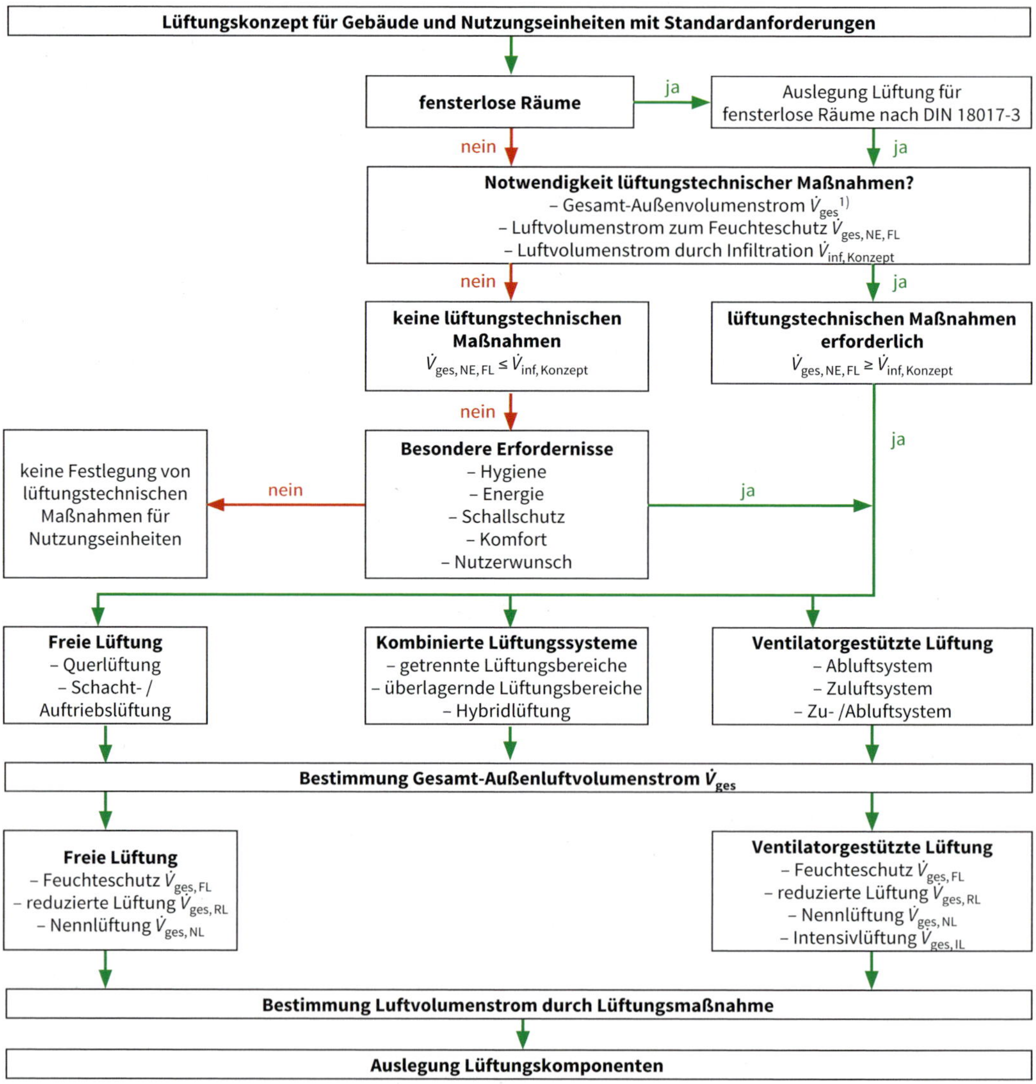

1) In DIN 1946-6 wird für Luftvolumenströme $\dot{V}$ das Formelzeichen q_V verwendet.

303.1 Kennzeichnung von Luftarten für die Wohnungslüftung — DIN 1946-6: 2019-12

Luftart	Symbol	Kennzeichnung	Farbe
Außenluft	AUL	AUL	grün
Zuluft	ZUL	ZUL	rot [1]
Abluft	ABL	ABL	gelb
Fortluft	FOL	FOL	braun

[1] einheitlich, unabhängig von der (den) Luftbehandlung(en)

303.2 Prinzip einer zentralen Wohnungslüftung mit Wärmerückgewinnung

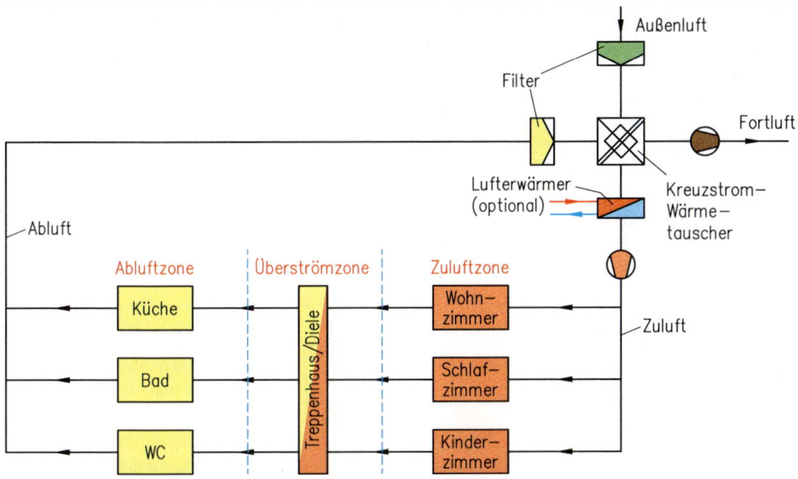

303.3 Darstellung und Kennzeichnung der Lüftungssysteme — DIN 1946-6: 2019-12

freie Lüftung, Querlüftung

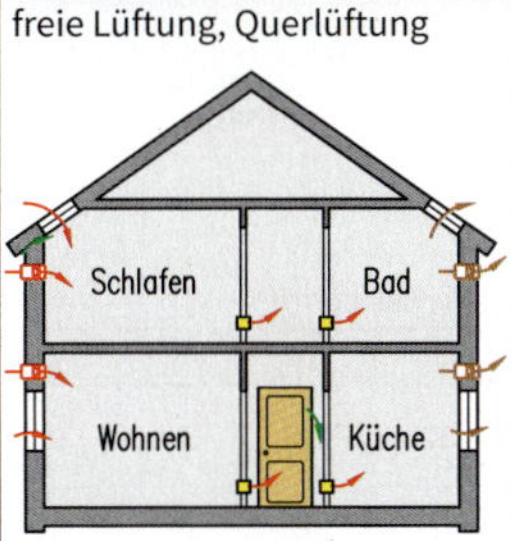

Wenn die Undichtheit der Gebäudehülle nicht ausreicht, sind Außenluftdurchlässe vorzusehen.

freie Lüftung, Schachtlüftung

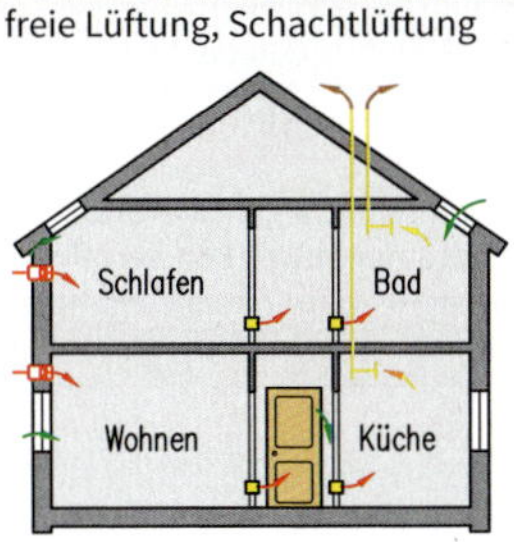

Abluftsystem, Einzelventilator

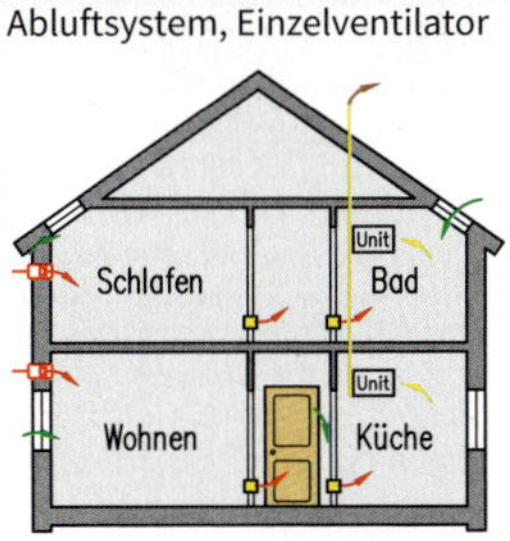

Das Abluftsystem mit Außenluftdurchlass entspricht der Entlüftungsanlage nach DIN 18017-3

Abluftsystem, Zentralventilator

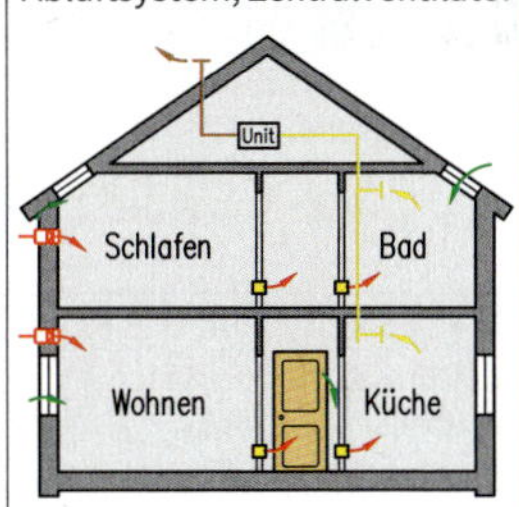

Zuluftsystem, Nutzungseinheit

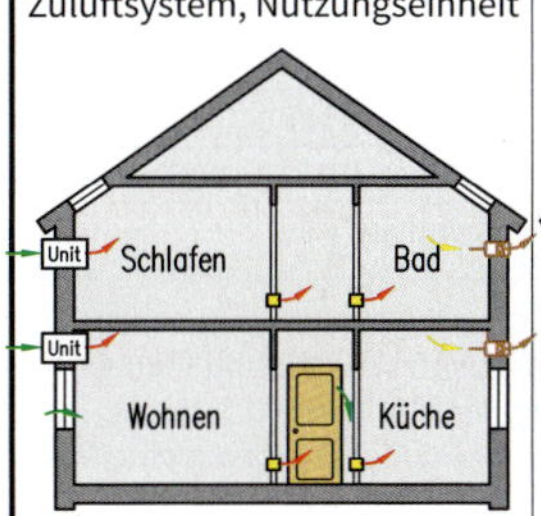

Zuluftsystem, Wohnraum

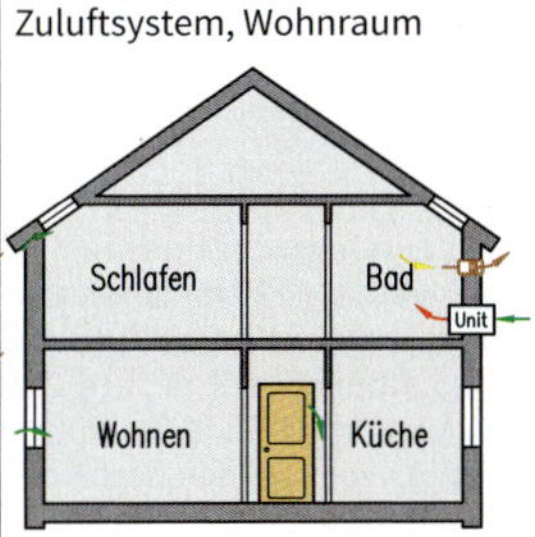

Zuluftsystem zentrale Anordnung

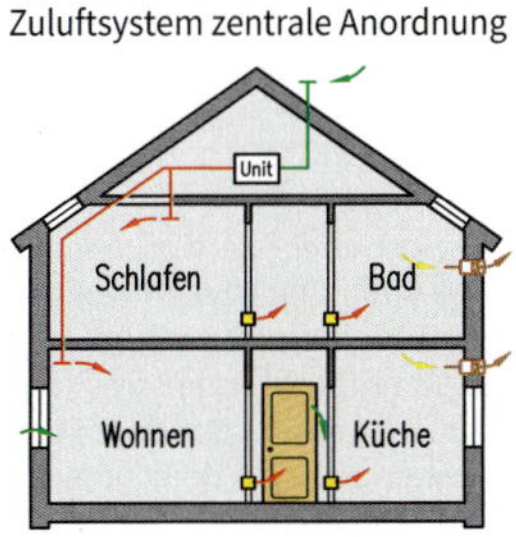

Zu- und Abluftsystem

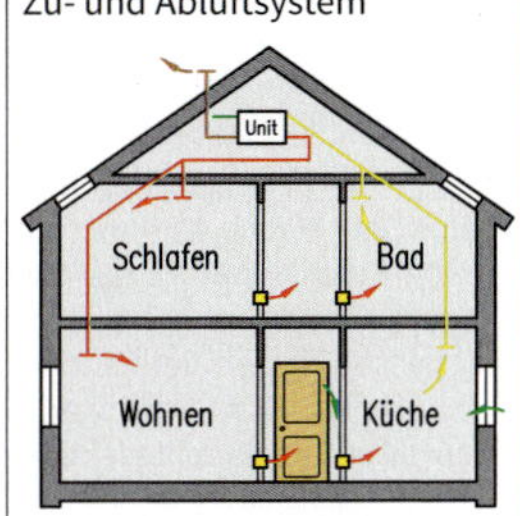

Wohnungslüftungsgerät mit Wärmerückgewinnung

Darstellung und Kennzeichnung der Lüftungssysteme Fortsetzung

Zu- und Abluftsystem Einzelraum	Kombination freie Lüftung und Abluftsystem	Kombination Abluftlösung und dezentrales Zu-/Abluftsystem	Kombination einheitszentrales und dezentrales Zu-/Abluftsystem

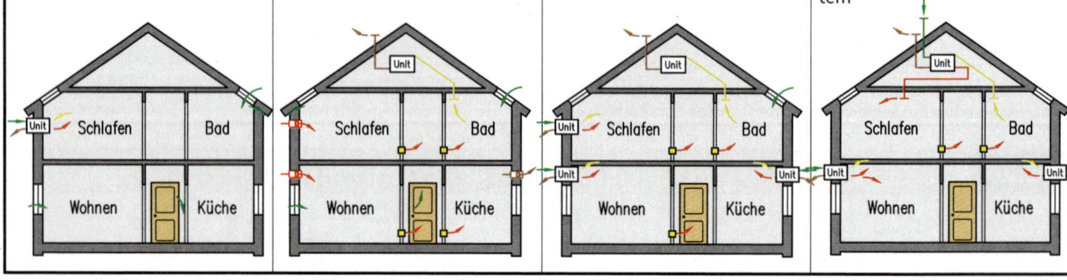

304.1 Bestimmung Außenluftvolumenströme für Nutzungseinheiten DIN 1946-6: 2019-12

Lüftungsart		Formel Wärmeschutz hoch	Formel Wärmeschutz gering	Einheit	Definition
Lüftung zum Feuchteschutz	geringe Belegung	$\dot{V}_{ges,FLg} = 0{,}2 \cdot \dot{V}_{ges,NL}$	$\dot{V}_{ges,FLg} = 0{,}3 \cdot \dot{V}_{ges,NL}$	m³/h	Notwendige Lüftung zur Sicherstellung des Bautenschutzes (Feuchte) bei zeitweiliger Abwesenheit der Nutzer und kein Wäschetrocknen
	hohe Belegung	$\dot{V}_{ges,FLh} = 0{,}3 \cdot \dot{V}_{ges,NL}$	$\dot{V}_{ges,FLh} = 0{,}4 \cdot \dot{V}_{ges,NL}$		
reduzierte Lüftung		$\dot{V}_{ges,RL} = 0{,}7 \cdot \dot{V}_{ges,NL}$		m³/h	Notwendige Lüftung zur Sicherstellung der gesundheitlichen Mindestanforderungen sowie des Bautenschutzes (Feuchte) bei reduzierter Anwesenheit der Nutzer oder geringerer Raumluftqualität
Nennlüftung		$\dot{V}_{ges,NL} = -0{,}002 \cdot A_{NE}^2 + 1{,}15 \cdot A_{NE} + 11$		m³/h	Notwendige Lüftung zur Sicherstellung der gesundheitlichen Anforderungen sowie des Bautenschutzes bei Anwesenheit aller Nutzer (Normalbetrieb)
Intensivlüftung		$\dot{V}_{ges,IL} = 1{,}3 \cdot \dot{V}_{ges,NL}$		m³/h	Zeitweilige Lüftung mit erhöhtem Luftvolumenstrom zum Abbau von Lastspitzen (Lastbetrieb)

304.2 Notwendige Außenluftvolumenströme für Nutzungseinheiten DIN 1946-6: 2019-12

Luftvolumenstrom für eine Nutzungseinheit

$$\dot{V}_{LtM,vg} = \dot{V}_{ges} - (\dot{V}_{Inf,wirk} + \dot{V}_{Fe,wirk})$$

$\dot{V}_{LtM,vg}$	Außenluftvolumen durch lüftungstechnische Maßnahmen (mit Ventilator)	in m³/h
$\dot{V}_{ges}$	Gesamtaußenvolumenstrom	in m³/h
$\dot{V}_{Inf,wirk}$	wirksamer Außenluftvolumen durch Infiltration	in m³/h
$\dot{V}_{Fe,wirk}$	wirksamer Außenluftvolumen durch Fensteröffnen (manuelle Fensterlüftung wird für die Auslegung nicht berücksichtigt)	in m³/h

Fläche der Nutzungseinheit A_{NE} 1) in m²		≤ 20	30	50	70	90	110	130	150	170	190	210
Lüftung zum Feuchteschutz Wärmeschutz hoch $\dot{V}_{ges,FLh}$ in m³/h	geringe Belegung 2)	k.A.	k.A.	15	15	20	25	25	30	30	30	35
	hohe Belegung	10	15	20	25	30	35	40	40	45	45	50
Lüftung zum Feuchteschutz Wärmeschutz gering $\dot{V}_{ges,FLg}$ in m³/h	geringe Belegung 2)	k.A.	k.A.	20	25	30	35	40	40	45	45	50
	hohe Belegung	15	20	25	35	40	45	50	55	60	65	65
Reduzierte Lüftung $\dot{V}_{ges,RL}$ in m³/h		25	30	45	55	70	80	90	95	105	110	115
Nennlüftung 3) $\dot{V}_{ges,NL}$ in m³/h 3)		35	45	65	80	100	115	125	140	150	155	165
Intensivlüftung $\dot{V}_{ges,IL}$ in m³/h		45	55	85	105	130	145	165	180	195	205	215

1) Beheizte Fläche A_{NE} innerhalb der Gebäudehülle, die im Rahmen des Lüftungskonzeptes zu berücksichtigen ist:
- bei Flächen der NE $A_{NE} < 20$ m² (je Wohnung bzw. Nutzungseinheit) wird $A_{NE} = 20$ m² gesetzt,
- bei Flächen der NE $A_{NE} > 210$ m² (je Wohnung bzw. Nutzungseinheit) sind die planmäßigen Außenluftvolumenströme anzupassen, indem der für 210 m² bestimmte Volumenstrom für die Nennlüftung um 4 m³/h je 10 m² zusätzliche Wohnfläche erhöht wird. Eine Verringerung der Luftvolumenströme mit größer werdender Fläche der Nutzungseinheit ist nicht zulässig.

2) Lüftung zum Feuchteschutz: Von einer geringen Belegung kann ausgegangen werden, wenn bei planmäßiger Nutzung eine Nutzungsfläche von ≥ 40 m²/Person vorhanden ist.

3) Nennlüftung: Eine aus Lüftungssicht planmäßig zulässige Personenzahl in einer Nutzungseinheit kann bestimmt werden, indem der für Nennlüftung angegebene Gesamt-Außenluftvolumenstrom durch ungefähr 30 m³/h je Person geteilt wird.

305.1 Luftvolumenstrom durch Infiltration DIN 1946-6: 2019-12

$\dot{V}_{Inf,wirk} = e_z \cdot V_{NE} \cdot n_{50}$

$V_{NE} = A_{NE} \cdot H_R$

$\dot{V}_{Inf,wirk}$	wirksamer Luftvolumenstrom durch Infiltration	in m³/h
e_z	Volumenstromkoeffizient für ventilatorgestützte Lüftung	
V_{NE}	Luftvolumen der Nutzungseinheit	in m³
n_{50}	Luftwechsel bei 50 Pa Differenzdruck	in h⁻¹
A_{NE}	Fläche der Nutzungseinheit	in m²
H_R	lichte Raumhöhe	in m

Volumenstromkoeffizient e_z für freie Lüftung, ventilatorgestützte Lüftung und für Entlüftungssysteme nach DIN 18017-3

Lüftungssystem			Volumenstrom-koeffizient e_z	Freie Lüftung		Volumenstrom-koeffizient e_z [2)]
Ventilatorgestützte Lüftung	Abluft-system	ohne raumluftabhängige Feuerstätte	0,21	eingeschossige Nutzungseinheit	windstark	0,085
		mit raumluftabhängiger Feuerstätte[1)]	0,17		windschwach	0,05
	Zuluftsystem		0,17	mehrgeschossige Nutzungseinheit	windstark	0,09
	Zu-/Abluftsystem		Nicht benötigt		windschwach	0,06
Entlüftungssystem Nach DIN 18017-3	ohne raumluftabhängige Feuerstätte		0,21	[2)] Werte gelten bei: normale Lage; mittlere Höhe Nutzungseinheit über Grund $H_{NE} \leq 15$ m; mehr als eine windausgesetzte Fassade;		
	mit raumluftabhängiger Feuerstätte		0,17			

[1)] Mit dem verminderten e_z wird sichergestellt, dass bei Betrieb kein größerer Unterdruck als 4 Pa auftritt.

Auslegungs-Luftwechsel $n_{50,Ausl}$ für Neubau und Modernisierung

Kategorie [1)]		
A	B	C
ventilatorgestützte Lüftung in Einfamilienhaus (EFH) und Mehrfamilienhaus (MFH)	freie Lüftung bei ab 2002 errichteten Gebäuden in EFH und MFH sowie bei Modernisierung in MFH	freie Lüftung bei Modernisierung in EFH vor 2002 errichtet
1,0	1,5	2,0

[1)] Der mittlere Gebäudebestand wird mit einem $n_{50,Ausl}$ von 4,5 h⁻¹ beschrieben.

305.2 Raumweise Luftvolumenströme ventilatorgestützte Lüftung DIN 1946-6: 2019-12

Zuluftvolumenstrom eines Raumes

$$\dot{V}_{LtM,R,zu} = \frac{f_{R,zu}}{\sum f_{R,zu}} \cdot \dot{V}_{LtM\,vg,NL}$$

$\dot{V}_{LtM,R,zu}$	Zuluftvolumenstrom für den einzelnen Raum	in m³/h
$f_{R,zu}$	Faktor zur planmäßigen Aufteilung der Zuluftvolumenströme	
$\dot{V}_{LtM\,vg,NL}$	Zuluftvolumenstrom für Nutzungseinheit, Nennlüftung	in m³/h
$\sum f_{R,zu}$	Summe der Faktoren zur Aufteilung der Zuluftvolumenströme	

Abluftvolumenstrom eines Raumes

$$\dot{V}_{LtM,R,ab} = \frac{\dot{V}_{ges,R,ab,NL}}{\sum \dot{V}_{ges,R,ab,NL}} = \dot{V}_{LtM,vg,NL}$$

$\dot{V}_{LtM,R,ab}$	Abluftvolumenstrom für den Abluftraum	in m³/h
$\dot{V}_{ges,R,ab,NL}$	Abluftvolumenstrom für Abluftraum bei Nennlüftung	in m³/h
$\dot{V}_{LtM,vg,NL}$	Abluftvolumenstrom für Nutzungseinheit bei Nennlüftung	in m³/h
$\sum \dot{V}_{ges,R,ab,NL}$	Summe Abluftvolumenströme der Ablufträume bei Nennlüftung	in m³/h

305.3 Faktor zur planmäßigen Aufteilung der Zuluftvolumenströme DIN 1946-6: 2019-12

Raum	Faktor $f_{R,zu}$ der Zuluftströme
Wohnzimmer	3 (± 0,5)
Schlaf- und Kinderzimmer	2 (± 1,0)
Ess-, Arbeits- und Gästezimmer	1,5 (± 0,5)

305.4 Gesamt-Abluftvolumenströme $\dot{V}_{ges,R,ab}$ bei ventilatorgestützter Lüftung für einzelne Räume DIN 1946-6: 2019-12

Raum	Nennlüftung in m³/h
Hausarbeitsraum, Hobbyraum (beheizt), WC	20
Küche, Kochnische, Bad mit/ohne WC, Duschraum	40
Sauna bzw. Fitnessraum	40

306.1 Überschlägige Auslegung von Luftleitung — DIN 1946-6: 2019-12

Für Luftgeschwindigkeit ≤ 3,0 m/s	Für Luftgeschwindigkeit ≤ 5,0 m/s
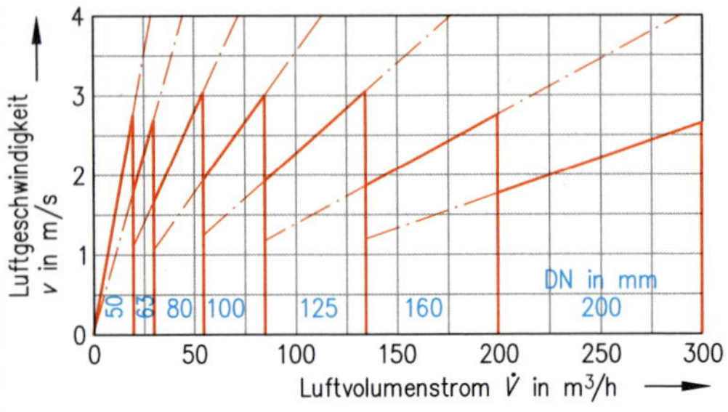	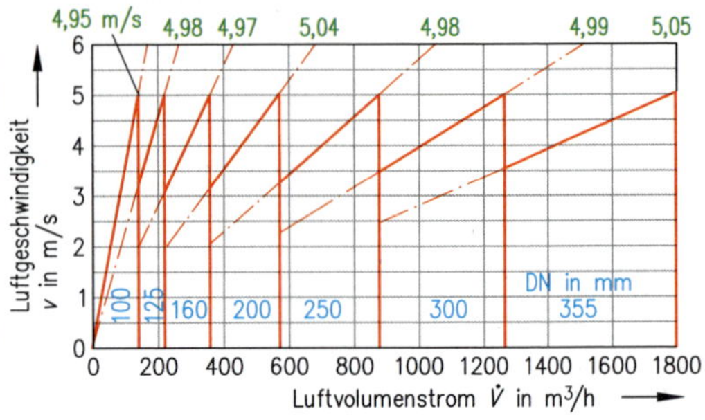

- Die Auslegung der Luftleitungen muss für die Nennlüftung erfolgen.
- Der in den Luftleitungen verursachte Druckverlust muss am Betriebspunkt für die Nennlüftung vom Förderdruck des Ventilators kompensiert werden.
- Dies gilt auch, wenn bei Zuluftsystemen die Abluft bzw. Fortluft über eine Luftleitung ins Freie geführt wird.

306.2 Mindestdämmdicken von Luftleitungen — DIN 1946-6: 2019-12

Luftart und Temperatur der Luft in der Leitung	Innerhalb unbeheizter Gebäudeteile			Innerhalb der thermischen Hülle
	≤ 0 °C (z. B. ungedämmter Dachraum)	**> 0 °C bis ≤ 14 °C** (z. B. gedämmter Dachraum, Keller)	**> 14 °C bis ≤ 18 °C** (z. B. Keller mit Abwärme von Heizungsinstallation)	**> 18 °C**
	Dämmdicke (λ = 0,038 W/(m · K)) in mm			
Außenluft	≥ 20	≥ 20	≥ 32	≥ 50
Zuluft < 20 °C mit WRG ohne Feuchterückgewinnung	≥ 50	≥ 50	≥ 20	0
Zuluft < 20 °C mit WRG mit Feuchterückgewinnung	≥ 80	≥ 50	≥ 20	0
Zuluft ≥ 20 °C, z. B. Abluft-WP, Luftheizung	nicht zulässig	≥ 80	≥ 80	≥ 50
Abluft mit WRG und/oder Abluft-WP	≥ 80	≥ 50	≥ 20	0
Fortluft mit WRG und/oder Abluft-WP	≥ 20	≥ 20	≥ 32	≥ 50

306.3 Verlegungsbeispiele von Luftleitungen

Rundrohrverlegung in der Betondecke	Ovalrohrverlegung auf der Rohdecke	Ovalrohrverlegung im Holzrahmenbau	Mehrleitungsanschluss bei großen Volumenströmen
			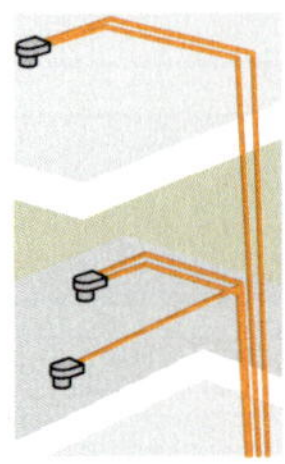 Volumenstromregulierung über Tellerventile

307.1 Anforderungen für Außen-/Zuluft- und Abluftfilter — DIN 1946-6: 2019-12

Die Anforderungen an die Zuluftqualität („G“ oder „H“) sind zwischen den Projektbeteiligten zu vereinbaren, zu dokumentieren und von der Fachfirma zu bestätigen.

Art der Filterung	Ohne Filter	Grundanforderungen mit Filter		Hygieneanforderungen mit Filter (empfohlen)	
Bezeichnung Zuluftqualität	O	G		H	
		Außen-/Zuluft	Abluft	Außen-/Zuluft	Abluft
freie Lüftung	keine Anforderung	–	–	–	–
Abluftsystem	keine Anforderung	ISO Coarse ≥ 45 % [1]	ISO Coarse ≥ 30 % [1]	ISO ePM1 ≥ 50 % [1]	ISO Coarse ≥ 30 % [1]
Zuluftsystem	nicht zulässig	ISO Coarse ≥ 45 % [1]	keine Anforderung	ISO ePM1 ≥ 50 % [1]	keine Anforderung
Zu-/Abluftsystem	nicht zulässig	ISO Coarse ≥ 45 % [1]	ISO Coarse ≥ 30 % [1]	ISO ePM1 ≥ 50 % [1]	ISO Coarse ≥ 30 % [1]

[1] Anforderungen nach DIN EN ISO 16890

307.2 Lüftung von Bädern und Toiletten ohne Außenfenster — DIN 18017-3: 2022-05

Steuerung/Regelung	Mindest-Abluftvolumenströme $\dot{V}$ in m³/h Bad (mit/ohne WC)	Toilettenraum (WC)	Anmerkung
Zeitabhängig (mit Dauerbetrieb; 100/50 % – 12 h/d)	40/20	20/10	Abluftvolumenstrom darf in Zeiten geringen Luftbedarfs, jedoch nicht mehr als 12 Stunden/Tag, um die Hälfte reduziert werden.
Bedarfsabhängig (mit Dauerbetrieb)	40–15	20–7,5	Abluftvolumenstrom muss mit einem geeigneten Raumluftsensor nach Bedarf zwischen Nutzung und mindestens Volumenstrom 15 m³/h (Toilettenräume mindestens 7,5 m³/h) gesteuert werden.
Präsenzgeführt (mit Nachlauf)	60/0	30/0	Abluftvolumenstrom muss während der Nutzung abgeführt werden und darf in Zeiten geringeren Luftbedarfs auf 0 m³/h (Aus) reduziert werden. Voraussetzungen dafür sind: • Normale Nutzung, ohne zusätzliche Wäschetrocknung (geringer Feuchteanfall) und • Gebäude mit einem Wärmeschutzstandard ab WschV' 1995 und • Abführung von mindestens 15 m³ (Bad) bzw. von 7,5 m³ (WC) nach jedem Ausschalten
Präsenzgeführt (mit Dauerbetrieb)	60/15	30/7,5	Abluftvolumenstrom muss während der Nutzung abgeführt werden und darf in Zeiten geringeren Luftbedarfs reduziert werden: • Dauernd auf 15 m³/h (Bäder) bzw. 7,5 m³/h (WC) oder • Im regelmäßigen Intervallbetrieb als Mittelwert über 24 h ohne Berücksichtigung einer Nutzung auf 15 m³/h (Bäder) bzw. 7,5 m³/h (WC). Bei Intervallbetrieb darf das Lüftungssystem nicht länger als jeweils eine Stunde ausgeschaltet sein.

Einzelentlüftungsanlage mit eigenen Abluftleitungen — Einzelentlüftungsanlage mit gemeinsamer Abluftleitung — Zentralentlüftungsanlage mit nur gemeinsam veränderlichem Volumenstrom — Zentralentlüftungsanlage mit wohnungsweise veränderlichem Volumenstrom

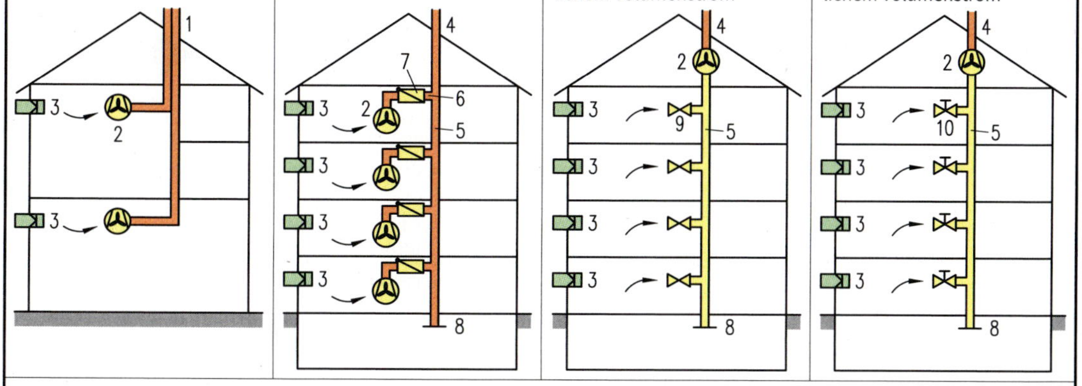

1 Abluftleitung; 2 Ventilator; 3 Außenluftdurchlass; 4 Ausblasleitung; 5 gemeinsame Abluftleitung; 6 Anschlussleitung; 7 Rückschlagklappe; 8 Reinigungsverschluss; 9 Ventil mit gleicher betrieblicher unveränderlicher Kennlinie; 10 Ventil mit verstellbarer Kennlinie

6 Klimatechnik

308.1 Freie Mindestfläche von Überströmluftdurchlässen bei freier Lüftung

DIN 1946-6: 2019-12

Überström-Luftvolumenstrom $\dot{V}_{ÜLD}$ in m³/h		10	20	30	40	50	60	70	80	90	100
Türen mit Dichtung seitlich und oben	freie Mindestfläche $A_{ÜLD}$ in cm²	44	88	132	175	219	263	307	351	395	438
Türen ohne Dichtung		19	63	107	150	194	238	282	336	370	413

308.2 Freie Mindestfläche von Überströmluftdurchlässen bei ventilatorgestützter Lüftung

DIN 18017-3: 2022-5

- Der Auslegungs-Differenzdruck darf nicht mehr als 1,5 Pa betragen.
- Liegen keine Angaben vom Hersteller vor, sollte die freie Fläche des Überström-Luftdurchlasses (ÜLD) bis zu einem Abluftvolumenstrom von höchstens 60 m³/h mindestens 150 cm² (125 cm² bei Türen ohne Dichtung) betragen.
- Überström-Luftdurchlässe sollten in Bädern oben, im Bereich der Türen bzw. der Wände angeordnet werden.

Überström-Luftvolumenstrom $\dot{V}_{ÜLD}$ in m³/h	10	20	30	40	50	60	70	80	90	100	110	120
Freie Mindestfläche $A_{ÜLD}$ in cm² bei Türen mit Dichtung seitlich und oben	25	50	75	100	125	150	175	200	225	250	275	300
Freie Mindestfläche $A_{ÜLD}$ in cm² bei Türen ohne Dichtung	0	25	50	75	100	125	150	175	200	225	250	270

308.3 Lüftung von Nichtwohngebäuden

DIN EN 16798-3: 2017-11

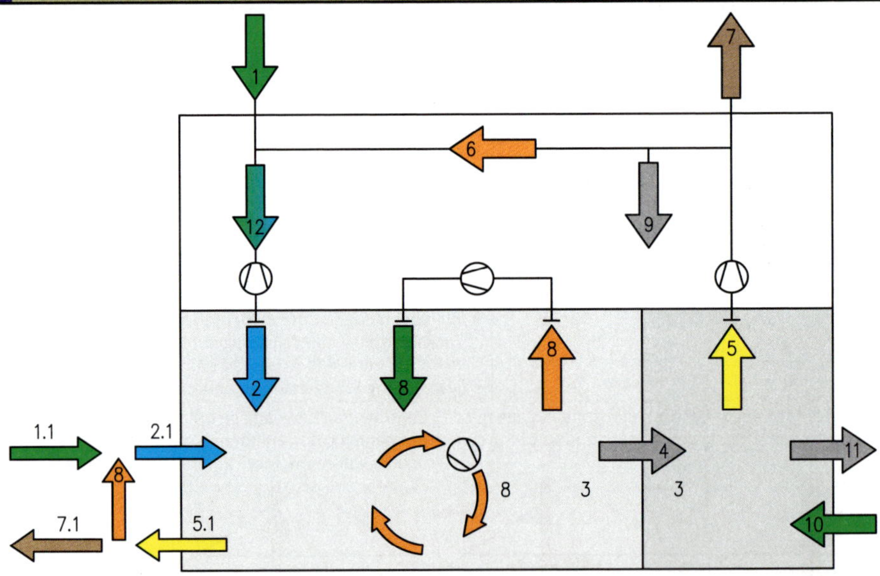

Nummer	Luftart	Abkürzung	Farbe	Definition
1	Außenluft (outdoor air)	ODA	Grün	unbehandelte Luft, die von außen in die Anlage oder in eine Öffnung einströmt
2	Zuluft (supply air)	SUP	Blau	Luftstrom, der in den behandelten Raum eintritt, oder Luft, die in die Anlage eintritt, nachdem sie behandelt wurde
3	Raumluft (indoor air)	IDA	Grau	Luft im behandelten Raum oder Bereich
4	Überströmluft (transferred air)	TRA	Grau	Raumluft, die vom behandelten Raum in einen anderen behandelten Raum strömt
5	Abluft (extract air)	ETA	Gelb	Luftstrom, der den behandelten Raum verlässt und in die Luftbehandlungsanlage strömt

Nummer	Luftart	Abkürzung	Farbe	Definition
6	Umluft (recirculation air)	RCA	Orange	Abluft, die der Luftbehandlungsanlage wieder zugeführt wird und als Zuluft wiederverwertet wird
7	Fortluft (exhaust air)	EHA	Braun	Luftstrom, der die Abluftbehandlungsanlage verlässt und ins Freie strömt
8	Sekundärluft (secondary air)	SEC	Orange	Luftstrom, der einem Raum entnommen und nach Behandlung demselben Raum wieder zugeführt wird; Anmerkung: Induzierte Luft in einem Induktionsgerät wird als Sekundärluft betrachtet.
9	Leckluft (leakage)	LEA	Grau	unbeabsichtigter Luftstrom durch undichte Stellen der Anlage
10	Infiltration (infiltration)	INF	Grün	Lufteintritt in das Gebäude über Undichtheiten in der Gebäudehülle, unbeabsichtigte Luft von draußen
11	Exfiltration (exfiltration)	EXF	Grau	Luftaustritt aus dem Gebäude über Undichtheiten in der Gebäudehülle, unbeabsichtigt an die Außenluft
12	Mischluft (mixed air)	MIA	Luftströme mit verschiedenen Farben	Luft, die zwei oder mehr Luftströme enthält
1.1	Außenluft Einzelraum (single room outdoor air)	SRO	Grün	unbehandelte Luft, die von außen in das Einzelraum-Luftbehandlungsgerät oder eine Öffnung eines Einzelraums einströmt
2.1	Zuluft Einzelraum (single room supply air)	SRS	Blau	Luftstrom, der in den behandelten Raum eintritt
5.1	Abluft Einzelraum (single room extract air)	SET	Gelb	Luftstrom, der den behandelten Raum verlässt und in ein Einzelraum-Luftbehandlungsgerät einströmt
7.1	Fortluft Einzelraum (single room exhaust air)	SEH	Braun	Luftstrom der aus einem Einzelraum Luftbehandlungsgerät ins Freie strömt

309.1 Kategorien für die Innenraumqualität DIN EN 16798-1: 2022-03

Kategorie	Maß an Erwartungen
IEQ_{I}	hoch
IEQ_{II}	mittel
IEQ_{III}	moderat
IEQ_{IV}	niedrig

309.2 Verfahren zur Bestimmung der Raumluftqualität DIN EN 16798-1: 2022-03

Verfahren	Auslegungsparameter
1	auf Grundlage der wahrgenommenen Luftqualität
2	unter Einhaltung von Grenzwerten der Stoffkonzentration
3	auf Grundlage vorgegebener Luftvolumenströme

309.3 Gesamt-Außenluftvolumenstrom nach Verfahren 1 DIN EN 16798-1: 2022-03

$$\dot{V}_{tot} = n \cdot \dot{V}_p \cdot AR \cdot \dot{V}_B$$

$\dot{V}_{tot}$	Gesamt-Außenluftvolumenstrom für den Atembereich	in l/s
n	Auslegungswert für die Anzahl von Personen im Raum	
$\dot{V}_p$	Außenluftvolumenstrom für die Nutzung je Person	in l/(s · Person)
AR	Fußbodenfläche	in m²
$\dot{V}_B$	Außenluftvolumenstrom für Gebäudeemissionen	in l/(s · m²)

309.4 Auslegungs-Außenluftvolumenstrom DIN EN 16798-1: 2022-03

Kategorie	Außenluftvolumenstrom für unangepasste Personen[1] zur Verdünnung menschlicher Emissionen[2]		Außenluftvolumenstrom zur Verdünnung von Gebäudeemissionen $\dot{V}_B$ in l/(s · m²)		
	Vorausgesagter Prozentsatz Unzufriedener	$\dot{V}_p$ in l/(s · Person)	Sehr schadstoffarmes Gebäude	Schadstoffarmes Gebäude	Nicht schadstoffarmes Gebäude
IEQ_{I}	15	10	0,5	1,0	2,0
IEQ_{II}	20	7	0,35	0,7	1,4
IEQ_{III}	30	4	0,2	0,4	0,8
IEQ_{IV}	40	2,5	0,15	0,3	0,6

[1] Gesamtlüftungsrate für Gesundheitszwecke darf nie unter 4 l/s pro Person liegen. [2] biologische Ausdünstungen

310.1 Gesamt-Außenluftvolumenstrom nach Verfahren 2 — DIN EN 16798-1: 2022-03

$$\dot{V}_h = \frac{G_h}{C_{h,i} - C_{h,o}} \cdot \frac{1}{\varepsilon_v}$$

$\dot{V}_h$	erforderlicher Außenluftvolumenstrom	in m^3/s
G_h [1]	Emission des Stoffs	in µg/s
$C_{h,i}$	Grenzwert für den Stoff	in $µg/m^3$
$C_{h,o}$	Konzentration des Stoffs in der Zuluft	in $µg/m^3$
ε_v [2]	Lüftungseffektivität	

[1] Standardwert $G_{h,CO_2} = 20$ l/(h · Person); [2] Bei Mischlüftung $\varepsilon_v = 1$

310.2 Standardauslegungswerte für die CO_2-Konzentration[1] — DIN EN 16798-1: 2022-03

Kategorie	CO_2-Konzentration in Außenluft für unangepasste Personen in ppm
IEQ_I	350[2]
IEQ_{II}	550[2]
IEQ_{III}	900[2]
IEQ_{IV}	1 350[2]

[1] oberhalb der Konzentration in Außenluft
[2] Personenbezogene CO_2-Emission von 20 l/(h je Person); 1 Person je 5 m^2 Grundfläche

310.3 Standardauslegungswerte für Außenluftvolumenströme[1] — DIN EN 16798-1: 2022-03

Kategorie	Gesamtwert des Auslegungs-Außenluftvolumenstroms für den Raum	
	in l/(s · Person)	in l/(s · m^2)
IEQ_I	20	2
IEQ_{II}	14	1,4
IEQ_{III}	8,0	0,8
IEQ_{IV}	5,5	0,55

[1] für ein Büro von 10 m^2 (unangepasste Person)

310.4 WHO-Richtwerte für Verunreinigungen in der Raumluft und der Außenluft

Verunreinigung	WHO-Leitlinien zur Raumluftqualität 2010	WHO-Leitlinien zur Luftqualität 2005
Kohlenstoffmonoxid	15-min-Mittelwert: 100 mg/m^3 1-h-Mittelwert: 35 mg/m^3 8-h-Mittelwert: 10 mg/m^3 24-h-Mittelwert: 7 mg/m^3	–
Formaldehyd	30-min-Mittelwert: 100 $µg/m^3$	–
Naphthalen	Jahresmittelwert: 10 $µg/m^3$	–
Stickstoffdioxid	1-h-Mittelwert: 200 $µg/m^3$ Jahresmittelwert: 20 $µg/m^3$	–
Radon	100 Bq/m^3 (mitunter 300 mg/m^3, länderspezifisch)	–
Trichlorethylen	kein sicherer Wert bestimmbar	–
Tetrachlorethylen	Jahresmittelwert: 250 $µg/m^3$	–
Schwefeldioxid	–	20-min-Mittelwert: 500 $µg/m^3$ 24-h-Mittelwert: 20 $µg/m^3$
Ozon	–	8-h-Mittelwert: 100 $µg/m^3$
Feinstaub PM 2,5	–	24-h-Mittelwert: 25 $µg/m^3$ Jahresmittelwert: 10 $µg/m^3$
Feinstaub PN 10	–	24-h-Mittelwert: 50 $µg/m^3$ Jahresmittelwert: 20 $µg/m^3$

310.5 Außenluftvolumenstrom nach Außenluftrate

$$\dot{V}_{AUL} = n \cdot AR$$

$\dot{V}_{AUL}$	Außenvolumenstrom	in m^3/h
n	Anzahl der Personen	
AR	Mindest-Außenluftrate	in m^3/(h · Person)

311.1 Klassifizierung der Außenluft

DIN EN 16798-3: 2017-11

Kategorie	Beschreibung
ODA 1	Außenluft, die nur zeitweise staubbelastet sein darf (z. B. Pollen)
ODA 2	Außenluft mit hoher Konzentration an Staub oder Feinstaub und/oder gasförmigen Verunreinigungen
ODA 3	Außenluft mit sehr hoher Konzentration an gasförmigen Verunreinigungen und/oder Staub oder Feinstaub

311.2 Klassifizierung von Zuluft

DIN EN 16798-3: 2017-11

Kategorie	Beschreibung
SUP 1	Zuluft mit sehr geringer Konzentration an Staub oder Feinstaub und/oder gasförmigen Verunreinigungen
SUP 2	Zuluft mit geringer Konzentration an Staub oder Feinstaub und/oder gasförmigen Verunreinigungen
SUP 3	Zuluft mit mäßiger Konzentration an Staub oder Feinstaub und/oder gasförmigen Verunreinigungen
SUP 4	Zuluft mit hoher Konzentration an Staub oder Feinstaub und/oder gasförmigen Verunreinigungen
SUP 5	Zuluft mit sehr hoher Konzentration an Staub oder Feinstaub und/oder gasförmigen Verunreinigungen

311.3 Außenluftrate *AR* nach den Arbeitsstättenrichtlinien

Art der Tätigkeit	*AR* in m³/(h · Person)			Räume oder Arbeitsstätten
	normal	zusätzliche Belastung 1)	starke Geruchsbelästigung 2)	
bei überwiegend sitzender Tätigkeit	20–40	30–40	40	z. B. Büros, Kinos, Messehallen, Lager, Verkaufsräume
bei überwiegend nicht sitzender Tätigkeit	40–60	50–60	60	Werkstätten, Montagehallen, Schweißereien
bei schwerer körperlicher Arbeit	> 65	> 75	> 85	heiße und staubige Betriebsstätten, z. B. Gießereien

1) Gerüche, Tabakrauch, zusätzliche Wärmebelastung; 2) intensive Gerüche, gesundheitsschädigende Gase oder Dämpfe

311.4 Überschlägige Ermittlung Außenluftvolumenstrom nach Luftwechselzahl

$\dot{V}_{AUL} = \beta \cdot V_R$	$\dot{V}_{AUL}$	Außenvolumenstrom	in m³/h
	β	Luftwechselzahl	in 1/h
	V_R	Raumvolumen	in m³

311.5 Erfahrungswerte für außenluftbezogene Luftwechselzahlen β

Art des Raums	β in 1/h	Art des Raums	β in 1/h	Art des Raums	β in 1/h
Aborte Wohnungen	4–5	Hotelzimmer	3–5	Krankenhäuser (Bettenstation)	2–5
Aborte Bürogebäude	5–8	Kantinen	6–10	Kleinküchen (Wohnungen)	8–20
Aborte Schulen	5–8	Kinos	4–6	Mittel- und Großküchen	10–25
Aborte öffentliche Gebäude	10–15	Klassenräume	3–6	Läden	4–8
Arbeitsräume	3–7	EDV-Räume	10–40	Schwimmhallen	3–4
Ausstellungshallen	1,5–3	Flure	1–4	Sitzungszimmer	6–8
Backräume	6–15	Garagen	4–5	Turnhallen	4–6
Bibliotheken	3–5	Garderoben	3–6	Umkleideräume	6–8
Büroräume	3–6	Gasträume	5–10	Verkaufsräume	4–8
Versammlungsräume	5–10	Hörsäle	8–10	Wartezimmer	4–7

312.1 Luftvolumenströme und Zulufttemperaturen

Luftmassenstrom $\dot{m} = \dot{V} \cdot \varrho$	$\dot{m}$ $\dot{V}$ ϱ	Massenstrom Volumenstrom Dichte	in kg/h in m^3/h in kg/m^3
Luftvolumenstrom $\dot{V} = A \cdot v \cdot \frac{3600\ \text{s}}{\text{h}}$	$\dot{V}$ A v 3600	Volumenstrom Kanalquerschnitt Luftgeschwindigkeit Umrechnungsfaktor	in m^3/h in m^2 in m/s in s/h
Volumenstrom Zu- und Umluft $\dot{V}_{ZUL} = \dot{V}_{AUL} + \dot{V}_{UML}$	$\dot{V}_{ZUL}$ $\dot{V}_{AUL}$ $\dot{V}_{UML}$	Zuluftvolumenstrom Außenluftvolumenstrom Umluftvolumenstrom	in m^3/h in m^3/h in m^3/h
Zuluftvolumenstrom Heizbetrieb $\dot{V}_{ZULH} = \frac{\dot{Q}_N}{c_P \cdot (\vartheta_{ZUL} - \vartheta_i)}$ **Kühlbetrieb** $\dot{V}_{ZULK} = \frac{\dot{Q}_K}{c_P \cdot (\vartheta_i - \vartheta_{ZUL})}$	$\dot{V}_{ZULH}$ $\dot{V}_{ZULK}$ $\dot{Q}_N$ $\dot{Q}_K$ c_P ϑ_{ZUL} ϑ_i	Zuluftvolumenstrom Heizbetrieb Zuluftvolumenstrom Kühlbetrieb Gesamtwärmeleistung Gesamtkühllast, trocken spezifische Wärmekapazität Luft Zulufttemperatur (Registeraustritt) Raumtemperatur	in m^3/h in m^3/h in W in W ≈ 0,34 Wh/(m^3 · K) in °C in °C
Wärmeleistung $\dot{Q}_N = \dot{Q}_T - \dot{Q}_{HK} - \dot{Q}_I$	$\dot{Q}_N$ $\dot{Q}_T$ $\dot{Q}_{HK}$ $\dot{Q}_I$	Gesamtwärmeleistung Transmissionswärmebedarf gemäß DIN EN 12831 Wärmeleistung Heizflächen innere Wärmelasten	in W in W in W in W
Kühllast $\dot{Q}_{K,TR} = \dot{Q}_A + \dot{Q}_I$	$\dot{Q}_{K,TR}$ $\dot{Q}_A$ $\dot{Q}_I$	Kühllast trocken äußere Kühllast innere Wärmelasten	in W in W in W
Innere Wärmelasten $\dot{Q}_I = \dot{Q}_P - \dot{Q}_B - \dot{Q}_M$	$\dot{Q}_I$ $\dot{Q}_P$ $\dot{Q}_B$ $\dot{Q}_M$	innere Wärmelasten Wärmeabgabe des Menschen, trocken Wärmeabgabe Beleuchtung Wärmeabgabe Maschinen	in W in W in W in W

312.2 Luftströmung im Raum

Wurf- oder Strahllüftung

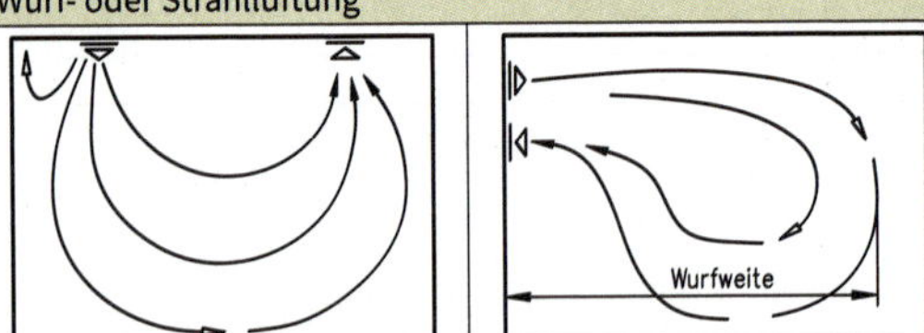

Querlüftung (Horizontale Lüftung)

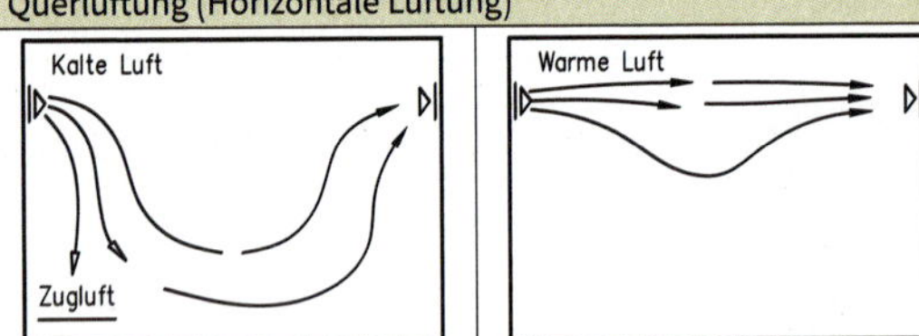

Verdrängungslüftung

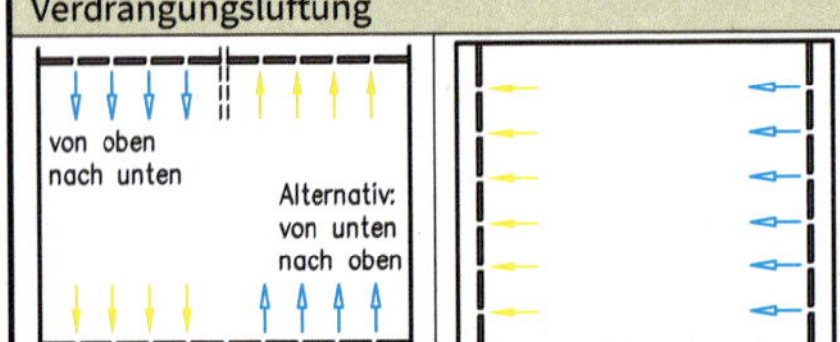

Quelllüftung

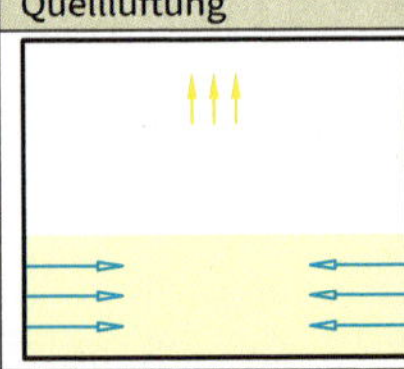

Mischlüftung

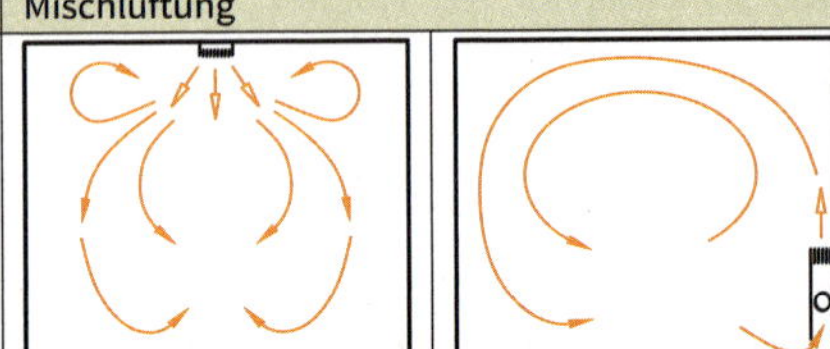

Ziel	Behaglichkeit	Bauliche Aspekte
• gleichmäßige Luftverteilung • gute Raumdurchspülung • behagliche Raumluftgeschwindigkeiten • behagliche Zulufttemperaturen • keine Störgeräusche verursachen	• keine Zuglufterscheinungen → Temperaturen, Geschwindigkeit • Schadstoffabfuhr • Wärmezu- oder -abfuhr	• Lage von Schadstoffquellen • Aufenthaltsbereiche (Büro ...) • Lage von Wärmequellen (-senken) • Ästhetik

„Kurzschlüsse" sind zu vermeiden!

6 Klimatechnik

313.1 Luftauslässe

Lüftungsgitter für Wandeinbau

textiler Luftauslass

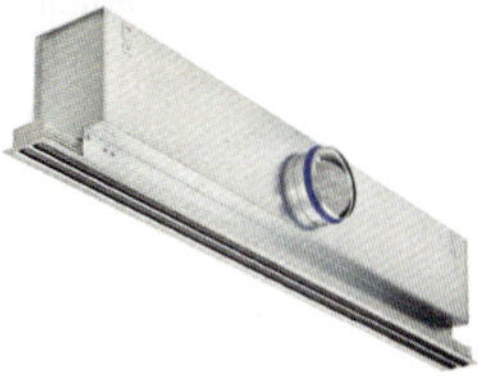
Schlitzdurchlass Deckeneinbau

Tellerventil

Quellluftdurchlass

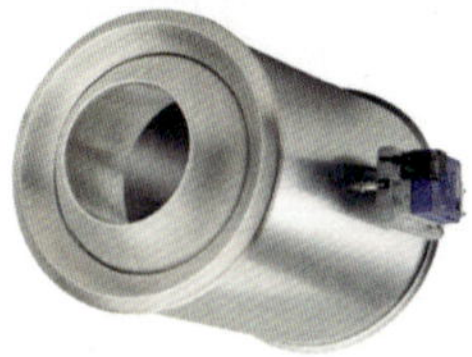
verstellbare Weitwurfdüse

Fußbodenauslass

Deckendralldurchlass

Auslassart und bevorzugte Temperaurdifferenz $\Delta\vartheta = \vartheta_R - \vartheta_{ZU}$ in K

Luftauslass / Einsatz	Quellluftdurchlass	Deckenluftdurchlass	Dralluftdurchlass	Weitwurfdüse	Lüftungsgitter	Schlitzdurchlass
Komfort	1–3	3–6	6–8	4–6	2–4	5–9
Industrie	2–4	5–8	6–10	4–8	3–5	–

313.2 Druckverluste im Kanalnetz

$$\Delta p = l \cdot R + Z$$

$$Z = \Sigma\zeta \cdot p_{dyn}$$

$$Z = \Sigma\zeta \cdot \frac{\varrho \cdot v^2}{2}$$

Δp	Druckverlust	in Pa
l	Länge des Luftkanals	in m
R	Druckgefälle (Reibungsverluste)	in Pa/m
Z	Druckverluste (Einzelwiderstände)	in Pa
$\Sigma\zeta$	Summe der Einzelwiderstände (dimensionslos)	
p_{dyn}	dynamischer Anlagendruck	in Pa
ϱ	Dichte der Luft	≈ 1,2 kg/m³
v	Strömungsgeschwindigkeit	in m/s

313.3 Druckverlustberechnung von Luftkanälen

Dichte von Luft ϱ =					kg/m³									12 · 13 + 14 · 15 + 16 = 17		
1	2	3	4	5	6	7	8	9	10	11	12	13	14	15	16	17
Teilstrecke	Lüftungselement	Anzahl	Volumenstrom	Volumenstrom	maximale Geschw.	minimale Fläche	Kanalbreite gewählt	Kanalhöhe gewählt	Durchmess. gew. o. d^*[1)]	Geschw. tatsäch.	Dyn. Druck	Zeta	Reibungsverlust	Länge der Teil-strecke	zus. Druckverluste	Summe Druckverlust
Nr.		Stk.					B	H	d o. d^*	v	p_{dyn}	ζ	R	L		
–	–	–	m³/h	m³/s	m/s	m²	mm	mm	mm	m/s	Pa	–	Pa/m	m	Pa	Pa
[1)] gewählter Durchmesser d oder gleichwertiger Durchmesser d^* ↑314.3															**Δp =**	

314.1 Widerstandsbeiwerte für Kanal-/Rohrformstücke

T-Stück $\zeta = 1{,}50$ 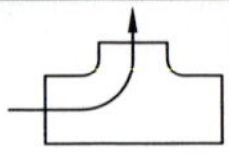	Drossel-klappe $\zeta = 2{,}20$ 	Krümmer 90° $\zeta = 0{,}3$ 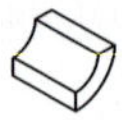
T-Stück $\zeta = 1{,}4$ 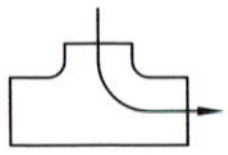	Übergang $\zeta = 0{,}10$ 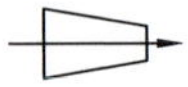	Bogen 90° $\zeta = 0{,}45$ 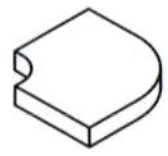
T-Stück $\zeta = 0{,}10$ 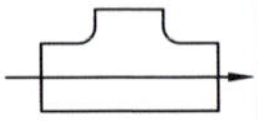	Übergang $\zeta = 0{,}30$ 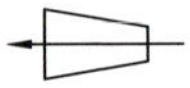	Bogen 90° $\zeta = 0{,}33$ 
T-Stück $\zeta = 3{,}0$ 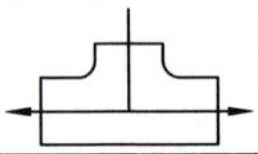	**stark vereinfachte Werte**	

314.2 Luftgeschwindigkeiten in Kanälen

Kanalart	Industrie-anlagen v in m/s	EFH + MFH v in m/s
Hauptkanal	8–12	≤ 5
Abzweigkanal	5–8	≤ 3
Außenluftgitter	4–6	≤ 3
Zu- und Abluftgitter	3–4	≤ 3

314.3 Querschnitte rechteckiger Kanäle *a* × *b* und gleichwertiger Durchmesser *d**

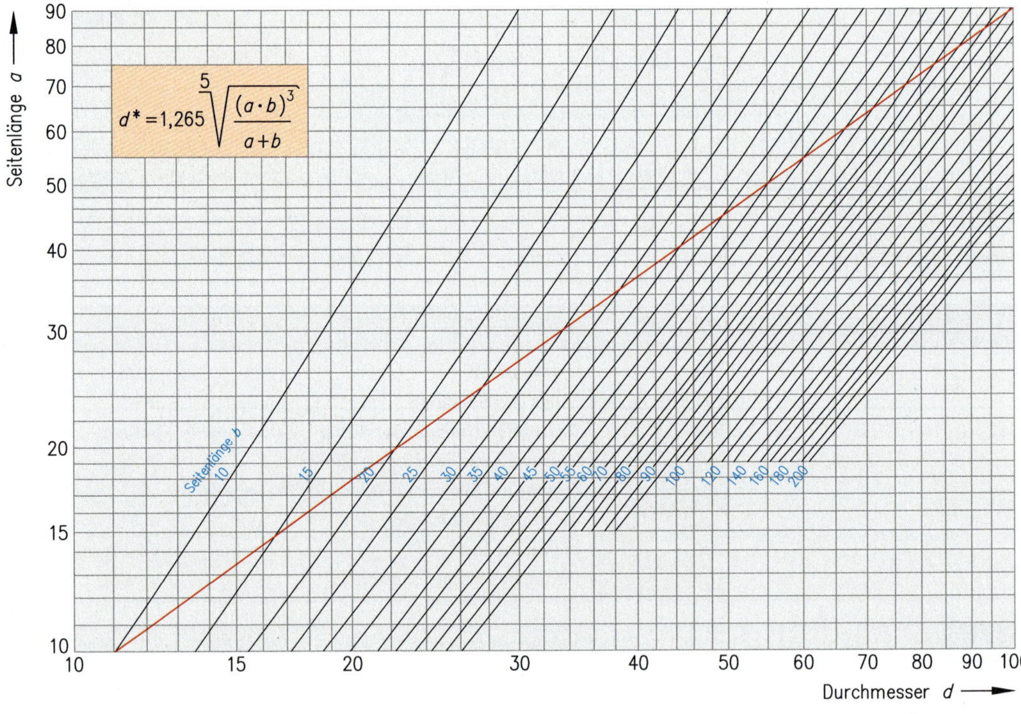

$$d^* = 1{,}265 \sqrt[5]{\frac{(a \cdot b)^3}{a+b}}$$

(gleiche Rohrreibungsverluste „*R*" bei gleichen Volumenströmen „$\dot{V}$")
Diagramm ist gültig für alle gewünschten Dimensionen (mm, cm, dm, m …) und Maßstäbe.

314.4 Maße für Luftleitungen mit rundem Querschnitt — DIN 1507: 2006-07

d_1 [1] in mm	63	80	100	125	160	200	250	315	400	500	630	800	1 000
A_S [2] in m²	0,0031	0,0050	0,0078	0,0123	0,0201	0,0314	0,0491	0,0779	0,126	0,196	0,312	0,503	0,785
A_i [3] in m²/m	0,197	0,251	0,314	0,393	0,502	0,628	0,785	0,990	1,26	1,57	1,98	2,51	3,14

[1] Nenndurchmesser = Innendurchmesser; [2] Kanalquerschnittsfäche; [3] Kanaloberfläche

315.1 Rohrreibungsdiagramm für Luft in glatten Blechkanälen

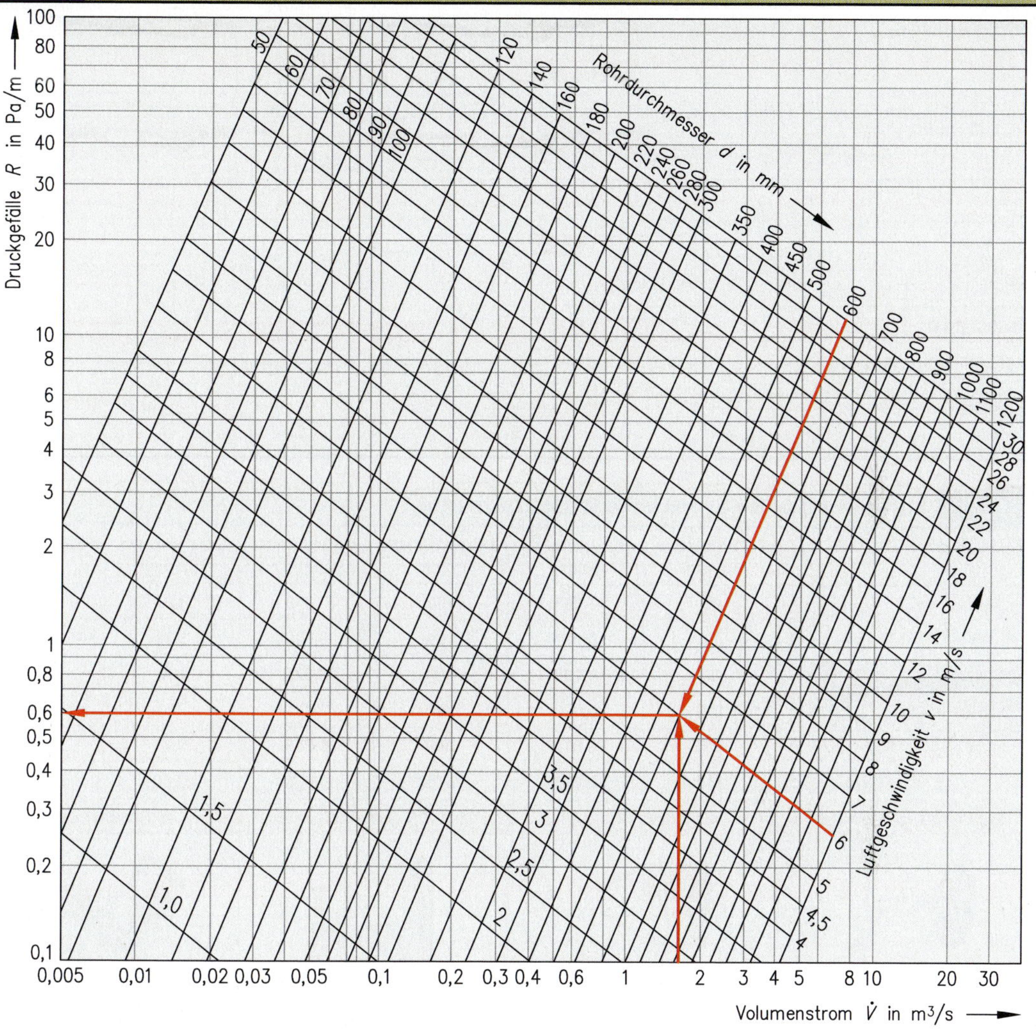

Dichte der Luft $\varrho = 1{,}2$ kg/m³
Der Schnittpunkt zwischen Volumenstrom $\dot{V}$ und der Rohrweite d bzw. dem gleichwertigen $Ød^*$ ergibt den spezifischen Rohrreibungsverlust R.

315.2 Dichtheitsklassen und Luftleckrate bei Luftkanälen

DIN EN 16798-3: 2017-11

Dichtheitsklasse			Grenzwerte der Luftleckrate f_{max} in m³/(s · m²)	positiver Prüfdruck p_t [1] in Pa		
				200	400	1000
Neu	Alt			Leckrate in m³/(h · m²)		
ATC 7	–	–	Nicht klassifiziert	–	–	–
ATC 6	–	–	$0{,}0675 \cdot p_t^{0{,}65} \cdot 10^{-3}$	7,61	11,94	21,66
ATC 5	A	ohne Anforderung	$0{,}027 \cdot p_t^{0{,}65} \cdot 10^{-3}$	3,04	4,78	8,66
ATC 4	B	erhöhte Anforderung	$0{,}009 \cdot p_t^{0{,}65} \cdot 10^{-3}$	1,01	1,59	2,89
ATC 3	C	hohe Anforderung	$0{,}003 \cdot p_t^{0{,}65} \cdot 10^{-3}$	0,34	0,53	0,96
ATC 2	D	höchste Anforderung	$0{,}001 \cdot p_t^{0{,}65} \cdot 10^{-3}$	0,11	0,18	0,32
ATC 1	–	–	$0{,}00033 \cdot p_t^{0{,}65} \cdot 10^{-3}$	0,04	0,06	0,11

[1] statische Druckdifferenz zwischen Innen- und Umgebungsdruck

316.1 Verbindungsarten von Luftkanälen und Formstücken

Rollringdichtung	
Lippendichtung	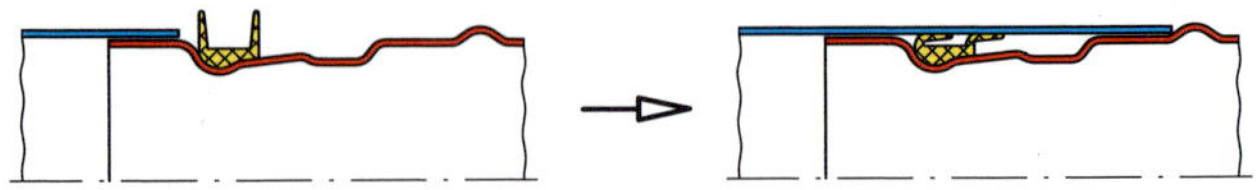
Schnappfalz	
Pittsburghfalz	
Kanalfalz	

316.2 Luftleitung und Formstücke Wickelfalzrohre

Wickelfalzrohr	Durchmesser in mm	Querschnitt in m^2	Durchmesser in mm	Querschnitt in m^2	Durchmesser in mm	Querschnitt in m^2
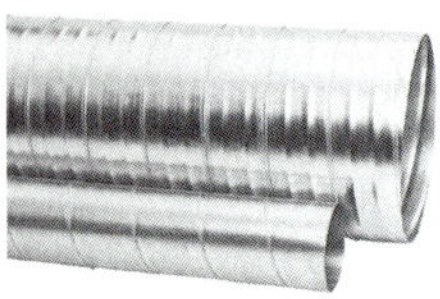	63	0,003	150	0,018	400	0,126
	71	0,004	160	0,020	500	0,196
	80	0,005	180	0,025	630	0,312
	100	0,008	200	0,031	800	0,503
	125	0,012	250	0,049	900	0,636
	140	0,015	315	0,078	1000	0,785

Segmentbogen, gefalzt	Gepresster Bogen	Etagenbogen	Hosenstück
 (15°, 30°, 45°, 60° und 90°)	 (15°, 30°, 45°, 60° und 90°)	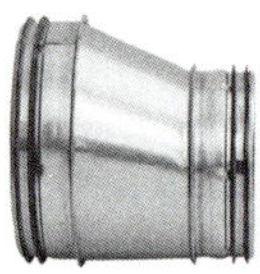	 Neigungswinkel 15°, 30°, 45° und 60°
Abzweig 45°	**T-Stück 90°**	**Konzentrische Reduzierung**	**asymmetrische Reduzierung**
		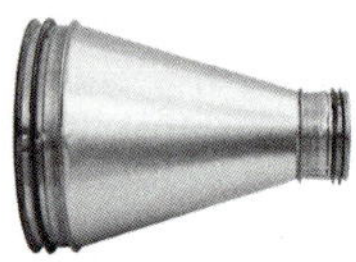	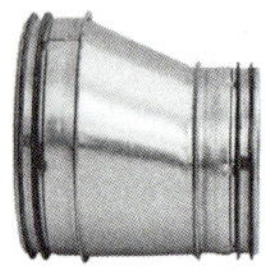
Verbindungsstück (Muffe)	**Bundkragen**	**Übergangsstück rund auf rechteckig**	**Reinigungsöffnung**
		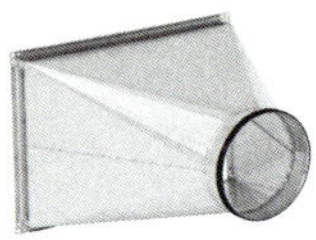	

317.1 Wartungs- und Reinigungsöffnungen VDI 6022

Revisionsöffnungen für runde Luftleitungen			Revisionsöffnungen für rechteckige Luftleitungen		
Durchmesser in mm	minimale Abmessung der Öffnung in mm		Kantenlänge in mm	minimale Abmessung der Öffnung in mm	
	A	B		A	B
200–315	300	100	≤ 200	300	100
300–500	400	200	200 ≤ 500	400	200
> 500	500	400	> 500	500	400
für Personeneintritt	600	500	für Personeneintritt	600	500
Zusätzlich notwendige Revisionsöffnungen an folgenden Komponenten					
Bauteil	Einbauort	Bauteil	Einbauort	Bauteil	Einbauort
Regelklappen	beidseitig	Heiz-/Kühlregister	beidseitig	Kanalschalldämpfer	beidseitig
Brandschutzklappen	einseitig	Rundschalldämpfer	einseitig	Wärmerückgewinner	beidseitig

317.2 Befestigungselemente von Luftleitungssystemen (allgemein)

Deckenabhänger Wickelfalzrohr

- Mehrfachlochung ermöglicht eine einfache Befestigung mit Bohrschrauben oder Nieten
- Schalldämmelement vermindert die Übertragung der Vibrations- und Strömungsgeräusche
- einfache Ausrichtung und Höhenregulierung
- Sollbiegestelle ermöglicht eine ideale Anpassung an den Rohrdurchmesser

Lüftungsschelle

- großer Öffnungswinkel für schnelle und einfache Montage
- Dimensionen an Rohrdurchmesser angepasst
- Schalldämmelement vermindert die Übertragung der Vibrations- und Strömungsgeräusche

Deckenabhänger Kanal

- Mehrfachlochung ermöglicht eine einfache und schnelle Befestigung mit Bohrschrauben oder Nieten
- einfache Ausrichtung und Höhenregulierung der Befestigung
- Schalldämmelement vermindert die Übertragung der Vibrations- und Strömungsgeräusche

Trapezblechabhänger

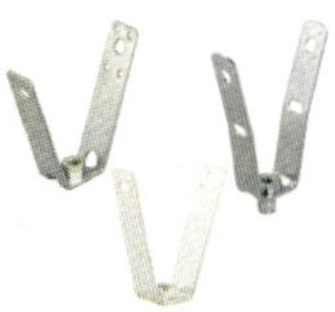

- zur Befestigung von Installationen an Trapezblechen
- einfache Höhenjustage
- Sollbiegestelle ermöglicht die Anpassung an die Trapezblechform

Konsolen

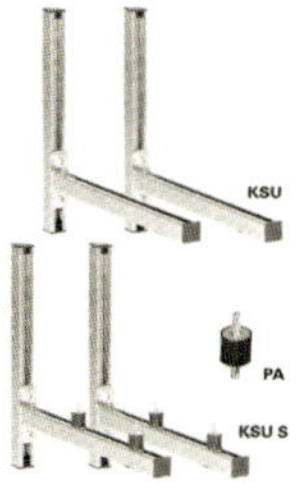

- rationelle Montage durch vormontierte Bauteile
- optimale Schallentkopplung durch Schallschutzelemente
- flexible Ausrichtung der Schallschutzelemente möglich
- verschiedene Konsolenlängen lieferbar

Montageschiene

- geringe Auflagefläche, große Absorptionsmasse
- Schiebemuttern geben sicheren Halt zur Aufnahme von hohen Querlasten
- Skalierung vereinfacht das Ablängen und Platzieren der Anbauteile bei der Montage
- wechselnde Langlöcher in der Montageschiene ermöglichen die optimierte Befestigung

318.1 Montage von Luftleitungssystemen

- Herstellervorgaben sind zu beachten.
- Müssen dicht und standsicher sein.
- Scharfkantige Anschlüsse sind zu vermeiden.
- Bei Gefahr der Taupunktunterschreitung müssen die entsprechenden Kanalabschnitte gedämmt werden.
- Luftleitungen sind mit Reinigungsöffnungen zu versehen, sodass das komplette Leitungssystem gereinigt werden kann.
- Leitungen, die mit Dampf oder Flüssigkeiten gereinigt werden, müssen wasserdicht, mit Gefälle und Wasserablauföffnung ausgeführt werden.
- Flexible Rohre sind in möglichst kurzen Längen zu verlegen.

318.2 Rohrschalldämpfer **Herstellerangaben**

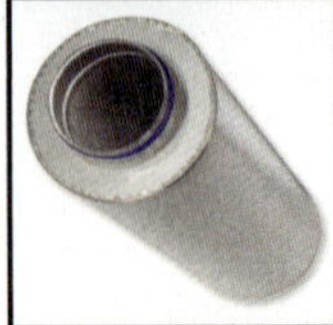

Nenngröße	Nennlänge in mm	Mittenfrequenz f_m in Hz 250	500	1 000	2 000	4 000	8 000
		Einfügungsdämpfung D_e in Hz					
160	500	6	10	18	17	8	8
	1 000	9	19	34	30	18	15
200	500	5	9	16	13	5	6
	1 000	8	16	31	22	12	11
250	500	4	8	14	10	3	4
	1 000	6	14	28	17	8	9
250	1 500	8	19	39	23	13	12
315	500	3	7	12	7	2	3
	1 000	5	12	25	13	5	6
315	1 500	7	17	35	17	9	9
400	500	3	6	11	6	1	2
	1 000	4	10	22	10	3	5
400	1 500	6	14	31	13	6	7

318.3 Montage von Schalldämpfern

- Herstellervorgaben sind zu beachten.
- Durchfeuchtung ist auszuschließen.
- Optimierte An- und Abströmung.
- Mikrobiell inerte Materialauswahl.
- Geringste Partikelemission.
- Keine Schadstoffemission.
- Auf die Zugänglichkeit ist zu achten.
- Auf die Reinigbarkeit ist zu achten.

318.4 Schalldämpfer

Rohrschalldämpfer flexibel

Kulissenschalldämpfer

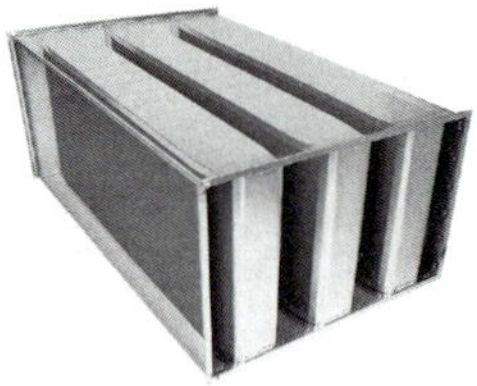

Rohrschalldämpfer

Bogenschalldämpfer rund

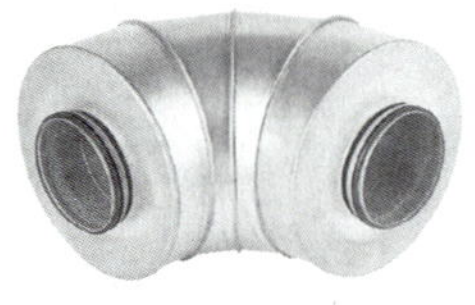

318.5 Volumenstromregler

Konstant-Volumenstromregler
- meist mechanisch ohne zusätzliche Antriebsenergie
- sind auf einen festen Sollwert (Volumenstrom) eingestellt

Variabel Volumenstromregler
- arbeiten elektronisch
- Erhalten von einer übergeordneten Regelung Sollwerte für die Luftmenge.
- Regler passt Volumenstrom selbsttätig an.

318.6 Wetterschutzgitter und Jalousieklappen

Wetterschutzgitter
- Schutz vor direkt eindringendem Regen sowie Laub und Vögeln
- Luftdurchlässe für die Außen- und Fortluft lufttechnischer Anlagen

Jalousieklappen
- Stellglied der Volumenstrom- und Druckregelung
- Absperren von Luftleitungen und Öffnungen in Wänden und Decken
- gleichläufige Klappen bevorzugt für Auf-Zu-Betrieb
- gegenläufige Klappen bevorzugt für variablen Betrieb

319.1 Montage Volumenstromregler

- Herstellervorgaben sind zu beachten.
- Vorgegebene freie Anströmlänge ist zu beachten.
- Auf die Zugänglichkeit ist zu achten.
- Hinter einem Volumenstromregler sollte ein Schalldämpfer vorgesehen werden.

319.2 Montage Jalousieklappen

- Herstellervorgaben von Wetterschutzgittern und Jalousieklappen sind zu beachten.
- Klappenwellen und Klappengestänge einmal im Jahr reinigen, nicht ölen.

319.3 Wartung von Jalousieklappen

- Prüfung auf Verschmutzung, Beschädigung und Korrosion
- Kontrolle und bei Bedarf Reinigung des Klappenmechanismus zur Gewährleistung einer einwandfreien Funktion

319.4 Arten von Ventilatoren

Axialventilatoren	Radialventilatoren		Querstromventilatoren
			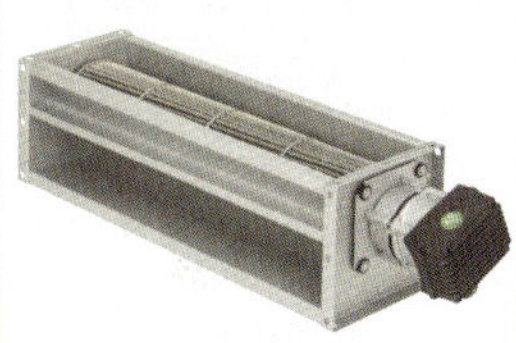
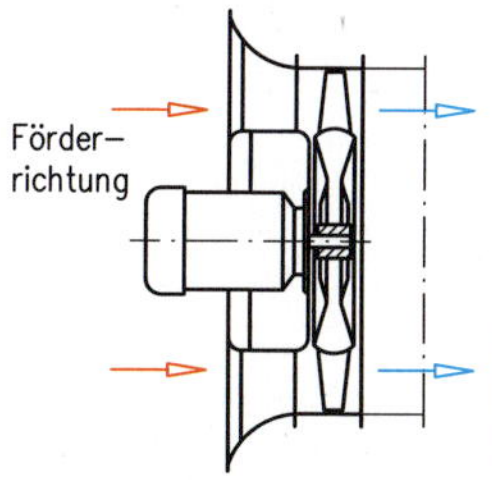	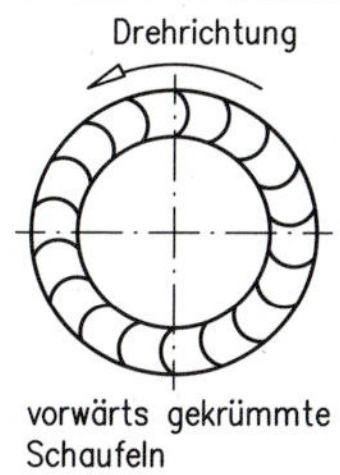	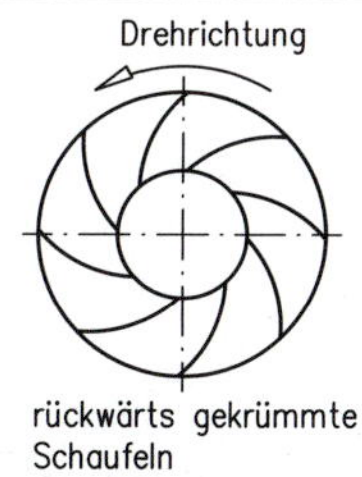	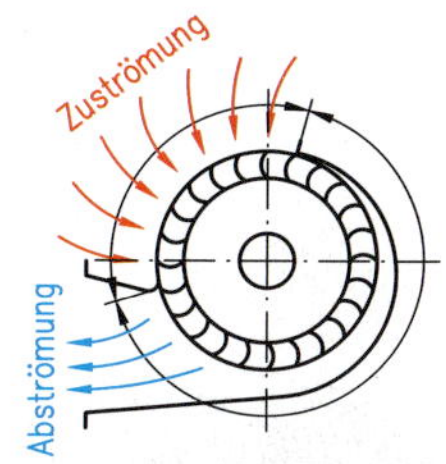
Wandventilator	Trommelläufer	Hochleistungsläufer	Produktionstechnik
• mit und ohne Leitrad • für große Volumenströme • für geringe Drücke	• für geringe Drücke • geringe Wirkungsgrade	• für hohe Drücke • hohe Wirkungsgrade	• Ventilator = Maschinenbreite • für geringe Drücke • geringer Platzbedarf

319.5 Spezifische Ventilatorleistung und Leistungsbedarf

DIN EN 16798-3: 2017-11

$$P_{SFP} = \frac{P}{\dot{V}} = \frac{\Delta p_{tot}}{\eta_{tot}} = \frac{\Delta p_{stat}}{\eta_{stat}}$$

P_{SFP}	spezifische Ventilatorleistung	in $W \cdot m^{-3} \cdot s$
P	elektrische Leistungsaufnahme des Ventilators	in W
$\dot{V}$	Auslegungsluftvolumenstrom durch den Ventilator	m^3/s
Δp_{tot}	Gesamtdruckdifferenz über dem Ventilator	in Pa
η_{tot}	Gesamtwirkungsgrad des Ventilators basierend auf dem Gesamtdruck	
Δp_{stat}	statische Druckdifferenz über dem Ventilator	in Pa
η_{stat}	Gesamtwirkungsgrades Ventilators basierend auf dem statischen Druck	
Δp_{stat}	statischer Druckanstieg vom Ventilatoreintritt bis zum Austritt	in Pa

Die Berechnung gilt für den Auslegungsvolumenstrom, wenn alle Bauteile trocken sind, bei sauberem Filter und bei einer Luftdichte von 1,2 kg/m³.

$$P_{mains} = \frac{\dot{V} \cdot \Delta p_{tot}}{\eta_{tot}} = \frac{\dot{V} \cdot \Delta p_{stat}}{\eta_{stat}}$$

P_{mains}	Wirkleistung bezogen aus dem Stromnetz	in W
$\dot{V}$	Luftstrom durch den Ventilator	in m^3/s
Δp_{tot}	Gesamtdruckanstieg vom Ventilatoreintritt zum Austritt	in Pa
η_{tot}	Wirkungsgrad des Ventilators basierend auf Gesamtdruck	
Δp_{stat}	statischer Druckanstieg vom Ventilatoreintritt bis zum Austritt	in Pa
η_{stat}	Wirkungsgrad des Ventilators basierend auf statischem Druck	

320.1 Klassifizierung der spezifischen Ventilatorleistung — DIN EN 16798-3: 2017-11

Kategorie	P_{SFP} in W/(m³/s)	Kategorie	P_{SFP} in W/(m³/s)
SFP 0	< 300	SFP 4	≤ 2 000
SFP 1	≤ 500	SFP 5	≤ 3 000
SFP 2	≤ 750	SFP 6	≤ 4 500
SFP 3	≤ 1 250	SFP 7	> 4 500

320.2 Ventilatorkennlinien – Radialventilator — Herstellerangaben

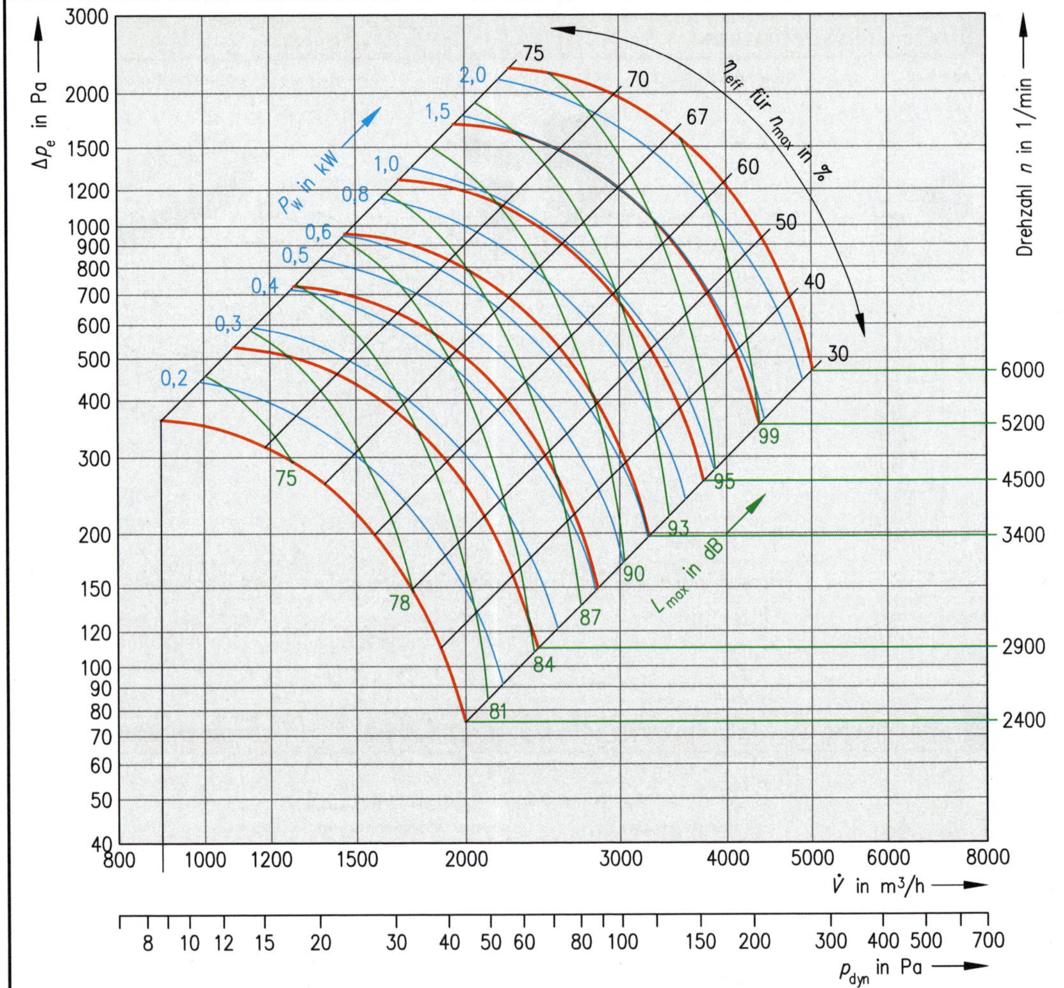

320.3 Proportionalitätsgesetze bei Drehzahländerung ↑ 202.2

$\frac{\dot{V}_2}{\dot{V}_1} = \frac{n_2}{n_1}$ $\quad \dot{V}_2 = \frac{n_2}{n_1} \cdot \dot{V}_1$	$\frac{\Delta p_2}{\Delta p_1} = \left(\frac{n_2}{n_1}\right)^2$ $\quad \Delta p_2 = \left(\frac{n_2}{n_1}\right)^2 \cdot \Delta p_1$	$\frac{P_2}{P_1} = \left(\frac{n_2}{n_1}\right)^3$ $\quad P_2 = \left(\frac{n_2}{n_1}\right)^3 \cdot P_1$
Wird die **Drehzahl** verdoppelt, so steigt der **Volumenstrom** auf den **zweifachen** Wert.	Wird die **Drehzahl verdoppelt**, so steigt der **Förderdruck** auf den **vierfachen** Wert	Wird die **Drehzahl verdoppelt**, so steigt der **Leistungsbedarf** auf den **achtfachen** Wert.

321.1 Montage von Ventilatoren

- Herstellervorgaben sind zu beachten.
- Aufstellung muss auf einem ausreichend stabilen und starken Untergrund bzw. auf einer stabilen Unterkonstruktion erfolgen.
- An das Bauwerk dürfen keine Schwingungen übertragen werden. Schwingungsdämpfer verwenden und Geräteschwerpunkt beachten.
- Es dürfen keine Schwingungen an das Luftleitsystem übertragen werden. Elastische Stutzen/Segeltuchstutzen verwenden. Diese dürfen nicht zu lang sein oder für den Ausgleich von Versätzen oder zum Ausgleich unterschiedlicher Kanalabmessungen eingebaut werden.
- Ausreichend Platz für Wartungs- und Reparaturtätigkeiten vorsehen.
- Zwischen saug- und druckseitigen Einbauteilen und dem Ventilator sollte ein Mindestabstand vom 2,5-fachen des Ventilatorstutzen eingehalten werden.
- Die Anströmungsseite eines Axialventilators sollte von einer Wand einen Mindestabstand vom 0,5- bis 2-fachen des Ventilatordurchmessers haben.
- Bei Montage des Ventilators in einer Kammer sind die durch den Hersteller angegebenen Abstände zwingend einzuhalten.
- Ist die Einhaltung der Anströmstrecke vom 2,5-fachen Ventilatordurchmesser nach einem Bogen nicht möglich, sollte ein Bogen mit Leitblechen eingesetzt werden.

321.2 Wartung von Ventilatoren

VDMA 24186-1: 2019-09

- Wartungsintervalle müssen mit dem Betreiber der Anlage und in Abhänigigkeit der Nutzung festgelegt werden.

Sicherheitsvorkehrungen vor Beginn der Wartung

- Ventilatormotor über Reparaturschalter vom Netz trennen.
- Laufradstillstand abwarten.
- Störende Ablagerungen vor Wartungsarbeiten absaugen oder manuell entfernen.
- Temperatur der Ventilatoroberfläche prüfen.

Wartung des Ventilators	Wartung des Motors	Wartung des Riemenantriebs	Wartung von Kupplungen
• Auf Verschmutzung, Beschädigung, Korrosion und Befestigung prüfen • Laufrad auf Unwucht und Drehrichtung prüfen • Schaufelverstelleinrichtung auf Funktion prüfen • Lager auf Geräusch prüfen gegebenenfalls Lager mit Nachschmiereinrichtung fetten • Flexible Verbindung auf Dichtheit prüfen • Schwingungsdämpfer auf Funktion prüfen • Schutzeinrichtung auf Funktion prüfen • Drallregler auf Funktion prüfen • Entwässerung auf Funktion prüfen • Hygienischen Zustand prüfen • Druckdifferenz und Volumenstrom messen	• Äußerlich auf Verschmutzung, Befestigung, Beschädigung und Korrosion prüfen • Drehrichtung prüfen • Anschlussklemmen auf festen Sitz prüfen gegebenenfalls nachziehen • Spannung messen • Stromaufnahme allpolig • Auf Laufruhe und Erwärmung prüfen • Lager auf Geräusch prüfen gegebenenfalls Lager mit Nachschmiereinrichtung • Schutzeinrichtungen auf Funktion prüfen • Reparaturschalter auf Funktion prüfen	• Auf Verschmutzung, Beschädigung und Verschleiß prüfen • Auf Spannung und Fluchtung prüfen • Gegebenenfalls nachstellen oder Riemen auswechseln • Schutzeinrichtung auf Funktion prüfen	• Auf Verschmutzung, Beschädigung, Korrosion und Befestigung prüfen • Ausrichtung prüfen • Temperatur prüfen • Schutzeinrichtung auf Funktion prüfen

322.1 Filter für RLT-Anlagen

Filtermatten	Taschenfilter	Rollbandfilter	Metallfilter	Aktivkohlefilter
			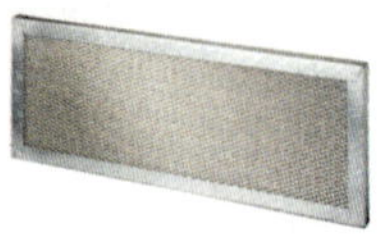	
• geringe Einbautiefe • vielfältige Einbaumöglichkeiten	• große Filterfläche bezogen auf Filterquerschnitt • hohe Staubspeicherfähigkeit	• geringer Wartungsaufwand • geeignet für große Volumenströme	• relativ große Filterfläche • hohe chemische und thermische Belastbarkeit • Reinigung möglich	• Absorption von gasförmigen, geruchsintensiven Stoffen (toxische Gase; Lösungsmittel)

322.2 Filtergruppen

DIN EN ISO 16890-1: 2017-08

Filtergruppe	Abscheideeffizienz	Partikelgröße in µm	Feinstaubbeispiel	Bemerkung
ISO ePM1	≥ 50 %	0,3 ≤ x ≤ 1,0	Bakterien, Viren, Nano-Verbrennungspartikel	gelangen über die Alveolen in den Blutkreislauf
ISO ePM2,5	≥ 50 %	0,3 ≤ x ≤ 2,5	Pollen, Sporen und organische Partikel	sind lungengängig
ISO ePM10	≥ 50 %	0,3 ≤ x ≤ 10	gröberer Feinstaub und organische Partikel	werden im Nasen- und Rachenraum abgeschieden
ISO coarse	< 50 %	< 10 µm	Grobstaub, Sand, Haare, sonstige große organische Partikel	Beurteilung des Rückhaltevermögens gegen ISO A2-Staub

Die Filterklassen PM10, PM2,5 und PM1 beziehen sich direkt auf die für die Gesundheit des Menschen relevanten Partikel. Filteranlagen sind so auszulegen, dass sie der tatsächlich vor Ort herrschenden Luftbelastungen gerecht werden. Die lokale Luftqualität bestimmt die Filterauswahl.

322.3 Zuordnungshilfe Filtergruppen (DIN EN ISO 16890) zu Filterklassen (DIN EN 779)

Feinfilter		Mediumfilter				Grobfilter	
ISO 16890 PM1	EN 779	ISO 16890 PM2,5	EN 779	ISO 16890 PM10	EN 779	ISO 16890 Coarse	EN 779
ISO ePM1 95 %	F9	ISO ePM2,5 95 %	F7	ISO ePM10 95 %	M6	ISO Coarse 95 %	G4
ISO ePM1 90 %		ISO ePM2,5 90 %		ISO ePM10 90 %		ISO Coarse 90 %	
ISO ePM1 85 %		ISO ePM2,5 85 %		ISO ePM10 85 %		ISO Coarse 85 %	
ISO ePM1 80 %		ISO ePM2,5 80 %		ISO ePM10 80 %		ISO Coarse 80 %	
ISO ePM1 75 %	F8	ISO ePM2,5 75 %		ISO ePM10 75 %		ISO Coarse 75 %	
ISO ePM1 70 %		ISO ePM2,5 70 %		ISO ePM10 70 %		ISO Coarse 70 %	
ISO ePM1 65 %	F7	ISO ePM2,5 65 %		ISO ePM10 65 %		ISO Coarse 65 %	
ISO ePM1 60 %		ISO ePM2,5 60 %	M6	ISO ePM10 60 %	M5	ISO Coarse 60 %	
ISO ePM1 55 %		ISO ePM2,5 55 %		ISO ePM10 55 %		ISO Coarse 55 %	G3
ISO ePM1 50 %		ISO ePM2,5 50 %		ISO ePM10 50 %		ISO Coarse 50 %	
						ISO Coarse 45 %	
						ISO Coarse 40 %	G2
						ISO Coarse 35 %	
						ISO Coarse 30 %	
Mindestens 50 % Abscheidegrad im unbehandelten sowie im entladenen Zustand.		Mindestens 50 % Abscheidegrad im unbehandelten sowie im entladenen Zustand.		Mindestens 50 % Abscheidegrad im unbehandelten Zustand. Keine Anforderung hinsichtlich des entladenen Zustands.		Keine Anforderung hinsichtlich des entladenen Zustands.	
Enddruckdifferenz							
450 Pa		450 Pa				250 Pa	

Luftfiltereinsätze sind spätestens bei Erreichen der zulässigen Enddruckdifferenz oder bei technischen und/oder hygienischen Funktionsmängeln auszuwechseln. Die Luftfilter der 1. Filterstufe sind spätestens nach einem Jahr, die weiteren Filterstufen (Ausnahme Schwebstoff-Filter) nach zwei Jahren auszuwechseln. Die maximale Filterstandzeit kann durch eine zusätzliche Hygienekontrolle der betreffenden Filterstufe jeweils um ein Jahr verlängert werden, wenn das Schutzziel erreicht wird.

Eine direkte Zuordnung von einem Filtertyp gemäß der EN 779 zu einem Filtertyp der ISO 16890 ist nicht automatisch möglich. Die Empfehlungen von VDI und Filterherstellern ähneln sich, weichen jedoch durchaus voneinander ab.

323.1 Erforderliche Filterqualität in Abhängigkeit der vorhandenen Außenluftqualität und der gewünschten Zuluftqualität [1)]

Außenluftkategorie		Zuluftkategorie	
		SUP 1 (sehr hoch)	SUP 2 (hoch)
ODA 1 (sauber)	zweistufige Luftfilterung	ISO ePM_{10} 50 % + ISO ePM_1 60 %	ISO ePM_{10} 50 % + ISO ePM_1 50 %
	einstufige Luftfilterung	ISO ePM_1 70 %	ISO ePM_1 50 %
ODA 2 (belastet)	zweistufige Luftfilterung	ISO ePM_1 50 % + ISO ePM_1 60 %	ISO ePM_{10} 50 % + ISO ePM_1 60 %
	einstufige Luftfilterung	ISO ePM_1 80 %	ISO ePM_1 70 %
ODA 3 (hoch belastet)	zweistufige Luftfilterung	ISO ePM_1 50 % + ISO ePM_1 80 %	ISO ePM_1 50 % + ISO ePM_1 60 %
	einstufige Luftfilterung	ISO ePM_1 90 %	ISO ePM_1 80 %

[1)] nach VDI 6022 Blatt 1 (04/2023)

323.2 Montage von Filtern

- Herstellervorgaben sind zu beachten.
- Auf richtige Richtung der Luftströmung ist zu achten. Weiche, aufgelockerte Seite eines Taschenfilters ist dabei immer die Anströmseite.
- Filtertaschen dürfen nicht verklemmt oder verschoben eingesetzt werden.
- Auf sorgfältige Abdichtung der Anschluss- und Verbindungsstellen ist zu achten, um Leckluftströme zu verhindern.
- Auf notwendige Bedienfreiheit für Filtertausch ist zu achten.
- Die Differenzdruckmessung muss an einer ausreichend sicht- und bedienbaren Stelle angebracht werden.
- Die Enddruckdifferenz sollte auf der Messstelle dokumentiert werden.
- Größere Filterflächen haben einen geringeren Druckverlust und längere Standzeiten.

323.3 Wartung von Trockenschichtfilter

VDMA 24186-1: 2019-09

- Auf Verschmutzung, Beschädigung und Korrosion prüfen
- Filtermedium (regenerierbar) reinigen
- Druckdifferenz messen
- Filterdichtsitz prüfen (Sichtprüfung)
- Filtermedium auswechseln und dokumentieren
- Filter auf korrekten Einbau (z. B. Taschenanordnung stehend oder liegend) prüfen
- Hygienischen Zustand prüfen

323.4 Lufterwärmung/-kühlung

Lufterhitzer Wasser

indirekte Erwärmung

Lufterhitzer Elektro

direkte Erwärmung

- Vor- oder Nacherwärmer bei zentraler Luftaufbereitung
- Zulufterwärmung in Luftheizungsanlagen
- Erzeugung hoher Lufttemperaturen für Trocknungsanlagen

Heiz-/Kühlregister

Die Heiz-/Kühlregister können als Verdampfer (Kühlregister) wie als Verflüssiger (Heizregister) eingesetzt werden. Falls beide Funktionen mit demselben Register möglich sein sollen, ist das Heiz-/Kühlregister an eine reversible Kühlanlage anzuschließen.

Luftkühler

- Abkühlung der Zulufttemperatur
- Kühlmedium Kaltwasser (direkte Kühlung oder Kältemittel (indirekte Kühlung)
- Kühlung ohne Wasserausscheidung – Oberflächentemperatur des Kühlers liegt über Taupunkt der feuchten Luft
- Kühlung mit Wasserausscheidung – Oberflächentemperatur des Kühlers liegt unter Taupunkt der feuchten Luft

323.5 Montage von Lufterhitzern/-kühlern

- Herstellervorgaben sind zu beachten.
- Lamellenabstand größer 2 mm ist zu bevorzugen, um Verschmutzungen vorzubeugen.
- Bei Montage von Heiz- oder Kühlmittelzuleitungen durch Muffen oder Flansche an den Wärmeübertrager sind geeigneten Werkzeuge zu benutzen.
- Leitungen und Anschlüsse sind so anzubringen, das der Wärmeübertrager frei zugänglich ist.
- Am Wärmeübertrager sind Absperrschieber für Wartungs- oder Reparaturarbeiten vorzusehen.
- Frostschutz muss gewährleitet sein (Frostschutzmittel oder Frostschutzschaltung). Bei Frostschutzschaltung muss Frostschutzfühler im Rücklauf montiert werden.
- Entlüftungs- und Entleerungsventil sollte direkt am Vor- und Rücklauf installiert werden.
- An Luftkühlern muss zusätzlich für das anfallende Kondensat ein Kondensatablauf mit Siphon oder Kondensatpumpe vorgesehen werden.

323.6 Wartung von Lufterhitzern/-kühlern

VDMA 24186-1: 2019-09

- Luftseitig auf Verschmutzung, Beschädigung und Korrosion prüfen
- Vor- und Rücklauf auf Funktion prüfen
- Entlüften
- Wasserablauf und Geruchverschluss auf Funktion und Dichtheit prüfen
- Hygienischen Zustand prüfen
- Frostschutzmittel prüfen
- Druckdifferenz messen

324.1 Lufterhitzer

Wand- und Deckenlufterhitzer

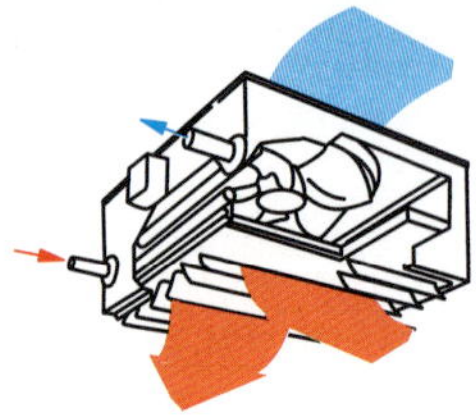

- Einsatz in Gewerbe-, Lager- und Werkstattbereichen
- Arbeiten meist im Umluftbetrieb, werden aber auch für Misch- und Außenluftbetrieb angeboten
- Als Heizmedium kommen Warmwasser, Dampf; Thermoöl oder Elektroenergie zum Einsatz
- In großen Hallen sollte immer eine größere Anzahl kleinerer Geräte verwendet werden, damit der Raum gleichmäßiger ausgeheizt wird.

Tür- und Torluftschleiergeräte

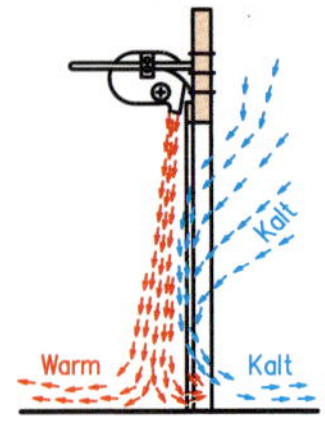

- Sind Sonderausführung der Lufterhitzer
- Einsatz in Werkstätten, Garagen sowie Produktions- und Logistikhallen
- Dienen der unsichtbaren Trennung des Außen- vom Raumluftbereich
- Schleiergerät führt über gesamte Toröffnung einen breiten, gleichmäßigen Volumenstrom
- Wärmeverluste durch unkontrolliertes Eindringen kalter Außenluft werden stark reduziert

324.2 Luftbe- und -entfeuchtung

Verdunstungsbefeuchtung

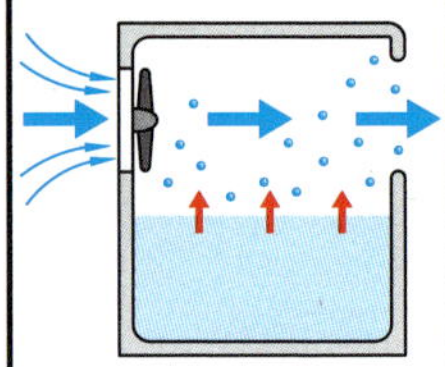

- Luft strömt direkt über Wasseroberfläche
- keine Übertragung von Salzpartikeln
- regelmäßige Reinigung erforderlich
- Gefahr der Keimbildung im Wasserbehälter und Übertragung auf Luftstrom

Zerstäubungsbefeuchtung

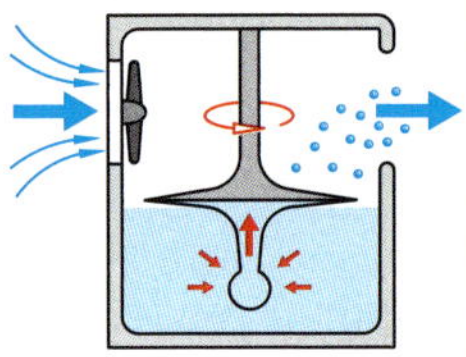

Scheibenzerstäubung

- Wasser wird zu Aerosolen zerstäubt und vermischt sich mit Luft
- Salzpartikel verbleiben im Luftstrom

Dampfbefeuchtung

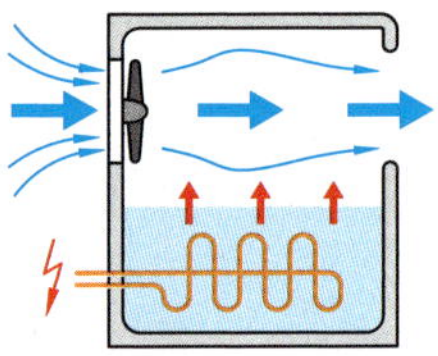

- Befeuchtung der Luft durch Zugabe von Sattdampf
- Dampferzeugung im Dampfbefeuchter, z. B. Elektrodenprinzip
- hygienisch optimale Befeuchtung, da Dampf keim- und geruchsfrei ist
- Befeuchtete Luft frei von Salzen
- Befeuchtung gut regelbar

Luftentfeuchtung

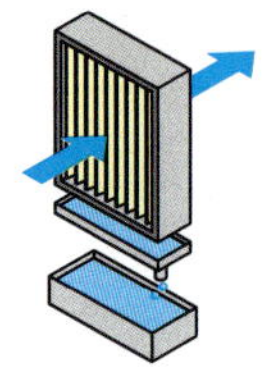

Kondensationsmethode

Verringerung des Feuchtegehalts in der Luft durch:
- Kondensationsmethode – Luft wird unter Taupunkt abgekühlt. Der enthaltende Wasserdampf kondensiert;
- Adsorption – Wasserdampf lagert sich an Oberfläche eines feinporigen festen Stoffs an (Kieselgel);
- Absorption – Wasserdampf wird in einer wasseraufnehmenden Salzlösung ausgeschieden.

324.3 Montage von Luftbefeuchtern

- Herstellervorgaben sind zu beachten.
- Auf sorgfältige Abdichtung der Anschluss- und Verbindungsstellen ist zu achten, um Wasser- und Dampfaustritt zu verhindern.
- Leitungen und Anschlüsse sind so anzubringen, dass der Luftbefeuchter frei zugänglich ist.
- Auf richtige Ausrichtung der Düsen bzw. des Dampfverteilsystems ist zu achten.
- Entsprechende Reinigungsöffnungen und Beleuchtungen sind vorzusehen.
- Ein Strömungswächter sollte vorhanden sein.
- Die Befeuchterwanne ist korrosionsfrei auszuführen.
- Die Befeuchtungsstrecke muss frei von Einbauten sein.
- Der Wasserstand in der Befeuchterwanne ist einzustellen (häufig 20–30 mm über Niveau der Saugleitung).
- Auf Wasserqualität ist zu achten.

324.4 Wartung von Umlaufsprüh- und Verdunstungsbefeuchter **VDMA 24186-1: 2019-09**

- Auf Verschmutzung, Inkrustation, Beschädigung und Korrosion prüfen
- Wassereinspeisung und –verteilung auf Funktion prüfen
- Wasserstand prüfen
- Absalzvorrichtung auf Funktion prüfen gegebenenfalls einstellen
- Leitfähigkeitsmesszelle auf Funktion püfen
- Entkeimungsanlage auf Funktion prüfen
- Abschalteinrichtung auf Funktion prüfen
- Abschlämmeinrichtung auf Funktion prüfen
- Ab- und Überlauf auf Funktion prüfen
- Schmutzfänger auf Verschmutzung prüfen gegebenenfalls reinigen
- Keimzahlmessung (KBE/ml) durchführen
- Hygienischen Zustand prüfen

325.1 Wärmerückgewinnungssysteme

Kategorie	Rekuperatoren	Regeneratoren		Wärmepumpen
Vorgang	Wärmeaustausch		Wärme- und Feuchteaustausch	Wärmeaustausch mit Energiezufuhr
Aufbau		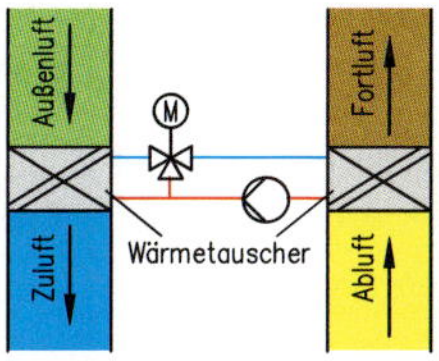 Kreislaufverbundsystem	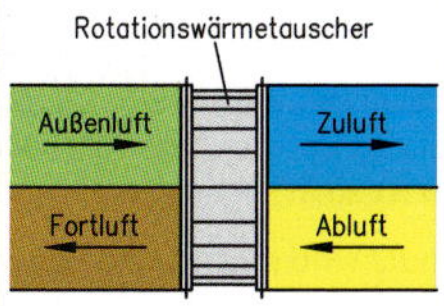 Kontaktflächen	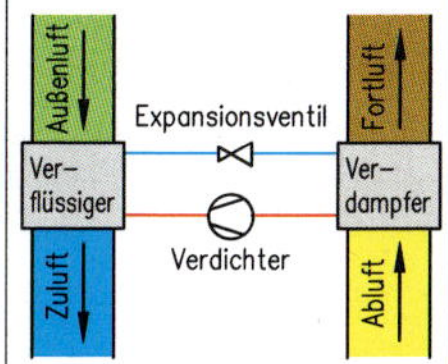
Beispiele	Plattenwärmetauscher Kanalwärmetauscher Glattrohrwärmetauscher	Kompaktwärmetauscher Gegenstromschichtwärmetauscher Wärmerohr	Rotationswärmetauscher Kapillarventilatoren Statische Wärmespeicher	Kaltdampfverdichter Absorptionssystem
Rückwärmezahl φ	0,4–0,8	0,3–0,8	0,7–0,8 (Sorption)	1,0
Rückfeuchtezahl Ψ	–	–	0,6–0,7 (Sorption)	–
Übertragung von Schad- und Geruchsstoffen von der Fort- zur Außenluft	geringe Übertragung möglich, Vorsicht bei belasteter Abluft	keine Übertragung möglich	geringe Übertragung ist möglich, Vorsicht bei belasteter Abluft	keine Übertragung möglich

Wärmerückgewinnungssysteme sind nach dem GEG § 68 bei RLT-Anlagen ab einem Volumenstrom von 4 000 m³/h sowie einer Nennleistung für den Kältebedarf von mehr als 12 kW vorgeschrieben.

325.2 Wirkungsgrad Wärmerückgewinnungssystem und Feuchteübertragungsgrad

DIN EN 13053: 2020-05

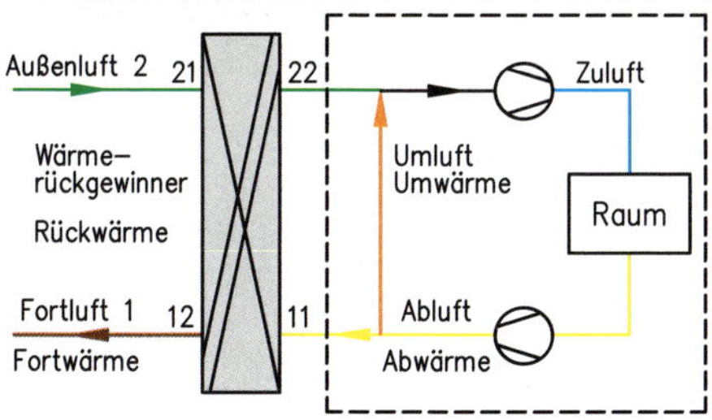

Wirkungsgrad Wärmerückgewinnungssystem

$$\eta_t = \frac{\dot{Q}_{HRS}}{\dot{Q}_P} = \frac{q_m \cdot c_p \cdot (\vartheta_{22} - \vartheta_{21})}{q_m \cdot c_p \cdot (\vartheta_{11} - \vartheta_{21})}$$

Feuchteübertragungsgrad

$$\eta_x = \frac{X_{22} - X_{21}}{X_{11} - X_{21}}$$

11	Abluftzustand vor Eintritt in den Wärmerückgewinner	
12	Fortluftzustand nach Austritt aus dem Wärmerückgewinner	
21	Außenluftzustand vor Eintritt in den Wärmerückgewinner	
22	Außenluftzustand nach Austritt aus dem Wärmerückgewinner	
η_t	Nutzen des Wärmerückgewinnungssystems (Rückwärmezahl)	
$\dot{Q}_{HRS}$	Leistung des Wärmerückgewinnungssystems	in kW
$\dot{Q}_P$	maximal mögliche Leistung auf Grund des Temperaturpotenzials	in kW
q_m	Massenstrom der Luft	in kg/s
c_p	spezifische Wärmekapazität der Luft	in Wh/(m³ · K) ↑ 33.1
ϑ_{11}	Temperatur Abluft Eintritt	in °C
ϑ_{21}	Temperatur Außenluft Eintritt	in °C
ϑ_{22}	Temperatur Außenluft Austritt	in °C
η_x	Feuchteübertragungsgrad (Rückwärmezahl)	
X_{11}	absolute Luftfeuchte Abluft Eintritt	in g/kg
X_{21}	absolute Luftfeuchte Außenluft Eintritt	in g/kg
X_{22}	absolute Luftfeuchte Außenluft Austritt	in g/kg

326.1 Montage von Wärmerückgewinnungssystemen

- Herstellervorgaben sind zu beachten.
- Ein Kondensatablauf (korrosionsbeständige Kondensatwanne) mit Siphon ist vorzusehen.
- Bei Kreislaufverbundsystemen ist auf die entsprechende Wassermenge und Frostschutzmittelmischung zu achten.
- Bei Rotationswärmerückgewinner auf korrekte Ausrichtung der Dichtlippen achten – freien Lauf des Rotors überprüfen – auf ein niedriges Druckgefälle (max. 250 Pa) ist zu achten.
- Maßnahmen zum Frostschutz sind passend zum System zu ergreifen.
- Reinigungsöffnungen sind vorzusehen.

326.2 Wartung von Rekuperatoren

VDMA 24186-1: 2019-09

- Luftseitig auf Verschmutzung, Beschädigung und Korrosion prüfen
- Reinigungseinrichtung auf Funktion prüfen
- Wasserablauf und Geruchverschluss auf Funktion und Dichtheit prüfen
- Dichtelement auf Beschädigung prüfen (Sichtprüfung)
- Hygienischen Zustand prüfen
- Druckdifferenz messen

326.3 Raumklimageräte

Kompaktklimagerät	Splitklimagerät	Klimakonvektor
	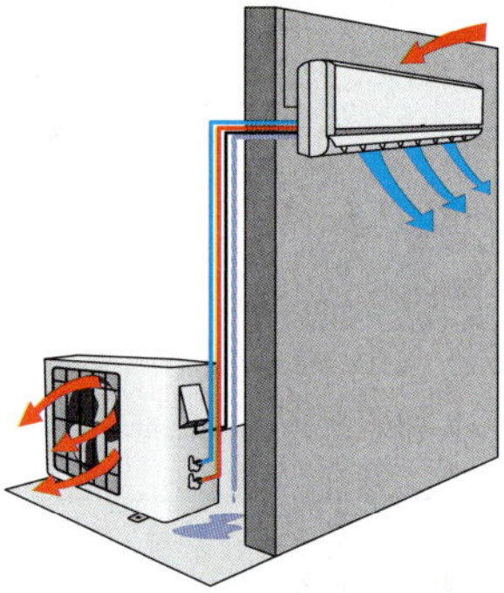	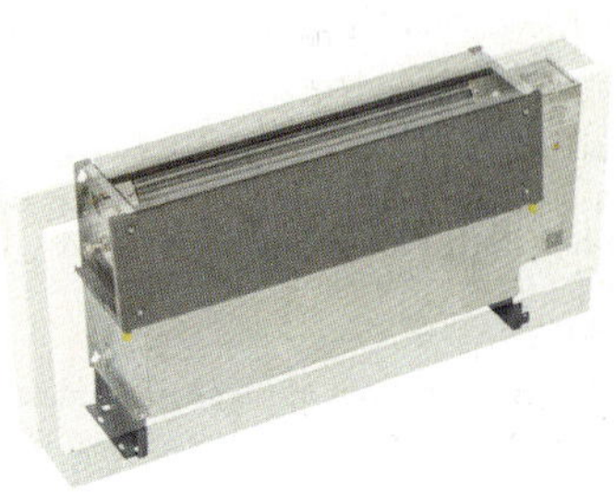
• Alle Bauteile für Luftbehandlung befinden sich in einem anschlussfertigen Gerät • Hauptbauteile sind komplettes Kälteaggregat, Ventilatoren, Regelung, gegebenenfalls Zusatzheizung, Filter • Ohne Außengerät • Geringer Platzbedarf	• Bestehen aus einer Außen- und einem bzw. mehreren Inneneinheiten • Außeneinheit beinhaltet Kondensator, Verdichter und Expansionventil • Inneneinheit beinhaltet Verdampfer, Filter, Ventilator und Bedienungseinheit. • Innen- und Außeneinheit werden durch Kältemittelleitung und Elektrokabel miteinander verbunden • Vorteil gegenüber Kompaktgerät: geringerer Platzbedarf der Inneneinheit; größere Flexibilität bei der Anordnung im Raum, ein Außengerät kann mehrere Inneneinheiten versorgen	• Können zum Heizen, Kühlen, Entfeuchten und Befeuchten eingesetzt werden • Umluft- und Mischluftbetrieb ist möglich • Meist mit wasserbetriebenen Wärmetauscher • Bestehen aus Ventilator, Wärmetauscher, Kondensatsammelwanne, Filtermatte, Regeleinheit • Können an 2- oder 4- Leiternetz (Heizen und Kühlen) angeschlossen werden

326.4 Montage von Raumklimageräten

- Herstellervorgaben sind zu beachten.
- Vor Montage prüfen, ob alle benötigten Leitungen/Kabel zum Standort geführt werden können.
- Ausreichender Platz für Wartungsarbeiten ist vorzusehen. Gegebenenfalls ist die Revisionsklappe entsprechend zu bemessen.
- Gerät muss ausreichend isoliert sein, wenn damit gekühlt wird. Wasserdampfdiffusion durch die Isolierung ist zu vermeiden.
- Ein Kondensatablauf mit Siphon ist vorzusehen. Gegebenenfalls ist das Kondensat über eine Pumpe abzuführen.
- Auf die Luftführung im Raum ist zu achten. Direktes Anblasen von Arbeitsplätzen ist zu vermeiden.

327.1 Hygieneinspektion von RLT-Anlagen und -Geräten VDI 6022-Blatt 1: 2023-04

Zyklus	Tätigkeit	Zyklus	Tätigkeit
14-tägig	• Bestimmung der Keimzahl im Befeuchtungswasser von Verdunstungs- und Umlaufbefeuchtern	halbjährlich	• Prüfung der Zentralgeräte auf Kondensat und Undichtigkeiten • Prüfung der Abschlämmvorrichtung am Luftbefeuchter • Spülung und Reinigung der Dampfbefeuchter • Prüfung der Einzelbauteile am Dampfbefeuchter • Reinigung aller Kühler mit Kondensatbildung • Prüfung der Ventilatoren auf Verschmutzung, Korrosion und Beschädigung
monatlich	• Prüfung des Differenzdrucks am Filter • Prüfung der Befeuchter auf Verschmutzung und Beschädigung • Prüfung der Befeuchtereinzelteile auf Verschmutzung und Funktion • Prüfung der Tropfenabscheider auf Beschädigung, Korrosion und Belagbildung		
3-monatlich	• Prüfung der Luftfilter auf Verschmutzung und Beschädigung • Prüfung der Dampfbefeuchter auf Verschmutzung, Korrosion und Beschädigung • Prüfung der Wärmeübertrager auf Verschmutzung, Korrosion und Beschädigung • Prüfung der Kondensatabläufe und -wannen auf ihre Funktion, Verschmutzung und Korrosion • Prüfung der Entfeuchter auf Verschmutzung, Beschädigung, Korrosion und Tropfendurchschlag	jährlich	• Prüfung der Außen- und Fortluftdurchlässe sowie der Zentralgeräte auf Verschmutzung, Korrosion und Beschädigung • spätester Wechsel der 1. Filterstufe • Reinigung des Ventilators • Prüfung der Luftleitungen an 2–3 repräsentativen Stellen auf Verschmutzung, Korrosion und Beschädigung • Prüfung der Schalldämpfer auf Verschmutzung, Korrosion und Beschädigung • Prüfung der Luftdurchlässe auf Verschmutzung, Wechsel von eingesetzten Filtervliesen
		2-jährig	• spätester Wechsel der 2. Filterstufe

327.2 Anforderungsstufen für Transport, Lagerung und Montage VDI 6022-Blatt 1: 2023-04

Es gilt für alle Komponenten einschließlich der Luftleitungen:

- Die Lagerung muss in staubarmer, sauberer und trockener Umgebung erfolgen (gegebenenfalls auf einer Unterlage mit wasserbeständiger Abdeckung der Komponenten).
- Sie sind vor dem Einbau auf groben Schmutz zu untersuchen und davon zu reinigen.
- Öffnungen sind bei Montageunterbrechungen zu verschließen. Zum Schutz vor Weißrost ist ein diffusionsoffener Verschluss zu empfehlen.

Anforderungsstufen	Verpackung ab Werk	Schutz während des Transports	Schutz bei Lagerung auf der Baustelle	Reinigung auf der Baustelle	Verschließen der Luftleitungsöffnungen auf der Baustelle
Mindestanforderung	nein	nein	ja	ja	ja
Empfehlung	ja	ja	ja	ja	ja

327.3 Inbetriebnahmetätigkeiten von RLT-Anlagen und -Geräten VDI 6022-Blatt 1: 2023-04

- Vor dem ersten Einschalten der Ventilatoren ist sicherzustellen, dass alle vom Luftstrom berührten Teile sauber sind. Gegebenenfalls ist eine Nachreinigung erforderlich. Dabei ist insbesondere auf Fertigungsrückstände, z. B. Öle und Poliermittel, zu achten.
- Der Baufortschritt muss eine Inbetriebnahme der Anlagen zulassen (z. B. Staubfreiheit der Räume vor Einschalten der Abluftanlage).
- Lüftungsgeräte dürfen nicht ohne korrekt eingesetzte, bestimmungsgemäße Luftfilter in Betrieb genommen werden.
- Alle Revisions- und Reinigungsöffnungen sowie Reinigungsabläufe sind vor der Inbetriebnahme auf sicheren Verschluss zu prüfen. Alle Kondensatabläufe sind vor der Inbetriebnahme mit ausreichend Wasser zu prüfen. Der zügige und restlose Ablauf ist zu beobachten und zu dokumentieren. Dadurch ist die Erstfüllung der Siphons mit Sperrwasser gegeben.
- Dichtfugen im Gerätegehäuse unterliegen beim Verhub mechanischen Belastungen und sind auf ihre Dichtheit zu überprüfen.
- Nach der Inbetriebnahme und vor der Übergabe an den Kunden sollte die Anlage mit neuen sauberen Luftfiltern ausgestattet werden.
- Im Zuge der Abnahme nach DIN EN 12 599 bei RLT-Anlagen und -Geräten ist eine Hygiene-Erstinspektion durchzuführen. Dabei steht die Einhaltung der konstruktiven Anforderungen im Vordergrund. Diese Hygiene-Erstinspektion soll zur Aufnahme des bestimmungsgemäßen Betriebs durchgeführt werden.

328.1 Brandschutz in Lüftungsanlagen

- Lüftungsanlagen müssen nach § 41 Musterbauordnung betriebssicher und brandsicher sein.
- Lüftungsanlagen-Richtlinie (LüAR) des betreffenden Bundeslandes ist anzuwenden.
- Sie dürfen den ordnungsgemäßen Betrieb von Feuerungsanlagen nicht beeinträchtigen.
- Lüftungsleitungen dürfen Brandabschnitte nur überbrücken, wenn eine Brandausbreitung ausreichend lang nicht zu befürchten ist oder wenn Vorkehrungen hiergegen getroffen sind.
- Diese Anforderungen gelten nicht:
  - für Gebäude der Gebäudeklassen 1 und 2 (Gebäude Höhe ≤ 7 m; ≤ 2 Nutzungseinheiten; insgesamt ≤ 400 m^2)
  - innerhalb von Wohnungen
  - innerhalb derselben Nutzungseinheit
- Die Regelung gilt für alle Lüftungsanlagen, einschließlich raumlufttechnischer Anlagen und Warmluftheizungen.

328.2 Feuerfeste Lüftungsleitungskanal

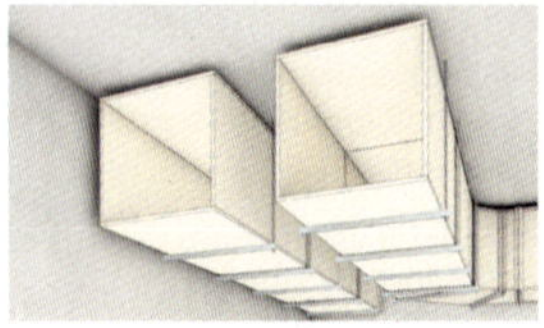

selbstständiger Lüftungskanal L90

Ummantelung für Stahlblechlüftungskanäle L90

328.3 Brandschutzabsperrvorrichtungen

Deckenschott/Topschott

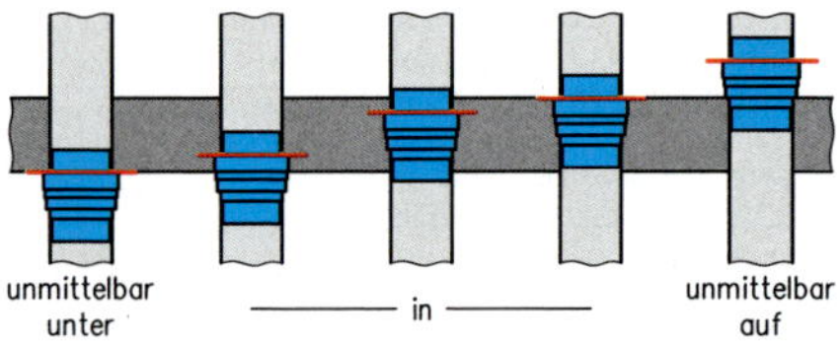

- Einbau unter, in und auf Massivdecken F30, F60, F90 und Holzbalkendecken F30B sowie vor, in und an Schachtwänden

Brandschutzventil

- Einbau in massiven Wänden und Decken, leichten Trennwänden, Schachtwänden F30, F60, F90
- Volumenströme stufenlos einstellbar
- geringer Druckverlust
- niedrige Schallleistungspegel

Brandschutzklappe

- Einbau in Wände und Decken F30, F60, F90
- Die klassische Brandschutzklappe schließt federbetrieben über Schmelzlot (Auslösung bei ca. 72 °C).
- Brandschutzklappen können auch motorisch sowie mit Halte- oder Impulsmagneten und pneumatisch betätigte werden.
- Inspektionen und Wartungen müssen von außen und innen möglich sein (Revisionsluken erforderlich).
- Müssen in regelmäßigen Abständen durch eine befähigte Person überprüft werden.

328.4 Leitungsführung durch feuerwiderstandsfähige Wände/Brandabschnitte[1]

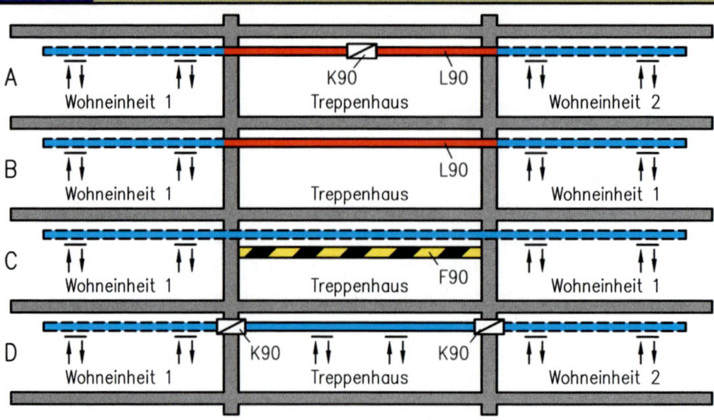

A: Brandabschnitte sind durch feuerwiderstandsfähige Leitung L90 und Brandschutzklappe K90 voneinander getrennt.

B: Feuerwiderstandsfähige Leitung L90 verbindet gleiche Brandabschnitte.

C: Leitung ohne Feuerwiderstandsfähigkeit verbindet gleiche Brandabschnitte und wird durch Zwischendecke F90 vom Treppenhaus abgeschottet.

D: Brandabschnitte werden durch Brandschutzklappen getrennt.

[1] Auszug aus ersatzlos zurückgezogener VDS 2298

A

M

N

T

|ABB STOTZ-KONTAKT GmbH, Heidelberg: 44.2, 44.3, 44.4. |ACO Passavant GmbH, Philippsthal: ACO Haustechnik 286.3, 289.1. |Adolf Würth GmbH & Co. KG, Künzelsau-Gaisbach: 134.13. |AFRISO, Güglingen: 157.11, 157.13, 158.1, 158.3, 158.5. |Anderer, Ralf, Borkum: 125.6. |Bundesanzeiger Verlag GmbH, Köln: Bundesministerium für Wirtschaft und Energie 141.1, 141.2. |Caleffi Armaturen GmbH, Mühlheim am Main: 157.7, 158.8. |Di Gaspare, Michele (Bild und Technik Agentur für technische Grafik und Visualisierung), Bergheim: 12.1, 12.2, 12.3, 13.1, 13.2, 13.3, 13.4, 13.5, 13.6, 13.7, 13.8, 13.9, 13.10, 13.11, 13.12, 14.1, 14.2, 14.3, 14.4, 14.5, 14.6, 14.7, 14.8, 15.1, 15.2, 15.3, 15.4, 15.5, 15.6, 16.1, 16.2, 16.3, 16.4, 16.5, 16.6, 16.7, 17.1, 17.2, 17.3, 17.4, 17.5, 18.1, 18.2, 18.3, 18.4, 18.5, 18.6, 19.1, 19.2, 19.3, 19.4, 19.5, 19.6, 19.7, 19.8, 19.9, 19.10, 20.1, 20.2, 20.3, 20.4, 20.5, 20.6, 20.7, 20.8, 21.1, 21.2, 21.3, 21.4, 21.5, 22.1, 22.2, 22.3, 22.4, 22.5, 23.1, 23.2, 23.3, 23.4, 23.5, 24.1, 25.1, 25.2, 25.3, 25.4, 26.1, 26.2, 26.3, 27.1, 27.2, 27.3, 28.1, 28.2, 28.3, 28.4, 30.1, 31.1, 31.2, 31.3, 35.1, 35.2, 35.3, 35.4, 35.5, 35.6, 35.7, 36.1, 36.2, 39.1, 40.1, 40.2, 40.3, 40.4, 41.1, 41.2, 41.3, 42.1, 42.2, 42.3, 43.2, 43.3, 45.1, 45.2, 46.1, 46.2, 46.3, 47.1, 47.2, 47.3, 47.4, 47.5, 47.6, 47.7, 47.8, 47.9, 47.10, 47.11, 47.12, 47.13, 47.14, 47.15, 47.16, 47.17, 48.1, 48.2, 48.3, 48.4, 48.5, 48.6, 48.7, 48.8, 48.9, 48.10, 48.11, 48.12, 48.13, 50.1, 50.2, 50.3, 50.4, 50.5, 50.6, 50.7, 50.8, 50.9, 50.10, 50.11, 50.12, 51.1, 51.2, 51.3, 51.4, 51.5, 51.6, 52.1, 52.3, 52.4, 53.1, 53.2, 54.1, 54.2, 54.3, 54.4, 54.5, 54.6, 54.7, 54.8, 54.9, 54.10, 54.11, 54.12, 55.1, 55.2, 55.3, 55.4, 55.5, 55.6, 55.7, 55.8, 55.9, 55.10, 55.11, 55.12, 56.1, 56.2, 56.3, 56.4, 56.5, 56.6, 57.1, 57.2, 57.3, 57.4, 57.5, 57.6, 57.7, 58.1, 58.2, 58.3, 58.4, 58.5, 59.1, 59.2, 59.3, 59.4, 60.1, 60.2, 60.3, 60.4, 60.5, 61.1, 61.2, 61.3, 61.4, 61.5, 61.6, 61.7, 61.8, 61.9, 61.10, 61.11, 61.12, 61.13, 62.1, 62.2, 62.3, 62.4, 62.5, 62.6, 62.7, 62.8, 62.9, 62.10, 63.1, 63.2, 63.3, 63.4, 63.5, 64.1, 64.2, 64.3, 64.4, 64.5, 64.6, 64.7, 64.8, 64.9, 64.10, 64.11, 64.12, 64.13, 64.14, 64.15, 64.16, 64.17, 64.18, 64.19, 64.20, 64.21, 64.22, 64.23, 64.24, 64.25, 64.26, 64.27, 64.28, 64.29, 64.30, 64.31, 64.32, 64.33, 64.34, 64.35, 64.36, 64.37, 64.38, 65.1, 65.2, 65.3, 65.4, 65.5, 65.6, 65.7, 65.8, 65.9, 65.10, 65.11, 65.12, 65.13, 65.14, 65.15, 65.16, 65.17, 65.18, 65.19, 65.20, 65.21, 65.22, 65.23, 65.24, 65.25, 65.26, 65.27, 65.28, 65.29, 65.30, 65.31, 65.32, 65.33, 65.34, 65.35, 65.36, 65.37, 65.38, 65.39, 65.40, 65.41, 65.42, 65.43, 65.44, 66.1, 66.2, 66.3, 66.4, 66.5, 66.6, 66.7, 66.8, 66.9, 66.10, 66.11, 66.12, 66.13, 66.14, 66.15, 66.16, 66.17, 66.18, 66.19, 66.20, 66.21, 66.22, 66.23, 66.24, 66.25, 66.26, 66.27, 66.28, 66.29, 66.30, 66.31, 66.32, 66.33, 66.34, 66.35, 66.36, 66.37, 66.38, 66.39, 66.40, 66.41, 66.42, 66.43, 66.44, 66.45, 66.46, 66.47, 66.48, 66.49, 66.50, 66.51, 66.52, 66.53, 66.54, 66.55, 67.1, 67.2, 67.3, 67.4, 67.5, 67.6, 67.7, 67.8, 67.9, 67.10, 67.11, 67.12, 67.13, 67.14, 67.15, 67.16, 67.17, 67.18, 67.19, 67.20, 67.21, 67.22, 67.23, 67.24, 67.25, 67.26, 67.27, 67.28, 67.29, 67.30, 67.31, 67.32, 67.33, 67.34, 67.35, 67.36, 67.37, 67.38, 67.39, 67.40, 67.41, 67.42, 67.43, 67.44, 67.45, 67.46, 67.47, 67.48, 67.49, 67.50, 67.51, 67.52, 67.53, 67.54, 67.55, 67.56, 67.57, 67.58, 67.59, 67.60, 67.61, 67.62, 67.63, 67.64, 67.65, 67.66, 67.67, 67.68, 67.69, 67.70, 67.71, 67.72, 67.73, 67.74, 67.75, 67.76, 67.77, 67.78, 68.1, 68.2, 68.3, 68.4, 68.5, 68.6, 68.7, 68.8, 68.9, 68.10, 68.11, 68.12, 68.13, 68.14, 68.15, 68.16, 68.17, 68.18, 68.19, 68.20, 68.21, 68.22, 68.23, 68.24, 68.25, 68.26, 68.27, 68.28, 68.29, 68.30, 68.31, 68.32, 68.33, 68.34, 68.35, 68.36, 68.37, 68.38, 68.39, 68.40, 68.41, 68.42, 68.43, 68.44, 68.45, 68.46, 68.47, 68.48, 68.49, 68.50, 68.51, 68.52, 68.53, 68.54, 68.55, 68.56, 68.57, 68.58, 68.59, 68.60, 68.61, 68.62, 68.63, 68.64, 68.65, 68.66, 68.67, 68.68, 68.69, 68.70, 69.1, 69.2, 69.3, 69.4, 69.5, 69.6, 69.7, 69.8, 69.9, 69.10, 69.11, 69.12, 69.13, 69.14, 69.15, 69.16, 69.17, 69.18, 69.19, 69.20, 69.21, 69.22, 69.23, 69.24, 69.25, 69.26, 69.27, 69.28, 69.29, 69.30, 69.31, 69.32, 69.33, 69.34, 69.35, 69.36, 69.37, 69.38, 69.39, 69.40, 69.41, 69.42, 69.43, 69.44, 69.45, 69.46, 69.47, 69.48, 69.49, 69.50, 70.1, 70.2, 70.3, 70.4, 70.5, 70.6, 70.7, 70.8, 70.9, 70.10, 70.11, 70.12, 70.13, 70.14, 70.15, 70.16, 70.17, 70.18, 70.19, 70.20, 70.21, 70.22, 70.23, 70.24, 70.25, 70.26, 70.27, 70.28, 70.29, 70.30, 70.31, 70.32, 70.33, 70.34, 70.35, 70.36, 70.37, 70.38, 70.39, 71.1, 71.2, 71.3, 71.4, 71.5, 71.6, 71.7, 71.8, 71.9, 71.10, 71.11, 71.12, 71.13, 71.14, 72.1, 72.2, 72.3, 72.4, 72.5, 72.6, 72.7, 72.8, 72.9, 72.10, 72.11, 72.12, 73.5, 73.6, 73.7, 73.8, 74.1, 75.1, 75.2, 76.1, 77.1, 77.2, 77.3, 77.4, 78.1, 78.2, 78.3, 78.4, 79.1, 79.2, 79.3, 79.4, 79.5, 79.6, 79.7, 79.8, 80.1, 80.2, 80.3, 80.4, 80.5, 80.6, 81.1, 81.2, 81.3, 82.1, 82.2, 82.3, 82.4, 82.5, 82.6, 82.7, 82.8, 84.1, 85.1, 85.2, 85.3, 85.4, 86.1, 86.2, 86.3, 97.1, 97.2, 97.3, 99.1, 99.2, 99.3, 99.4, 100.1, 100.2, 100.3, 100.4, 100.5, 100.6, 100.7, 100.9, 100.10, 101.1, 101.2, 101.3, 104.1, 104.2, 104.3, 104.4, 104.5, 106.1, 106.2, 106.3, 107.1, 109.1, 110.1, 110.2, 110.3, 110.4, 110.5, 110.6, 110.7, 110.8, 110.9, 110.10, 110.11, 110.12, 110.13, 110.14, 110.15, 110.16, 110.17, 111.1, 111.2, 111.3, 111.4, 113.1, 113.2, 113.3, 113.4, 113.5, 113.6, 113.7, 113.8, 113.9, 113.10, 113.11, 113.12, 113.13, 113.14, 113.15, 114.1, 114.2, 114.3, 114.4, 114.5, 114.6, 114.7, 114.8, 114.9, 114.10, 114.11, 114.12, 115.1, 115.2, 115.3, 115.4, 115.5, 115.6, 115.7, 115.8, 115.9, 115.10, 115.11, 115.12, 115.13, 116.1, 116.2, 116.3, 116.4, 116.5, 116.6, 117.1, 117.2, 117.3, 117.4, 117.5, 117.6, 117.7, 117.8, 117.9, 118.1, 118.2, 118.3, 118.4, 118.5, 118.6, 118.7, 118.8, 118.9, 118.10, 119.1, 119.2, 119.3, 119.4, 119.5, 119.6, 119.7, 120.1, 120.2, 120.3, 120.4, 120.5, 120.6, 120.7, 120.8, 120.9, 121.1, 121.2, 121.3, 121.4, 121.5, 121.6, 121.7, 121.8, 121.9, 123.1, 123.2, 123.3, 123.4, 124.1, 124.2, 124.3, 124.4, 124.5, 124.6, 124.7, 124.8, 124.9, 125.1, 125.2, 125.3, 125.4, 126.1, 126.2, 126.3, 126.4, 127.1, 127.2, 127.3, 127.4, 127.5, 127.6, 127.7, 128.1, 128.2, 128.3, 128.4, 128.6, 128.7, 128.8, 128.9, 128.10, 129.1, 129.2, 129.3, 129.4, 129.5, 129.6, 129.7, 130.1, 130.2, 130.3, 130.4, 130.5, 130.6, 130.7, 130.8, 131.1, 131.2, 131.3, 131.4, 131.5, 131.6, 131.7, 131.8, 133.1, 133.2, 133.3, 133.4, 133.5, 133.6, 133.7, 133.8, 133.9, 133.10, 137.1, 137.2, 138.1, 138.2, 146.1, 146.2, 146.3, 147.1, 147.2, 151.1, 151.2, 152.1, 152.2, 153.1, 153.2, 154.1, 154.2, 154.3, 154.4, 156.1, 156.2, 156.3, 156.4, 157.2, 157.3, 157.5, 157.8, 157.10, 157.14, 158.2, 158.4, 158.6, 158.7, 159.1, 159.2, 159.3, 159.4, 159.5, 159.6, 159.7, 160.1, 160.2, 161.3, 161.5, 161.6, 161.7, 161.8, 164.1, 164.2, 164.3, 164.4, 164.5, 168.1, 168.2, 168.3, 168.4, 170.2, 170.3, 170.4, 170.5, 170.6, 170.7, 171.1, 172.1, 173.1, 173.2, 173.3, 173.4, 173.5, 173.6, 173.8, 174.1, 174.2, 174.3, 174.4, 174.5, 174.6, 174.7, 174.8, 176.1, 176.2, 178.1, 178.2, 178.3, 178.4, 180.1, 180.2, 180.3, 181.1, 181.2, 182.1, 182.2, 182.3, 183.1, 183.2, 183.3, 183.4, 184.1, 184.2, 185.1, 185.2, 185.3, 185.4, 185.5, 185.6, 187.1, 187.2, 188.1, 188.2, 189.1, 189.2, 190.1, 190.2, 190.3, 190.4, 190.5, 190.6, 190.7, 190.8, 190.9, 190.10, 190.11, 191.1, 191.2, 191.3, 191.4, 191.5, 191.6, 192.1, 196.1, 196.2, 197.1, 197.2, 197.3, 197.4, 198.2, 198.6, 198.9, 199.1, 199.2, 199.4, 199.5, 199.6, 199.7, 199.9, 199.10, 199.12, 199.13, 201.1, 201.2, 201.3, 201.4, 201.5, 201.6, 201.7, 202.3, 202.4, 202.5, 202.6, 203.1, 203.2, 203.3, 203.4, 203.5, 203.6, 206.1, 206.2, 206.3, 206.4, 207.1, 207.2, 207.3, 207.4, 207.5, 207.6, 209.1, 209.2, 209.3, 210.1, 211.1, 211.2, 211.4, 211.5, 212.1, 212.4, 214.1, 214.2, 214.3, 214.4, 215.1, 218.1, 218.2, 218.3, 218.4, 218.5, 218.6, 218.7, 218.8, 218.9, 220.1, 220.2, 220.3, 220.4, 220.5, 220.6, 220.7, 220.8, 220.9, 220.10, 220.11, 220.17, 220.18, 220.19, 220.20, 224.3, 224.4, 224.5, 225.1, 225.2, 225.3, 225.4, 225.5, 225.6, 225.7, 229.1, 229.2, 229.3, 229.4, 229.5, 231.1, 231.2, 231.3, 231.4, 231.5, 231.6, 231.7, 231.8, 231.9, 234.1, 234.2, 234.3, 234.4, 235.1, 238.1, 239.1, 239.2, 239.3, 240.1, 241.1, 242.1, 242.2, 242.3, 242.4, 243.1, 243.2, 244.1, 246.1, 246.2, 247.1, 247.2, 247.3, 247.4, 248.1, 249.1, 249.2, 249.3, 249.4, 249.5, 249.6, 249.7, 249.8, 249.9, 249.10, 249.11, 249.12, 249.13, 249.14, 249.15, 249.16, 249.17, 249.18, 249.19, 249.20, 249.21, 249.22, 249.23, 251.1, 251.2, 253.1, 254.1, 254.2, 254.3, 254.4, 254.5, 255.1, 255.2, 255.3, 255.4, 255.5, 255.6, 255.7, 255.8, 255.9, 255.10, 255.11, 255.12, 255.13, 255.14, 258.1, 259.1, 260.1, 261.1, 261.2, 262.1, 262.2, 262.3, 263.1, 267.1, 268.1, 269.1, 269.2, 269.3, 269.4, 270.1, 270.2, 270.3, 270.4, 271.1, 271.2, 272.1, 273.1, 273.2, 273.3, 275.1, 275.2, 275.3, 275.4, 276.1, 276.2, 276.3, 277.1, 277.2, 277.3, 277.4, 277.5, 277.6, 277.7, 278.1, 279.1, 279.2, 279.3, 280.1, 281.1, 281.2, 282.1, 282.2, 282.3, 282.4, 282.5, 282.6, 282.7, 283.1, 283.2, 283.3, 283.4, 283.5, 283.6, 283.7, 284.1, 284.2, 284.3, 284.4, 284.5, 285.1, 286.1, 287.1, 287.2, 287.3, 287.4, 289.2, 289.3, 292.1, 293.1, 293.2, 293.3, 293.4, 293.5, 294.1, 294.2, 294.3, 295.1, 295.2, 295.3, 297.1, 297.2, 297.3, 297.4, 297.5, 297.6, 297.7, 298.1, 298.2, 299.1, 299.2, 300.1, 300.2, 300.3, 300.4, 300.5, 301.1, 303.1, 303.2, 303.3, 303.4, 303.5, 303.6, 303.7, 303.8, 303.9, 304.1, 304.2, 304.3, 304.4, 306.1, 306.2, 306.6, 307.1, 307.2, 307.3, 307.4, 308.1, 312.1, 312.2, 312.3, 312.4, 312.5,

312.6, 312.7, 312.8, 312.9, 314.1, 314.2, 314.3, 314.4, 314.5, 314.6, 314.7, 314.8, 314.9, 314.10, 314.11, 315.1, 316.1, 316.2, 316.3, 316.4, 316.5, 316.6, 316.7, 316.8, 319.4, 319.5, 319.6, 319.7, 320.1, 324.2, 324.4, 324.5, 324.6, 324.7, 324.8, 325.1, 325.2, 325.3, 325.4, 325.5, 326.1, 328.3, 328.8. |DIN Media GmbH, Berlin: 38.1, 38.2, 38.3, 38.4, 38.5, 38.6, 38.7, 38.8, 38.9, 38.10, 38.11, 38.12, 38.13, 38.14, 38.15, 38.16, 38.17, 38.18, 38.19, 38.20, 38.21, 38.22, 38.23, 38.24, 38.25, 38.26, 38.27, 38.28, 38.29, 38.30, 38.31, 38.32, 38.33, 38.34, 38.35, 38.36, 38.37, 38.38, 38.39, 38.40, 38.41, 38.42. |dipa GmbH, Lohmar: 134.1, 134.2, 134.3. |Druwe & Polastri, Cremlingen/Weddel: 46.4. |Düker GmbH, Karlstadt/Main: 125.5, 125.7, 125.8. |Eaton Industries GmbH, Bonn: 44.1. |ebm-papst, Mulfingen: 319.3; ebm-papst 319.1, 319.2. |ELSÄSSER Filtertechnik GmbH, Nufringen: 322.1, 322.2, 322.4, 322.5. |ESKA Erich Schweizer GmbH, Kassel: 43.1. |EXHAUSTO by Aldes GmbH, Bingen am Rhein: 323.1, 323.2, 323.3, 323.4. |Flamco GmbH, Machern: 157.12, 157.15. |FRIGOQUIP GmbH, Melle: 324.3. |Geoplast Kunststofftechnik GmbH, Theresienfeld: 241.5. |Hans Sasserath GmbH & Co. KG, Korschenbroich: 158.9. |Helios Ventilatoren GmbH + Co KG, Villingen-Schwenningen: 306.3, 306.4, 306.5. |Heller Tools GmbH, Dinklage: 73.1, 73.2, 73.3, 73.4. |HG-TEC GmbH, Wuppertal: 211.6. |Honeywell GmbH FEMA Regelgeräte, Schönaich: 157.9. |IMI Hydronic Engineering Deutschland GmbH, Erwitte: 192.3, 192.6, 197.5, 197.6, 198.1, 198.3, 198.4, 198.5, 198.7, 198.8. |iStockphoto.com, Calgary: empire331 192.2; ferar 52.2. |JUNG PUMPEN GmbH, Steinhagen: 286.2. |Kampmann GmbH & Co. KG, Lingen: 212.2, 326.3. |Kessel AG, Lenting: 286.5, 286.7. |Koci, Steffen, Filderstadt: 313.2. |KSB SE & Co. KGaA, Frankenthal: 100.8. |Lindab GmbH, Bargteheide: 316.9, 316.10, 316.11, 316.12, 316.13, 316.14, 316.15, 316.16, 316.17, 316.18, 316.19, 316.20, 316.21, 318.2, 318.3, 318.4, 318.5. |Mall GmbH, Donaueschingen: 241.7. |marinetech.de, Bremen: 134.10. |Maxitrol GmbH & Co. KG, Thale: Maxitrol GmbH & Co. KG, Thale 224.1, 224.2, 224.6, 224.7, 224.8. |Oventrop GmbH & Co. KG, Olsberg: 199.3, 199.8, 199.11. |PC Electric GmbH, St. Martin/Innkreis: 51.7, 51.8, 51.9. |Promat, Ratingen, Ratingen: 328.1, 328.2. |Purmo (PG Germany GmbH), Goslar: 209.4, 209.5, 209.6, 210.2; Purmo (PG Germany GmbH) 211.3. |Reflex Winkelmann GmbH, Ahlen: 157.4, 157.6. |Sanitop-Wingenroth GmbH & Co. KG, Warendorf: 158.10. |Shutterstock.com, New York: Kardashev, Sergei 46.5. |Silo- und Förderanlagen GmbH, Osterburken: 241.2, 241.3, 241.4, 241.6. |Steinen GmbH, Wöhrden: 161.1, 161.2. |stock.adobe.com, Dublin: 4th Life Photography Titel; Achepovsky, Alexey 157.1; blende11.photo 134.6; brizmaker Titel, 326.2; Kaesler Media 46.6; myper 212.3; Smit, Otmar 173.7, 173.9; Wellnhofer Designs Titel; Yemelyanov, Maksym 96.1. |tetec thermo-technik Müller GmbH & Co. KG, Eching / München: 161.4. |Theo Förch GmbH & Co KG, Neuenstadt: 134.7, 134.8, 134.9, 134.11, 134.12, 134.14, 134.15. |Trox GmbH, Neukirchen-Vluyn: 313.1, 313.3, 313.4, 313.5, 313.6, 313.7, 313.8, 318.1, 318.6, 318.7, 318.8, 318.9, 322.3. |Unternehmensgruppe fischer, Waldachtal: fischerwerke GmbH & Co. KG, Waldachtal 134.4, 134.5, 135.1, 135.2, 135.3, 135.4, 135.5, 135.6, 135.7, 135.8, 135.9, 135.10, 317.1, 317.2, 317.3, 317.4, 317.5, 317.6. |Uponor GmbH, Haßfurt: 218.10, 218.11, 218.12, 218.13, 218.14. |Vaillant GmbH, Remscheid: Vaillant GmbH 170.1. |Viega GmbH & Co. KG, Attendorn: 192.4, 192.5, 192.7, 220.12, 220.13, 220.14, 220.15, 220.16. |vonRoll hydro (deutschland) gmbh & co. kg, Wetzlar: 128.5. |Wildeboer Bauteile GmbH, Weener: 328.4, 328.5, 328.6, 328.7. |WILO SE, Wiener Neudorf: 202.1, 202.2. |WOLF Anlagen-Technik GmbH & Co. KG, Geisenfeld: 324.1. |Zehnder Pumpen GmbH, Grünhain-Beierfeld: 286.4, 286.6.